KOSMOS

Ian Ridpath
Wil Tirion

Der Kosmos
Himmelsführer

**Alle Sternbilder
des Nord- und
Südhimmels leicht
bestimmt**

2000/2004

Danksagung und Quellen

Dieses Buch ist das Ergebnis einer ungewöhnlichen Zusammenarbeit zwischen einem Autor und einem Illustrator, die in verschiedenen Ländern leben, aber durch das gemeinsame Interesse für den Himmel zusammengeführt wurden. Auch die Fotografien sind durch internationale Zusammenarbeit entstanden, sie sind das Ergebnis der Arbeit mehrerer Astronomen aus verschiedenen Ländern, die mit den besten Teleskopen der Welt arbeiten. Die beeindruckenden Aufnahmen können sich mit den größten Kunstwerken der Welt messen. Die betreffenden Observatorien haben ihre Hilfe bereitwillig angeboten. Der Wunsch, den Himmel zu studieren, kennt keine Grenzen oder Nationalitäten. Der Himmel steht allen offen.

Die Autoren danken den Fotografen, insbesondere Nigel Sharp von den National Optical Astronomy Observatories, Tucson, Arizona. Die Bildquellen sind zu jeder Abbildung angegeben. Für die Abbildungen der Mondkarten wurden Aufnahmen von Mark Rosiek (US Geological Survey, Flagstaff, Arizona) zur Verfügung gestellt. Die Abmessungen und Formationen sind Ewen Whitakers Liste aus *Norton's Star Atlas*, 19. Auflage. entnommen.

Die folgenden Publikationen wurden für die Erarbeitung dieses Buches schwerpunktmäßig herangezogen: *The Hipparcos and Tycho Catalogues* von M. Perryman u. a. (European Space Agency, Nordwijk); *The Millenium Star Atlas* von R. W. Sinnott und M. Perryman (European Space Agency und Sky Publishing Corp., Cambridge, Massachussetts); *Sky Atlas 2000.0* (2. Ausgabe) von Wil Tirion und R. W. Sinnott (Sky Publishing Corp. und Cambridge University Press, Cambridge, England); *Sky Catalogue 2000.0*, Band 1 und 2 (Sky Publishing Corp. und Cambridge University Press), *The Bright Star Catalogue*, 4. Auflage, von Dorrit Hoffleit (Yale University Observatory); *Burnham's Celestial Handbook* von Robert Burnham jr. (Dover, New York; Constable, London); *Sky & Telescope magazine* (Cambridge, Massachussetts). Zusätzliche Informationen über Ursprung und mythologische Hintergründe der Sternbilder finden sich in *Star Tales* von Ian Ridpath (Lutterworth, Cambridge). Über die Bedeutung der individuellen Sternnamen finden sich mehr Informationen in Paul Kunitzsch' und Tim Smarts *Short Guide to Modern Star Names and their Derivations* (Otto Harrassowitz, Wiesbaden).

Für diese dritte Auflage danken wir John Woodruff für seine tatkräftige Hilfe als Herausgeber. Ferner danken wir den Lektoren Myles Archibald und Katie Piper von HarperCollins.

Ian Ridpath / Wil Tirion

Impressum

Umschlaggestaltung von eStudio Calamar unter Verwendung einer Aufnahme des Nebels um den Stern V838 Monocerotis (Hubble-Weltraumteleskop, STScI, NASA) und einer Aufnahme der Andromeda-Galaxie (NOAO).

Mit 101 Farb- und Schwarzweißfotos sowie 40 Farbgrafiken, 137 Sternkarten und sechs Mondkarten von Wil Tirion

Die Originalausgabe ist in englischer Sprache erschienen bei Collins, einem Imprint von HarperCollins Publishers Ltd., unter dem Titel:

STARS AND PLANETS
© 2000 Ian Ridpath und Wil Tirion
The authors assert their moral right to be identified as the authors of this work.
ISBN der Originalausgabe: 0 00 710079 5

Aus dem Englischen übersetzt von Dirk Oetzmann (AMS)

Bibliografische Information der Deutschen Bibliothek:
Die Deutsche Bibliothek verzeichnet diese Publikation in der Deutschen Nationalbibliografie; detaillierte bibliografische Daten sind im Internet über http://dnb.ddb.de abrufbar.

Gedruckt auf chlorfrei gebleichtem Papier

Für die deutschsprachige Ausgabe:
© 2004, Franckh-Kosmos Verlags-GmbH & Co., Stuttgart
Alle Rechte vorbehalten
ISBN 3-440-09455-3
Redaktion: Hermann Scharnagl (AMS), Sven Melchert
Produktion: Siegfried Fischer
Printed in Czech Republik / Imprimé en République Tchèque

Inhalt

Teil I

Einführung	4
Die Sternkarten	19
Nördliche und südliche Hemisphäre	20
Monatssternkarten für das ganze Jahr	24
Die 88 Sternbilder	72

Teil II

Sterne	263
Doppelsterne und Mehrfachsterne	278
Veränderliche Sterne	279
Die Milchstraße, Galaxien und das Universum	283
Die Sonne	292
Das Sonnensystem	298
Der Mond	302
Mondkarten	313
Sonnen- und Mondfinsternisse	334
Merkur	338
Venus	342
Mars	347
Die Positionen von Mars, Jupiter und Saturn von 2004–2008	356
Jupiter	366
Saturn	371
Uranus, Neptun und Pluto	375
Kometen und Meteore	379
Asteroiden und Meteoriten	383
Beobachtung und astronomische Instrumente	385
Grundlagen der Astrofotografie	393

Register	395

TEIL I

Einführung

Der klare Nachthimmel bietet einen der faszinierendsten Anblicke der Natur. Kaum jemand kennt sich jedoch aus in dem dichten Netz der Sterne, deren Anblick sich dazu noch im Jahreslauf verändert. Die Karten und Schaubilder in diesem Buch weisen den Weg zu den schönsten Formationen am Nachthimmel, von denen die meisten schon mit einfacher technischer Ausrüstung wie einem Fernglas, alle aber mit einem durchschnittlichen Teleskop, wie es ein Amateurastronom verwendet, beobachtet werden können.

Wir weisen deshalb ausdrücklich darauf hin, dass man kein Teleskop besitzen muss, um die Sterne zu studieren. Verwenden sie die Karten dieses Buches, um sich zunächst ohne Hilfsmittel am Himmel zurechtzufinden, und benutzen Sie dann ein Fernglas, um genauere Eindrücke zu erhalten. Die Investition in ein Fernglas lohnt sich auf jeden Fall, denn es ist vergleichsweise preiswert zu haben, leicht zu transportieren und vielseitig einzusetzen.

Die Sterne am Nachthimmel stellen sich dem bloßen Auge als flimmernde Lichter dar. In der Nähe des Horizonts scheinen sie zu blinken und die Farbe zu wechseln. Diese Lichteffekte werden nicht von den Sternen selbst, sondern von der Erdatmosphäre verursacht: Turbulenzen in den Luftströmungen lassen die Sterne scheinbar am Himmel tanzen. Die Stabilität der Atmosphäre wird als *Seeing* bezeichnet. Eine ruhige Atmosphäre bedeutet gute Sicht. Dass die Sterne Strahlen zu haben scheinen, liegt an optischen Mechanismen, die sich innerhalb des Auges abspielen. Tatsächlich sind Sterne Gaskugeln wie unsere Sonne und strahlen Hitze und Licht ab.

Sterne gibt es in verschiedenen Größen – vom Zwerg bis zum Riesen – und Farben, die von der Temperatur abhängen. Manche Sterne leuchten etwas orange, andere wirken bläulich.

Im Gegensatz zu den Sternen sind die Planeten kalt, sie reflektieren nur das Sonnenlicht. Auf ihre Zusammensetzung wird in Teil II ab Seite 298 eingegangen. Die Planeten bewegen sich ständig auf ihren Bahnen um die Sonne herum. Vier von ihnen können ohne Schwierigkeiten mit bloßem Auge beobachtet werden: Venus, Mars, Jupiter und Saturn. Die Venus ist der hellste der vier, sie erscheint als gleißend helles Objekt am frühen Abend oder Morgen. Die Positionen von Mars, Jupiter und Saturn über eine 5-Jahres-Periode hinweg zeigen die Karten auf den Seiten 356–365.

In einer klaren, mondlosen Nacht kann man mit bloßem Auge ungefähr 2000 Sterne sehen, aber man muss sich nicht alle merken. Beginnen Sie damit, die hellsten Sterne und wichtigsten Sternbilder zu identifizieren und orientieren Sie sich dann an diesen, um die dunkleren und schwächeren Sterne und Sternbilder zu finden. Wenn Sie erst einmal die wichtigsten „Eckpfeiler" des Nachthimmels kennen, werden Sie sich bald gut in der Sternenwelt auskennen.

Sternbilder Die Himmelssphäre ist in 88 Abschnitte unterteilt, die man als Sternbilder bezeichnet. Astronomen verwenden sie, um Himmelskörper zu lokalisieren und zu benennen. Jedem Sternbild ist in diesem Buch eine eigene Karte mit Beschreibung zugeordnet. Die wichtigsten Sternbilder wurden schon vor Jahrhunderten von den Völkern im Mittleren Osten festgelegt, die glaubten, in den Sternen Ähnlichkeiten mit Fabelwesen und mythologischen Figuren entdeckt zu haben. Vor allem die zwölf Tierkreiszeichen, die man aus den Horoskopen in Zeitungen und Zeitschriften kennt, waren früher von großer Bedeutung. Die Tierkreiszeichen sind die Sternbilder, vor denen die Sonne im Lauf eines Jahres vorbeizieht. Die astrologischen Tierkreiszeichen sind jedoch nicht mit den Sternbildern der modernen Astronomie identisch, obwohl sie die selben Namen tragen.

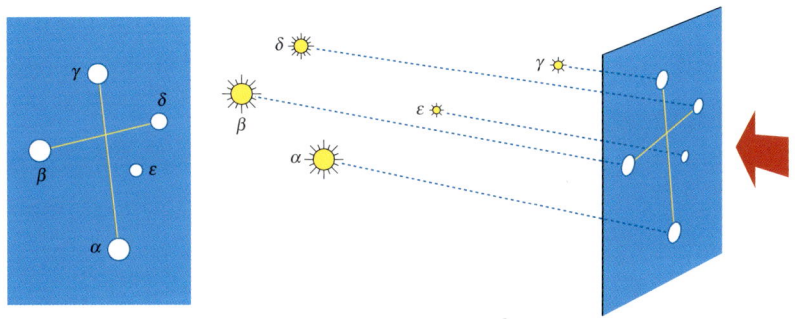

Die Sterne innerhalb eines Sternbilds haben meistens nichts miteinander zu tun. Das Schaubild zeigt die Sterne im Sternbild Kreuz des Südens, wie sie von der Erde aus erscheinen (links) und ihre tatsächliche Lage im Raum (rechts). (Wil Tirion)

Die meisten Sterne eines Sternbilds haben in der Realität kaum etwas miteinander zu tun. Sie sind von der Erde ganz unterschiedlich weit entfernt und bilden nur zufällig ein Muster. Manche Muster sind leichter zu identifizieren als andere, etwa der wunderschöne Orion oder die charakteristischen Bilder von Kassiopeia und Kreuz des Südens. Andere schimmern nur schwach, etwa der Luchs und das Teleskop.

Unsere modernen Sternbilder leiten sich von den 48 Sternbildern ab, die der griechische Astronom Ptolemäus im Jahr 150 n. Chr. zusammengestellt hat. Dieser Katalog wurde später von Seefahrern und Himmelsforschern erweitert, insbesondere von den Holländern Pieter Dirkszoon Keyser (1540–1596) und Frederick de Houtman (1571–1627), dem Polen Johannes Hevelius (1611–1687) und dem Franzosen Nicolas Louis de Lacaille (1713–1762). Keyser und de Houtman führten zwölf neue Sternbilder ein, Lacaille 14. Manche befinden sich auf der Südhalbkugel und sind deshalb von Mitteleuropa aus nicht zu sehen. Hevelius und andere führten weitere Sternbilder ein, um die Lücken zwischen den Sternbildern zu füllen, die

DIE 88 STERNBILDER

Name	Genitiv	Abkürzung	Fläche (Grad^2)	Rang der Größe	Ursprung*
Andromeda	Andromedae	And	722	19	1
Antlia	Antliae	Ant	239	62	6
Apus	Apodis	Aps	206	67	3
Aquarius	Aquarii	Aqr	980	10	1
Aquila	Aquilae	Aql	652	22	1
Ara	Arae	Ara	237	63	1
Aries	Arietis	Ari	441	39	1
Auriga	Aurigae	Aur	657	21	1
Boötes	Boötis	Boo	907	13	1
Caelum	Caeli	Cae	125	81	6
Camelopardalis	Camelopardalis	Cam	757	18	4
Cancer	Cancri	Cnc	506	31	1
Canes Venatici	Canum Venaticorum	CVn	465	38	5
Canis Major	Canis Majoris	CMa	380	43	1
Canis Minor	Canis Minoris	CMi	183	71	1
Capricornus	Capricorni	Cap	414	40	1
Carina	Carinae	Car	494	34	6
Cassiopeia	Cassiopeiae	Cas	598	25	1
Centaurus	Centauri	Cen	1060	9	1
Cepheus	Cephei	Cep	588	27	1
Cetus	Ceti	Cet	1231	4	1
Chamaeleon	Chamaeleontis	Cha	132	79	3
Circinus	Circini	Cir	93	85	6
Columba	Columbae	Col	270	54	4
Coma Berenices	Comae Berenices	Com	386	42	2
Corona Australis	Coronae Australis	CrA	128	80	1
Corona Borealis	Coronae Borealis	CrB	179	73	1
Corvus	Corvi	Crv	184	70	1
Crater	Crateris	Crt	282	53	1
Crux	Crucis	Cru	68	88	4
Cygnus	Cygni	Cyg	804	16	1
Delphinus	Delphini	Del	189	69	1
Dorado	Doradus	Dor	179	72	3
Draco	Draconis	Dra	1083	8	1
Equuleus	Equulei	Equ	72	87	1
Eridanus	Eridani	Eri	1138	6	1
Fornax	Fornacis	For	398	41	6
Gemini	Geminorum	Gem	514	30	1
Grus	Gruis	Gru	366	45	3
Hercules	Herculis	Her	1225	5	1
Horologium	Horologii	Hor	249	58	6
Hydra	Hydrae	Hya	1303	1	1
Hydrus	Hydri	Hyi	243	61	3
Indus	Indi	Ind	294	49	3
Lacerta	Lacertae	Lac	201	68	5
Leo	Leonis	Leo	947	12	1
Leo Minor	Leonis Minoris	LMi	232	64	5
Lepus	Leporis	Lep	290	51	1
Libra	Librae	Lib	538	29	1

Name	Genitiv	Abkürzung	Fläche (Grad²)	Rang der Größe	Ursprung*
Lupus	Lupi	Lup	334	46	1
Lynx	Lyncis	Lyn	545	28	5
Lyra	Lyrae	Lyr	286	52	1
Mensa	Mensae	Men	153	75	6
Microscopium	Microscopii	Mic	210	66	6
Monoceros	Monocerotis	Mon	482	35	4
Musca	Muscae	Mus	138	77	3
Norma	Normae	Nor	165	74	6
Octans	Octantis	Oct	291	50	6
Ophiuchus	Ophiuchi	Oph	948	11	1
Orion	Orionis	Ori	594	26	1
Pavo	Pavonis	Pav	378	44	3
Pegasus	Pegasi	Peg	1121	7	1
Perseus	Persei	Per	615	24	1
Phoenix	Phoenicis	Phe	469	37	3
Pictor	Pictoris	Pic	247	59	6
Pisces	Piscium	Psc	889	14	1
Piscis Austrinus	Piscis Austrini	PsA	245	60	1
Puppis	Puppis	Pup	673	20	6
Pyxis	Pyxidis	Pyx	221	65	6
Reticulum	Reticuli	Ret	114	82	6
Sagitta	Sagittae	Sge	80	86	1
Sagittarius	Sagittarii	Sgr	867	15	1
Scorpius	Scorpii	Sco	497	33	1
Sculptor	Sculptoris	Scl	475	36	6
Scutum	Scuti	Sct	109	84	5
Serpens	Serpentis	Ser	637	23	1
Sextans	Sextantis	Sex	314	47	5
Taurus	Tauri	Tau	797	17	1
Telescopium	Telescopii	Tel	252	57	6
Triangulum	Trianguli	Tri	132	78	1
Triangulum Australe	Trianguli Australis	TrA	110	83	3
Tucana	Tucanae	Tuc	295	48	3
Ursa Major	Ursae Majoris	UMa	1280	3	1
Ursa Minor	Ursae Minoris	UMi	256	56	1
Vela	Velorum	Vel	500	32	6
Virgo	Virginis	Vir	1294	2	1
Volans	Volantis	Vol	141	76	3
Vulpecula	Vulpeculae	Vul	268	55	5

* Ursprung:

1 Gehört zu den 48 von Ptolemäus festgelegten Sternbildern. Das griechische Sternbild Argo Navis wurde später in Carina, Puppis und Vela unterteilt.

2 Wurde früher als Teil des Sternbilds Löwe gesehen; 1551 führte Gerardus Mercator die Teilung durch.

3 Gehört zu den 12 südlichen Sternbildern von Keyser und de Houtman, um 1600.

4 Gehört zu den vier Sternbildern von Petrus Plancius.

5 Gehört zu den sieben Sternbildern von Hevelius.

6 Gehört zu den 14 Sternbildern des südlichen Nachthimmels von Lacaille, der auch die Teilung des griechischen Sternbilds Argo Navis in Carina, Puppis und Vela durchführte.

die Griechen festgelegt hatten. Der ganze Vorgang erscheint etwas willkürlich, und tatsächlich war er das auch. Einige der neuen Sternbilder wurden später nicht mehr verwendet, und so blieben schließlich 88 Sternbilder übrig, die 1925 von der obersten astronomischen Institution, der Internationalen Astronomischen Union, offiziell übernommen wurden (siehe auch die Tabelle auf den Seiten 6/7).

Neben den offiziellen Sternbildern finden sich noch andere Formationen am Sternenhimmel, die ein gut zu erkennendes Muster bilden, aber kein „echtes" Sternbild darstellen. Bekannte Beispiele dafür sind der Große Wagen (Teil des Großen Bären), das Herbstviereck, das Sommerdreieck oder das Wintersechseck.

Sternnamen Die wichtigsten Sterne jedes Sternbilds werden mit griechischen Buchstaben bezeichnet. Dabei trägt der hellste Stern meistens (aber nicht immer) den Buchstaben α (alpha). Zu den wesentlichen Ausnahmen, in denen die mit β (beta) bezeichneten Sterne tatsächlich die hellsten sind, gehören die Sternbilder Orion und Zwillinge. Etwas verwirrend sind die Sternbilder Vela und Puppis, die früher zusammen mit Carina das riesige Sternbild Argo Navis, das Schiff der Argonauten, bildeten. Aufgrund der

Das griechische Alphabet

α	Alpha	ι	Iota	ρ	Rho
β	Beta	κ	Kappa	σ	Sigma
γ	Gamma	λ	Lambda	τ	Tau
δ	Delta	μ	Mü	υ	Ypsilon
ε	Epsilon	ν	Nü	φ	Phi
ζ	Zeta	ξ	Xi	χ	Chi
η	Eta	ο	Omikron	ψ	Psi
ϑ	Theta	π	Pi	ω	Omega

Dreiteilung von Argo besitzen Vela und Puppis gar keine Alpha- und Beta-Sterne, während in Carina keine fortlaufenden Buchstabenbezeichnungen vorliegen.

Eingeführt wurde das Prinzip, die Sterne mit griechischen Buchstaben durchzunummerieren, von Johann Bayer, sie werden daher auch häufig als Bayer-Buchstaben bezeichnet. Der Genitiv wird verwendet, wenn man sich auf einen Stern innerhalb des Sternbilds bezieht; aus Canis Major (Großer Hund) wird so Canis Majoris, und die Bezeichnung α Canis Majoris bedeutet „der Stern α im Sternbild Canis Major". Für jedes Sternbild gibt es eine Abkürzung mit drei Buchstaben, für Canis Major z. B. steht CMa.

In den Sternbildern, die so viele Sterne beinhalten, dass das griechische Alphabet nicht ausreicht, verwendet man lateinische Buchstaben für die schwächeren Sterne, und zwar Groß- und Kleinbuchstaben wie etwa in l Carinae, P Cygni und L Puppis. Ferner existiert ein weiteres System zur Sternbestimmung. Hierbei handelt es sich um die Flamsteed-Ziffern, die einem Sternkatalog des ersten königlichen Astronomen Englands, John Flamsteed (1641– 1719), entnommen wurden. Beispiele dafür sind etwa 61 Cygni oder 70 Ophiuchi.

Vor 1925 gab es keine offiziellen Begrenzungen der Sternbilder, manche Sternbilder überlappten sich und manche Sterne gehörten zu mehreren Sternbildern. In jenem Jahr legte die Internationale Astronomische Union genaue Grenzen für die einzelnen Sternbilder fest. Dabei wurden einige Sterne, die von den Systemen Bayers und Flamsteeds einem Sternbild zugefügt worden waren, nun einem anderen Sternbild zugeordnet. So kam es zu Unterbrechungen in der Buchstaben- und Zahlenfolge.

Bedeutendere Sterne haben außerdem noch Eigennamen, unter denen man sie im Allgemeinen kennt. So heißt α Canis Major, der hellste Stern am Nachthimmel, im allgemeinen Sprachgebrauch Sirius. Namen wie dieser haben unterschiedliche Ursprünge. Einige, wie Sirius, Castor und Pollux, stammen noch aus dem alten Griechenland. Viele andere, etwa Aldebaran, sind arabischen Ursprungs. Wieder andere wurden erst später von europäischen Astronomen eingeführt, die arabische Begriffe abwandelten. Ein Beispiel dafür ist Beteigeuze: Das Wort stammt zwar aus dem Arabischen, hat aber in seiner jetzigen Form keine arabische Entsprechung mehr. Um die Verwirrung noch zu steigern, werden manche Sternnamen in verschiedenen Büchern unterschiedlich buchstabiert, außerdem haben einige Sterne mehr als nur einen Eigennamen. Wir haben uns hier für die Schreibweise des Millenium Star Atlas (herausgegeben von der Europäischen Raumfahrtzentrale und der Sky Publishing Corp., 1997) entschieden.

Sternhaufen, Nebel und Galaxien werden mithilfe eines anderen Systems klassifiziert. Den wichtigsten werden Ziffern und der Buchstabe M zugeordnet, nach dem Franzosen Charles Messier, der diese Katalogisierung zuerst durchgeführt hat. So bezeichnet M 1 den Krabbennebel und M 31 die Andromeda-Galaxie. Messiers Katalog beinhaltet 103 Objekte, später wurden noch einige weitere hinzugefügt, sodass es inzwischen 110 Objekte sind. Mit mehreren tausend Objekten weitaus umfangreicher ist der *New General Catalogue* (NGC), der von J. L. E. Dreyer zusammengestellt wurde. Zu ihm gehören außerdem zwei Ergänzungsbände, die *Index Catalogues* (IC).

Die Ziffern von Messier und des NGC werden heute noch von Astronomen verwendet und treten auch in diesem Buch auf. In den Karten werden alle Objekte mit Messier-Ziffern bezeichnet. Gibt es keine solche Ziffer, stehen stattdessen NGC-Ziffern (ohne die Abkürzung „NGC") oder IC-Ziffern (vorangestelltes „I").

Helligkeit   Dass die Sterne am Nachthimmel unterschiedlich hell sind, hat zwei Gründe. Einmal geben nicht alle gleich viel Licht ab. Ebenso bedeutsam aber ist, dass es dramatische Unterschiede in den Entfernungen von der Erde gibt. Ein mittelgroßer Stern in unserer Nähe kann deshalb heller wirken als ein gewaltiger Stern, der jedoch weit entfernt ist.

Astronomen sprechen von der Größenklasse, wenn sie die Sternhelligkeit meinen. Die Größenklassenskala wurde von dem griechischen Astronomen Hipparchos im Jahr 129 v. Chr. eingeführt. Hipparchos teilte die mit bloßem Auge sichtbaren Sterne in 6 Helligkeitsklassen ein, wobei Stufe 1 die hellsten Sterne bezeichnet und Stufe 6 die gerade noch sichtbaren. Zu seiner Zeit gab es keine Möglichkeit, die Helligkeit der Sterne genau zu vermessen, daher war diese grobe Klassifizierung völlig ausreichend. Mit dem Fortschreiten der Technologie wurde es jedoch möglich, die Helligkeit eines Sterns exakt zu messen.

Im Jahr 1856 stellte der englische Astronom Norman Pogson die Größenklassenskala auf eine solide mathematische Basis, indem er die Helligkeit eines Sterns der Größenklasse 1 als genau 100-mal heller als einen Stern der Größenklasse 6 definierte. Eine Differenz von fünf Größenklassen entspricht also einer 100-fachen Helligkeitsdifferenz, eine Größenklasse entspricht etwa der 2,5-fachen Helligkeit.

Objekte, die mehr als 250-mal so hell sind wie ein Stern der Größenklasse 6, besitzen negative Größenklassen. Sirius z.B., der hellste Stern am Nachthimmel, besitzt die Größenklasse −1,44. Am anderen Ende der Skala werden den Sternen, die schwächer leuchten als die Größenklasse 6, entsprechend größere Ziffern zugeordnet. Die am schwächsten leuchtenden Sterne, die man mit einem Teleskop von der Erde aus sehen kann, haben Größenklassen um 27.

Jedes Objekt, dessen Größenklasse 1,49 oder heller ist, gehört zur Größenklasse 1, die Objekte von 1,50 bis 2,49 gehören zur zweiten Klasse usw. Das System der Größenklassen mag zunächst verwirrend scheinen, funktioniert in der Praxis aber sehr gut und hat den Vorteil, dass es in beide Richtungen quasi unbegrenzt erweitert werden kann.

Ohne nähere Bestimmung bezieht sich die Größenklasse immer darauf, wie ein Stern von der Erde aus aussieht; genau gesagt, handelt es sich also um die *scheinbare Größenklasse*. Da die Helligkeit eines Sterns aber von der Entfernung abhängt, hat die scheinbare Größenklasse nur wenig damit zu tun, wie viel Licht ein Stern tatsächlich abgibt, welcher *absoluten Größenklasse* er also angehört. Die absolute Größenklasse eines Sterns wird als die Helligkeit definiert, die der Stern hätte, wenn er 10 Parsec von uns entfernt wäre (der Begriff Parsec wird im folgenden Kapitel erläutert).

Mithilfe der absoluten Größenklasse lässt sich die tatsächliche Helligkeit der Sterne gut vergleichen. Unsere Sonne besitzt z.B. die scheinbare Größenklasse −26,7, aber die absolute Größenklasse 4,8 (positive Ziffern werden nicht extra mit einem + gekennzeichnet). Deneb (α Cygni) dagegen gehört zu der scheinbaren Größenklasse 1,3, aber zur absoluten Größenklasse −8,7. Daraus ergibt sich, dass Deneb etwa 250 000-mal so viel Licht abgibt wie die Sonne und einer der hellsten bekannten Sterne überhaupt ist.

Die Größenklassen in diesem Buch wurden dem Hipparcos-Katalog (Europäische Raumfahrtorganisation, 1997) entnommen. Es gibt auch Sterne, deren Helligkeit aus verschiedenen Gründen schwankt. Die Gründe dafür werden in Teil II näher erläutert.

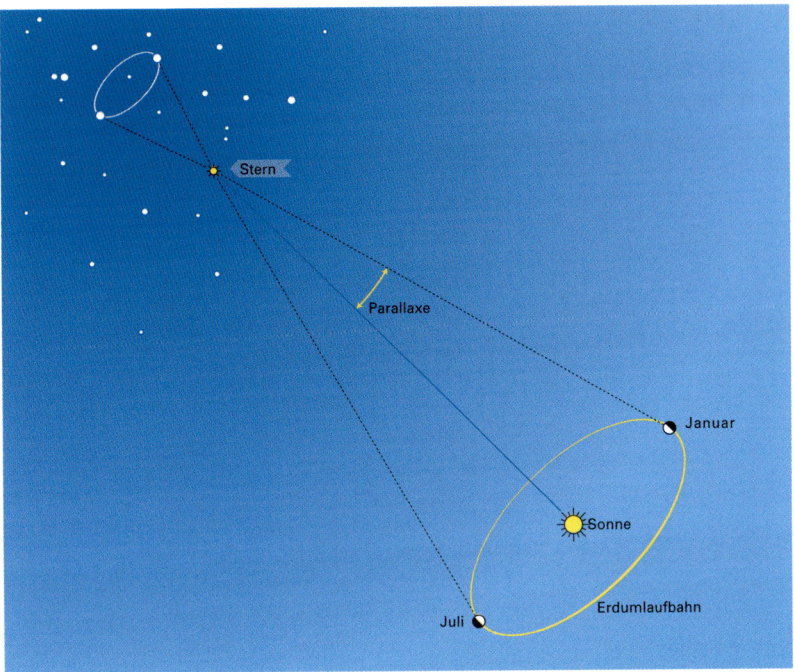

Parallaxe: Da sich die Erde um die Sonne bewegt, scheinen nahe Sterne ihre Position vor dem Nachthimmel zu verändern. Diese Positionsverschiebung nennt man Sternparallaxe. Je näher der Stern ist, desto größer seine Parallaxe. Die Parallaxe auf dieser Grafik ist aus Gründen der Deutlichkeit stark übertrieben. (Wil Tirion)

Entfernungen   Die Entfernungen im Universum sind so groß, dass Astronomen längst nicht mehr mit der vergleichsweise kleinen Einheit km (Kilometer) rechnen, sondern neue Einheiten eingeführt haben. Die bekannteste davon ist das Lichtjahr (LJ), also die Entfernung, die Licht in einem Jahr zurücklegt. Licht besitzt die größte bekannte Geschwindigkeit, es bewegt sich mit 299 792,5 km/s fort. Ein Lichtjahr entspricht 9,46 Billionen km. Sterne sind im Normalfall mehrere Lichtjahre voneinander entfernt. Der sonnennächste Stern Proxima Centauri (ein Teil des α Centauri Dreisternsystems) z. B. ist 4,2 Lichtjahre weit entfernt. Sirius ist 8,6 LJ entfernt, Deneb über 3000 LJ.

Die Entfernung naher Sterne kann folgendermaßen ermittelt werden. Die Position des Sterns wird genau gemessen, wenn sich die Erde auf der einen Seite der Sonne befindet, und dann noch einmal sechs Monate später, wenn die Erde halb um die Sonne herumgewandert ist. Wird ein naher Stern von zwei weit auseinander liegenden Punkten aus beobachtet, so wird sich seine Position im Vergleich zu den entfernteren Sternen scheinbar verändern.

Diesen Effekt bezeichnet man als Parallaxe. Man kann diesen Begriff auf alle Objekte anwenden, die von zwei Aussichtspunkten gegen einen fixen Hintergrund beobachtet werden, auch auf einen Baum vor dem Horizont.

Die Parallaxe eines Sterns ist so klein, dass man sie normalerweise nicht bemerken würde – für Proxima Centauri, den Stern mit der größten Parallaxe überhaupt, entspricht die Parallaxe etwa der Breite einer Münze in 2 km Entfernung. Wenn man die Sternparallaxe erst einmal gemessen hat, kann man die Entfernung des Sterns mit einer simplen Gleichung berechnen.

Ein Objekt mit einer Parallaxenverschiebung von 1" (eine Bogensekunde) ist nach astronomischen Maßstäben 1 Parsec entfernt. Tatsächlich ist uns aber kein Stern so nahe; die Parallaxe von Proxima Centauri beträgt 0",77. Ein Parsec entspricht 3,26 Lichtjahren. Astronomen ziehen im Allgemeinen die Einheit Parsec dem Lichtjahr vor, weil man die Parallaxe damit leichter umrechnen kann: Die Entfernung des Sterns entspricht einfach dem Kehrwert der Bogensekunde. Ein Stern in 2 Parsec Entfernung besitzt eine Parallaxe von 0",5; 4 Parsec entsprechen 0",25 usw.

Je weiter ein Stern entfernt ist, desto kleiner seine Parallaxe. Jenseits von etwa 50 Lichtjahren wird die Parallaxe so klein, dass sie mit auf der Erde stationierten Teleskopen nicht mehr gemessen werden kann. Vor dem Start des Satelliten *Hipparcos* der Europäischen Raumfahrtagentur ESA im Jahr 1989 hatten die Astronomen verlässliche Parallaxen von etwa 1000 Sternen ermittelt; aus der Umlaufbahn heraus konnte *Hipparcos* diese Zahl auf 100 000 erhöhen.

Bei Sternen, die so weit entfernt sind, dass auch *Hipparcos* keine Parallaxe mehr messen kann, ermitteln die Astronomen zunächst deren absolute Größenklasse, indem sie das Spektrum des abgegebenen Lichts untersuchen. Danach vergleichen sie die absolute mit der scheinbaren Größenklasse, um so die Entfernung zu ermitteln. Diese errechnete Entfernung kann stark von

Während sich die Erde auf ihrer Bahn bewegt, scheint die Sonne vor dem Sternhintergrund zu wandern. Der Weg der Sonne vor diesem Hintergrund wird als Ekliptik bezeichnet. Sternbilder, die die Sonne im Lauf eines Jahres durchquert, sind als Tierkreissternbilder bekannt. (Wil Tirion)

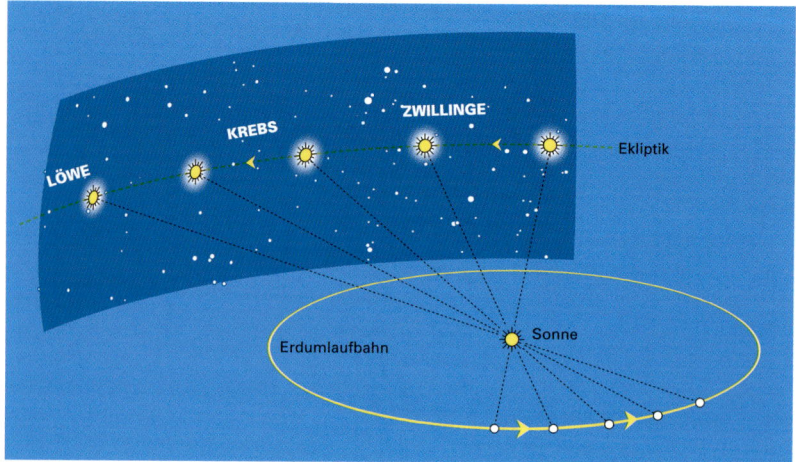

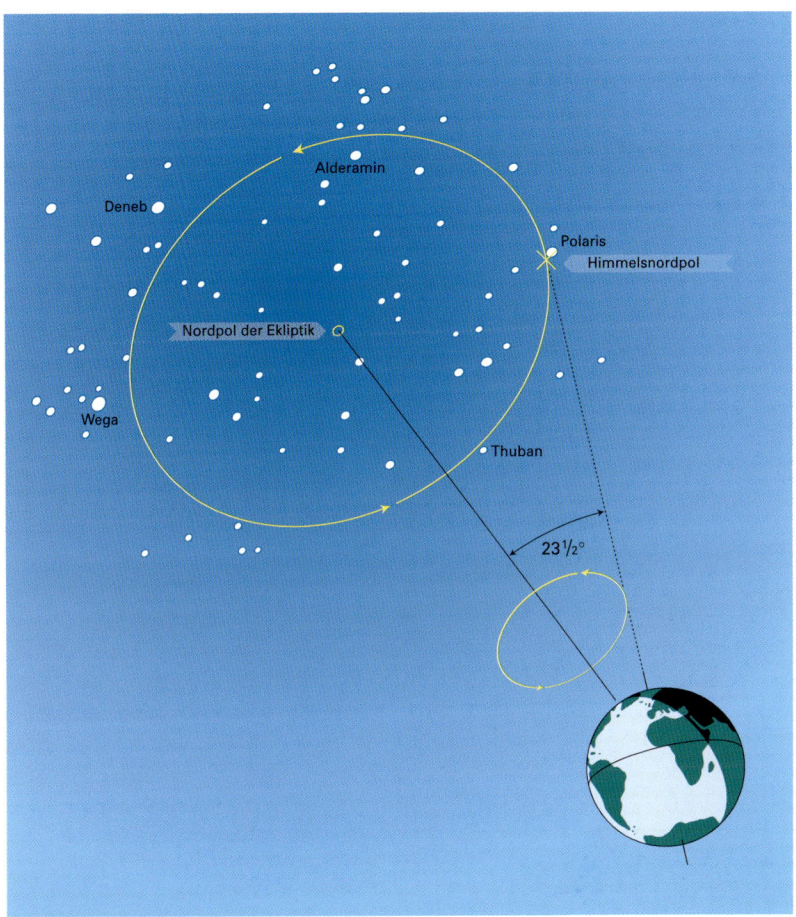

Wie ein taumelnder Kreisel schwankt auf lange Sicht auch die Erdachse. Dieser Effekt wird Präzession genannt. Dadurch beschreiben die Himmelspole innerhalb von 26 000 Jahren einen vollständigen Kreis. Auf dem Schaubild ist nur der nördliche Himmelspol zu sehen, das Gleiche geschieht aber natürlich auch auf der Südseite.

der Realität abweichen, deshalb bestehen zwischen den angegebenen Werten in einigen Büchern und Nachschlagewerken erhebliche Unterschiede.

In diesem Buch sind alle Entfernungen in Lichtjahren angegeben. Wie die Größenklassen wurden auch diese Werte dem Hipparcos-Katalog entnommen. Die meisten Entfernungen sind auf etwa 10 % genau, wobei das Fehlerrisiko mit zunehmender Entfernung wächst.

Sternpositionen   Um die Positionen von Himmelskörpern zu bestimmen, verwenden Astronomen ein System, das den Längen- und Breitengraden auf der Erde ähnelt. Das Äquivalent zum Breitengrad nennt man *Dekli-*

nation, das Äquivalent des Längengrads *Rektaszension*. Die Deklination wird in Grad, Minuten und Sekunden (°, ', ") angegeben, ausgehend von 0° am Himmelsäquator bis zu 90° an den Himmelspolen. Die Himmelspole liegen direkt auf der Verlängerung der Erdachse, während der Himmelsäquator eine Projektion des Erdäquators auf den Nachthimmel ist. Die *Rektaszension* wird in Stunden, Minuten und Sekunden (h, m, s) von 0 h bis 24 h angegeben. Null Uhr ähnelt dabei dem Längengrad der Greenwich-Zeit, so wird der Punkt definiert, an dem die Sonne jedes Jahr den Himmelsäquator auf dem Weg nach Norden überquert. Dieser Punkt wird als Frühlingspunkt bezeichnet.

Den Weg, den die Sonne im Laufe eines Jahres scheinbar am Himmel zurücklegt, nennt man Ekliptik. Dieser Weg ist um $23^1/_2°$ zum Himmelsäquator geneigt, weil die Erdachse um $23^1/_2°$ zur Vertikalen geneigt ist. Den nördlichsten bzw. südlichsten Punkt der Sonnenbahn, $23^1/_2°$ nördlich bzw. südlich des Äquators, nennt man Sonnenwende.

Auch die Eigenheit der Erdachse, langsam um den Erdmittelpunkt zu schwanken, gewinnt über längere Zeitperioden an Bedeutung. Die gedachte Verlängerung wandert am Himmel entlang und beschreibt in 26 000 Jahren einen vollständigen Kreis. Die Position der Himmelspole verändert sich also ständig, wenn auch unmerklich, und das Gleiche gilt für die Punkte, an denen die Ekliptik den Himmelsäquator schneidet. Dieses Taumeln der Erde im Raum bezeichnet man als Präzession. Die Präzession hat verschiedene Auswirkungen. Polaris ist zwar heute der Polarstern, in 11 000 Jahren wird der Himmelspol sich aber in der Nähe von Wega befinden. Und der Frühlingspunkt, der in der Zeit von 1865 bis 67 v. Chr. im Sternbild Widder lag, befindet sich heute im Sternbild Fische.

Aufgrund der Präzession werden die Koordinaten aller Himmelskörper – auch die katalogisierten Positionen von Sternen, Galaxien und sogar ganzen Sternbildern – ständig verändert. Astronomen ziehen deshalb zumeist Kataloge und Sternkarten heran, die für eine bestimmte Zeit oder Epoche gültig sind. Die Koordinaten in diesem Buch beziehen sich auf das Jahr 2000, da es etwa 50 Jahre dauert, bis die Präzession zu spürbaren Veränderungen führt, die Sternkarten also bis Mitte des 21. Jahrhunderts zu verwenden sind.

Eigenbewegungen   Alle am Himmel sichtbaren Sterne gehören zu einer gewaltigen Sternansammlung, die man Galaxis nennt. Die mit bloßem Auge sichtbaren Sterne sind uns relativ nahe. Weiter entfernte Sterne sind am Himmel als nebliges Band zu erkennen, das man Milchstraße nennt.

Die Sonne und die anderen Sterne kreisen alle um das Zentrum der Galaxis. Die Sonne benötigt etwa 250 Millionen Jahre für einen Umlauf. Andere Sterne bewegen sich mit anderen Geschwindigkeiten, etwa so wie Autos auf verschiedenen Fahrspuren der Autobahn. Das führt dazu, dass die Sterne ihre Positionen relativ zueinander langsam verändern. Diese stellare Bewegung nennt man Eigenbewegung, sie ist so gering, dass sie mit bloßem Auge auch dann nicht zu erkennen wäre, wenn man sie ein ganzes Leben lang beobachten würde. Man kann sie aber mithilfe von Teleskopen messen.

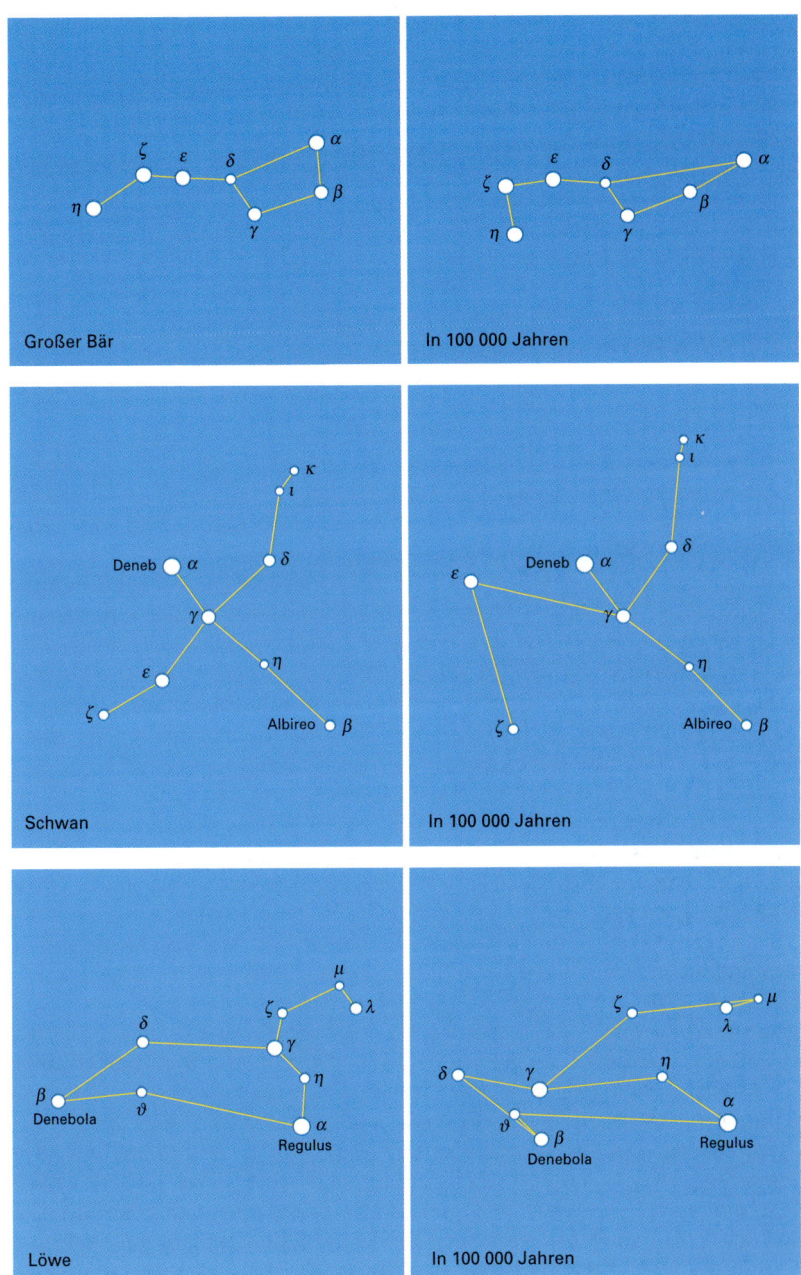

Auf der linken Seite sind drei bekannte Sternbilder zu sehen, wie sie heute am Nachthimmel erscheinen, und rechts, wie sie in 100 000 Jahren aussehen werden. Die Veränderung entsteht durch die Eigenbewegungen der Sterne. (Wil Tirion)

Würden die frühen griechischen Astronomen heute den Nachthimmel beobachten, könnten sie kaum einen Unterschied feststellen. Eine Ausnahme ist der Stern Arktur, ein heller, sich schnell bewegender Stern, der sich in den letzten 2000 Jahren um zwei Monddurchmesser verschoben hat. Über sehr lange Zeiträume hinweg führen die Eigenbewegungen der Sterne dazu, dass alle Sternbilder deutlich verzerrt werden. Die Karten auf Seite 15 zeigen einige Beispiele.

Durch die stellare Bewegung verändern sich über lange Zeiträume außerdem auch die Größenklassen der Sterne, da diese sich entweder auf uns zu oder von uns fort bewegen. Sirius wird z. B. in den nächsten 60 000 Jahren 20 % heller werden, da seine Entfernung in dieser Zeit um 0,8 Lichtjahre schrumpft. Danach wird er sich wieder von uns fort bewegen und von Wega als hellstem Stern am Himmel abgelöst. Wega wird ihre größte Helligkeit von $-0\overset{m}{,}8$ in fast 300 000 Jahren erreichen.

Das Erscheinungsbild des Himmels Drei Faktoren beeinflussen das Erscheinungsbild des Nachthimmels: die Uhrzeit, die Jahreszeit und der Breitengrad, auf dem sich der Beobachter befindet. Sehen wir uns zunächst den Einfluss des Breitengrads an. Ein Beobachter, der sich an einem der Pole befindet, also auf dem 90. Breitengrad, stünde genau unter dem Himmelspol. Von dort aus gesehen würden alle Gestirne sich um diesen Pol drehen, ohne ihre Höhe zu verändern (siehe das obere Diagramm auf der gegenüberliegenden Seite). Ein Beobachter am Äquator, also auf dem 0. Breitengrad, würde dagegen direkt auf den Himmelsäquator schauen und früher oder später alle Gestirne des Himmels sehen können. Alle Sterne gingen aufgrund der Erdrotation im Osten auf und im Westen unter (siehe das mittlere Diagramm gegenüberliegende Seite).

Die meisten Beobachter befinden sich dabei zwischen diesen beiden Extremen: Der Himmelspol liegt irgendwo zwischen Horizont und Zenit, die nahen Sterne kreisen um ihn, ohne unterzugehen (man spricht von Zirkumpolarsternen), während alle anderen auf- und untergehen. Der exakte Winkel des Himmelspols über dem Äquator hängt von der Position des Beobachters ab. Wenn jemand auf dem 50. Breitengrad Nord steht, befindet sich aus seiner Sicht der nördliche Himmelspol 50° über dem Horizont (siehe unteres Diagramm Seite 17). Wenn man sich dagegen auf dem 30. Breitengrad der Südhalbkugel befindet, liegt der südliche Himmelspol 30° über dem südlichen Horizont.

Aufgrund der Erdrotation bewegen sich die Sterne mit einer Geschwindigkeit von 15° pro Stunde über den Himmel (die Erde dreht sich in 24 h um 360°). Das Erscheinungsbild des Himmels verändert sich also im Lauf der Nacht. Hinzu kommt noch, dass die Erde um die Sonne wandert, also verändern sich auch die Sternbilder im Lauf eines Jahres. Ein Sternbild wie Orion ist z. B. im Dezember und Januar sehr gut zu sehen, steht aber sechs Monate später tagsüber am Himmel und ist daher nicht sichtbar. Die Karten auf den Seiten 24–71 helfen Ihnen dabei herauszufinden, welche Sterne zu sehen sind, je nachdem, wo und wann Sie den Himmel beobachten.

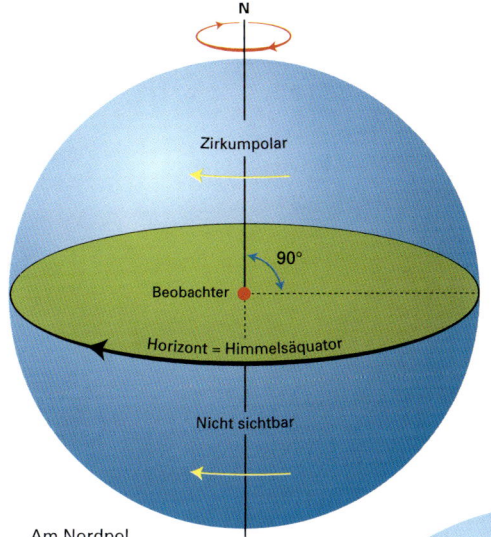

Am Nordpol

Das veränderliche Erscheinungsbild des Nachthimmels ist abhängig von der Position des Beobachters.

Links: Am Pol ist nur eine Hälfte des Nachthimmels sichtbar, die andere Hälfte befindet sich ständig unterhalb des Horizonts.

Rechts: Am Äquator dagegen ist der ganze Nachthimmel sichtbar; da die Erde rotiert, scheinen die Sterne von Osten nach Westen über den Himmel zu ziehen.

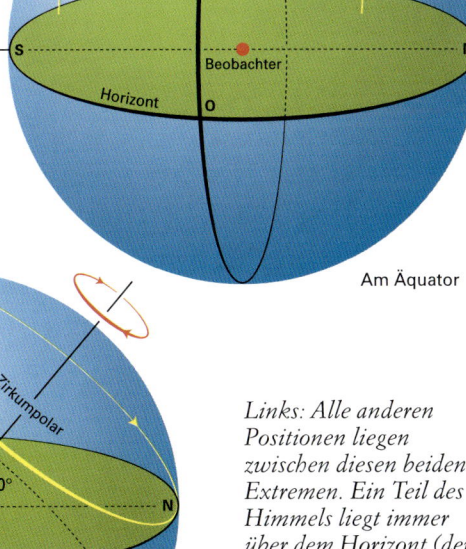

Am Äquator

Links: Alle anderen Positionen liegen zwischen diesen beiden Extremen. Ein Teil des Himmels liegt immer über dem Horizont (der zirkumpolare Abschnitt), ein genauso großer Teil ist ständig unsichtbar. Die Sterne dazwischen gehen im Lauf der Nacht auf bzw. unter. (Wil Tirion)

50° nördl. Breite

Sternstrichspuren über dem William-Herschel-Teleskop auf der kanarischen Insel La Palma. Die Aufnahme entstand mit Langzeitbelichtung. Der helle Stern nahe des Zentrums ist Polaris, der Polarstern. (Nik Szymanek)

Die Sternkarten

Die Karten der Hemisphären Die Karten auf den folgenden vier Seiten zeigen die vollständige nördliche und südliche Halbkugel des Himmels. Neben den wichtigsten Sternen jeder Hemisphäre zeigen die Karten auch das helle Band der Milchstraße; die gestrichelte Linie entspricht der Ekliptik, der Sonnenbahn am Himmel. Sichtbare Planeten befinden sich immer in der Nähe der Ekliptik.

Rund um die Karten sind die Monate verzeichnet, um das Auffinden der wichtigsten Sternbilder um 22 Uhr zu erleichtern. Beobachter in gemäßigten Breiten auf der Nordhalbkugel nehmen die Karte der nördlichen Halbkugel zur Hand und drehen sie so, dass der gegenwärtige Monat ganz unten steht. Die Karte zeigt nun, wie der sichtbare Nachthimmel aussieht, wenn man direkt nach Süden schaut. Man dreht die Karte um 15° pro Stunde gegen den Uhrzeigersinn nach 22 Uhr bzw. mit dem Uhrzeigersinn vor 22 Uhr.

Beobachter in mittleren Breiten auf der Südhalbkugel nehmen die Karte der südlichen Hemisphäre zur Hand und verfahren genauso. Die Karte zeigt nun, wie der Nachthimmel aussieht, wenn man direkt nach Norden schaut. Drehen Sie die Karte um 15° gegen den Uhrzeigersinn für jede Stunde vor 22 Uhr bzw. mit dem Uhrzeigersinn für jede Stunde nach 22 Uhr. (Während der Sommerzeit gelten diese Regeln für 23 statt 22 Uhr.)

Die Monatskarten Im Anschluss folgt eine Reihe von Karten, die den Nachthimmel Mitte des Monats um 22 bzw. 23 Uhr (Sommerzeit) von verschiedenen Breitengraden aus in nördlicher bzw. südlicher Richtung zeigen. Die erste Serie gilt für die Breitengrade 10° bis 60° auf der Nordhalbkugel, die zweite Serie für den Bereich Äquator bis 50° südlicher Breite. (Auch für 10° südlicher bzw. nördlicher Breitengrade sind die Karten ohne nennenswerte Fehler zu verwenden.) Die gebogenen Linien bezeichnen den Horizont für die jeweiligen Breitengrade. In Verbindung mit den Karten der Hemisphären sollten Sie in der Lage sein, von jedem Punkt der Erde aus alle Sterne am Himmel identifizieren zu können.

Die Sternbildkarten Das Kernstück dieses Buchs sind die Karten einzelner Sternbilder mit Beschreibungen der hellsten und wichtigsten Sterne. Abgebildet sind alle Sterne bis Größenklasse 6, die Größe der Symbole wächst je halbe Größenklasse, außerdem die wichtigsten Deep-Sky-Objekte inner- und außerhalb der Milchstraße (Sternhaufen, Nebel und Galaxien). Insgesamt sind etwa 5000 Sterne zu sehen. Alle Sternbildkarten haben denselben Maßstab, die einzige Ausnahme ist das weit verzweigte Sternbild Hydra, das größte aller Sternbilder. Hier wurde der Maßstab angepasst, damit das Sternbild auf der Karte vollständig zu sehen ist. Besonders interessante Erscheinungen am Himmel wie die Sternhaufen der Hyaden und Plejaden im Sternbild Taurus (Stier) sowie der Orion-Nebel sind auf speziellen Karten mit angepasstem Maßstab abgebildet.

Wir hoffen, dass die Karten und Beschreibungen dieses Buchs Ihnen gute Gefährten in vielen Nächten der Himmelserforschung sein werden. Viel Spaß!

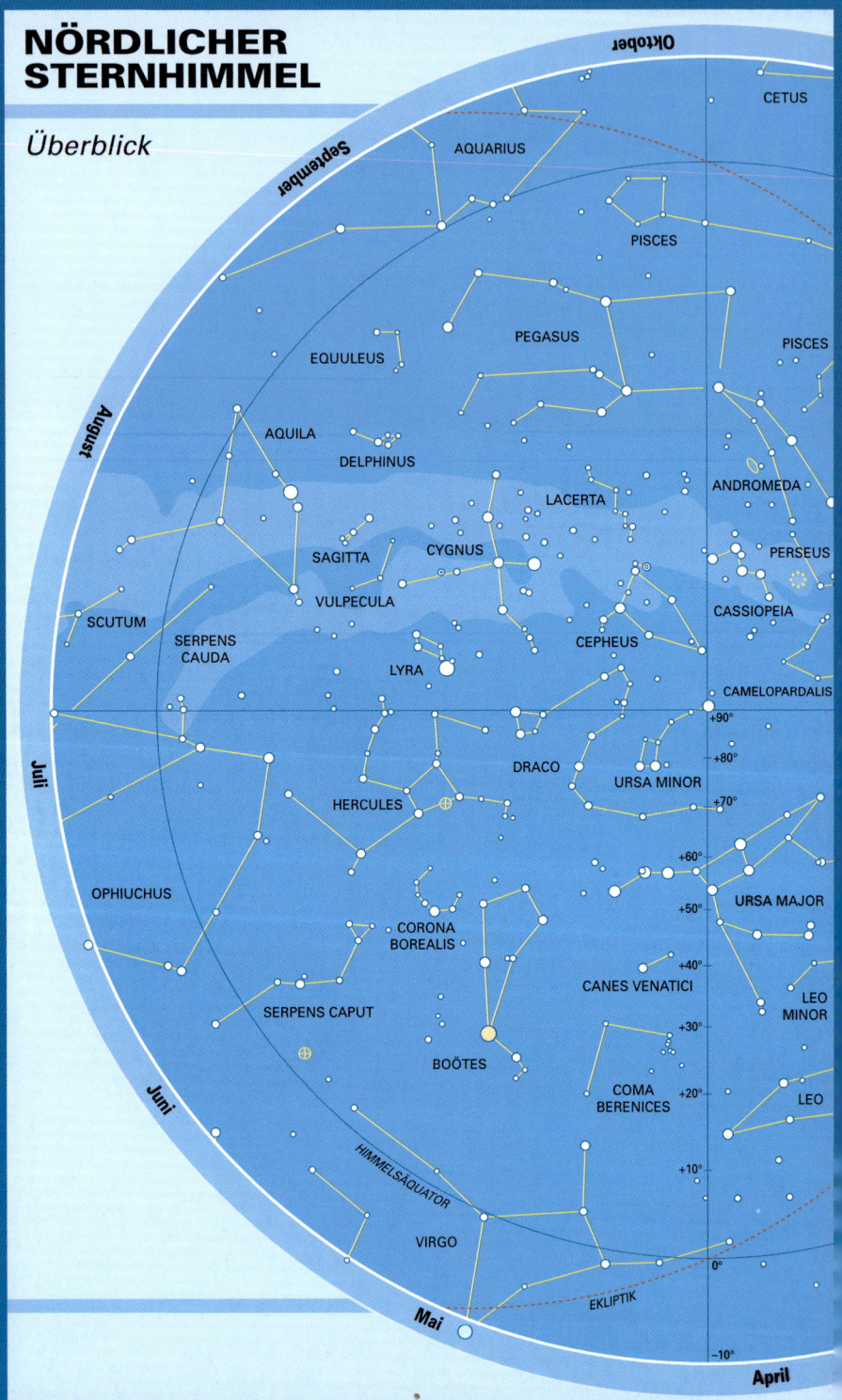

NÖRDLICHER STERNHIMMEL

Überblick

Oktober

September

August

Juli

Juni

Mai

April

CETUS

AQUARIUS

PISCES

PEGASUS

PISCES

EQUULEUS

ANDROMEDA

AQUILA

DELPHINUS

LACERTA

PERSEUS

SAGITTA

CYGNUS

CASSIOPEIA

VULPECULA

SCUTUM

SERPENS
CAUDA

CEPHEUS

CAMELOPARDALIS

LYRA

+90°

+80°

DRACO

URSA MINOR

+70°

HERCULES

+60°

URSA MAJOR

+50°

OPHIUCHUS

CORONA
BOREALIS

+40°

CANES VENATICI

LEO
MINOR

SERPENS CAPUT

+30°

COMA
BERENICES

+20°

LEO

BOÖTES

+10°

HIMMELSÄQUATOR

0°

VIRGO

EKLIPTIK

−10°

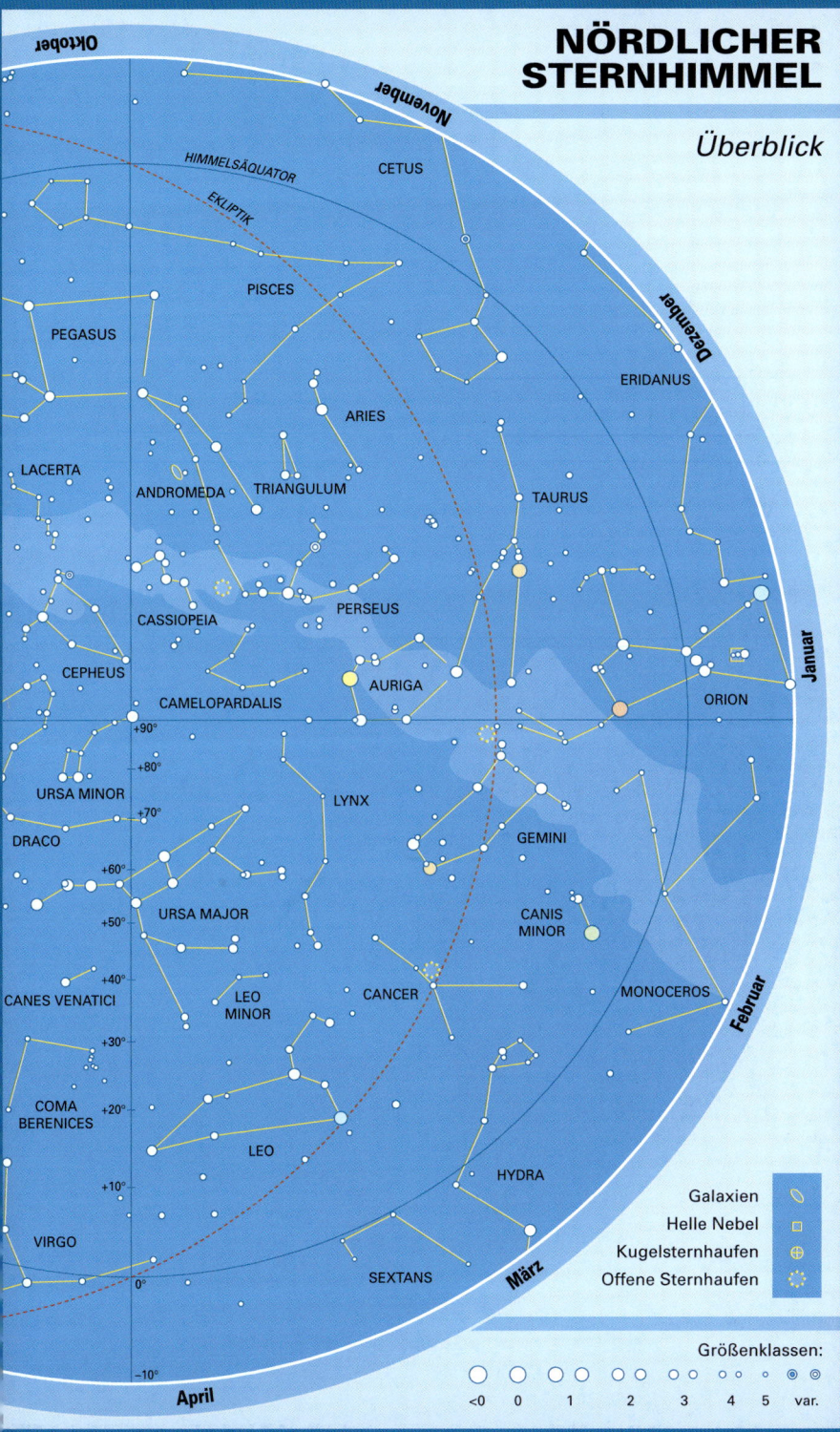

NÖRDLICHER STERNHIMMEL

Überblick

Oktober

November

CETUS

Dezember

HIMMELSÄQUATOR

EKLIPTIK

PISCES

ERIDANUS

PEGASUS

ARIES

LACERTA

ANDROMEDA

TRIANGULUM

TAURUS

CASSIOPEIA

PERSEUS

Januar

CEPHEUS

AURIGA

ORION

CAMELOPARDALIS

+90°

+80°

URSA MINOR

+70°

LYNX

GEMINI

DRACO

+60°

+50°

CANIS MINOR

URSA MAJOR

+40°

CANES VENATICI

LEO MINOR

CANCER

MONOCEROS

Februar

+30°

+20°

COMA BERENICES

LEO

+10°

HYDRA

VIRGO

0°

SEXTANS

März

−10°

April

	Galaxien	
	Helle Nebel	
	Kugelsternhaufen	
	Offene Sternhaufen	

Größenklassen:

| <0 | 0 | 1 | 2 | 3 | 4 | 5 | var. |

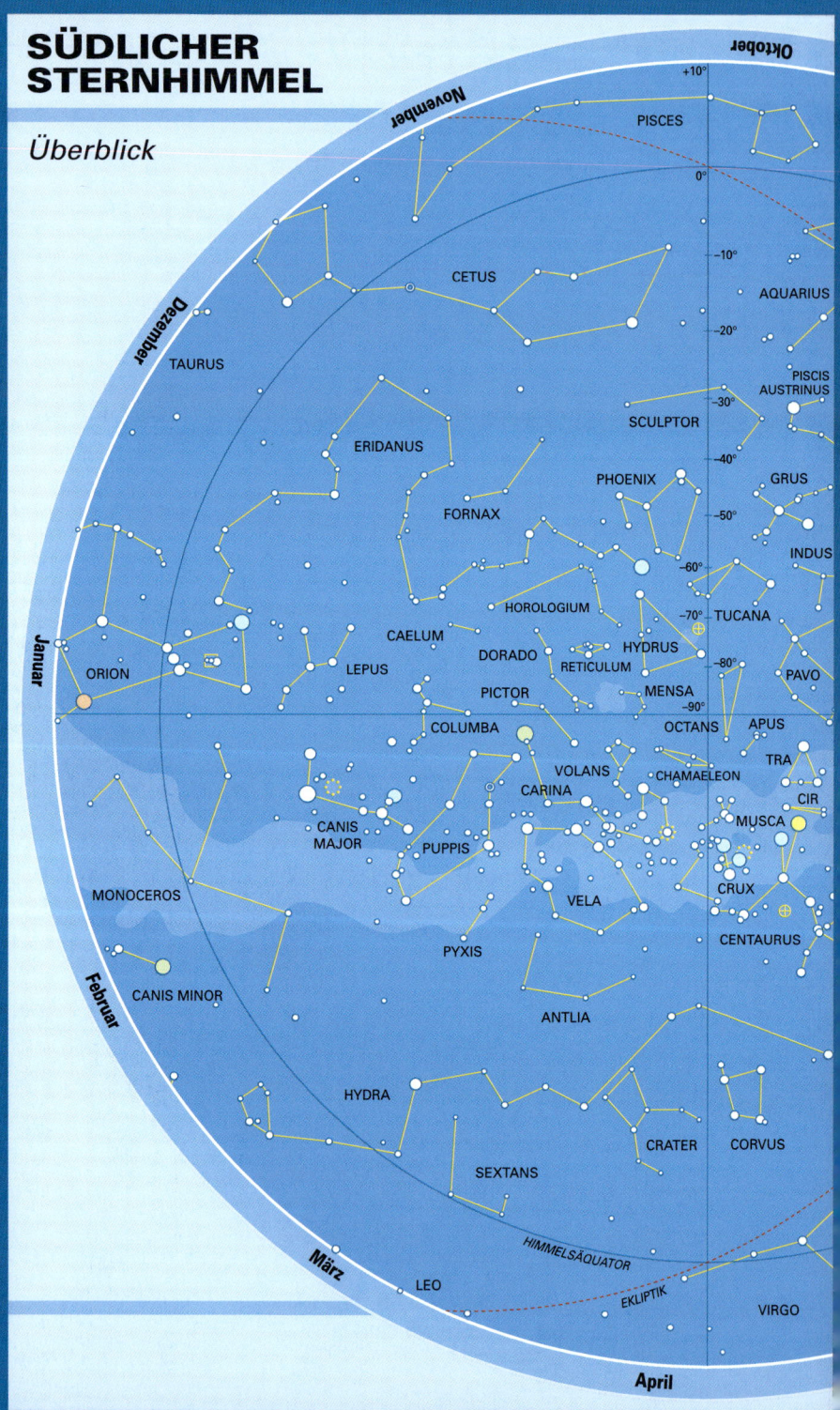

SÜDLICHER STERNHIMMEL

Überblick

Oktober
November
Dezember
Januar
Februar
März
April

+10°
0°
−10°
−20°
−30°
−40°
−50°
−60°
−70°
−80°
−90°

PISCES
CETUS
TAURUS
AQUARIUS
PISCIS AUSTRINUS
SCULPTOR
PHOENIX
GRUS
INDUS
ERIDANUS
FORNAX
HOROLOGIUM
TUCANA
PAVO
CAELUM
HYDRUS
DORADO
RETICULUM
MENSA
APUS
LEPUS
PICTOR
OCTANS
ORION
COLUMBA
VOLANS
CHAMAELEON
TRA
CIR
CARINA
MUSCA
CANIS MAJOR
PUPPIS
CRUX
MONOCEROS
VELA
CENTAURUS
PYXIS
CANIS MINOR
ANTLIA
HYDRA
CRATER
CORVUS
SEXTANS
HIMMELSÄQUATOR
LEO
EKLIPTIK
VIRGO

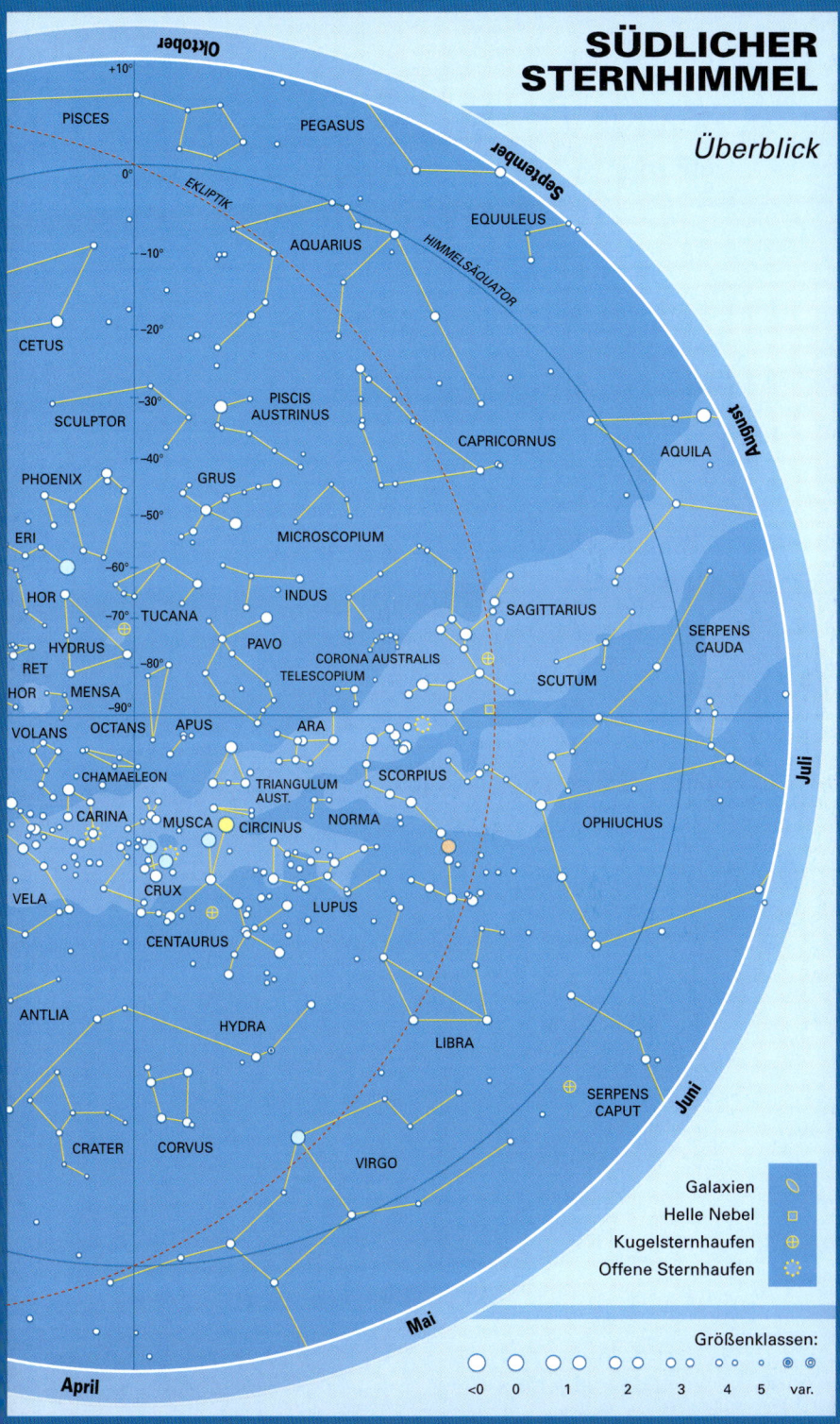

SÜDLICHER STERNHIMMEL

Überblick

Oktober
+10°
0°
−10°
−20°
−30°
−40°
−50°
−60°
−70°
−80°
−90°

EKLIPTIK

HIMMELSÄQUATOR

September

August

Juli

Juni

Mai

April

PISCES
PEGASUS
EQUULEUS
AQUARIUS
CETUS
SCULPTOR
PISCIS AUSTRINUS
CAPRICORNUS
AQUILA
PHOENIX
GRUS
ERI
HOR
MICROSCOPIUM
TUCANA
INDUS
PAVO
SAGITTARIUS
SERPENS CAUDA
HYDRUS
RET
HOR
MENSA
CORONA AUSTRALIS
TELESCOPIUM
SCUTUM
VOLANS
OCTANS
APUS
ARA
CHAMAELEON
TRIANGULUM AUST.
SCORPIUS
CARINA
MUSCA
CIRCINUS
NORMA
OPHIUCHUS
CRUX
CENTAURUS
LUPUS
VELA
ANTLIA
HYDRA
LIBRA
SERPENS CAPUT
CRATER
CORVUS
VIRGO

Galaxien
Helle Nebel
Kugelsternhaufen
Offene Sternhaufen

Größenklassen:
<0   0   1   2   3   4   5   var.

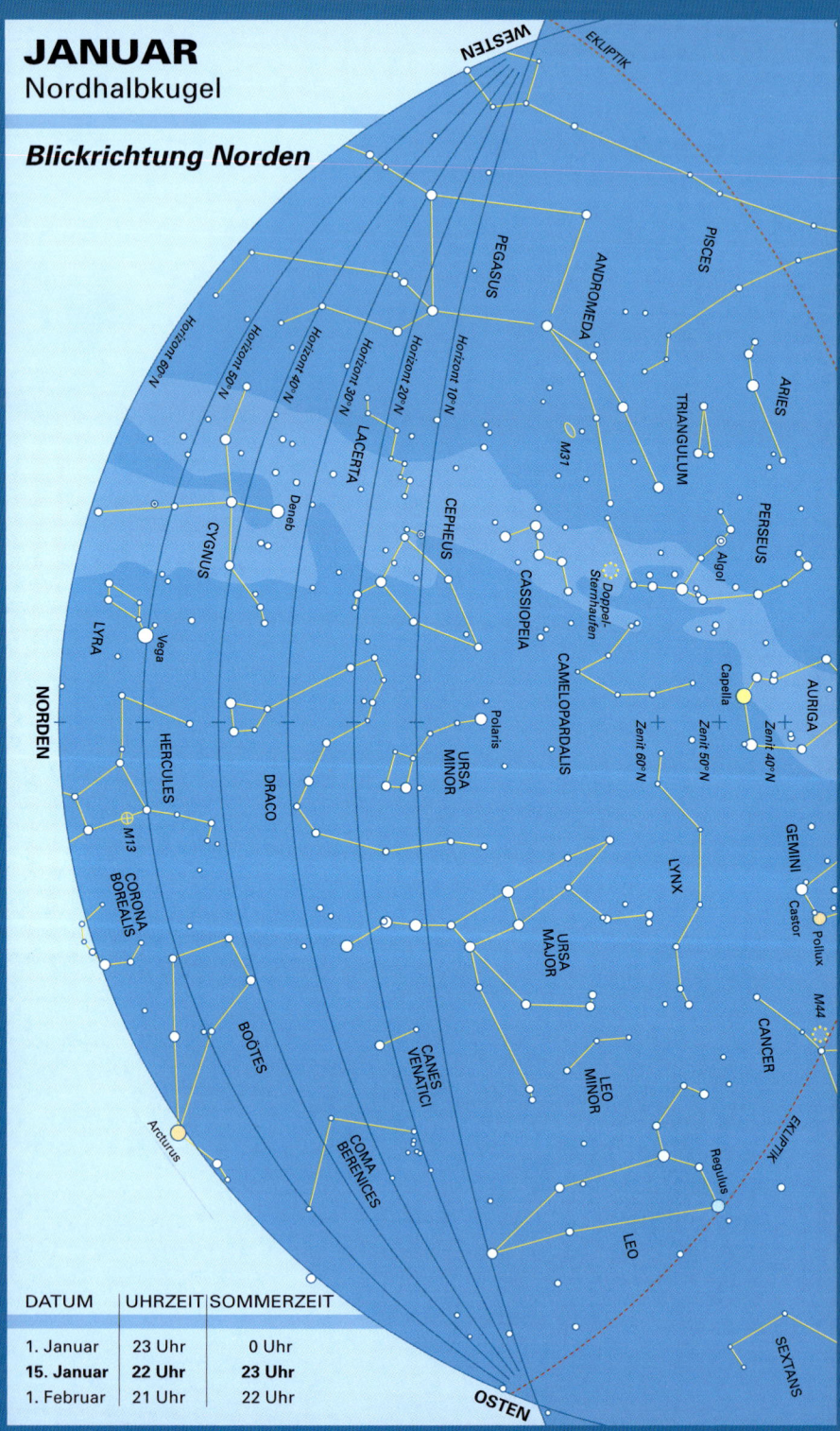

JANUAR
Nordhalbkugel

Blickrichtung Norden

WESTEN

EKLIPTIK

Horizont 60° N
Horizont 50° N
Horizont 40° N
Horizont 30° N
Horizont 20° N
Horizont 10° N

PEGASUS

ANDROMEDA

PISCES

ARIES

TRIANGULUM

M31

PERSEUS

Algol

LACERTA

Deneb

CEPHEUS

CASSIOPEIA

CAMELOPARDALIS

Doppel-Sternhaufen

Capella

AURIGA

Zenit 40° N

CYGNUS

Zenit 50° N

Zenit 60° N

LYRA

Vega

Polaris

URSA MINOR

NORDEN

HERCULES

DRACO

GEMINI

Castor

Pollux

M13

LYNX

M44

CORONA BOREALIS

URSA MAJOR

CANCER

LEO MINOR

BOÖTES

CANES VENATICI

COMA BERENICES

Arcturus

LEO

Regulus

EKLIPTIK

SEXTANS

OSTEN

DATUM	UHRZEIT	SOMMERZEIT
1. Januar	23 Uhr	0 Uhr
15. Januar	**22 Uhr**	**23 Uhr**
1. Februar	21 Uhr	22 Uhr

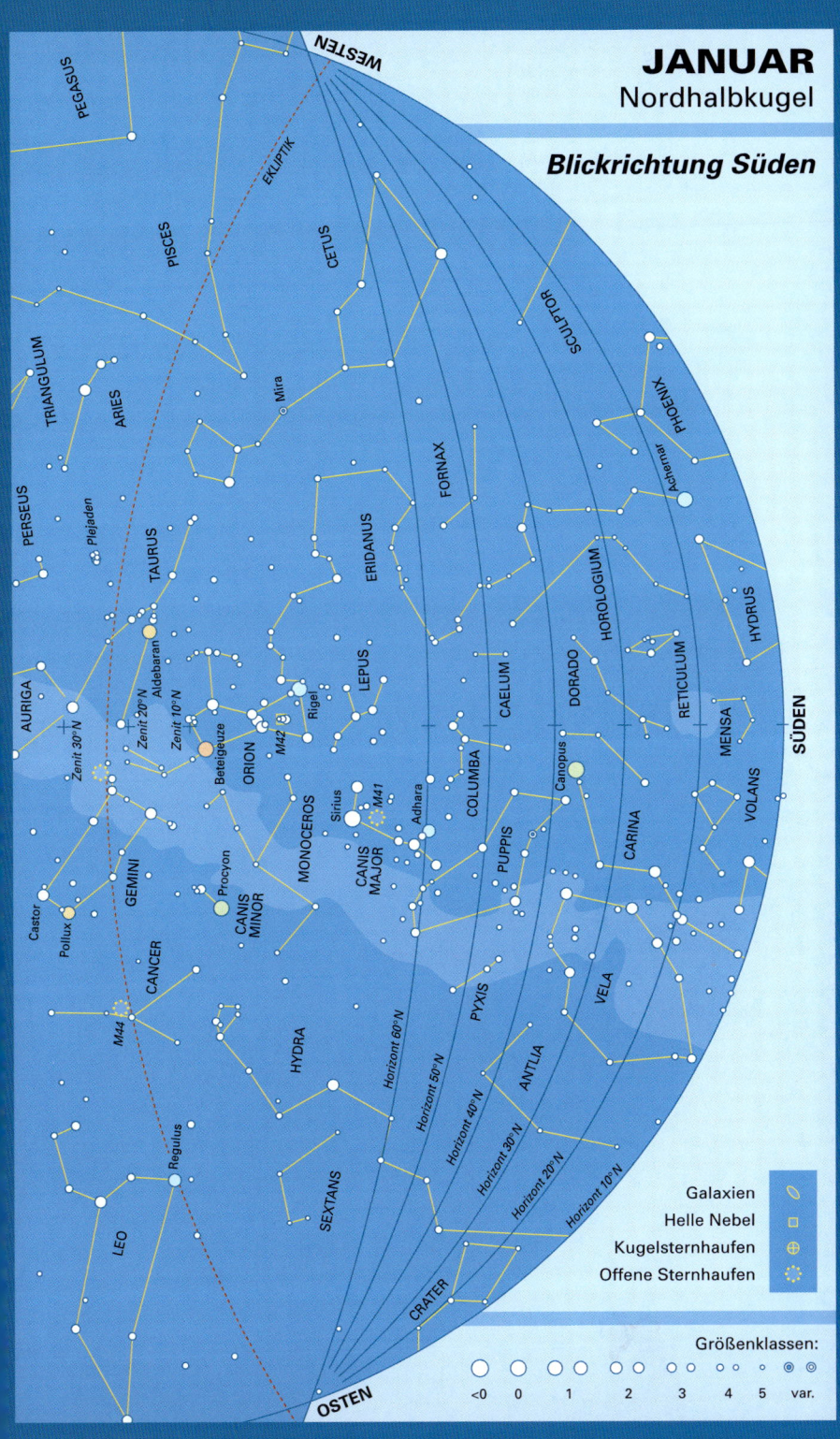

JANUAR
Nordhalbkugel

Blickrichtung Süden

PEGASUS

WESTEN

EKLIPTIK

PISCES

CETUS

SCULPTOR

TRIANGULUM

ARIES

Mira

PHOENIX

Achernar

PERSEUS

Plejaden

TAURUS

FORNAX

ERIDANUS

HYDRUS

HOROLOGIUM

RETICULUM

Aldebaran

Zenit 20° N

Zenit 10° N

LEPUS

CAELUM

DORADO

MENSA

AURIGA

Rigel

Zenit 30° N

M42

Beteigeuze

ORION

COLUMBA

VOLANS

SÜDEN

GEMINI

MONOCEROS

Sirius

M41

Adhara

CANIS MAJOR

PUPPIS

Canopus

CARINA

Castor

Pollux

Procyon

CANIS MINOR

VELA

CANCER

PYXIS

M44

HYDRA

ANTLIA

Horizont 60° N

Horizont 50° N

Horizont 40° N

Horizont 30° N

Horizont 20° N

Horizont 10° N

LEO

Regulus

SEXTANS

CRATER

OSTEN

Galaxien
Helle Nebel
Kugelsternhaufen
Offene Sternhaufen

Größenklassen:

<0   0   1   2   3   4   5   var.

25

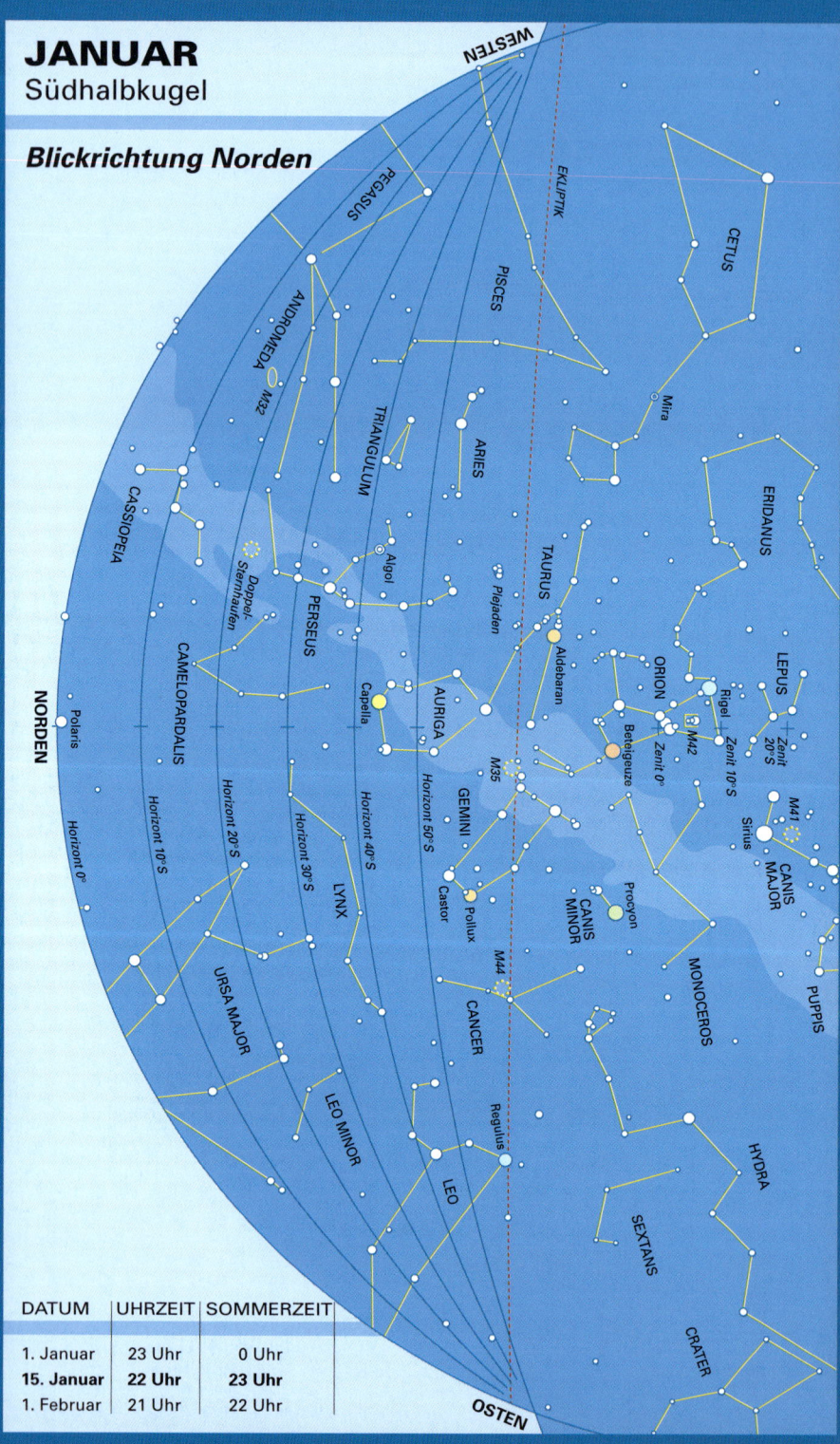

JANUAR
Südhalbkugel

Blickrichtung Norden

WESTEN

NORDEN

OSTEN

EKLIPTIK

PEGASUS

ANDROMEDA

M32

CASSIOPEIA

TRIANGULUM

PISCES

ARIES

CETUS

Mira

ERIDANUS

CAMELOPARDALIS

PERSEUS

Algol

Doppel-Sternhaufen

Plejaden

TAURUS

Aldebaran

ORION

Betelgeuze

Zenit 0°

M42

Rigel

Zenit 10°S

Zenit 20°S

LEPUS

M41

Sirius

CANIS MAJOR

Polaris

Horizont 0°

Horizont 10°S

Horizont 20°S

Horizont 30°S

Horizont 40°S

Horizont 50°S

Capella

AURIGA

M35

GEMINI

Castor

Pollux

CANIS MINOR

Procyon

MONOCEROS

PUPPIS

LYNX

URSA MAJOR

CANCER

M44

LEO MINOR

LEO

Regulus

SEXTANS

HYDRA

CRATER

DATUM	UHRZEIT	SOMMERZEIT
1. Januar	23 Uhr	0 Uhr
15. Januar	**22 Uhr**	**23 Uhr**
1. Februar	21 Uhr	22 Uhr

26

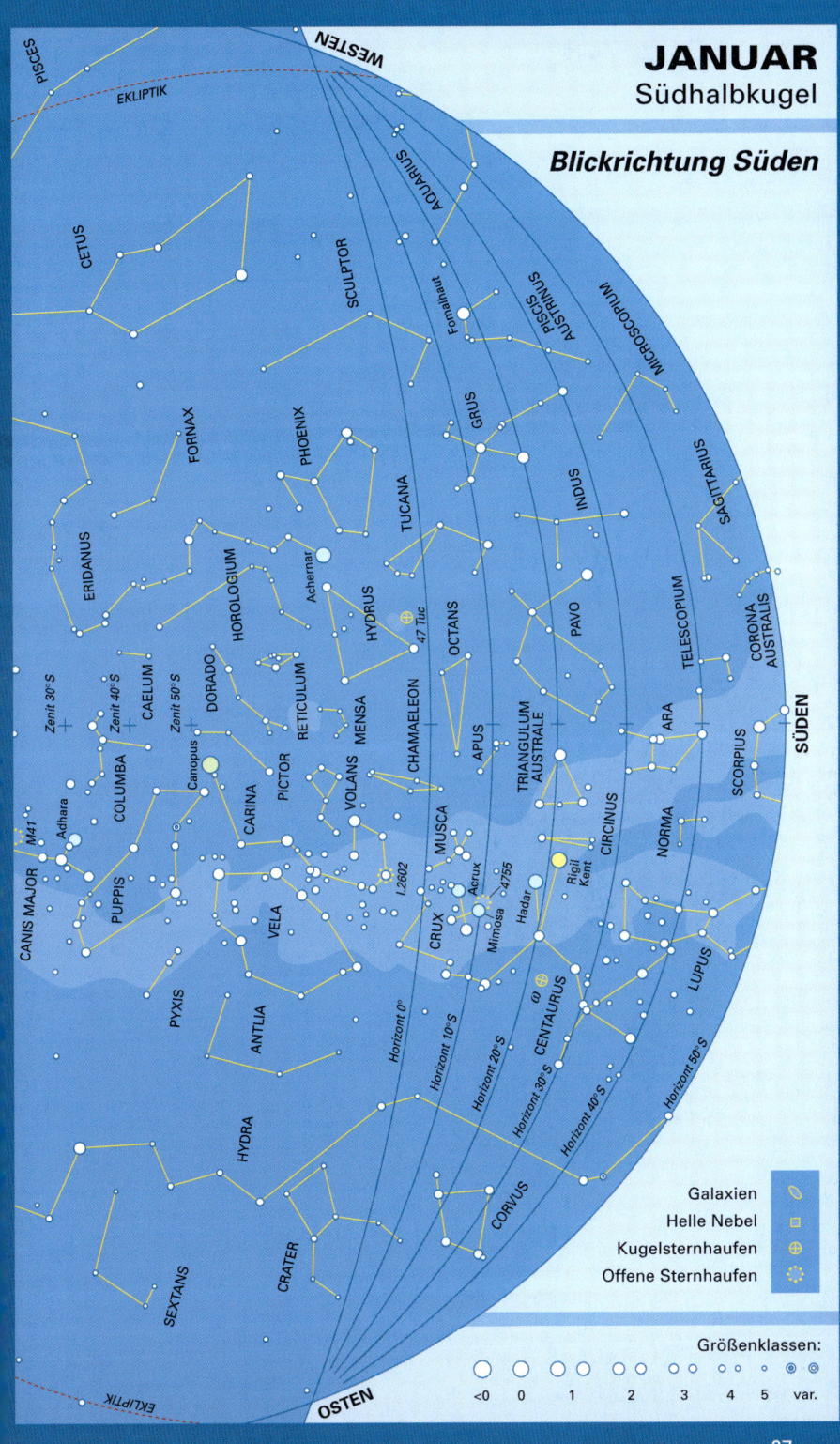

JANUAR
Südhalbkugel

Blickrichtung Süden

WESTEN

PISCES
EKLIPTIK
CETUS
AQUARIUS
SCULPTOR
PISCIS AUSTRINUS
Fomalhaut
MICROSCOPIUM
FORNAX
PHOENIX
GRUS
SAGITTARIUS
ERIDANUS
HOROLOGIUM
Achernar
TUCANA
INDUS
HYDRUS
47 Tuc
PAVO
TELESCOPIUM
CORONA AUSTRALIS
Zenit 30° S
CAELUM
Zenit 40° S
RETICULUM
DORADO
OCTANS
Zenit 50° S
PICTOR
MENSA
CHAMAELEON
APUS
TRIANGULUM AUSTRALE
ARA
SÜDEN
COLUMBA
Canopus
CARINA
VOLANS
MUSCA
CIRCINUS
SCORPIUS
CANIS MAJOR
Adhara
M41
PUPPIS
I.2602
Acrux
4755
Hadar
Rigil Kent
NORMA
Mimosa
CRUX
LUPUS
PYXIS
VELA
CENTAURUS
ANTLIA
Horizont 0°
Horizont 10° S
Horizont 20° S
Horizont 30° S
Horizont 40° S
Horizont 50° S
HYDRA
CORVUS
CRATER
SEXTANS
EKLIPTIK
OSTEN

Galaxien
Helle Nebel
Kugelsternhaufen
Offene Sternhaufen

Größenklassen:
<0 0 1 2 3 4 5 var.

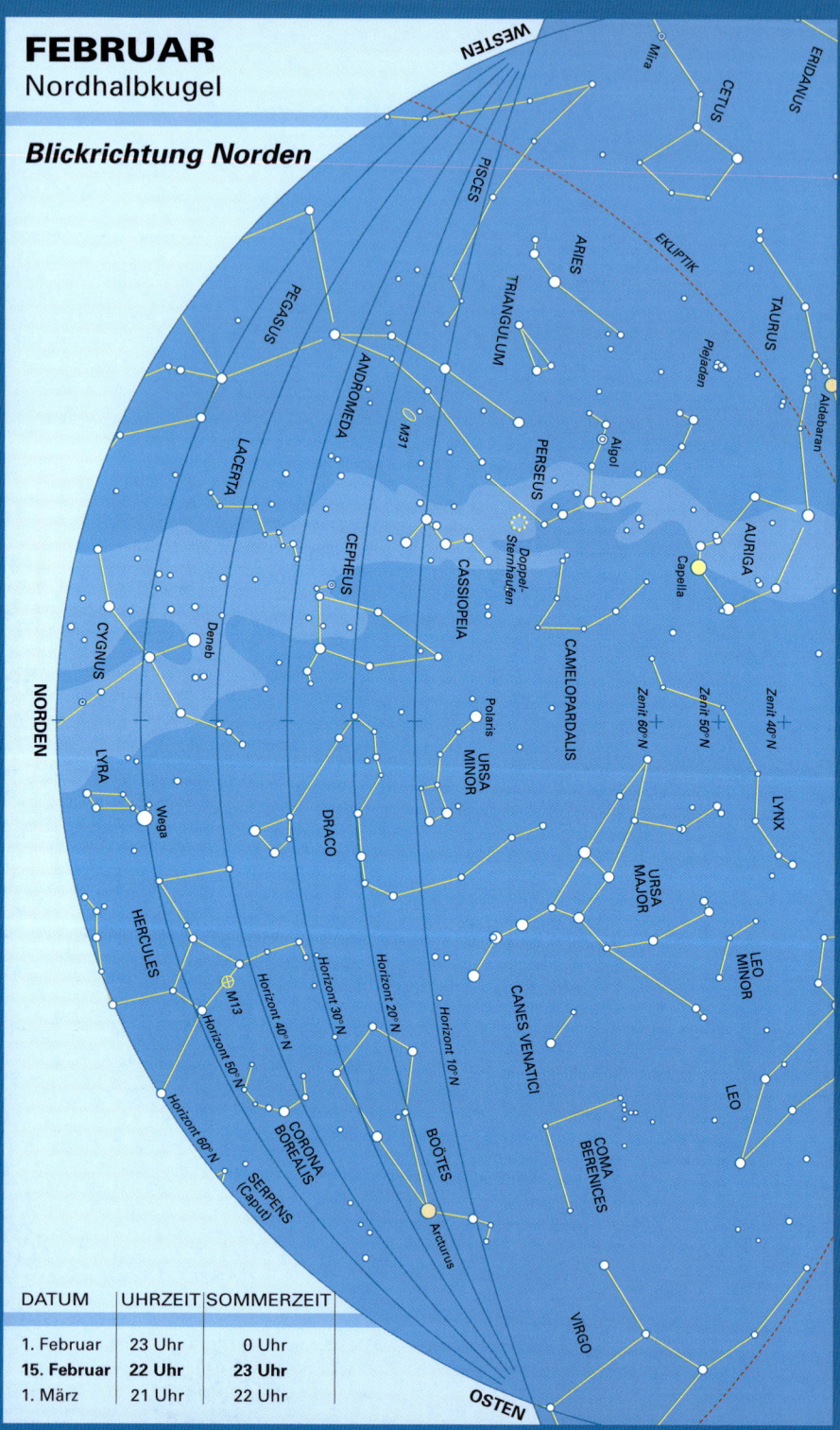

FEBRUAR
Nordhalbkugel

Blickrichtung Norden

WESTEN

ERIDANUS

Mira

CETUS

PISCES

ARIES

EKLIPTIK

TRIANGULUM

TAURUS

Plejaden

Aldebaran

PEGASUS

ANDROMEDA

M31

PERSEUS

Algol

AURIGA

Capella

LACERTA

Doppel-Sternhaufen

CEPHEUS

CASSIOPEIA

CAMELOPARDALIS

Zenit 60° N

Zenit 50° N

Zenit 40° N

CYGNUS

Deneb

Polaris

URSA MINOR

LYNX

NORDEN

LYRA

Wega

DRACO

URSA MAJOR

LEO MINOR

LEO

HERCULES

M13

Horizont 50° N

Horizont 40° N

Horizont 30° N

Horizont 20° N

Horizont 10° N

CANES VENATICI

COMA BERENICES

Horizont 60° N

CORONA BOREALIS

SERPENS (Caput)

BOÖTES

Arcturus

VIRGO

OSTEN

DATUM	UHRZEIT	SOMMERZEIT
1. Februar	23 Uhr	0 Uhr
15. Februar	**22 Uhr**	**23 Uhr**
1. März	21 Uhr	22 Uhr

28

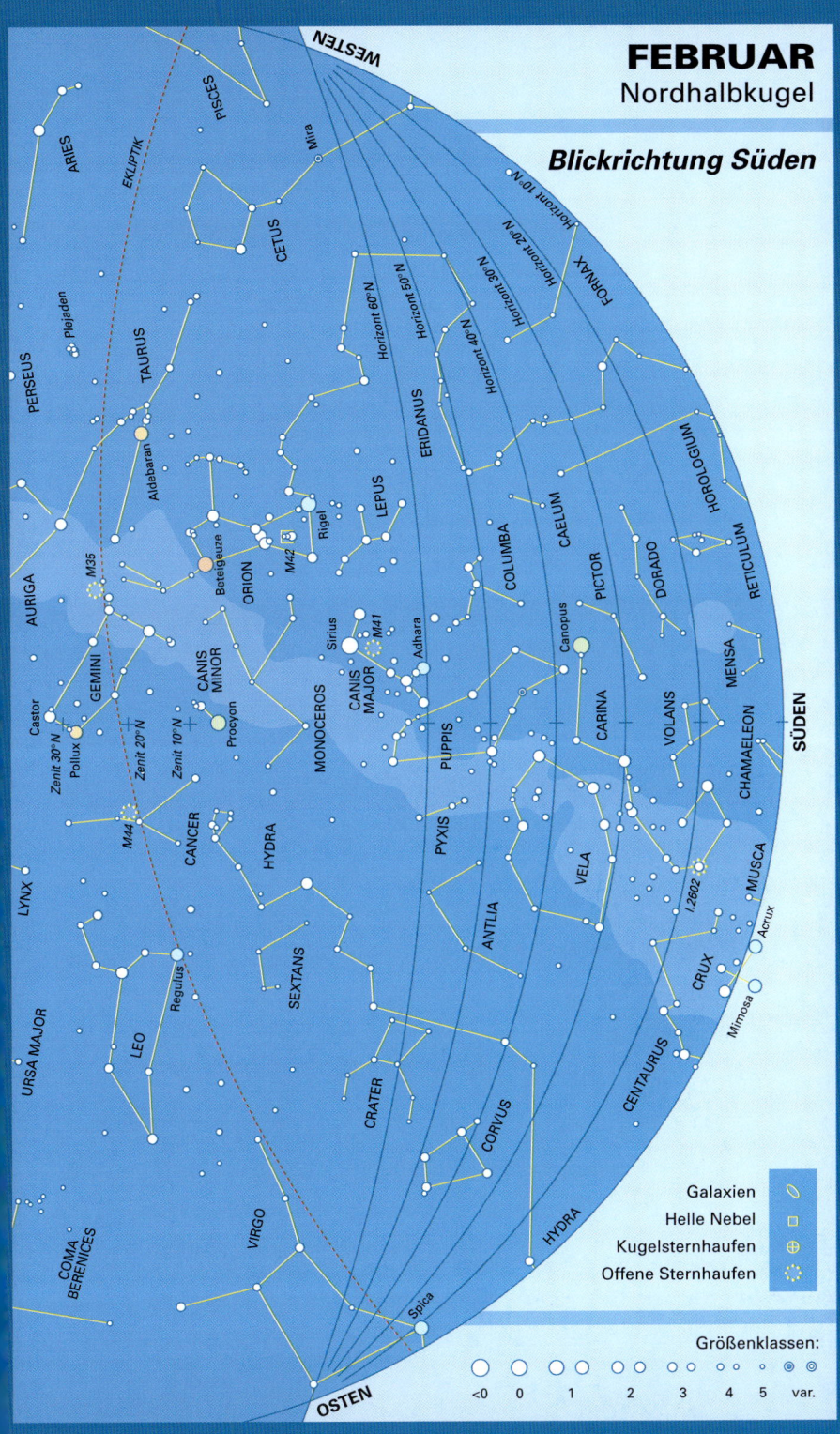

FEBRUAR
Nordhalbkugel

Blickrichtung Süden

WESTEN

OSTEN

SÜDEN

PISCES

ARIES

EKLIPTIK

Mira

CETUS

PERSEUS

Plejaden

TAURUS

Aldebaran

FORNAX

Horizont 10° N
Horizont 20° N
Horizont 30° N
Horizont 40° N
Horizont 50° N
Horizont 60° N

HOROLOGIUM

RETICULUM

ERIDANUS

LEPUS

CAELUM

PICTOR

DORADO

MENSA

COLUMBA

M35

AURIGA

Betelgeuze

Rigel

M42

ORION

GEMINI

Castor

Pollux

CANIS MINOR

Sirius

M41

Adhara

CANIS MAJOR

Canopus

CARINA

VOLANS

CHAMAELEON

Zenit 30° N
Zenit 20° N
Zenit 10° N

Procyon

MONOCEROS

PUPPIS

VELA

MUSCA

Acrux

M44

CANCER

HYDRA

PYXIS

I.2602

LYNX

ANTLIA

CRUX

Mimosa

URSA MAJOR

Regulus

LEO

SEXTANS

CENTAURUS

CRATER

CORVUS

COMA BERENICES

VIRGO

HYDRA

Spica

Galaxien
Helle Nebel
Kugelsternhaufen
Offene Sternhaufen

Größenklassen:

<0   0   1   2   3   4   5   var.

29

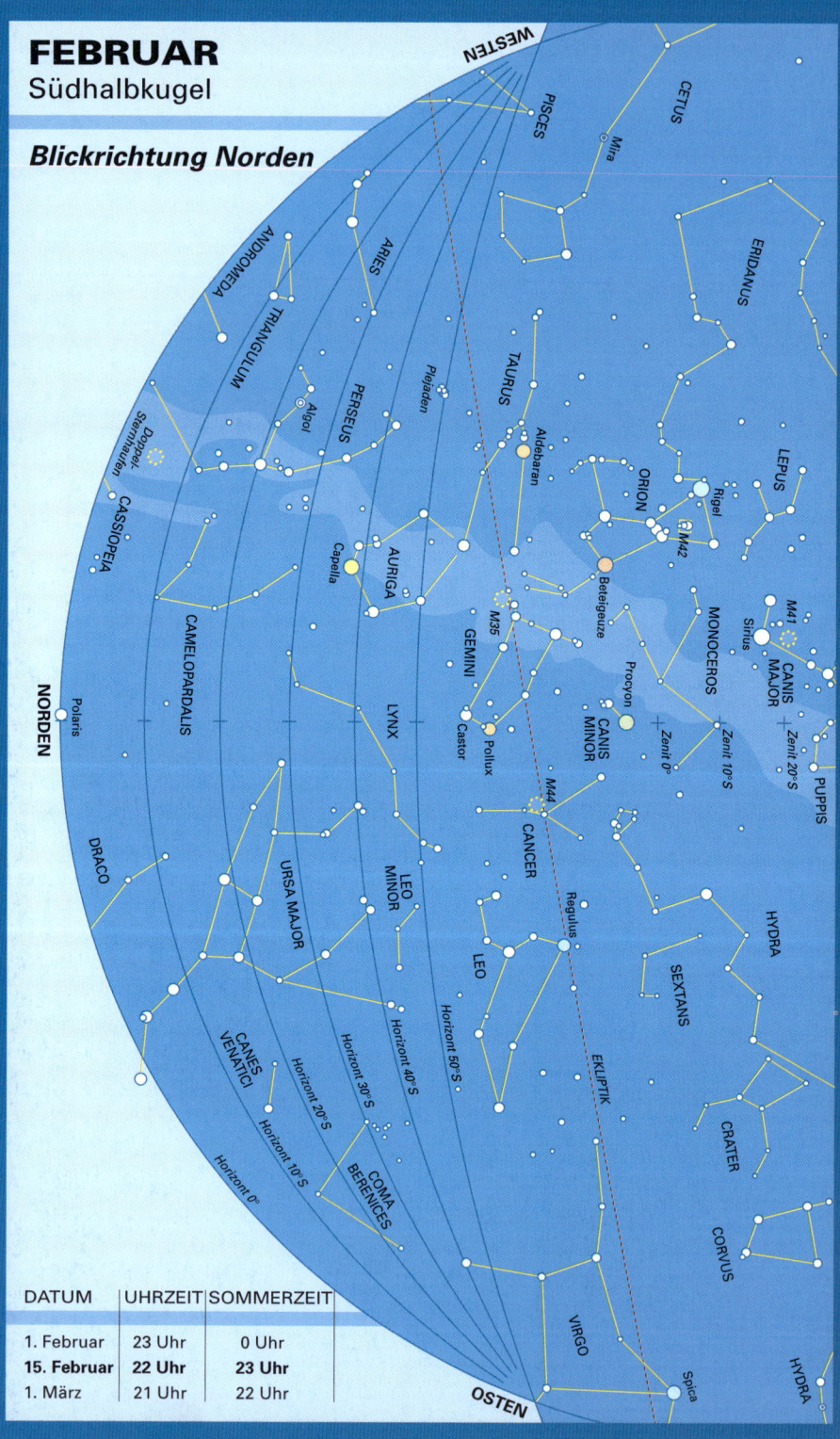

FEBRUAR
Südhalbkugel

Blickrichtung Norden

WESTEN

NORDEN

OSTEN

PISCES
CETUS
Mira
ERIDANUS
ARIES
ANDROMEDA
TRIANGULUM
Pleiaden
TAURUS
Aldebaran
LEPUS
ORION
Rigel
M42
PERSEUS
Algol
Doppel-Sternhaufen
CASSIOPEIA
Capella
AURIGA
Beteigeuze
MONOCEROS
Sirius
CANIS MAJOR
M41
CAMELOPARDALIS
GEMINI
M35
Procyon
Zenit 0°
Zenit 10° S
Zenit 20° S
PUPPIS
Polaris
LYNX
Castor
Pollux
CANIS MINOR
DRACO
URSA MAJOR
LEO MINOR
CANCER
M44
Regulus
HYDRA
LEO
SEXTANS
CANES VENATICI
Horizont 50° S
Horizont 40° S
Horizont 30° S
Horizont 20° S
Horizont 10° S
Horizont 0°
COMA BERENICES
EKLIPTIK
CRATER
CORVUS
VIRGO
Spica
HYDRA

DATUM	UHRZEIT	SOMMERZEIT
1. Februar	23 Uhr	0 Uhr
15. Februar	**22 Uhr**	**23 Uhr**
1. März	21 Uhr	22 Uhr

30

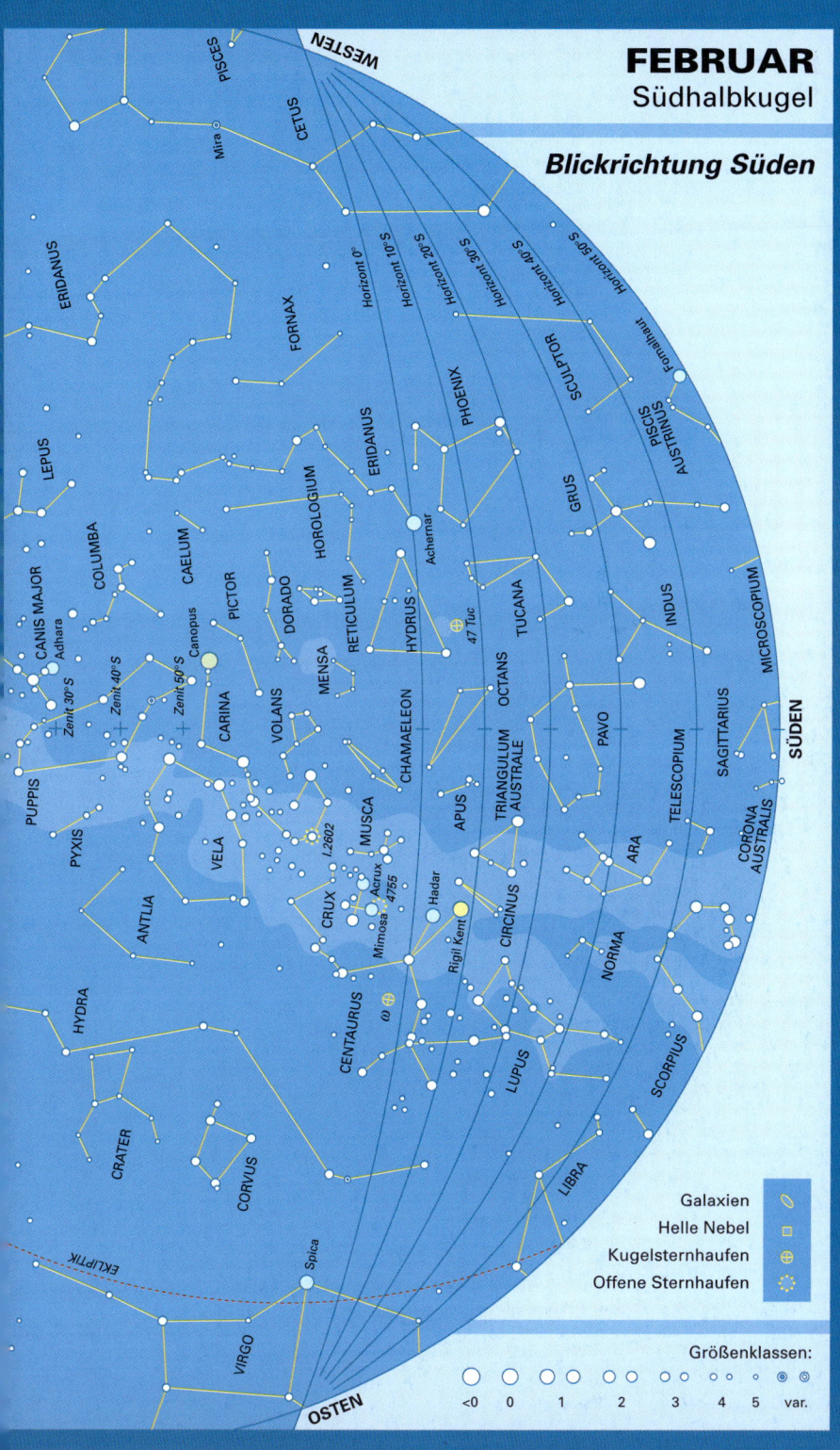

FEBRUAR
Südhalbkugel

Blickrichtung Süden

WESTEN

PISCES
CETUS
Mira
ERIDANUS
FORNAX
Horizont 0°
Horizont 10° S
Horizont 20° S
Horizont 30° S
Horizont 40° S
Horizont 50° S
Fomalhaut
PHOENIX
SCULPTOR
PISCIS AUSTRINUS
GRUS
Achernar
HYDRUS
47 Tuc
TUCANA
INDUS
MICROSCOPIUM
LEPUS
COLUMBA
CAELUM
PICTOR
DORADO
HOROLOGIUM
RETICULUM
ERIDANUS
MENSA
CHAMAELEON
OCTANS
PAVO
SAGITTARIUS
SÜDEN
CANIS MAJOR
Adhara
Zenit 30° S
Zenit 40° S
Canopus
Zenit 50° S
CARINA
VOLANS
VELA
MUSCA
.2602
ACRUX
4755
Mimosa
CRUX
Hadar
Rigil Kent
CIRCINUS
APUS
TRIANGULUM AUSTRALE
ARA
TELESCOPIUM
CORONA AUSTRALIS
PUPPIS
PYXIS
ANTLIA
CENTAURUS
ω
LUPUS
NORMA
SCORPIUS
HYDRA
CRATER
CORVUS
LIBRA
EKLIPTIK
Spica
VIRGO
OSTEN

Galaxien
Helle Nebel
Kugelsternhaufen
Offene Sternhaufen

Größenklassen:

<0 0 1 2 3 4 5 var.

31

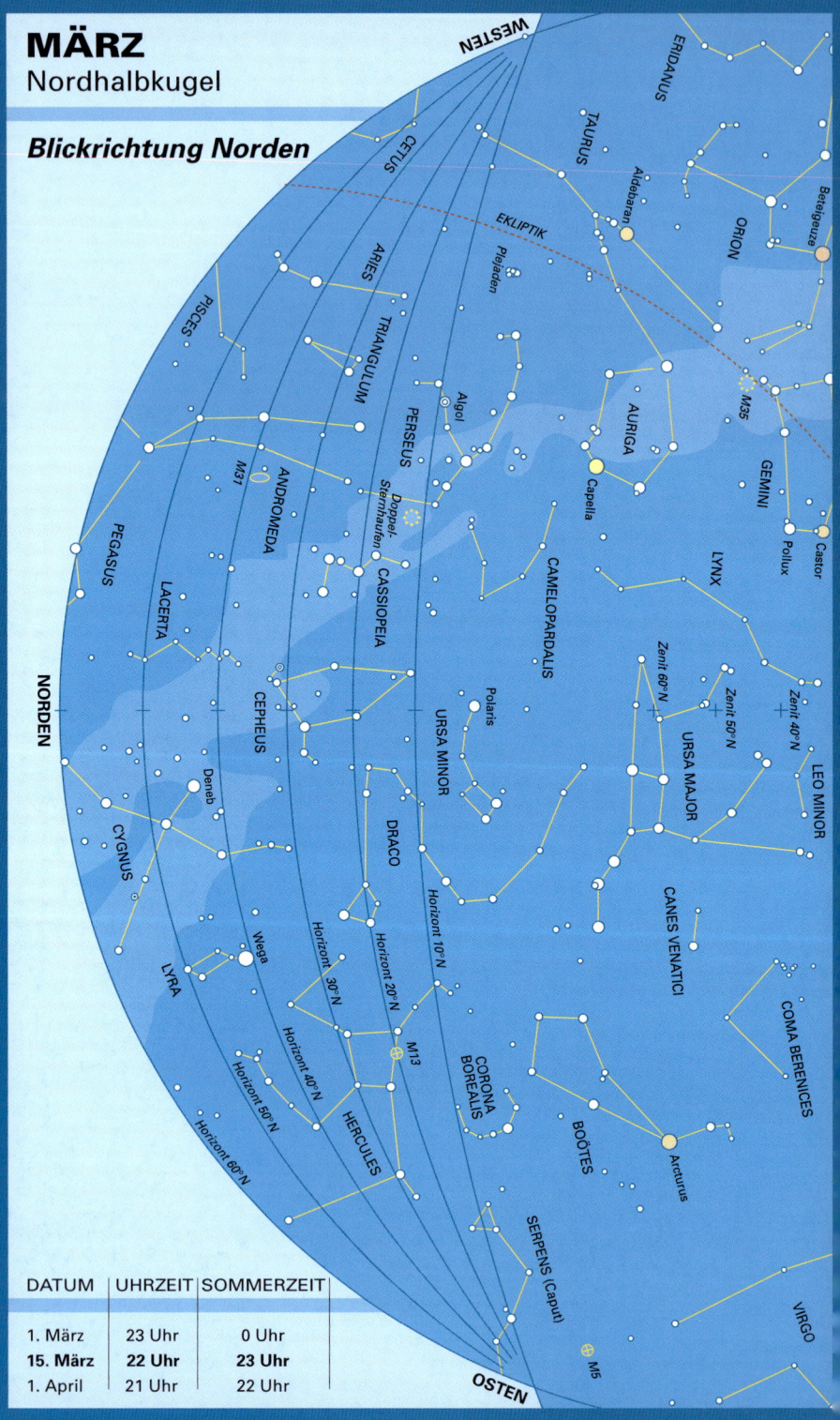

MÄRZ
Nordhalbkugel

Blickrichtung Norden

WESTEN

ERIDANUS

TAURUS

ORION

Aldebaran

Betelgeuze

CETUS

EKLIPTIK

Plejaden

ARIES

PISCES

TRIANGULUM

Algol

PERSEUS

AURIGA

GEMINI

M35

Capella

Castor

Pollux

ANDROMEDA

Doppel-Sternhaufen

CAMELOPARDALIS

LYNX

M31

PEGASUS

CASSIOPEIA

Zenit 60° N

Zenit 50° N

Zenit 40° N

LACERTA

CEPHEUS

URSA MINOR

Polaris

URSA MAJOR

LEO MINOR

NORDEN

Deneb

DRACO

CANES VENATICI

CYGNUS

Horizont 10° N

Wega

Horizont 20° N

Horizont 30° N

CORONA BOREALIS

COMA BERENICES

LYRA

Horizont 40° N

M13

HERCULES

Horizont 50° N

Horizont 60° N

BOÖTES

Arcturus

SERPENS (Caput)

M5

VIRGO

OSTEN

DATUM	UHRZEIT	SOMMERZEIT
1. März	23 Uhr	0 Uhr
15. März	**22 Uhr**	**23 Uhr**
1. April	21 Uhr	22 Uhr

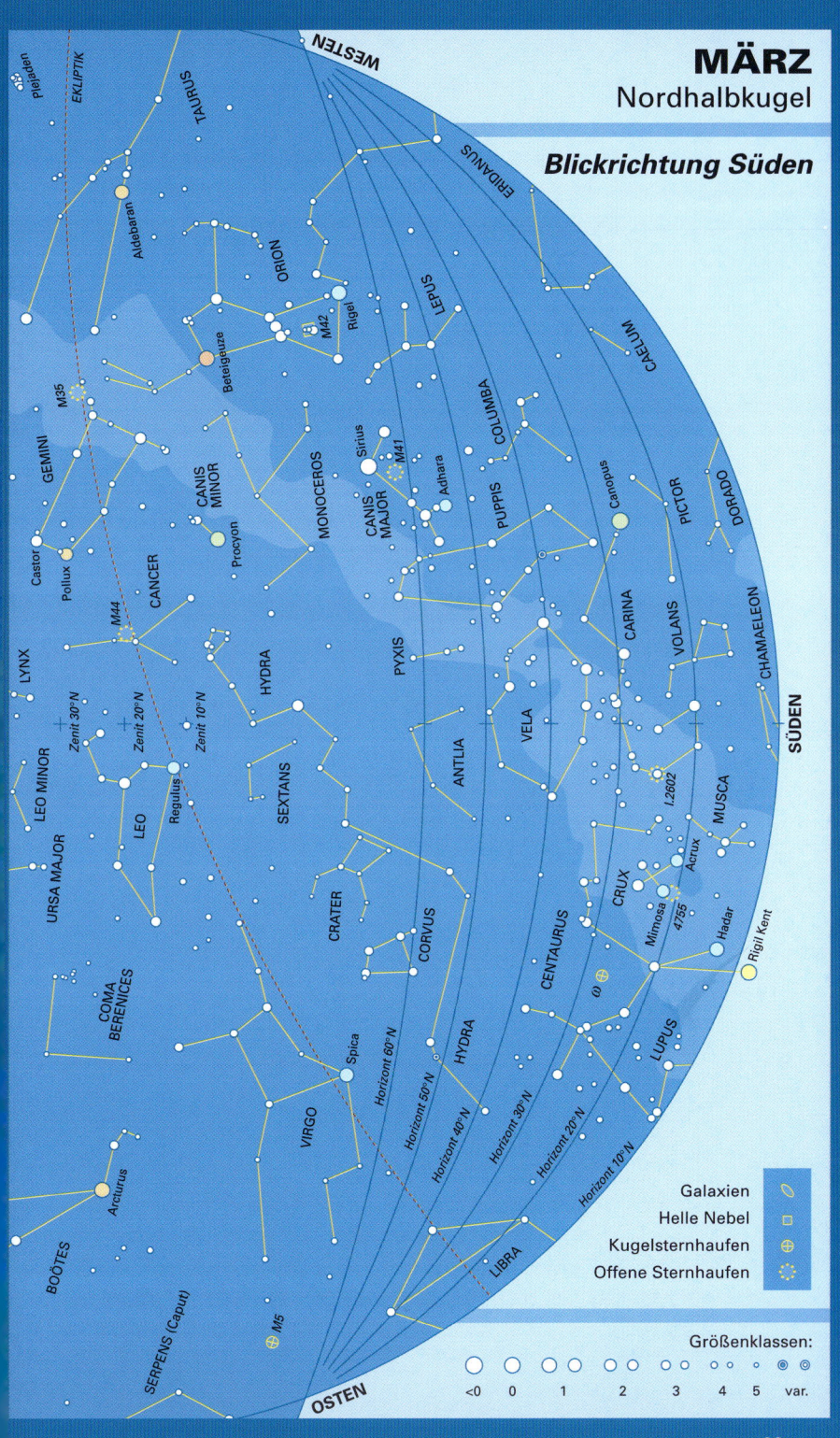

MÄRZ
Nordhalbkugel

Blickrichtung Süden

WESTEN

OSTEN

SÜDEN

EKLIPTIK

Plejaden

TAURUS

Aldebaran

ORION

ERIDANUS

Beteigeuze

Rigel

M42

LEPUS

CAELUM

M35

GEMINI

Castor

Pollux

CANIS
MINOR

Procyon

MONOCEROS

Sirius

M41

Adhara

CANIS
MAJOR

COLUMBA

PUPPIS

Canopus

PICTOR

DORADO

CANCER

M44

CARINA

VOLANS

CHAMAELEON

LYNX

Zenit 30° N

Zenit 20° N

Zenit 10° N

HYDRA

PYXIS

ANTLIA

VELA

LEO MINOR

LEO

Regulus

SEXTANS

I.2602

MUSCA

URSA MAJOR

CRATER

CORVUS

CENTAURUS

CRUX

Acrux

Mimosa

4755

Hadar

Rigil Kent

ω

COMA
BERENICES

HYDRA

LUPUS

VIRGO

Spica

Horizont 60° N

Horizont 50° N

Horizont 40° N

Horizont 30° N

Horizont 20° N

Horizont 10° N

Arcturus

BOÖTES

SERPENS (Caput)

M5

LIBRA

Galaxien

Helle Nebel

Kugelsternhaufen

Offene Sternhaufen

Größenklassen:

<0 0 1 2 3 4 5 var.

33

MÄRZ
Südhalbkugel

Blickrichtung Norden

WESTEN

ERIDANUS

LEPUS

Rigel

ORION

M42

Beteigeuze

MONOCEROS

M41

CANIS MAJOR

Sirius

PUPPIS

Aldebaran

TAURUS

Pleiaden

PERSEUS

AURIGA

Capella

M35

GEMINI

Castor

Pollux

CANIS MINOR

Procyon

CANCER

M44

HYDRA

CAMELOPARDALIS

LYNX

Polaris

NORDEN

URSA MINOR

DRACO

URSA MAJOR

LEO MINOR

Regulus

LEO

Zenit 0°

Zenit 10°S

Zenit 20°S

SEXTANS

CRATER

CANES VENATICI

COMA BERENICES

CORVUS

Horizont 0°

Horizont 10°S

Horizont 20°S

Horizont 30°S

Horizont 40°S

Horizont 50°S

VIRGO

Spica

HYDRA

Arcturus

BOÖTES

CORONA BOREALIS

SERPENS (Caput)

M5

EKLIPTIK

LIBRA

OSTEN

DATUM	UHRZEIT	SOMMERZEIT
1. März	23 Uhr	0 Uhr
15. März	**22 Uhr**	**23 Uhr**
1.April	21 Uhr	22 Uhr

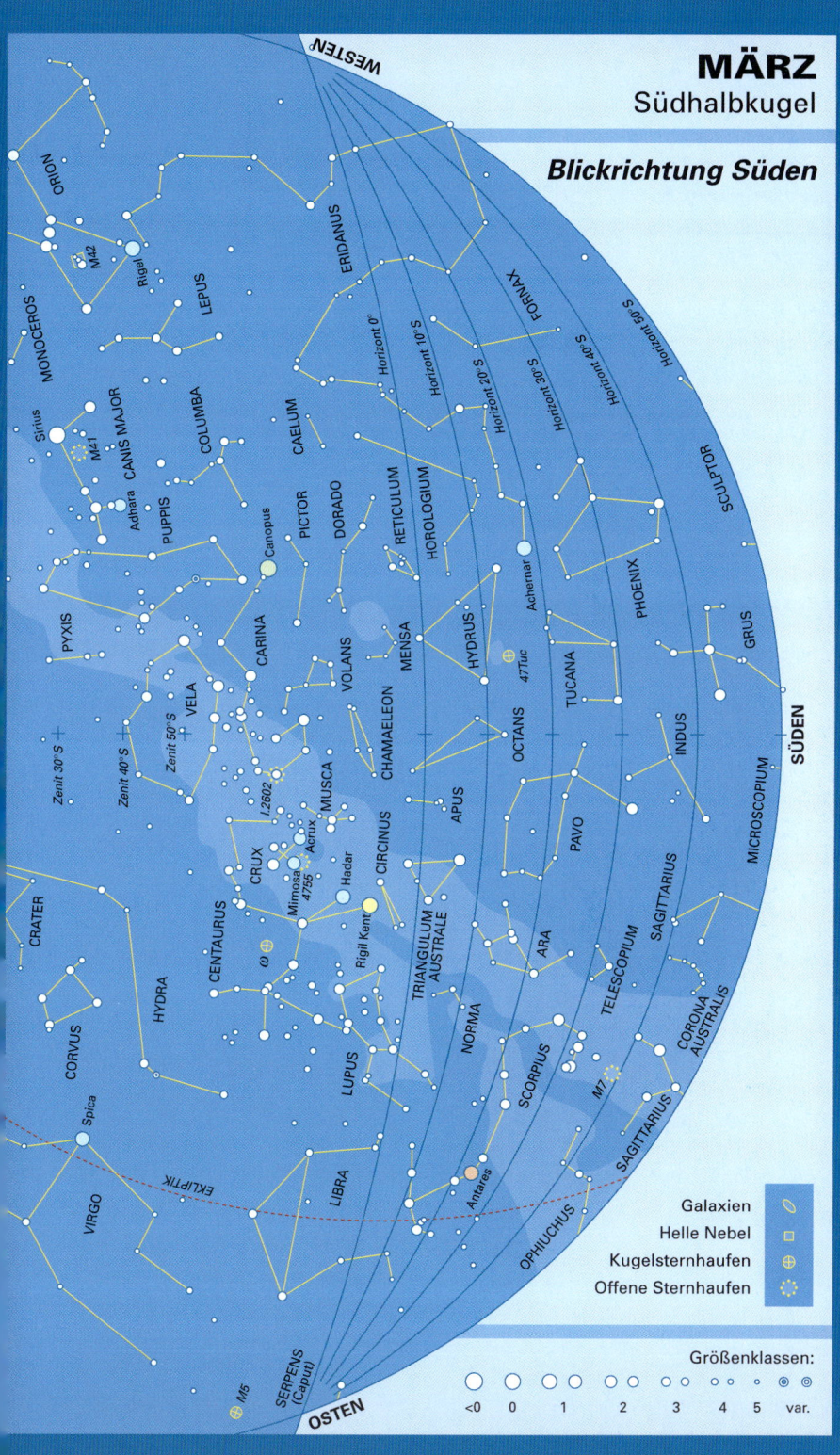

MÄRZ
Südhalbkugel

Blickrichtung Süden

WESTEN

OSTEN

SÜDEN

ORION

M42
M41
Rigel

MONOCEROS

LEPUS

ERIDANUS

FORNAX

Horizont 0°
Horizont 10° S
Horizont 20° S
Horizont 30° S
Horizont 40° S
Horizont 50° S

SCULPTOR

Sirius
CANIS MAJOR
Adhara
PUPPIS
COLUMBA

CAELUM

PICTOR
DORADO

RETICULUM

HOROLOGIUM

Achernar

PHOENIX

GRUS

Canopus

PYXIS

CARINA

VOLANS

MENSA

HYDRUS
47Tuc

TUCANA

INDIUS

VELA

Zenit 30° S
Zenit 40° S
Zenit 50° S

CHAMAELEON

OCTANS

PAVO

MICROSCOPIUM

I 2602
MUSCA
Acrux
CRUX
Mimosa
4755
Hadar

APUS

ARA

TELESCOPIUM

SAGITTARIUS

CRATER

CENTAURUS
ω

Rigil Kent

CIRCINUS

TRIANGULUM AUSTRALE

NORMA

SCORPIUS

CORONA AUSTRALIS

HYDRA

SAGITTARIUS

CORVUS

LUPUS

M7

Spica

LIBRA

Antares

OPHIUCHUS

VIRGO

EKLIPTIK

M5

SERPENS (Caput)

Galaxien
Helle Nebel
Kugelsternhaufen
Offene Sternhaufen

Größenklassen:

<0   0   1   2   3   4   5   var.

35

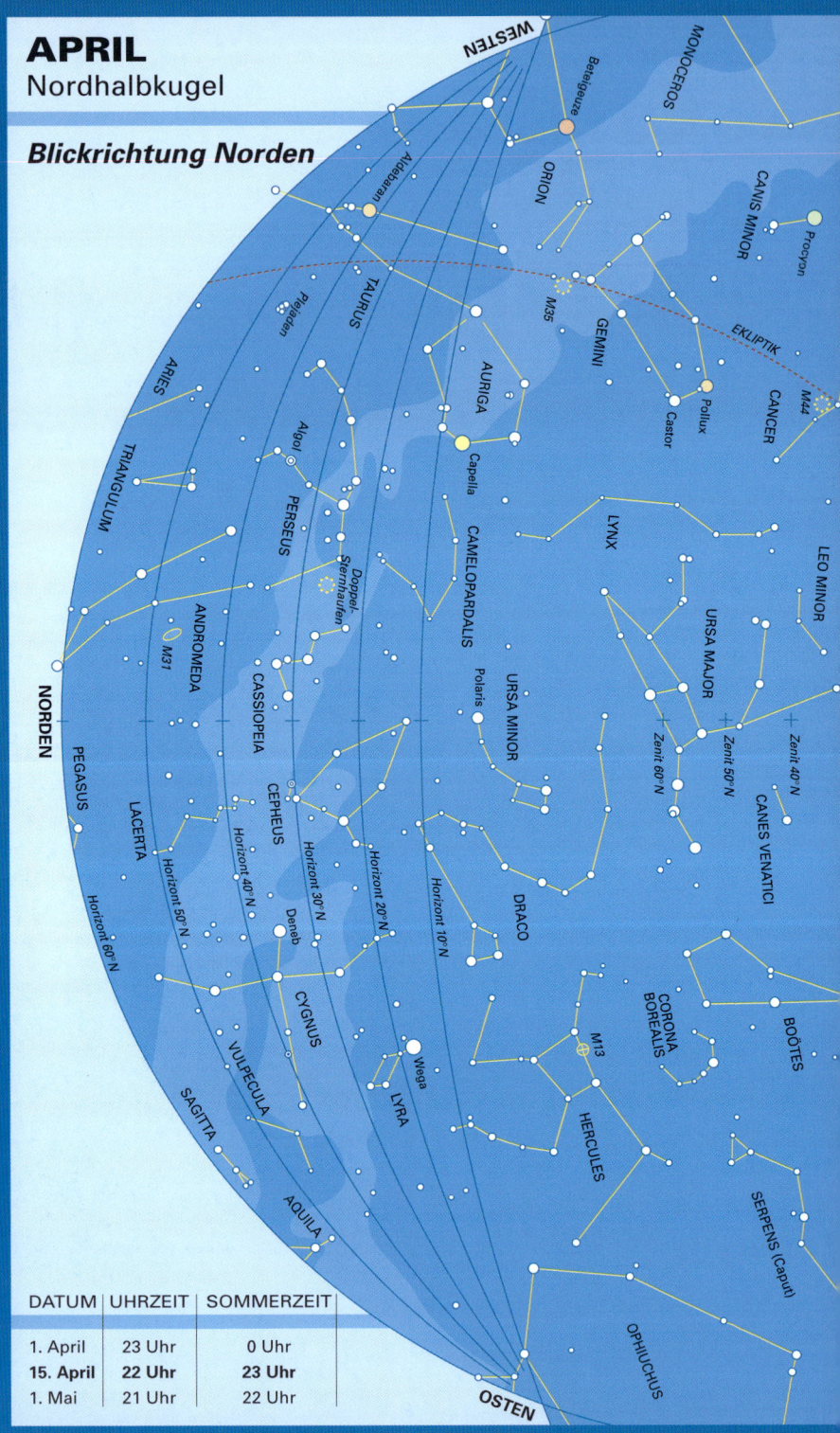

APRIL
Nordhalbkugel

Blickrichtung Norden

WESTEN

MONOCEROS

Beteigeuze

ORION

CANIS MINOR

Procyon

Aldebaran

M35

GEMINI

EKLIPTIK

TAURUS

Plejaden

AURIGA

Pollux

CANCER

M44

Castor

ARIES

Algol

PERSEUS

Capella

LYNX

LEO MINOR

TRIANGULUM

Doppel-Sternhaufen

CAMELOPARDALIS

URSA MAJOR

ANDROMEDA

M31

Polaris

URSA MINOR

Zenit 60° N

Zenit 50° N

Zenit 40° N

CASSIOPEIA

CANES VENATICI

PEGASUS

CEPHEUS

DRACO

Horizont 10° N

Horizont 20° N

Horizont 30° N

Horizont 40° N

Horizont 50° N

Horizont 60° N

LACERTA

Deneb

CYGNUS

CORONA BOREALIS

M13

BOÖTES

VULPECULA

Wega

LYRA

HERCULES

SAGITTA

SERPENS (Caput)

AQUILA

OPHIUCHUS

NORDEN

OSTEN

CANIS MINOR

DATUM	UHRZEIT	SOMMERZEIT
1. April	23 Uhr	0 Uhr
15. April	**22 Uhr**	**23 Uhr**
1. Mai	21 Uhr	22 Uhr

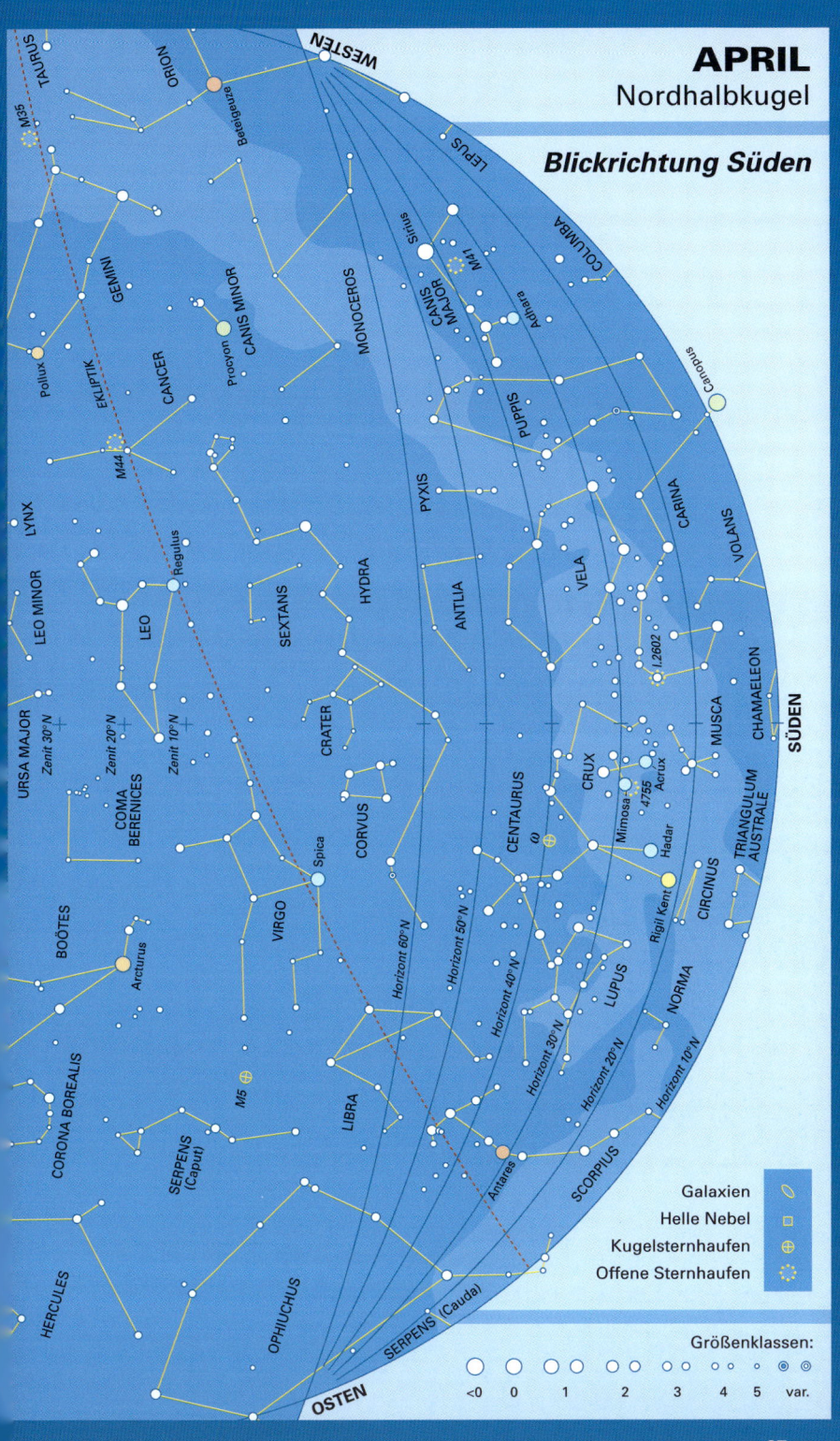

APRIL
Nordhalbkugel

Blickrichtung Süden

WESTEN

TAURUS
ORION
M35
Betelgeuze
LEPUS
COLUMBA
GEMINI
Sirius
CANIS MINOR
M41
Adhara
CANIS MAJOR
MONOCEROS
Procyon
Pollux
EKLIPTIK
CANCER
PUPPIS
Canopus
M44
PYXIS
CARINA
VOLANS
LYNX
ANTLIA
VELA
LEO MINOR
Regulus
HYDRA
LEO
SEXTANS
I 2602
URSA MAJOR
Zenit 30°N
Zenit 20°N
Zenit 10°N
CRATER
CHAMAELEON
MUSCA
SÜDEN
COMA BERENICES
CORVUS
CENTAURUS
CRUX
4755
Acrux
Mimosa
TRIANGULUM AUSTRALE
ω
Hadar
VIRGO
Spica
CIRCINUS
Rigil Kent
BOÖTES
Arcturus
NORMA
CORONA BOREALIS
M5
LUPUS
SERPENS (Caput)
LIBRA
SCORPIUS
Antares
HERCULES
OPHIUCHUS
SERPENS (Cauda)

Horizont 60°N
Horizont 50°N
Horizont 40°N
Horizont 30°N
Horizont 20°N
Horizont 10°N

Galaxien
Helle Nebel
Kugelsternhaufen
Offene Sternhaufen

Größenklassen:
<0 0 1 2 3 4 5 var.

OSTEN

37

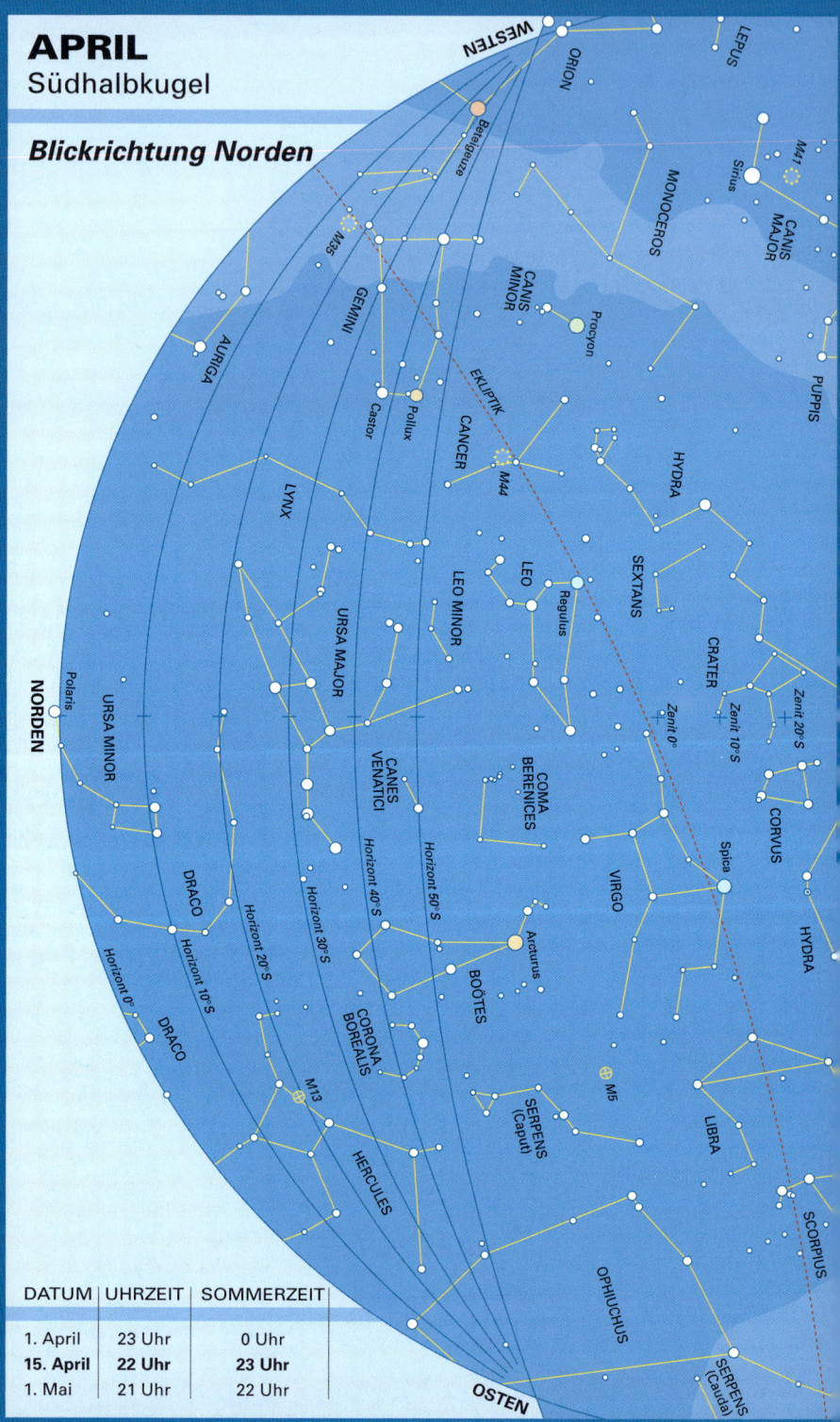

APRIL
Südhalbkugel

Blickrichtung Norden

WESTEN

ORION
LEPUS
Beteigeuze
Sirius
M41
MONOCEROS
CANIS MAJOR
PUPPIS
M35
GEMINI
CANIS MINOR
Procyon
AURIGA
Castor
Pollux
CANCER
EKLIPTIK
M44
HYDRA
LYNX
LEO
SEXTANS
LEO MINOR
Regulus
CRATER
Zenit 10°S
Zenit 20°S
NORDEN
Polaris
URSA MINOR
URSA MAJOR
Zenit 0°
CANES VENATICI
COMA BERENICES
CORVUS
DRACO
Horizont 50°S
VIRGO
Spica
HYDRA
Horizont 40°S
Horizont 30°S
Arcturus
BOÖTES
Horizont 20°S
Horizont 10°S
CORONA BOREALIS
M5
Horizont 0°
DRACO
M13
SERPENS (Caput)
LIBRA
HERCULES
SCORPIUS
OPHIUCHUS
SERPENS (Cauda)
OSTEN

DATUM	UHRZEIT	SOMMERZEIT
1. April	23 Uhr	0 Uhr
15. April	**22 Uhr**	**23 Uhr**
1. Mai	21 Uhr	22 Uhr

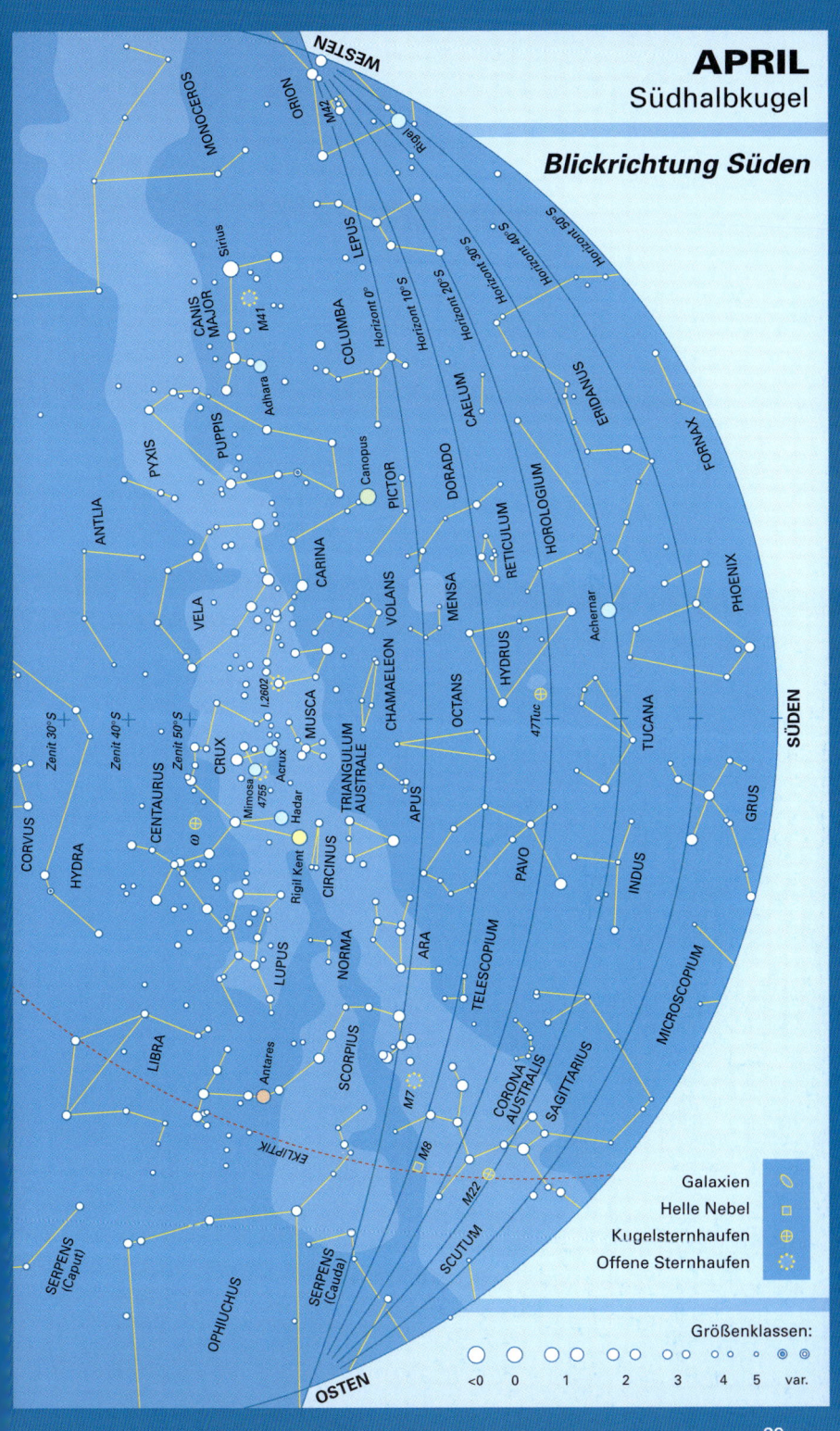

APRIL
Südhalbkugel

Blickrichtung Süden

WESTEN

OSTEN

SÜDEN

Galaxien
Helle Nebel
Kugelsternhaufen
Offene Sternhaufen

Größenklassen:

<0   0   1   2   3   4   5   var.

39

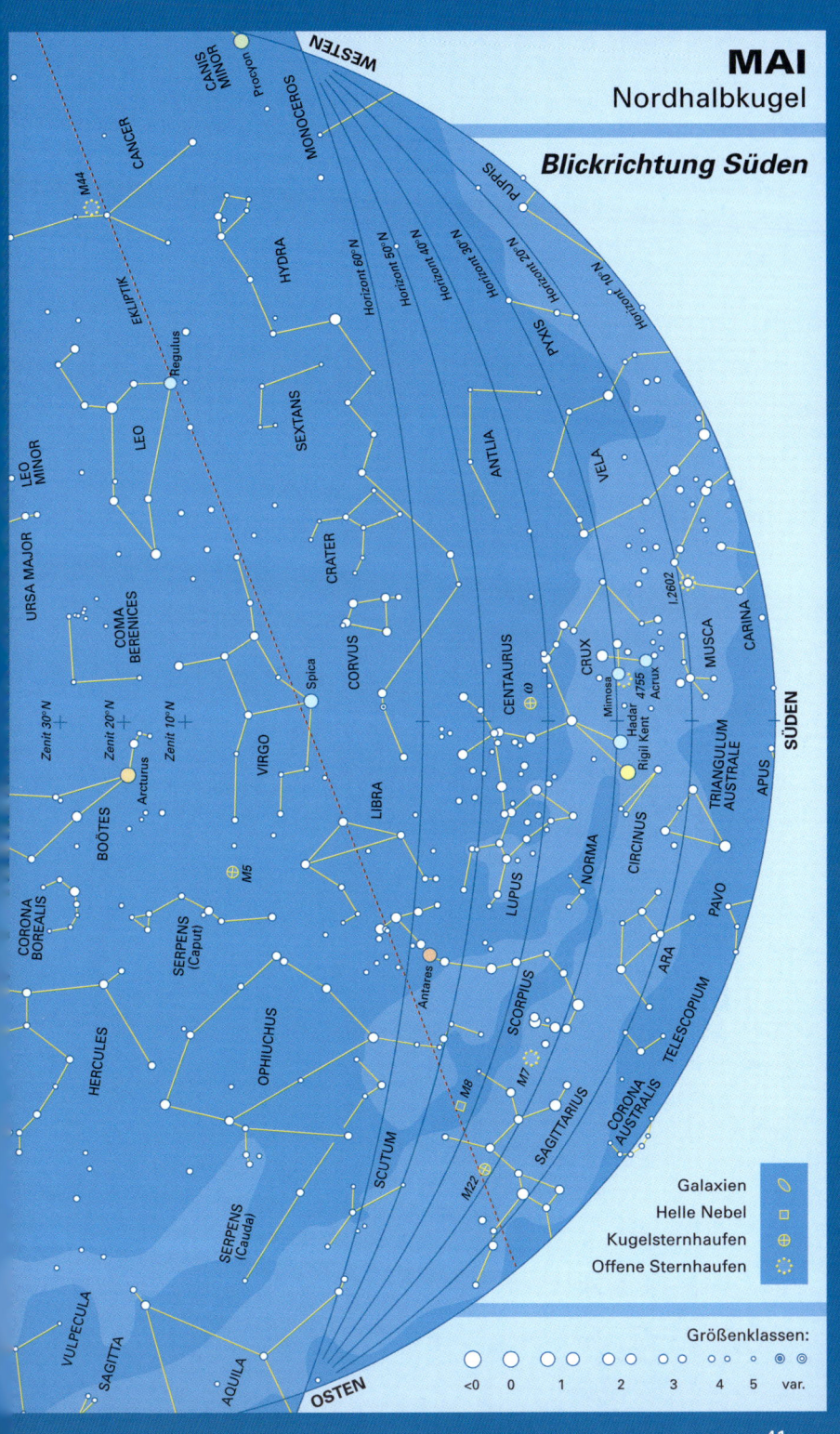

MAI
Nordhalbkugel

Blickrichtung Süden

WESTEN

OSTEN

SÜDEN

CANIS MINOR
Procyon
CANCER
M44
MONOCEROS
HYDRA
EKLIPTIK
Regulus
LEO MINOR
LEO
URSA MAJOR
COMA BERENICES
SEXTANS
CRATER
CORVUS
VIRGO
Spica
Zenit 30° N
Zenit 20° N
Zenit 10° N
Arcturus
BOÖTES
LIBRA
CORONA BOREALIS
SERPENS (Caput)
M5
HERCULES
OPHIUCHUS
Antares
SCORPIUS
SCUTUM
M8
M7
M22
SAGITTARIUS
CORONA AUSTRALIS
SERPENS (Cauda)
VULPECULA
SAGITTA
AQUILA
TELESCOPIUM
ARA
PAVO
NORMA
LUPUS
CIRCINUS
TRIANGULUM AUSTRALE
APUS
MUSCA
CARINA
I.2602
VELA
PYXIS
PUPPIS
ANTLIA
CENTAURUS
ω
CRUX
Mimosa
4755
Acrux
Hadar
Rigil Kent

Horizont 60° N
Horizont 50° N
Horizont 40° N
Horizont 30° N
Horizont 20° N
Horizont 10° N

Galaxien
Helle Nebel
Kugelsternhaufen
Offene Sternhaufen

Größenklassen:
<0 0 1 2 3 4 5 var.

41

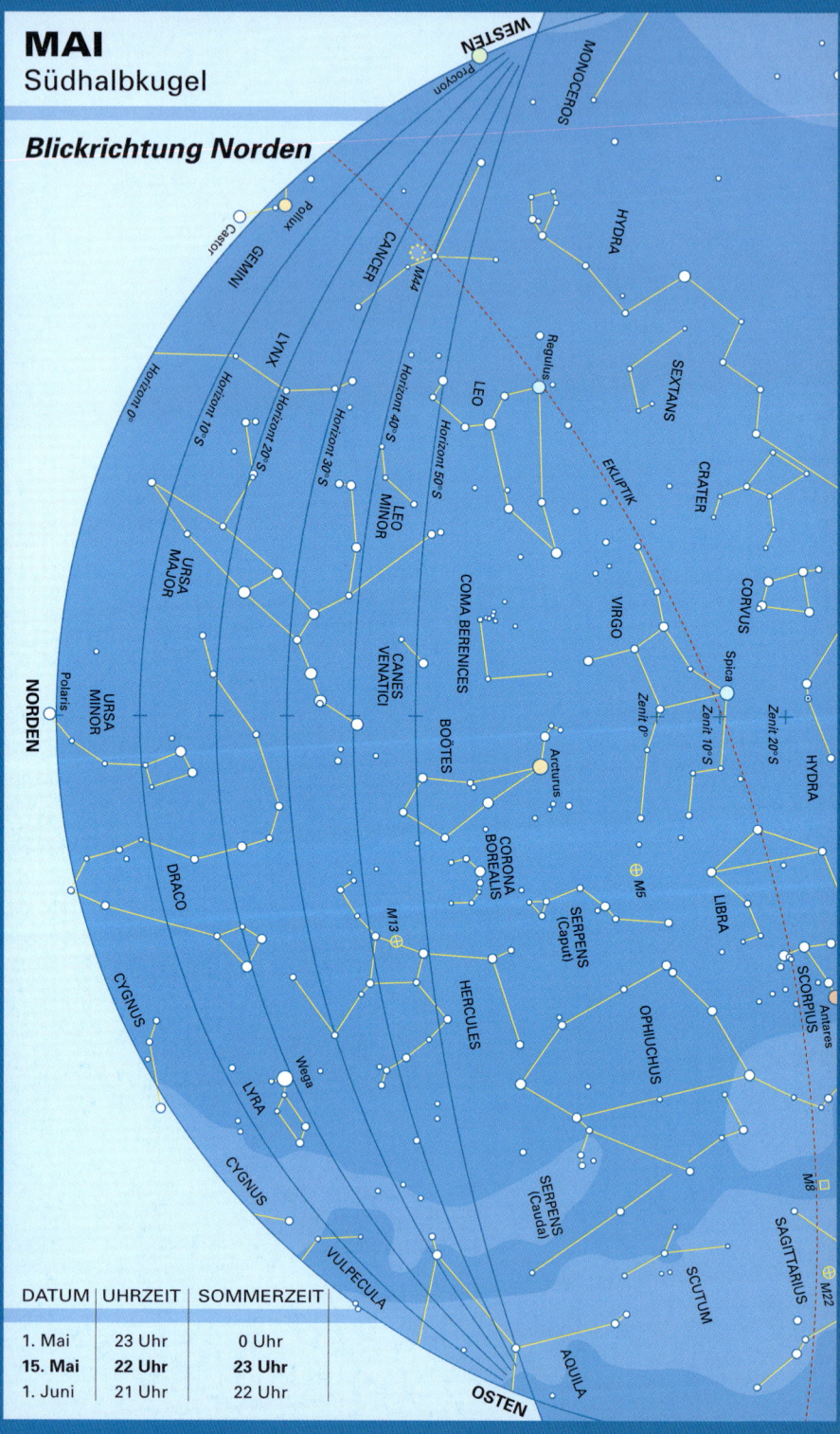

MAI
Südhalbkugel

Blickrichtung Norden

WESTEN

NORDEN

OSTEN

MONOCEROS
Procyon
HYDRA
Castor
Pollux
GEMINI
CANCER
M44
SEXTANS
Regulus
LEO
CRATER
LYNX
EKLIPTIK
LEO MINOR
URSA MAJOR
COMA BERENICES
CANES VENATICI
VIRGO
CORVUS
Spica
Zenit 20°S
Polaris
URSA MINOR
BOÖTES
Arcturus
Zenit 0°
Zenit 10°S
HYDRA
DRACO
CORONA BOREALIS
M5
LIBRA
M13
SERPENS (Caput)
CYGNUS
HERCULES
OPHIUCHUS
SCORPIUS
Antares
LYRA
Wega
CYGNUS
SERPENS (Cauda)
M8
VULPECULA
SCUTUM
SAGITTARIUS
M22
AQUILA

Horizont 0°
Horizont 10°S
Horizont 20°S
Horizont 30°S
Horizont 40°S
Horizont 50°S

DATUM	UHRZEIT	SOMMERZEIT
1. Mai	23 Uhr	0 Uhr
15. Mai	**22 Uhr**	**23 Uhr**
1. Juni	21 Uhr	22 Uhr

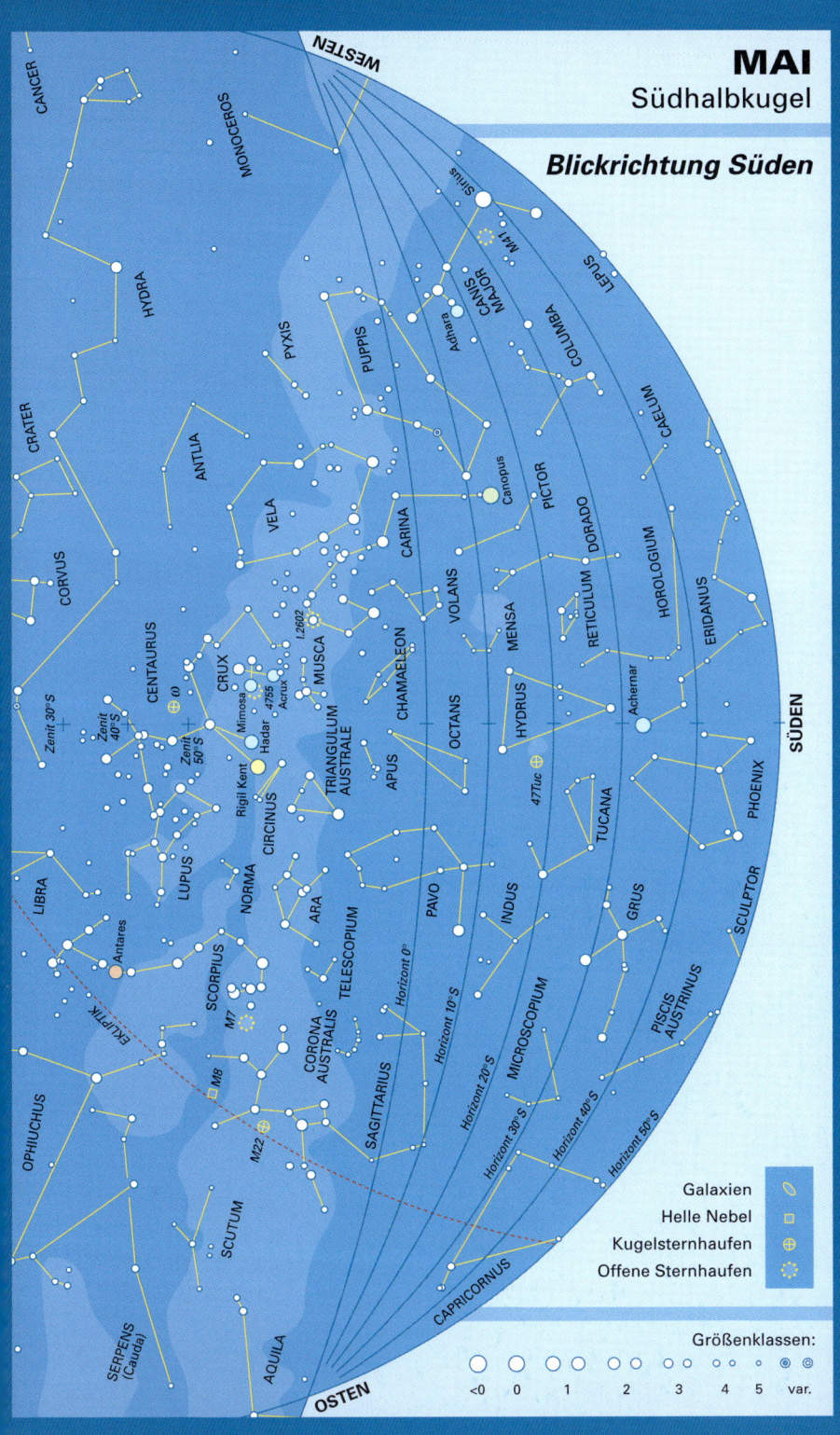

MAI
Südhalbkugel

Blickrichtung Süden

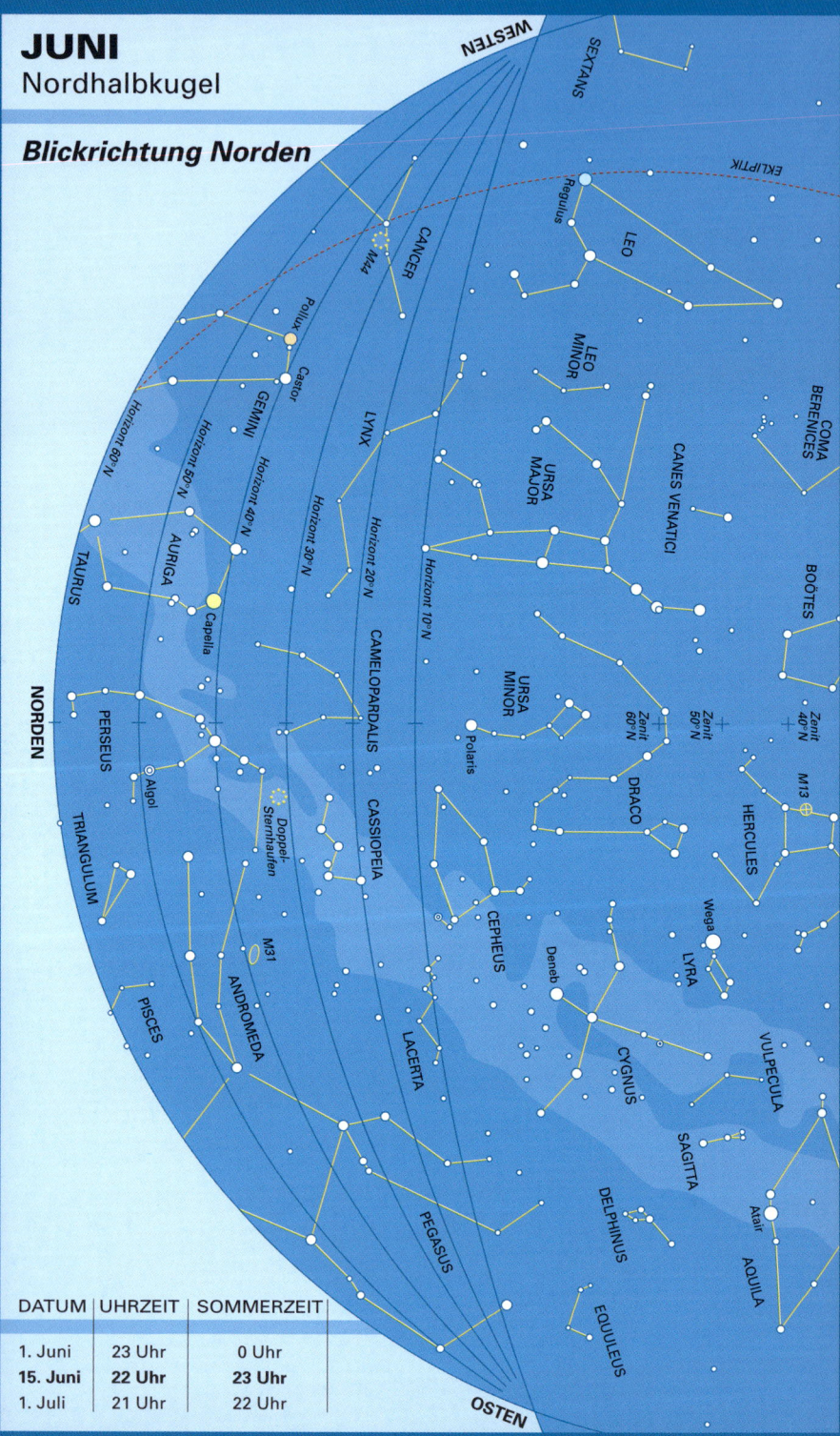

JUNI
Nordhalbkugel

Blickrichtung Norden

WESTEN

NORDEN

OSTEN

EKLIPTIK

SEXTANS
Regulus
LEO
CANCER
M44
Pollux
Castor
GEMINI
LEO MINOR
COMA BERENICES
LYNX
URSA MAJOR
CANES VENATICI
BOÖTES
Horizont 60° N
Horizont 50° N
Horizont 40° N
Horizont 30° N
Horizont 20° N
Horizont 10° N
TAURUS
AURIGA
Capella
CAMELOPARDALIS
URSA MINOR
Polaris
Zenit 60° N
Zenit 50° N
Zenit 40° N
HERCULES
M13
PERSEUS
Algol
DRACO
Doppel-Sternhaufen
CASSIOPEIA
CEPHEUS
Wega
LYRA
TRIANGULUM
M31
ANDROMEDA
Deneb
VULPECULA
PISCES
LACERTA
CYGNUS
SAGITTA
PEGASUS
DELPHINUS
Atair
AQUILA
EQUULEUS

DATUM	UHRZEIT	SOMMERZEIT
1. Juni	23 Uhr	0 Uhr
15. Juni	**22 Uhr**	**23 Uhr**
1. Juli	21 Uhr	22 Uhr

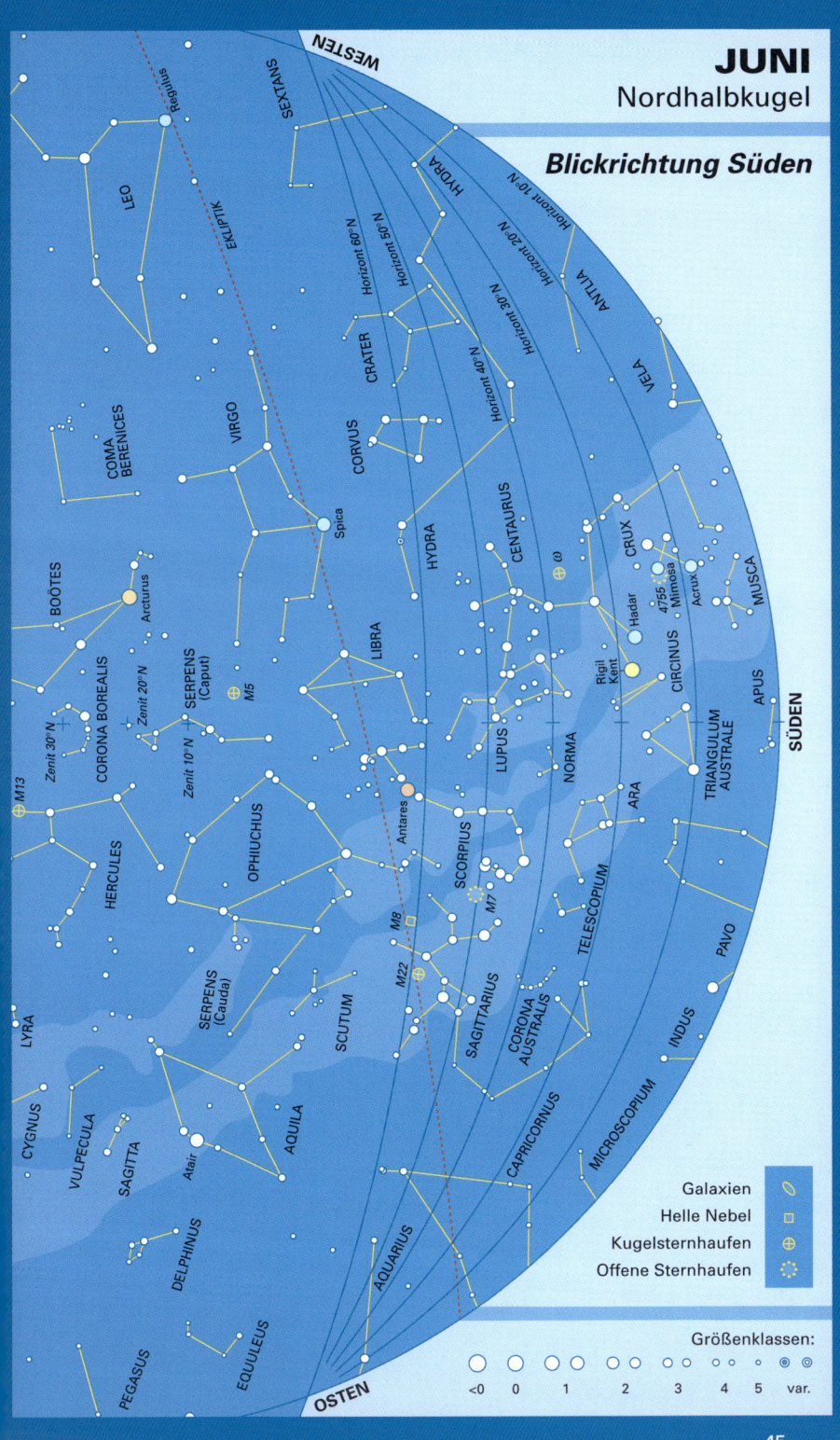

JUNI
Nordhalbkugel

Blickrichtung Süden

WESTEN

OSTEN

SÜDEN

Galaxien
Helle Nebel
Kugelsternhaufen
Offene Sternhaufen

Größenklassen:

<0   0   1   2   3   4   5   var.

45

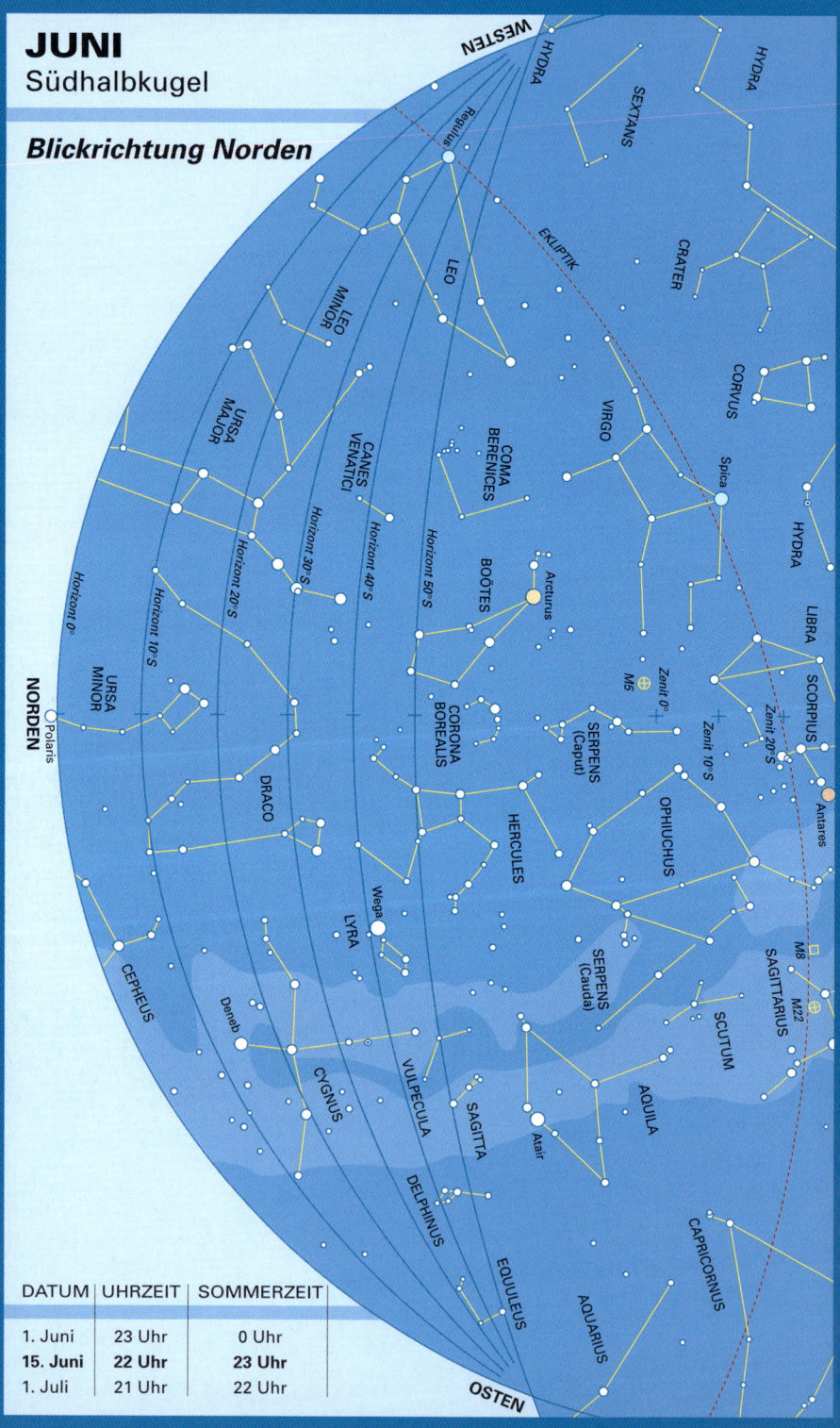

JUNI
Südhalbkugel

Blickrichtung Norden

WESTEN

HYDRA

REGULUS

SEXTANS

HYDRA

EKLIPTIK

CRATER

CORVUS

VIRGO

LEO

LEO MINOR

URSA MAJOR

CANES VENATICI

COMA BERENICES

Spica

Horizont 0°

Horizont 10°S

Horizont 20°S

Horizont 30°S

Horizont 40°S

Horizont 50°S

BOÖTES

Arcturus

M5

Zenit 0°

HYDRA

LIBRA

SCORPIUS

Zenit 10°S

Zenit 20°S

URSA MINOR

NORDEN

Polaris

DRACO

CORONA BOREALIS

SERPENS (Caput)

OPHIUCHUS

Antares

HERCULES

CEPHEUS

Wega

LYRA

Denab

SERPENS (Cauda)

M8

SAGITTARIUS

M22

CYGNUS

VULPECULA

SAGITTA

Atair

SCUTUM

AQUILA

DELPHINUS

EQUULEUS

CAPRICORNUS

AQUARIUS

OSTEN

DATUM	UHRZEIT	SOMMERZEIT
1. Juni	23 Uhr	0 Uhr
15. Juni	**22 Uhr**	**23 Uhr**
1. Juli	21 Uhr	22 Uhr

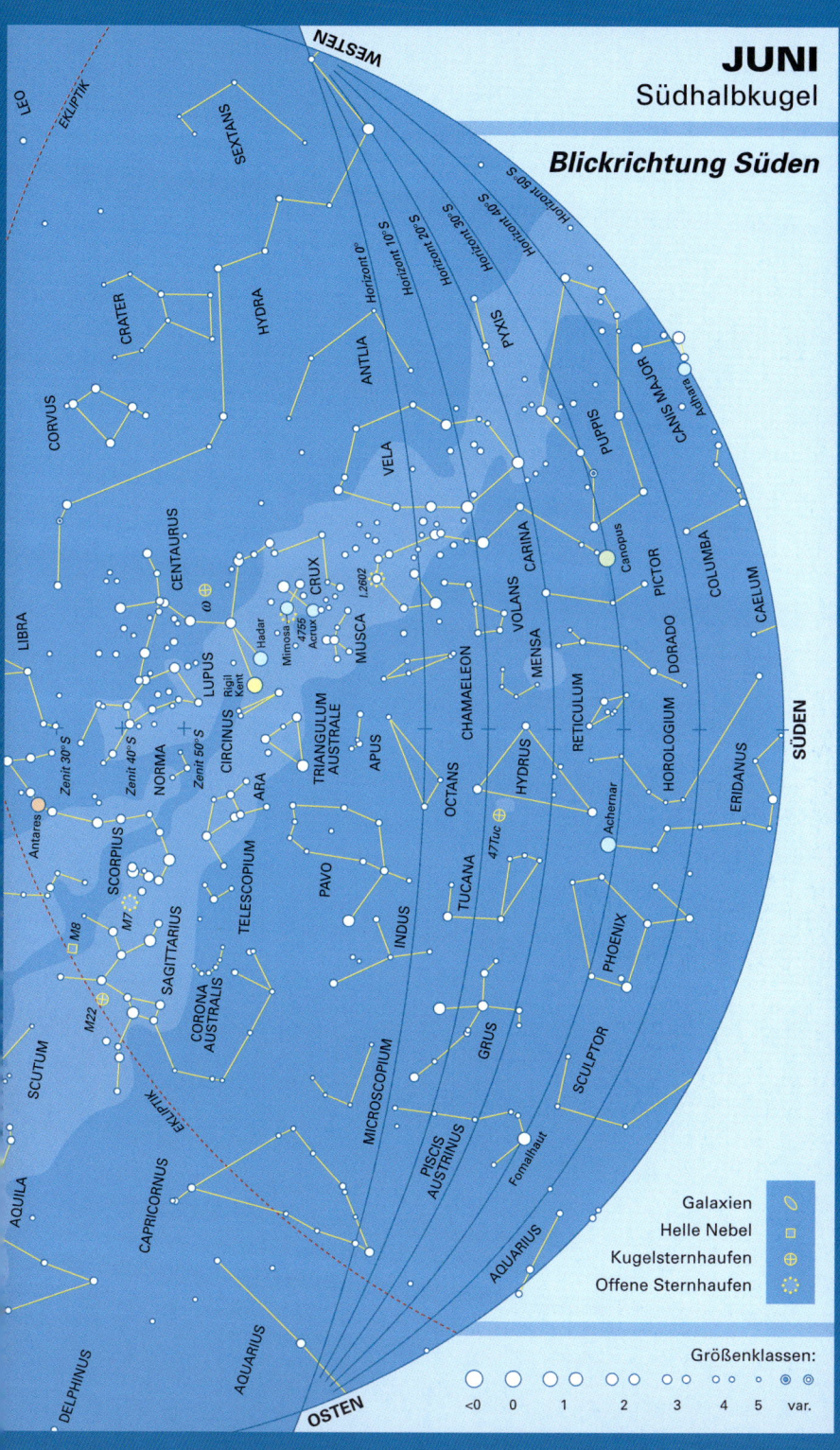

JUNI
Südhalbkugel

Blickrichtung Süden

WESTEN

LEO
EKLIPTIK
SEXTANS
CRATER
HYDRA
CORVUS
ANTLIA
Horizont 0°
Horizont 10° S
Horizont 20° S
Horizont 30° S
Horizont 40° S
Horizont 50° S
VELA
PYXIS
PUPPIS
CANIS MAJOR
Adhara
LIBRA
CENTAURUS
ω
CRUX
I.2602
Canopus
PICTOR
COLUMBA
CAELUM
LUPUS
Hadar
Mimosa
4755
Acrux
MUSCA
VOLANS
CARINA
MENSA
DORADO
HOROLOGIUM
Rigil
Kent
CIRCINUS
CHAMAELEON
RETICULUM
ERIDANUS
SÜDEN
NORMA
Zenit 30° S
Zenit 40° S
Zenit 50° S
ARA
TRIANGULUM
AUSTRALE
APUS
OCTANS
HYDRUS
Achernar
Antares
SCORPIUS
TELESCOPIUM
PAVO
47 Tuc
TUCANA
PHOENIX
M7
INDUS
SAGITTARIUS
CORONA
AUSTRALIS
GRUS
SCULPTOR
M22
MICROSCOPIUM
SCUTUM
CAPRICORNUS
EKLIPTIK
M8
PISCIS
AUSTRINUS
Fomalhaut
AQUILA
AQUARIUS
AQUARIUS
DELPHINUS
OSTEN

Galaxien
Helle Nebel
Kugelsternhaufen
Offene Sternhaufen

Größenklassen:
<0 0 1 2 3 4 5 var.

47

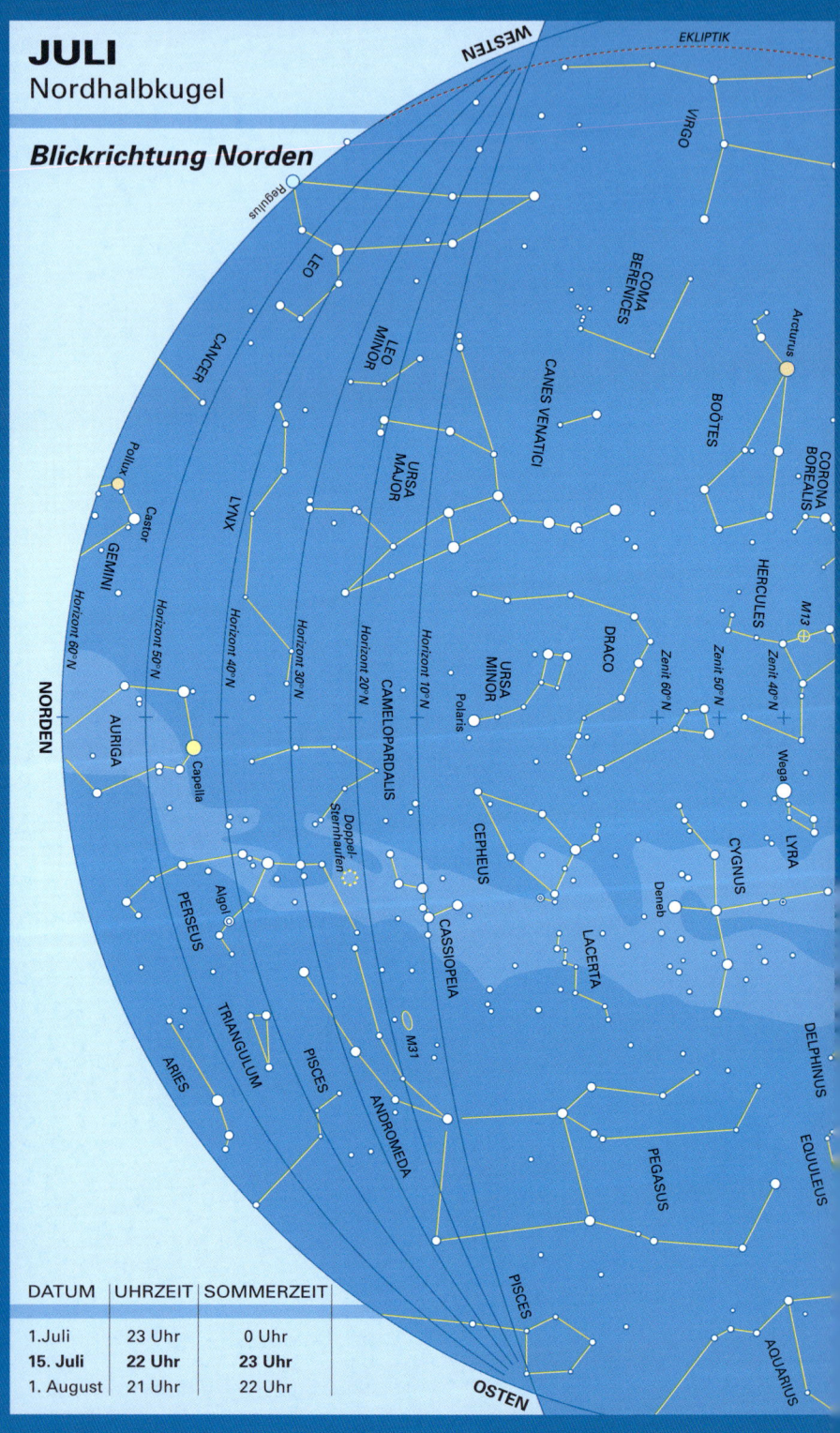

JULI
Nordhalbkugel

Blickrichtung Norden

WESTEN

EKLIPTIK

Regulus

VIRGO

LEO

COMA BERENICES

Arcturus

CANCER

LEO MINOR

CANES VENATICI

BOÖTES

CORONA BOREALIS

URSA MAJOR

HERCULES

M13

Pollux

LYNX

Castor

GEMINI

Horizont 50° N

Horizont 40° N

Horizont 30° N

Horizont 20° N

Horizont 10° N

DRACO

Zenit 60° N

Zenit 50° N

Zenit 40° N

Horizont 60° N

URSA MINOR

Wega

NORDEN

AURIGA

CAMELOPARDALIS

Polaris

Capella

Doppel-Sternhaufen

CEPHEUS

CYGNUS

LYRA

Deneb

Algol

PERSEUS

LACERTA

CASSIOPEIA

DELPHINUS

TRIANGULUM

M31

ARIES

PISCES

ANDROMEDA

EQUULEUS

PEGASUS

PISCES

AQUARIUS

OSTEN

DATUM	UHRZEIT	SOMMERZEIT
1.Juli	23 Uhr	0 Uhr
15. Juli	**22 Uhr**	**23 Uhr**
1. August	21 Uhr	22 Uhr

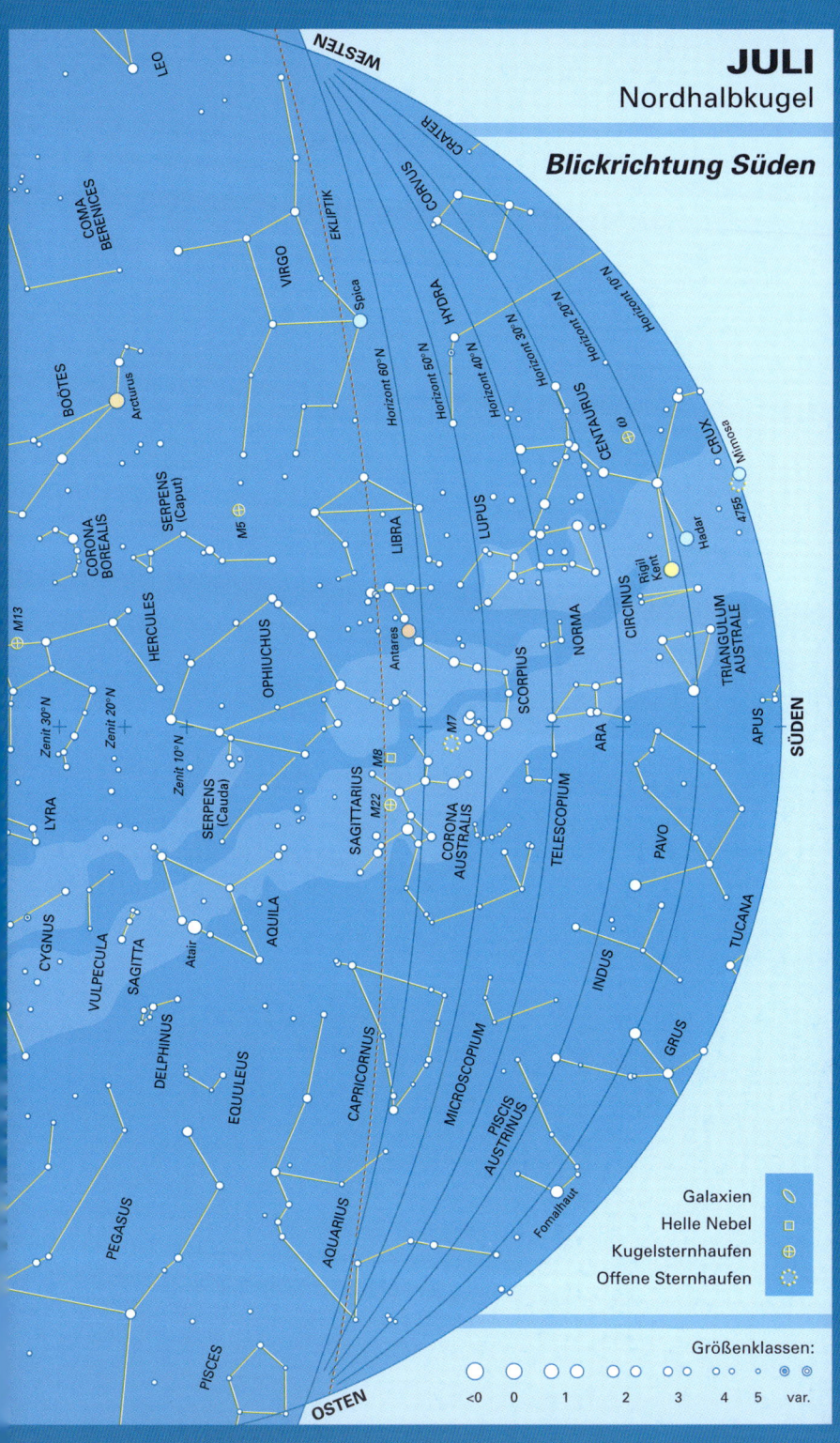

JULI
Nordhalbkugel

Blickrichtung Süden

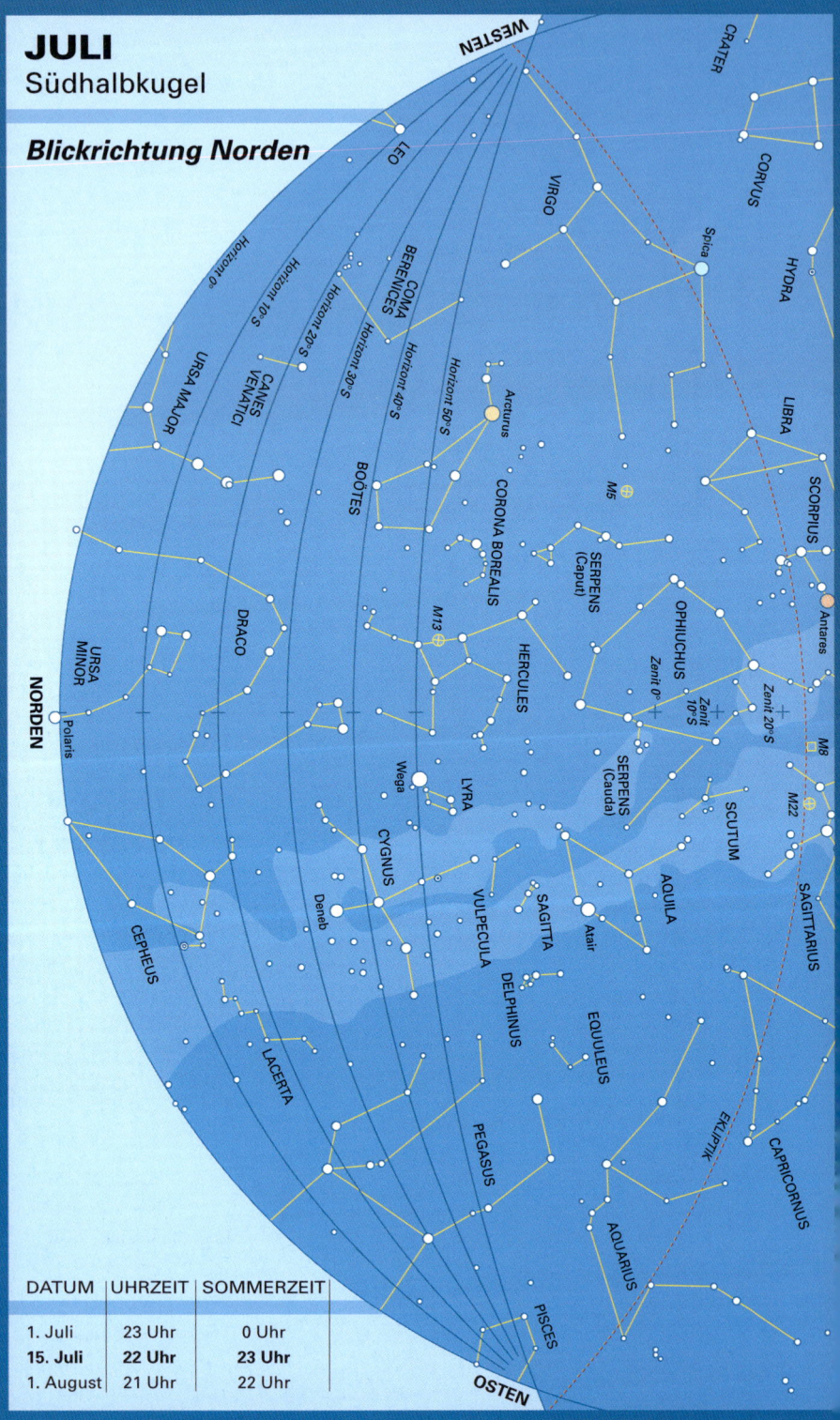

JULI
Südhalbkugel

Blickrichtung Norden

WESTEN

CRATER

CORVUS

HYDRA

LEO

VIRGO

Spica

LIBRA

SCORPIUS

Antares

COMA BERENICES

CANES VENATICI

URSA MAJOR

BOÖTES

Arcturus

CORONA BOREALIS

M5

SERPENS (Caput)

OPHIUCHUS

M8

SAGITTARIUS

M22

SCUTUM

DRACO

M13

HERCULES

SERPENS (Cauda)

Zenit 0°

Zenit 10°S

Zenit 20°S

AQUILA

URSA MINOR

Polaris

Wega

LYRA

Atair

SAGITTA

NORDEN

CYGNUS

VULPECULA

DELPHINUS

EQUULEUS

CAPRICORNUS

Deneb

CEPHEUS

LACERTA

PEGASUS

AQUARIUS

EKLIPTIK

PISCES

Horizont 0°
Horizont 10°S
Horizont 20°S
Horizont 30°S
Horizont 40°S
Horizont 50°S

DATUM	UHRZEIT	SOMMERZEIT
1. Juli	23 Uhr	0 Uhr
15. Juli	**22 Uhr**	**23 Uhr**
1. August	21 Uhr	22 Uhr

OSTEN

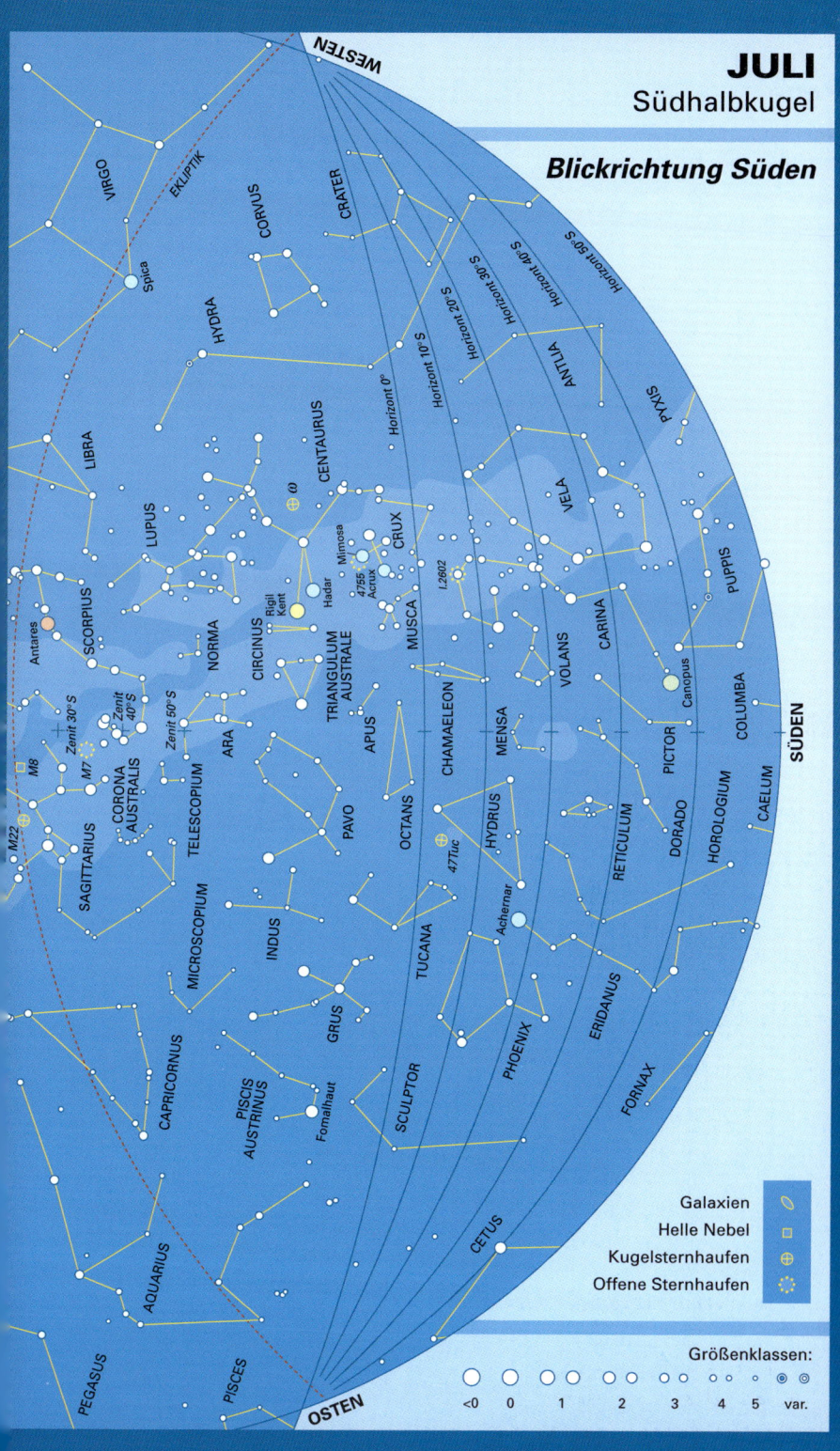

JULI
Südhalbkugel

Blickrichtung Süden

WESTEN

VIRGO
EKLIPTIK
CORVUS
CRATER
Spica
HYDRA

Horizont 50° S
Horizont 40° S
Horizont 30° S
Horizont 20° S
Horizont 10° S
Horizont 0°

ANTLIA
PYXIS

LIBRA
CENTAURUS
VELA
PUPPIS

LUPUS
ω
CRUX
Mimosa
4755
Acrux
L2602
CARINA

SCORPIUS
NORMA
Hadar
Rigil
Kent
MUSCA
VOLANS

Antares
CIRCINUS
TRIANGULUM
AUSTRALE
CHAMAELEON
MENSA
Canopus
COLUMBA
SÜDEN

Zenit 30° S
Zenit 40° S
ARA
APUS
PICTOR
CAELUM

Zenit 50° S
M7
CORONA
AUSTRALIS
PAVO
OCTANS
HYDRUS
DORADO
RETICULUM
HOROLOGIUM

M8
TELESCOPIUM
47 Tuc
Achernar

M22
SAGITTARIUS
MICROSCOPIUM
INDUS
TUCANA
ERIDANUS

CAPRICORNUS
GRUS
PHOENIX
FORNAX

PISCIS
AUSTRINUS
Fomalhaut
SCULPTOR

PEGASUS
AQUARIUS
PISCES
CETUS

OSTEN

Galaxien
Helle Nebel
Kugelsternhaufen
Offene Sternhaufen

Größenklassen:

| <0 | 0 | 1 | 2 | 3 | 4 | 5 | var. |

51

AUGUST
Nordhalbkugel

Blickrichtung Norden

WESTEN

VIRGO

M5 ⊕

SERPENS (Caput)

VIRGO

Arcturus

BOOTES

CORONA BOREALIS

LEO

COMA BERENICES

Horizont 60° N.

Horizont 50° N.

Horizont 40° N.

Horizont 30° N.

Horizont 20° N.

Horizont 10° N.

CANES VENATICI

M13 ⊕

HERCULES

LEO

LEO MINOR

URSA MAJOR

DRACO

LYRA

Wega

Zenit 60° N.

Zenit 50° N.

Zenit 40° N.

URSA MINOR

Polaris

CYGNUS

Deneb

NORDEN

Castor

GEMINI

LYNX

CAMELOPARDALIS

CASSIOPEIA

CEPHEUS

LACERTA

Capella

AURIGA

Doppel-Sternhaufen

Algol

M31

PEGASUS

TAURUS

PERSEUS

TRIANGULUM

ANDROMEDA

Plejaden

ARIES

PISCES

CETUS

EKLIPTIK

CETUS

OSTEN

DATUM	UHRZEIT	SOMMERZEIT
1. August	23 Uhr	0 Uhr
15. August	**22 Uhr**	**23 Uhr**
1. September	21 Uhr	22 Uhr

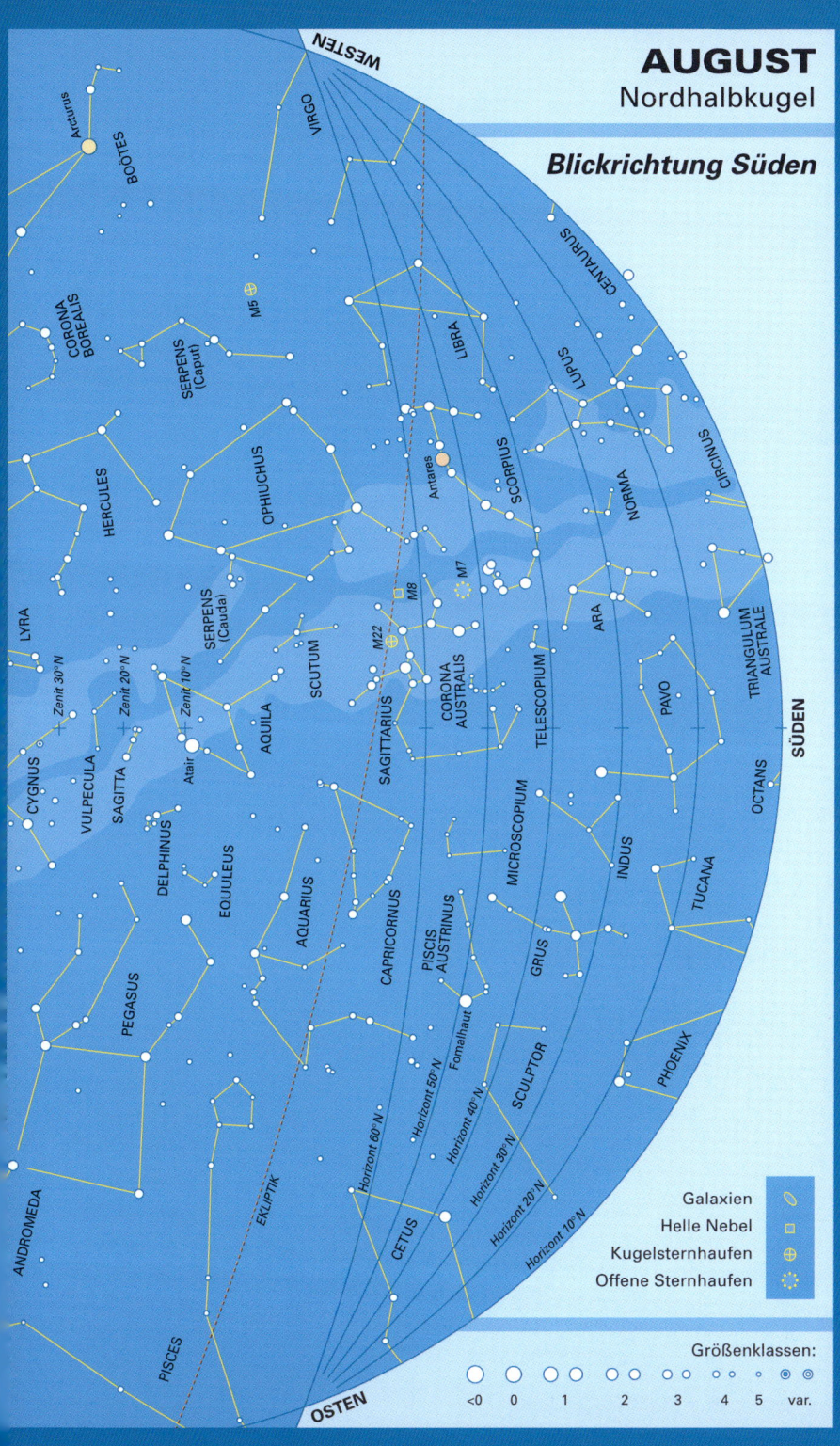

AUGUST
Nordhalbkugel

Blickrichtung Süden

WESTEN

OSTEN

SÜDEN

Arcturus

BOÖTES

VIRGO

CORONA
BOREALIS

M5

SERPENS
(Caput)

LIBRA

CENTAURUS

LUPUS

CIRCINUS

HERCULES

OPHIUCHUS

Antares

SCORPIUS

NORMA

TRIANGULUM
AUSTRALE

LYRA

Zenit 30° N

Zenit 20° N

Zenit 10° N

SERPENS
(Cauda)

SCUTUM

M8

M7

ARA

PAVO

M22

SAGITTARIUS

CORONA
AUSTRALIS

TELESCOPIUM

VULPECULA

CYGNUS

SAGITTA

Atair

AQUILA

OCTANS

DELPHINUS

EQUULEUS

AQUARIUS

CAPRICORNUS

MICROSCOPIUM

INDUS

TUCANA

PEGASUS

PISCIS
AUSTRINUS

Fomalhaut

GRUS

SCULPTOR

PHOENIX

ANDROMEDA

Horizont 60° N

Horizont 50° N

Horizont 40° N

Horizont 30° N

Horizont 20° N

Horizont 10° N

EKLIPTIK

CETUS

PISCES

Galaxien

Helle Nebel

Kugelsternhaufen

Offene Sternhaufen

Größenklassen:

<0 0 1 2 3 4 5 var.

53

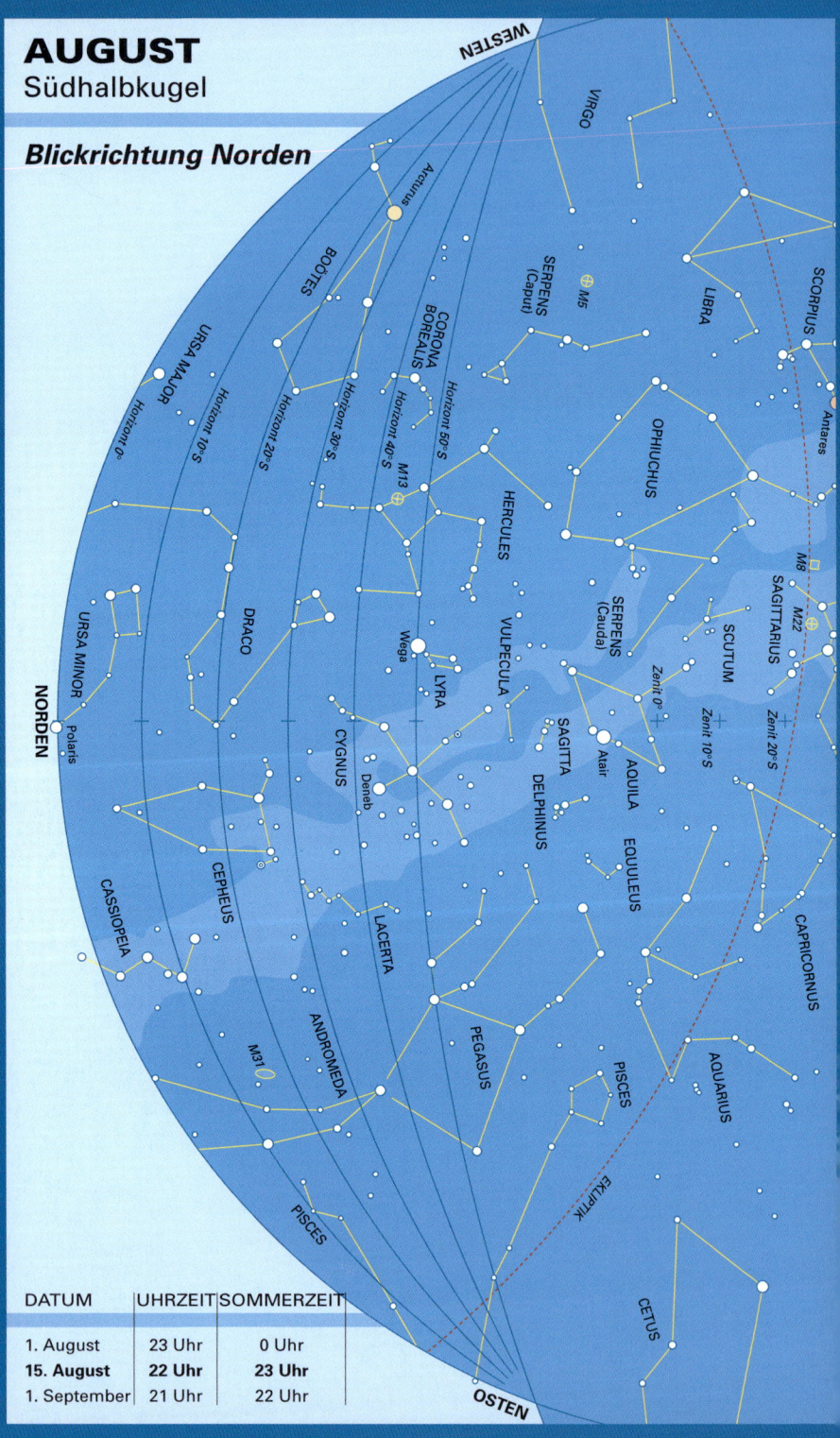

AUGUST
Südhalbkugel

Blickrichtung Norden

WESTEN

VIRGO

Arcturus

BOOTES

SERPENS
(Caput)

⊕ M5

LIBRA

SCORPIUS

URSA MAJOR

CORONA
BOREALIS

OPHIUCHUS

Antares

Horizont 0°

Horizont 10°S

Horizont 20°S

Horizont 30°S

Horizont 40°S

M13
⊕

Horizont 50°S

Horizont 60°S

HERCULES

SERPENS
(Cauda)

SCUTUM

M8
SAGITTARIUS

M22
⊕

URSA MINOR

DRACO

Wega

LYRA

VULPECULA

Zenit 0°

Zenit 10°S

Zenit 20°S

NORDEN

Polaris

CYGNUS

Deneb

SAGITTA

Atair

AQUILA

DELPHINUS

EQUULEUS

CASSIOPEIA

CEPHEUS

LACERTA

PEGASUS

CAPRICORNUS

M31

ANDROMEDA

PISCES

AQUARIUS

PISCES

EKLIPTIK

CETUS

OSTEN

DATUM	UHRZEIT	SOMMERZEIT
1. August	23 Uhr	0 Uhr
15. August	**22 Uhr**	**23 Uhr**
1. September	21 Uhr	22 Uhr

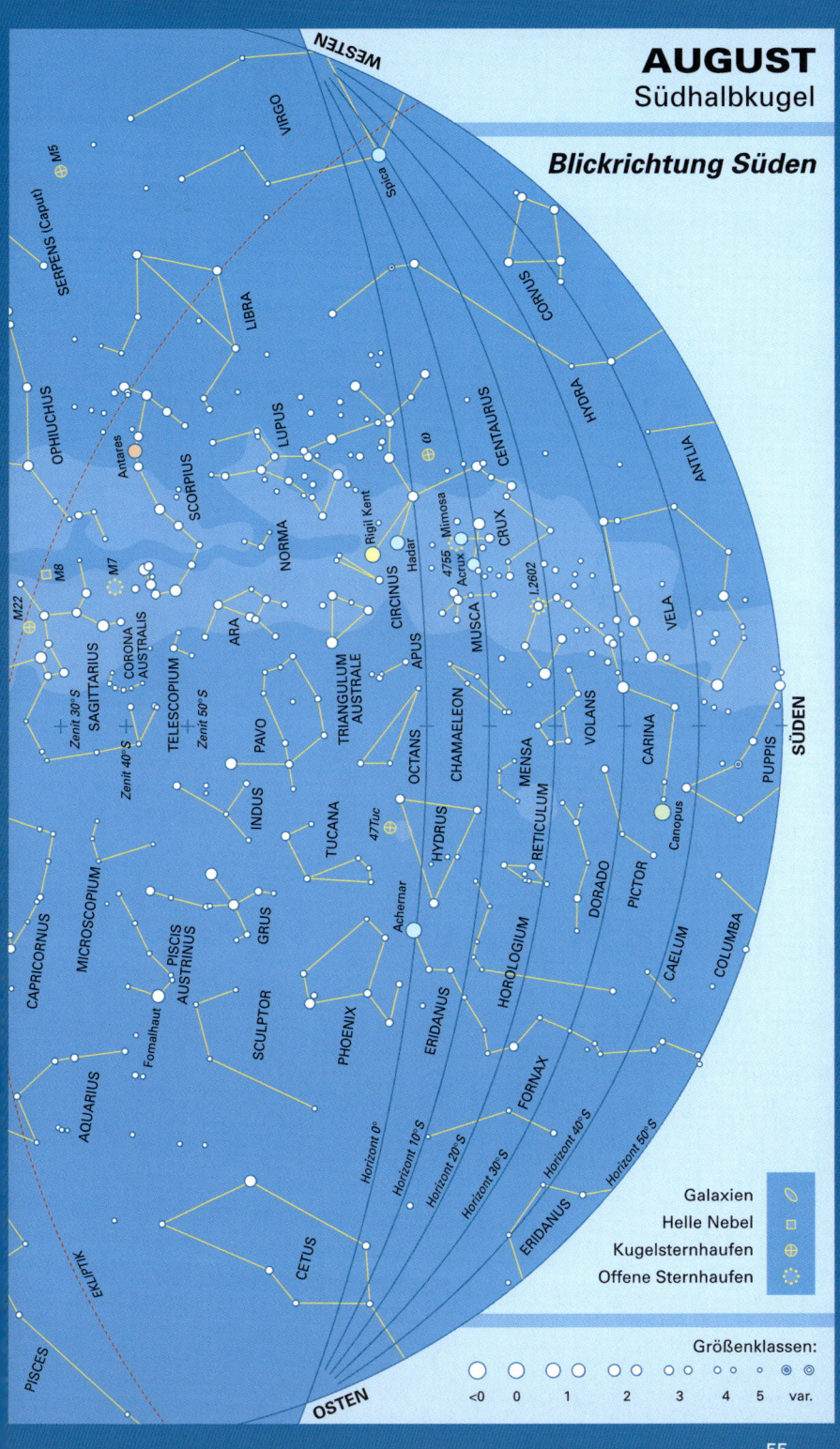

AUGUST
Südhalbkugel

Blickrichtung Süden

WESTEN

OSTEN

SÜDEN

VIRGO

SERPENS (Caput)

⊕ M5

Spica

LIBRA

OPHIUCHUS

Antares

SCORPIUS

LUPUS

NORMA

Rigil Kent

Hadar

ω

⊕

4755 Mimosa

Acrux

CRUX

CENTAURUS

HYDRA

CORVUS

ANTLIA

M8

M7

M22

CIRCINUS

ARA

CORONA AUSTRALIS

SAGITTARIUS

Zenit 30° S

Zenit 40° S

Zenit 50° S

TELESCOPIUM

PAVO

APUS

TRIANGULUM AUSTRALE

MUSCA

I.2602

VELA

OCTANS

CHAMAELEON

MENSA

VOLANS

CARINA

SÜDEN

PUPPIS

INDUS

TUCANA

47Tuc ⊕

HYDRUS

RETICULUM

DORADO

PICTOR

Canopus

Achernar

CARINA

MICROSCOPIUM

GRUS

PHOENIX

ERIDANUS

HOROLOGIUM

FORNAX

CAELUM

COLUMBA

CAPRICORNUS

PISCIS AUSTRINUS

Fomalhaut

SCULPTOR

AQUARIUS

ERIDANUS

EKLIPTIK

CETUS

PISCES

Horizont 0°

Horizont 10° S

Horizont 20° S

Horizont 30° S

Horizont 40° S

Horizont 50° S

⬭	Galaxien
◻	Helle Nebel
⊕	Kugelsternhaufen
◌	Offene Sternhaufen

Größenklassen:

○ ○ ○ ○ ○ ○ ○ ◉ ◉
<0   0   1   2   3   4   5   var.

SEPTEMBER
Nordhalbkugel

Blickrichtung Norden

WESTEN

OPHIUCHUS

SERPENS (Caput)

Arcturus

BOÖTES

CORONA BOREALIS

HERCULES

M13

LYRA

Wega

CYGNUS

Deneb

COMA BERENICES

CANES VENATICI

DRACO

CEPHEUS

Zenit 60° N

Zenit 50° N

Zenit 40° N

LACERTA

LEO MINOR

URSA MAJOR

URSA MINOR

Polaris

CAMELOPARDALIS

Doppel Sternhaufen

ANDROMEDA

M31

PEGASUS

NORDEN

LYNX

Horizont 10° N

Horizont 20° N

Horizont 30° N

Algol

TRIANGULUM

PISCES

Capella

AURIGA

PERSEUS

ARIES

Pollux

Castor

Horizont 40° N

Horizont 50° N

GEMINI

M35

Plejaden

Horizont 60° N

ORION

TAURUS

EKLIPTIK

Aldebaran

CETUS

Mira

DATUM	UHRZEIT	SOMMERZEIT
1. September	23 Uhr	0 Uhr
15. September	**22 Uhr**	**23 Uhr**
1. Oktober	21 Uhr	22 Uhr

OSTEN

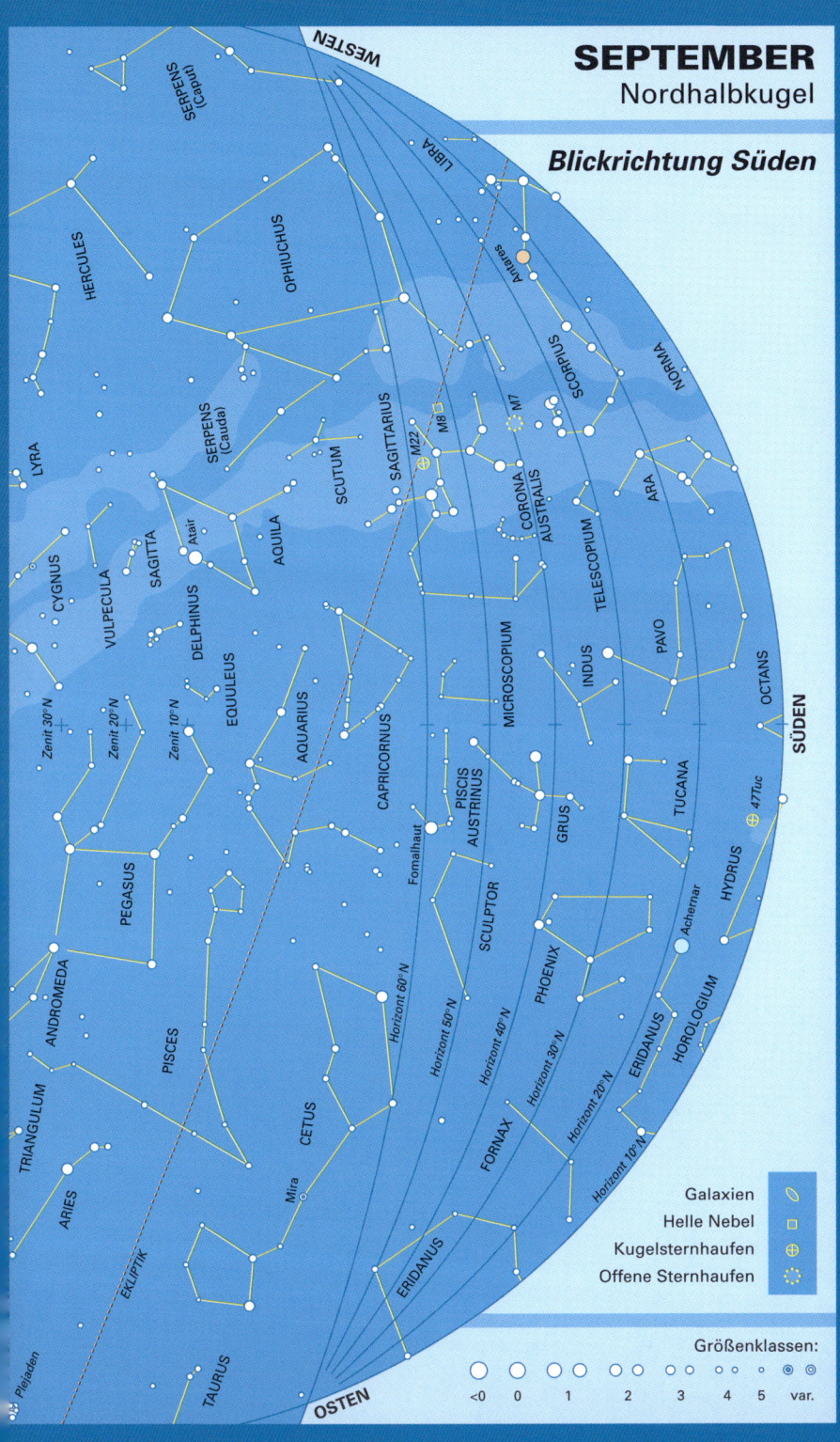

SEPTEMBER
Nordhalbkugel

Blickrichtung Süden

WESTEN

SERPENS (Caput)

HERCULES

OPHIUCHUS

LIBRA

Antares

LYRA

SCORPIUS

NORMA

SERPENS (Cauda)

SCUTUM

SAGITTARIUS

M22

M8

M7

CORONA AUSTRALIS

ARA

CYGNUS

VULPECULA

SAGITTA

Atair

AQUILA

DELPHINUS

TELESCOPIUM

PAVO

OCTANS

EQUULEUS

Zenit 30° N

Zenit 20° N

Zenit 10° N

AQUARIUS

CAPRICORNUS

MICROSCOPIUM

INDUS

TUCANA

SÜDEN

47Tuc

PEGASUS

PISCIS AUSTRINUS

GRUS

Fomalhaut

HYDRUS

ANDROMEDA

SCULPTOR

PHOENIX

Achernar

HOROLOGIUM

TRIANGULUM

PISCES

CETUS

Mira

FORNAX

ERIDANUS

ARIES

Horizont 60° N

Horizont 50° N

Horizont 40° N

Horizont 30° N

Horizont 20° N

Horizont 10° N

EKLIPTIK

ERIDANUS

Plejaden

TAURUS

OSTEN

Galaxien	
Helle Nebel	
Kugelsternhaufen	⊕
Offene Sternhaufen	

Größenklassen:

○ ○ ○ ○ ○ ○ ∘ ∘ ◉ ◎
<0 0 1 2 3 4 5 var.

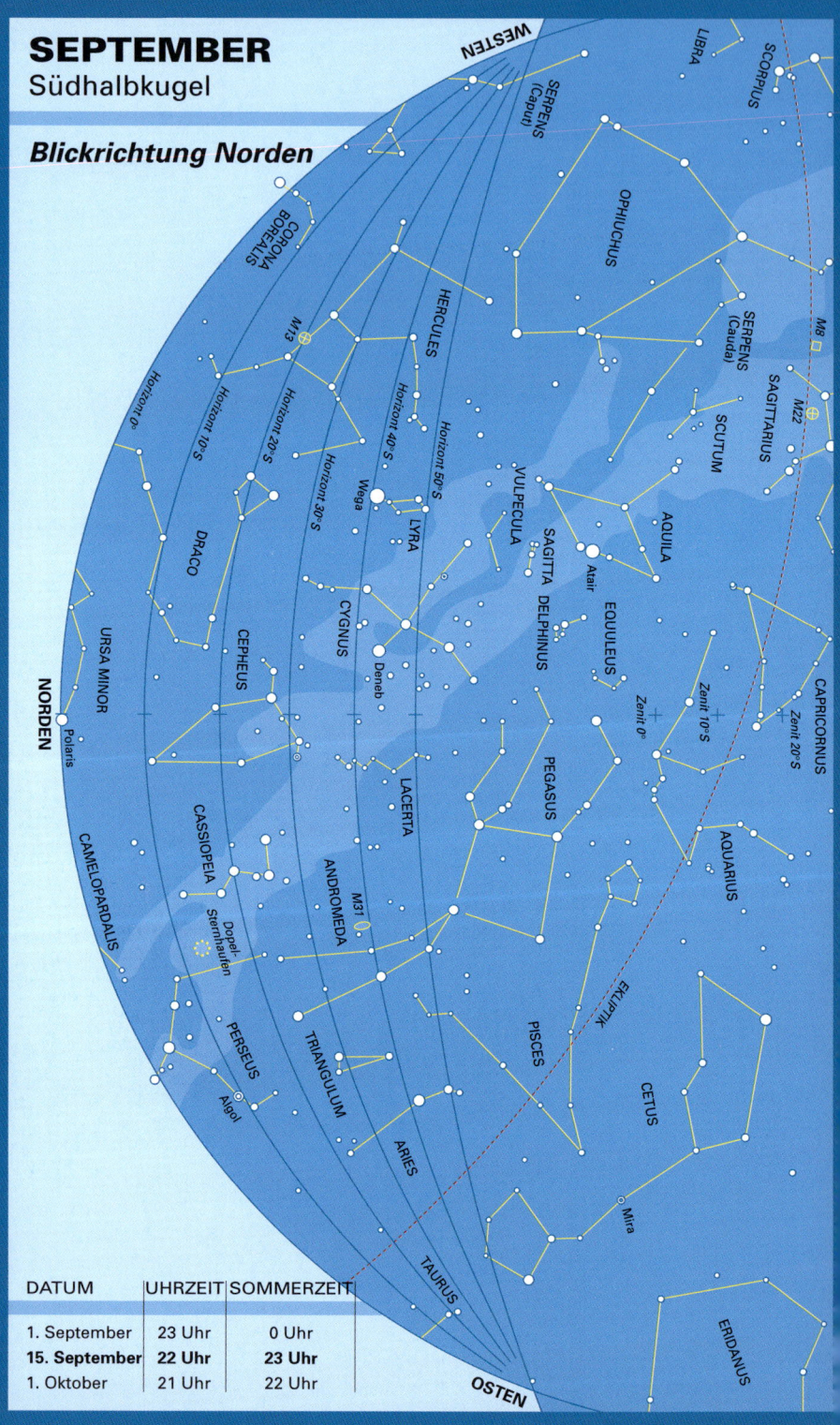

SEPTEMBER
Südhalbkugel

Blickrichtung Norden

DATUM	UHRZEIT	SOMMERZEIT
1. September	23 Uhr	0 Uhr
15. September	**22 Uhr**	**23 Uhr**
1. Oktober	21 Uhr	22 Uhr

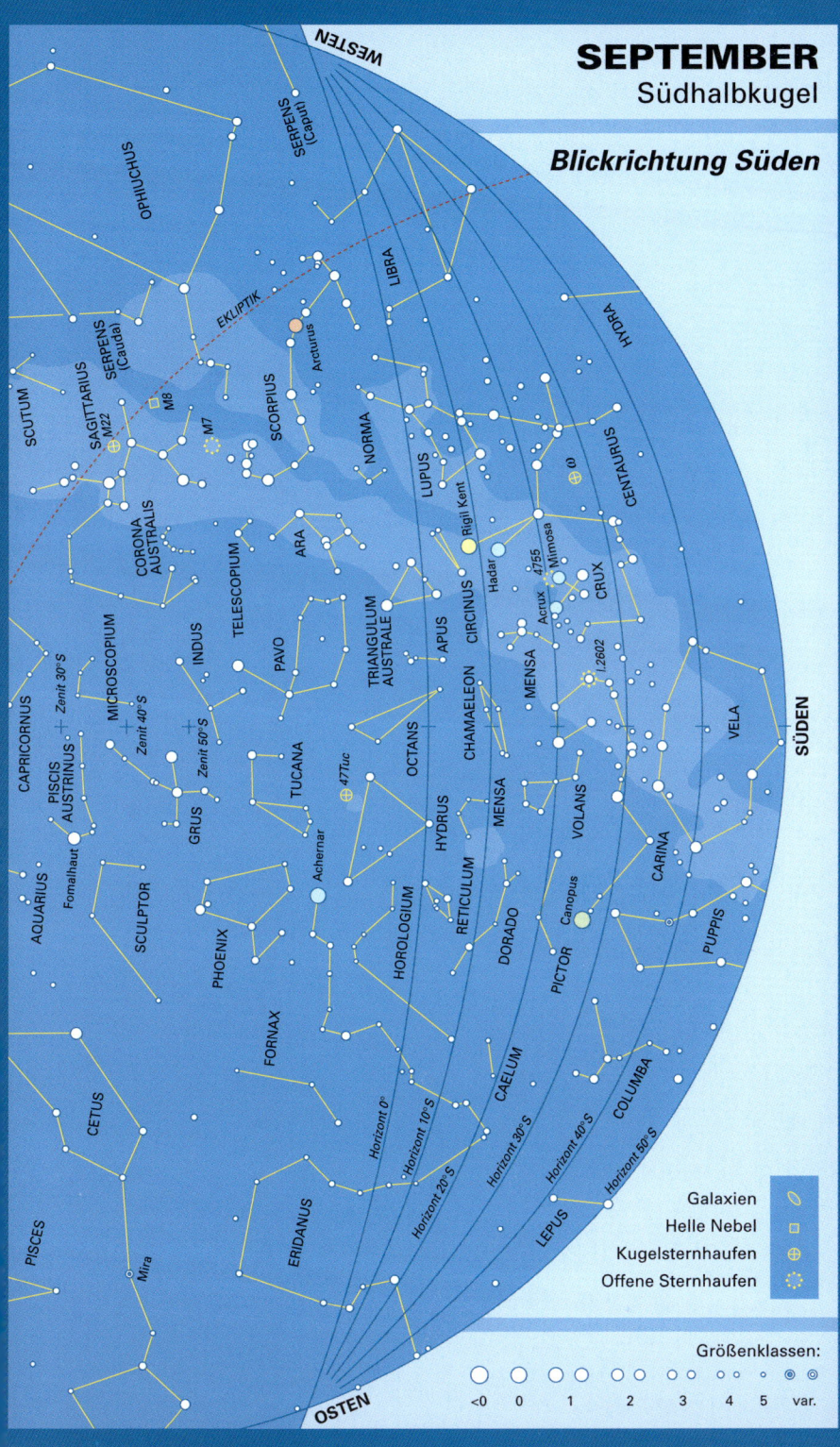

SEPTEMBER
Südhalbkugel

Blickrichtung Süden

WESTEN

SERPENS (Caput)
OPHIUCHUS
SERPENS (Cauda)
SCUTUM
SAGITTARIUS
M22
M8
M7
SCORPIUS
Arcturus
EKLIPTIK
LIBRA
NORMA
LUPUS
HYDRA
CENTAURUS
ω
Rigil Kent
Hadad
4755
Mimosa
Acrux
CRUX
I.2602
CIRCINUS
ARA
CORONA AUSTRALIS
TELESCOPIUM
PAVO
APUS
TRIANGULUM AUSTRALE
CHAMAELEON
MENSA
VELA
MICROSCOPIUM
Zenit 30° S
Zenit 40° S
INDUS
OCTANS
Zenit 50° S
CAPRICORNUS
PISCIS AUSTRINUS
TUCANA
47Tuc
HYDRUS
MENSA
VOLANS
SÜDEN
GRUS
RETICULUM
CARINA
Fomalhaut
Achernar
PHOENIX
HOROLOGIUM
DORADO
PICTOR
Canopus
PUPPIS
AQUARIUS
SCULPTOR
CAELUM
COLUMBA
CETUS
FORNAX
ERIDANUS
LEPUS
PISCES
Mira

Horizont 0°
Horizont 10° S
Horizont 20° S
Horizont 30° S
Horizont 40° S
Horizont 50° S

OSTEN

Galaxien
Helle Nebel
Kugelsternhaufen
Offene Sternhaufen

Größenklassen:
<0   0   1   2   3   4   5   var.

59

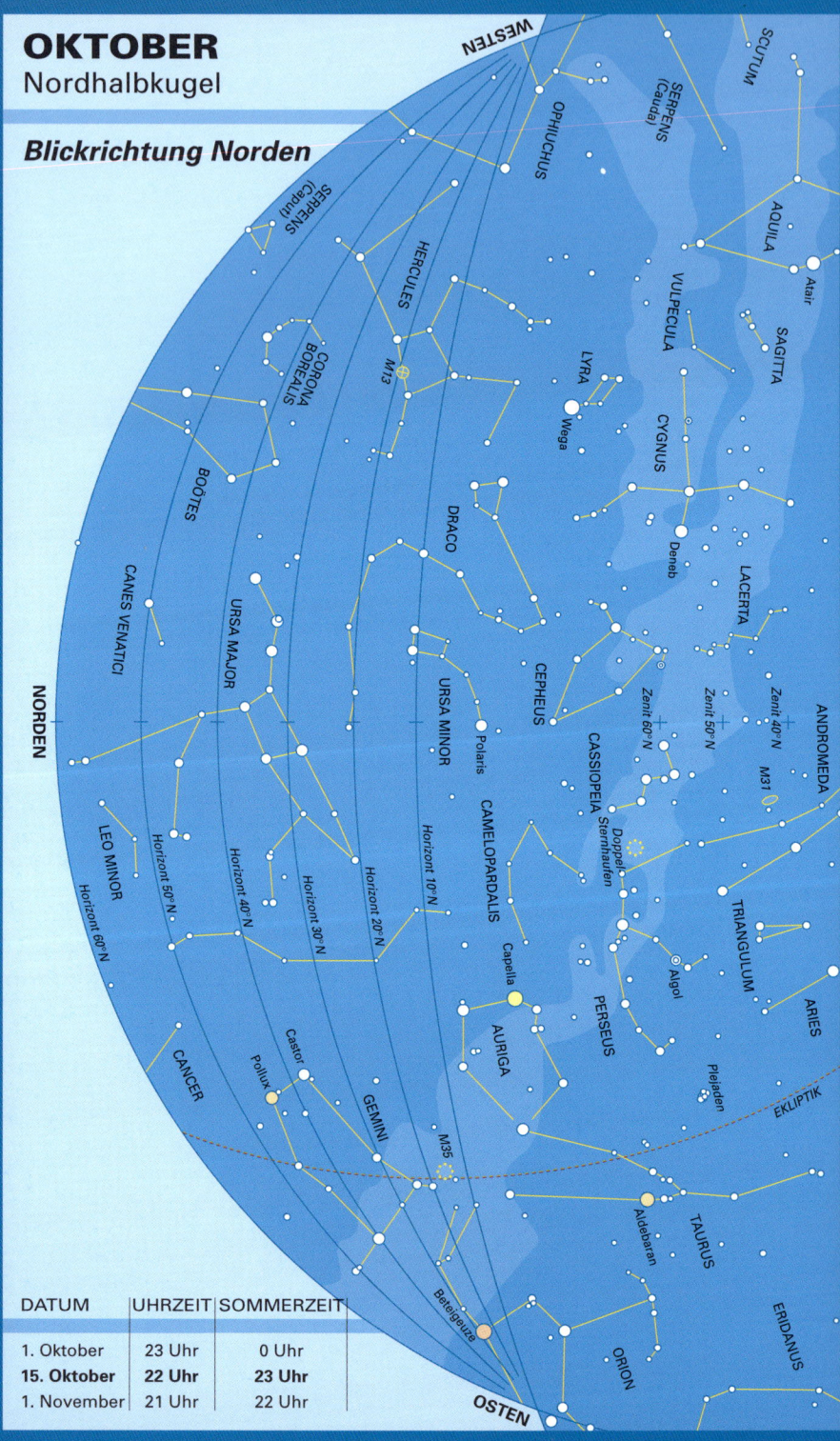

OKTOBER
Nordhalbkugel

Blickrichtung Norden

WESTEN

SCUTUM

SERPENS (Cauda)

OPHIUCHUS

AQUILA

Atair

SERPENS (Caput)

HERCULES

M13

VULPECULA

SAGITTA

CORONA BOREALIS

LYRA

Wega

CYGNUS

Deneb

LACERTA

BOÖTES

DRACO

CEPHEUS

Zenit 60° N

Zenit 50° N

Zenit 40° N

ANDROMEDA

CANES VENATICI

URSA MAJOR

URSA MINOR

Polaris

CASSIOPEIA Sternhaufen

Doppel-

M31

NORDEN

CAMELOPARDALIS

Horizont 10° N

Horizont 20° N

Horizont 30° N

Horizont 40° N

Horizont 50° N

Horizont 60° N

LEO MINOR

TRIANGULUM

Algol

PERSEUS

ARIES

Capella

AURIGA

Plejaden

CANCER

Castor

Pollux

GEMINI

M35

EKLIPTIK

TAURUS

Aldebaran

Beteigeuze

ORION

ERIDANUS

DATUM	UHRZEIT	SOMMERZEIT
1. Oktober	23 Uhr	0 Uhr
15. Oktober	**22 Uhr**	**23 Uhr**
1. November	21 Uhr	22 Uhr

OSTEN

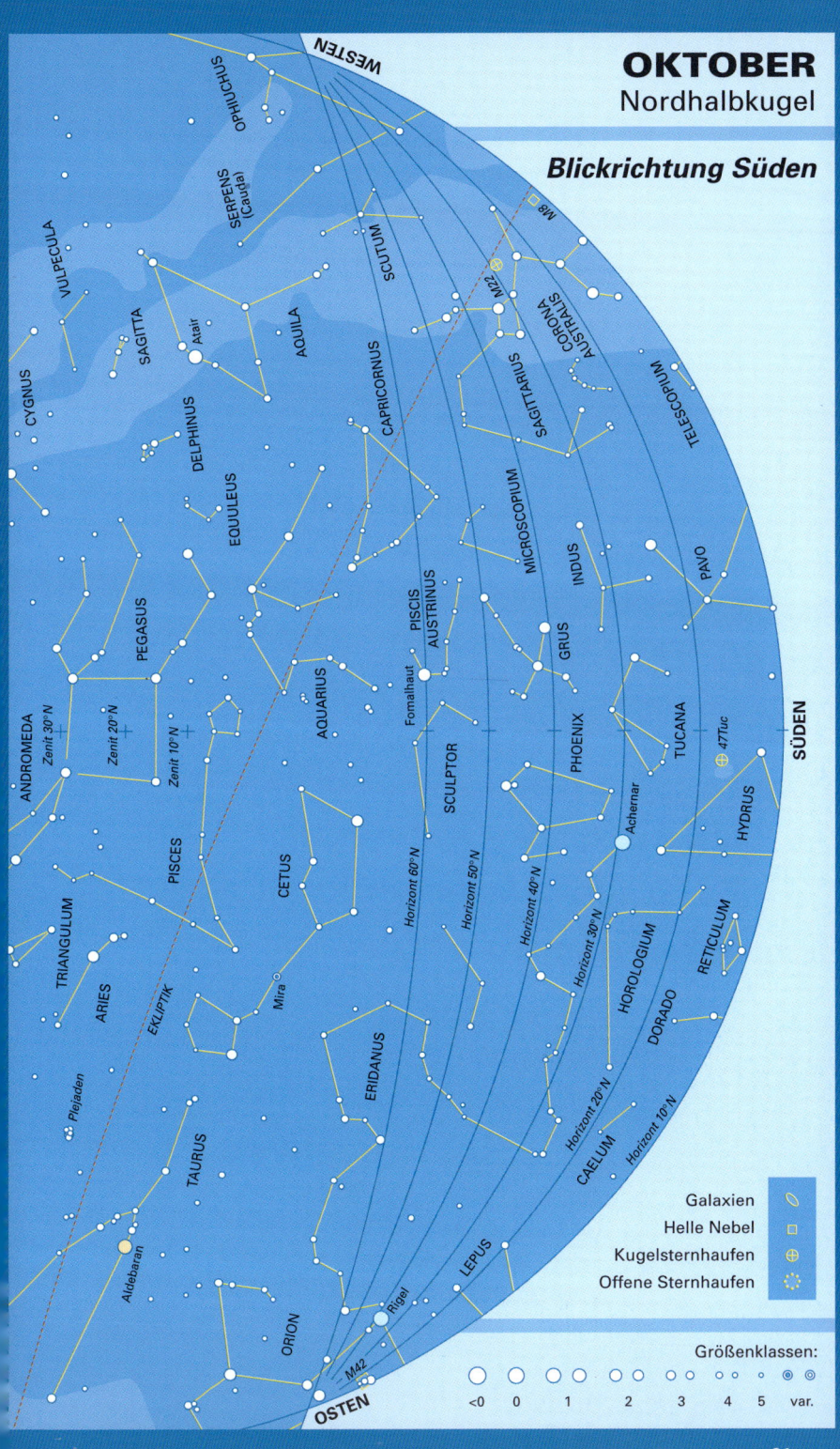

OKTOBER
Nordhalbkugel

Blickrichtung Süden

WESTEN

OPHIUCHUS
SERPENS (Cauda)
VULPECULA
SAGITTA
CYGNUS
Atair
AQUILA
DELPHINUS
SCUTUM
CAPRICORNUS
M22
M8
CORONA AUSTRALIS
SAGITTARIUS
TELESCOPIUM
EQUULEUS
PEGASUS
MICROSCOPIUM
INDUS
PAVO
ANDROMEDA
Zenit 30° N
Zenit 20° N
Zenit 10° N
PISCIS AUSTRINUS
Fomalhaut
GRUS
PHOENIX
TUCANA
47Tuc
SÜDEN
AQUARIUS
SCULPTOR
Achernar
HYDRUS
PISCES
CETUS
Horizont 60° N
Horizont 50° N
Horizont 40° N
Horizont 30° N
HOROLOGIUM
RETICULUM
TRIANGULUM
ARIES
EKLIPTIK
Mira
DORADO
Plejaden
ERIDANUS
Horizont 20° N
CAELUM
Horizont 10° N
TAURUS
Aldebaran
LEPUS
Rigel
ORION
M42
OSTEN

Galaxien
Helle Nebel
Kugelsternhaufen
Offene Sternhaufen

Größenklassen:
<0 0 1 2 3 4 5 var.

OKTOBER
Südhalbkugel

Blickrichtung Norden

WESTEN

NORDEN

OSTEN

OPHIUCHUS
SERPENS (Cauda)
SCUTUM
SAGITTARIUS
M8
M22
HERCULES
LYRA
Wega
VULPECULA
SAGITTA
AQUILA
Atair
DELPHINUS
EQUULEUS
AQUARIUS
CAPRICORNUS
DRACO
CYGNUS
Deneb
PEGASUS
Horizont 0°
Horizont 10°S
Horizont 20°S
Horizont 30°S
Horizont 40°S
Horizont 50°S
Zenit 0°
Zenit 10°S
Zenit 20°S
URSA MINOR
CEPHEUS
LACERTA
Polaris
CASSIOPEIA
ANDROMEDA
M31
PISCES
CETUS
Doppel-Sternhaufen
TRIANGULUM
CAMELOPARDALIS
Algol
ARIES
Mira
PERSEUS
Plejaden
EKLIPTIK
ERIDANUS
Capella
AURIGA
TAURUS
Aldebaran
ORION
Rigel
M42
LEPUS

DATUM	UHRZEIT	SOMMERZEIT
1. Oktober	23 Uhr	0 Uhr
15. Oktober	**22 Uhr**	**23 Uhr**
1. November	21 Uhr	22 Uhr

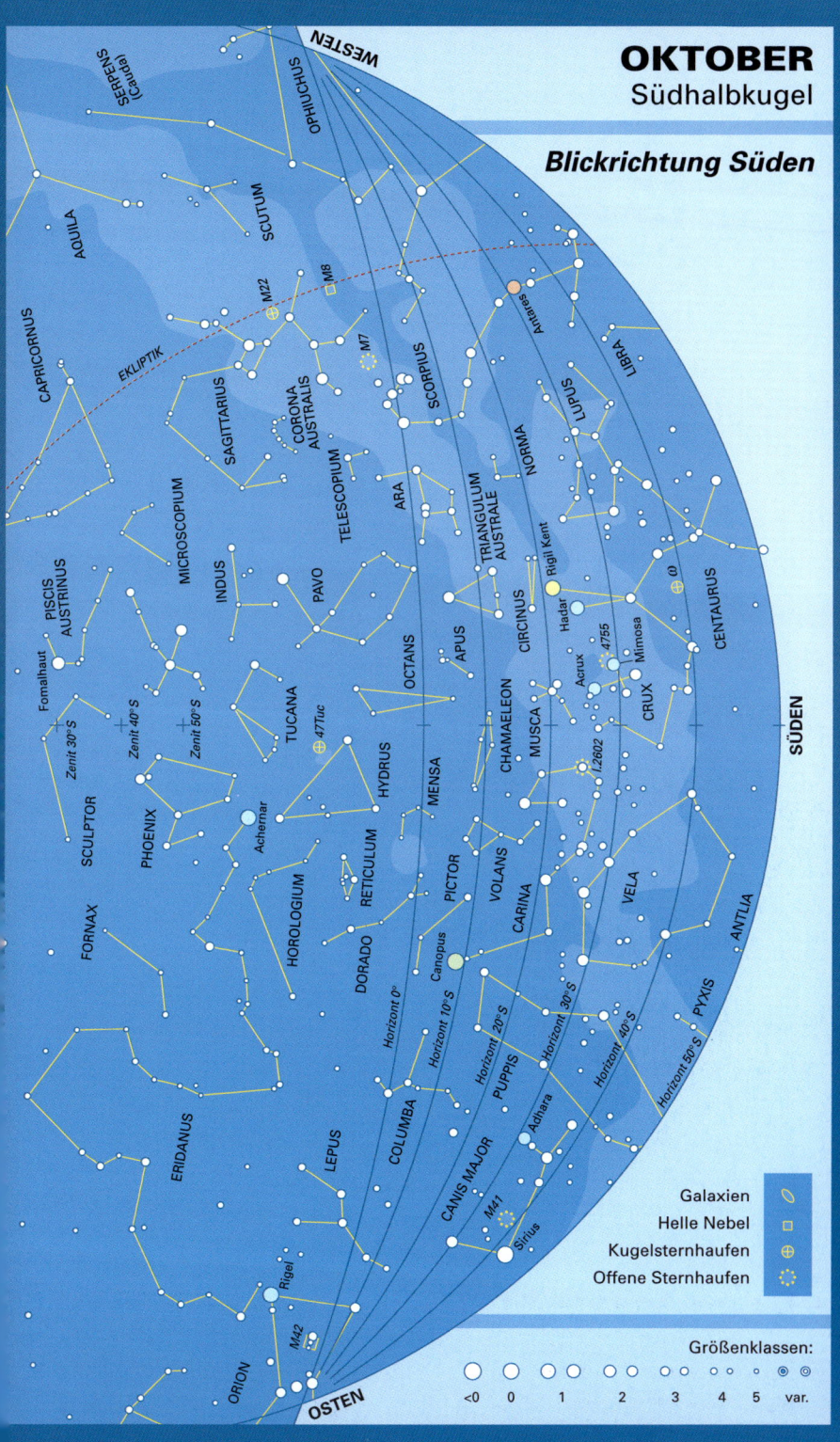

OKTOBER
Südhalbkugel

Blickrichtung Süden

WESTEN

OSTEN

SÜDEN

SERPENS (Cauda)
OPHIUCHUS
SCUTUM
AQUILA
CAPRICORNUS
M22
M8
EKLIPTIK
SAGITTARIUS
M7
CORONA AUSTRALIS
SCORPIUS
Antares
LIBRA
LUPUS
NORMA
TELESCOPIUM
ARA
TRIANGULUM AUSTRALE
MICROSCOPIUM
INDUS
PAVO
APUS
CIRCINUS
Rigil Kent
Hadar
Acrux
4755
Mimosa
ω
CENTAURUS
PISCIS AUSTRINUS
Fomalhaut
OCTANS
CHAMAELEON
MUSCA
I.2602
CRUX
Zenit 30° S
Zenit 40° S
Zenit 50° S
TUCANA
47Tuc
HYDRUS
MENSA
VOLANS
SCULPTOR
PHOENIX
Achernar
RETICULUM
DORADO
HOROLOGIUM
PICTOR
CARINA
VELA
ANTLIA
FORNAX
Horizont 0°
Horizont 10° S
Horizont 20° S
Horizont 30° S
Horizont 40° S
Horizont 50° S
PYXIS
Canopus
PUPPIS
ERIDANUS
LEPUS
COLUMBA
CANIS MAJOR
Adhara
M41
Sirius
Rigel
M42
ORION

Galaxien
Helle Nebel
Kugelsternhaufen
Offene Sternhaufen

Größenklassen:
<0   0   1   2   3   4   5   var.

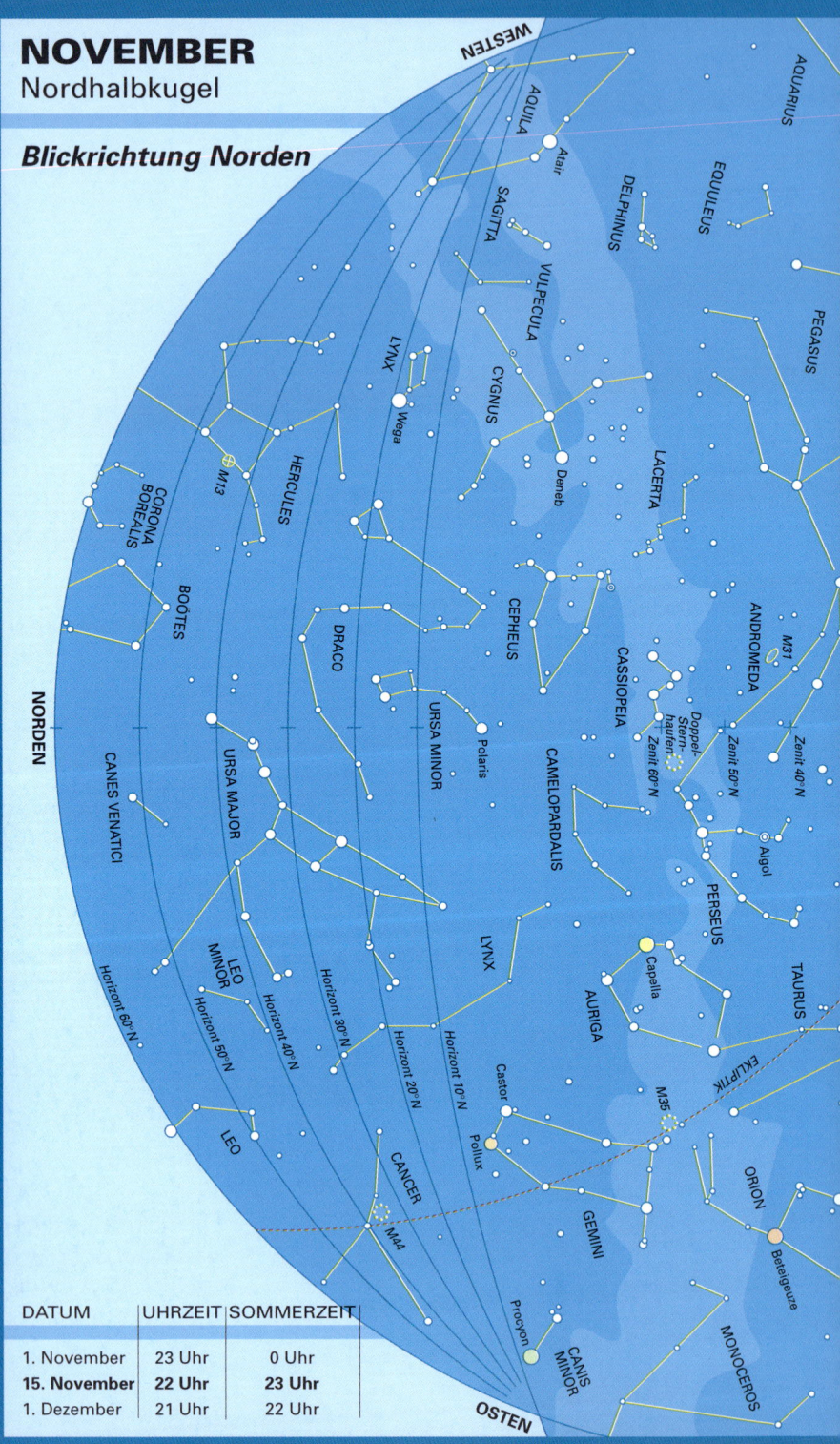

NOVEMBER
Nordhalbkugel

Blickrichtung Norden

WESTEN

NORDEN

OSTEN

AQUILA
Atair
SAGITTA
DELPHINUS
VULPECULA
EQUULEUS
PEGASUS
CYGNUS
Deneb
LACERTA
LYNX
Wega
ANDROMEDA
M31
HERCULES
M13
CORONA BOREALIS
CEPHEUS
CASSIOPEIA
Doppel-Stern-haufen
Zenit 60°N
Zenit 50°N
Zenit 40°N
BOÖTES
DRACO
URSA MINOR
Polaris
CAMELOPARDALIS
PERSEUS
Algol
TAURUS
CANES VENATICI
URSA MAJOR
LYNX
AURIGA
Capella
EKLIPTIK
LEO MINOR
Horizont 60°N
Horizont 50°N
Horizont 40°N
Horizont 30°N
Horizont 20°N
Horizont 10°N
Castor
Pollux
M35
ORION
Beteigeuze
LEO
CANCER
M44
GEMINI
MONOCEROS
Procyon
CANIS MINOR

DATUM	UHRZEIT	SOMMERZEIT
1. November	23 Uhr	0 Uhr
15. November	**22 Uhr**	**23 Uhr**
1. Dezember	21 Uhr	22 Uhr

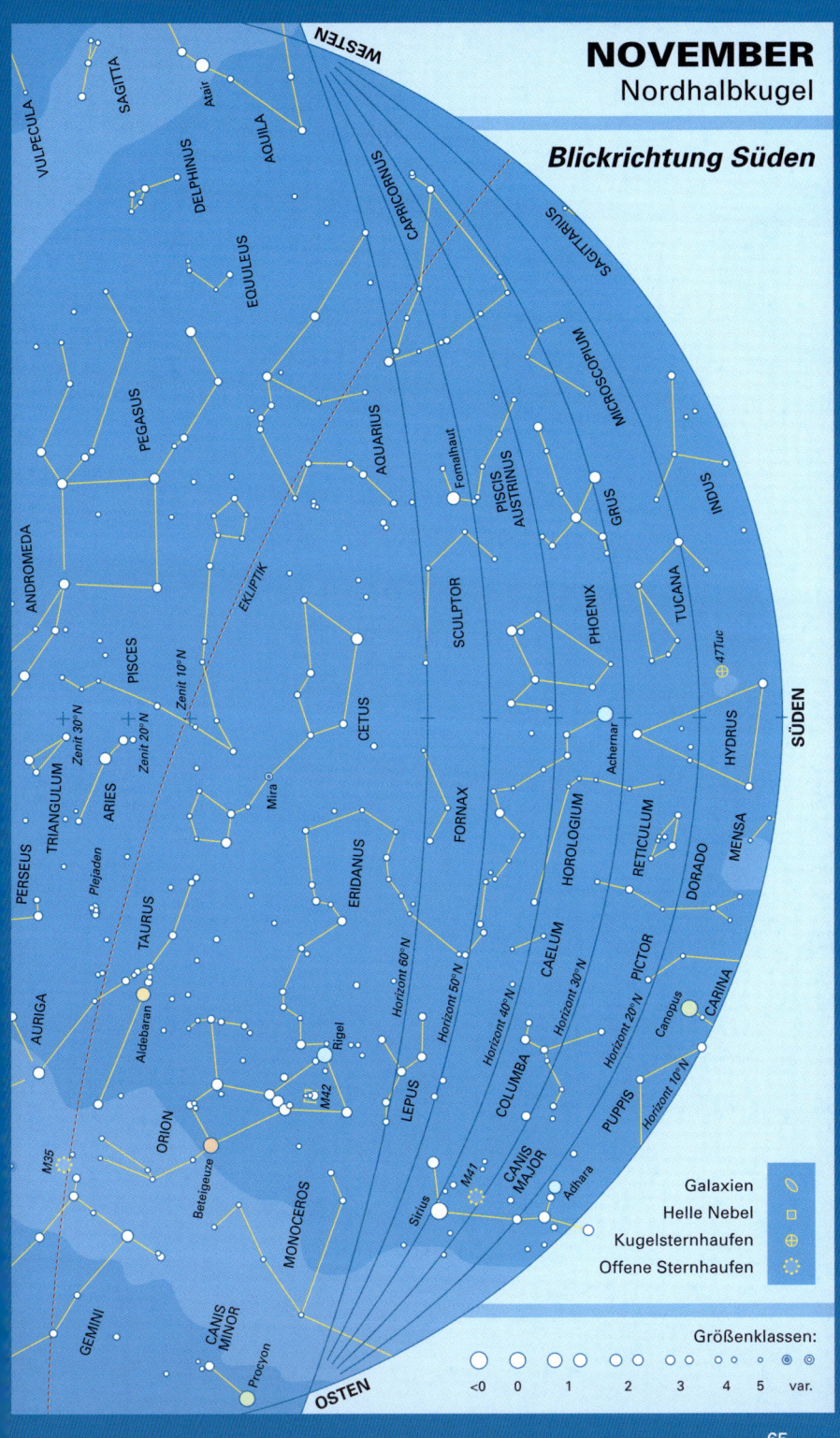

NOVEMBER
Nordhalbkugel

Blickrichtung Süden

WESTEN

VULPECULA

SAGITTA

Atair

AQUILA

DELPHINUS

EQUULEUS

PEGASUS

ANDROMEDA

CAPRICORNUS

SAGITTARIUS

AQUARIUS

Fomalhaut

MICROSCOPIUM

PISCIS
AUSTRINUS

GRUS

INDUS

SCULPTOR

PHOENIX

TUCANA

EKLIPTIK

PISCES

Zenit 10° N

47Tuc

PERSEUS

TRIANGULUM

Zenit 30° N

Zenit 20° N

ARIES

CETUS

Mira

FORNAX

HOROLOGIUM

Achernar

HYDRUS

SÜDEN

RETICULUM

MENSA

Plejaden

ERIDANUS

CAELUM

DORADO

TAURUS

PICTOR

Aldebaran

Horizont 60° N

Horizont 50° N

Horizont 40° N

Horizont 30° N

Horizont 20° N

CARINA

AURIGA

Rigel

Canopus

M42

LEPUS

COLUMBA

Horizont 10° N

ORION

Beteigeuze

PUPPIS

M35

CANIS
MAJOR

MONOCEROS

Sirius

M41

Adhara

GEMINI

CANIS
MINOR

Procyon

OSTEN

Galaxien

Helle Nebel

Kugelsternhaufen

Offene Sternhaufen

Größenklassen:

<0   0   1   2   3   4   5   var.

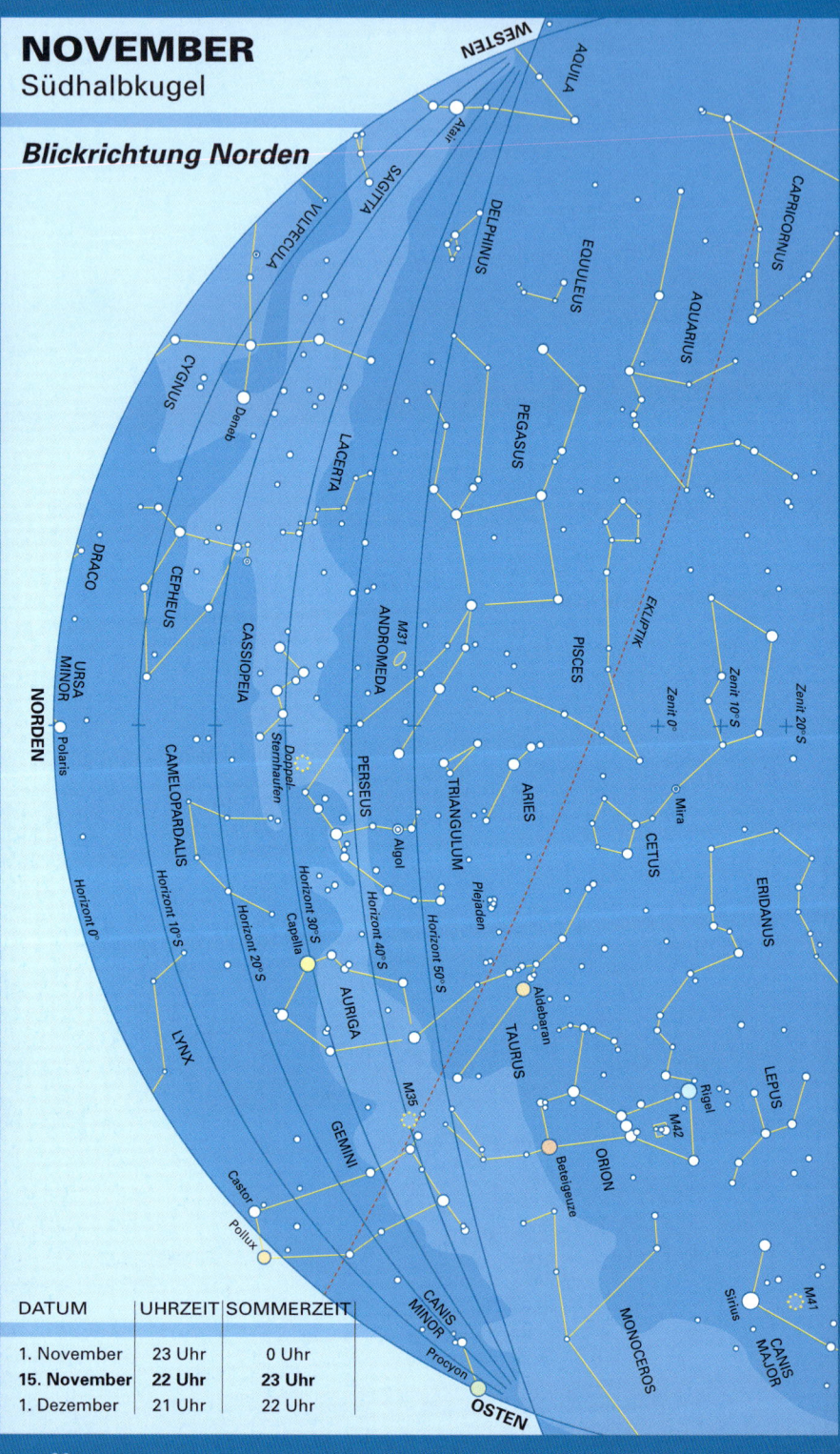

NOVEMBER
Südhalbkugel

Blickrichtung Norden

WESTEN

AQUILA

Atair

SAGITTA

VULPECULA

DELPHINUS

CAPRICORNUS

EQUULEUS

AQUARIUS

CYGNUS

Deneb

PEGASUS

LACERTA

PISCES

EKLIPTIK

DRACO

CEPHEUS

CASSIOPEIA

ANDROMEDA

M31

Zenit 0°

Zenit 10° S

Zenit 20° S

NORDEN

URSA MINOR

Polaris

CAMELOPARDALIS

Doppel-Sternhaufen

PERSEUS

Algol

TRIANGULUM

ARIES

CETUS

Mira

ERIDANUS

Horizont 0°

Horizont 10° S

Horizont 20° S

Horizont 30° S

Horizont 40° S

Horizont 50° S

Capella

AURIGA

Plejaden

TAURUS

Aldebaran

LEPUS

LYNX

M35

GEMINI

Rigel

M42

ORION

Betelgeuze

Castor

Pollux

CANIS MINOR

Procyon

Sirius

M41

CANIS MAJOR

MONOCEROS

OSTEN

DATUM	UHRZEIT	SOMMERZEIT
1. November	23 Uhr	0 Uhr
15. November	**22 Uhr**	**23 Uhr**
1. Dezember	21 Uhr	22 Uhr

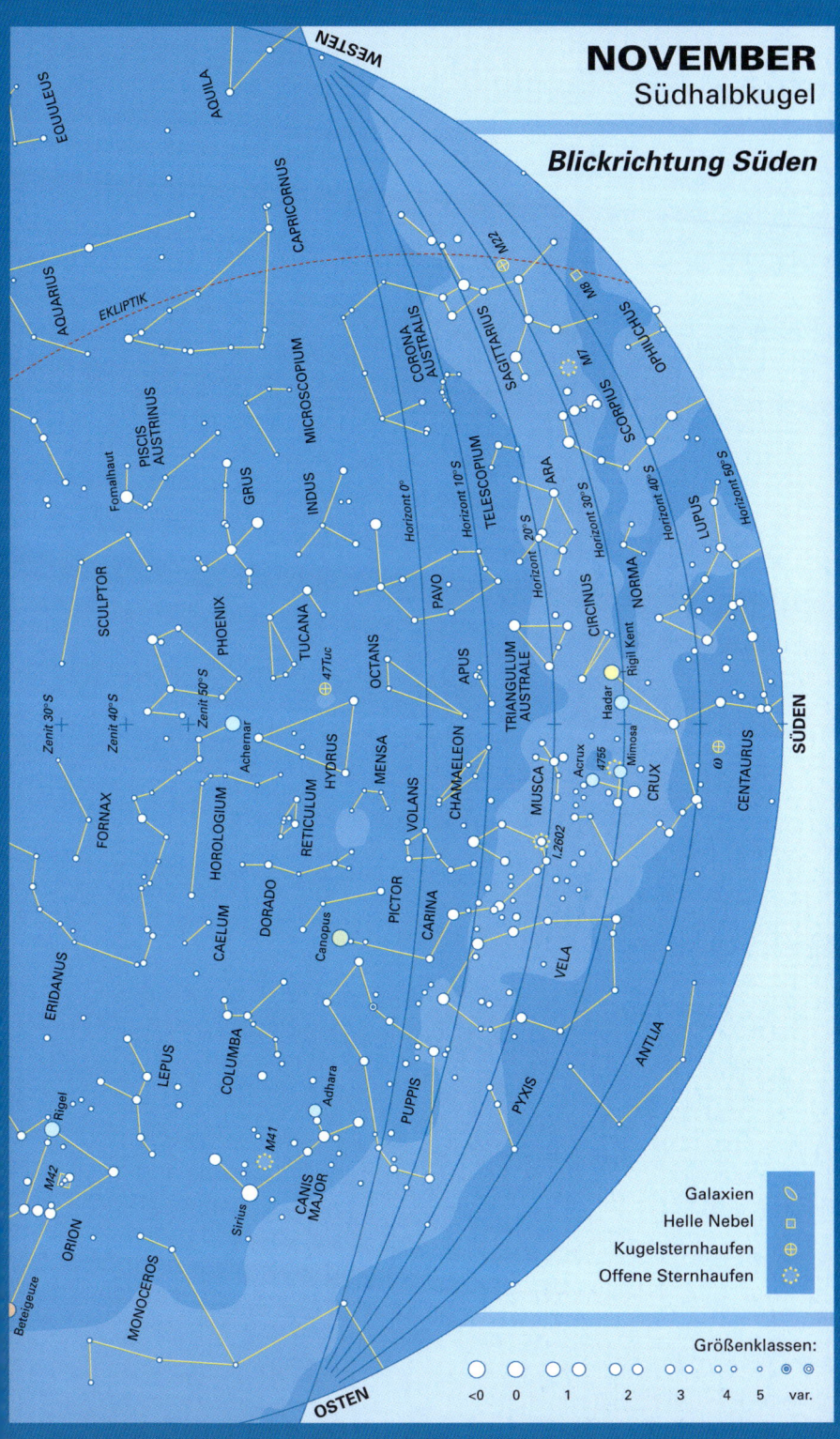

NOVEMBER
Südhalbkugel

Blickrichtung Süden

WESTEN

EQUULEUS

AQUILA

CAPRICORNUS

AQUARIUS

EKLIPTIK

PISCIS AUSTRINUS

Fomalhaut

MICROSCOPIUM

GRUS

INDUS

M22

CORONA AUSTRALIS

SAGITTARIUS

M8

M7

OPHIUCHUS

SCORPIUS

NORMA

ARA

TELESCOPIUM

PAVO

Horizont 0°

Horizont 10° S

Horizont 20° S

Horizont 30° S

Horizont 40° S

Horizont 50° S

SCULPTOR

PHOENIX

TUCANA

47Tuc

OCTANS

APUS

CIRCINUS

LUPUS

Zenit 30° S

Zenit 40° S

Zenit 50° S

Achernar

HYDRUS

MENSA

CHAMAELEON

TRIANGULUM AUSTRALE

MUSCA

Rigil Kent

Hadar

Acrux

4755

Mimosa

ω

SÜDEN

FORNAX

RETICULUM

VOLANS

I.2602

CRUX

CENTAURUS

HOROLOGIUM

DORADO

PICTOR

CARINA

VELA

CAELUM

Canopus

ERIDANUS

LEPUS

COLUMBA

Adhara

PUPPIS

PYXIS

ANTLIA

Rigel

M42

M41

Sirius

CANIS MAJOR

Beteigeuze

ORION

MONOCEROS

OSTEN

Galaxien

Helle Nebel

Kugelsternhaufen

Offene Sternhaufen

Größenklassen:

<0 0 1 2 3 4 5 var.

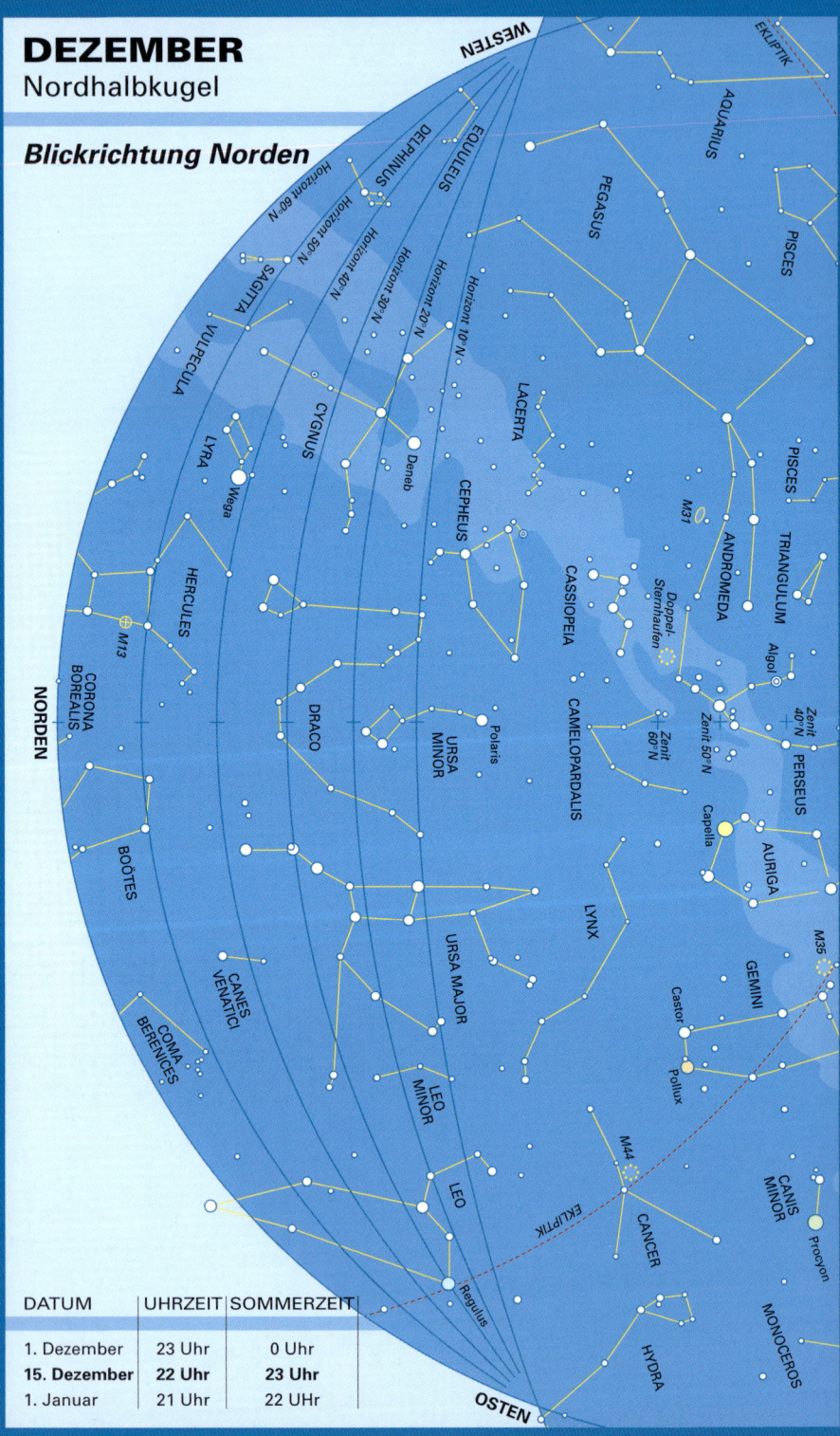

DEZEMBER
Nordhalbkugel

Blickrichtung Norden

WESTEN

NORDEN

OSTEN

EKLIPTIK

AQUARIUS

PEGASUS

PISCES

PISCES

TRIANGULUM

ANDROMEDA

M31

Doppel-Sternhaufen

Algol

PERSEUS

Zenit 40°N

Zenit 50°N

Zenit 60°N

Capella

AURIGA

M35

GEMINI

Castor

Pollux

DELPHINUS

EQUULEUS

SAGITTA

VULPECULA

CYGNUS

Deneb

LACERTA

CEPHEUS

CASSIOPEIA

CAMELOPARDALIS

LYRA

Wega

HERCULES

M13

CORONA BOREALIS

DRACO

URSA MINOR

Polaris

LYNX

BOÖTES

CANES VENATICI

URSA MAJOR

COMA BERENICES

LEO MINOR

LEO

CANCER

M44

EKLIPTIK

Regulus

CANIS MINOR

Procyon

MONOCEROS

HYDRA

Horizont 60°N
Horizont 50°N
Horizont 40°N
Horizont 30°N
Horizont 20°N
Horizont 10°N

DATUM	UHRZEIT	SOMMERZEIT
1. Dezember	23 Uhr	0 Uhr
15. Dezember	**22 Uhr**	**23 Uhr**
1. Januar	21 Uhr	22 UHr

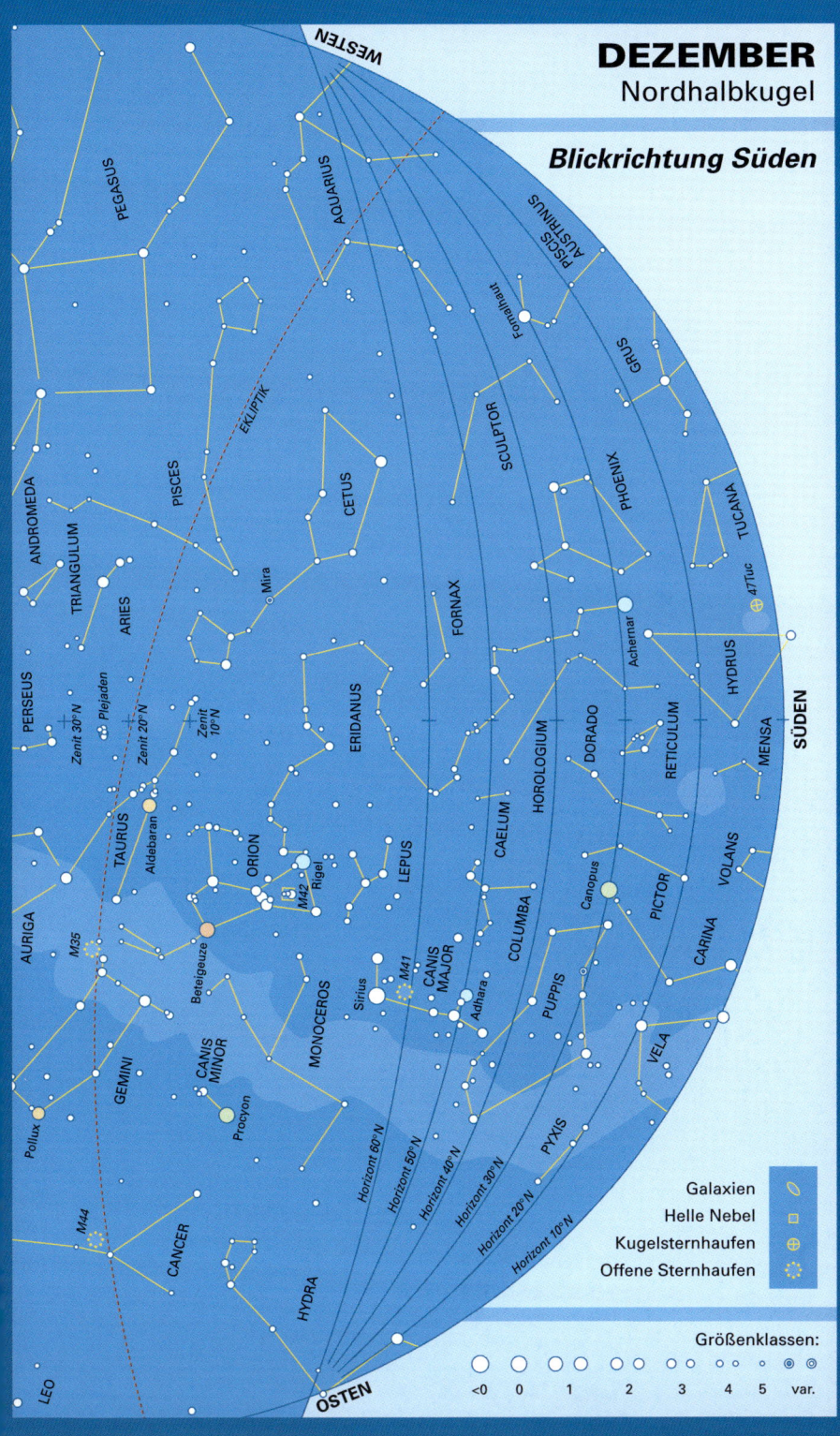

DEZEMBER
Nordhalbkugel

Blickrichtung Süden

WESTEN

PEGASUS

AQUARIUS

PISCIS AUSTRINUS

Fomalhaut

GRUS

ANDROMEDA

TRIANGULUM

ARIES

PISCES

CETUS

Mira

SCULPTOR

PHOENIX

TUCANA

47Tuc

PERSEUS

Zenit 30° N

Plejaden

Zenit 20° N

Zenit 10° N

TAURUS

Aldebaran

ORION

M42

Rigel

FORNAX

ERIDANUS

LEPUS

CAELUM

HOROLOGIUM

DORADO

RETICULUM

Achernar

HYDRUS

MENSA

SÜDEN

AURIGA

M35

Betelgeuze

MONOCEROS

Sirius

M41

CANIS MAJOR

Adhara

COLUMBA

PUPPIS

Canopus

PICTOR

VOLANS

CARINA

VELA

GEMINI

Pollux

CANIS MINOR

Procyon

PYXIS

Horizont 60° N

Horizont 50° N

Horizont 40° N

Horizont 30° N

Horizont 20° N

Horizont 10° N

M44

CANCER

HYDRA

LEO

OSTEN

EKLIPTIK

Galaxien	
Helle Nebel	
Kugelsternhaufen	
Offene Sternhaufen	

Größenklassen:

<0 0 1 2 3 4 5 var.

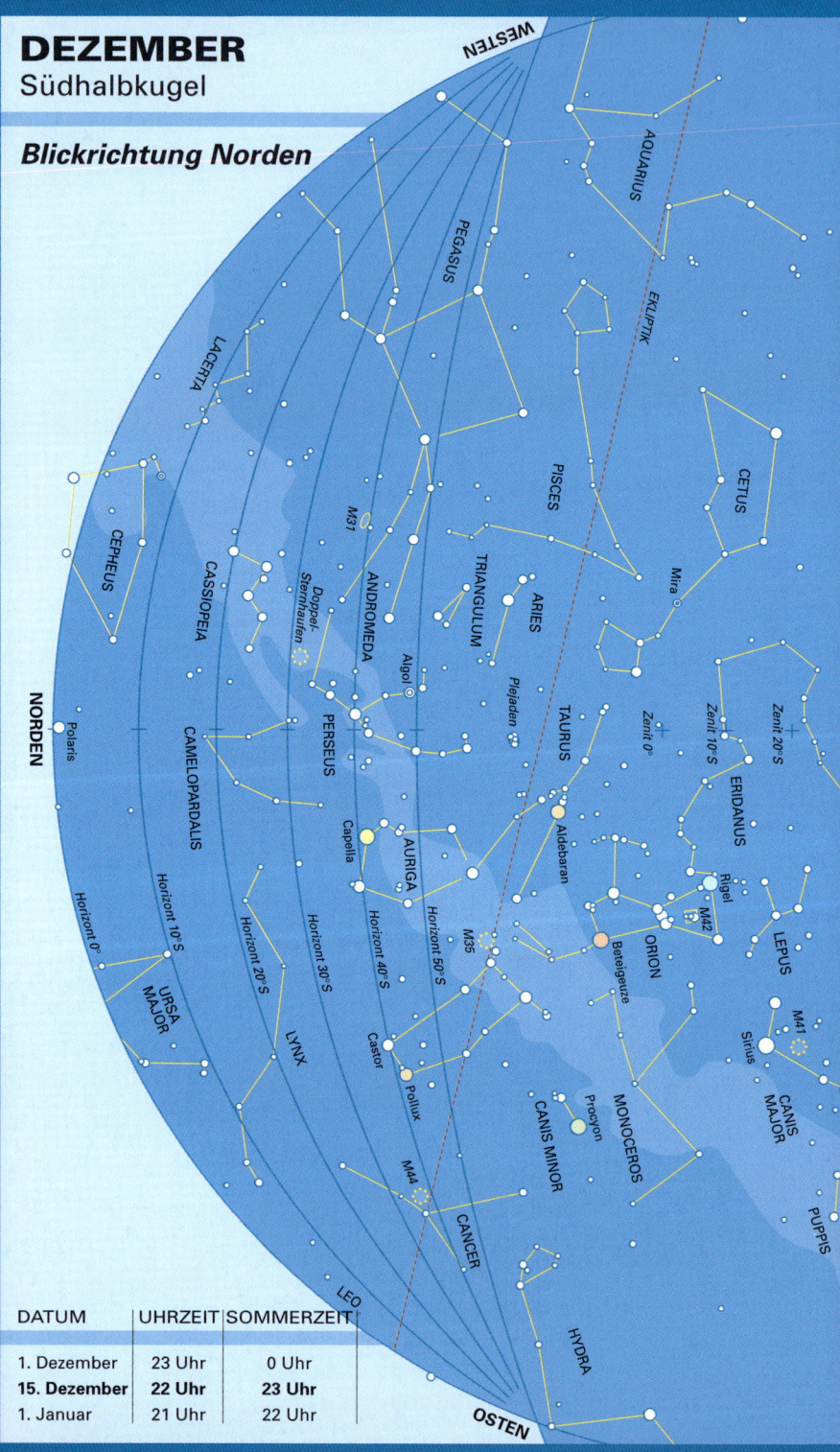

DEZEMBER
Südhalbkugel

Blickrichtung Norden

WESTEN

AQUARIUS

EKLIPTIK

PEGASUS

CETUS

PISCES

LACERTA

Mira

ANDROMEDA

M31

TRIANGULUM

ARIES

CETUS

CEPHEUS

Doppel-Sternhaufen

CASSIOPEIA

Algol

Plejaden

TAURUS

Zenit 0°

Zenit 10° S

Zenit 20° S

NORDEN

PERSEUS

CAMELOPARDALIS

Capella

AURIGA

Aldebaran

ERIDANUS

Polaris

Rigel

M42

Horizont 0°

Horizont 10° S

Horizont 20° S

Horizont 30° S

Horizont 40° S

Horizont 50° S

M35

Betelgeuze

ORION

LEPUS

URSA MAJOR

LYNX

Castor

Pollux

M44

CANCER

CANIS MINOR

Procyon

MONOCEROS

M41

Sirius

CANIS MAJOR

PUPPIS

LEO

HYDRA

OSTEN

DATUM	UHRZEIT	SOMMERZEIT
1. Dezember	23 Uhr	0 Uhr
15. Dezember	**22 Uhr**	**23 Uhr**
1. Januar	21 Uhr	22 Uhr

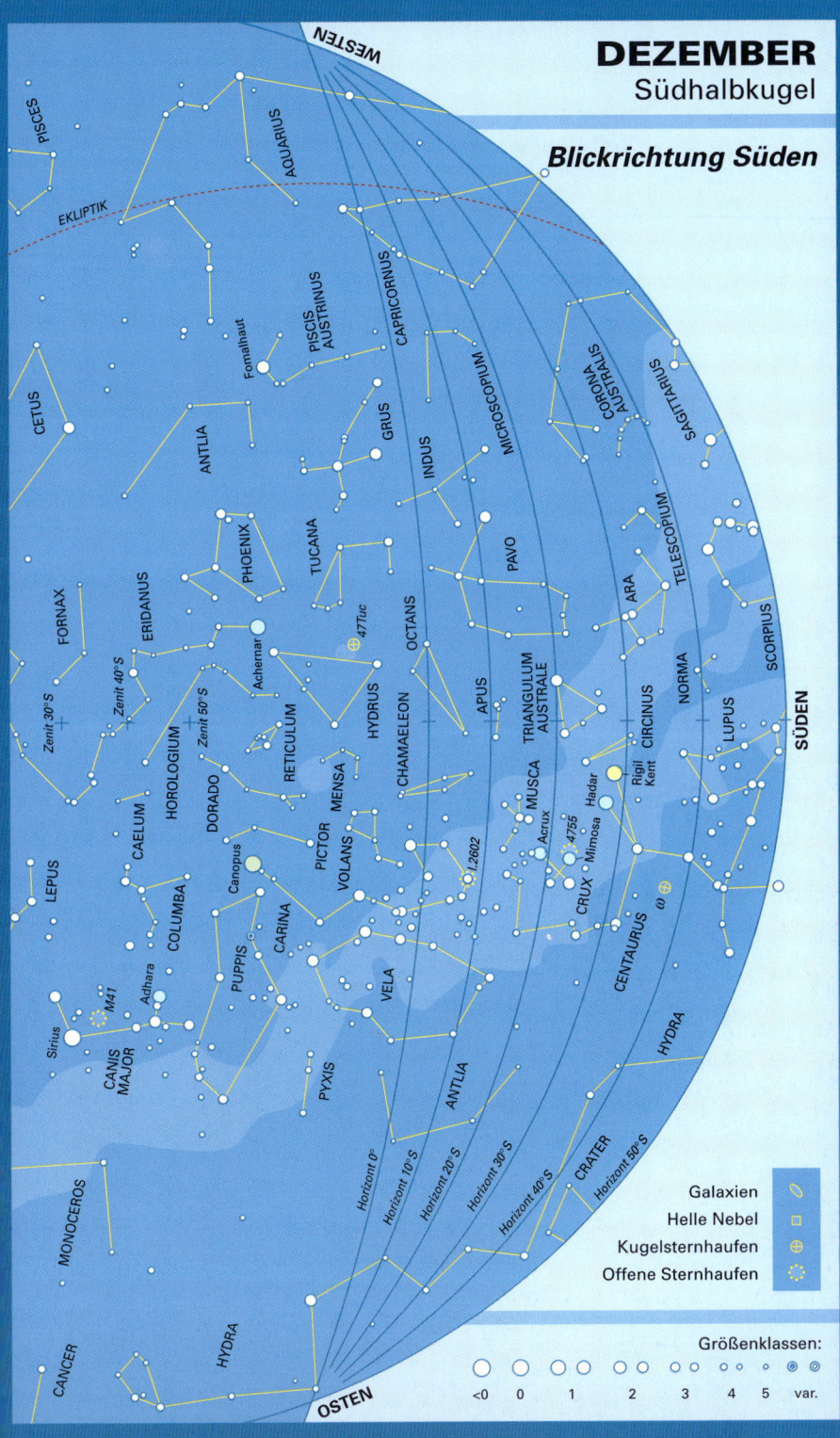

DEZEMBER
Südhalbkugel

Blickrichtung Süden

WESTEN

PISCES

EKLIPTIK

AQUARIUS

CETUS

Fomalhaut

PISCIS AUSTRINUS

CAPRICORNUS

GRUS

MICROSCOPIUM

CORONA AUSTRALIS

SAGITTARIUS

ANTLIA

INDUS

PAVO

TELESCOPIUM

ARA

SCORPIUS

FORNAX

ERIDANUS

PHOENIX

TUCANA

47Tuc

OCTANS

APUS

NORMA

LUPUS

SÜDEN

Zenit 30°S

Zenit 40°S

Zenit 50°S

Achernar

HYDRUS

CHAMAELEON

TRIANGULUM AUSTRALE

CIRCINUS

CAELUM

HOROLOGIUM

RETICULUM

MENSA

MUSCA

Rigil Kent

LEPUS

DORADO

PICTOR

VOLANS

Acrux

4755

Hadar

CENTAURUS

Canopus

CARINA

L 2602

Mimosa

CRUX

ω

COLUMBA

PUPPIS

M41

Adhara

VELA

HYDRA

Sirius

CANIS MAJOR

PYXIS

ANTLIA

MONOCEROS

Horizont 0°

Horizont 10°S

Horizont 20°S

Horizont 30°S

Horizont 40°S

CRATER

Horizont 50°S

CANCER

HYDRA

OSTEN

Galaxien	
Helle Nebel	
Kugelsternhaufen	
Offene Sternhaufen	

Größenklassen:

<0 0 1 2 3 4 5 var.

71

ANDROMEDA

Andromeda ist die Tochter der Königin Kassiopeia, die an einen Felsen gekettet dem Seeungeheuer Cetus geopfert werden sollte und von Perseus gerettet wurde, den sie später heiratete. Das Sternbild ist schon seit sehr langer Zeit bekannt. Trotz ihrer Berühmtheit ist Andromeda nicht besonders auffällig: Ihre hellsten Stern gehören lediglich zur Größenklasse 2. Am leichtesten zu erkennen ist die gebogene, aus vier Sternen bestehende Linie, die die Verlängerung des Pegasusquadrats bildet. Der erste der vier Sterne wird Alpheratz oder Sirrah genannt, er bildet den Kopf der Figur, Mirach bildet die Hüfte und Almaak einen angeketteten Fuß. Das bekannteste Objekt in dem Sternbild ist die Andromeda-Galaxie M 31, eine Spiralgalaxie. Über eine gedachte Linie von Mirach, β (beta) Andromedae, findet man sie am leichtesten.

α (alpha) Andromedae, 0h 08m / +29°,1; (Alpheratz bzw. Sirrah), Größenklasse 2,1, blauweiße Erscheinung, Entfernung 97 LJ.

β (beta) And, 1h 10m / +35°,6; (Mirach), Größenklasse 2,1, Roter Zwerg, Entfernung 199 LJ.

γ (gamma) And, 2h 04m / +42°,3; (Almaak bzw. Almach), Entfernung 355 LJ. Es handelt sich um ein außergewöhnliches Dreisternsystem. Die helleren Sterne besitzen die Größenklassen 2,3 bzw. 4,8; sie leuchten orange und blau. Der weiter entfernte, dritte Stern ist blau und hat einen blauweißen Begleiter der Größenklasse 6, der ihn alle 64 Jahre umkreist. Dieses nicht ganz so helle Paar wird im Jahr 2015 seine geringste Entfernung erreichen, Jahre davor und danach sind sie mithilfe normaler Teleskope nicht auseinander zu halten.

δ (delta) And, 0h 39m / +30°,9; Größenklasse 3,3; oranger Riese, Entfernung 101 LJ.

μ (mü) And, 0h 57m / +38°,5; Größenklasse 3,9; weißer Zwerg, Entfernung 136 LJ.

π (pi) And, 0h 37m / +33°,7; Entfernung 660 LJ, blauweißer Stern Größenklasse 4,3; mit Begleiter der Größenklasse 8,9; durch kleine Teleskope zu sehen. ▶

Die Andromeda-Galaxie M 31 ist eine wunderschöne Spiralgalaxie, die mit bloßem Auge zu sehen ist. Zu ihren Seiten befinden sich zwei sie begleitende Galaxien, die man mit kleinen Teleskopen beobachten kann: Unter dem Zentrum liegt die M 32, oben rechts die größere, aber weiter entfernte Galaxie M 110. (Bill Schoening, Vanessa Harvey/ REU Program/ AURA/NOAO/NSF)

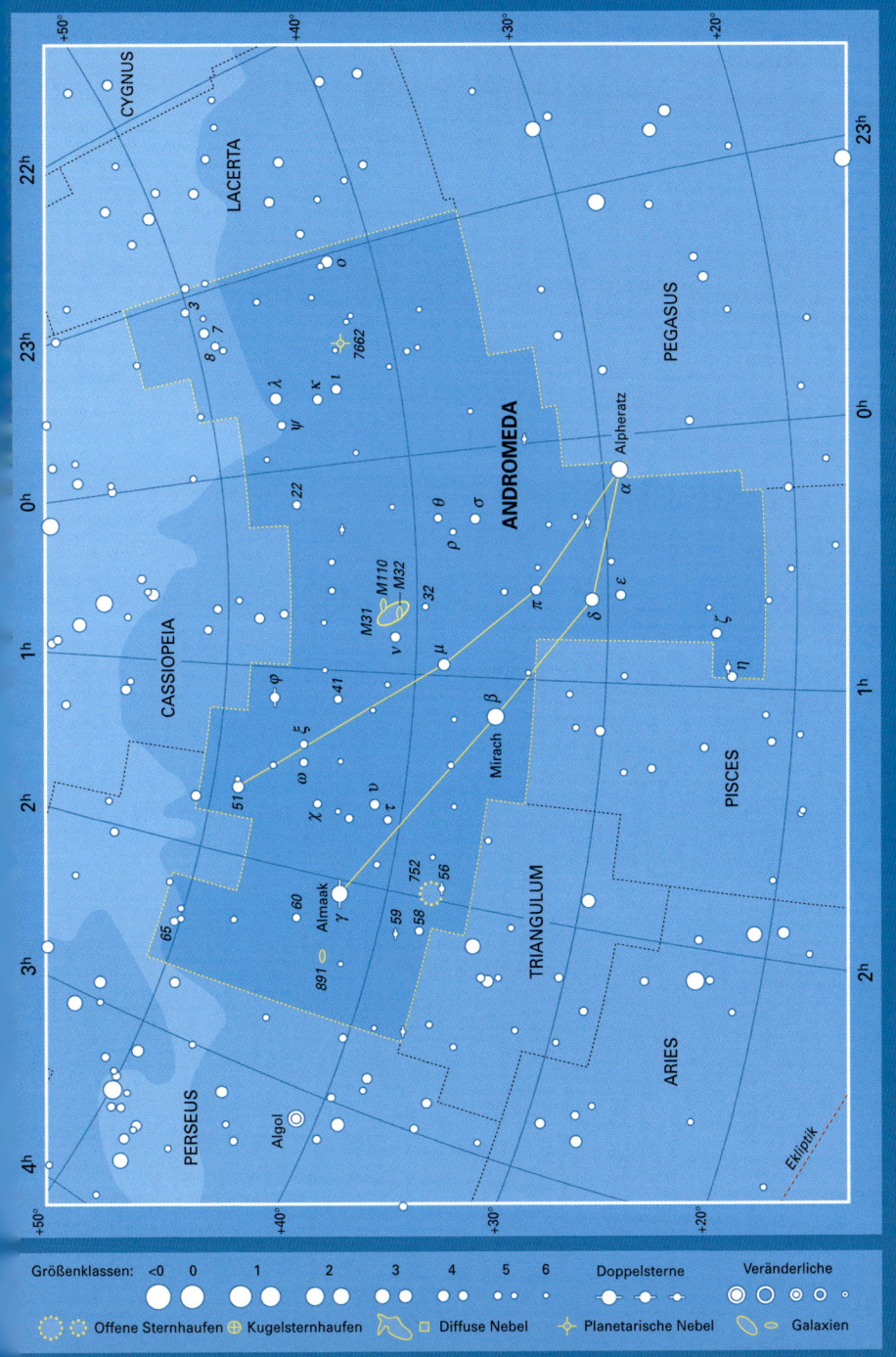

υ (ypsilon) And, 1h 37m / +41°,4; Größenklasse 4,1; gelblich-weiße Erscheinung, Entfernung 44 LJ, wird von drei Planeten umkreist. Damit handelt es sich um das erste bekannte Sonnensystem abgesehen von unserem.

56 And, 1h 56m / +37°,3; gelber Riese der Größenklasse 5,7; Entfernung 320 LJ, wird von einem orangeroten Riesen der Größenklasse 5,9 begleitet, Entfernung 990 LJ, beide sind mit einem Fernglas leicht zu erkennen. Die beiden Sterne finden sich in der Nähe des Sternhaufens NGC 752.

M 31 (NGC 224), 0h 43m / +41°,3; die Andromeda-Galaxie, eine Spiralgalaxie, die Entfernung wird auf 2,7 Millionen LJ geschätzt, obwohl die Berechnungen von Hipparcos eher eine Entfernung von 3 Millionen LJ nahe legt. Mit bloßem Auge ist sie als elliptischer, verschwommener Fleck erkennbar. Mithilfe eines Fernglases oder Teleskops mit geringer Vergrößerung ist sie besser zu sehen. Zwischen den Spiralarmen der Galaxie sind um das Zentrum herum dunkle Streifen zu erkennen. M 31 wird von zwei kleineren elliptischen Satellitengalaxien begleitet. Die hellere der beiden, M 32 (NGC 221), ist durch das Teleskop als verschwommener Fleck der Größenklasse 8 etwa 1/2° südlich des Zentrums von M 31 zu erkennen. Der zweite Begleiter, M 110 (auch NGC 205), ist größer, aber schlechter zu sehen, er liegt etwa 1° nordwestlich von M 31.

NGC 752, 1h 58m / +37°,7; ein weit verstreuter Sternhaufen von etwa 60 Sternen, Größenklasse 9 und schwächer, Entfernung 1200 LJ, erkennbar durch Fernglas und Teleskop mit geringer Vergrößerung.

NGC 7662, 23h 26m / +42°,6; einer der hellsten und mit einem kleinen Teleskop am leichtesten erkennbaren planetarischen Nebel. Bei niedriger Vergrößerung erscheint er als verschwommener, blaugrüner Stern der Größenklasse 9, Vergrößerungen über 100 zeigen jedoch eine elliptische Scheibenform. Größere Teleskope zeigen ein Loch im Zentrum; der Zentralstern ist mit Amateurteleskopen kaum zu sehen. NGC 7662 liegt etwa 4000 LJ entfernt.

ANTLIA Luftpumpe

Das wenig bekannte Sternbild am südlichen Sternenhimmel wurde erstmals 1756 von dem französischen Astronom Nicolas Louis de Lacaille auf einer Karte verzeichnet und dem französischen Physiker Denis Papin, dem Erfinder der Luftpumpe gewidmet. Lacaille war der erste, der den südlichen Sternenhimmel komplett aufzeichnete (sein Observatorium befand sich am Kap der Guten Hoffnung). Er führte 14 Sternbilder neu ein, um Lücken zwischen den bereits bestehenden aufzufüllen.

α (alpha) Antliae, 10h 27m / –31°,1; Größenklasse 4,3; der hellste Stern des Sternbilds, orangeroter Riesenstern, Entfernung 366 LJ.

δ (delta) Ant, 10h 30m / –30°,6; Entfernung 481 LJ, blauweißer Stern der Größenklasse 5,6; Begleitstern der Größenklasse 9,6; durch kleine Teleskope erkennbar.

ζ¹, ζ² (zeta¹, zeta²) Ant, 9h 31m / –31°,9; Entfernung 373 LJ, Doppelsternsystem der Größenklassen 5,8 und 5,9. Durch das Teleskop wird deutlich, dass ζ¹ selbst ein Doppelstern mit den Größenklassen 6,2 und 7 ist. ▶

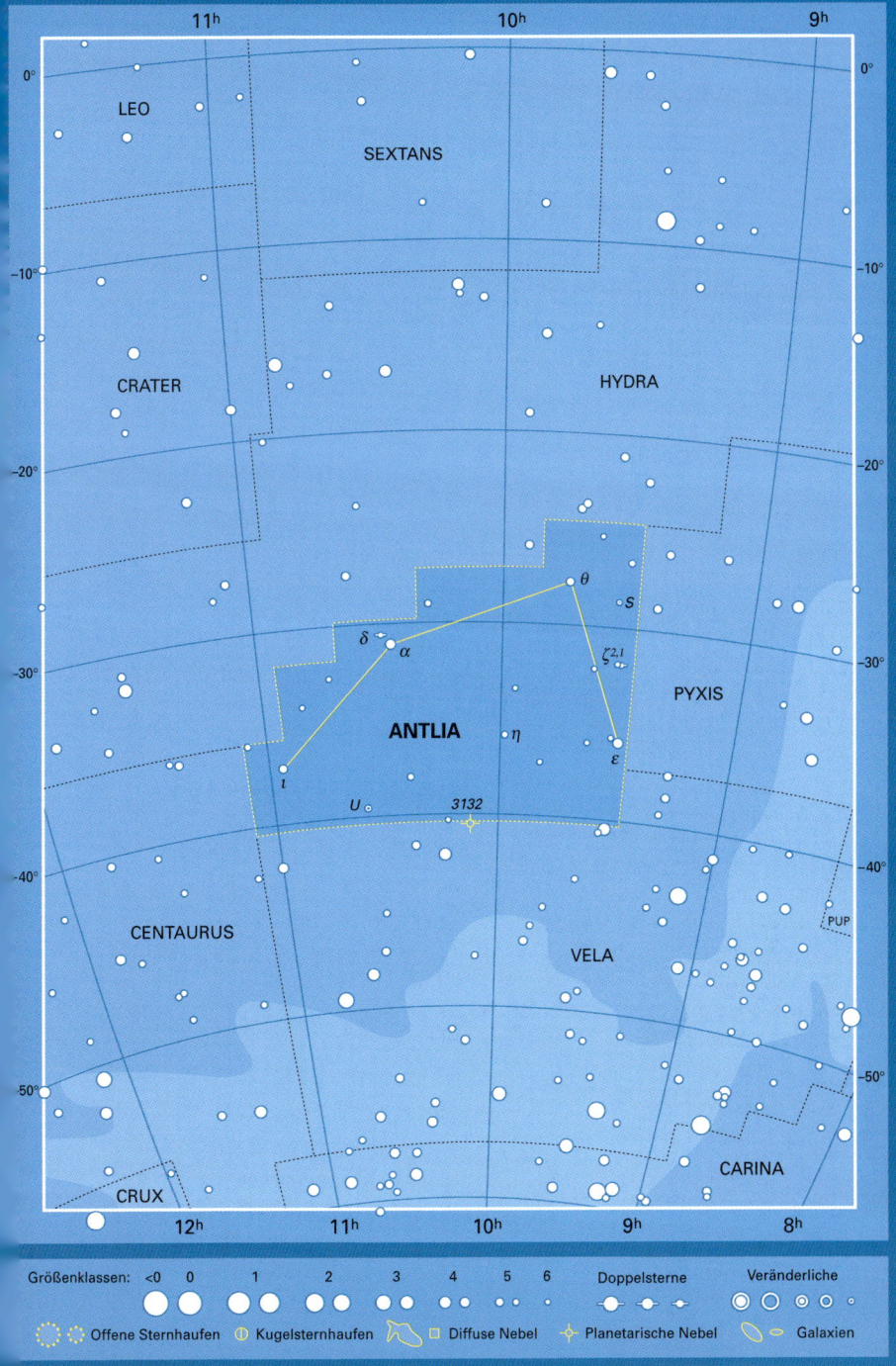

LEO

SEXTANS

CRATER

HYDRA

ANTLIA

θ

S

δ

α

$\zeta^{2,1}$

PYXIS

η

ε

ι

U

3132

PUP

CENTAURUS

VELA

CRUX

CARINA

Größenklassen: <0   0   1   2   3   4   5   6   Doppelsterne   Veränderliche

⬡ ⬡ Offene Sternhaufen   ⊕ Kugelsternhaufen   ⬭ ☐ Diffuse Nebel   ✦ Planetarische Nebel   ⬭ ⬭ Galaxien

Im Sternbild Antlia liegt die schöne Spiralgalaxie NGC 299. Die Galaxie der Größenklasse 9 ist beinahe in ihrer ganzen Ausdehnung zu sehen, erkennbar sind Ansammlungen von Sternen und Gas, aber auch Streifen mit dunklerem Staub. Man benötigt ein mittelstarkes Amateurteleskop, um sie beobachten zu können. (European Southern Observatory)

APUS Paradiesvogel

Ein schwach sichtbares Sternbild in der Nähe des südlichen Himmelspols, eingeführt in den 1590er Jahren von den holländischen Seefahrern Pieter Dirkszoon Keyser und Frederick de Houtman.

α (alpha) Apodis, 14h 48m / –79°,0; Größenklasse 3,8; orangeroter Riese, Entfernung 411 LJ.

β (beta) Aps, 16h 43m / –77°,5; Größenklasse 4,2; orangeroter Riese, Entfernung 158,1 LJ.

γ (gamma) Aps, 16h 33m / –78°,9; Größenklasse 3,9; orangeroter Riese, Entfernung 160,1 LJ.

δ¹, δ² (delta¹, delta²) Aps, 16h 20m / –78°,7; orangerote und Rote Riesen der Größenklassen 4,7 und 5,3, Entfernung 765 bzw. 663 LJ.

θ (theta) Aps, 14h 05m / –76°,8; Entfernung 328 LJ, Roter Riese, schwankt etwa alle vier Monate zwischen den Größenklassen 5 und 7.

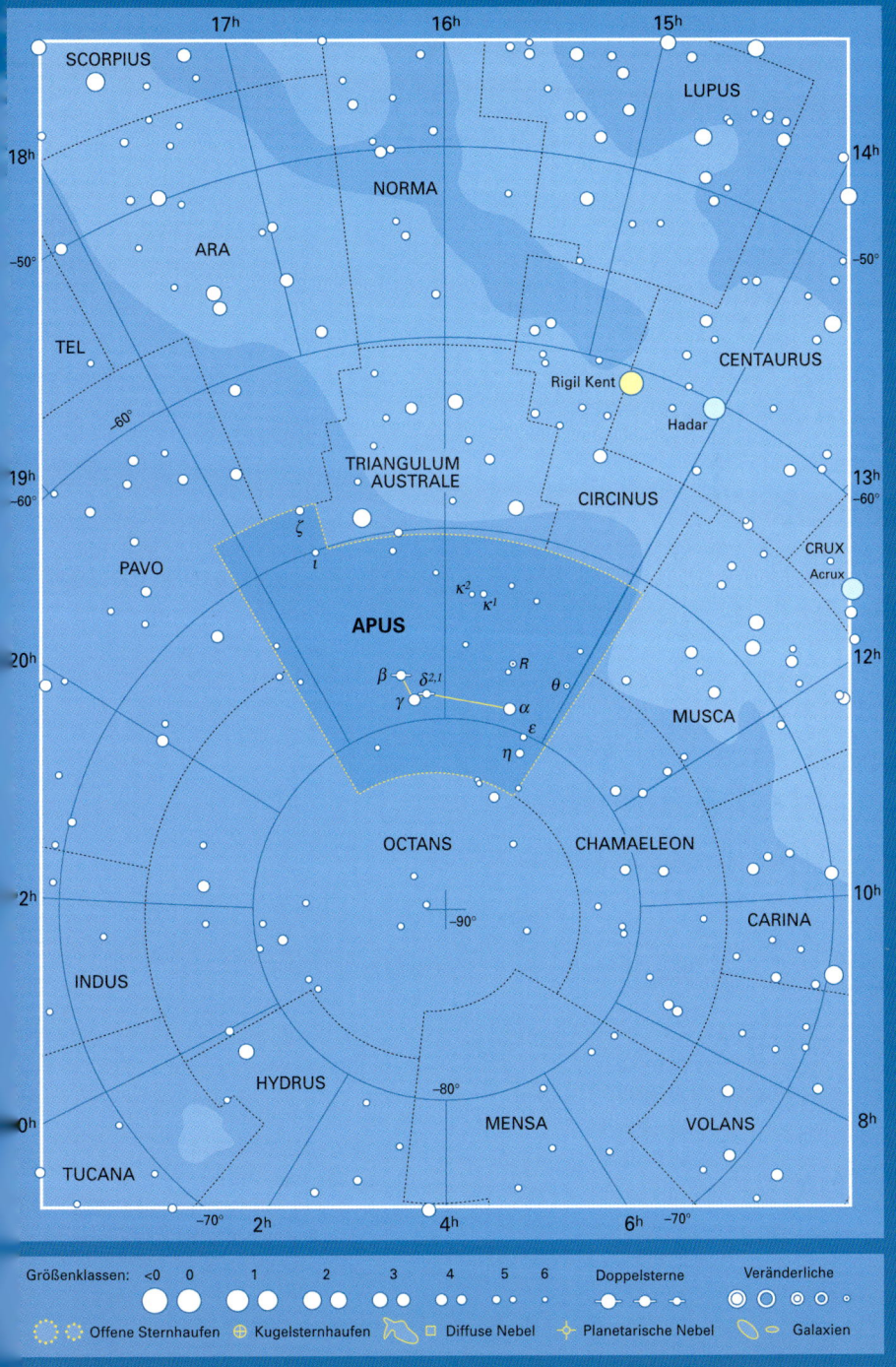

AQUARIUS   Wassermann

Aquarius (Wassermann) gehört zu den ältesten bekannten Sternbildern. Die Babylonier erkannten in dem Sternbild einen Mann, der Wasser aus einem Kelch gießt. In der griechischen Mythologie repräsentiert das Sternbild Ganymed, einen Schäferjungen, der von Zeus auf den Olymp gebracht wurde, wo er dann den Göttern Wein servierte. Besonders auffällig ist das y-förmige, auf dem Stern ζ (zeta) Aquarii stehende Gebilde, das den Kelch darstellt. Aquarius gehört zu den „Wassersternbildern", wie auch Pisces (Fische), Cetus (Walfisch) und Capricornus (Steinbock). Die Sonne steht Ende Februar und Anfang März im Wassermann. In diesem Sternbild wird später einmal der Frühlingspunkt liegen, an der die Sonne in die nördliche Hemisphäre eintritt. Dieser astronomisch sehr bedeutende Punkt, von dem aus die Rektaszension gemessen wird, wandert aufgrund der Präzession bis zum Jahr 2597 von den Fischen in das Sternbild Wassermann.

Aus dem Sternbild entspringen jedes Jahr drei große Meteorschauer. Der erste ist auch der größte von ihnen: die Eta-Aquariden. Um den 5. und 6. Mai herum sind bis zu 35 Sternschnuppen pro Stunde zu sehen. Die Delta-Aquariden sind zweistrahlig: Der südlichere Schwarm produziert um den 29. Juli herum etwa 20 Sternschnuppen, der nördliche am 6. August ca. 10 Sternschnuppen pro Stunde. Der schwächere Schwarm der Iota-Aquariden produziert etwa 8 Sternschnuppen pro Stunde, die ebenfalls am 6. August zu sehen sind. Die Schwärme sind jeweils nach dem Stern benannt, der ihrem Erscheinungsort am nächsten ist.

α (alpha) Aquarii, 22h 06m / –0°,3; (Sadalmelik, aus dem Arabischen für „die Glückssterne des Königs"), Größenklasse 2,9; gelber Überriese, Entfernung 760 LJ.

β (beta) Aqr, 21h 32m / –5°,6; (Sadalsuud, aus dem Arabischen für „der Glücklichste unter den Glückssternen"), Größenklasse 2,9; gelber Überriese, Entfernung 610 LJ.

γ (gamma) Aqr, 22h 22m / –1°,4; (Sadachbia), Größenklasse 3,9; blauweißer Stern, Entfernung 158 LJ.

δ (delta) Aqr, 22h 55m / –15°,8; (Skat), Größenklasse 3,3; blauweißer Stern, Entfernung 160 LJ.

ε (epsilon) Aqr, 20h 48m / –9°,5; (Albali), Größenklasse 3,8, blauweißer Stern, Entfernung 102 LJ.

ζ (zeta) Aqr, 22h 29m / 0°,0; Entfernung 103 LJ, bekanntes Doppelsternsystem, bestehend aus zwei weißen Sternen der Größenklassen 4,3 bzw. 4,5. Die Umlaufdauer beträgt 760 Jahre. Die beiden Sterne entfernen sich von der Erde aus gesehen voneinander und sind deshalb zunehmend leichter auseinander zu halten.

M 2 (NGC 7089), 21h 34m / –0°,8; Größenklasse 6,5; Kugelsternhaufen, mithilfe von Fernglas oder kleinen Teleskopen erkennbar, um die hellsten Sterne im Einzelnen zu sehen, ist jedoch eine Öffnung von 100 mm nötig. Dieser dichte und sternreiche Haufen liegt etwa 37 000 LJ entfernt.

M 72 (NGC 6981), 20h 54m / –12°,5; Kugelsternhaufen der Größenklasse 9, Entfernung 56 000 LJ, kleiner und weit weniger eindrucksvoll als M 2.

NGC 7009, 21h 04m / –11°,4; berühmter planetarischer Nebel, 3000 LJ entfernt, ▶

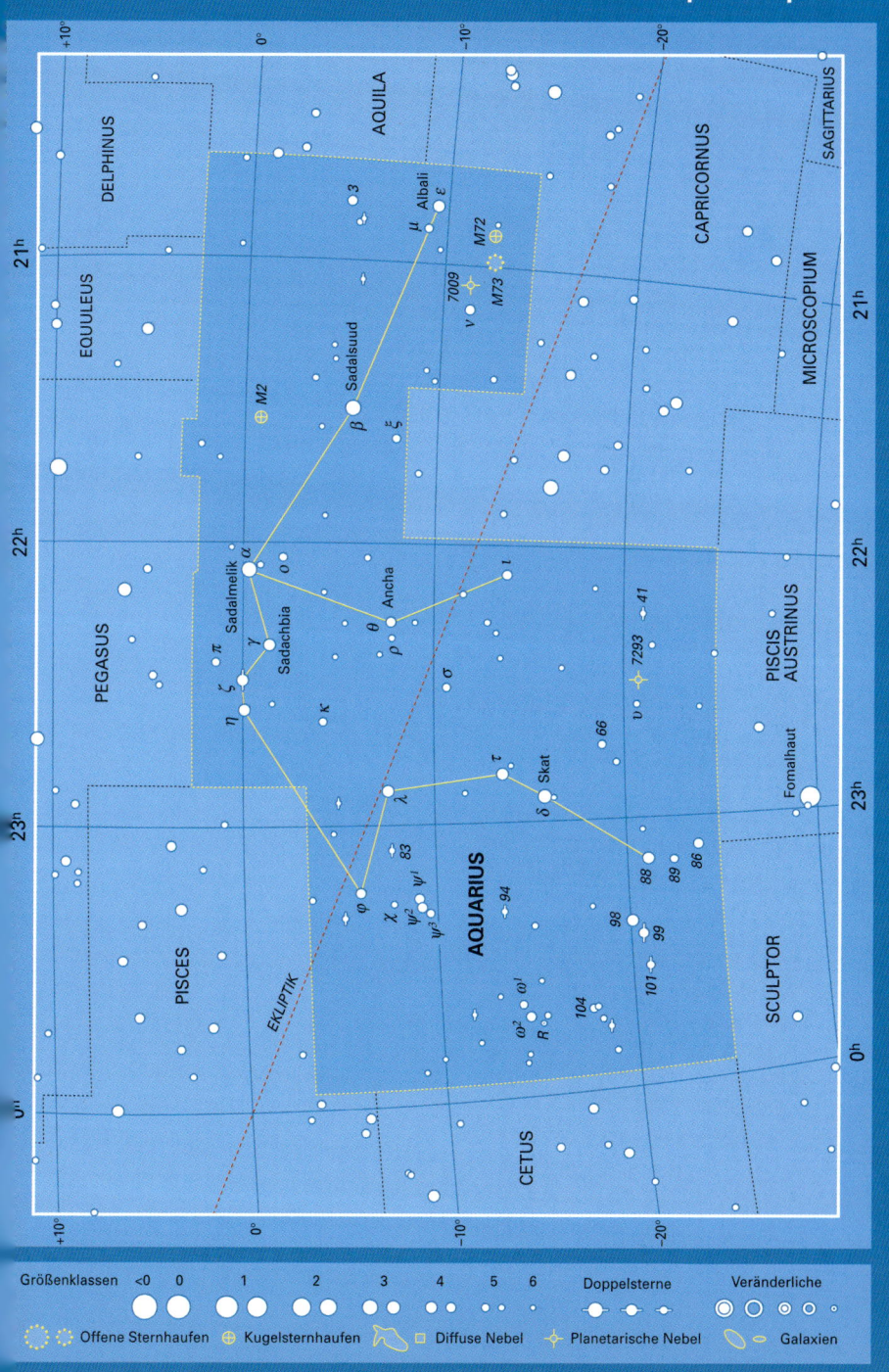

NGC 7009 im Sternbild Wassermann wird allgemein als Saturn-Nebel bezeichnet, da die schwach sichtbaren „Griffe" an den Seiten durch das Teleskop den Saturnringen ähneln. Der Name Saturn-Nebel wurde im 19. Jahrhundert von Lord Rosse eingeführt. (SAAO)

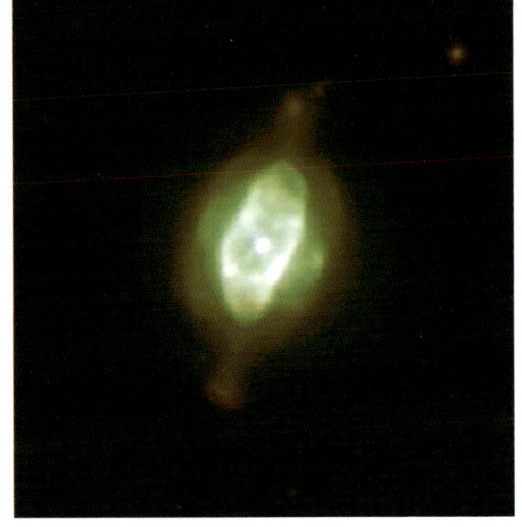

bekannt als Saturn-Nebel, da er diesem im Erscheinungsbild ähnelt (siehe Abbildung oben). In den meisten Teleskopen mit einer Öffnung von mindestens 75 mm erscheint er nur als blaugrüne Ellipse der Größenklasse 8, die etwa die gleiche Größe hat wie Saturn. Der Zentralstern gehört zur Größenklasse 11,5.

NGC 7293, 22h 30m / –20°,8; mit einer Entfernung von nur 300 LJ der sonnennächste planetarische Nebel, allgemein Helix-Nebel genannt. Er erscheint als der größte planetarische Nebel am Nachthimmel, mit einer Fläche von $^{1}/_{4}°$ nimmt er etwa halb so viel Fläche ein wie der Mond. Trotz seiner Größe erscheint der Helix-Nebel recht schwach, man beobachtet ihn am besten mit dem Fernglas oder einem schwach vergrößernden Teleskop.

AQUILA   Adler

Das Sternbild war schon in alter Zeit bekannt. Nach der griechischen Mythologie sandte Zeus einen Adler, um den Schafhirten Ganymed zu entführen, der von dem benachbarten Sternbild Aquarius dargestellt wird. Atair, der hellste Stern im Adler, bildet eine Ecke des Sommerdreiecks, das von Deneb im Schwan und Wega in der Leier komplettiert wird. Der Name Atair wird vom arabischen *al-nasr al-tair*, „der fliegende Adler" abgeleitet. Die beiden etwas schwächeren Sterne, β (beta) und γ (gamma) Aquilae, stehen wie zwei Wächter zu seinen Seiten. Sie heißen Alshain und Tarazed, ausgehend von dem persischen Begriff *shahin-i tarazu*, der so viel bedeutet wie „die Balance". Aquila liegt in der Milchstraße und besitzt reichhaltige Sternfelder, vor allem in Richtung des südlich gelegenen Sternbilds Scutum.

α (alpha) Aquilae, 19h 51m / +8°,9; (Atair, „der fliegende Adler"), Größenklasse 0,76; weißer Stern, Entfernung 17 LJ, gehört zu den nächsten, mit bloßem Auge sichtbaren Sternen.

β (beta) Aql, 19h 55m / +6°,4; (Alshain), Größenklasse 3,7; gelber Stern, Entfernung 45 LJ.

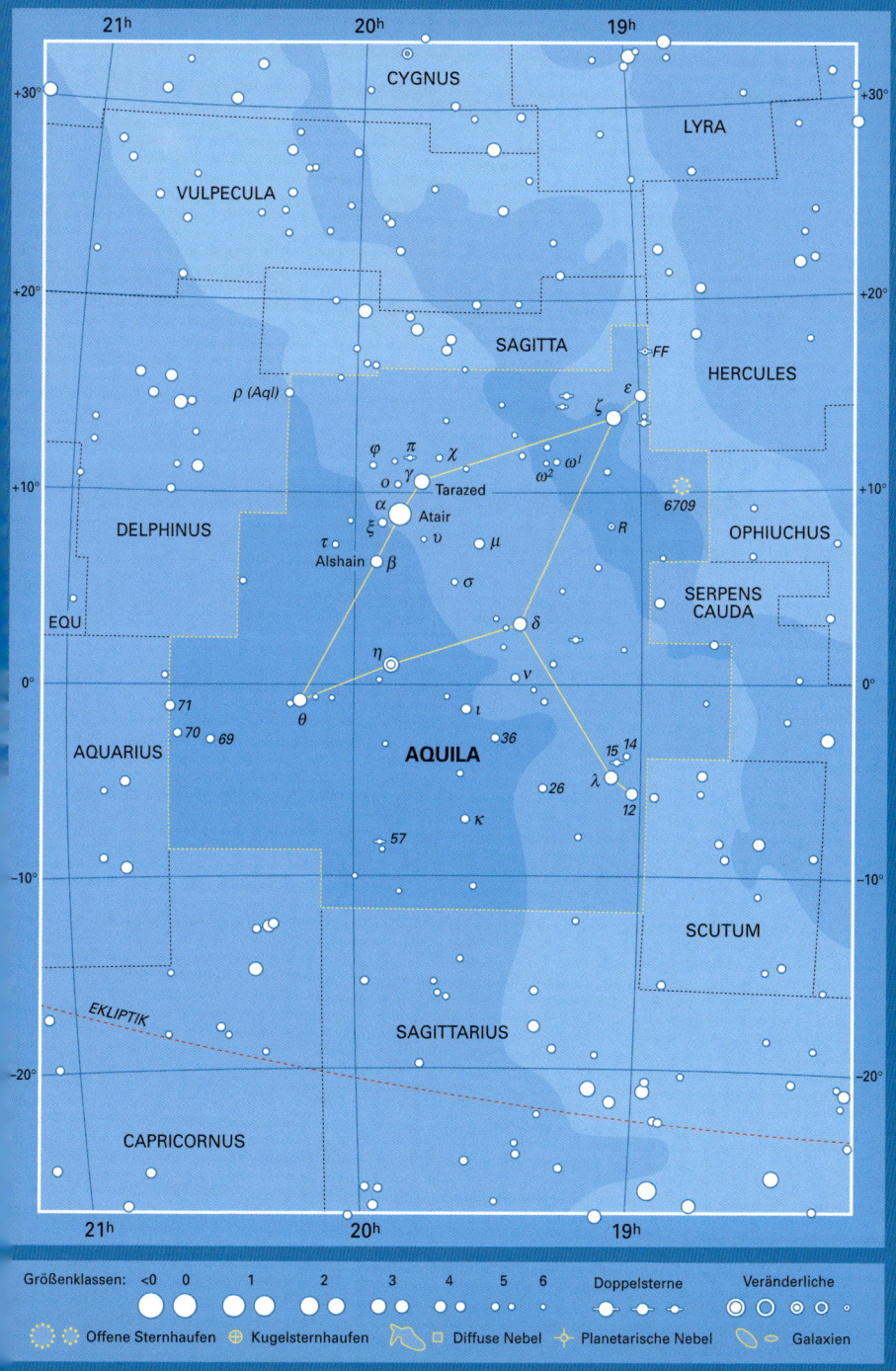

CYGNUS

LYRA

VULPECULA

SAGITTA

FF

HERCULES

ρ (Aql)

φ π
χ
o γ
Tarazed
α
ξ
τ
Alshain β
υ
μ
σ

ζ ε

ω² ω¹

R

6709

OPHIUCHUS

SERPENS
CAUDA

DELPHINUS

EQU

δ

η

ν

θ
ι

71
70 69

AQUILA

36

15 14
λ
12
26

κ

57

AQUARIUS

SCUTUM

EKLIPTIK

SAGITTARIUS

CAPRICORNUS

Größenklassen: <0   0   1   2   3   4   5   6   Doppelsterne   Veränderliche

Offene Sternhaufen   Kugelsternhaufen   Diffuse Nebel   Planetarische Nebel   Galaxien

γ (gamma) Aql, 19h 46m / +10°,6; (Tarazed), Größenklasse 2,7; orangeroter Riese, Entfernung 460 LJ.

ζ (zeta) Aql, 19h 05m / +13°,9; Größenklasse 3, blauweißer Stern, Entfernung 83 LJ.

η (eta) Aql, 19h 52m / +1°,0; gelbweißer Überriese, Entfernung 1200 LJ, einer der hellsten Cepheiden-Sterne. Seine Helligkeit schwankt während einer 7,2 Tage dauernden Periode zwischen den Größenklassen 3,5 und 4,4.

15 Aql, 19h 05m / –4°,0; orangeroter Riese der Größenklasse 5,4; Entfernung 325 LJ, mit einem violetten Begleiter der Größenklasse 7,0; Entfernung 550 LJ.

57 Aql, 19h 55m / –8°,2; Doppelstern, bläulicher Stern der Größenklasse 5,7 mit Begleiter der Größenklasse 6,5, beide etwa 350 LJ entfernt.

R Aql, 19h 06m / +8°,2; Entfernung 690 LJ, roter veränderlicher Riese des Mira-Typs, etwa 400-mal so groß wie die Sonne, Größenklasse schwankend zwischen 6 und 12, Periodendauer ca. 9 Monate.

FF Aql, 18h 58m / +17°,4; gelblich weißer Überriese, veränderlicher Cepheid, schwankt alle 4,5 Tage zwischen den Größenklassen 5,2 und 5,7; Entfernung etwa 2500 LJ.

NGC 6709, 18h 52m / +10°,3; verstreuter offener Haufen von etwa 40 Sternen, Größenklassen 9 bis 11, Entfernung ca. 3000 Lichtjahre.

ARA Altar

Dieses Sternbild leuchtet zwar nur schwach und ist nicht sehr bekannt, es wurde aber schon von den alten Griechen definiert. Ara liegt in einem dichten Gebiet der Milchstraße, südlich des Sternbilds Skorpion.

α (alpha) Arae, 17h 32m / –49°,9; Größenklasse 2,8; blauweißer Stern, Entfernung 242 LJ.

β (beta) Ara, 17h 25m / –55°,5; Größenklasse 2,8; orangeroter Überriese, Entfernung 600 LJ.

γ (gamma) Ara, 17h 25m / –56°,4; Größenklasse 3,3; blauer Überriese, Entfernung 1140 LJ.

δ (delta) Ara, 17h 31m / –60°,7; Größenklasse 3,6; blauweißer Stern, Entfernung 187 LJ.

ζ (zeta) Ara, 16h 59m / –56°,0; Größenklasse 3,1; orangeroter Riese, Entfernung 574 LJ.

NGC 6193, 16h 41m / –48°,8; Größenklasse 5, offener Sternhaufen von etwa 30 Sternen, Entfernung 4200 LJ. Sein hellster Stern gehört der Größenklasse 5,6 an, durch das Teleskop ist ein Begleiter der Größenklasse 6,9 zu erkennen. Rund um den Sternhaufen liegt ein verschwommener Nebel mit dem Namen NGC 6188.

NGC 6397, 17h 41m / –53°,7; Kugelsternhaufen, Größenklasse 6, erscheint durch das Fernglas als verschwommener Fleck, bei guten Bedingungen auch mit bloßem Auge erkennbar. Durch kleine Teleskope werden die hellsten Sterne der Randregion unterscheidbar. 10 500 LJ entfernt ist er uns relativ nahe.

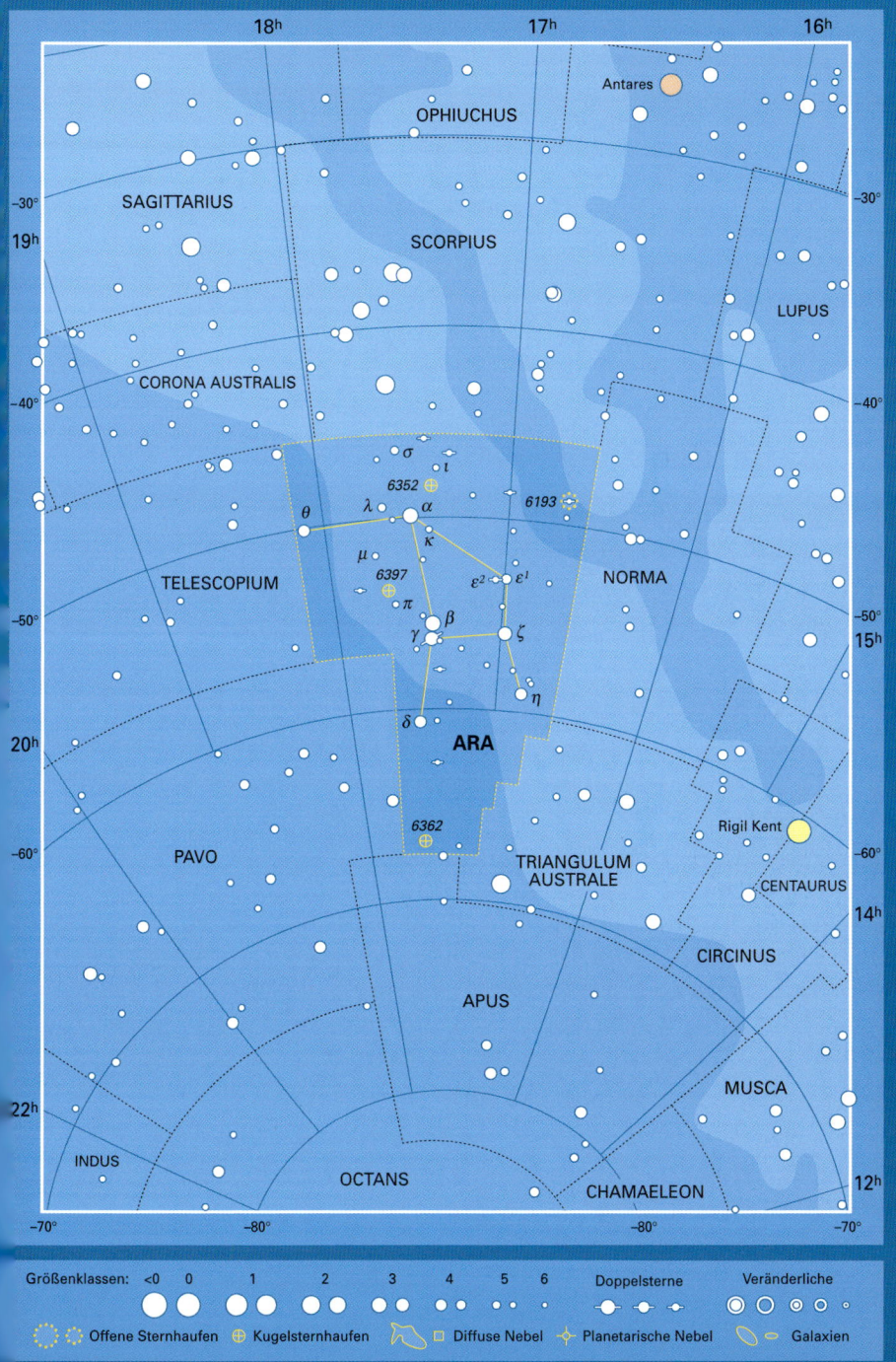

Größenklassen: <0 0 1 2 3 4 5 6   Doppelsterne   Veränderliche

◌ ◌ Offene Sternhaufen ⊕ Kugelsternhaufen ⸾ □ Diffuse Nebel ✦ Planetarische Nebel ◯ ⬭ Galaxien

ARIES   Widder

Das Sternbild liegt zwischen Stier und Andromeda, es ist schon seit der Antike bekannt. Aries stellt den Widder mit dem goldenen Vlies dar, der in der griechischen Mythologie von Jason und den Argonauten gesucht wird. Obwohl es nicht sehr hell ist, hatte das Sternbild schon vor über 2000 Jahren große Bedeutung, denn damals lag darin der Punkt, an dem die Sonne jedes Jahr den Himmelsäquator von Süden nach Norden überquerte. Dieser Punkt markiert den Beginn des Frühlings auf der nördlichen Hemisphäre, den man auch den Widderpunkt nennt, obwohl er inzwischen gar nicht mehr in diesem Sternbild liegt, sondern aufgrund des leichten Taumelns der Erdachse (Präzession) in das benachbarte Sternbild Fische gewandert ist (siehe unten). Derzeit steht die Sonne von Ende April bis Mitte Mai im Sternbild Aries.

α (alpha) Arietis, 2h 07m / +23°,5; (Hamal, vom arabischen Wort für „Lamm"), Größenklasse 2,0; orangeroter Riese, Entfernung 66 LJ.

β (beta) Ari, 1h 55m / +20°,8; (Sheratan, vom Arabischen für „zwei"), Größenklasse 2,6; blauweißer Stern, Entfernung 60 LJ.

γ (gamma) Ari, 1h 54m / +19°,3; (Mesartim), 204 LJ entfernt, eindrucksvoller Doppelstern der Größenklassen 4,7 und 4,6; auch bei geringer Vergrößerung leicht durch das Teleskop zu erkennen.

ϵ (epsilon) Ari, 2h 59m / +21°,3 Entfernung 290 LJ, nur durch Teleskope ab 100 mm zu sehen. Eine hohe Auflösung lässt die beiden Sterne der Größenklassen 5,2 und 5,5 erkennen.

λ (lambda) Ari, 1h 58m / +23°,6; Entfernung 133 LJ, weißer Stern, Größenklasse 4,8; Begleiter der Größenklasse 7,3; erkennbar durch kleine Teleskope.

π (pi) Ari, 2h 49m / +17°,5; Entfernung 600 LJ, blauweißer Stern der Größenklasse 5,3; mit einem Begleiter der Größenklasse 8,5; mit leistungsschwachen Teleskopen kaum zu unterscheiden.

Die Bewegungslinie des so genannten Widderpunkts über 800 Jahre. Derzeit liegt er im Sternbild Pisces und wandert auf Aquarius zu. (Wil Tirion)

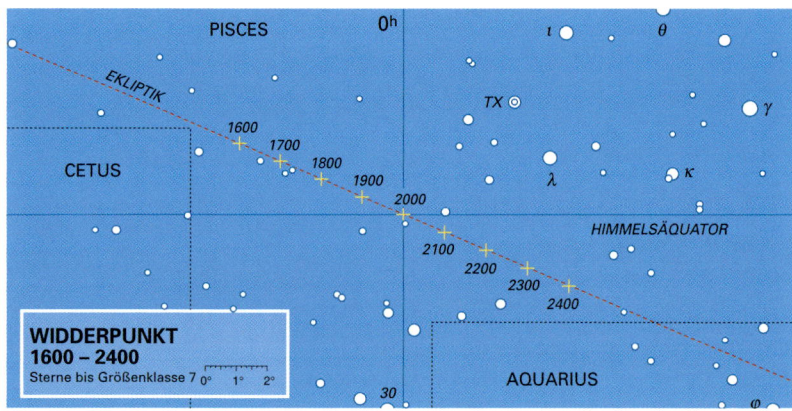

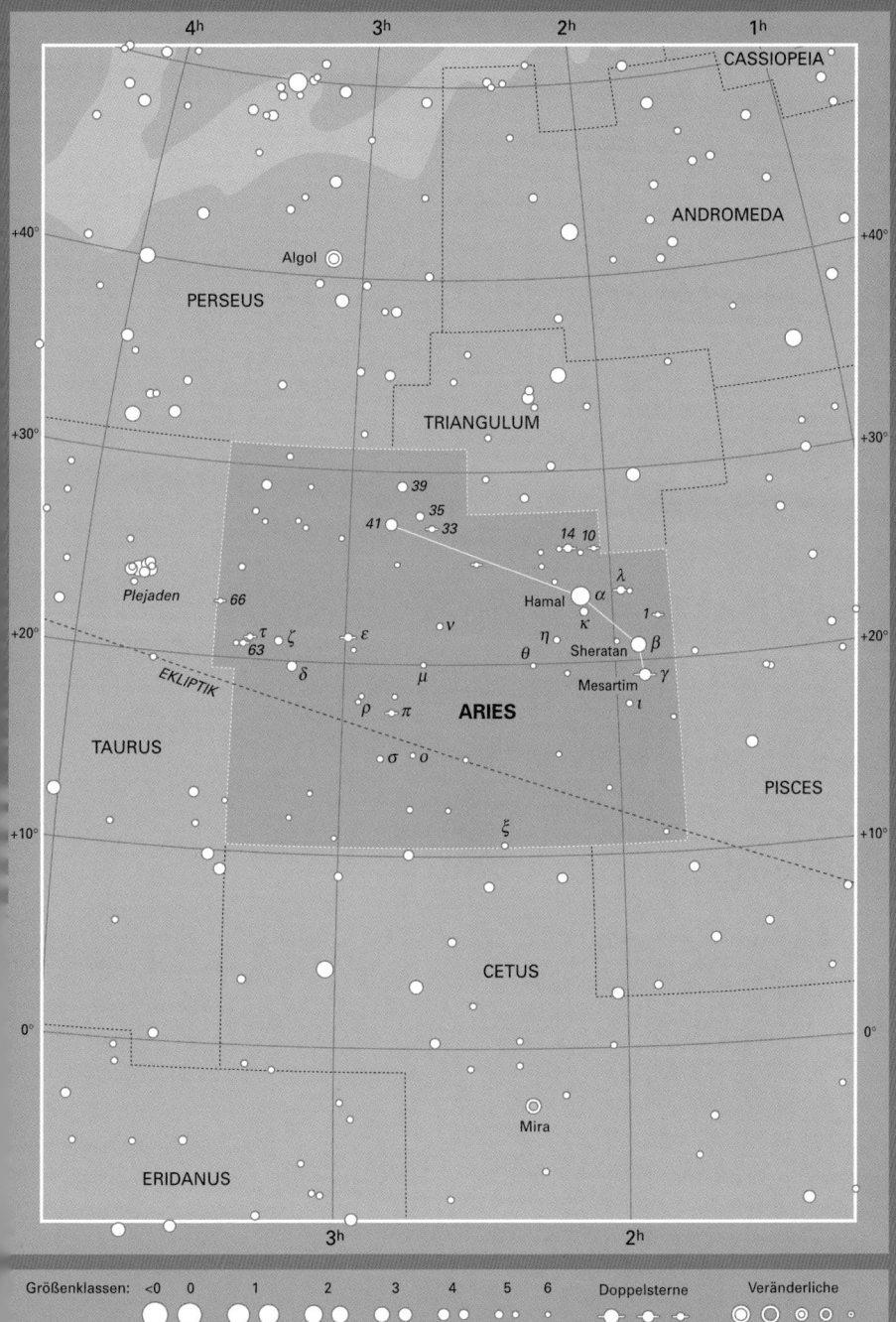

Größenklassen: <0 0 1 2 3 4 5 6   Doppelsterne   Veränderliche

Offene Sternhaufen   ⊕ Kugelsternhaufen   □ Diffuse Nebel   ✦ Planetarische Nebel   ◯ Galaxien

AURIGA   Fuhrmann

Dieses Sternbild ist groß und auffällig, im alten Griechenland erkannte man darin Erichthonius, den legendären König von Athen und begabten Wagenlenker. Aurigas Hauptstern ist Capella, der sechsthellste Stern überhaupt und der nördlichste der Größenklasse 1. Nach der Legende stellt er die Ziege Amaltheia dar, die Zeus als Kind gesäugt hat; die Sterne ζ (zeta) und η (eta) Aurigae repräsentieren wahrscheinlich ihre Nachkommen. Der den Fuß des Fuhrmanns darstellende Stern hieß früher γ (gamma) Aurigae und gehörte auch dem Sternbild Stier an, heute wird er ausschließlich dem Stier zugeordnet und trägt den Namen β (beta) Tauri.

α (alpha) Aurigae, 5h 17m / +46°,0; (Capella, „Ziege"), Größenklasse 0,08; Entfernung 42 LJ. Der spektroskopische Doppelstern besteht aus zwei gelben Riesen, die sich alle 104 Tage umkreisen, aber nicht gegenseitig verdecken.

β (beta) Aur, 6h 00m / +44°,9; (Menkalinan, „die Schulter des Fuhrmanns"), Entfernung 82 LJ, veränderlicher blauweißer Doppelstern der Größenklasse 1,9; Umlaufzeit 3,96 Tage, bei jedem Umlauf schwankt die Helligkeit um 0,1.

ε (epsilon) Aur, 5h 02m / +43°,6; weißer Überriese, Entfernung 2000 LJ, Doppelstern mit extrem langer Umlaufzeit. Normalerweise gehört er der Größenklasse 3,0 an, aber alle 27 Jahre sinkt diese auf 3,8, wenn er von seinem Begleiter verdunkelt wird. Mindestens ein Jahr bleibt der Stern verdunkelt. Eine Theorie besagt, dass der Begleiter von ε Aurigae selbst ein Doppelstern ist, der von einer Materiescheibe umgeben wird. Die nächste Dunkelphase beginnt Ende 2009.

ζ (zeta) Aur, 5h 02m / +41°,1; Entfernung 790 LJ, bekanntes Doppelsternsystem bestehend aus einem orangeroten Riesen und einem kleineren blauen Begleiter, der ihn alle 972 Tage umkreist. Während der Bedeckung sinkt die Größenklasse von ζ Aurigae von 3,7 auf 4,0.

θ (theta) Aur, 6h 00m / +37°,2; Entfernung 173 LJ, blauweißer Stern der Größenklasse 2,6. Er besitzt einen gelblichen Begleiter der Größenklasse 7,1, der aufgrund seiner Nähe und geringen Helligkeit nur mit Teleskopen von mindestens 100 mm Öffnung beobachtet werden kann. Ein schwieriges Paar für lange Nächte.

ψ¹ (psi¹) Aur, 6h 25m / +49°,3; variabler orangeroter Überriese, schwankt unregelmäßig zwischen den Größenklassen 4,8 und 5,7. Entfernung nicht bekannt.

4 Aur, 4h 59m / +37°,9; Entfernung 159 LJ, Doppelstern der Größenklasse 5,0 und 8,1, durch kleine Teleskope erkennbar.

14 Aur, 5h 15m / +32°,7 Entfernung 270 LJ, weißer Stern der Größenklasse 5,0 mit einem Begleiter der Größenklasse 7,9; Entfernung 82 LJ, für die Beobachtung benötigt man ein kleines Teleskop.

RT Aurigae, 6h 29m / +30°,5 ; gelbweißer Überriese, Cepheid zwischen den Größenklassen 5,0 und 5,8; Periodendauer 3,7 Tage; Entfernung etwa 1600 LJ.

UU Aur, 6h 37m / +38°,4; halbregelmäßiger Veränderlicher, schwankt zwischen den Größenklassen 5 und 7, Periodendauer durchschnittlich 234 Tage. Der Riese erscheint tiefrot und ist etwa 2000 LJ entfernt.

M 36 (NGC 1960), 5h 36m / +34°,1; heller offener Sternhaufen von etwa 60 Sternen, sichtbar durch Fernglas, im Teleskop auch Einzelsterne. M 36 liegt etwa 3900 LJ entfernt.

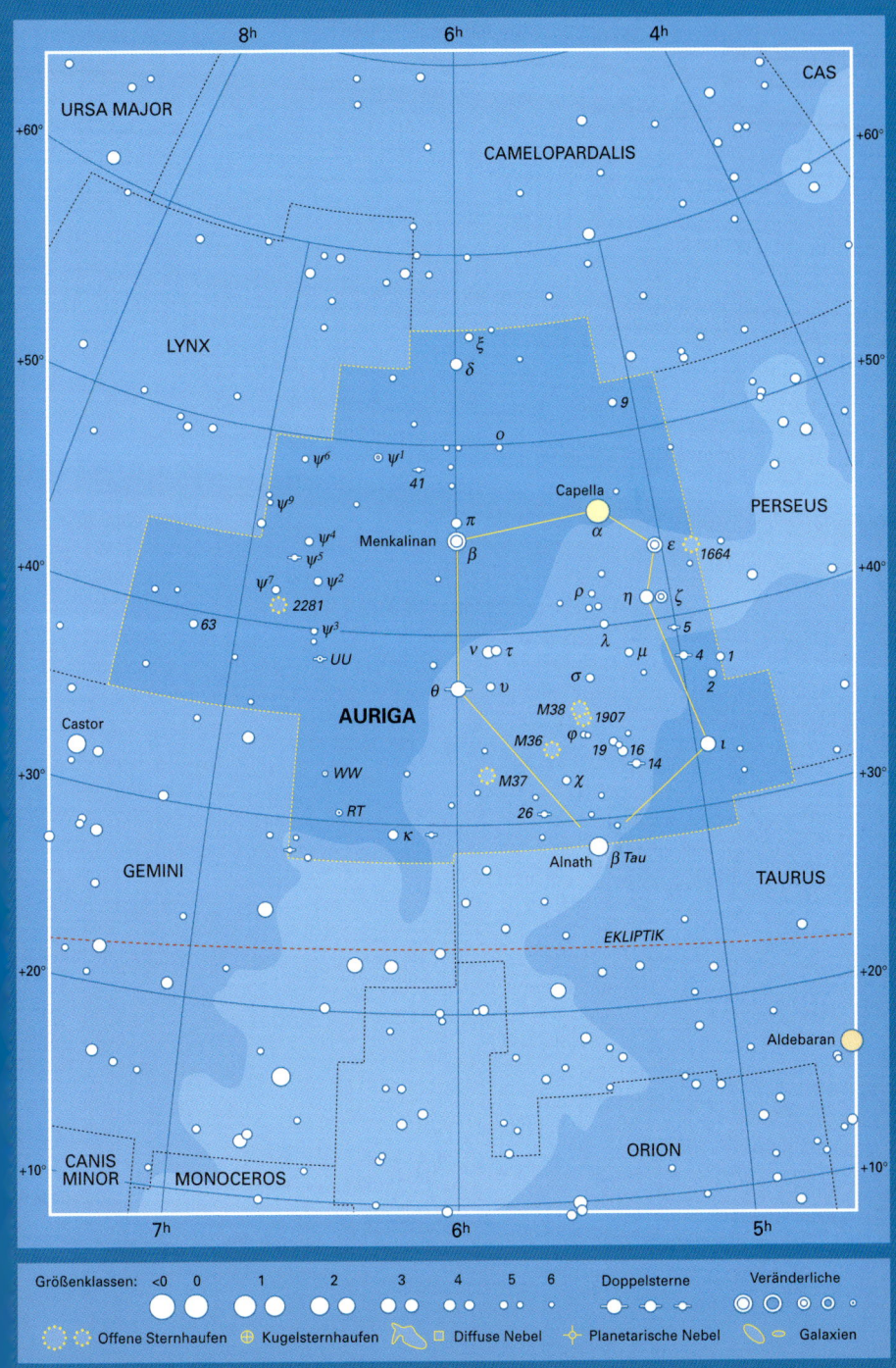

M 37 (NGC 2099), 5h 53m / +33°5; der größte und zahlenmäßig stärkste Sternhaufen in Auriga besteht aus etwa 150 Sternen; erscheint durch das Fernglas als verschwommener Fleck, ab einer Öffnung von 100 mm wird daraus aber ein glitzerndes Sternfeld mit hellem, orangerotem Stern im Zentrum; ca. 4200 LJ entfernt.

M 38 (NGC 1912), 5h 29m / +35°,8; großer, aus etwa 100 verstreuten Sternen bestehender Sternhaufen, sichtbar durch Fernglas, durch das Teleskop wird die Form eines Kreuzes erkennbar, Entfernung etwa 3900 Lichtjahre.

NGC 2281, 6h 49m / +41°,1; Sternhaufen aus etwa 30 Sternen, durch ein Fernglas erkennbar, Entfernung 1500 LJ. Durch das Teleskop wird eine Halbmondform deutlich. Vier hellere Sterne bilden eine Raute.

BOOTES   Rinderhirte

Ein früh bekanntes Sternbild, in der ein Hirte einen Bären (Ursa Major) über den Himmel treibt; oft wird der Hirte mit der Leine der Jagdhunde (Canes Venatici) beschrieben. Der Name des hellsten Sterns, Arktur, ist griechischen Ursprungs und bedeutet eigentlich „Bärenhüter". In der griechischen Mythologie stellt Bootes Arcas dar, den Sohn von Zeus und der Nymphe Callisto. Arktur ist der hellste Stern des nördlichen Sternenhimmels und leicht zu identifizieren: Die gebogene Deichsel des Großen Wagens deutet direkt auf ihn. Arktur bildet zusammen mit ε (epsilon) Bootis, γ (gamma) Bootis und α (alpha) Coronae Borealis ein y-förmiges Sternmuster. Die anderen Sterne des Sternbilds leuchten viel schwächer als Arktur, unter ihnen sind aber viele interessante Doppelsterne. Der reichhaltigste Meteorstrom des Jahres, die Quadrantiden, erscheinen im nördlichen Bereich von Bootes. Am 3. und 4. Januar erscheinen bis zu 100 Sternschnuppen pro Stunde.

α (alpha) Bootis, 14h 16m / +19°,2 (Arcturus), Größenklasse –0,05, der vierthellste Stern am ganzen Nachthimmel. Der orangerote Riesenstern ist etwa 27-mal so groß wie unsere Sonne. Er liegt etwa 37 LJ entfernt und seine rötliche Färbung ist auch mit bloßem Auge zu sehen, besser natürlich mit optischen Hilfsmitteln. Arktur besitzt etwa die Masse unserer Sonne, und man nimmt an, dass die Sonne in 5 Milliarden Jahren zu einem Roten Riesenstern wie Arktur anschwellen wird.

β (beta) Boo, 15h 02m / +40°,4; (Nekkar, aus dem Arabischen für „Ochsentreiber", bezieht sich auf das ganze Sternbild), Größenklasse 3,5; gelber Riese, Entfernung 219 LJ.

γ (gamma) Boo, 14h 32m / +38°,3; (Seginus), Größenklasse 3, weißer Stern in 85 LJ Entfernung.

δ (delta) Boo, 15h 16m / +33°,3; Größenklasse 3,5; gelber Riesenstern, Entfernung 117 LJ, mit einem Begleiter der Größenklasse 7,8; Fernglas notwendig.

ε (epsilon) Boo, 14h 45m / +27°,1; (Izar, „Gürtel" oder „Schurz"), Entfernung 210 LJ, viel beachteter Doppelstern: orangeroter Riese der Größenklasse 2,5 mit einem blauen Begleiter der Größenklasse 4,6. Zur Beobachtung benötigt man mindestens 75 mm Öffnung und 100fache Vergrößerung, da der hellere Stern den anderen ansonsten überdeckt.

▶

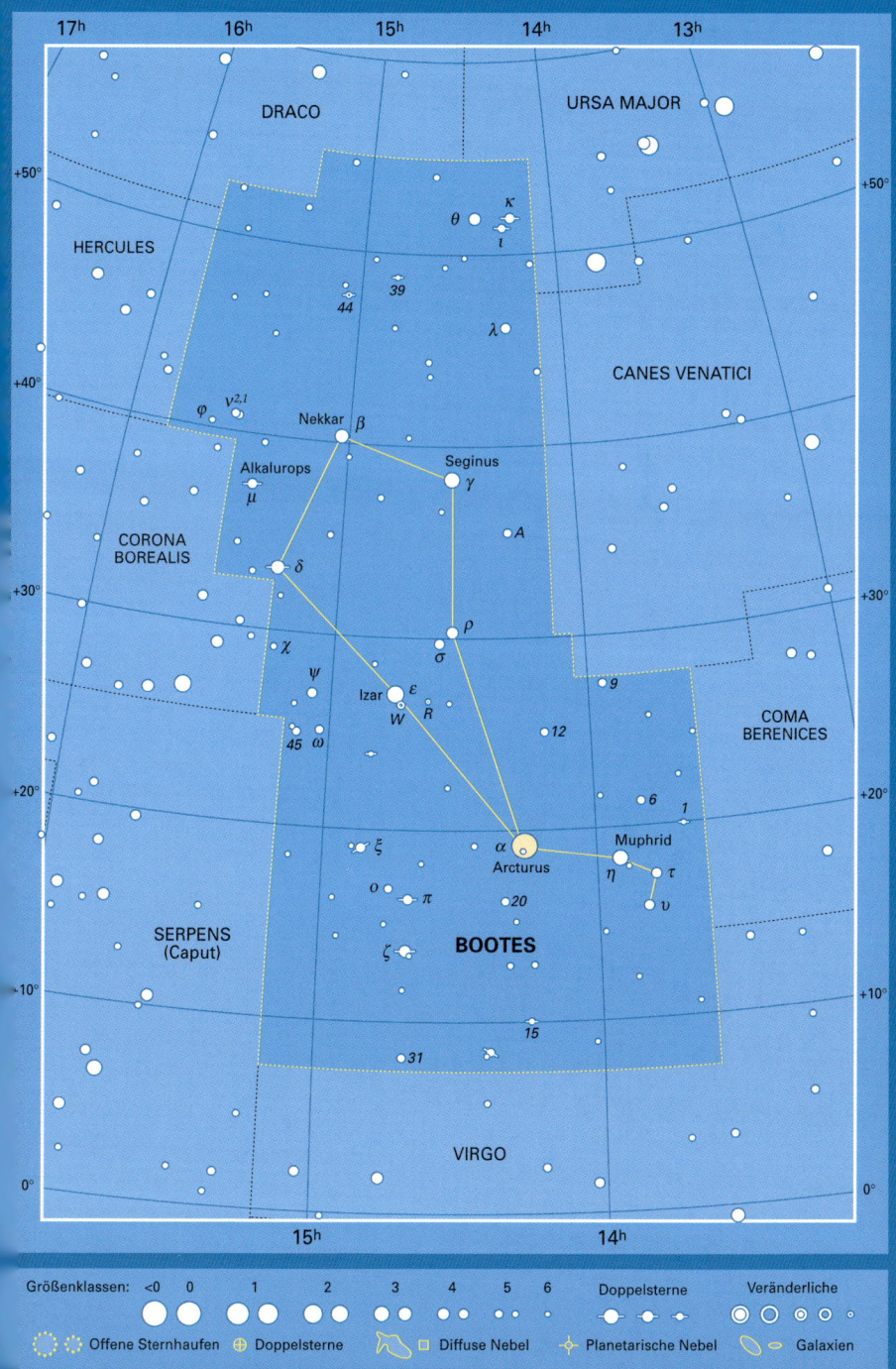

ι (iota) Boo, 14h 16m / +51°,4; Entfernung 97 LJ, Doppelstern der Größenklasse 4,8 bzw. 7,5.

κ (kappa) Boo, 14h 13m / +51°,8; einfach zu erkennender Doppelstern auch für kleine Teleskope, besteht aus zwei nicht in Verbindung stehenden Sternen der Größenklassen 4,5 und 6,6. Entfernung 155 bzw. 196 LJ.

μ (mü) Boo, 15h 24m / +37°,4; (Alkalurops, „Keule" oder „Stab"), Entfernung 121 LJ, interessantes Dreisternsystem. Dem bloßen Auge erscheint er als blau-weißer Stern der Größenklasse 4,3. Ferngläser zeigen jedoch einen Begleiter der Größenklasse 6,5. Teleskope mit mindestens 75 mm Öffnung und starker Vergrö-ßerung lassen erkennen, dass es sich dabei tatsächlich um zwei eng beieinander stehende Begleiter der Größenklassen 7,0 und 7,6; sie umkreisen sich alle 260 Jahre.

ν¹, ν² (nü¹, nü²) Boo, 15h 31m / +40°,8; besteht aus zwei nicht in Beziehung stehenden Sternen, mit dem Fernglas erkennbar: ν¹ ist ein orangeroter Riese der Größenklasse 5,0; Entfernung 870 LJ, ν² ist ein weißer Stern ebenfalls der Grö-ßenklasse 5,0; Entfernung 430 LJ.

π (pi) Boo, 14h 41m / +16°,4; Entfernung 317 LJ, Doppelstern mit blauweißer Fär-bung, Größenklassen 4,9 bzw. 5,8; erkennbar durch das Teleskop.

ξ (xi) Boo, 14h 51m / +19°,1; Entfernung 22 LJ, Paradebeispiel eines Doppel-sterns für Teleskope, bestehend aus einem gelben und einem orangeroten Stern der Größenklassen 4,7 und 7,0; Umlaufzeit 150 Jahre.

44 Boo, 15h 04m / +47°,7; Entfernung 42 LJ, komplexes veränderliches Doppel-sternsystem. Für das bloße Auge erscheint er als gelber Stern der Größenklasse 4,8. Tatsächlich handelt es sich um ein Doppelsternsystem der Größenklassen 5,3 und 6,1 mit einer Umlaufzeit von 206 Jahren. Bis zum Jahr 2005 kann man die beiden mit einem 100-mm-Teleskop trennen, danach wird dies schwieriger werden, weil sie sich einander annähern, bis sie 2018-19 ihre größte Nähe erreichen. Der schwächer leuchtende Stern ist selbst ein Doppelstern der Größenklasse 0,6 mit einer Periodendauer von 6,4 Stunden.

CAELUM Grabstichel

Ein lichtschwaches, fast unbedeutendes Sternbild am Fuß des Eridanus, das ein Werkzeug darstellt. Nicolas Louis de Lacaille führte es in den 1750er Jahren während seiner Kartierung des südlichen Nachthimmels ein.

α (alpha) Caeli, 4h 41m / –41°,9; Größenklasse 4,4; weißer Stern der Haupt-reihe, Entfernung 66 LJ.

β (beta) Cae, 4h 42m / –37°,1; Größenklasse 5,0; weißer Stern, Entfernung 90 LJ.

γ (gamma) Cae, 5h 04m / –35°,5; Größenklasse 4,6; orangeroter Riese, Entfernung 185 LJ. Er besitzt einen nahen Begleiter der Größenklasse 8,1. Aufgrund des gro-ßen Helligkeitsunterschieds mit kleinen Teleskopen kaum auseinander zu halten.

δ (delta) Cae, 4h 31m / –45°,0; Größenklasse 5,1; blauweißer Stern, Entfernung 710 Lichtjahre.

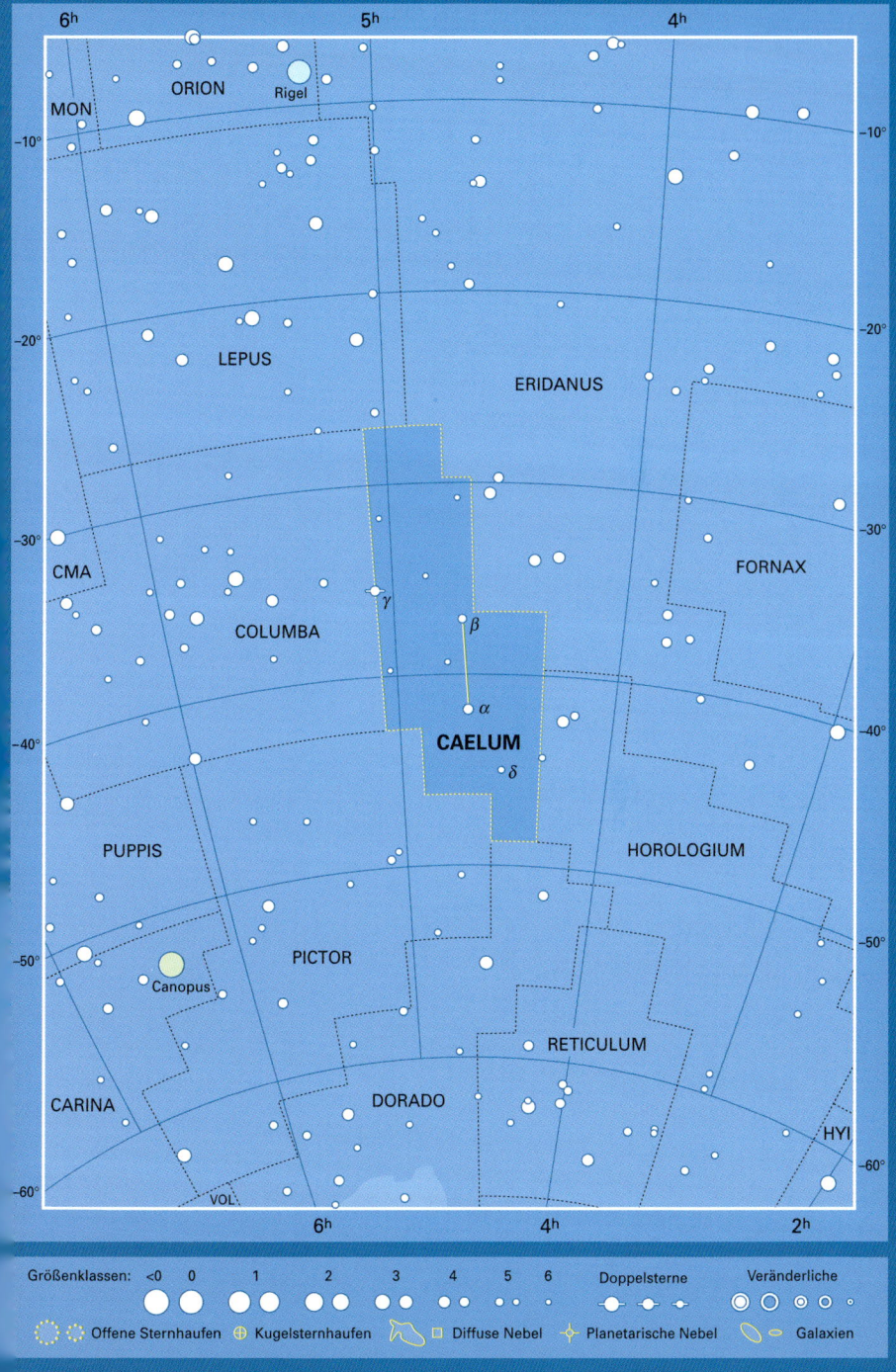

CAMELOPARDALIS Giraffe

Ein schwach leuchtendes Sternbild der Nordpolarregion, auch Camelopardus genannt, eine veraltete Variante des Namens. Eingeführt wurde sie 1613 von dem holländischen Theologen und Astronom Petrus Plancius und stellt das Tier dar, auf dem Rebecca nach Kanaan ritt, um Isaak zu heiraten.

α (alpha) Camelopardalis, 4h 54m / +66°,3; Größenklasse 4,3; sehr leuchtstarker blauer Überriese in etwa 5000 LJ Entfernung, für einen mit bloßem Auge erkennbaren Stern eine sehr große Entfernung.

β (beta) Cam, 5h 03m / +60°,4; Größenklasse 4,0. Der hellste Stern des Sternbilds ist ein gelber Überriese in 1000 LJ Entfernung. In einiger Entfernung befindet sich ein Begleiter der Größenklasse 8,6; kleines Teleskop oder gutes Fernglas.

11 Cam, 5h 06m / +59°,0; Größenklasse 5,2; mit dem Fernglas sichtbarer Partner von 12 Cam, Größenklasse 6,1. Beide sind etwa 650 LJ entfernt, stehen aber zu weit auseinander, um als Doppelstern zu gelten.

Σ 1694 (Struve 1694), 12h 49m / +83°,4; Entfernung 300 LJ, bestehend aus zwei blauweißen Sternen der Größenklassen 5,4 bzw. 5,9. Auch mit kleinen Teleskopen sind beide zu erkennen.

NGC 1502, 4h 08m / +62°,3; kleiner offener Sternhaufen der Größenklasse 6. Die etwa 45 Sterne sind mit Fernglas oder kleinem Teleskop zu erkennen und haben etwa die Form eines Dreiecks; in der Mitte befindet sich ein leicht erkennbarer Doppelstern der Größenklasse 7. Der Haufen ist etwa 3000 LJ entfernt. Parallel zur Milchstraße liegt die Sternenkette Kembles Kaskade. Sie erstreckt sich von NGC 1502 aus über 2¼° in Richtung Kassiopeia (siehe Abbildung unten).

NGC 2403, 7h 37m / +65°,6; Spiralgalaxie der Größenklasse 8; Ausdehnung 1/4°, sichtbar mit 100 mm Öffnung als elliptischer Lichtfleck. Sie liegt etwa 12 Millionen LJ entfernt.

Kembles Kaskade: schwach leuchtende Sterne neben NGC 1502. (Wil Tirion)

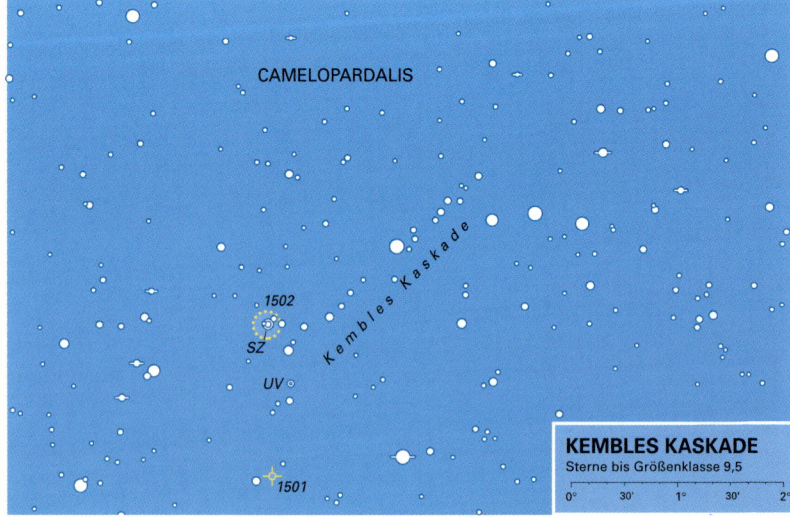

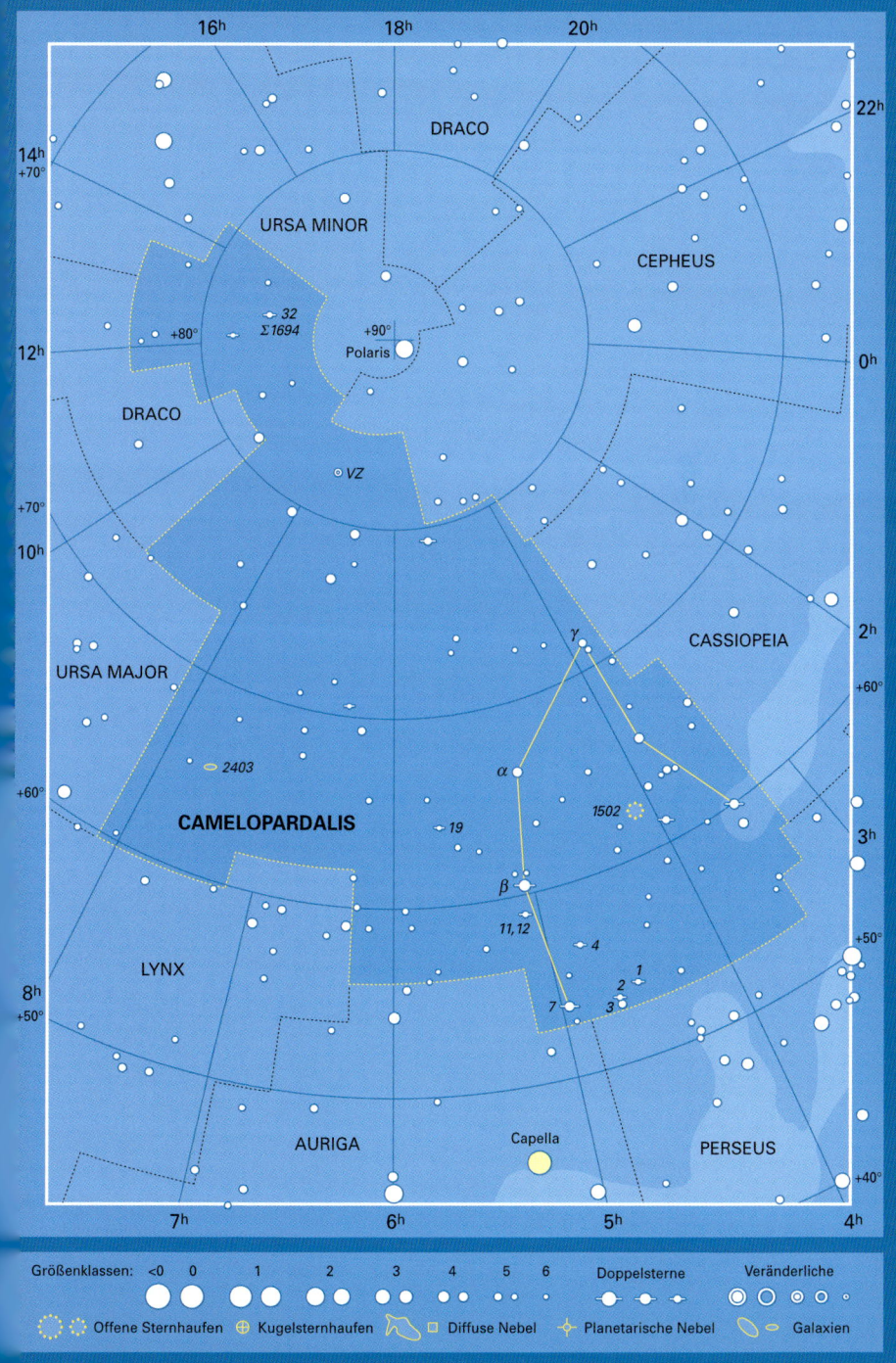

Größenklassen: <0 0 1 2 3 4 5 6   Doppelsterne   Veränderliche

Offene Sternhaufen   ⊕ Kugelsternhaufen   □ Diffuse Nebel   ✧ Planetarische Nebel   ⬭ Galaxien

CANCER   Krebs

Das Sternbild Cancer stellt den Krebs dar, der Herkules angriff, während er mit der vielköpfigen Hydra kämpfte; der glücklose Krebs wurde von dem mächtigen Herkules zertreten, kam aber hinterher an den Himmel. Zur Zeit der Antike erreichte die Sonne ihren nördlichsten Punkt am Himmel, während sie im Sternbild Krebs stand. Das Datum, an dem die Sonne ihre nördlichste Stellung erreicht, etwa um den 21. Juni, nennt man nördliche Sonnenwende. An diesem Tag steht die Sonne auf dem Breitengrad $23^1/2°$ Nord. Dieser Punkt ist als Wendekreis des Krebses bekannt, die Bezeichnung wird auch heute noch verwendet, obwohl die Sonne aufgrund der Präzession heute im Sternbild Stier steht. Mit nur zwei Sternen, die heller sind als Größenklasse 4,0, ist Cancer das schwächste der 12 Sternbilder des Tierkreises, ist aber dennoch von Bedeutung, vor allem aufgrund des Sternhaufens Praesepe (Krippe). Praesepe wird von zwei Sternen flankiert, Asellus Borealis und Asellus Australis, dem nördlichen und südlichen Esel, die nach der Legende aus der Krippe fressen.

α (alpha) Cancri, 8h 58m / +11°,9; (Acubens, „Klaue"), Größenklasse 4,3; weißer Stern, Entfernung 174 LJ, Begleiter der Größenklasse 12, der durch Teleskope ab 75 mm sichtbar wird.

β (beta) Cnc, 8h 17m / +9°,2; Größenklasse 3,5; orangeroter Riese, Entfernung 290 LJ, der hellste Stern des Sternbilds.

γ (gamma) Cnc, 8h 43m / +21°,5; (Asellus Borealis, „nördlicher Esel"), Größenklasse 4,7; weißer Stern, Entfernung 158 LJ.

δ (delta) Cnc, 8h 45m / +18°,2; (Asellus Australis, „südlicher Esel"), Größenklasse 3,9; orangeroter Riese, Entfernung 136 LJ.

ζ (zeta) Cnc, 8h 12m / +17°,6; Entfernung 83 LJ, interessantes Mehrfachsternsystem. Durch ein kleines Teleskop erkennt man zwei gelbe Sterne der Größenklassen 5,0 und 6,2; sie bilden ein echtes Doppelsternsystem mit einer geschätzten Umlaufzeit von 1100 Jahren. Größere Teleskope zeigen, dass die hellere Komponente ein eng zusammenstehendes Paar der Größenklassen 5,6 und 6,0 ist, seine Umlaufzeit liegt bei 59,5 Jahren. Die beiden Sterne bewegen sich derzeit voneinander weg, der weiteste Stand wird etwa 2018 erreicht. 100 mm Öffnung sollten dann genügen, um sie auseinander zu halten, bis 2010 müssen es aber 150 mm sein.

ι (iota) Cnc, 8h 47m / +28°,8; Entfernung 298 Lichtjahre, gelber Riese der Größenklasse 4,0 mit blauweißem Begleiter der Größenklasse 6,6; durch ein Fernglas gerade noch sichtbar, einfacher geht es mit einem kleinen Teleskop.

M 44 (NGC 2632), 8h 40m / +20°,0 (Praesepe), allgemein Krippe genannt, besteht aus ungefähr 50 Sternen bis zur Größenklasse 6, für das bloße Auge sichtbar als diffuser Fleck, am besten verwendet man ein Fernglas. Das hellste Mitglied des offenen Haufens ist ε (epsilon) Cancri, Größenklasse 6,3. Praesepe bedeckt über $1^1/2°$ am Nachthimmel, das Dreifache des sichtbaren Monddurchmessers. Das Zentrum des Haufens ist 577 Lichtjahre entfernt.

M 67 (NGC 2682), 8h 5m / +11°,8; kleinerer und dichterer offener Sternhaufen, sichtbar als elliptischer Fleck von der Größe des Mondes, notwendig sind Fernglas oder Teleskop mit mindestens 75 mm Öffnung, um die hellsten der 200 Sterne bis Größenklasse 10 zu isolieren. Die Entfernung beträgt etwa 2500 LJ.

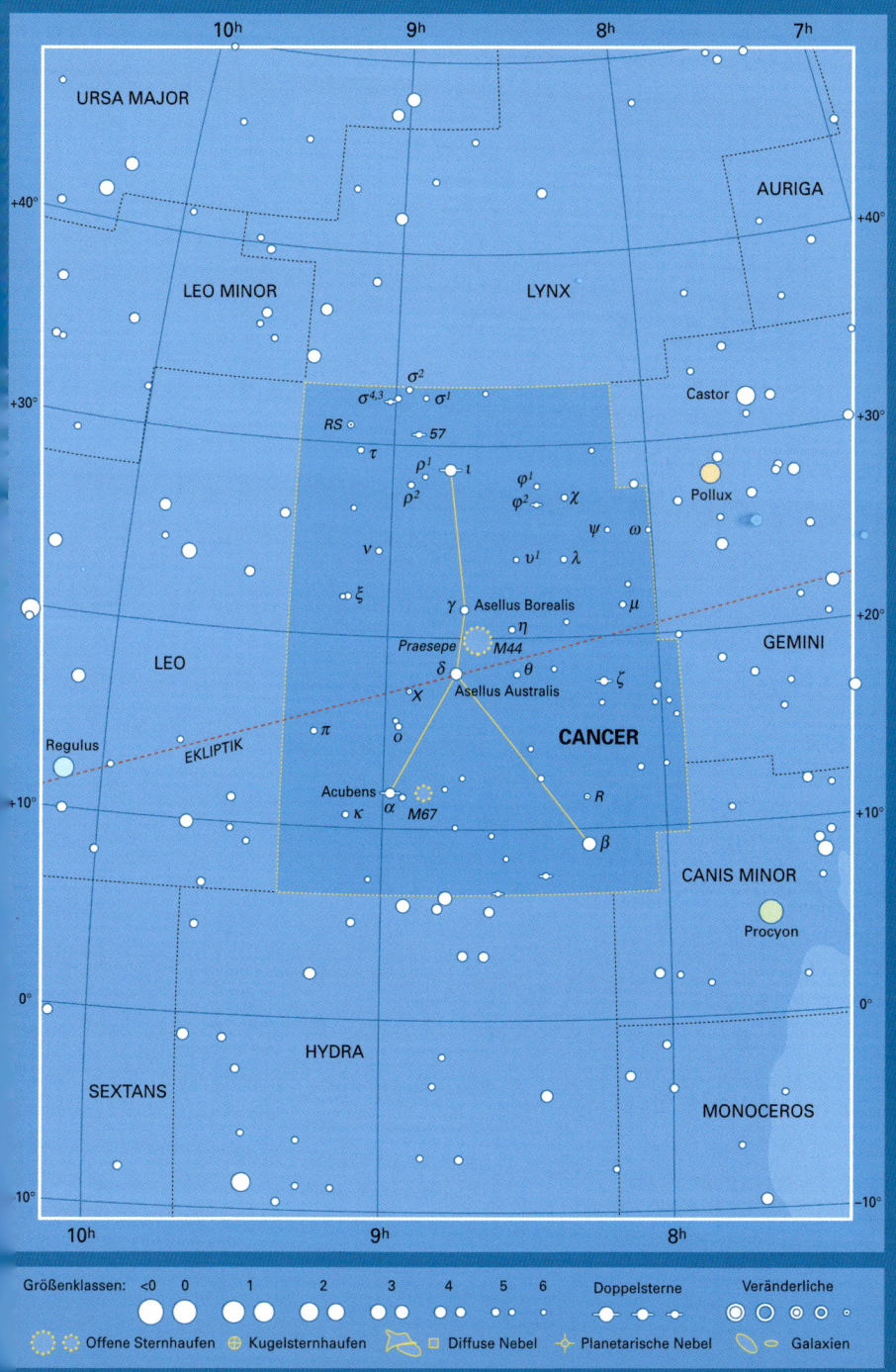

URSA MAJOR

AURIGA

LEO MINOR

LYNX

Castor

σ^2

$\sigma^{4,3}$ σ^1

RS

57

Pollux

τ

ρ^1 ι

φ^1

ρ^2

φ^2 χ

ψ ω

ν

υ^1 λ

ξ

γ Asellus Borealis

η

μ

Praesepe   M44

GEMINI

δ θ

LEO

χ Asellus Australis

ζ

π

o

CANCER

EKLIPTIK

Regulus

Acubens

R

κ α M67

β

CANIS MINOR

Procyon

SEXTANS

HYDRA

MONOCEROS

95

Größenklassen: <0   0   1   2   3   4   5   6   Doppelsterne   Veränderliche

Offene Sternhaufen   ⊕ Kugelsternhaufen   Diffuse Nebel   Planetarische Nebel   Galaxien

CANES VENATICI   Jagdhunde

Dieses Sternbild wurde 1687 von dem polnischen Astronomen Johannes Hevelius festgelegt, es besteht aus einer Reihe schwacher Sterne direkt unterhalb von Ursa Major und stellt zwei Hunde dar, Asterion („kleiner Stern") und Chara („Freude"), die vom benachbarten Bootes an einer Leine gehalten werden, während sie den Großen Bären auf seinem Weg um den Himmelspol verfolgen. In den Jagdhunden sind mehrere Galaxien zu sehen, die bekannteste ist M 51, die Whirlpool-Galaxie, eine wunderschöne, frontal liegende Spiralgalaxie (Abbildung auf Seite 284). Sie ist die erste Galaxie, bei der die Spiralstruktur beobachtet werden konnte (1845 mit einem 1,8-m-Reflektor von Lord Rosse aus Birr Castle in Irland).

α (alpha) Canum Venaticorum, 12h 56m / +38°,3; auch Cor Caroli genannt, was so viel heißt wie „Charles' Herz", eine Referenz an König Charles I., von England. Es handelt sich um ein Doppelsternsystem der Größenklassen 2,9 bzw. 5,6. Die beiden Sterne sind auch mit kleinen Teleskopen leicht zu trennen. Beide Sterne sind weiß, doch wurden schon häufiger farbige Schattierungen beobachtet. Der hellste Stern ist ein gutes Beispiel für die relativ seltene Sternenklasse mit starken und variablen Magnetfeldern. Die Helligkeit fluktuiert leicht, aber nicht stark genug, um mit bloßem Auge sichtbar zu sein. Cor Caroli liegt 110 LJ entfernt.

β (beta) CVn, 12h 34m / +41°,4; (Chara, „Freude"), Größenklasse 4,2; der zweite Stern des Sternbilds mit einem gewissen Bekanntheitsgrad. Es handelt sich um einen gelben Stern der Hauptreihe in 27 LJ Entfernung.

Y CVn, 12h 45m / +45°,4; Entfernung 710 LJ, halbregelmäßiger veränderlicher Überriese von tiefroter Färbung, auch bekannt als La Superba. Er schwankt zwischen den Größenklassen 5,0 und 6,5; die Umlaufzeit beträgt etwa 160 Tage.

M 3 (NGC 5272), 13h 42m / +28°,4; dichter Kugelsternhaufen in der Mitte zwischen Cor Caroli und Arktur, einer der schönsten Sternhaufen überhaupt. Mit seiner Größenklasse 6 ist er fast noch mit bloßem Auge erkennbar, leichter geht es mit Fernglas oder Teleskop. Ein naher Stern der Größenklasse 5 ist ein guter Orientierungspunkt. Durch kleine Teleskope erscheint der Haufen als dichte Lichtkugel mit einem schwächeren Hof. Einzelne Sterne in der Außenregion sind nur mit Teleskopen von mehr als 100 mm zu erkennen. M 3 liegt 32 000 LJ entfernt.

M 51 (NGC 5194), 13h 30m / +47°,2; die Whirlpool-Galaxie, Größenklasse 8. Die Spiralgalaxie ist etwa 20 Millionen LJ entfernt und besitzt eine kleinere Satellitengalaxie, NGC 5195, die scheinbar am Ende einer ihrer Arme liegt. Tatsächlich befindet sie sich aber etwas hinter M 51, sie muss innerhalb der letzten 100 Millionen Jahre an ihr vorbeigetrieben sein. Durch kleine Teleskope sieht die Galaxie etwas enttäuschend aus, da nur ein milchiger Nebel um das helle Zentrum zu erkennen ist; erst ab 250 mm Öffnung sind die Arme zu erkennen. Dennoch ist M 51 in klaren, dunklen Nächten ein lohnendes Ziel. (Foto auf Seite 284.)

M 63 (NGC 5055), 13h 16m / +42°,0; Größenklasse 9, Spiralgalaxie, auch durch kleine Teleskope zu erkennen, dann als elliptischer, gesprenkelter Nebel. Aufgrund ihrer Erscheinungsform in starken Teleskopen wird sie auch Sonnenblumen-Galaxie genannt.

M 94 (NGC 4736), 12h 51m / +41°,1; kompakte Spiralgalaxie, fast frontal zu sehen. Amateurteleskope zeigen sie als Nebel der Größenklasse 8, einen hellen Fleck mit elliptischem Hof. M 94 ist ungefähr 15 Millionen LJ entfernt.

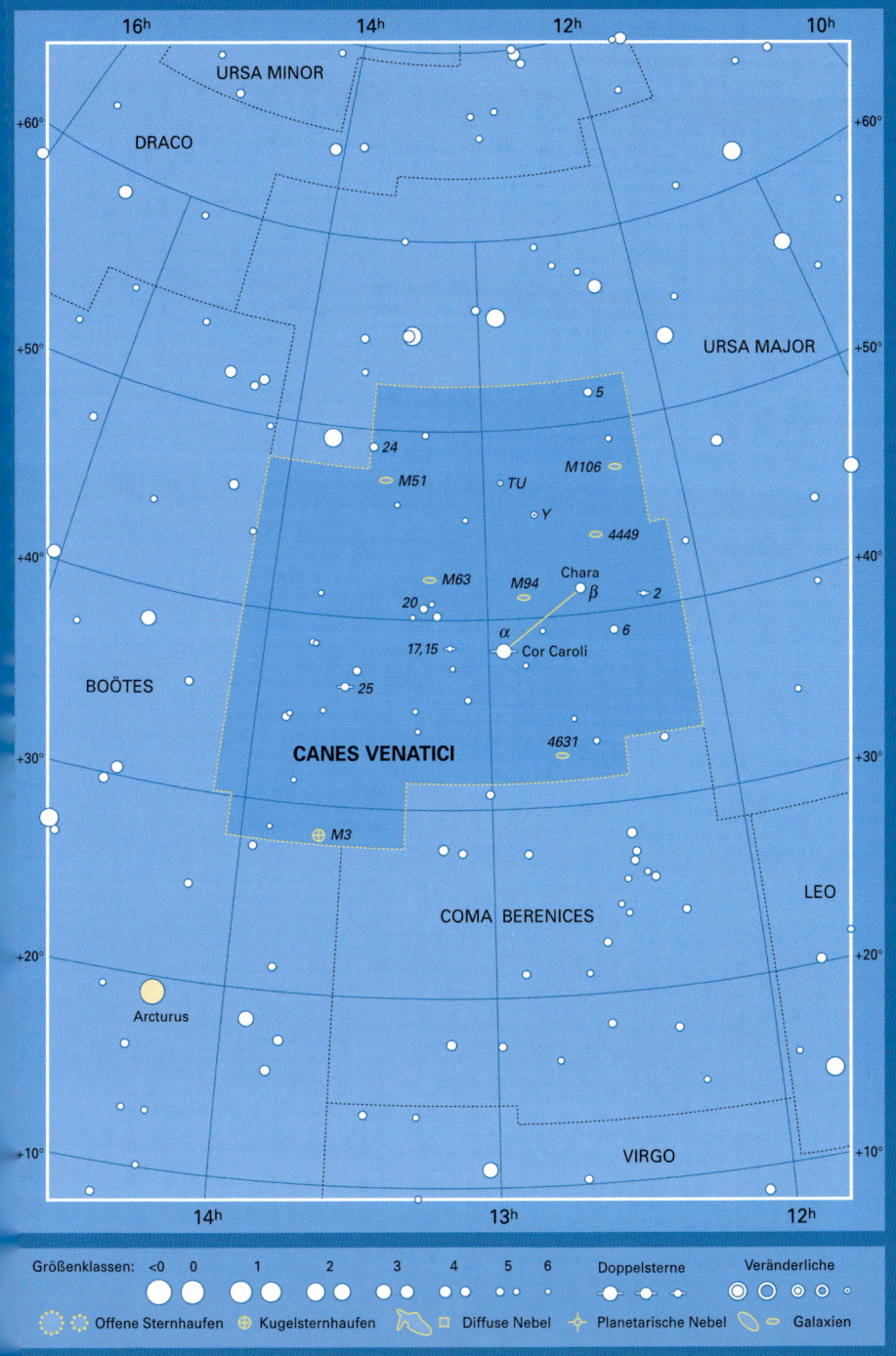

CANIS MAJOR   Großer Hund

Das schon in der Antike bekannte Sternbild stellt einen der beiden Hunde dar (der andere ist Canis Minor), die Orion folgen. In Canis Major findet man viele wunderschöne Sterne, deshalb ist das Sternbild auch besonders auffällig. Sein Hauptstern Sirius ist der hellste Stern am Nachthimmel. Sirius kommt in vielen alten Legenden vor. Auf seine Wanderung über den Himmel stützten die Ägypter ihren Kalender.

α (alpha) Canis Majoris, 6h 45m / −16°,7; (Sirius, aus dem Griechischen für „glühend" oder „heiß"), Größenklasse −1,44, ein wunderbarer Stern in 8,6 LJ Entfernung und einer der nächsten Nachbarn der Sonne; der Satellit Hipparcos entdeckte eine leichte Schwankung der Helligkeit um etwa 0,1 Größenklassen. Ihn begleitet ein Weißer Zwerg der Größenklasse 8,4, der ihn in 50 Jahren einmal umkreist. Die Helligkeit von Sirius ist so groß, dass man seinen Begleiter selbst dann nur mit mindestens 200 mm Öffnung bei stabilen atmosphärischen Bedingungen sehen kann, wenn sie am weitesten voneinander entfernt sind. Diese Konstellation wird in den Jahren 2020 bis 2025 erreicht. Ihre geringste Entfernung erreichten sie 1993.

β (beta) CMa, 6h 23m / −18°,0; (Mirzam, „Ankündiger" des Sirius), Größenklasse 2,0; blauer Riese, Entfernung 500 LJ. Pulsierender Stern, er schwankt für das bloße Auge unmerklich alle sechs Stunden um ein paar Hundertstel einer Größenklasse.

δ (delta) CMa, 7h 08m / −26°,4; (Wezen, „Gewicht"), Größenklasse 1,8; weißer Überriese, Entfernung 1800 LJ.

ϵ (epsilon) CMa, 6h 59m / −29°,0; (Adhara, „Jungfrau"), Größenklasse 1,5; blauer Riese, Entfernung 430 LJ. Aufgrund der großen Helligkeit des Hauptsterns ist der Begleiter mit Größenklasse 7,4 kaum zu erkennen.

η (eta) CMa, 7h 24m / −29°,3; (Aludra), Größenklasse 2,4, blauer Überriese, Entfernung etwa 3200 LJ.

μ (mu) CMa, 6h 56m / −14°,0; Größenklasse 5,0; gelber Riese in etwa 900 LJ Entfernung, sehr naher blauweißer Begleiter der Größenklasse 7, der aufgrund seiner geringen Helligkeit kaum vom Hauptstern zu unterscheiden ist.

ν^1 (nu^1) CMa, 6h 36m / −18°,7; Größenklasse 5,7; gelber Riese, Entfernung 278 LJ, Begleiter der Größenklasse 8,1; zu beobachten durch kleine Teleskope.

UW CMa, 7h 19m / −24°,6; ein bedeckungsveränderlicher Doppelstern vom Typ β (beta) Lyrae, schwankt alle 4,4 Tage zwischen den Größenklassen 4,8 und 5,3. Er ist etwa 3000 LJ entfernt.

M 41 (NGC 2287), 6h 47m / −20°,7; großer und heller offener Sternhaufen mit etwa 80 Sternen, leicht zu beobachten mit Fernglas oder kleinem Teleskop, bei günstigen Bedingungen auch mit bloßem Auge; war schon den alten Griechen bekannt; Größenklasse 4,5. Bei niedriger Vergrößerung sind individuelle Sterne in Gruppen und Bögen zu erkennen. Die hellsten Sterne des Haufens sind orangerote Riesen der Größenklasse 7. M 41 liegt 2100 LJ entfernt.

NGC 2362, 7h 19m / −25°,0; kompakter Sternhaufen um den blauen Überriesen τ (tau) Canis Majoris, Größenklasse 4,4. Kleine Teleskope zeigen etwa 60 Sterne, sie sind etwa 5200 LJ entfernt.

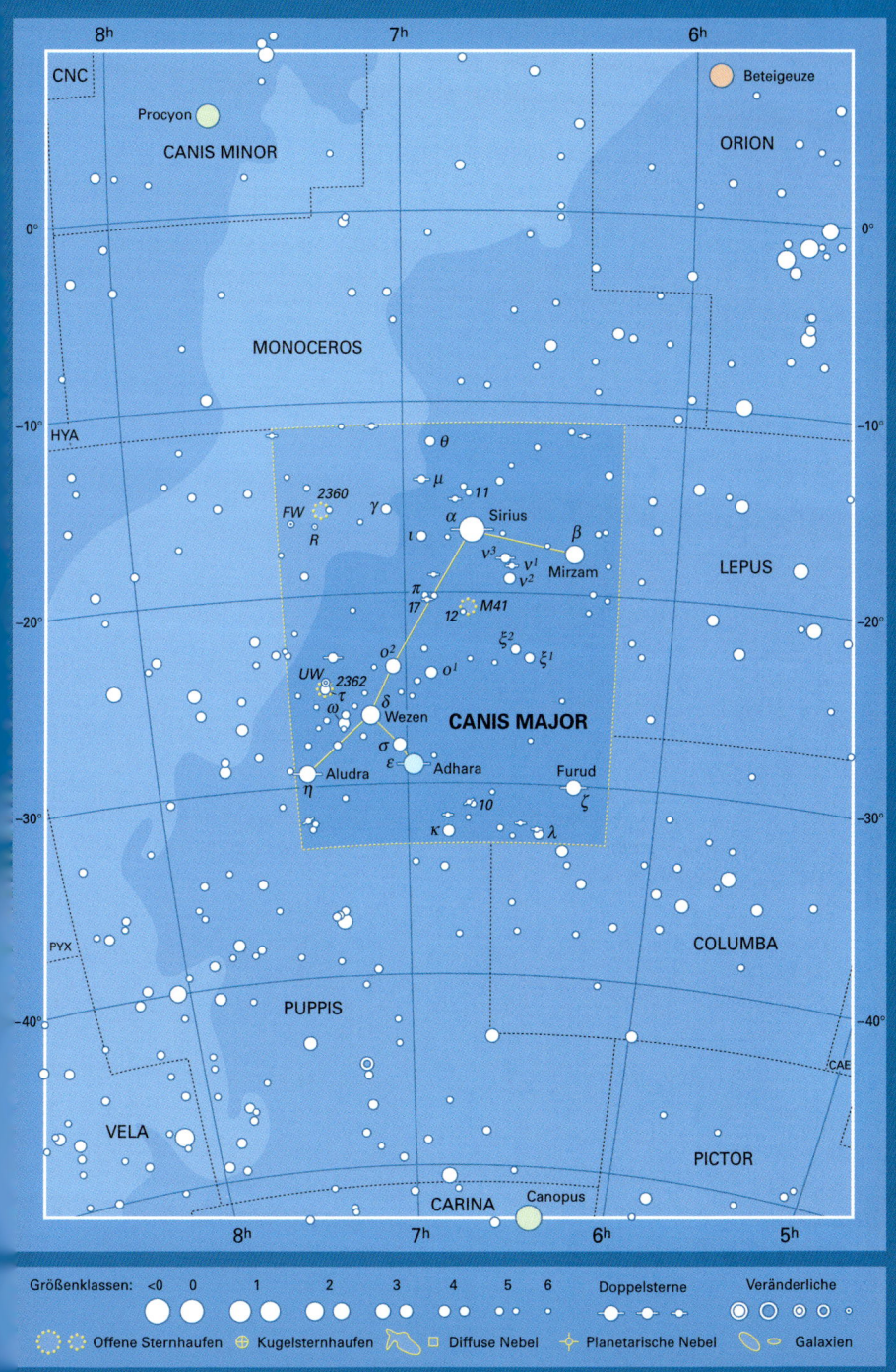

CANIS MINOR   Kleiner Hund

Der zweite Hund des Orion neben Canis Major ist Canis Minor. Abgesehen von seinem Hauptstern Procyon, dem achthellsten Stern am Himmel, gibt es wenige interessante Objekte in Canis Minor. Procyon bildet mit den hellen Sternen Sirius (in Canis Major) und Beteigeuze (im Sternbild Orion) ein gleichseitiges Dreieck.

α (alpha) Canis Minoris, 7h 39m / +5°,2; (Procyon, aus dem Griechischen für „dem Hund vorausgehend" mit Bezug auf seinen Verfolger Sirius), Größenklasse 0,4; gelbweißer Stern, Entfernung 11,4 LJ, damit einer der sonnennächsten Sterne. Wie Sirius hat auch Procyon einen Weißen Zwerg als Begleiter, der aufgrund der niedrigen Größenklasse 10,7 aber noch schwerer zu erkennen ist. Notwendig sind dafür große professionelle Teleskope. Procyons Begleiter umkreist ihn in 41 Jahren.

β (beta) CMi, 7h 27m / +8°,3; (Gomeisa), Größenklasse 2,9; blauweißer Stern der Hauptreihe, Entfernung 170 LJ.

Weiße Zwerge

Aufgrund eines bemerkenswerten Zufalls haben sowohl Sirius als auch Procyon, die hellsten Sterne in Canis Major bzw. Minor, kleine, lichtschwache Begleiter, die man als Weiße Zwerge bezeichnet. Die Existenz dieser Begleiter wurde 1844 von dem deutschen Astronomen Friedrich Wilhelm Bessel vorhergesagt, der Unregelmäßigkeiten in den Bewegungen von Sirius und Procyon verzeichnet hatte (Seite 14). Bessel erkannte, dass diese Unregelmäßigkeiten von nicht sichtbaren Begleitern im Orbit der Sterne verursacht werden mussten. Gesehen wurde Sirius B erstmals 1862 von dem amerikanischen Astronomen Alvan G. Clark, der einen 47-cm-Refraktor verwendete. Procyon B wurde erstmals 1896 von John M. Schaeberle beobachtet, der einen 91-cm-Refraktor am Lick Observatory verwendete. Die Besonderheit dieser Beobachtung wurde aber erst 1915 deutlich. Beobachtungen zeigten, dass Sirius B sehr heiß, sehr klein und sehr dicht sein musste. Tatsächlich besitzt Sirius B die Masse der Sonne, sein Durchmesser beträgt aber nur ein Hundertstel. Daraus resultiert eine Dichte, die 100 000-mal so groß ist wie die von Wasser. Ein Weißer Zwerg ist ein Stern am Ende seines Lebens, er ist der Überrest eines einst großen, schönen Sterns wie der Sonne, dessen interne Energieproduktion beendet ist. Die gewaltige Dichte Weißer Zwerge resultiert aus der unaufhaltsamen Schwerkraft, die die Elektronen des sterbenden Sterns so weit zusammenpresst, wie es physikalisch möglich ist.

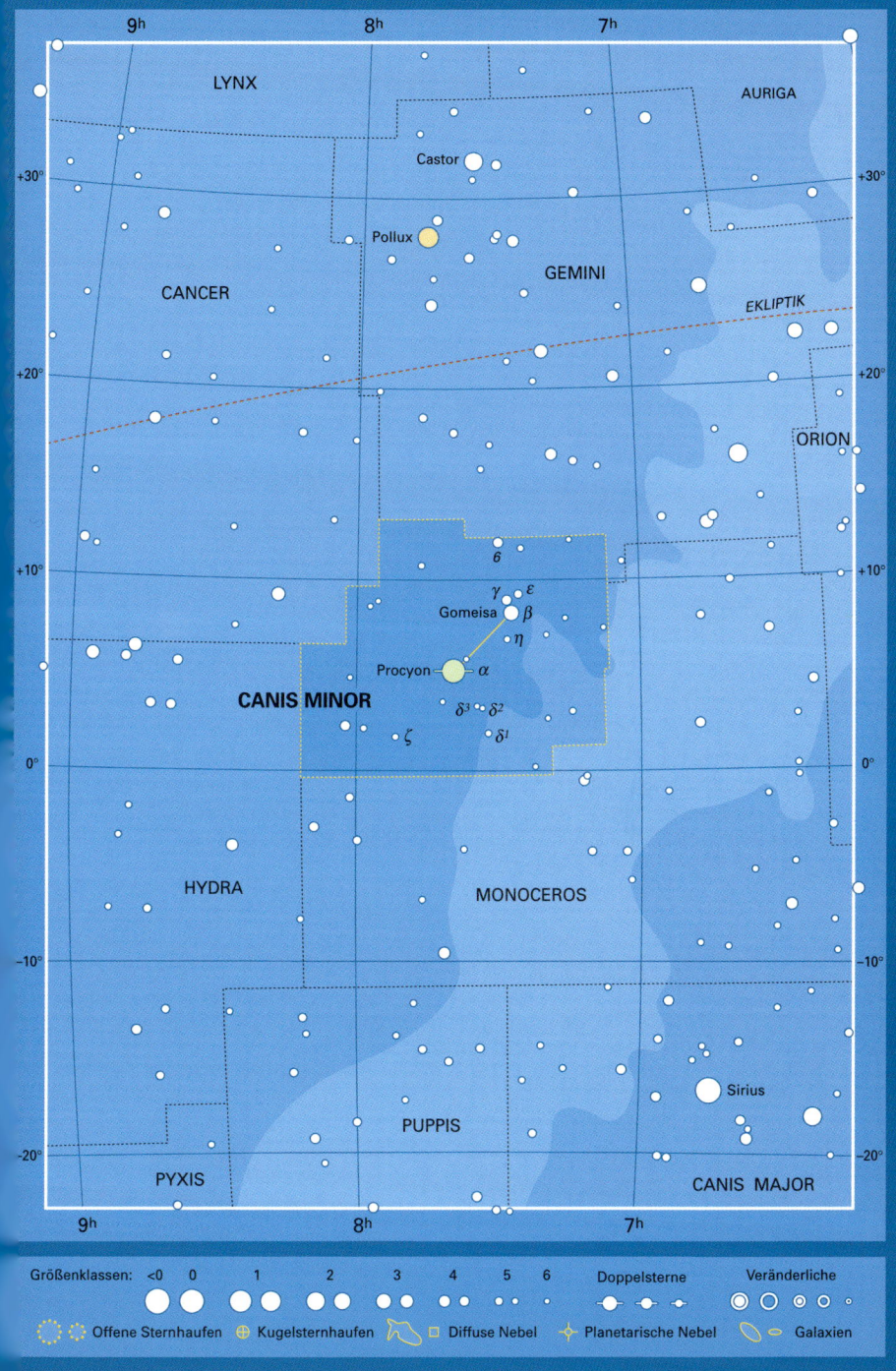

CANIS MINOR

LYNX

AURIGA

Castor

Pollux

GEMINI

CANCER

EKLIPTIK

ORION

δ

γ ε
Gomeisa β
η

Procyon α

δ³ δ²
ζ δ¹

HYDRA

MONOCEROS

PUPPIS

Sirius

PYXIS

CANIS MAJOR

Größenklassen:	<0	0	1	2	3	4	5	6	Doppelsterne	Veränderliche

Offene Sternhaufen ⊕ Kugelsternhaufen Diffuse Nebel Planetarische Nebel Galaxien

CAPRICORNUS   Steinbock

Capricornus wird beschrieben als Ziegenbock mit Fischschwanz. Amphibien tauchen in alten Mythen häufig auf, das Sternbild wurde schon in der Antike beschrieben. In der griechischen Mythologie stellt das Sternbild den ziegenköpfigen Gott Pan dar, der in einen Fluss sprang, um dem Monster Typhon zu entkommen. Dabei verwandelte sich seine untere Körperhälfte in einen Fisch. Vor dem Jahr 130 v. Chr. stand die Sonne im Steinbock, wenn sie den südlichsten Punkt am Himmel erreichte. Bei diesem Punkt handelt es sich um die Wintersonnenwende, sie wird jedes Jahr am 21. oder 22. Dezember erreicht (das Datum variiert von Jahr zu Jahr). Er liegt bei $23^1/_2°$ südlicher Breite und ist als Wendekreis des Steinbocks bekannt. Aufgrund der Präzession ist der Punkt inzwischen vom Capricornus in das benachbarte Sternbild Sagittarius (Schütze) gewandert und wird im Jahr 2269 Ophiuchus (Schlangenträger) erreichen, hat aber den Namen Wendekreis des Steinbocks behalten. Capricornus ist das kleinste Sternbild des Tierkreises. Die Sonne durchwandert ihn vom späten Januar bis Mitte Februar.

α^1, α^2 (alpha[1], alpha[2]) Capricorni, 20h 18m / –12°,5; (Algedi oder Giedi, beide aus dem Arabischen für „das Kind" mit Bezug auf das ganze Sternbild), Mehrfachstern, bestehend aus einem gelben Überriesen der Größenklasse 4,3 und einem nicht mit ihm in Beziehung stehenden gelben Riesen der Größenklasse 3,6; Entfernung 690 bzw. 109 LJ, einzeln auch mit bloßem Auge erkennbar. Teleskope zeigen, dass beide Sterne selbst Doppelsternsysteme sind. Der lichtschwächere α^1 besitzt einen schwächeren Begleiter der Größenklasse 9,2, α^2 einen Begleiter der Größenklasse 11. Ab einer Öffnung von 100 mm wird deutlich, dass auch der Begleiter aus zwei Sternen der 11. Größe besteht. α Capricorni ist daher ein faszinierendes Mehrfachsternsystem.

β (beta) Cap, 20h 21m / –14°,8; (Dabih, aus dem Arabischen für „die Glückssterne des Schlachters"), Entfernung 340 LJ, goldgelber Riese der Größenklasse 3,1 mit einem weit entfernten blauweißen Begleiter der Größenklasse 6,1. Für die Beobachtung benötigt man ein Fernglas oder ein kleines Teleskop.

γ (gamma) Cap, 21h 40m / –16°,7; (Nashira), Größenklasse 3,7; weißer Riese, Entfernung 139 LJ.

δ (delta) Cap, 21h 47m / –16°,1; (Deneb Algedi, „Schwanz des Kindes"), Größenklasse 2,9; der hellste Stern des Sternbilds. Es handelt sich um einen bedeckungsveränderlichen Doppelstern des Typs β (beta) Lyrae, der innerhalb von 24,5 Stunden um kaum merkliche 0,2 Größenklassen schwankt. Er ist 39 LJ entfernt.

π (pi) Cap, 20h 27m / –18°,2; Entfernung 670 LJ, blauweißer Stern der Größenklasse 5,1 mit einem Begleiter der Größenklasse 8,3. Zu beobachten sind beide mit kleinem Teleskop.

M 30 (NGC 7099), 21h 40m / –23°,2; Kugelsternhaufen der Größenklasse 7,5; Entfernung 30 000 LJ, erkennbar durch kleines Teleskop mit 100 mm Öffnung. Das Zentrum ist sehr dicht, in Richtung Norden einzelne Sternketten.

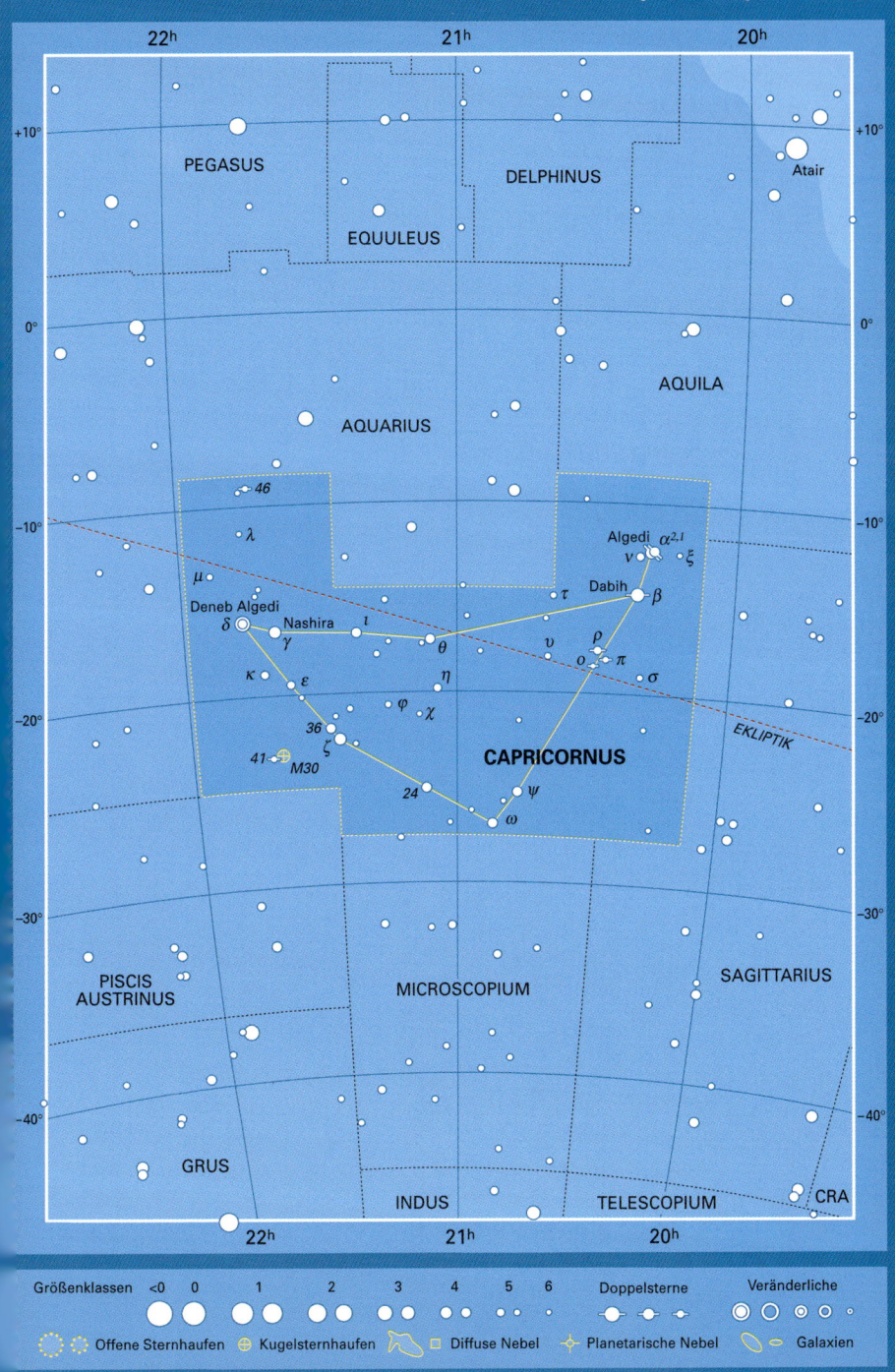

22ʰ   21ʰ   20ʰ

+10°

PEGASUS

DELPHINUS

Atair

EQUULEUS

0°

AQUILA

AQUARIUS

−10°

46

λ

Algedi α²,¹
ν   ξ
μ
τ   Dabih
β

Deneb Algedi
δ
Nashira ι
γ   θ
η
υ   ρ
ο   π   σ

κ
ε
φ   χ

−20°
36
ζ
41   M30
24
ψ
ω

CAPRICORNUS

EKLIPTIK

−30°

PISCIS
AUSTRINUS
MICROSCOPIUM
SAGITTARIUS

−40°

GRUS
INDUS   TELESCOPIUM
CRA

22ʰ   21ʰ   20ʰ

Größenklassen   <0   0   1   2   3   4   5   6   Doppelsterne   Veränderliche

Offene Sternhaufen   Kugelsternhaufen   Diffuse Nebel   Planetarische Nebel   Galaxien

CARINA   Kiel des Schiffes

Dieses Sternbild gehörte ursprünglich zu dem großen Sternbild Argo Navis, dem Schiff der Argonauten, bis es 1763 von dem französischen Himmelskartographen Nicolas Louis de Lacaille neu eingeteilt wurde. Als Teil von Argo Navis wurde es in der Antike mit Jason und den Argonauten auf der Suche nach dem Goldenen Vlies in Verbindung gebracht. Carina liegt in der Milchstraße und ist reich an Sternfeldern und -haufen, die mit dem Fernglas beobachtet werden können. Die Sterne ι (iota) und ε (epsilon) Carinae bilden zusammen mit κ (kappa) und δ (delta) Velorum das Falsche Kreuz, das manchmal mit dem Kreuz des Südens verwechselt wird.

α (alpha) Carinae, 6h 24m / –52°,7; (Canopus), Größenklasse –0,62, der zweithellste Stern am Himmel, weißer Superriese, Entfernung 313 LJ; der Satellit Hipparcos entdeckte eine Schwankung von 0,1 Größenklassen.

β (beta) Car, 9h 13m / –69°,7; (Miaplacidus), Größenklasse 1,7; blauweißer Stern, Entfernung 111 LJ.

ε (epsilon) Car, 8h 23m / –59°,5 ; Größenklasse 1,9 ; orangeroter Riese, Entfernung 630 LJ.

η (eta) Car, 10h 45m / –59°,7 ; Entfernung 7500 LJ, außergewöhnlicher, Novaähnlicher Stern im Nebel NGC 3372 (siehe Seite 106). In der Vergangenheit schwankte die Helligkeit von η Carinae unregelmäßig, bis er 1843 sogar zeitweise Größenklasse –1 erreichte und damit der zweithellste Stern am Nachthimmel war. Danach pendelte er sich bei Größenklasse 6 ein, wurde 1998 aber wieder heller (Größenklasse 5). Der Stern ist geschätzte 100-mal so massereich und 4 Millionen Mal so hell wie unsere Sonne, er besitzt einen nicht sichtbaren Begleiter, der ihn in 5¹/₂ Jahren umkreist. Der Doppelstern ist von Staub umgeben.

θ (theta) Car, 10h 43m / –64°,4; Größenklasse 2,7; blauweißer Stern in 440 LJ Entfernung, Mitglied des glitzernden Sternhaufens IC 2602 (siehe Seite 106).

ι (iota) Car, 9h 17m / –59°,3 ; Größenklasse 2,2; weißer Überriese, Entfernung 690 LJ.

υ (ypsilon) Car 9h 47m / –65°,1; Entfernung 1600 LJ, Doppelstern aus zwei blauweißen Überriesen der Größenklassen 3,0 und 6,0.

l Car, 9h 45m / –62°,5; gelber Überriese, Entfernung 1500 LJ, der hellste Cepheid, dessen Lichtschwankungen auch mit bloßem Auge beobachtet werden können. Er bewegt sich zwischen den Größenklassen 3,3 und 4,2 bei einer Periodendauer von 35,5 Tagen.

R Car, 9h 32m / –62°,8; Entfernung 416 LJ, Roter Riese, veränderlicher Stern des Mira-Typs, Größenklassen zwischen 4 und 10, Periodendauer 309 Tage.

S Car, 10h 09m / –61°,5; Entfernung etwa 1300 LJ, Roter veränderlicher Riesenstern wie R Car, schwankt zwischen den Größenklassen 5 und 10, Periodendauer 150 Tage.

NGC 2516, 7h 58m / –60°,9; mit dem bloßem Auge sichtbarer Sternhaufen von 80 Sternen, Entfernung etwa 1100 LJ, nimmt etwa so viel Raum ein wie der Vollmond. Durch das Fernglas ein brillanter Anblick, es zeigt sich die Form eines Kreuzes. Der hellste Stern ist ein Roter Riesenstern der Größenklasse 5,2. ▶

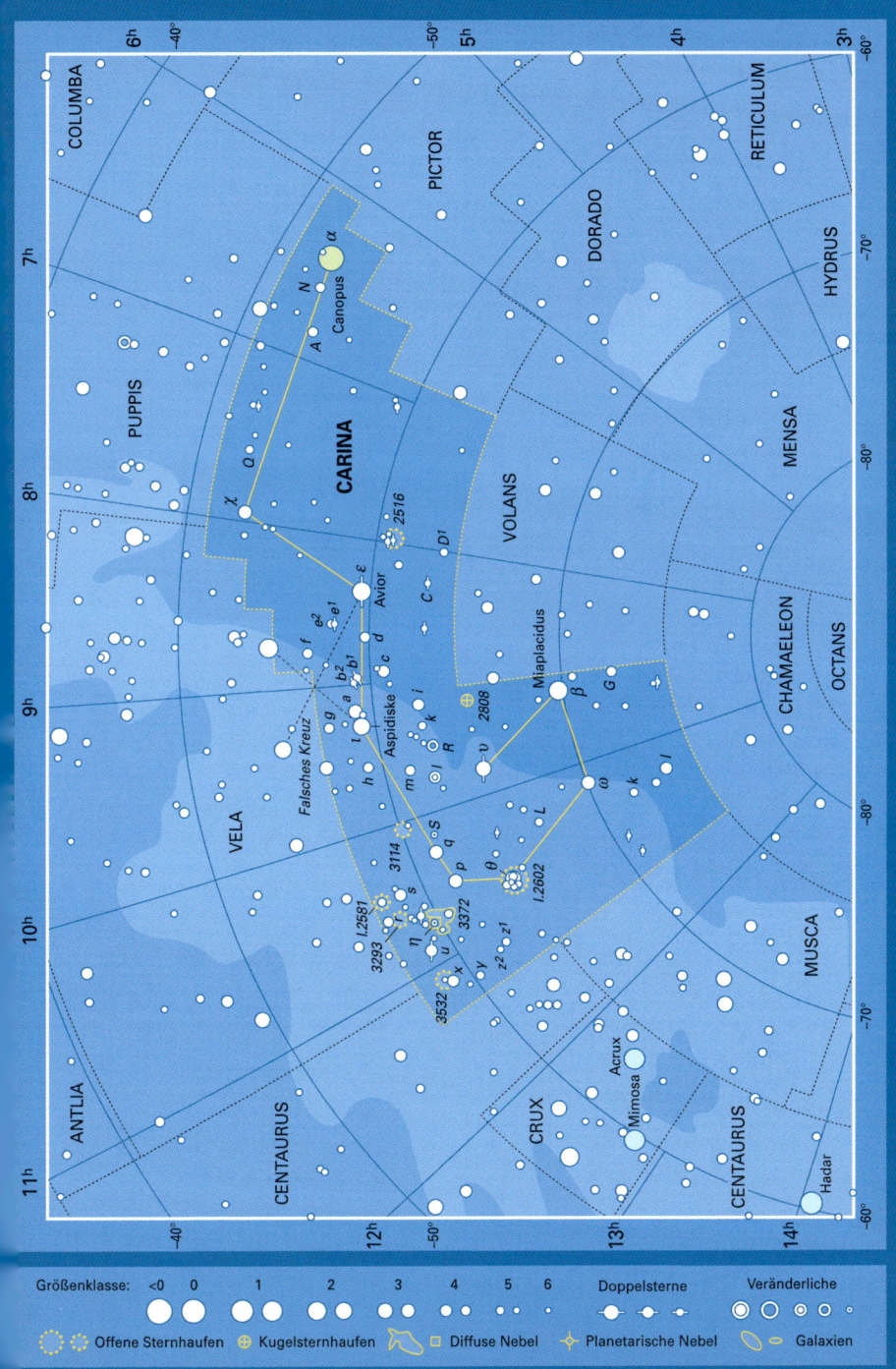

NGC 3114, 10h 03m / –60°,1; weit verstreuter offener Sternhaufen, der etwa so viel Raum am Nachthimmel einnimmt wie der Vollmond, beinhaltet Sterne der Größenklasse 6 und schwächer, Entfernung 3000 LJ. Am besten zu beobachten mit Fernglas oder Teleskop.

NGC 3372, 10h 44m / –59°,9; bekannter diffuser Nebel, der auch mit bloßem Auge als heller Fleck der Milchstraße erkennbar ist, er nimmt etwa das Vierfache des Monddurchmessers ein und umgibt den Veränderlichen η (eta) Carinae. Am bekanntesten ist das aufgrund seiner Form so genannte Schlüsselloch, dessen Silhouette sich vor dem hellsten Bereich des Nebels nahe η Carinae abhebt. NGC 3372 ist etwa 7500 LJ entfernt, ebenso weit wie η Carinae (Foto siehe Seite 275).

NGC 3532, 11h 06m / –58°,7; Entfernung 1350 LJ, außergewöhnlicher offener Sternhaufen, sichtbar mit bloßem Auge als heller Fleck von 1° Ausdehnung innerhalb reicher Sternfelder der Milchstraße. Der Haufen enthält ca. 150 Sterne der Größenklasse 7 oder schwächer, darunter orangerote Riesen in elliptischer Anordnung mit sternfreiem Zentrum. Der gelbweiße Riese x Carinae mit Größenklasse 3,9 am Rand des Haufens, ist ein Hintergrundstern, der fünfmal so weit entfernt ist.

IC 2602, 10h 43m / –64°,4; großer, heller offener Sternhaufen von etwa 60 Sternen, bekannt als südliche Plejaden, Entfernung 480 LJ. Seine hellsten Sterne sind mit bloßem Auge sichtbar, beachtenswert ist insbesondere θ Carinae (siehe Seite 104).

CASSIOPEIA Kassiopeia

Das Sternbild ist aufgrund seiner auffälligen W-Form der fünf hellsten Sterne leicht zu erkennen. Kassiopeia liegt vom Polarstern aus gegenüber von Ursa Major in einem recht dichten Gebiet der Milchstraße. Nahe des Sterns κ (kappa) Cassiopeiae kam es bei 0h 25,3m / +64°,9 zu der berühmten Supernova von 1572, beobachtet von Tycho Brahe. Das Gebiet ist heute eine Quelle starker Radiostrahlung. Die Überreste einer anderen Supernova, zu der es um 1660 kam, die aber damals unbemerkt blieb, bildet die stärkste Radioquelle am Himmel. Es handelt sich um Cassiopeia A, sie liegt bei 23h 23,4m / +58°50', die Entfernung beträgt etwa 10 000 LJ.

α (alpha) Cassiopeiae, 0h 41m / +56°,5; (Shedir, „die Brust"), Größenklasse 2,2; orangeroter Riese, Entfernung 229 LJ. In seiner Nähe befindet sich ein optischer Begleiter der Größenklasse 8,9.

β (beta) Cas, 0h 09m / +59°,1; (Caph), Größenklasse 2,3; weißer Stern, 54 LJ entfernt.

γ (gamma) Cas, 0h 57m / +60°,7; Entfernung 613 LJ, bemerkenswerter blauweißer Veränderlicher. Er wirft in unregelmäßigen Abständen Gashüllen aus, vermutlich, weil seine schnelle Rotation ihn instabil macht, wodurch er ungleichmäßig zwischen den Größenklassen 3,0 und 1,6 schwankt. Derzeit bewegt sich bei Größenklasse 2,2.

δ (delta) Cas, 1h 26m / +60°,2; (Ruchbah, „das Knie"), Größenklasse 2,7; blauweißer Stern in 99 LJ Entfernung. Es handelt sich um ein bedeckungsveränderliches Doppelsternsystem des Algol-Typs, das um 0,1 Größenklassen schwankt, die Periodendauer liegt bei zwei Jahren und einem Monat.

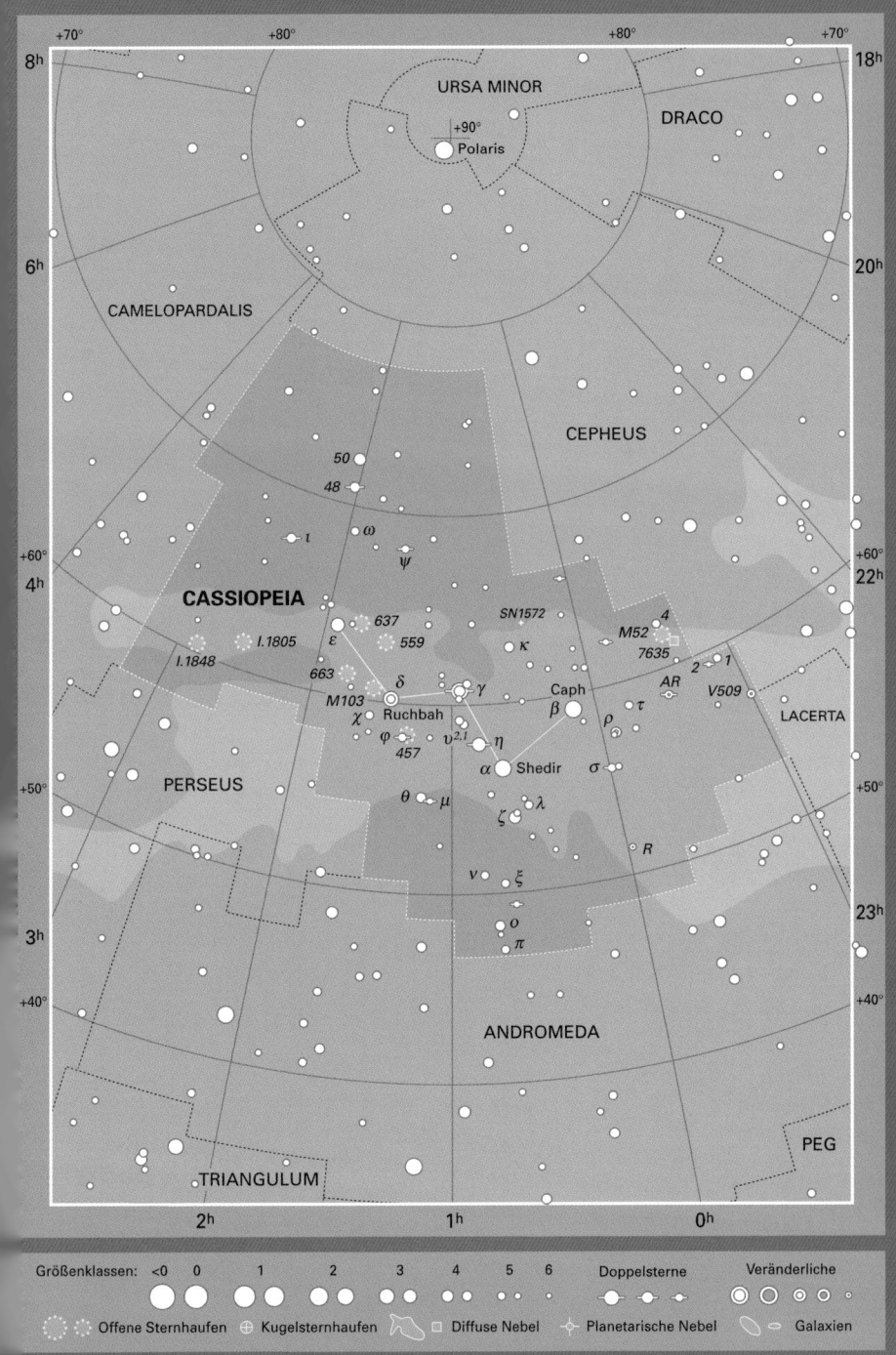

ε (epsilon) Cas, 1h 54m / +63°,7; Größenklasse 3,3; Entfernung 442 LJ.

η (eta) Cas, 0h 49m / +57°,8; Entfernung 19 LJ, wunderschöner Doppelstern aus einem gelben und einem roten Stern der Größenklasse 3,5 bzw. 7,5; benötigt wird ein kleines Teleskop. Die Periodendauer liegt bei 480 Jahren.

ι (iota) Cas, 2h 29m / +67°,4; Entfernung 142 LJ, Größenklasse 4,5; weißer Stern mit entferntem Begleiter der Größenklasse 8,4. Ein größeres Teleskop mit 100 mm Öffnung und starker Vergrößerung zeigt noch einen weiteren Begleiter (gelb, Größenklasse 6,9), tatsächlich handelt es sich um einen eindrucksvollen Dreifachstern.

ρ (rho) Cas, 23h 54m / +57°,7; gelbweißer Überriese, einer der lichtstärksten bekannten Sterne, er gibt so viel Licht ab wie eine halbe Million unserer Sonnen. Es handelt sich um einen halbregelmäßigen Pulsationsveränderlichen, der alle 320 Tage zwischen den Größenklassen 4,1 und 6,2 schwankt. Entfernung über 10 000 LJ.

σ (sigma) Cas, 23h 59m / +55°,8; Entfernung 1500 LJ, eng zusammenstehendes Sternpaar der Größenklassen 5,0 bzw. 7,3 in den Farben grün und blau. Sie stehen in starkem Kontrast zu dem wärmeren Farbton von η Cas.

ψ (psi) Cas, 1h 26m / +68°,1; Entfernung 193 LJ, Größenklasse 4,7 ; orangeroter Riese mit weit entferntem Begleiter der Größenklasse 9, erkennbar mit kleinem Teleskop. StarkeVergrößerung zeigt, dass der Begleiter selbst ein Doppelstern ist.

M 52 (NGC 7654), 23h 24m / +61°,6; offener Sternhaufen von etwa 100 Sternen, Entfernung 5200 LJ. Am Rand befindet sich ein orangeroter Stern der Größenklasse 8, ähnlich wie bei dem berühmten Haufen der Wildente (M 11 in Scutum).

M 103 (NGC 581), 1h 33m / +60°,7; kleine, gestreckte Gruppe, etwa 25 Sterne, Entfernung 8200 LJ. Die hellste Komponente, ein Doppelstern der Größenklassen 7 und 10 am nördlichen Rand, ist ein Vordergrundobjekt, gehört nicht zur Gruppe.

NGC 457, 1h 19m / +58°,3; verstreuter offener Sternhaufen von etwa 80 Sternen, Entfernung 10 000 LJ, in mehreren Ketten angeordnet. Der weiße Superriese φ (phi) Cas der Größenklasse 5,0 am südlichen Rand gehört wahrscheinlich dazu.

NGC 663, 1h 46m / +61°,2; auffälliger, mit dem Fernglas erkennbarer Sternhaufen von etwa 80 Sternen, Entfernung 8200 LJ.

CENTAURUS Zentaur

Dieses große und interessante Sternbild stellt einen Zentaur dar, ein mythisches Tier halb Mensch, halb Pferd. Bei Centaurus handelt es sich nach der Legende um den gelehrten Zentaur Chiron. Eine gedachte Linie von α (alpha) über β (beta) Centauri führt zum Kreuz des Südens (siehe Foto Seite 118). α Centauri bewegt sich relativ schnell auf β zu, in etwa 4000 Jahren werden die beiden nur noch 1/2° voneinander entfernt sein und einen eindrucksvollen Doppelstern bilden, mit bloßem Auge erkennbar. Centaurus ist deshalb von besonderer Bedeutung, weil er den sonnennächsten Stern enthält. Proxima Centauri ist ein Mitglied der aus drei Sternen bestehenden Familie α Centauri. Eine der stärksten Quellen von Radiostrahlung am Himmel, Centaurus A, steht in Verbindung mit der ungewöhnlichen Galaxie ▶

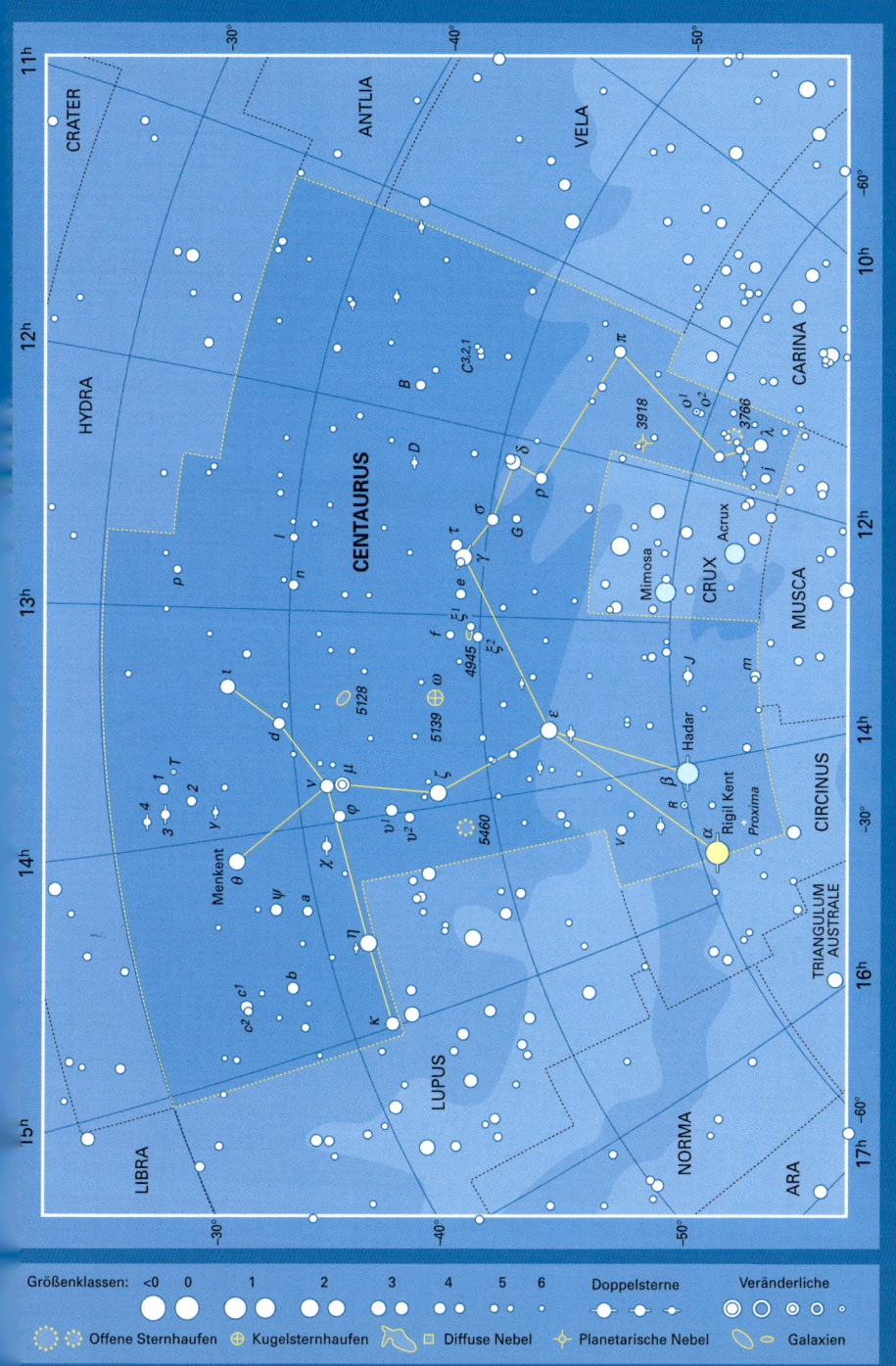

Größenklassen: <0 0 1 2 3 4 5 6   Doppelsterne   Veränderliche

Offene Sternhaufen ⊕ Kugelsternhaufen Diffuse Nebel Planetarische Nebel Galaxien

NGC 5128. Centaurus liegt in einem auffälligen Bereich der Milchstraße und enthält mehr mit bloßem Auge sichtbare Sterne als jedes andere Sternbild: Nach dem Hipparcos-Katalog sind es 281, die heller sind als Größenklasse 6,5.

α (alpha) Centauri, 14h 40m / –60°,8; (Rigil Kentaurus, abgekürzt Rigil Kent, „der Fuß des Zentaur", auch Toliman), Entfernung 4,4 LJ. Dem bloßen Auge erscheint er als dritthellster Stern am Nachthimmel (Größenklasse –0,28). Auch kleine Teleskope zeigen jedoch, dass es sich tatsächlich um zwei gelbe Sterne der Größenklassen –0,01 bzw. 1,35 handelt, der hellere ist unserer Sonne ähnlich. Sie umkreisen sich alle 80 Jahre und sind durch Amateurteleskope leicht auseinander zu halten, erst wenn sie 2037/2038 ihre größte Annäherung erreichen, werden 75 mm Öffnung nötig sein. Mit α Centauri wird auch ein Roter Zwerg in Verbindung gebracht, der Proxima Centauri heißt und die 11. Größenklasse besitzt. Er ist etwa 2° entfernt und liegt nicht einmal im Gesichtsfeld eines Teleskops (siehe die Karte unten).

β (beta) Cen, 14h 04m / –60°,4; (Hadar oder Agena), Größenklasse 0,6; blauer Riese, Entfernung 525 LJ. Tatsächlich handelt es sich um einen eng zusammenstehenden Doppelstern mit einem Begleiter der vierten Größenklasse, zu unterscheiden sind sie nur mit großen Teleskopen.

γ (gamma) Cen, 12h 42m / –49°,0; Entfernung 130 LJ, eng zusammenstehendes Doppelsternsystem aus blauweißen Sternen der Größenklasse 2,9; Umlaufzeit 85 Jahre. Zusammen erscheinen sie als Stern der Größenklasse 2,2. Von der Erde aus gesehen bewegen sie sich momentan aufeinander zu. Im Jahr 2005 werden 220 mm Öffnung notwendig sein, um sie auseinander zu halten. Zwischen 2010 und 2020 werden sie mit handelsüblichen Instrumenten gar nicht mehr zu trennen sein, 2023 dann wieder mit 210 mm Öffnung, ab 2030 mit 150 mm.

3 Cen, 13h 52m / –33°,0; Entfernung 298 LJ, blauweißer Stern der Größenklasse 4,6 mit Begleiter der Größenklasse 6,1; auch für Amateurteleskope lohnend.

Die Bewegung von Proxima Centauri für einen Zeitraum von zwei Jahrhunderten. (Wil Tirion)

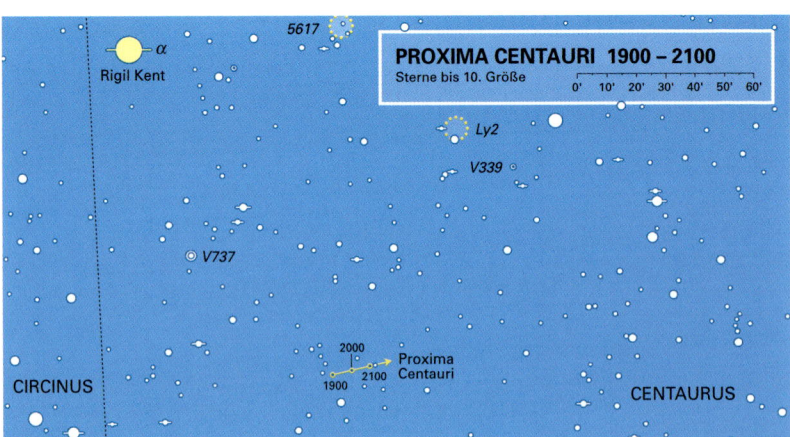

ω (omega) Centauri ist der schönste Kugelsternhaufen am Nachthimmel, seine Form erscheint deutlich elliptisch. (AURA/NOAO/NSF)

R Cen, 14h 17m / –59°,9; Roter veränderlicher Riesenstern des Mira-Typs, schwankt zwischen den Größenklassen 5,3 und 11,8; Periodendauer 18 Monate. Er liegt etwa 2100 LJ entfernt.

ω (omega) Cen (NGC 5139), 13 h 27m / –47°,5; der größte und hellste aller bekannten Kugelsternhaufen ist so auffällig, dass er schon auf sehr frühen Karten als Stern verzeichnet war. Er erscheint dem bloßen Auge als verschwommener Stern der Größenklasse 3,7. Seine Form ist deutlich elliptisch und nimmt etwa so viel Raum am Himmel ein wie der Vollmond. Er ist der hellste Sternhaufen und gibt mehr Licht ab als eine Million Sonnen. Seine Helligkeit und scheinbare Größe resultieren aus der relativ geringen Entfernung: Er ist etwa 17 000 LJ entfernt und damit einer der nächsten Kugelsternhaufen.

NGC 3766, 11h 36m / –61°,6; mit bloßem Auge erkennbarer Sternhaufen von etwa 100 Sternen der Größenklasse 7 und schwächer, Entfernung 6300 LJ.

NGC 3918, 11h 50m / –57°,2; Größenklasse 8, Planetarischer Nebel, Entfernung 2600 LJ, entdeckt von John Herschel. Sein Zentralstern gehört zur Größenklasse 11 und sollte auch mit durchschnittlichen Teleskopen zu beobachten sein.

NGC 5128, 13h 25m / –43°,0; außergewöhnliche Galaxie der Größenklasse 7, den Radioastronomen als Centaurus A bekannt. Auf lang belichteten Fotografien als elliptische Galaxie mit einem Staubring. Durch das Fernglas zu erkennen, aber mindestens 100 mm Öffnung sind notwendig, um die genaue Form und den Staubstreifen zu erkennen. NGC 5128 liegt 13 Millionen LJ entfernt.

NGC 5460, 14h 08m / –48°,3; großer, offener Sternhaufen der Größenklasse 6 mit etwa 40 Sternen, zu beobachten durch Fernglas oder kleines Teleskop; 2500 LJ entfernt.

CEPHEUS Kepheus

Dieses schon sehr früh bekannte Sternbild stellt den mythischen König Kepheus von Äthiopien dar, den Gatten von Cassiopeia und Vater von Andromeda, die durch angrenzende Sternbilder repräsentiert werden. Cepheus ist reich an Veränderlichen und Doppelsternen, darunter der berühmte δ (delta) Cephei, der den „Cepheiden" ihren Namen verliehen hat. Sie werden quasi als „Leuchtfeuer" für die Entfernungsbestimmung im Weltraum benutzt. Die veränderliche Lichtstrahlung wurde 1784 von dem englischen Amateurastronom John Goodricke entdeckt.

α (alpha) Cephei, 21h 19m / +62°,6; (Alderamin), Größenklasse 2,5; weißer Stern, Entfernung 49 LJ.

β (beta) Cep, 21h 29m / +70°,6; (Alfirk, „Herde"), Entfernung 595 LJ. Es handelt sich sowohl um einen Doppelstern als auch einen Veränderlichen. Durch ein kleines Teleskop sieht man, dass der blaue Riese der Größenklasse 3,2 einen Begleiter der Größenklasse 7,9 besitzt. β Cephei ist der Prototyp einer Klasse pulsierender veränderlicher Sterne (auch bekannt als β-Canis-Majoris-Sterne), die sich durch winzige Lichtschwankungen innerhalb weniger Stunden auszeichnen. Etwa alle 4,6 Stunden schwankt β Cephei um 0,1 Größenklassen.

γ (gamma) Cep, 23h 39m / +77°,6; (Errai, „Schafhirte"), Größenklasse 3,2, orangeroter Stern in 45 LJ Entfernung.

δ (delta) Cep, 22h 29m / +58°,4; Entfernung 980 LJ, berühmter Pulsationsveränderlicher, der Prototyp der veränderlichen Cepheiden. Der gelbe Überriese variiert in fünf Tagen und neun Stunden zwischen den Größenklassen 3,5 und 4,4; dabei schwankt seine Größe zwischen dem 40fachen und 46fachen der Sonne. Weniger bekannt ist, dass δ Cephei ein attraktiver Doppelstern mit einem entfernten, bläulichen Begleiter der Größenklasse 6,3 ist.

μ (mü) Cep, 21h 44m / +58°,8; Entfernung 2800 LJ, berühmter roter Stern, aufgrund seiner eigentümlichen Färbung von William Herschel Granatstern genannt, gutes Beispiel für so genannte halbregelmäßige Veränderliche. Er schwankt alle zwei Jahre zwischen den Größenklassen 3,4 und 5,1.

ξ (xi) Cep, 22h 04m / +64°,6 ; Entfernung 102 LJ, Doppelstern der Größenklasse 4,4 bzw. 6,5; benötigt wird ein kleines Teleskop. Die beiden Sterne sind blauweiß bzw. gelb, sie bilden ein echtes Doppelsternsystem mit einer Umlaufzeit von knapp 4000 Jahren.

o (omicron) Cep, 23h 19m / +68°,1; Entfernung 211 LJ, orangeroter Riese der Größenklasse 4,9 mit einem Begleiter der Größenklasse 7,1; Umlaufzeit 1500 Jahre. Für die Beobachtung benötigt man mindestens ein 60-mm-Teleskop.

T Cep, 21h 10m / +68°,5; Entfernung 685 LJ, Roter Riese des Mira-Typs, etwa 500-mal so groß wie die Sonne, schwankt in Perioden von 13 Monaten zwischen den Größenklassen 5,2 und 11,3.

VV Cep, 21h 57m / +63°,6; gewaltiger Roter Überriese, schwankt zwischen den Größenklassen 4,8 und 5,4. Es handelt sich um einen bedeckungsveränderlichen Doppelstern mit einer ungewöhnlichen langen Periodendauer von 20,3 Jahren. Seine Entfernung wird auf 2000 LJ geschätzt, der Durchmesser beträgt etwa das 1000fache der Sonne. Er ist einer der größten bekannten Sterne.

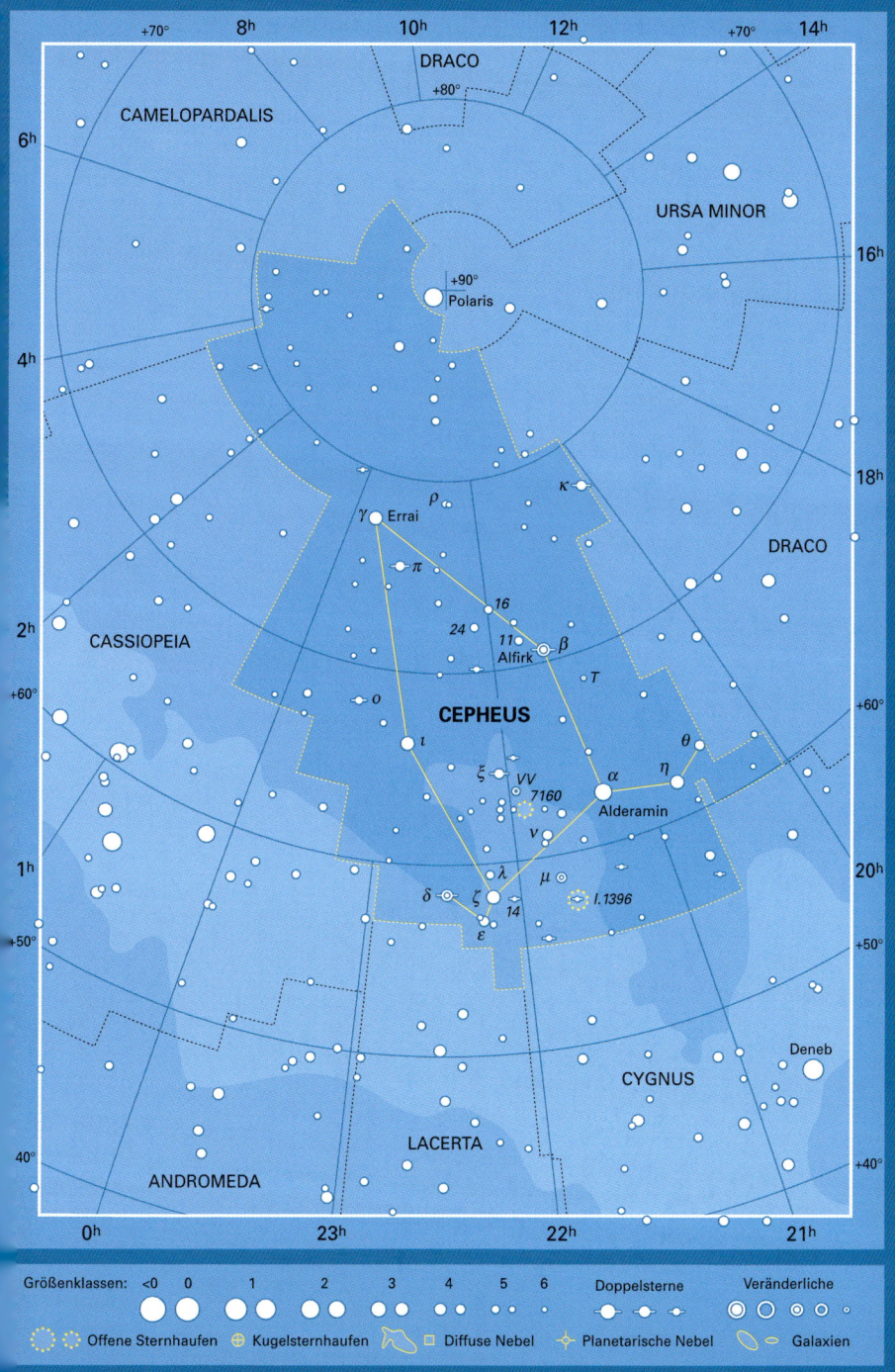

CETUS   Walfisch

Das schon in der Antike definierte Sternbild stellt das Seeungeheuer dar, das drohte, Andromeda zu verschlingen, bevor sie von Perseus gerettet wurde. Am Himmel sieht man ihn am Ufer des Flusses Eridanus liegen. Das Sternbild ist groß, aber nicht sehr bekannt; dennoch enthält es einige interessante Objekte, darunter o (omicron) Ceti und τ (tau) Ceti. Ein schwaches, aber berühmtes Mitglied ist UV Ceti (1h 38,8m / –17° 57'), der aus zwei 8,7 LJ entfernten Roten Zwergen der 13. Größenklasse besteht. Einer davon ist der Prototyp unregelmäßiger Veränderlicher, die als Fackelsterne bekannt sind. Dabei handelt es sich um Rote Zwerge, die plötzlich für wenige Minuten hell aufflackern. Die Lichtausbrüche von UV Ceti können ihn von Größenklasse 13 bis auf Größenklasse 7 anheben. ▶

Sternkarte des veränderlichen Sterns Mira, auch bekannt als o (omicron) Ceti. Die Ziffern der Mira umgebenden Sterne bezeichnen ihre Größenklassen ohne die Dezimalstellen. Die Helligkeit von Mira kann im Vergleich mit den anderen Sternen geschätzt werden. (Wil Tirion)

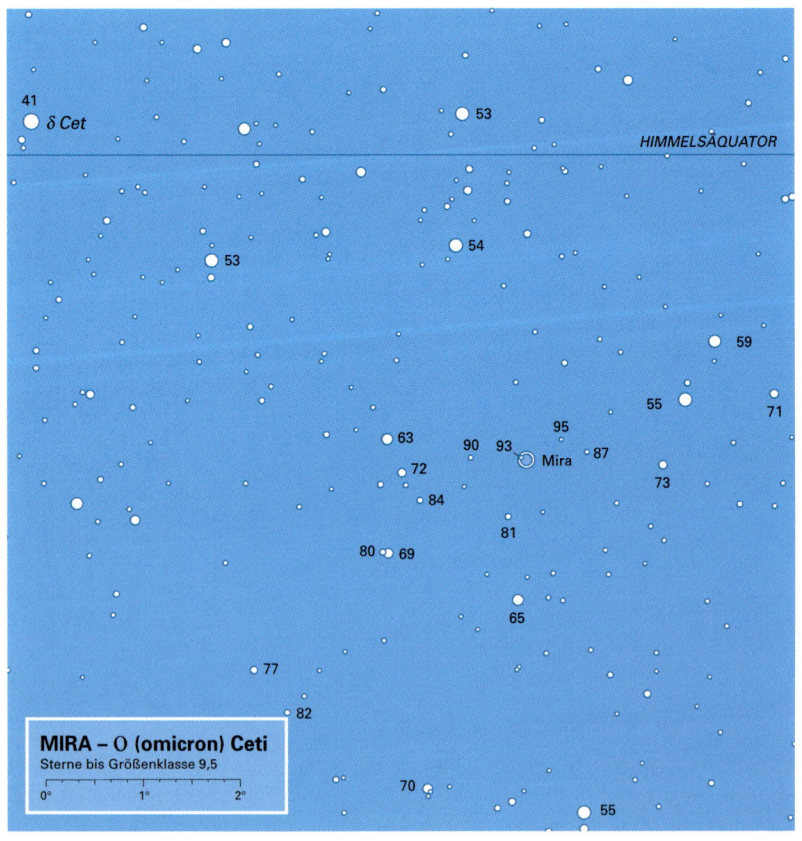

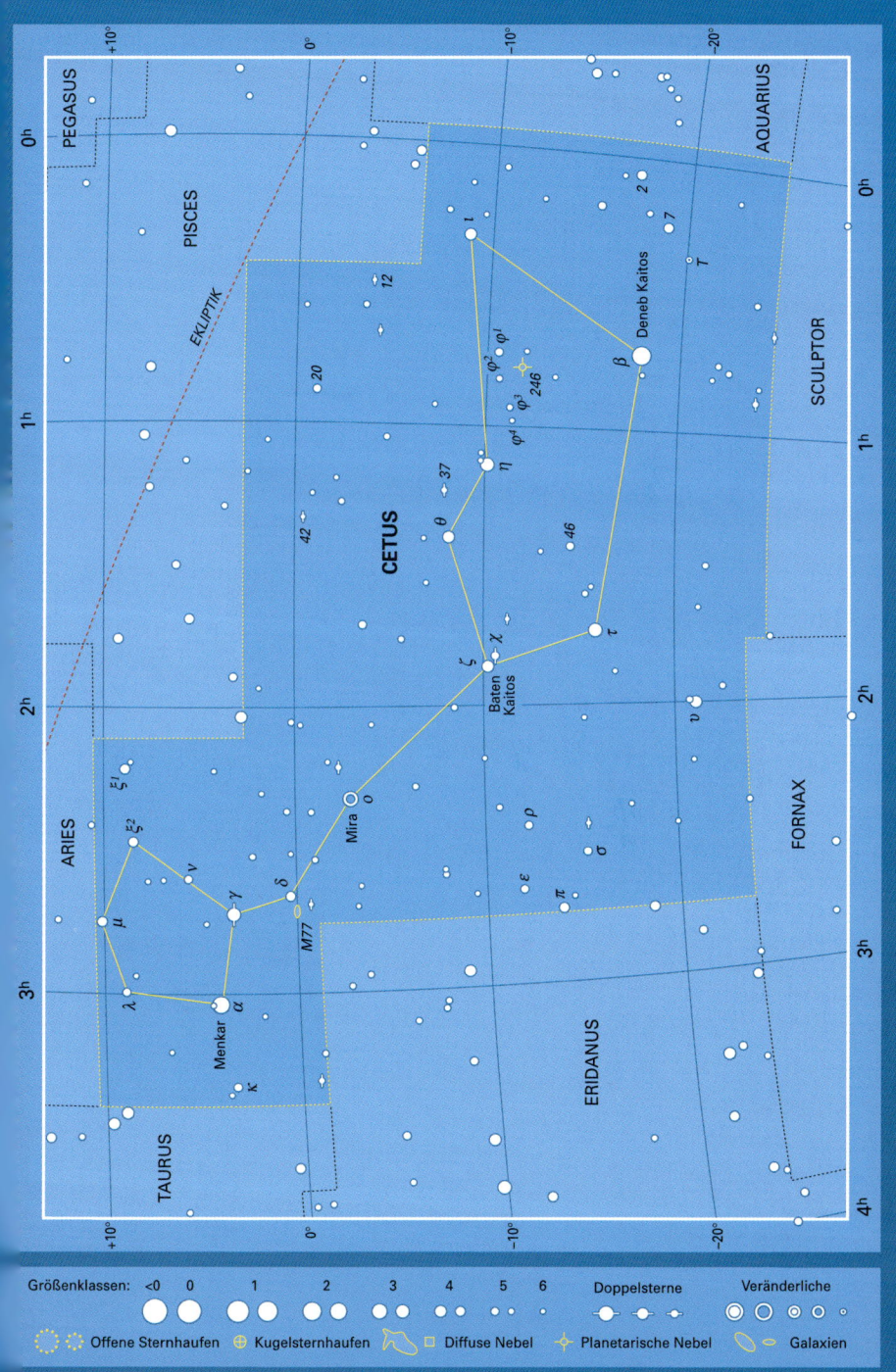

PEGASUS

PISCES

AQUARIUS

SCULPTOR

EKLIPTIK

12

20

φ²
φ¹
246
φ³
φ⁴

ι

η

2
7

Deneb Kaitos

T

β

37
θ

46

42

CETUS

χ
ζ

τ

Baten
Kaitos

υ

ARIES

ξ¹
ξ²

ν
γ
δ

Mira
o

ρ

σ

ε
π

μ

M77

λ

α

Menkar

κ

FORNAX

TAURUS

ERIDANUS

| Größenklassen: | <0 | 0 | 1 | 2 | 3 | 4 | 5 | 6 | Doppelsterne | Veränderliche |

Offene Sternhaufen   Kugelsternhaufen   Diffuse Nebel   Planetarische Nebel   Galaxien

α (alpha) Ceti, 3h 02m / +4°,1; (Menkar, „Nase"), Größenklasse 2,5; Roter Riese, Entfernung 220 LJ. Durch das Fernglas erkennt man einen blauweißen Begleiter der Größenklasse 5,6. Dabei handelt es sich um 93 Ceti, der jedoch eigenständig und doppelt so weit entfernt ist.

β (beta) Cet, 0h 44m / −8°,0; (Deneb Kaitos, „Schwanz des Walfischs", auch Diphda), Größenklasse 2,0; der hellste Stern des Sternbilds ist ein orangeroter Riese und 96 LJ entfernt.

γ (gamma) Cet, 2h 43m / +3°,2; Entfernung 82 LJ, enger Doppelstern, getrennt zu beobachten nur mit Teleskopen mit mindestens 60 mm Öffnung. Die Sterne gehören den Größenklassen 3,5 und 6,6 an, sind gelb und bläulich gefärbt.

o (omikron) Cet, 2h 19m / −3°,0; (Mira, „die Wunderbare"); Entfernung 420 LJ, ein Prototyp der langfristig veränderlichen Roten Riesen. Mira selbst schwankt in durchschnittlich 332 Tagen zwischen der 3. und der 9. Größenklasse (kann in Ausnahmefällen auch Größenklasse 2 erreichen), dabei vergrößert er sich vom 400fachen auf das 500fache der Sonne.

τ (tau) Cet, 1h 44m / −15°,9; Größenklasse 3,5; gelber Stern der Hauptreihe, mit 11,9 LJ Entfernung einer der nächsten Sterne der Erde. Bekannt ist er deshalb, weil er von den weniger weit entfernten Sternen der Sonne am ähnlichsten ist. Dennoch wissen wir noch nicht, ob er Planeten besitzt.

M 77 (NGC 1068), 2h 43m / −0°,0; kleine, lichtschwache Spiralgalaxie der 9. Größenklasse, der Kern leuchtet entsprechend der Größenklasse 10. Ein 100-mm-Teleskop ist notwendig, um die helleren Flecken in den Spiralarmen erkennen zu können. M 77 ist das hellste Beispiel einer Seyfert-Galaxie, ein enger Verwandter der Quasare und damit eine Quelle von Radiostrahlung. Sie liegt etwa 50 Millionen LJ entfernt. (Siehe Foto auf Seite 288.)

CHAMAELEON   Chamäleon

Ein schwach leuchtendes, unbedeutendes Sternbild, entdeckt von den holländischen Astronomen Pieter Dirkszoon Keyser und Frederick de Houtman gegen Ende des 16. Jahrhunderts.

α (alpha) Chamaeleontis, 8h 19m / −76°,9; Größenklasse 4,1; weißer Stern, Entfernung 63 LJ.

β (beta) Cha, 12h 18m / −79°,3; Größenklasse 4,2; blauweißer Stern, Entfernung 271 LJ.

γ (gamma) Cha, 10h 35m / −78°,6; Größenklasse 4,1; Roter Riesenstern, Entfernung 413 LJ.

δ[1], δ[2] (delta[1], delta[2]) Cha, 10h 45m / −80°,5; besteht aus einem weit auseinander stehenden Paar eigenständiger Sterne, die durch das Fernglas leicht zu trennen sind: δ[1] Cha, Größenklasse 5,5 ist ein orangeroter Riesen in 354 LJ Entfernung, δ[2] Cha, Größenklasse 4,4 ist ein blauer Stern in 364 LJ Entfernung.

NGC 3195, 10h 09m / −80°,9; schwach leuchtender planetarischer Nebel, ähnelt dem Planeten Jupiter, man benötigt allerdings mindestens 100 mm Öffnung, um ihn zu beobachten.

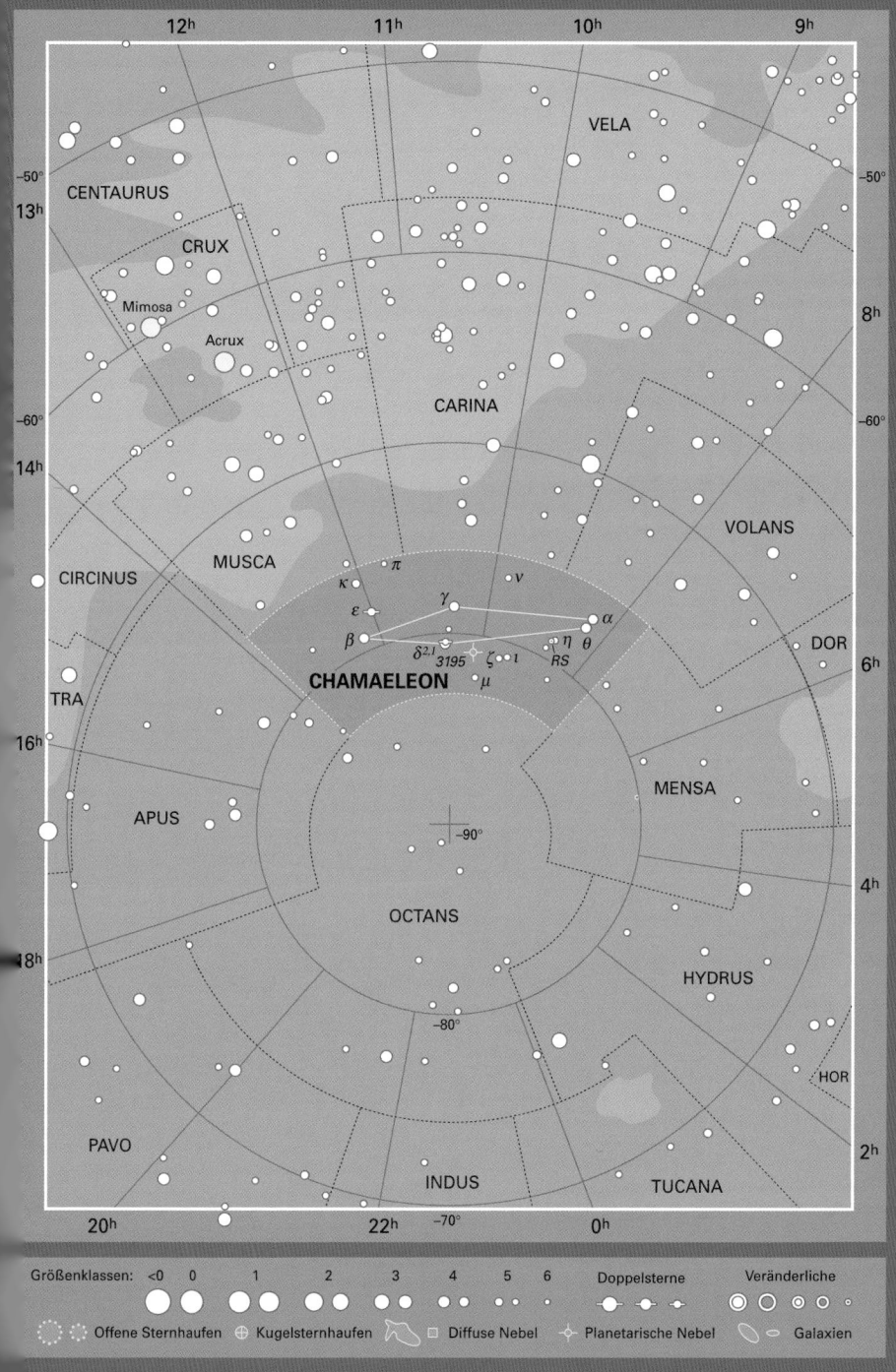

CIRCINUS   Zirkel

Dieses kleine und schwach leuchtende Sternbild wurde 1756 von dem französischen Astronomen Nicolas Louis de Lacaille eingeführt. Es stellt den Zirkel dar, wie er von Landvermessern verwendet wird, und liegt passenderweise neben Norma, dem Winkelmaß. Der Zirkel wird von der Brillanz des Nachbarn Centaurus überschattet.

α (alpha) Circini, 14h 43m / –65°,0; Entfernung 53 LJ, weißer Stern der Hauptreihe, Größenklasse 3,2 mit einem Begleiter der Größenklasse 8,5; erkennbar durch kleines Teleskop.

γ (gamma) Cir, 15h 23m / –59°,3; Entfernung 500 LJ, besteht aus einem blauen Stern der Größenklasse 5,1 und einem nahe stehenden gelben Stern der Größenklasse 5,5. Eine starke Vergrößerung und mindestens 150 mm Öffnung sind für die Beobachtung erforderlich. Die Umlaufzeit liegt bei geschätzten 270 Jahren.

Circinus findet man am leichtesten, wenn man sich an Alpha und Beta Centauri orientiert (hier links zu sehen), die auf das Kreuz des Südens zeigen, im Bild rechts. Alpha Circini liegt unterhalb und rechts von Alpha Centauri. (Robin Scagell)

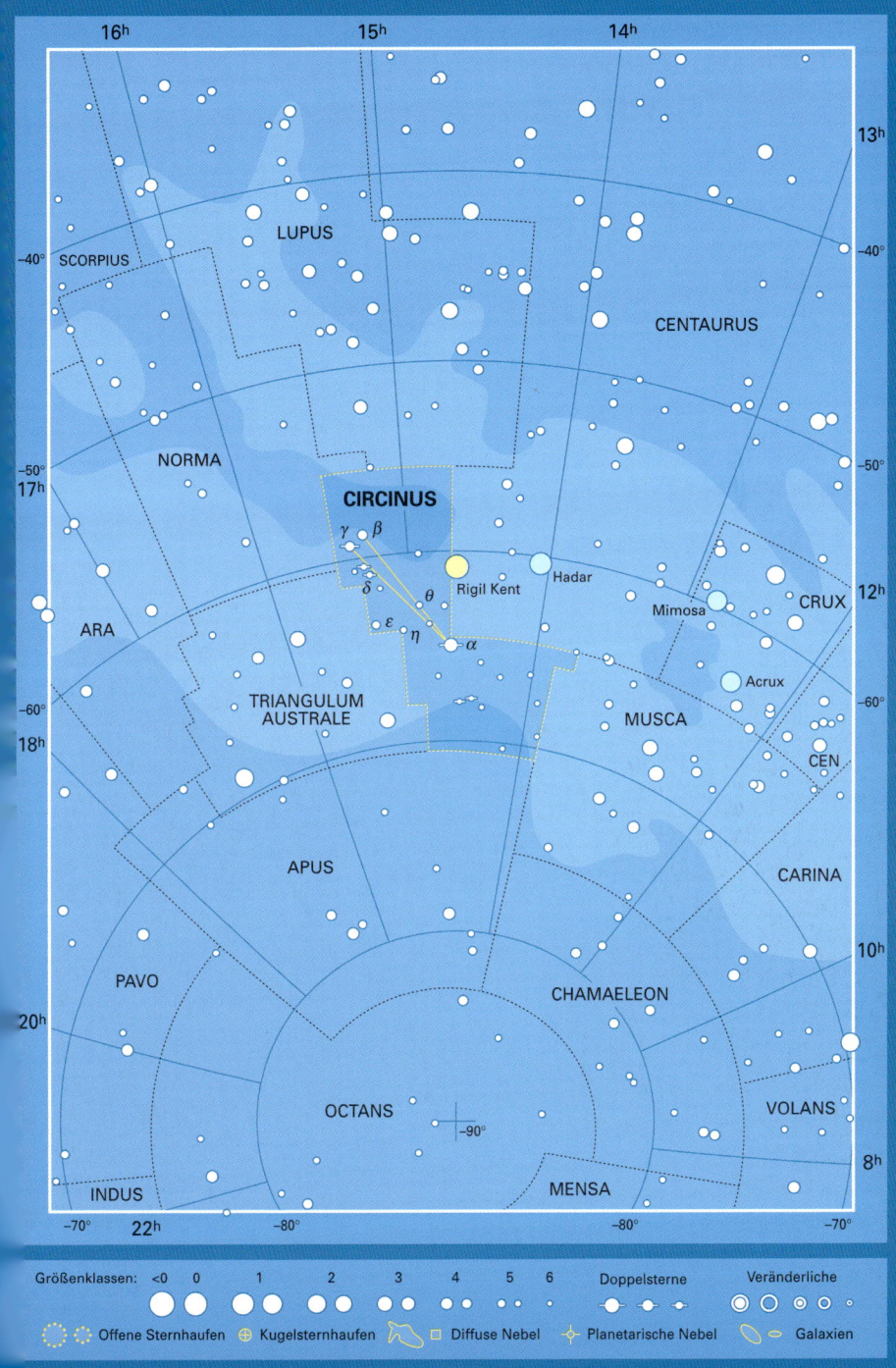

COLUMBA   Taube

Das Sternbild stellt entweder die Taube dar, die Noahs Arche folgte, oder die Taube, die die Argonauten schickten, um sicher durch die Schlucht am Schwarzen Meer zu gelangen, bevor die Berge sich schlossen. In diesem Sinn liegt Columba neben Puppis, dem Heck des Schiffs Argo. Columba wurde 1592 von dem Holländer Petrus Plancius erstmals beschrieben. Er bildete es aus einigen an Canis Major angrenzenden Sternen, die bis dahin keinem Sternbild zugeordnet worden waren. Für Amateurastronomen ist es nur von geringem Interesse.

α (alpha) Columbae, 5h 40m / –34°,1; (Phact, „Ringeltaube"), Größenklasse 2,7; blauweißer Stern in 268 LJ Entfernung.

β (beta) Col, 5h 51m / –35°,8; (Wazn), Größenklasse 3,1; orangeroter Riese in 86 LJ Entfernung.

NGC 1851, 5h 14m / –40°,1; Größenklasse 7, Kugelsternhaufen, erkennbar durch kleine Teleskope, um die hellsten Sterne einzeln zu beobachten, benötigt man jedoch recht große Öffnungen, die Entfernung beträgt 35 000 LJ.

In Coma Berenices liegt NGC 4565, eine Spiralgalaxie von geradezu klassischer Eleganz. Sie steht genau senkrecht zu unserer Blickrichtung (siehe Seite 124). Auffällig ist die Konzentration von Sternen im Zentrum und der schwarze Staubstreifen. (AURA/NOAO/NSF)

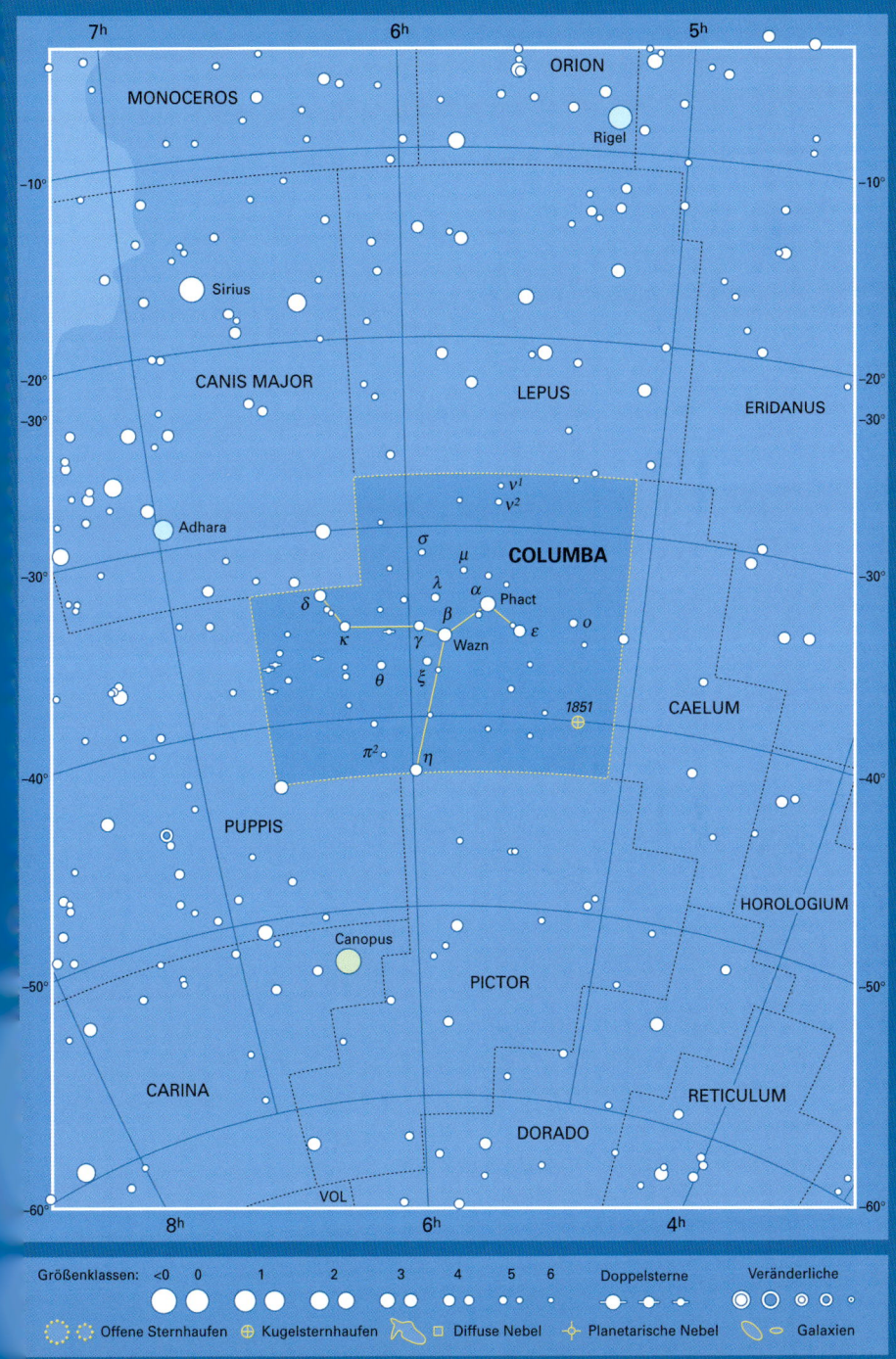

MONOCEROS

ORION

Rigel

Sirius

CANIS MAJOR

LEPUS

ERIDANUS

Adhara

ν¹
ν²

σ
μ

COLUMBA

λ
α
Phact
β
ε
o
δ

κ
γ
Wazn
θ
ξ
1851

π²
η

CAELUM

PUPPIS

Canopus

HOROLOGIUM

PICTOR

CARINA

RETICULUM

DORADO

VOL

Größenklassen: <0 0 1 2 3 4 5 6   Doppelsterne   Veränderliche

Offene Sternhaufen   Kugelsternhaufen   Diffuse Nebel   Planetarische Nebel   Galaxien

COMA BERENICES Haar der Berenike

Das schwach leuchtende Sternbild stellt das wallende Haar der Königin Berenike von Ägypten dar, die ihr Haar aus Dankbarkeit für die Götter abschnitt, nachdem ihr Gatte Ptolemäus III. Euergetes sicher aus der Schlacht heimgekehrt war. Der Hauptteil der abgeschnittenen königlichen Locken wird von dem umfangreichen Coma-Sternhaufen dargestellt. In Coma Berenices findet sich auch noch ein anderer Haufentyp – ein Galaxienhaufen. Der Coma-Galaxienhaufen ist etwa 280 Millionen LJ entfernt, seine Komponenten sind zu klein für Amateurteleskope. Das Sternbild beinhaltet aber auch hellere Galaxien, Mitglieder des näheren Virgo-Galaxienhaufens, von denen die hellsten auch mit Amateurteleskopen zu beobachten sind. Der Nordpol unserer Galaxie liegt in Coma Berenices.

α (alpha) Comae Berenices, 13h 10m / +17°,5; (Diadem), Größenklasse 4,3; eng zusammenstehender Doppelstern in 47 LJ Entfernung, besteht aus zwei gelbweißen Sternen der Größenklasse 5,1, Umlaufzeit 26 Jahre. Selbst bei ihrer größten Entfernung, die im Jahr 2010 erreicht wird, kann man sie mit einem 200-mm-Teleskop auseinander halten.

β (beta) Com, 13h 12m / +27°,9; Größenklasse 4,2; der hellste Stern des Sternbilds ist ein gelber Stern der Hauptreihe, Entfernung 30 LJ.

γ (gamma) Com, 12h 27m / +28°,3; Größenklasse 4,4; orangeroter Riese in 170 LJ Entfernung, er scheint ein Mitglied des Coma-Sternhaufens zu sein, steht aber tatsächlich im Vordergrund.

24 Com, 12h 35m / +18°,4; schöner farbiger Doppelstern aus einem orangeroten Riesen der Größenklasse 5,0 in 610 LJ Entfernung und mit einem blauweißen Begleiter der Größenklasse 6,6; zur Beobachtung genügt ein kleines Teleskop.

35 Com, 12h 53m / +21°,2; Entfernung 324 LJ, eng zusammenstehender Doppelstern aus einem gelben Stern der Größenklasse 5,1 und einem weißen der Größenklasse 7,2. Die Umlaufzeit beträgt 360 Jahre. Erkennbar sind beide mit 150 mm Öffnung, kleine Teleskope zeigen einen entfernten Begleiter der Größenklasse 9.

FS Com, 13h 06m / +22°,6; Entfernung 572 LJ, Roter Riese, schwankt halbregelmäßig ungefähr alle zwei Monate zwischen den Größenklassen 5,3 und 6,1.

Coma-Sternhaufen (Melotte 111), 12h 25m / +26°, verstreute Sterngruppe von etwa 50 Sternen. Zur Beobachtung verwendet man am besten ein Fernglas. Die hellsten Sterne der Gruppe gehören zur Größenklasse 5 und bilden ein deutlich erkennbares V, das sich über mehrere Grad südlich von γ (gamma) Com erstreckt, der aber nicht zu der Gruppe gehört. Das hellste Mitglied ist wohl 12 Com mit einer Größenklasse von 4,8. Das Zentrum des Sternhaufens liegt 288 LJ entfernt.

M 53 (NGC 5024), 13h 13m / +18°,2; Kugelsternhaufen der Größenklasse 8, Entfernung 56 000 LJ, erkennbar durch kleines Teleskop als diffuser, runder Fleck.

M 64 (NGC 4826), 12h 57m / +21°,7; berühmte Spiralgalaxie, wird aufgrund der schwarzen Wolke vor dem Zentrum auch „Das schwarze Auge" genannt. Ab 150 mm Öffnung kann man die dunkle Staubwolke gut erkennen, Besitzer schwächerer Teleskope müssen sich damit begnügen, die Galaxie der Größenklasse 9 im Ganzen zu beobachten. Sie liegt etwa 15 Millionen LJ entfernt, näher als der Virgo-Haufen, zu dem sie nicht gehört.

►

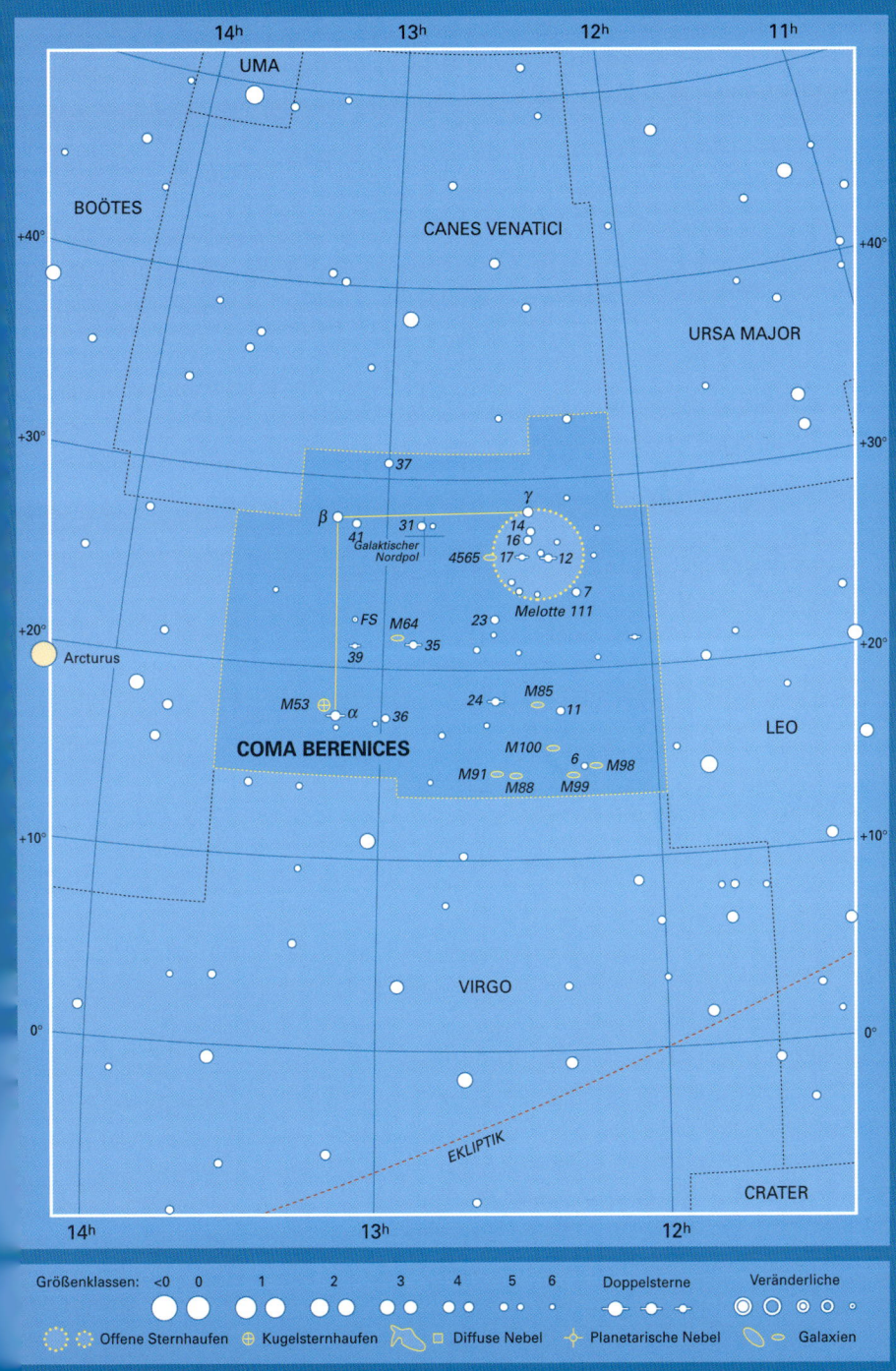

M 85 (NGC 4382), 12h 25m / +18°2; elliptische Galaxie der Größenklasse 9, gehört zum Virgo-Haufen, 55 Millionen LJ entfernt. Kleine Teleskope zeigen ein helleres, punktförmiges Zentrum.

M 88 (NGC 4501), 12h 32m / +14°4; Größenklasse 10, Spiralgalaxie des Virgo-Haufens, 55 Millionen LJ entfernt. Sie steht schräg zu uns, scheint deshalb elliptisch.

M 99 (NGC 4254), 12h 19m / +14°6; Spiralgalaxie der Größenklasse 10, Entfernung 55 Millionen LJ, gehört zum Virgo-Haufen. Sie erscheint beinahe rund, da sie in ihrer ganzen Ausdehnung zu sehen ist.

M 100 (NGC 4321), 12h 23m / +15°8; Spiralgalaxie der Größenklasse 9 im Virgo-Haufen, sie ähnelt M 99, ist aber größer. Das Hubble-Teleskop maß eine Entfernung von 56 Millionen LJ.

NGC 4565, 12h 36m / +26°0; Spiralgalaxie der 10. Größenklasse, steht senkrecht zur Blickrichtung. Sie ist die bekannteste dieser Galaxien und auf Seite 120 abgebildet. Mit Teleskopen ab 100 mm wird die Zigarrenform mit der Wölbung im sternähnlichen Zentrum deutlich, aber um das längs ausgerichtete schwarze Staubband zu erkennen, sind stärkere Instrumente notwendig. NGC 4565 gehört nicht zum Virgo-Haufen, sondern liegt mit 20 Millionen LJ Entfernung etwas näher.

CORONA AUSTRALIS Südliche Krone

Das südliche Gegenstück zur Nördlichen Krone (Corona Borealis). Corona Australis ist schon seit den Zeiten des griechischen Astronomen Ptolemäus im 2. Jahrhundert bekannt. Sie soll die Krone darstellen, die von Bacchus am Himmel platziert wurde, als er seine tote Mutter aus der Unterwelt rettete, sie könnte aber auch einfach vom Kopf des Zentaur Sagittarius gefallen sein, denn sie liegt zu seinen Füßen. Das Sternbild leuchtet zwar nicht sehr hell, ist aber dennoch leicht zu erkennen, es befindet sich am Rand der Milchstraße.

α (alpha) Coronae Australis, 19h 09m / –37°9; Größenklasse 4,1; blauweißer Stern der Hauptreihe, Entfernung 130 LJ.

β (beta) CrA, 19h 10m / –39°3; Größenklasse 4,1; orangeroter Riese, Entfernung 510 LJ.

γ (gamma) CrA, 19h 06m / –37°1; Entfernung 58 LJ, besteht aus einem Paar fast identischer gelbweißer Sterne; Größenklasse 4,9 und 5,9, Umlaufzeit 122 Jahre, eng zusammenstehendes Doppelsternsystem, sichtbar durch kleine Teleskope. Die Sterne erreichten ihre größte Annäherung um das Jahr 1990.

κ (kappa) CrA, 18h 33m / –38°6; besteht aus zwei nicht in Beziehung stehenden Sternen der Größenklassen 5,7 und 6,3. Sie sind 1700 bzw. 490 LJ entfernt, auch kleine Teleskope zeigen sie deutlich voneinander getrennt.

λ (lambda) CrA, 18h 44m / –38°3; Entfernung 202 LJ, Größenklasse 5,1; blauweißer Stern mit einem entfernten Begleiter der Größenklasse 9,7; erkennbar durch kleine Teleskope.

NGC 6541, 18h 08m / –43°7; Kugelsternhaufen, Größenklasse 7, Entfernung 22 000 LJ, zu beobachten mit kleinem Teleskop oder Fernglas.

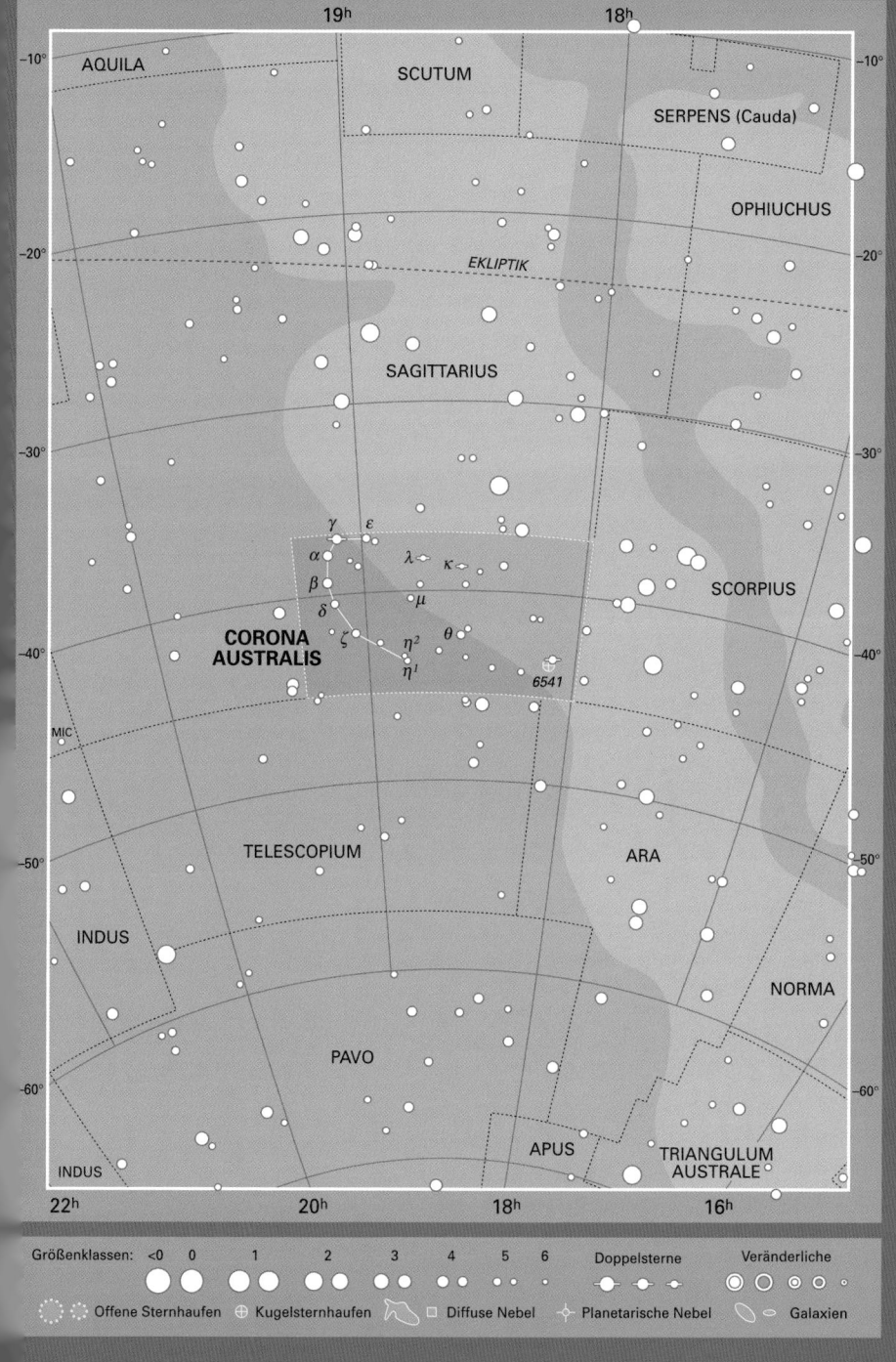

CORONA BOREALIS Nördliche Krone

Das aus der Antike bekannte Sternbild stellt die Juwelenkrone der Ariadne dar, die sie bei der Hochzeit mit Bacchus trug und die daraufhin an den Himmel gestellt wurde, um an das glückliche Ereignis zu erinnern. Sie besteht aus sieben bogenförmig angeordneten Sternen, die bis auf einen alle der Größenklasse 4 angehören. Bei der Ausnahme handelt es sich um den zur 2. Größenklasse gehörenden Alphekka (aus dem arabischen Namen des Sternbilds), der wie ein zentraler Edelstein in der Krone sitzt. Er trägt auch den Alternativnamen Gemma. Corona Borealis beinhaltet einen berühmten Galaxienhaufen, der aus ungefähr 400 Galaxien besteht und über eine Milliarde LJ entfernt ist. Da sie so weit entfernt sind, ist keine von ihnen heller als Größenklasse 16, weswegen sie weit außerhalb der Reichweite von Amateurteleskopen liegen.

α (alpha) Coronae Borealis, 15h 35m / +26°,7; (Alphekka oder Gemma), Größenklasse 2,2; blauweißer Stern der Hauptreihe, Entfernung 75 LJ. Es handelt sich um einen bedeckungsveränderlichen Doppelstern des Algol-Typs, der alle 17,4 Tage um allerdings lediglich 0,1 Größenklassen schwankt. Mit bloßem Auge ist dies nicht erkennbar.

ζ (zeta) CrB, 15h 39m / +36°,6; Entfernung 470 LJ, blauweißer Doppelstern der Größenklassen 5,0 und 6,0. Ein kleines Teleskop genügt.

ν^1, ν^2 (nü¹, nü²) CrB, 16h 22m / +33°,8; weit voneinander entferntes orangerotes Riesenpaar der Größenklassen 5,2 und 5,4. Beide sind etwa 550 LJ entfernt, bewegen sich jedoch in entgegengesetzter Richtung und bilden wohl kein echtes Doppelsternsystem.

σ (sigma) CrB, 16h 15m / +33°,9; Entfernung 71 LJ, gelber Doppelstern, geeignet für kleine Teleskope, Größenklasse 5,6 bzw. 6,6. Sie bilden ein echtes Doppelsternsystem mit einer geschätzten Umlaufzeit von 900 Jahren.

R CrB, 15h 49m / +28°,2; ein bemerkenswerter gelber Überriese innerhalb der Krone zwischen den Sternen α (alpha) und ι (iota). Normalerweise leuchtet er mit Größenklasse 6, kann aber in unregelmäßigen Abständen innerhalb weniger Wochen bis auf Größenklasse 15 absinken und dann mehrere Monate unverändert bleiben, bis er seine ursprüngliche Helligkeit zurückgewinnt. In den letzten Jahrzehnten wurden in den Jahren 1962, 1972 und 1977 starke Schwankungen beobachtet, weniger starke Schwankungen können aber jederzeit eintreten. Die plötzlichen Verdunklungen werden Ruß in der Atmosphäre zugeschrieben. R Coronae Borealis liegt über 7000 LJ entfernt.

T CrB, 16h 00m / +25°,9; ein weiterer spektakulärer Veränderlicher, bekannt als Flammender Stern. Er verhält sich genau entgegengesetzt zu R Coronae Borealis. Er wird wiederholt zur Nova, d. h. er liegt normalerweise um die Größenklasse 11 und leuchtet plötzlich auf bis zu Größenklasse 2. Der letzte derartige Ausbruch wurde 1946 verzeichnet, der vorletzte 80 Jahre zuvor. Wann es zur nächsten Eruption kommt, ist nicht bekannt.

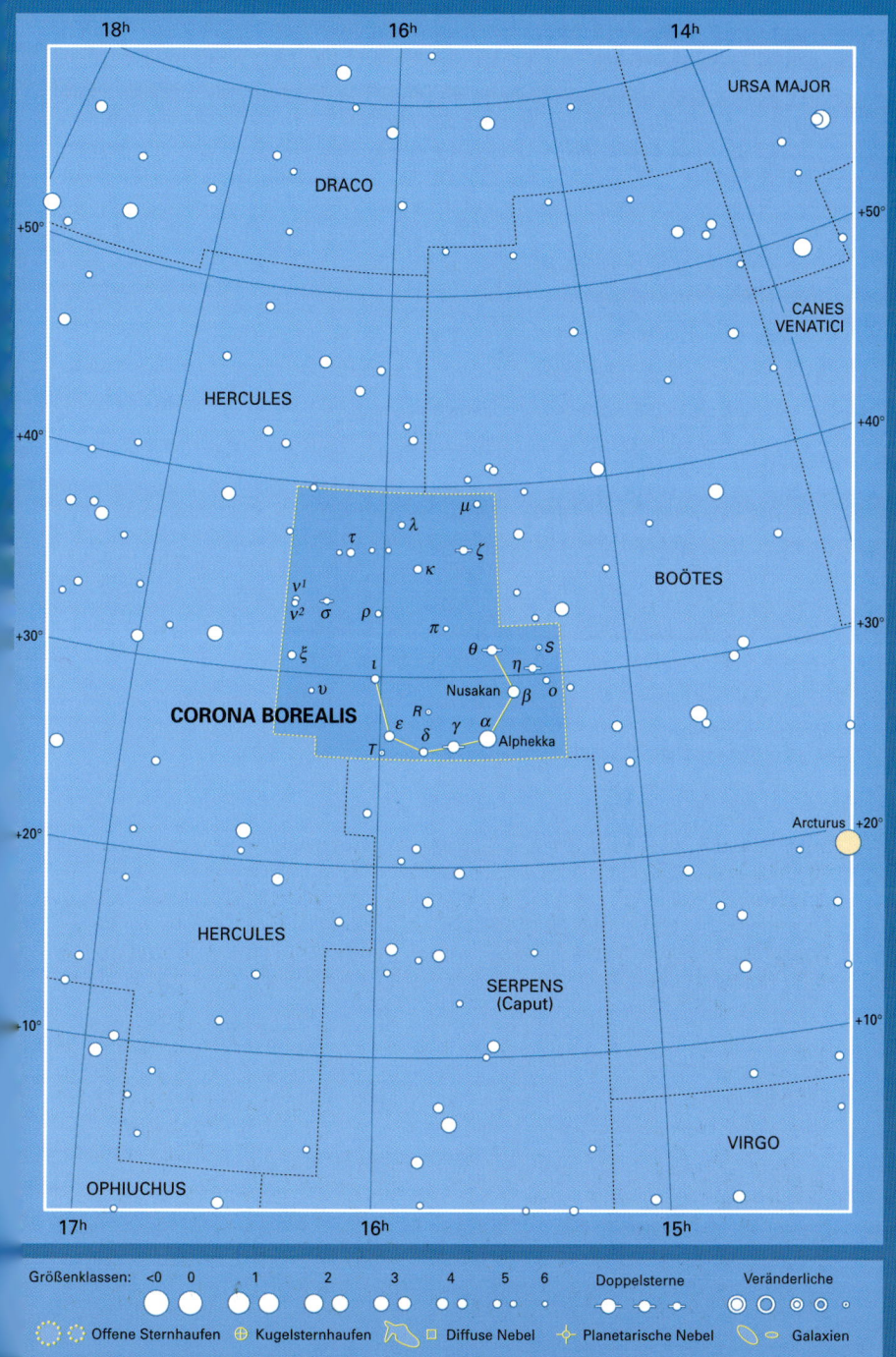

CORVUS   Rabe

Nach der griechischen Mythologie steht Corvus in Verbindung mit den benachbarten Sternbildern Crater, dem Becher, und Hydra, der Wasserschlange. Der Rabe wurde von Apollo gesandt, um mit einem Becher Wasser zu sammeln, trödelte aber herum und ließ sich nieder, um einige Feigen zu essen. Bei seiner Rückkehr trug der Rabe die Wasserschlange in ihren Klauen und behauptete, die Kreatur hätte die Quelle blockiert und sei der Grund für die Verspätung. Apollo durchschaute die Lüge und verbannte alle drei an den Himmel, wo Rabe und Becher nun auf dem Rücken der Hydra liegen. Für seinen Fehler wurde der Rabe zu ewigem Durst verdammt, deshalb reckt er den Hals so stark, denn der Becher ist am Himmel außerhalb seiner Reichweite.

α (alpha) Corvi, 12h 08m / –24°,7; (Alchiba), Größenklasse 4,0; weißer Stern, 48 LJ entfernt.

β (beta) Crv, 12h 34m / –23°,4; Größenklasse 2,7; gelber Riese, Entfernung 140 LJ.

γ (gamma) Crv, 12h 16m / –17°,5; (Gienah, „Flügel"), Größenklasse 2,6; der hellste Stern des Sternbilds ist ein blauweißer Riese in 165 LJ Entfernung.

δ (delta) Crv, 12h 30m / –16°,5; (Algorab, „Rabe"), weit auseinanderstehender Doppelstern, zu beobachten mit kleinen Teleskopen. Der hellere der beiden Sterne ist für das bloße Auge sichtbar, er ist blauweiß, gehört zur Größenklasse 2,9 und liegt 88 LJ entfernt. Sein leicht violetter Begleiter gehört zur Größenklasse 9.

Σ 1669 (Struve 1669), 12h 41m / –13°,0; schöner weißer Doppelstern in 280 LJ Entfernung. Dem bloßen Auge erscheinen sie als ein einziger Stern der Größen- ►

Etwas nördlich von Corvus liegt im Virgo-Haufen die Sombrero-Galaxie M 104, eine Spiralgalaxie mit dunklem Band aus Staub. Siehe auch Seite 258. (ESO)

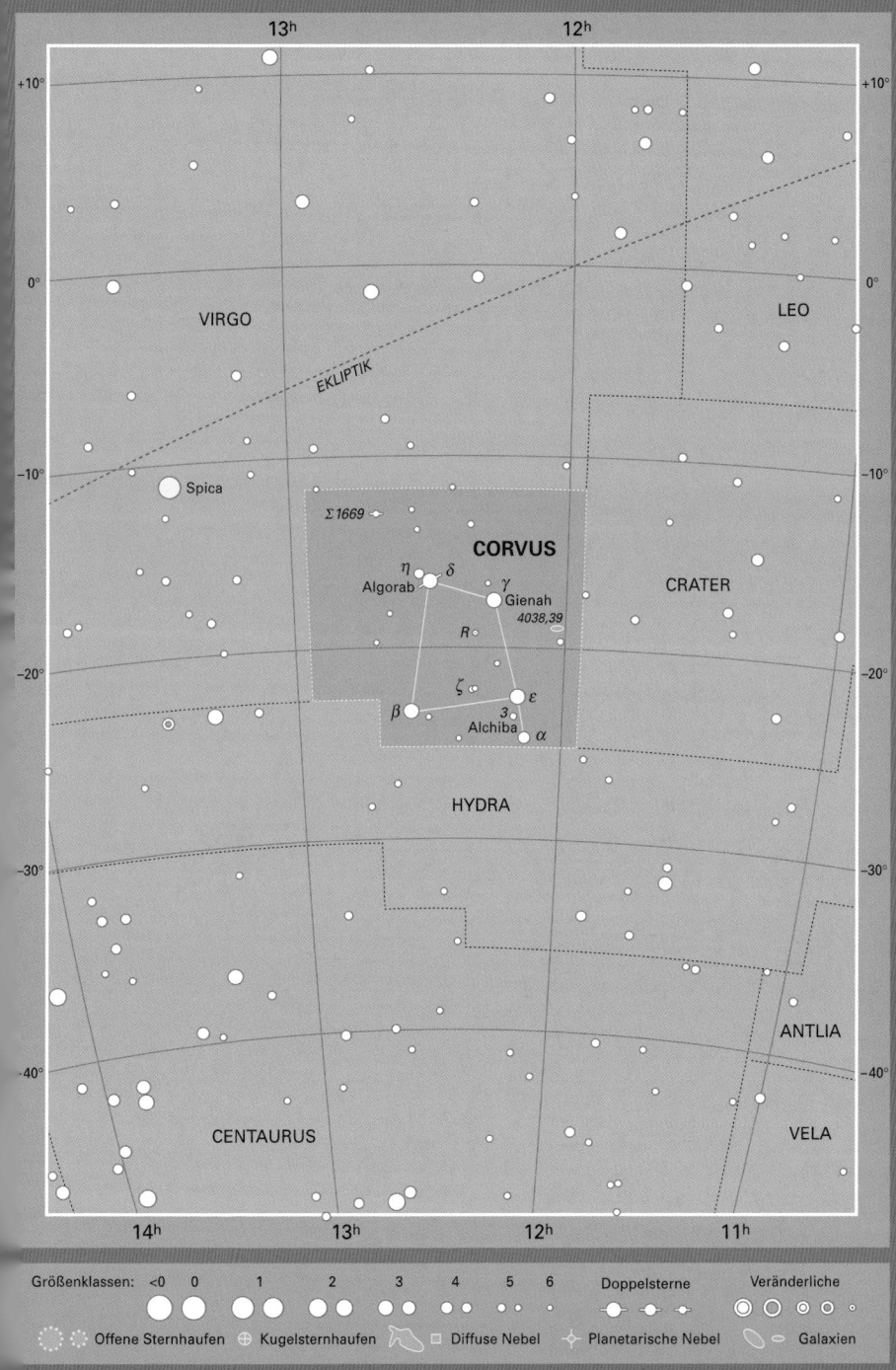

klasse 5,2, aber schon ein kleines Teleskop zeigt zwei fast identische Zwillinge der Größenklassen 5,9 und 6,0.

NGC 4038,39, 12h 02m / –18°,9; „die Antennen", bestehen aus zwei Spiralgalaxien der Größenklasse 10, die zusammengestoßen sind. Durch die Kollision wurden große Mengen Gas und Sterne in der typischen Antennenform ausgeworfen, die nur auf lange belichteten Fotos zu sehen sind. Sie sind etwa 63 Millionen LJ entfernt.

NGC 4038,39; das außergewöhnliche Paar wird Antennen-Galaxien genannt, sie liegen im Sternbild Corvus nahe der Grenze zu Crater. (François Schweitzer)

CRATER Becher

Das aus der Antike bekannte Sternbild stellt den Becher des Apoll dar, der nach der Mythologie mit dem benachbarten Corvus in Verbindung steht (siehe S. 128). Crater besitzt keine erwähnenswerten Sehenswürdigkeiten.

α (alpha) Crateris, 11h 00m / –18°,3; (Alkes, „Becher"), Größenklasse 4,1; orangeroter Riese in 174 LJ Entfernung.

β (beta) Crt, 11h 12m / –22°,8; Größenklasse 4,5; blauweißer Stern, Entfernung 266 LJ.

γ (gamma) Crt, 11h 15m / –17°,7; Größenklasse 4,1, weißer Stern, Entfernung 84 LJ. Ein Begleiter der Größenklasse 9,6 ist nur mit Teleskop sichtbar.

δ (delta) Crt, 11h 19m / –14°,8; Größenklasse 3,6; orangeroter Riese, hellster Stern des Sternbilds, Entfernung 195 LJ.

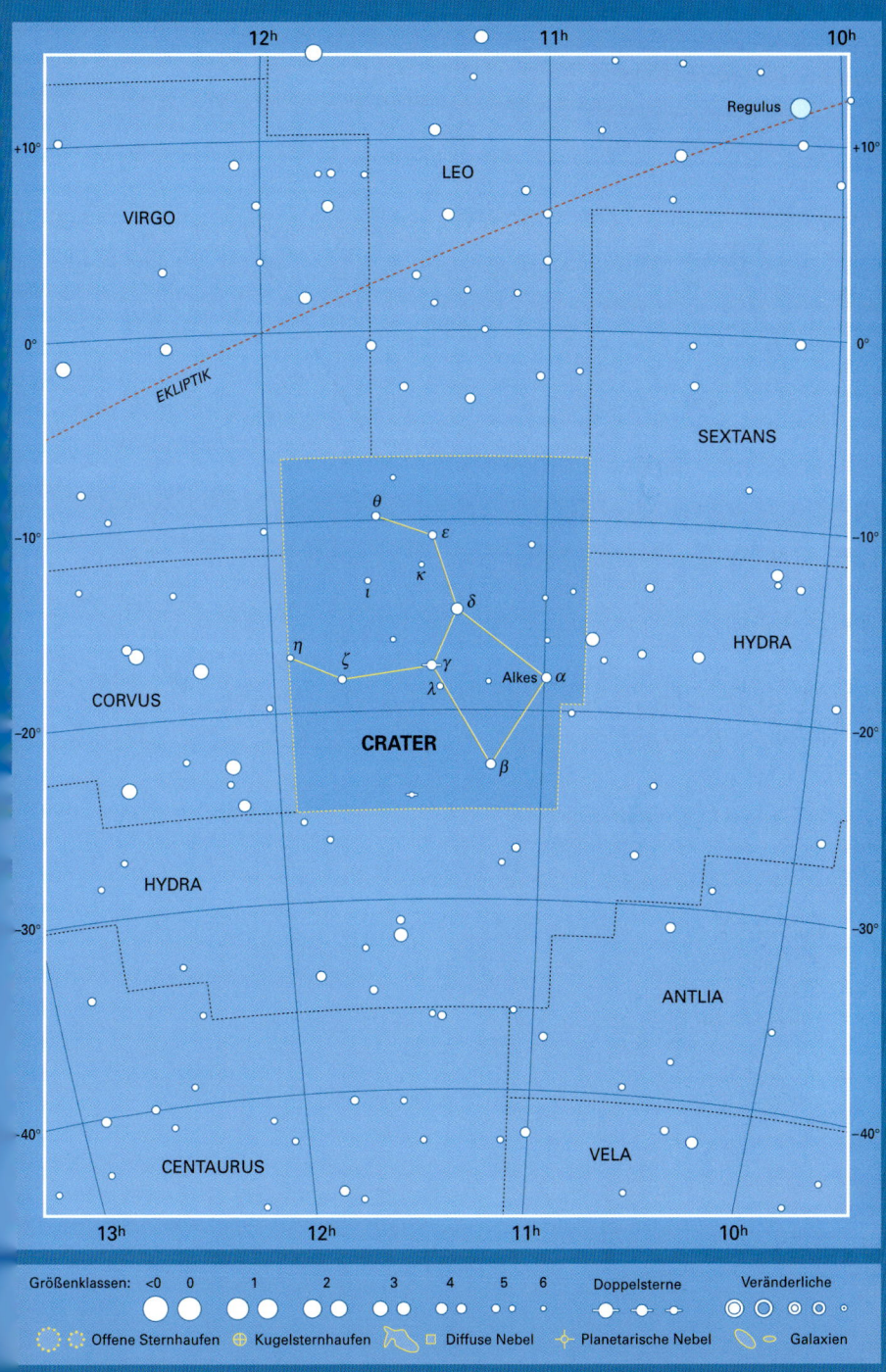

CRUX   Kreuz des Südens

Das Kreuz des Südens ist eines der kleinsten Sternbilder am Nachthimmel. Es wurde im 16. Jahrhundert von Seefahrern und Astronomen aus Sternen des Centaurus gebildet. Die senkrechte Achse von γ (gamma) nach α (alpha) zeigt in Richtung des südlichen Himmelspols. Crux liegt in einem dichten und auffälligen Bereich der Milchstraße, besonders markant ist der „Kohlensack" genannte dunkle Nebel, dessen Silhouette sich gegen den Sternenhimmel abhebt. Wie Centaurus war auch Crux in der Antike von der Mittelmeerregion aus sichtbar, also waren die Sterne auch den Astronomen bekannt; inzwischen sind sie aufgrund der Präzession unter den Horizont gesunken und von nördlichen Breitengraden aus nicht mehr zu beobachten. α (alpha) Crucis ist der südlichste Stern der 1. Größenklasse. α (alpha) und β (beta) sind die am stärksten blau verschobenen Sterne der 1. Größenklasse.

α (alpha) Crucis, 12h 27m / –63°,1; (Acrux), Entfernung 321 LJ, erscheint dem bloßen Auge als blauer Stern der Größenklasse 0,8. Durch ein Teleskop erkennt man jedoch ein glitzerndes Doppelsternsystem der Größenklassen 1,3 und 1,8.

β (beta) Cru, 12h 48m / –59°,7; (Mimosa), Größenklasse 1,3; blauer Riese, Entfernung 353 LJ. Der veränderliche Stern des Typs β (beta) Cephei fluktuiert alle fünf Stunden um 0,1 Größenklassen, daher nicht mit dem bloßen Auge erkennbar.

γ (gamma) Cru, 12h 31m / –57°,1; (Gacrux), Größenklasse 1,6; Roter Riese in 88 LJ Entfernung. Er besitzt einen entfernten, eigenständigen Begleiter der Größenklasse 6,5, der dreimal so weit entfernt, aber mit dem Fernglas zu sehen ist.

δ (delta) Cru, 12h 15m / –58°,7; Größenklasse 2,8; der lichtschwächste der vier Hauptsterne ist blauweiß und 364 LJ entfernt.

ε (epsilon) Cru, 12h 21m / –60°,4; Größenklasse 3,6; orangeroter Riese, Entfernung 228 LJ.

ι (iota) Cru, 12h 46m / –61°,0; Entfernung 125 LJ, orangeroter Riese der Größenklasse 4,7 mit einem Begleiter der Größenklasse 9,5, für dessen Beobachtung ein kleines Teleskop notwendig ist.

μ (mü) Cru, 12h 55m / –57°,2; Doppelstern der Größenklassen 4,0 und 5,1; zur Beobachtung genügt ein kleines Teleskop oder sogar ein gutes Fernglas. Die beiden Sterne liegen etwa 370 LJ entfernt.

NGC 4755, 12h 54m / –60°,3; κ (kappa) Crucis oder „Schmuckkästchen" ist einer der schönsten offenen Sternhaufen am Nachthimmel, er ist mit dem bloßen Auge als nebliger Stern der Größenklasse 4 zu sehen. Ferngläser zeigen die hellsten Einzelsterne, bei denen es sich um blaue Überriesen der Größenklasse 6 und 7 handelt; drei von ihnen bilden einen Gürtel um die Mitte des Sternhaufens, nahe des Zentrums steht ein Roter Überriese der Größenklasse 8. Der Stern κ (kappa) Crucis selbst gehört zur Größenklasse 5,9. Seinen bekannten Namen hat der Sternhaufen von John Herschel, der ihn mit einem brillantbesetzten Schmuckstück verglich. Das Schmuckkästchen ist knapp 5000 LJ entfernt.

Der Kohlensack-Nebel ist eine dunkle, birnenförmige Wolke, die sich vor der Milchstraße abhebt. Sie bedeckt eine Fläche von 7° x 5° und reicht in die benachbarten Sternbilder Centaurus und Musca hinein. Er ist etwa 600 LJ entfernt.

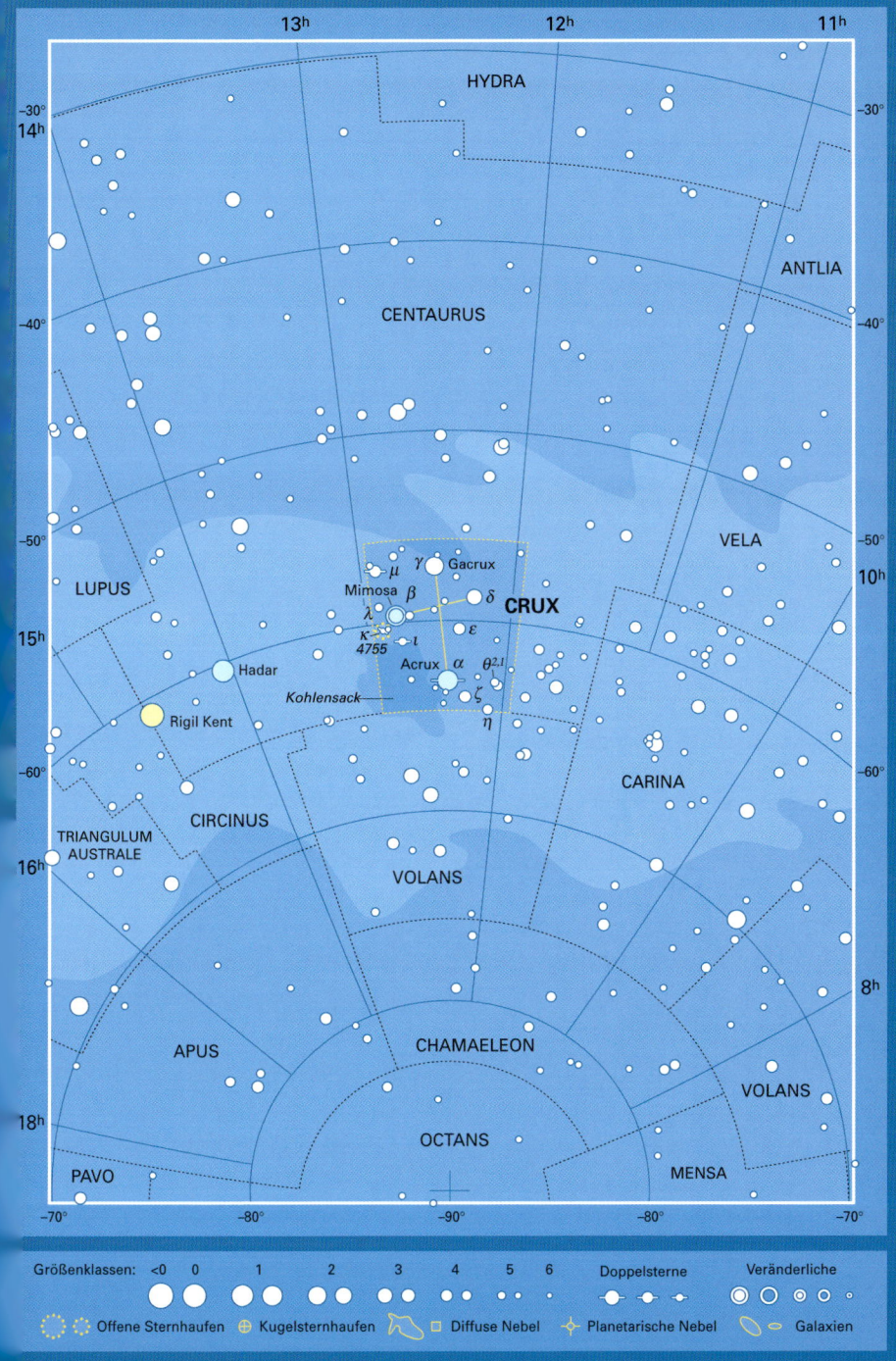

CYGNUS   Schwan

Cygnus stellt einen Schwan dar, der die Milchstraße entlang fliegt. In der griechischen Mythologie besuchte Zeus in Gestalt eines Schwans Leda, die Gattin des König Tyndareus von Sparta. Aus dieser Zusammenkunft entstand Pollux, einer der beiden himmlischen Zwillinge. Der Schwanz des fliegenden Schwans wird von Deneb markiert, der Schnabel von Albireo, die Flügel von δ (delta) und ε (epsilon) Cygni. Diese Sterne bilden ein leicht erkennbares Kreuz, weshalb das Sternbild auch als Kreuz des Nordens bekannt ist. Cygnus liegt in einem dichten Gebiet der Milchstraße, das hier von einem dunklen Staubband geteilt wird, bekannt als Nördlicher Kohlensack. Deneb, der hellste Stern des Sternbilds, bildet außerdem mit Atair und Wega das Sommerdreieck.

Zu den faszinierenden Objekten in Cygnus gehört eine Röntgenquelle mit dem Namen Cygnus X-1. Man glaubt, dass es sich um ein Schwarzes Loch handelt, das einen blauen Überriesen der Größenklasse 9 umkreist; es liegt bei 19h 58,4m und +35° 12', nahe η (eta) Cygni. Nahe γ (gamma) Cygni bei 19h 59,5m / +40° 44' steht Cygnus A, eine starke Radioquelle, bei der es sich wahrscheinlich um zwei zusammenstoßende Galaxien handelt. Lang belichtete Fotografien der Region zwischen ε (epsilon) Cygni und der Grenze zu Vulpecula (Fuchs) zeigen wunderschöne Gaswirbel, die den Namen Zirrus-Nebel tragen. Der hellste Bereich NGC 6992 kann mit einem Amateurteleskop beobachtet werden (siehe S. 137).

α (alpha) Cygni, 20h 41m / +45°,3; (Deneb, „Schwanz"), Größenklasse 1,2; blauer Superriese, Entfernung 3200 LJ.

β (beta) Cyg, 19h 31m / +28°,0; (Albireo), Entfernung 386 LJ, ein Paradebeispiel für ein Doppelsternsystem. Er besteht aus stark kontrastierenden bernsteinfarbenen und blaugrünen Sternen und wirkt fast wie eine kosmische Ampel. Der hellere Stern, Größenklasse 3,1, ist ein orangeroter Riese, sein blaugrüner Begleiter gehört zur Größenklasse 5,1.

γ (gamma) Cyg, 20h 22m / +40°,3; (Sadr, „Brust"), Größenklasse 2,2; gelbweißer Überriese in etwa 1500 LJ Entfernung.

δ (delta) Cyg, 19h 45m / +45°,1; Entfernung 171 LJ, blauweißer Überriese, Größenklasse 2,9 mit nahem Begleiter der Größenklasse 6,6; sichtbar ab 100 mm Öffnung mit starker Vergrößerung. Die Umlaufzeit liegt bei knapp 800 Jahren.

ε (epsilon) Cyg, 20h 46m / +34°,0; (Gienah, „Flügel"), Größenklasse 2,5; orangeroter Riese, Entfernung 72 LJ.

μ (mü) Cyg, 21h 44m / +28°,7; Entfernung 73 LJ, weißes Doppelsternsystem der Größenklasse 4,8 bzw. 6,2; Umlaufzeit 790 Jahre. Derzeit nähern sie sich an, können mit Teleskopen über 100 mm Öffnung aber etwa bis zum Jahr 2020 auseinandergehalten werden. In den Jahren 2043 bis 2050, wenn sie ihre größte Annäherung erreicht haben, wird ein größeres Teleskop nötig sein. Der entfernte Begleiter, Größenklasse 6,9, ist ein eigenständiger Stern.

o¹ (omikron¹) Cyg, 20h 14m / +46°,7; auch 31 Cygni genannt, bildet mit 30 Cygni den vielleicht schönsten Doppelstern am Nachthimmel. Die Sterne schillern orange und türkis in den Größenklassen 3,8 und 4,8 bei einer Entfernung von 1400 bzw.

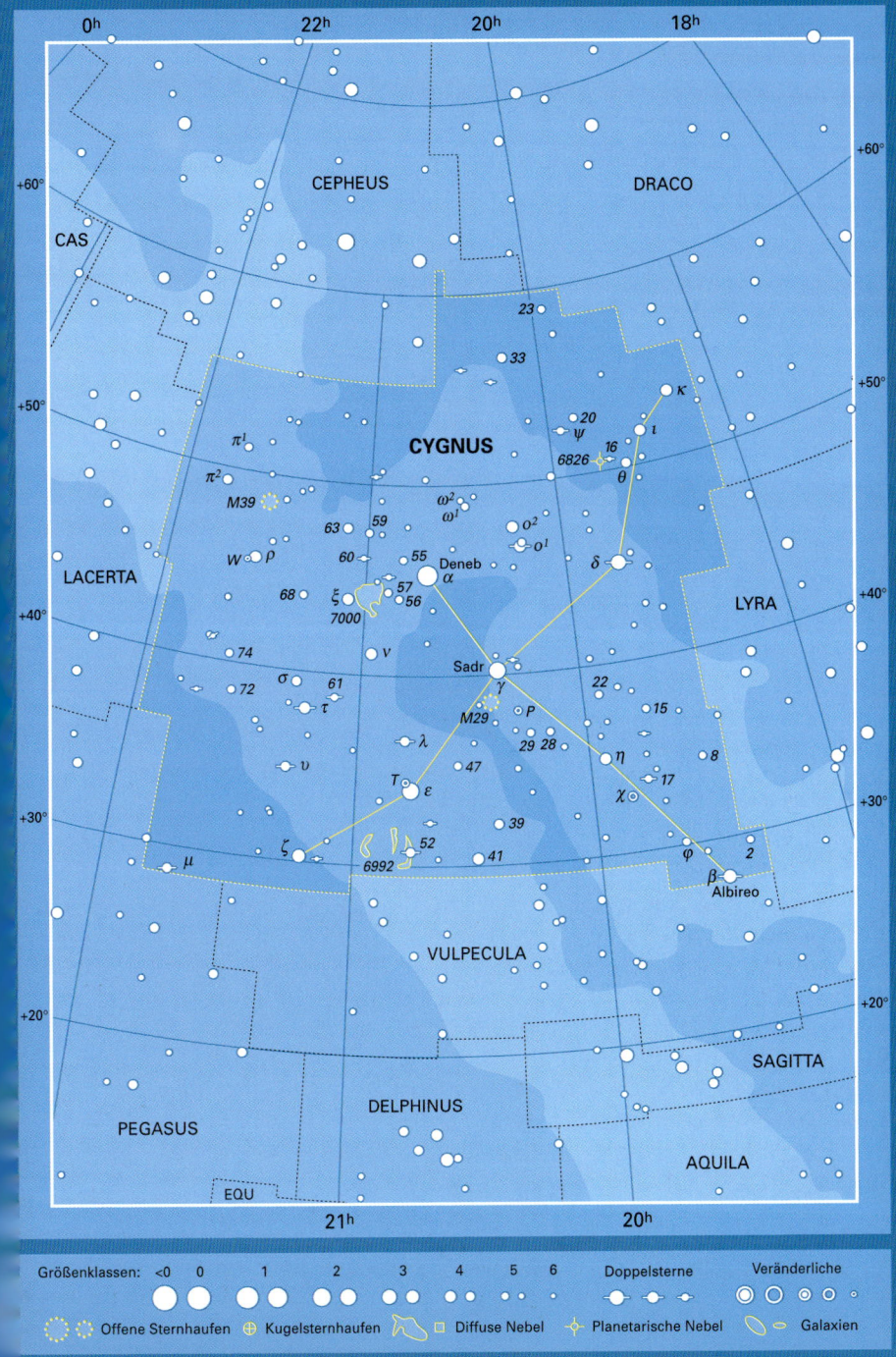

Größenklassen: <0 0 1 2 3 4 5 6   Doppelsterne   Veränderliche

Offene Sternhaufen   Kugelsternhaufen   Diffuse Nebel   Planetarische Nebel   Galaxien

720 LJ. Ein kleines Teleskop, auch ein gutes Fernglas, zeigt einen nahen blauen Begleiter (des helleren orangeroten Riesen) der Größenklasse 7,0.

χ (chi) Cyg, 19h 51m / +32°,9; Entfernung 350 LJ, Roter veränderlicher Riesenstern des Mira-Typs, Periode ca. 400 Tage. Er kann bis zur Größenklasse 3,3 aufsteigen und ist damit neben R Hydrae und Mira selbst der hellste Stern dieses Typs. In seiner schwächsten Phase fällt χ Cyg auf Größenklasse 14.

ψ (psi) Cyg, 19h 56m / +52°,4; Entfernung 289 LJ, weißer Doppelstern der Größenklassen 5,0 bzw. 7,5; zu trennen mit mittelgroßen Teleskopen.

61 Cyg, 21h 07m / 38°,7; Entfernung 11,4 LJ, Paradebeispiel für zwei orangerote Zwerge der Größenklassen 5,2 und 6,1. Ihre Umlaufzeit liegt bei 650 Jahren. Sie gehören zu den erdnächsten Sternen, 61 Cygni war der erste Stern, dessen Parallaxe gemessen wurde (1838 von Wilhelm Bessel).

P Cyg, 20h 18m / +38°,0; veränderlicher, blauer Überriese, liegt normalerweise bei Größenklasse 5, im Jahr 1600 erreichte er seinen Höhepunkt bei Größenklasse 3. Der Stern ist offenbar so groß und hell, dass er am Rande der Instabilität steht. Seit dem 18. Jahrhundert wird er allmählich heller und entwickelt sich langsam zu einem Roten Überriesen. Seine Entfernung ist nicht eindeutig geklärt, sie liegt wohl bei mehreren tausend Lichtjahren.

W Cyg, 21h 36m / +45°,4; Entfernung 618 LJ, Roter Riese, schwankt halbregelmäßig zwischen den Größenklassen 5 und 8, Periodendauer etwa 130 Tage.

Seit Tausenden von Jahren treibt das zarte Gespinst des Zirrus-Nebels auseinander, es handelt sich hier um die Überreste eines Sterns, der vor 5000 Jahren in einer Supernova explodierte. Dies ist der hellste Bereich NGC 6992, der bei klarem Himmel mit dem Fernglas erkennbar ist. Der Bogen aus Staub dehnt sich über mehr als zwei Monddurchmesser am Nachthimmel aus. Das entspricht einer tatsächlichen Länge von fast 25 LJ. (Nigel Sharp, REU program/ AURA/NOAO/NSF)

Der Nordamerika-Nebel NGC 7000 ist eine glühende Gaswolke, deren Form dem nordamerikanischen Kontinent sehr ähnlich ist. Der auffällige Golf von Mexiko wird durch eine dunkle Staubwolke gebildet. Sie befindet sich nahe des Sterns ξ (xi) Cygni, einem orangeroten Überriesen der Größenklasse 3,7, im Bild links.

M 39 (NGC 7092), 21h 32m / +48°,4; großer, aufgelockerter Sternhaufen von etwa 30 Sternen der Größenklasse 7 oder schwächer, erscheint in Form eines Dreiecks. Erkennbar durch Ferngläser, etwa 950 LJ entfernt.

NGC 6826, 19h 45m / +50°,5; planetarischer Nebel der Größenklasse 8, Entfernung 3200 LJ, genannt der blinkende Nebel, da er sich ständig an- und auszuschalten scheint. Durch ein 75-mm-Teleskop erscheint er als blasse blaue Scheibe, erst eine 150-mm-Öffnung zeigt Details. In seinem Zentrum befindet sich ein Stern der 10. Größenklasse. Wenn man abwechselnd auf diesen Stern und dann wieder weg schaut, entsteht der Blinkeffekt.

NGC 6992, 20h 56m / +31°,7; der hellste Bereich des Zirrus-Nebels ist Überrest einer Supernova, die vor etwa 5000 Jahren explodierte. Unter idealen Bedingungen kann man NGC 6992 durch ein Fernglas als schwachen Bogen erkennen. NGC 6960, ein anderer Teil des Nebels, kann mit einem Weitwinkelokular in der Nähe von 52 Cyg, Größenklasse 4, beobachtet werden. Der ganze Zirrus-Nebel, auch Schleiernebel genannt, wird aber nur auf lang belichteten Fotografien sichtbar. Er erstreckt sich über fast 3° des Himmels und liegt etwa 1400 LJ entfernt.

NGC 7000; 20h 59m / +44°,3; der Nordamerika-Nebel, bei klarem Himmel mit gutem Fernglas, teilweise sogar mit bloßem Auge als hakenförmige helle Stelle in der Milchstraße sichtbar. Trotz seiner Größe von bis zu 2° am Himmel ist er schwer zu sehen, weil er eine sehr geringe Flächenhelligkeit hat.

DELPHINUS Delfin

Dieses Sternbild ist aus der Zeit der griechischen Antike bekannt. Es steht für das lang andauernde Verhältnis zwischen Menschen und den intelligenten Meerestieren. Nach der Legende waren Delfine die Boten des Meeresgottes Poseidon. Sie sollen dem Musikanten und Dichter Arion das Leben gerettet haben, als er auf einem Schiff angegriffen wurde. Das benachbarte Sternbild Lyra stellt danach Arions Leier dar. Der Delfin ist leicht zu erkennen, denn seine vier Hauptsterne bilden eine Raute, die Jobs Sarg genannt wird. Die beiden hellsten Sterne sind Sualocin und Rotanev, rückwärts gelesen Nicolaus Venator, das entspricht der Latinisierung des Namens Niccolò Cacciatore, der Assistent und Nachfolger des italienischen Astronomen Giuseppe Piazzi im Observatorium von Palermo war. Wie die kleinen benachbarten Sternbilder Vulpecula und Sagitta liegt der Delfin in einem dichten Bereich der Milchstraße, in dem es relativ häufig zu Novae kommt.

α (alpha) Delphini, 20h 40m / +15°,9; (Sualocin), Größenklasse 3,8; blauweißer Stern der Hauptreihe, Entfernung 241 LJ.

β (beta) Del, 20h 38m / +14°,6; (Rotanev), Größenklasse 3,6; der hellste Stern des Sternbilds ist ein blauweißer Stern in 97 LJ Entfernung. Es handelt sich um einen Doppelstern mit einer Umlaufzeit von 27 Jahren, aber die Sterne stehen sich so nahe, dass man sie nur mit professioneller Ausrüstung auseinanderhalten kann.

γ (gamma) Del, 20h 47m / +16°,1; Entfernung 102 LJ, besonders schöner Doppelstern bestehend aus einem goldenen und einem gelbweißen Stern der Größenklassen 4,3 und 5,1; mithilfe eines kleinen Teleskops leicht zu trennen. Ganz in der Nähe, jedoch 25 LJ weiter entfernt, liegt ein weiterer, schwach sichtbarer Doppelstern der Größenklasse 7,5 bzw. 8,3: Σ 2725.

Die Benennung veränderlicher Sterne

Zusätzlich zu dem üblichen System der Benennung einzelner Sterne eines Sternbilds (siehe Seite 8) gibt es für Sterne mit veränderlicher Helligkeit eine eigene Nomenklatur. Die Sterne, die bereits einen Namen besaßen, als man ihre Veränderlichkeit entdeckte, wie etwa δ (delta) Cephei, β (beta) Persei oder o (omikron) Ceti, behalten diesen, andere werden mit einem Einzel- oder Doppelbuchstaben bezeichnet, wenn dies nicht ausreicht, mit dem Buchstaben V und einer Ziffer. Die ersten neun veränderlichen Sterne eines Sternbilds erhalten die Buchstaben R bis Z. Dann folgen Doppelbuchstaben von RR bis RZ, darauf Kombinationen SS bis SZ usw. bis ZZ. Dann beginnt man vorn im Alphabet mit den Kombinationen AA bis AZ, dann BB bis BZ usw. bis QZ. So können 334 veränderliche Sterne benannt werden (Buchstabe J wird ausgelassen). Zusätzliche Veränderliche werden mit V335, V336 usw. bezeichnet. Novae tragen dieselben Bezeichnungen wie veränderliche Sterne. Die 1967 im Delfin explodierte Nova trägt z. B. den Namen HR Delphini.

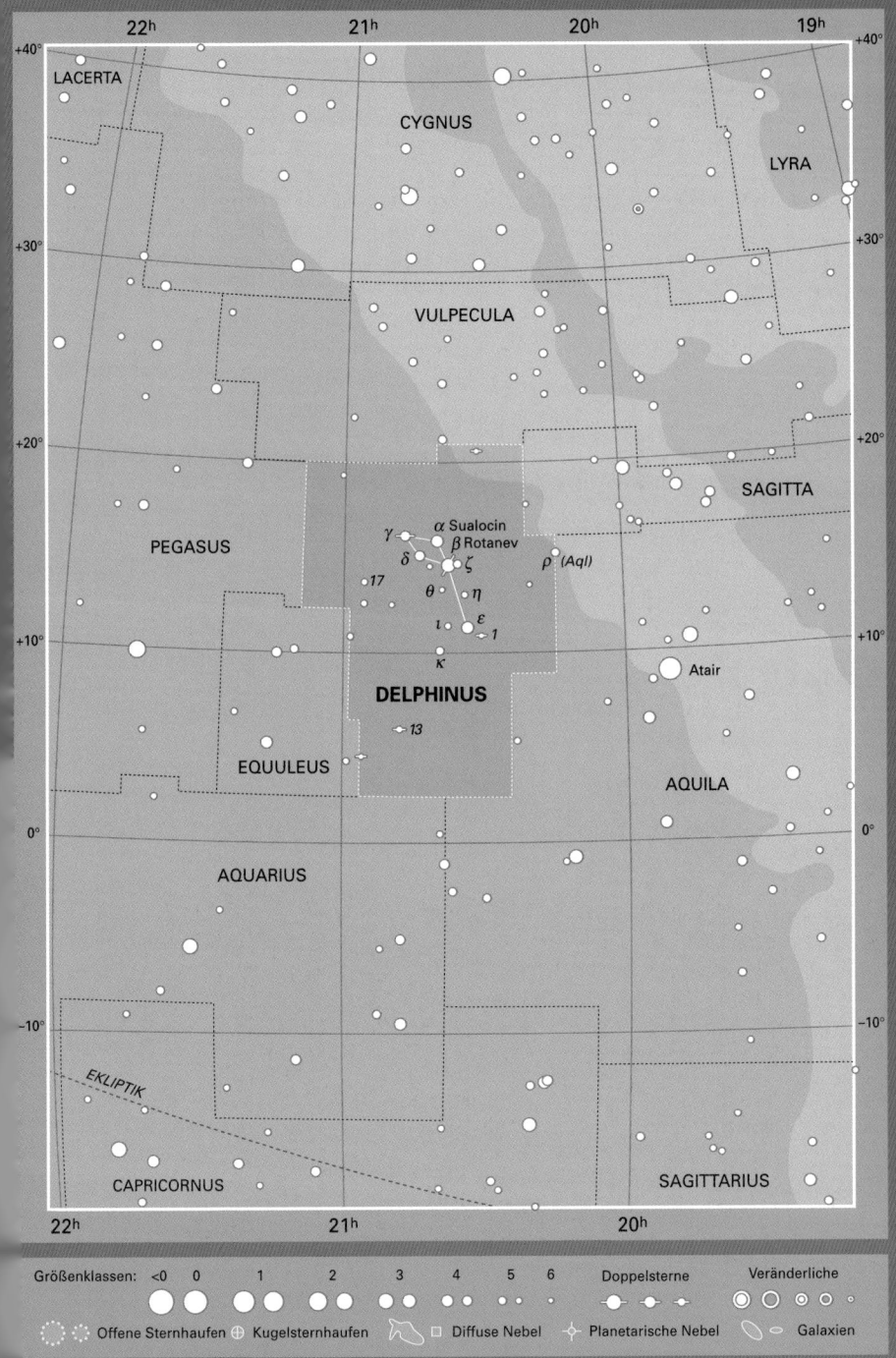

Größenklassen: <0 0 1 2 3 4 5 6   Doppelsterne   Veränderliche

Offene Sternhaufen ⊕ Kugelsternhaufen ☐ Diffuse Nebel ✛ Planetarische Nebel Galaxien

DORADO   Goldfisch

Dieses Sternbild, auch Schwertfisch genannt, wurde Ende des 16. Jahrhunderts von den holländischen Seefahrern Pieter Dirkszoon Keyser und Frederick de Houtman definiert. Sein bekanntestes Objekt ist die Große Magellansche Wolke (GMW), die größere der beiden Satellitengalaxien, die unsere Milchstraße begleiten. Im Jahr 1987 explodierte die seit 1604 erste mit bloßem Auge erkennbare Supernova in der GMW bei 5h 35m / –69°,3.

α (alpha) Doradus, 4h 34m / –55°,0; Größenklasse 3,3; blauweißer Stern, Entfernung 176 LJ.

β (beta) Dor, 5h 34m / –62°,5; gelbweißer Überriese, Entfernung 1040 LJ, einer der hellsten Cepheid-Veränderlichen, schwankt alle 9 Tage und 20 Stunden zwischen den Größenklassen 3,5 und 4,1.

R Dor, 4h 37m / –62°,1; Entfernung 204 LJ, Roter Riesenstern, schwankt halbregelmäßig zwischen den Größenklassen 4,8 und 6,6 bei einer Periodendauer von etwa 11 Monaten.

Große Magellansche Wolke (GMW), 5h 24m / –69°, Zwerggalaxie in 170 000 LJ Entfernung, Satellit der Milchstraße, enthält wahrscheinlich ca. 10 Milliarden Sterne. Dem bloßen Auge präsentiert sie sich als verwaschener, länglicher Fleck, der etwa 6° am Himmel bedeckt, das entspricht dem zwölffachen Durchmesser des Mondes. Tatsächlich beträgt ihr Durchmesser etwa 25 000 LJ. Ferngläser und Teleskope zeigen einzelne Sterne, Nebel und Sternhaufen.

NGC 2070, 5h 39m / –69°,1; Tarantel-Nebel, bogenförmige Wolke aus Wasserstoff, Ausdehnung ca. 1000 LJ innerhalb der Großen Magellanschen Wolke. Dem bloßen Auge erscheint sie als unscharfer Stern, der auch 30 Doradus genannt wird. Im Zentrum der Wolke steht der Sternhaufen R136, der aus Überriesen besteht und die Wolke zum Leuchten anregt. Der Tarantel-Nebel ist größer und heller als jeder Nebel innerhalb der Milchstraße.

Die Große Magellansche Wolke besteht aus zahlreichen Bögen leuchtenden Gases und ganzen Schwärmen von Sternen. Der rosa Fleck links im Bild ist der Tarantel-Nebel, NGC 2070. (AURA/NOAO/NSF)

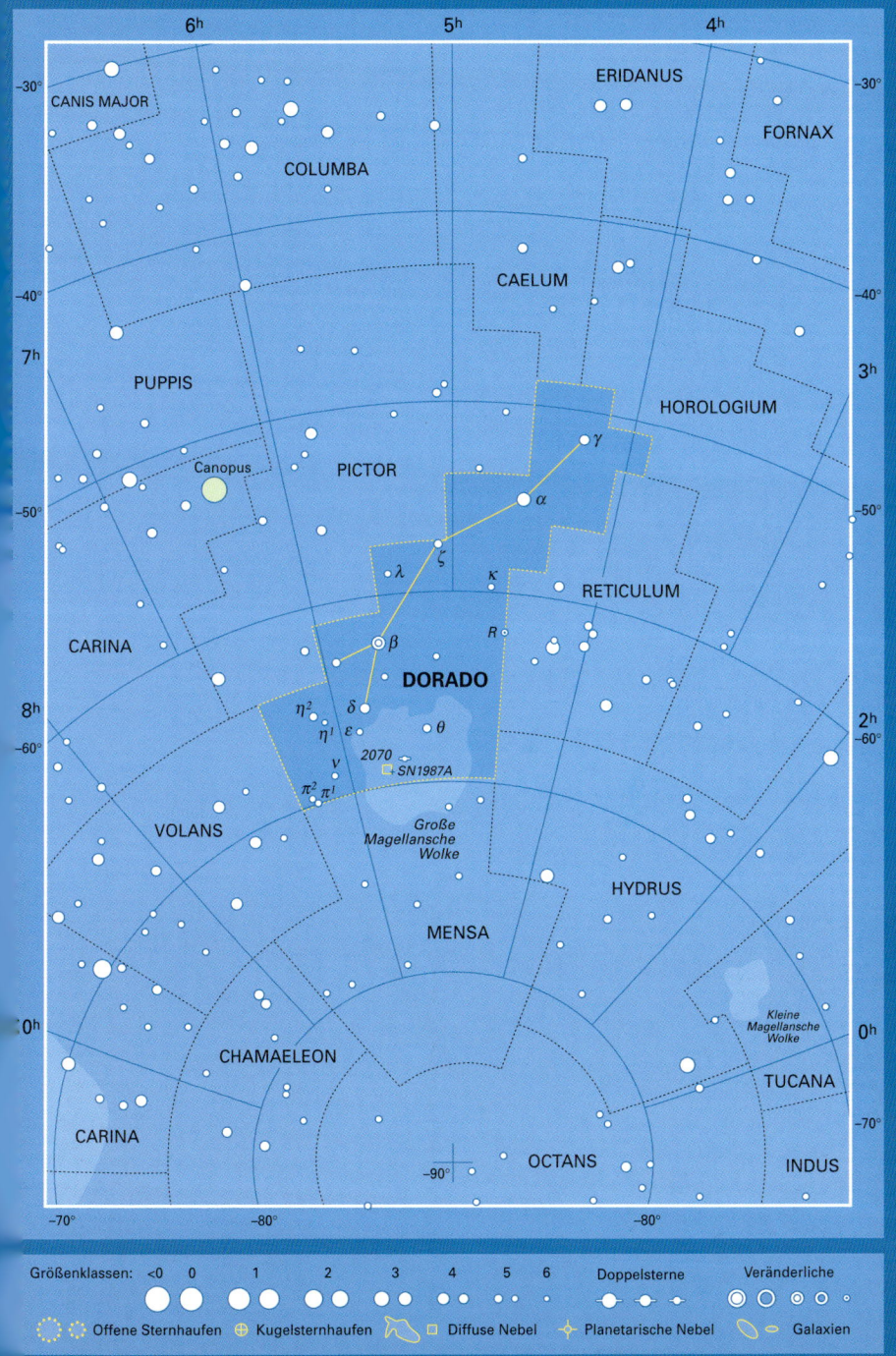

Größenklassen: <0 0 1 2 3 4 5 6   Doppelsterne   Veränderliche

⬭ ⬭ Offene Sternhaufen ⊕ Kugelsternhaufen ⬭ □ Diffuse Nebel ✦ Planetarische Nebel ⬭ − Galaxien

DRACO   Drache

Drachen kommen in vielen alten Legenden vor, kein Wunder also, dass man ihnen auch am Himmel wieder begegnet. Bei diesem hier soll es sich um Ladon handeln, der von Herkules erschlagen wurde, bevor dieser die goldenen Äpfel aus dem Garten der Hesperides stahl. Draco ist zwar eines der größten und ältesten Sternbilder am Himmel, aber nicht so leicht zu finden, da es keine Sterne gibt, die heller sind als Größenklasse 2. In Draco liegt bei 18h 00m / +66½° der Nordpol der Ekliptik, also einer der beiden Punkte, die im 90°-Winkel zur Ebene der Erdumlaufbahn liegen.

α (alpha) Draconis, 14h 04m / +64°,4; (Thuban, „Drache"), Größenklasse 3,7, blauweißer Riese, Entfernung 309 LJ. Um 2800 v. Chr. war dies der Polarstern, er musste seinen Platz aufgrund der Präzession jedoch an Polaris abtreten.

β (beta) Dra, 17h 30m / +52°,3; (Rastaban, „Schlangenkopf"), Größenklasse 2,8; gelbweißer Riese, Entfernung 362 LJ.

γ (gamma) Dra, 17h 57m / +51°,5; (Etamin oder Eltanin, „Schlange"), Größenklasse 2,2; orangeroter Riese, Entfernung 148 LJ, hellster Stern des Sternbilds. 1728 entdeckte der englische Astronom James Bradley anhand von Beobachtungen dieses Sterns den Effekt der Aberration.

μ (mü) Dra, 17h 05m / +54°,5; (Alrakis), Entfernung 88 LJ, enger Doppelstern zweier cremefarbener Komponenten der Größenklassen 5,6 bzw. 5,7 mit einer Umlaufzeit von 670 Jahren.

ν (nü) Dra, 17h 32m / +55°,2 ; ein Paar identischer weißer Sterne der Größenklasse 4,9, auch durch kleine Teleskope leicht zu erkennen und einer der schönsten Doppelsterne. Er ist etwa 100 LJ entfernt.

o (omikron) Dra, 18h 51m / +59°,4; Entfernung 322 LJ, orangeroter Riese der Größenklasse 4,6 mit einem Begleiter der Größenklasse 7,8; erkennbar mithilfe eines kleinen Teleskops.

ψ (psi) Dra, 17h 42m / +72°,1; Entfernung 72 LJ, gelbweißer Stern der Größenklasse 4,6 mit einem gelben Begleiter der Größenklasse 5,8; erkennbar mithilfe kleiner Teleskope oder Ferngläser.

16–17 Dra, 16h 36m / +52°,9; blauweißer Doppelstern der Größenklasse 5,1 bzw. 5,5; Entfernung 400 LJ, auch mit Fernglas leicht zu beobachten. Teleskope ab 60 mm Öffnung mit starker Vergrößerung zeigen, dass der hellere Stern ebenfalls ein Doppelstern der Größenklassen 5,4 und 6,5 ist. Es handelt sich damit um ein auffallendes Dreisternsystem.

39 Dra, 18h 24m / +58°,6; Entfernung 188 LJ, beeindruckendes Dreisternsystem, von denen die beiden helleren der Größenklassen 5,0 und 7,4 durch das Fernglas als blaugelbes Paar erscheinen. Ab 60 mm Öffnung ist ein naher Begleiter der Größenklasse 8,0 zu erkennen.

40-41 Dra, 18h 00m / +80°,0; leicht auffindbares Paar orangeroter Zwerge der Größenklassen 5,7 und 6,1. Sie sind etwa 170 LJ entfernt.

NGC 6543, 17h 59m / +66°,6; planetarischer Nebel, Größenklasse 9, Entfernung 3500 LJ. Heute ist er aufgrund seines Erscheinungsbilds auf Fotografien des Hubble-Teleskops auch als Katzenaugen-Nebel bekannt (siehe Seite 273).

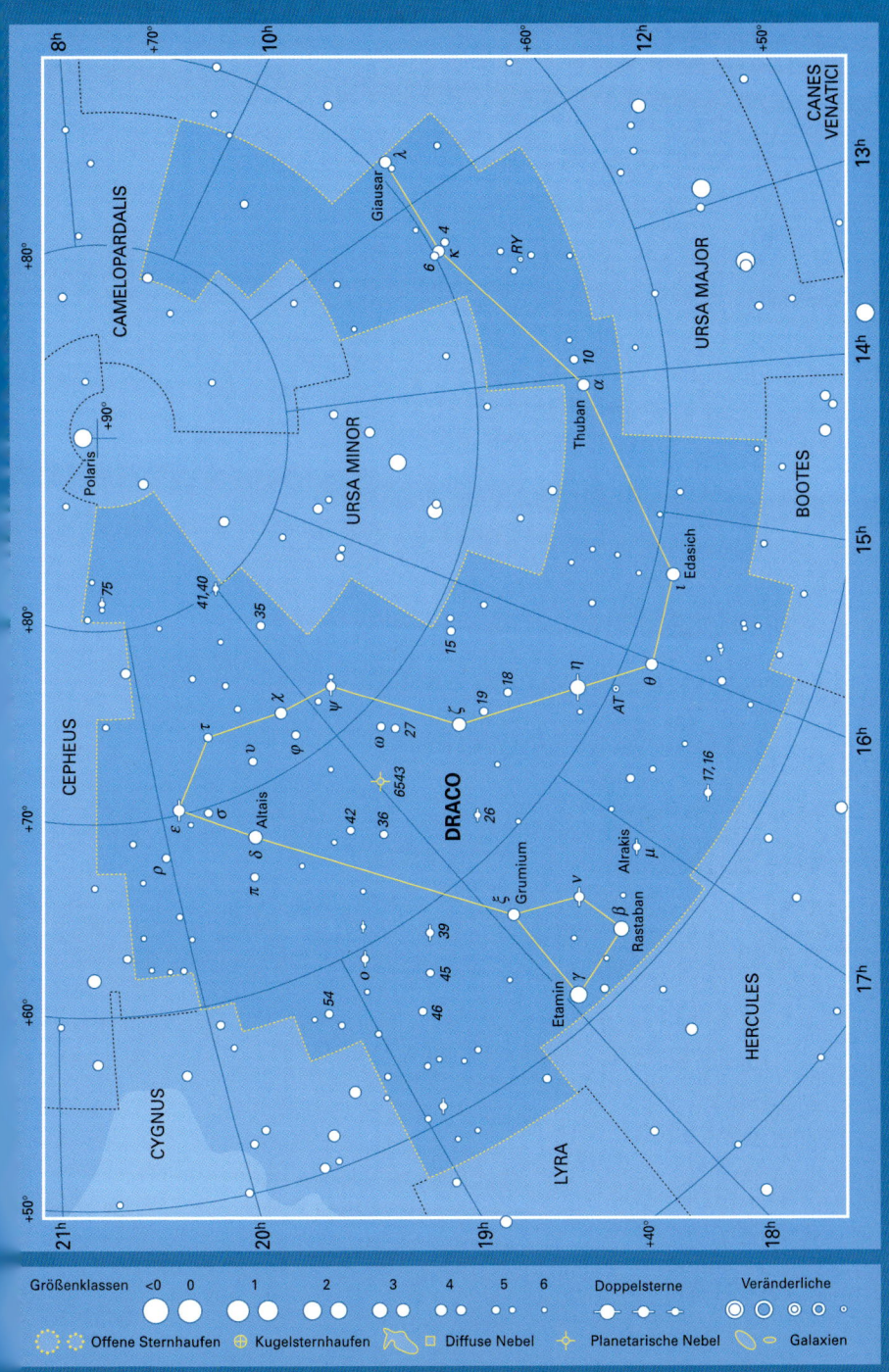

EQUULEUS   Füllen

Das zweitkleinste Sternbild am Himmel wurde wahrscheinlich schon im 2. Jahrhundert von dem griechischen Astronomen Ptolemäus eingeführt. Im Gegensatz zum viel größeren Pegasus ist nur der Kopf des Pferdes sichtbar. Es gibt keine Geschichten, die sich mit dem Füllen befassen.

α (alpha) Equulei, 21h 16m / +5°,2; (Kitalpha, „Teil des Pferdes"), Größenklasse 3,9; gelber Riese in 186 LJ Entfernung.

γ (gamma) Equ, 21h 10m / +10°,1; weißer Stern, Größenklasse 4,7; Entfernung 115 LJ. Der mit dem Fernglas sichtbare Begleiter 6 Equ ist ein Hintergrundstern.

1 Equ, 20h 59m / +4°,3; auch ε (epsilon) Equ, Dreifachsternsystem in 197 LJ Entfernung. Kleine Teleskope zeigen ein gelbweißes Sternenpaar der Größenklassen 5,4 und 7,4. Der hellere der beiden ist ebenfalls ein Doppelstern (Größenklasse 6,0 und 6,3), die Umlaufdauer liegt bei 101 Jahren. Momentan nähern sie sich einander an, im Jahr 2015 werden sie mit Amateurteleskopen nicht mehr auseinander zu halten sein.

NGC 1300 ist eine Balkenspiralgalaxie mit engen Spiralarmen in Eridanus.
(José Alfonso López Aguerri, M. Prieto, C. Muñoz-Tuñón und A. M. Varela / Instituto de Astrofísica de Canarias)

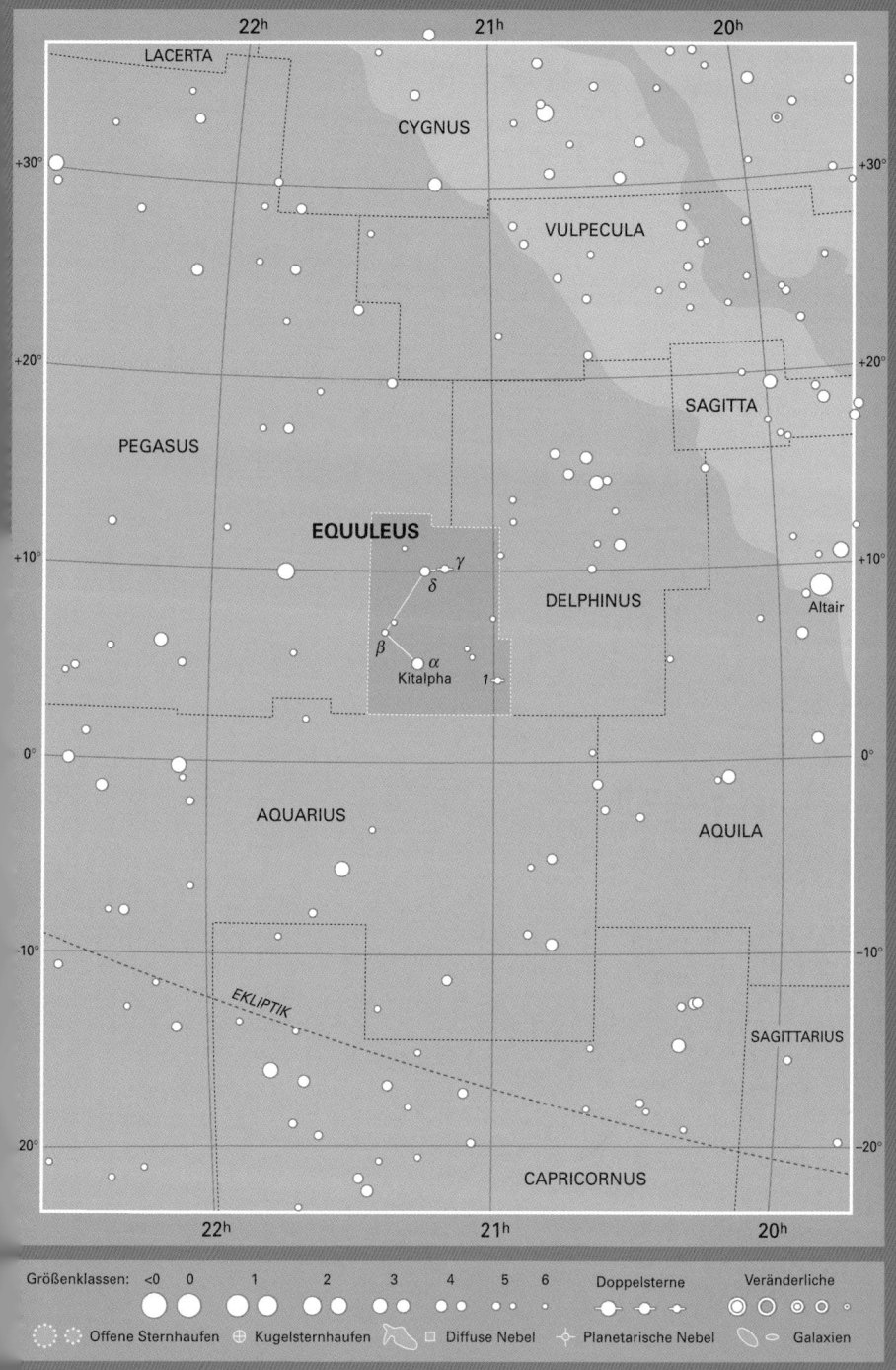

ERIDANUS Fluss Eridanus

Dieses ausgedehnte Sternbild ist das sechstgrößte am Himmel, wird aber aufgrund seiner schwachen Sterne leicht übersehen. Es mäandert von Taurus im Norden bis zu Hydrus im Süden. Nach der Mythologie war Eridanus der Fluss, in den Phaeton fiel, als er versuchte, den Streitwagen seines Vaters Helios, des Sonnengottes, zu lenken. Angeblich repräsentiert er aber auch einen realen Fluss. Frühe Wissenschaftler glaubten, es sei der Nil, aber griechische Schreiber behaupteten später, es handele sich um den Po in Italien. Ursprünglich enthielt Eridanus auch die Sterne des jetzigen Sternbilds Fornax und endete bei θ (theta) Eridani. Inzwischen erstreckt sich Eridanus bis 60° südlicher Breite (selbst von Griechenland aus unter dem Horizont), und der Name Achernar wurde einem anderen Stern verliehen. In diesem Sternbild befinden sich mehrere interessante Galaxien, die aufgrund ihrer geringen Helligkeit mit Amateurteleskopen aber nicht so einfach zu finden sind. Ein bekanntes Beispiel dafür ist NGC 1300 bei 3h 19,7m / –19° 25', eine Balkenspiralgalaxie (siehe Seite 144).

α (alpha) Eridani, 1h 38m / –57°,2; (Achernar, „Ende des Flusses"), Größenklasse 0,5; blauweißer Stern der Hauptreihe, Entfernung 144 LJ.

β (beta) Eri, 5h 08m / –5°,1; (Cursa, „Schemel", aufgrund seiner Position unter dem Fuß des Orion), Größenklasse 2,8; blauweißer Stern, Entfernung 89 LJ.

ε (epsilon) Eri, 3h 33m / –9°,5; Größenklasse 3,7; orangeroter Stern der Hauptreihe, Entfernung 10,5 LJ, unter den nahen Sternen einer der sonnenähnlichsten. Er wird alle 7 Jahre von einem Planeten umkreist mit etwa der Masse von Jupiter.

θ (theta) Eri, 2h 58m / –40°,3; (Acamar), Entfernung 161 LJ, auffälliges blauweißes Doppelsternsystem der Größenklasse 3,2 bzw. 4,3; unterscheidbar mithilfe kleiner Teleskope.

o² (omikron²) Eri, 4h 15m / –7°,7; Entfernung 16 LJ, auch bekannt als 40 Eridani, außergewöhnliches Dreisternsystem. Kleine Teleskope zeigen einen sonnenähnlichen, orangeroten Hauptstern der Größenklasse 4,4 und einen Weißen Zwerg der Größenklasse 9,5. Er ist der am leichtesten erkennbare Zwerg am Himmel und besitzt als Begleiter einen Roten Zwerg der Größenklasse 11, der das interessante Trio komplettiert. Die beiden Zwerge umkreisen sich alle 250 Jahre, werden aber bis zur zweiten Hälfte des 21. Jahrhunderts noch leicht auseinander zu halten sein.

32 Eri, 3h 54m / –3°,0; Entfernung 290 LJ, schöner, für kleine Teleskope geeigneter Doppelstern, bestehend aus einem gelben Riesen der Größenklasse 4,8 und einem blaugrünen Begleiter der Größenklasse 6,1.

39 Eri, 4h 14m / –10°,3; Entfernung 206 LJ, orangeroter Riese, Größenklasse 4,9 mit einem Begleiter der Größenklasse 8, erkennbar mithilfe kleiner Teleskope.

p Eri, 1h 40m / –56°,2; 27 LJ entfernt, schönes Paar orangeroter Sterne der Größenklassen 5,8 und 5,9, Umlaufzeit etwa 500 Jahre.

NGC 1535, 4h 14m / –12°,7; kleiner planetarischer Nebel der Größenklasse 9, etwa 2000 LJ entfernt. Mit kleinen Teleskopen erkennbar, aber erst ab 150 mm Öffnung als blaugraue Scheibe zu erkennen.

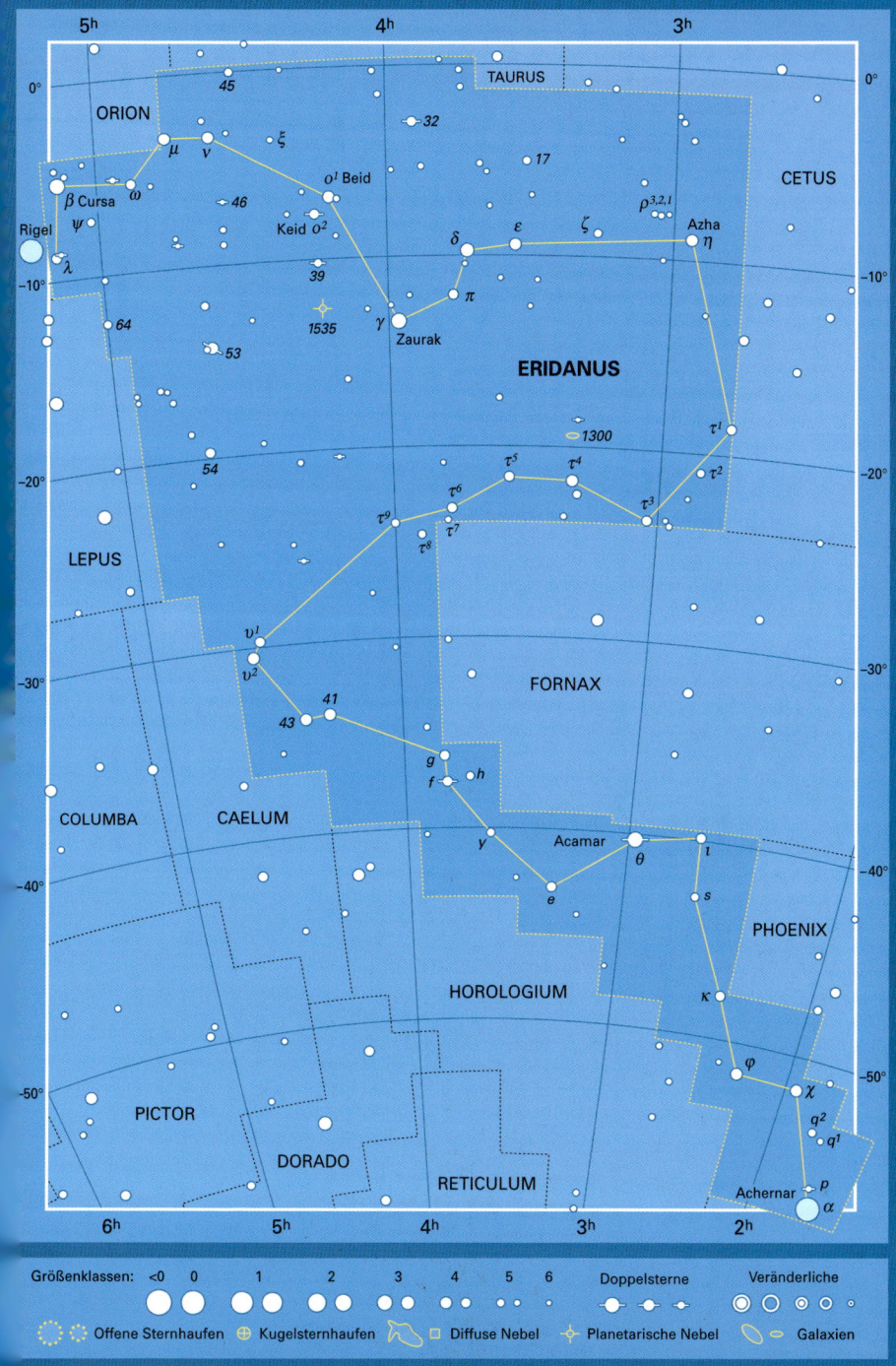

Größenklassen: <0 0 1 2 3 4 5 6   Doppelsterne   Veränderliche

Offene Sternhaufen   Kugelsternhaufen   Diffuse Nebel   Planetarische Nebel   Galaxien

FORNAX   Chemischer Ofen

Dieses eher unspektakuläre Sternbild wurde in den 1750er Jahren von Nicolas Louis de Lacaille eingeführt, sein Name lautete damals Fornax Chemica, chemischer Ofen. Darin steht ein kleines Mitglied der Lokalen Gruppe von Galaxien, genannt Fornax-Zwerggalaxie, etwa 500 000 LJ von der Milchstraße entfernt, aber zu dunkel, um mit Amateurteleskopen erkennbar zu sein. Ferner beinhaltet Fornax auch einen kompakten Galaxienhaufen in etwa 75 Millionen LJ Entfernung, von denen der hellste NGC 1316 mit Größenklasse 9 ist, auch bekannt als die Fornax-Radioquelle A. Sie liegt bei 3h 22,7m / –37° 12'.

α (alpha) Fornacis, 3h 12m / –29°,0; 46 LJ entfernt, bestehend aus einem gelbweißen Stern der Hauptreihe (Größenklasse 3,9) und einem dunkleren gelben Begleiter (Größenklasse 6,5). Die Umlaufzeit liegt bei etwa 270 Jahren.

β (beta) For, 2h 49m / –32°,4; Größenklasse 4,5; gelber Riese, Entfernung 169 LJ.

NGC 1097, 2h 46m / –30°,6; Spiralgalaxie, Größenklasse 9, Entfernung etwa 60 Millionen LJ.

NGC 1365, bei 3h 33,6m/–36° 08', klassische Balkenspiralgalaxie, Größenklasse 10, gehört zum Fornax-Galaxienhaufen, Entfernung 75 Millionen LJ. (ESO)

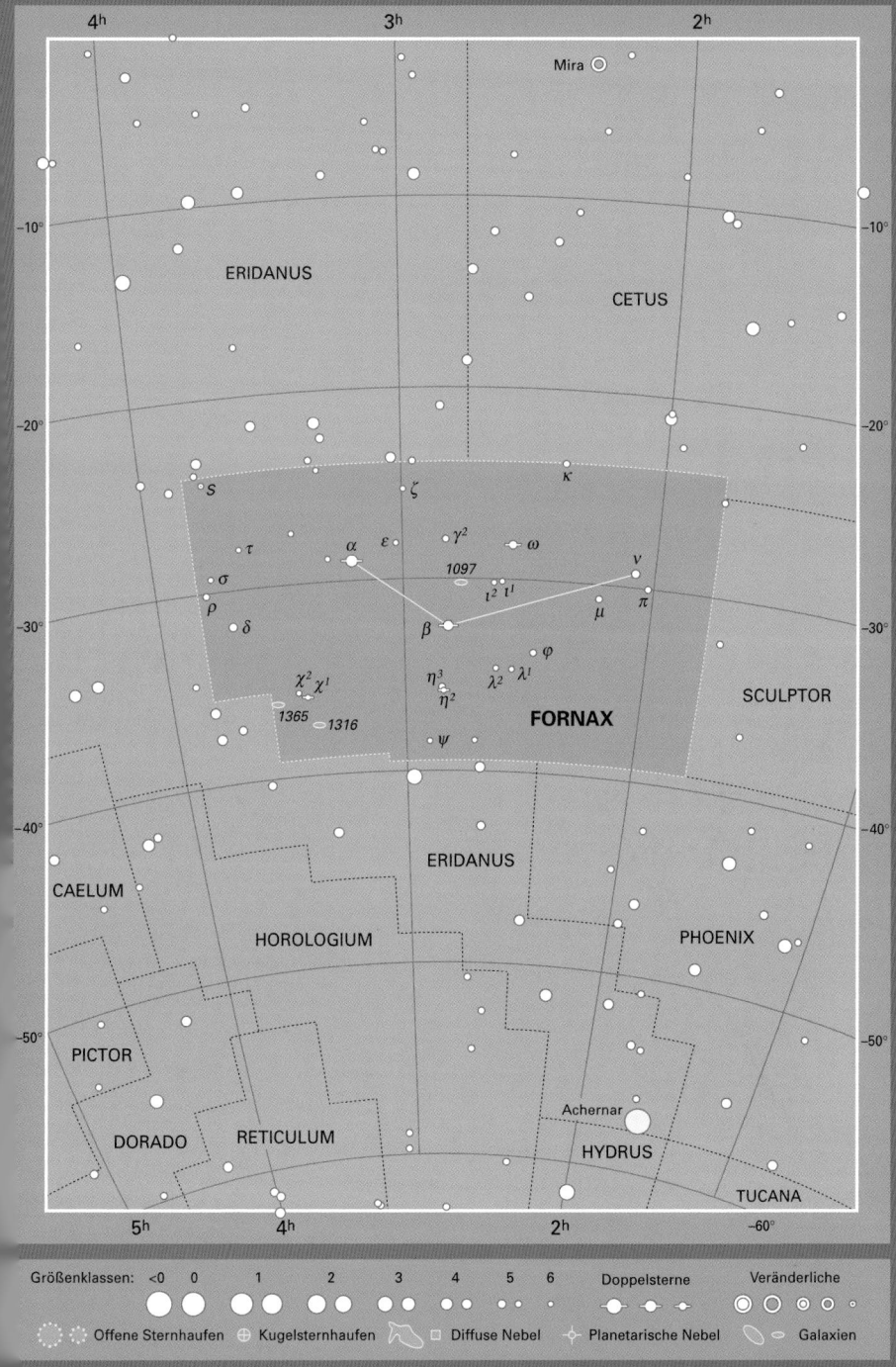

Größenklassen: <0 0 1 2 3 4 5 6   Doppelsterne   Veränderliche

Offene Sternhaufen ⊕ Kugelsternhaufen Diffuse Nebel Planetarische Nebel Galaxien

GEMINI   Zwillinge

Das Sternbild ist seit der Antike bekannt und stellt Zwillinge dar. Wir kennen sie als Kastor und Pollux, die beiden gehörten zu den Argonauten. Sie hatten zwar dieselbe Mutter, Königin Leda von Sparta, aber Kastors Vater war ihr Ehemann König Tyndareus, während Zeus selbst der Vater von Pollux war. Sie gelten als Beschützer der Seefahrer und sind häufig als blaue Flamme an der Mastspitze zu sehen. Heute kennt man das Phänomen als St. Elmos Feuer. Das Sternbild eignet sich gut für Winkelbestimmungen – Kastor und Pollux sind genau 4°,5 voneinander entfernt. Die Zwillinge gehören zu den Tierkreissternbildern, die Sonne zieht zwischen Ende Juni und Mitte Juli hindurch. Jedes Jahr erscheinen die Geminiden, einer der hellsten und reichhaltigsten Meteorströme, mit dem Radianten nahe Kastor. Mitte Dezember sind bis zu 100 Sternschnuppen pro Stunde zu sehen.

α (alpha) Geminorum, 7h 35m / +31°,9; (Kastor), Entfernung 52 LJ, außergewöhnliches Mehrfachsternsystem, bestehend aus sechs Komponenten. Dem bloßen Auge erscheint es als blauweißer Stern der Größenklasse 1,6. 60 mm Öffnung machen daraus einen Doppelstern (Größenklassen 1,9 und 3,0), Umlaufzeit 470 Jahre. Zurzeit bewegen sie sich voneinander weg und sind deshalb zunehmend leichter zu trennen. Dieser Trend wird sich erst gegen Ende des 21. Jahrhunderts wieder umkehren. Beide sind spektroskopische Doppelsterne. Kleine Teleskope zeigen einen Roten Zwerg, der Kastor in einiger Entfernung begleitet. Dabei handelt es sich wiederum um einen bedeckungsveränderlichen Doppelstern des Algol-Typs, der alle 19,5 Stunden zwischen den Größenklassen 9,3 und 9,8 schwankt und so das Sechssternsystem vervollständigt.

β (beta) Gem, 7h 45m / +28°,0; (Pollux), Größenklasse 1,2; der hellste Stern des Sternbilds. Astronomen glauben, dass Pollux, auch β Geminorum genannt, einmal schwächer leuchtete als Kastor und dann zulegte, oder dass Kastor schwächer wurde. Pollux ist ein orangeroter Riese und 34 LJ entfernt.

γ (gamma) Gem, 6h 38m / +16°,4; (Alhena), Größenklasse 1,9; blauweißer Stern, Entfernung 105 LJ.

δ (delta) Gem, 7h 20m / +22°,0; (Wasat), 59 LJ entfernt, cremeweißer Stern der Größenklasse 3,5 mit einem orangeroten Zwerg als Begleiter, Größenklasse 8,2. Der große Helligkeitsunterschied macht es schwierig, sie mit weniger als 75 mm Öffnung zu trennen. Ihre geschätzte Umlaufzeit liegt bei über 1000 Jahren.

ε (epsilon) Gem, 6h 44m / +25°,1; Größenklasse 3,1; gelber Überriese, 900 LJ entfernt. Mit dem Fernglas oder einem kleinen Teleskop wird ein Begleiter der Größenklasse 9,2 sichtbar.

ζ (zeta) Gem, 7h 04m / +20°,6; Entfernung 1200 LJ, ein veränderlicher Doppelstern, mit dem Fernglas zu beobachten. Der gelbe Überriese ist ein Cepheid, der alle 10,2 Tage zwischen den Größenklassen 3,6 und 4,2 schwankt. Ein Fernglas oder Teleskop zeigt einen Begleiter der Größenklasse 9,2.

η (eta) Gem, 6h 15m / +22°,5; Entfernung 350 LJ, ein weiterer veränderlicher Doppelstern. Der Rote Riese schwankt halbregelmäßig in ungefähr 233 Tagen um die Größenklassen 3,1 bis 3,9. Er besitzt einen nahen Begleiter, der ihn alle 500 Jahre umkreist, aber nur mit größeren Teleskopen von dem Riesen zu unterscheiden ist.

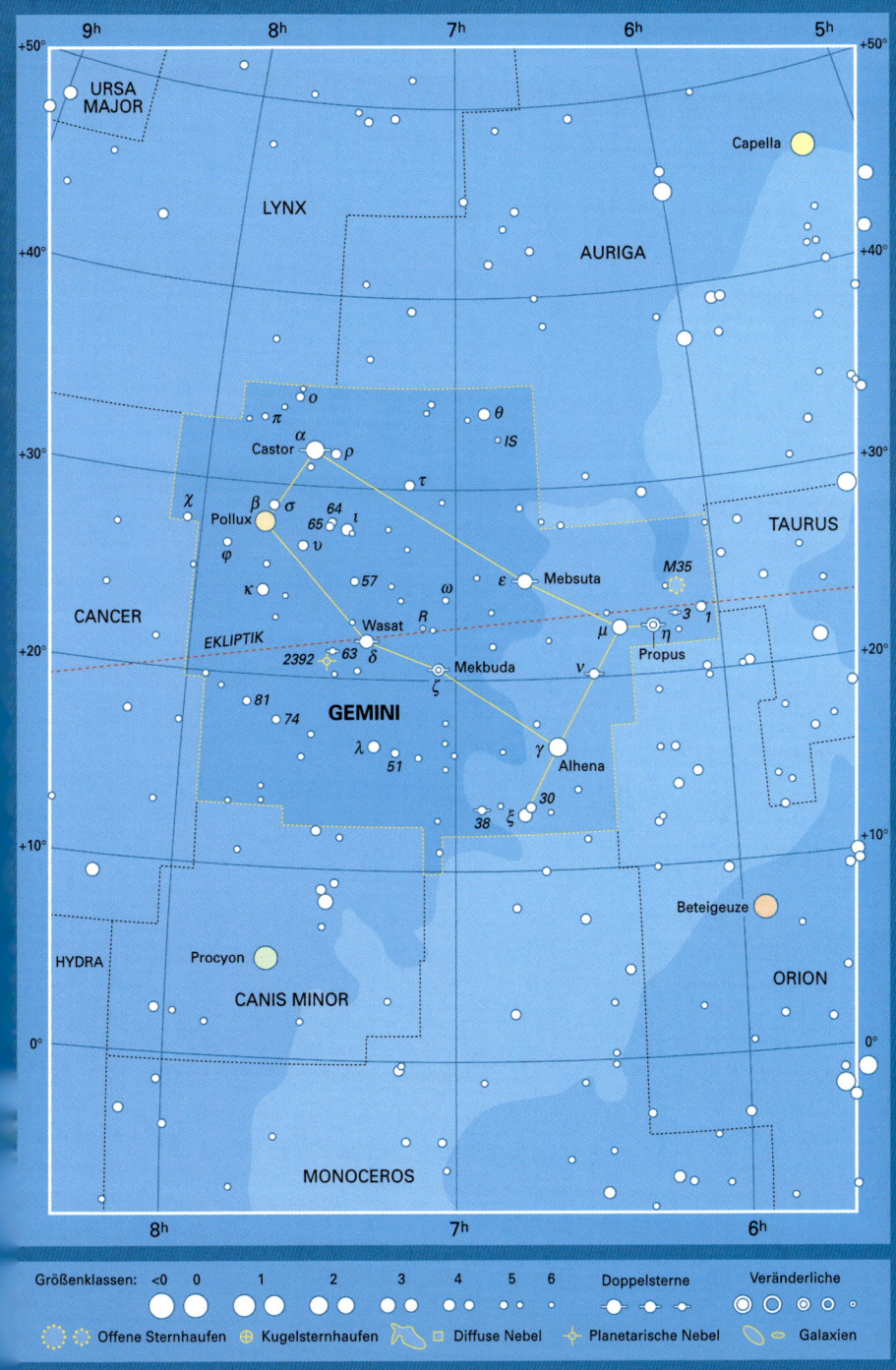

Größenklassen: <0   0   1   2   3   4   5   6   Doppelsterne   Veränderliche

Offene Sternhaufen   Kugelsternhaufen   Diffuse Nebel   Planetarische Nebel   Galaxien

κ (kappa) Gem, 7h 44m / +24°,4; Entfernung 143 LJ, Größenklasse 3,6 mit Begleiter der Größenklasse 8, aufgrund des großen Helligkeitsunterschieds mit einfachen Teleskopen schwer auseinander zu halten.

ν (nü) Gem, 6h 29m / +20°,2; Größenklasse 4,1; blauer Riese, Entfernung 500 LJ, zu beobachten durch Fernglas oder Teleskop.

38 Gem, 6h 55m / +13°,2; Entfernung 91 LJ, Doppelstern, geeignet für kleine Teleskope, zwei Begleiter, gelb und weiß, Größenklassen 4,8 und 7,8.

M 35 (NGC 2168), 6h 09m / +24°,3; großer, offener Sternhaufen der Größenklasse 5, sichtbar mit bloßem Auge oder Fernglas, deutlich gestreckte Form. Er ist 2800 LJ entfernt und besteht aus etwa 200 Sternen, die etwa so viel Raum am Himmel einnehmen wie der Vollmond. Selbst ein kleines Teleskop mit schwacher Vergrößerung zeigt einzelne Sterne, die in Bögen angeordnet sind. Am Himmel ganz in der Nähe, tatsächlich aber 10 000 LJ weiter weg, steht NGC 2158, ein offener Haufen, der sehr viele Sterne beinhaltet und als schwacher Lichtfleck erkennbar ist, allerdings erst ab 100 mm Öffnung.

NGC 2392, 7h 29m / +20°,9; planetarischer Nebel, Größenklasse 8, bekannt als Eskimonebel oder Clowngesicht, da durch ein großes Teleskop ein fransiger Rand zu sehen ist. Ein kleines Teleskop zeigt ihn als blaugrüne Ellipse, etwa so groß wie Saturn. Im Zentrum steht ein Stern der Größenklasse 10. NGC 2392 ist 3000 LJ entfernt.

GRUS Kranich

Eines der 12 Sternbilder, das Ende des 16. Jahrhunderts von den holländischen Seefahrern Pieter Dirkszoon Keyser und Frederick de Houtman eingeführt wurde. Es stellt einen Wasservogel dar. Die Sterne δ (delta) und μ (mü) Grusis sind auffällige Doppelsterne.

α (alpha) Gruis, 22h 08m / –47°,0; (Alnair, „der Helle"), Größenklasse 1,7; blauweißer Stern, Entfernung 101 LJ.

β (beta) Gru, 22h 43m / –46°,9; Roter Riese, Entfernung 170 LJ, schwankt zwischen den Größenklassen 2,0 und 2,3.

γ (gamma) Gru, 21h 54m / –37°,4; Größenklasse 3,0; blauer Riese, Entfernung 203 LJ.

$δ^1$, $δ^2$ (delta^1, delta^2) Gru, 22h 29m / –43°,5; optischer Doppelstern, mit dem bloßen Auge sichtbar: $δ^1$ ist ein gelber Riese der Größenklasse 4,0 in 296 LJ Entfernung; $δ^2$ ist ein Roter Riese der Größenklasse 4,1 in 325 LJ Entfernung.

$μ^1$, $μ^2$ (mü^1, mü^2) Gru, 22h 16m / –41°,3; zwei nicht in Beziehung stehende gelbe Riesen, die zufällig in einer Linie stehen; $μ^1$ ist 262 LJ entfernt und gehört zur Größenklasse 4,8; $μ^2$ ist 240 LJ entfernt und gehört zur Größenklasse 5,1.

$π^1$, $π^2$ (pi^1, pi^2) Gru, 22h 23m / –45°,9; optischer Doppelstern, mit dem Fernglas erkennbar. $π^1$ ist ein tiefroter, halbregelmäßiger Veränderlicher, der alle 150 Tage zwischen den Größenklassen 5,4 und 6,7 schwankt, er ist 500 LJ entfernt. $π^2$ ist ein weißer Riese in 132 LJ Entfernung, Größenklasse 5,6.

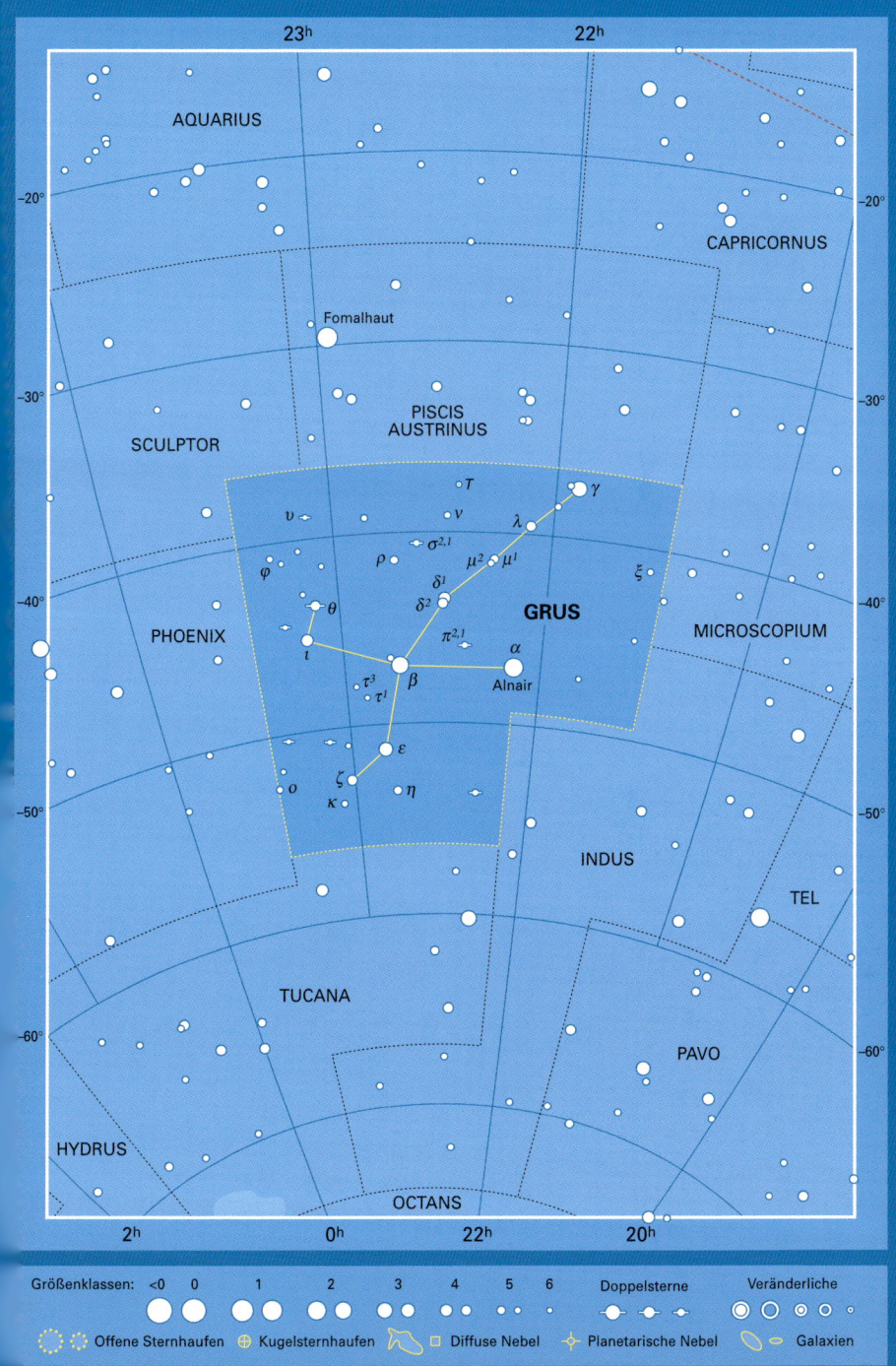

AQUARIUS

−20°

CAPRICORNUS

−20°

Fomalhaut

−30°

PISCIS
AUSTRINUS

SCULPTOR

−30°

τ

υ

ν

λ

γ

ρ

σ²,¹

μ²

μ¹

ξ

φ

δ¹

δ²

GRUS

−40°

θ

π²,¹

α

ι

β

Alnair

MICROSCOPIUM

−40°

PHOENIX

τ³

τ¹

ε

η

o

ζ

κ

−50°

INDUS

−50°

TEL

HYDRUS

TUCANA

PAVO

−60°

−60°

OCTANS

| Größenklassen: | <0 | 0 | 1 | 2 | 3 | 4 | 5 | 6 | Doppelsterne | Veränderliche |

Offene Sternhaufen · Kugelsternhaufen · Diffuse Nebel · Planetarische Nebel · Galaxien

HERCULES   Herkules

Das Sternbild stellt den berühmten Helden der griechischen Mythologie dar, der die zwölf Aufgaben lösen musste. In Herkules finden sich zahlreiche Doppelsterne, die für kleine Teleskope geeignet sind, sowie einer der hellsten und sternreichsten Kugelsternhaufen: M 13. Er befindet sich leicht erkennbar am Rand eines Vierecks aus Sternen, das Herkules' Becken darstellt.

α (alpha) Herculis, 17h 15m / +14°,4; (Rasalgethi, „Kopf des Knieenden"), etwa 400 LJ entfernt, Roter Riese, etwa 400-mal so groß wie unsere Sonne und damit einer der größten bekannten Sterne. Wie die meisten Riesen ist er unregelmäßig veränderlich, er schwankt zwischen den Größenklassen 3 und 4. Eigentlich handelt es sich um einen Doppelstern, der Begleiter ist blaugrün und mit seiner Größenklasse 5,4 in kleinen Teleskopen sichtbar. Die geschätzte Umlaufzeit liegt bei 3600 Jahren.

β (beta) Her, 16h 30m / +21°,5; (Kornephoros, „Stabträger"), Größenklasse 2,8; der hellste Stern des Sternbilds, gelber Riese, Entfernung 148 LJ.

γ (gamma) Her, 16h 22m / +19°,2; Größenklasse 3,8; weißer Riese, Entfernung 195 LJ, Begleiter der Größenklasse 10, erkennbar mithilfe kleiner Teleskope.

δ (delta) Her, 17h 15m / +24°,8; Größenklasse 3,1; blauweißer Stern, Entfernung 78 LJ. Kleine Teleskope zeigen einen Begleiter der Größenklasse 8,2.

ζ (zeta) Her, 16h 41m / +31°,6; Entfernung 35 LJ, gelbweißer Stern der Größenklasse 2,9 mit einem orangeroten Begleiter der Größenklasse 5,7, der ihn in 34,5 Jahren umkreist. Nachdem sie im Jahr 2001 ihre größte Annäherung erreicht hatten, entfernen sie sich wieder voneinander. Ab 2010 kann man sie mit 200 mm Öffnung auseinander halten, ab 2025 mit 150 mm.

κ (kappa) Her, 16h 08m / +17°,0; gelber Riese der Größenklasse 5,0 in 388 LJ Entfernung mit einem orangeroten Riesen als Begleiter, Größenklasse 6,3, Entfernung 470 LJ, auch in kleinen Teleskopen leicht zu erkennen.

ρ (rho) Her, 17h 24m / +37°,1; Entfernung 402 LJ, zwei blauweiße Riesen der Größenklasse 4,5 bzw. 5,5; erkennbar in kleinen Teleskopen.

30 Her, 16h 29m / +41°,9; auch g Her genannt, halbregelmäßig veränderlicher Roter Riese, schwankt innerhalb von etwa drei Monaten zwischen den Größenklassen 4,3 und 6,3. Er ist 361 LJ entfernt.

68 Her, 17h 17m / +33°,1; auch u Her genannt, Entfernung 865 LJ, bedeckungsveränderlicher Doppelstern des Typs Beta Lyrae, schwankt alle zwei Tage um die Größenklassen 4,7 und 5,4.

95 Her, 18h 02m / +21°,6; für kleine Teleskope geeigneter Doppelstern, bestehend aus zwei Riesen der Größenklassen 4,9 und 5,2; sie leuchten silbern und golden.

100 Her, 18h 08m / +26°,1; für kleine Teleskope geeigneter Doppelstern, bestehend aus zwei identischen blauweißen Sternen der Größenklasse 5,8; sie sind 165 bzw. 230 LJ entfernt und wirken wie zwei Katzenaugen am Himmel.

M 13 (NGC 6205), 16h 42m / +36°,5; mit 300 000 Sternen und Größenklasse 6 ist dieser Kugelsternhaufen der hellste am nördlichen Himmel. Man kann ihn mit bloßem Auge erkennen, besser jedoch im Fernglas. M 13 nimmt etwa halb so viel ►

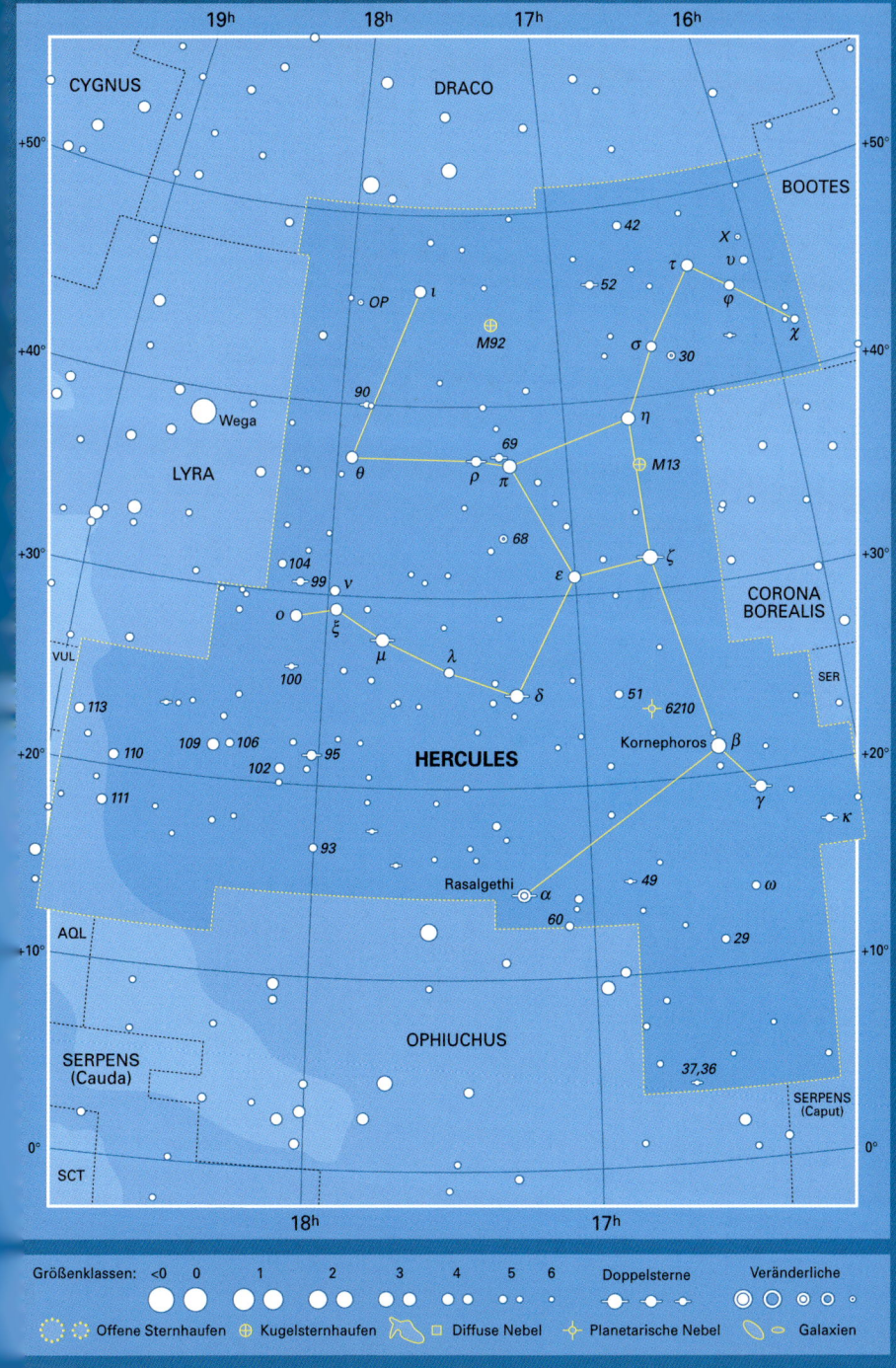

M 13, der große Kugel-sternhaufen in Herkules, besteht aus 300 000 Sternen. (Simon Tulloch und Daniel Folha, Isaac Newton Group of Telescopes, La Palma)

Raum ein wie der Vollmond. Der Haufen ist etwa 25 200 LJ entfernt und misst über 100 LJ im Durchmesser. Große Teleskope lassen einzelne Sterne erkennen und verleihen dem Haufen einen glitzernden, gepunkteten Effekt.

M 92 (NGC 6341), 17h 17m / +43°,1; beinahe so großer Kugelsternhaufen wie sein berühmter Nachbar M 13, der ihn etwas überschattet. M 92 kann mit dem Fernglas beobachtet werden, er erscheint dann als verschwommener Stern. Er ist 29 000 LJ entfernt, sein Alter wird auf 14 Milliarden Jahre geschätzt. Damit ist er der älteste bekannte Kugelsternhaufen.

NGC 6210, 16h 45m / +23°,8; planetarischer Nebel der Größenklasse 9 und ab 75 mm Öffnung als blaugrüne Ellipse erkennbar. Er ist etwa 4000 LJ entfernt.

HOROLOGIUM   Pendeluhr

Eines der Sternbilder, das mechanische Instrumente darstellt. Erstmals beschrieben wurde es in den 1750er Jahren von dem Franzosen Nicolas Louis de Lacaille. Wie viele andere seiner Sternbilder nur schwach zu erkennen.

α (alpha) Horologii, 4h 14m / −42°,3; Größenklasse 3,9; orangeroter Riese, Entfernung 117 LJ.

β (beta) Hor, 2h 59m / −64°,1; weißer Riese, Entfernung 314 LJ, Größenklasse 5,0.

R Hor, 2h 54m / −49°,9; Roter, veränderlicher Riesenstern des Mira-Typs, schwankt über 13 Monate zwischen 4,7 und 14,3. Etwa 1000 LJ entfernt.

TW Hor, 3h 13m / −57°,3; tiefroter, halbregelmäßiger Pulsationsveränderlicher, schwankt alle fünf Monate zwischen den Größenklassen 5,5 und 6,0. Er ist etwa 1300 LJ entfernt.

NGC 1261, 3h 12m / −55°,2; Kugelsternhaufen, Größenklasse 8, Entfernung 44 000 LJ.

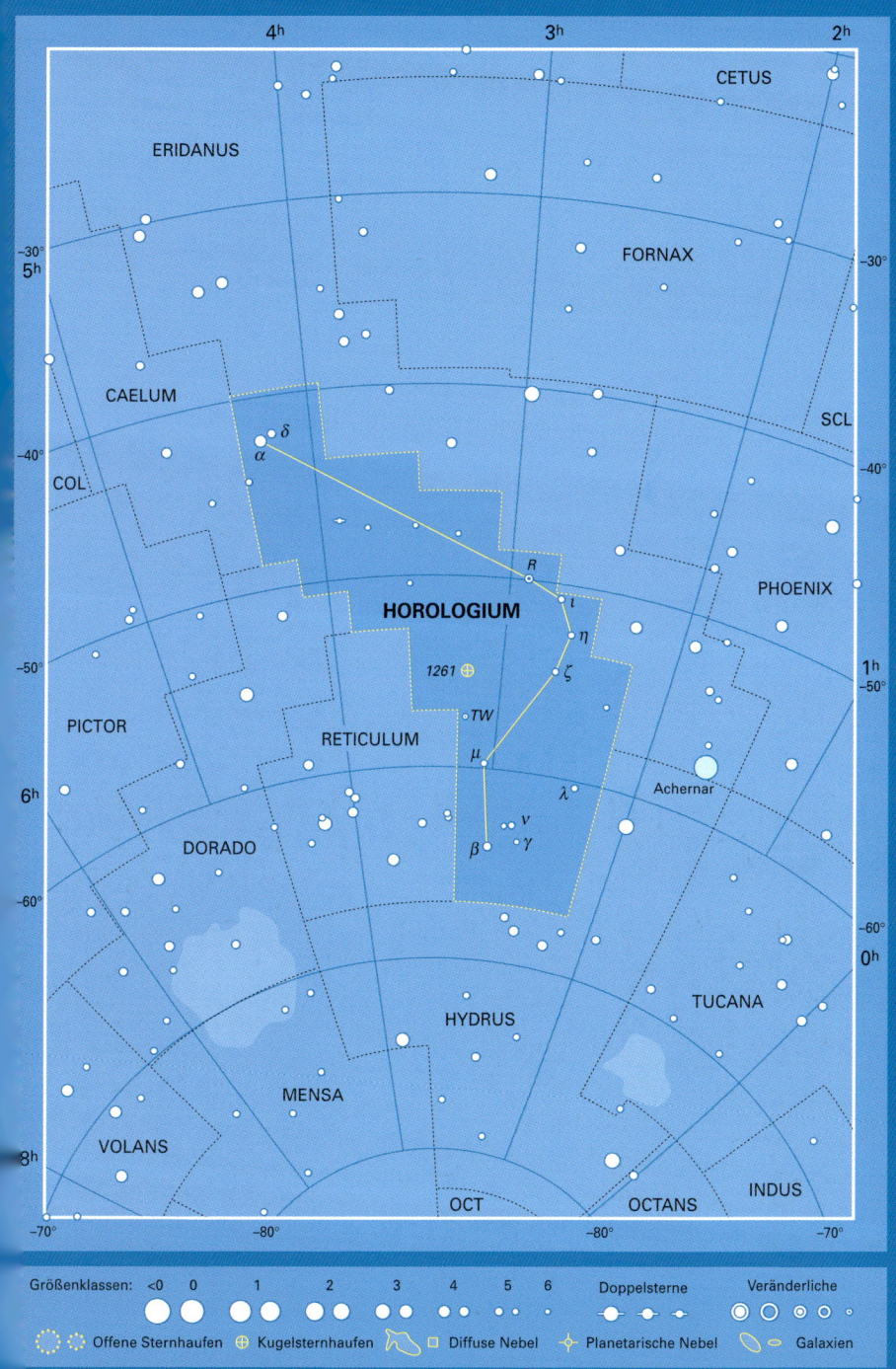

HYDRA Wasserschlange

Das größte aller Sternbilder, doch aufgrund seiner geringen Helligkeit gar nicht so einfach zu finden. Abgesehen von seinem hellsten Stern Alphard, der das Herz der Hydra darstellt, ist nur der Kopf der Hydra leicht zu erkennen, denn er besteht aus einer auffälligen Konstellation von sechs Sternen. Die Wasserschlange windet sich vom Sternbild Krebs über den nördlichen Sternhimmel bis zu den Sternbildern Waage und Zentaur südlich des Himmelsäquators, dabei überspannt sie mehr als 100°.

α (alpha) Hydrae, 9h 28m / –8°,7; (Alphard, „der Alleinstehende"), Größenklasse 2,0; orangeroter Riese, Entfernung 177 LJ.

β (beta) Hya, 11h 53m / –33°,9; blauweißer Stern, Größenklasse 4,3; Entfernung 365 LJ.

γ (gamma) Hya, 13h 19m / –23°,2; gelber Riese, Größenklasse 3,0; Entfernung 132 LJ.

δ (delta) Hya, 8h 38m / +5°,7; blauweißer Stern, Größenklasse 4,1; Entfernung 179 LJ.

ε (epsilon) Hya, 8h 47m / +6°,4; Entfernung 135 LJ, wunderschöner Doppelstern in unterschiedlichen Farben. Er ist nur mit starker Vergrößerung und mindestens 75 mm Öffnung zu beobachten. Die Sterne sind gelb und blau, gehören den Größenklassen 3,4 und 6,7 an und bilden ein echtes Doppelsternsystem mit einer Umlaufzeit von fast 1000 Jahren. ▶

Die frontal sichtbare Spiralgalaxie M 83 im Sternbild Hydra wird auch als Südliches Windrad bezeichnet. Sie ist ein Wirbel aus Gas und Sternen. Siehe Seite 160. (Bill Schoening/AURA/NOAO/NSF)

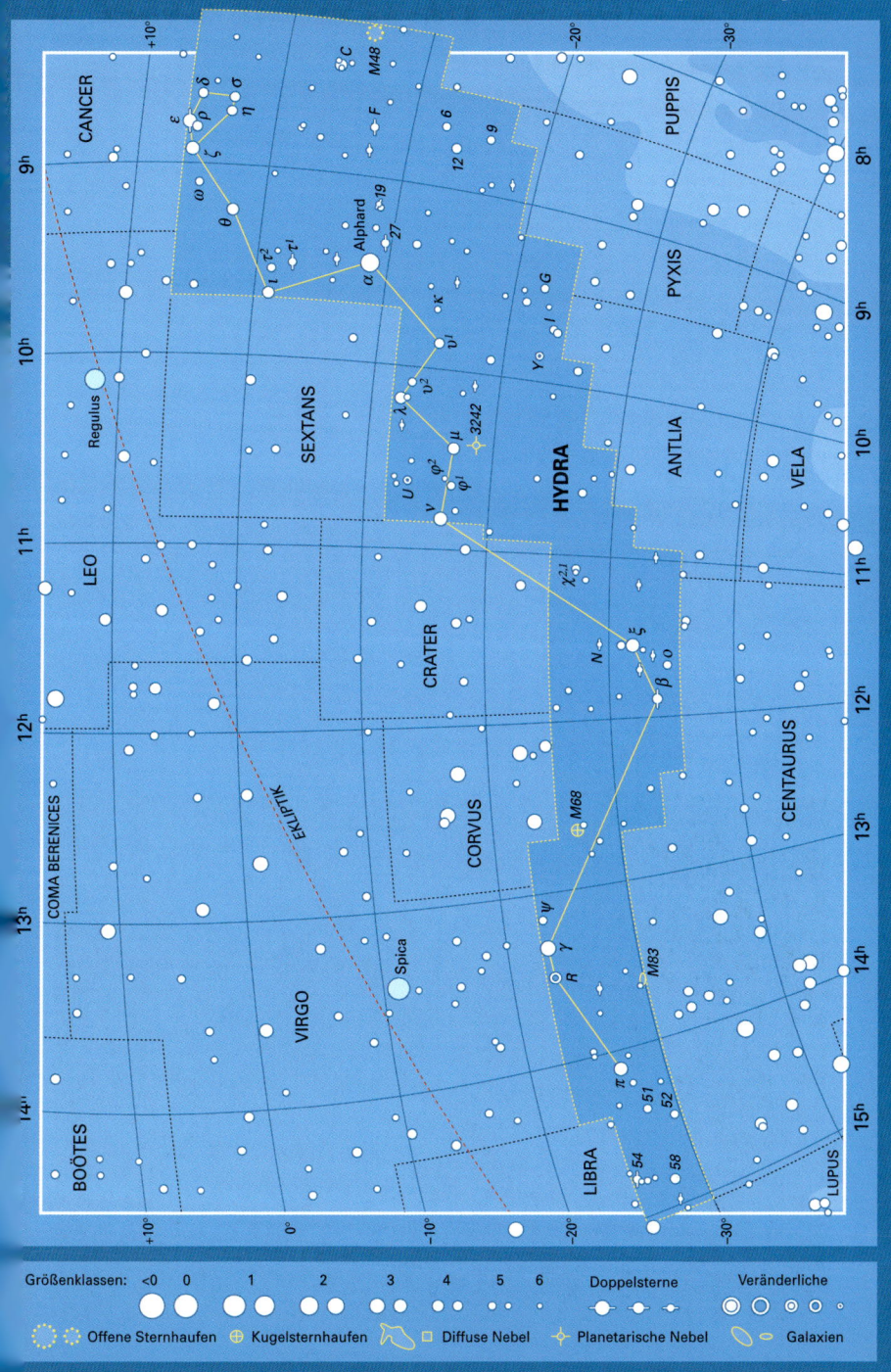

CANCER

+10°
-20°
-30°

PUPPIS

9ʰ

5 C
M48

δ
σ
ρ
η
ε
ζ
ω
θ
ι
τ²
τ¹

F

6

12
9

8ʰ

Alphard 19
α
27

κ
υ¹

G

PYXIS

9ʰ

Regulus

SEXTANS

λ
υ²
μ 3242
φ²
U φ¹
ν

HYDRA

Y
I

ANTLIA

VELA

10ʰ

10ʰ

LEO

11ʰ

χ²,¹

CRATER

N
ξ
β
ω

CENTAURUS

11ʰ

12ʰ

COMA BERENICES

EKLIPTIK

CORVUS

M68

M83

13ʰ

12ʰ

13ʰ

Spica

VIRGO

ψ
γ
R

14ʰ

14ʰ

BOÖTES

LIBRA

π
51
52

54
58

LUPUS

15ʰ

+10°
0°
-10°
-20°
-30°

27 Hya, 9h 20m / –9°,6; weißer Stern, Größenklasse 4,8; Entfernung 244 LJ, mit einem Begleiter der Größenklasse 7, Entfernung 202 LJ, zu beobachten mithilfe eines Fernglases. Kleine Teleskope zeigen, dass der Begleiter aus zwei Sternen der Größenklassen 7 und 11 besteht.

54 Hya, 14h 46m / –25°,4; Entfernung 99 LJ, leicht zu beobachtender Doppelstern für kleine Teleskope, gelb und violett, Größenklassen 5,3 und 7,4.

R Hya, 13h 30m / –23°,3; veränderlicher Roter Riese, ähnelt Mira im Walfisch und schwankt in 390 Tagen zwischen den Größenklassen 4 und 10. Er kann bis zur Größenklasse 3,5 aufsteigen und ist damit einer der hellsten Sterne vom Mira-Typ. Seine Entfernung zu uns beträgt etwa 2000 LJ.

U Hya, 10h 38m / –13°,4; Entfernung 528 LJ, tiefroter Veränderlicher, schwankt unregelmäßig etwa alle 115 Tage zwischen den Größenklassen 4,2 und 6,6.

M 48 (NGC 2548), 8h 14m / –5°,8; großer offener Sternhaufen aus etwa 80 Sternen, 2000 LJ entfernt, bei klarem Himmel gerade noch mit bloßem Auge zu erkennen, gut geeignet für Ferngläser.

M 68 (NGC 4590), 12h 39m / –26°,7; Kugelsternhaufen, Größenklasse 8, Einzelsterne sind ab 100 mm Öffnung erkennbar. Er ist etwa 31 000 LJ entfernt.

M 83 (NGC 5236), 13h 37m / –29°,9; große, frontal sichtbare Spiralgalaxie der Größenklasse 8, zu beobachten mit kleinen Teleskopen. Das Zentrum ist ein kleiner, heller Fleck, Ansätze eines Balkens sind zu erkennen. Ab 150 mm Öffnung können die Spiralarme beobachtet werden. (Siehe die Fotografie auf Seite 158.) Bisher wissen wir von sechs Supernovae, die in M 83 explodierten, mehr als in jedem Messier-Objekt. M 83 ist ca. 15 Mio. LJ von uns entfernt.

NGC 3242, 10h 25m / –18°,6; planetarischer Nebel, Größenklasse 9, ähnelt dem Erscheinungsbild von Jupiter; wird daher auch „Jupiters Geist" genannt. Das 2600 LJ entfernte, oft übersehene Objekt kann mit kleinen Teleskopen und schwacher Vergrößerung beobachtet werden.

HYDRUS   Kleine Wasserschlange

Die holländischen Seefahrer Pieter Dirkszoon Keyser und Frederick de Houtman führten dieses Sternbild Ende des 16. Jahrhunderts als Gegenstück zur großen Wasserschlange Hydra ein. Hydrus liegt zwischen den beiden Magellanschen Wolken und füllt die Lücke zwischen Eridanus und dem südlichen Himmelspol. Allerdings gibt es nur wenig Interessantes zu beobachten.

α (alpha) Hydri, 1h 59m / –61°,6; Größenklasse 2,9; weißer Stern der Hauptreihe, Entfernung 71 LJ.

β (beta) Hyi, 0h 26m / –77°,3; Größenklasse 2,8; hellster Stern des Sternbilds, gelb, 24 LJ entfernt.

γ (gamma) Hyi, 3h 47m / –74°,2; Größenklasse 3,2; Roter Riese, 214 LJ entfernt.

π^1, π^2 (pi^1, pi^2) Hyi, 2h 14m / –67°,8; Doppelstern, Roter und orangeroter Riese, nicht in Beziehung stehend: π^1 hat die Größenklasse 5,6 und ist 740 LJ entfernt; π^2 hat die Größenklasse 5,7 und liegt 468 LJ entfernt.

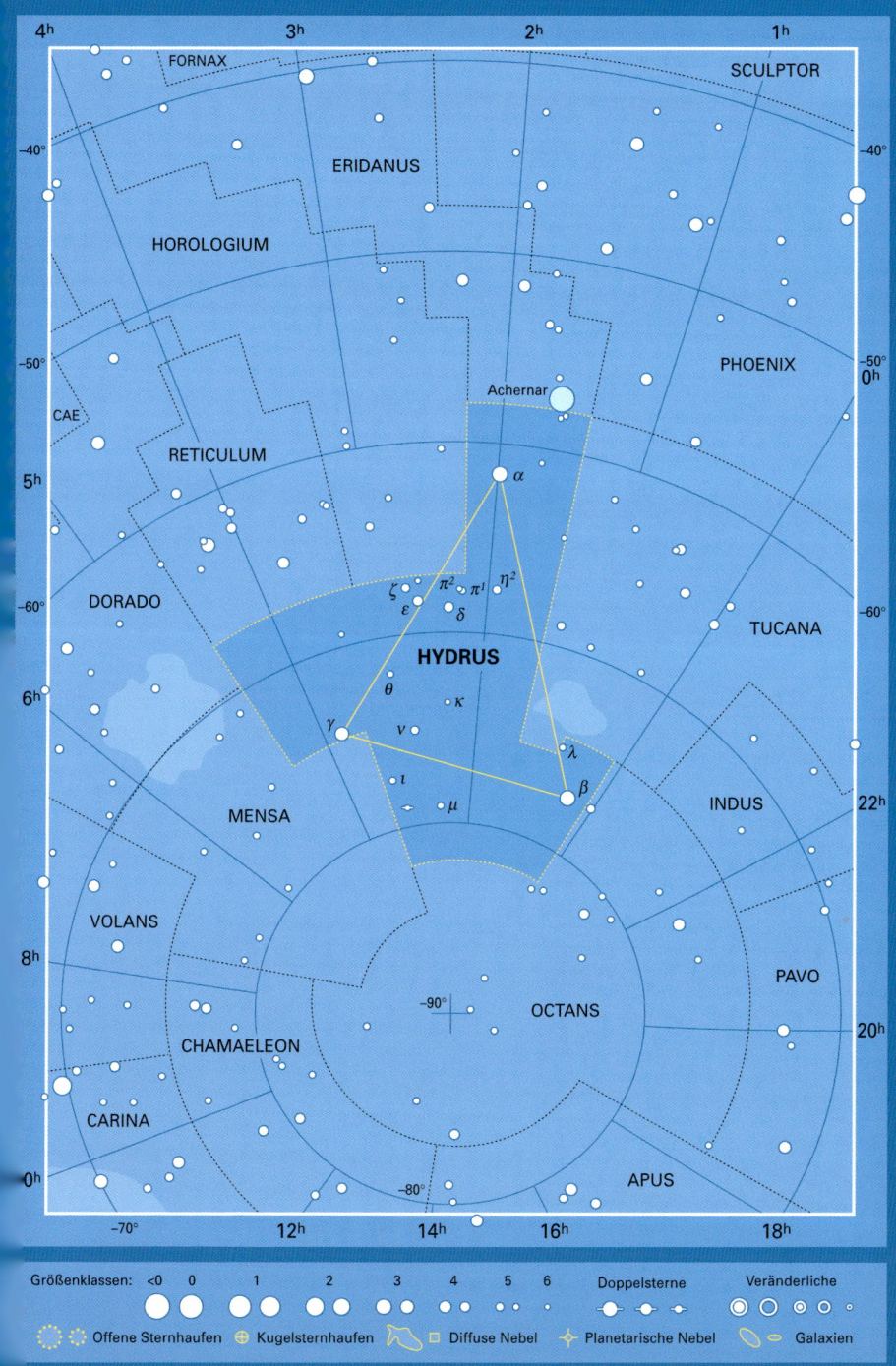

4ʰ   3ʰ   2ʰ   1ʰ

FORNAX   SCULPTOR

−40°   −40°

ERIDANUS

HOROLOGIUM

PHOENIX

−50°   −50°
0°

CAE   Achernar

RETICULUM   α

5ʰ

                              ζ π² π¹ η²
−60°   ε   δ   −60°

DORADO   **HYDRUS**

                         θ   κ   TUCANA

                  γ   ν

6ʰ   ι   λ
                              μ   β   22ʰ

MENSA   INDUS

VOLANS   PAVO

8ʰ   20ʰ
                    −90°

CHAMAELEON   OCTANS

CARINA   APUS

0ʰ
                  −80°

−70°   12ʰ   14ʰ   16ʰ   18ʰ

INDUS   Indianer

Das Ende des 16. Jahrhunderts von den Holländern Pieter Dirkszoon Keyser und Frederick de Houtman eingeführte Sternbild stellt einen Ureinwohner Nordamerikas dar. Keiner der Sterne ist heller als Größenklasse 3.

α (alpha) Indi, 20h 38m / –47°,7; Größenklasse 3,1; orangeroter Riese, Entfernung 101 LJ.

β (beta) Ind, 20h 55m / –58°,5; Größenklasse 3,7; orangeroter Riese, Entfernung 600 LJ.

δ (delta) Ind, 21h 58m / –55°,0; Größenklasse 4,4; weißer Stern, Entfernung 185 LJ.

ε (epsilon) Ind, 22h 03m / –56°,8; Größenklasse 4,7; orangeroter Zwerg, etwas kleiner und kälter als die Sonne. Mit einer Entfernung von 11,8 LJ gehört er zu den sonnennächsten Sternen.

θ (theta) Ind, 21h 20m / –53°,4; Entfernung 97 LJ, bestehend aus zwei weißen Sternen der Größenklassen 4,5 und 7,0; erkennbar durch kleine Teleskope.

T Ind, 21h 20m / –45°,0; tiefroter, halbregelmäßiger Veränderlicher, schwankt alle elf Monate zwischen den Größenklassen 5 und 7. Er ist etwa 1900 LJ entfernt.

Zwischen Indus und Hydrus liegt die Kleine Magellansche Wolke, eine unregelmäßig geformte Ansammlung von Sternen, die unsere Galaxie begleitet. Eine nähere Beschreibung findet sich auf Seite 246. (AURA/NOAO/NSF)

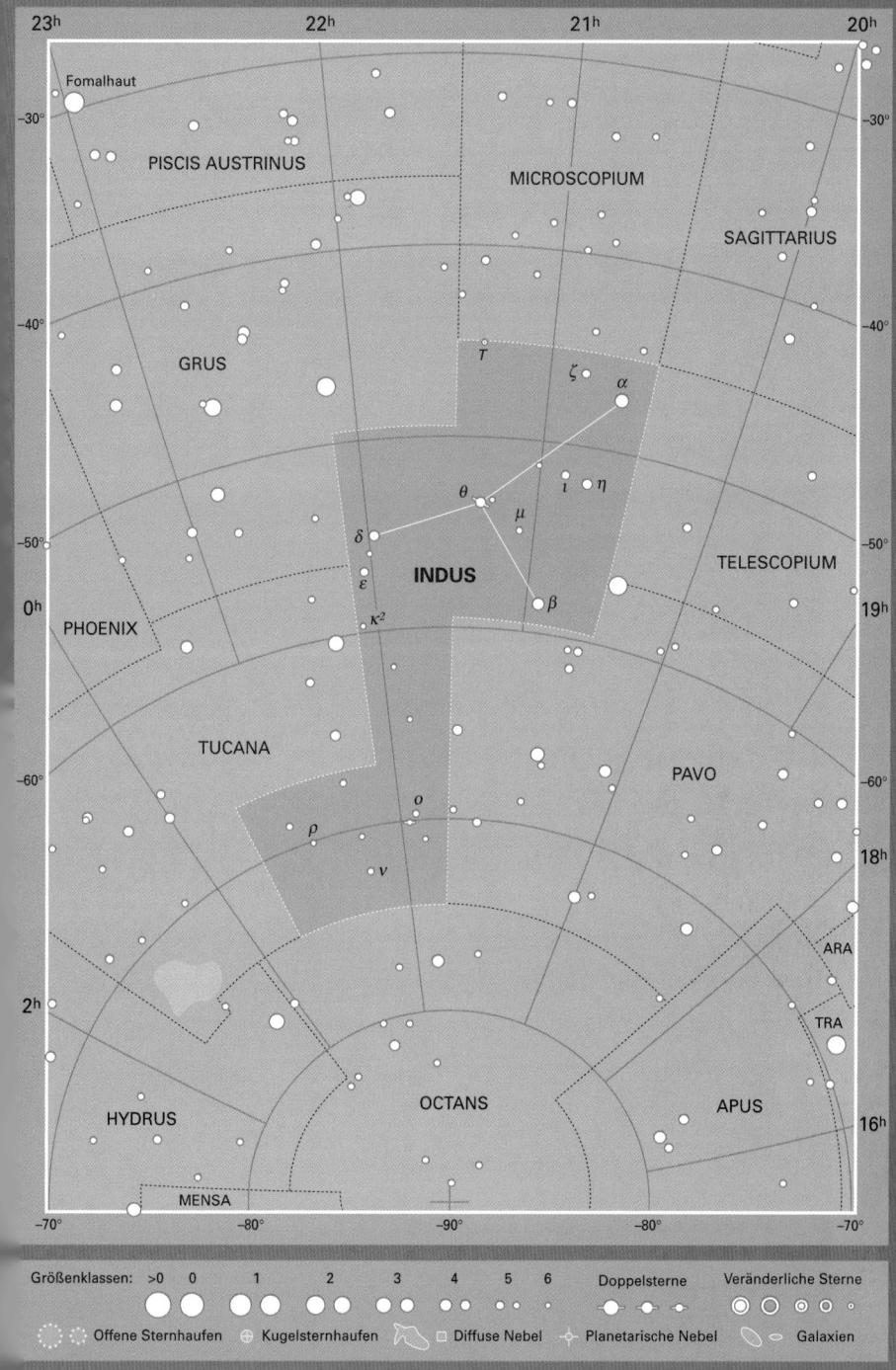

Größenklassen:	>0	0	1	2	3	4	5	6	Doppelsterne	Veränderliche Sterne

Offene Sternhaufen · Kugelsternhaufen · Diffuse Nebel · Planetarische Nebel · Galaxien

LACERTA   Eidechse

Dieses unauffällige Sternbild zwischen Schwan und Andromeda wurde 1687 von dem polnischen Astronom Johannes Hevelius eingeführt. Der Bereich wurde zuvor von dem Sternbild Sceptrum, dem Zepter und der Hand der Gerechtigkeit, eingenommen, das 1679 von dem Franzosen Augustin Royer definiert wurde, um das Andenken an König Louis XIV. zu wahren. Im Jahr 1787 nannte der Deutsche Johann Elert Bode dieses Gebiet Friedrichs Gloria zu Ehren des Preußenkönigs Friedrichs des Großen. Inzwischen sind beide Namen veraltet. Das erwähnenswerteste Objekt ist BL Lacertae bei 22h 02,7m / +42°, 17', von dem man ursprünglich angenommen hatte, dass es sich um einen außergewöhnlichen Veränderlichen der Größenklasse 14 handelt. Es ist der Prototyp einer ganzen Klasse von Galaxien, BL-Lac-Objekte genannt. Man hält sie für riesige, elliptische Galaxien mit veränderlichen Zentren, die weit entfernt tief im Universum stehen und offenbar mit Quasaren verwandt sind. Im 20. Jahrhundert kam es dreimal zu einer Novaexplosion in Lacerta.

α (alpha) Lacertae, 22h 31m / +50°,3; Größenklasse 3,8; blauweißer Stern der Hauptreihe, Entfernung 102 LJ.

β (beta) Lac, 22h 24m / +52°,2; Größenklasse 4,4; gelber Riese, Entfernung 170 LJ.

NGC 7243, 22h 15m / +49°,9; verstreuter, offener Sternhaufen, bestehend aus einigen Dutzend Sternen der Größenklasse 8 oder schwächer, geeignet für kleine Teleskope.

Johannes Hevelius (1611–1687)

Johannes Hevelius von Danzig war einer der besten Astronomen seiner Zeit. Er schuf einen meisterhaften Katalog, in dem 1564 Sterne verzeichnet waren und der 1690 posthum veröffentlicht wurde. Diesen Katalog ergänzte Hevelius mit selbst hergestellten Sternkarten, auf denen er sieben Sternbilder einführte, die heute noch in Gebrauch sind: Canes Venatici, Lacerta, Leo Minor, Lynx, Scutum, Sextans und Vulpecula. Ferner veröffentlichte Hevelius 1647 eine Mondkarte in seinem Buch *Selenographia*. Es handelte sich um die erste detaillierte Mondkarte mit eigener Nomenklatur. Hevelius benannte Formationen auf dem Mond nach geographischen Gegebenheiten auf der Erde: So bezeichnete er den Krater Kopernikus als Ätna, Tycho als Sinai und das Mare Imbrium als Mittelmeer. Nur wenige Namen von Hevelius sind noch in Gebrauch, etwa die Alpen und Apenninen. Die meisten seiner Bezeichnungen wurden durch das System von Giovanni Battista Riccioli (1598–1671) ersetzt, der die Krater nach berühmten Philosophen und Astronomen benannte. Passenderweise gibt es auch Krater mit den Namen Hevelius und Riccioli, die einander sehr nahe liegen.

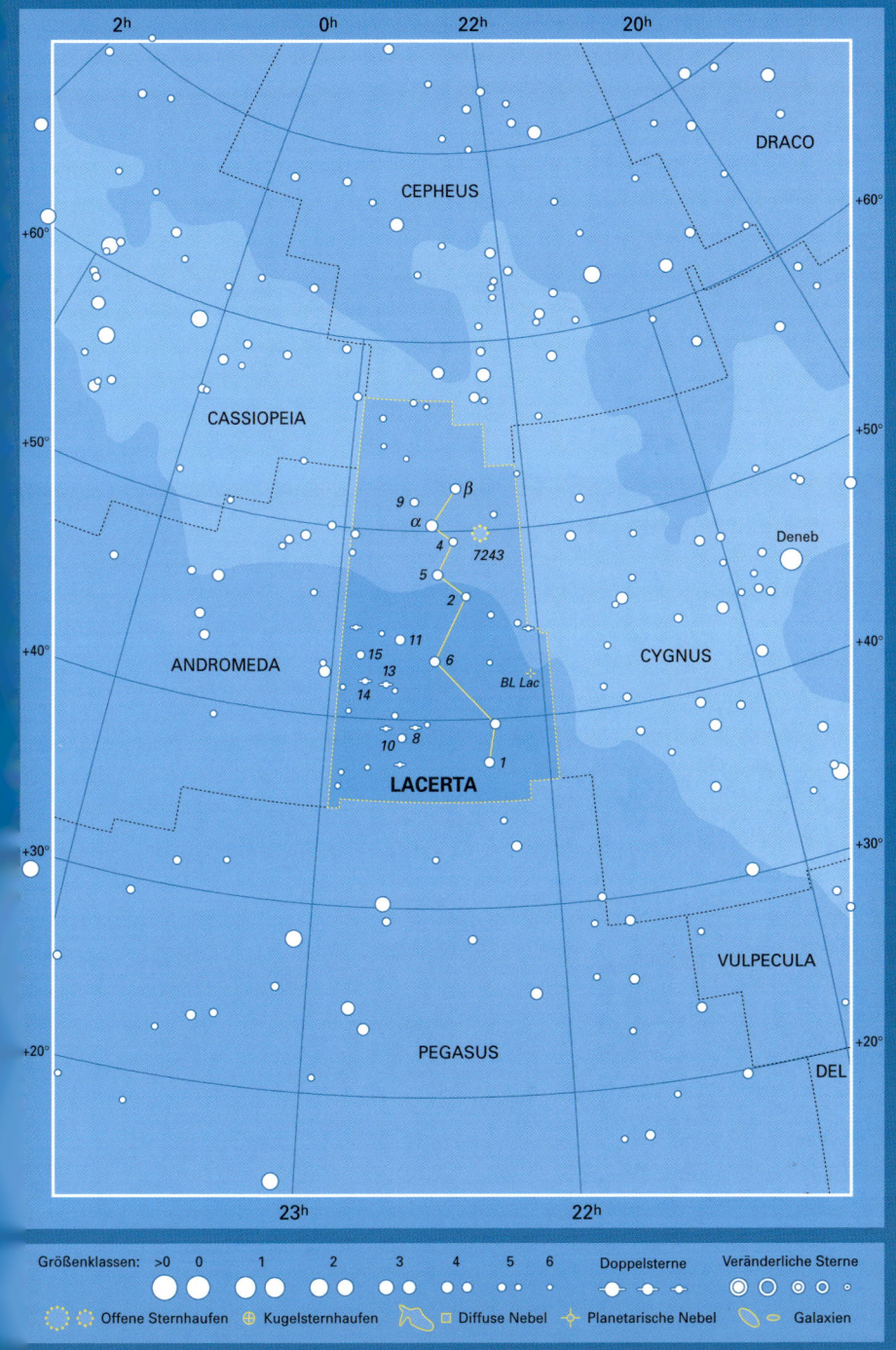

LEO   Löwe

Eines der wenigen Sternbilder, das tatsächlich wie die Figur aussieht, die es darstellt – in diesem Fall ein kauernder Löwe. Sein Kopf wird von der so genannten Sichel dargestellt, die aus sechs Sternen von ε (epsilon) bis α (alpha) Leonis besteht; dahinter streckt sich sein Körper, der Schwanz wird von β (beta) Leonis dargestellt. In der Mythologie handelt es sich um den Löwen, den Herkules erschlug, um die erste seiner zwölf Aufgaben zu lösen. Die Sonne wandert von Mitte August bis Mitte September durch das Sternbild. Im November erscheinen jedes Jahr in der Nähe von γ (gamma) Leonis die Leoniden. Normalerweise sieht man nicht mehr als zehn Sternschnuppen pro Stunde, wenn der Schwarm am 17. und 18. November vorbeizieht, aber diese Zahl erhöht sich alle 33 Jahre extrem, wenn der Komet Temple-Tuttle seinen sonnennächsten Punkt erreicht. Mit CN Leonis (auch Wolf 359) enthält der Löwe den der Sonne drittnächsten Stern. Es handelt sich um einen Roten Zwerg, der 7,9 LJ entfernt ist. Dieser gehört zur Größenklasse 13,5, aber er flackert gelegentlich auf und steigt dann um bis zu einer Größenklasse. Er steht bei 10h 56,5m / +7° 01' in der Nähe von Sextans.

α (alpha) Leonis, 10h 08m / +12°,0; (Regulus, „kleiner König"), Größenklasse 1,4, blauweißer Stern der Hauptreihe, Entfernung 77 LJ. Er besitzt einen weit entfernten Begleiter der Größenklasse 7,7; sichtbar mit kleinen Teleskopen.

β (beta) Leo, 11h 49m / +14°,6; (Denebola, „Löwenschwanz"), Größenklasse 2,1; blauweißer Stern, Entfernung 36 LJ.

γ (gamma) Leo, 10h 20m / +20°,0; (Algieba, „Stirn"), 126 LJ entfernt, besteht aus einem Paar goldgelber Riesen der Größenklasse 2,3 und 3,6 mit einer Umlaufzeit von 600 Jahren. Durch das Teleskop erkennt man ein außergewöhnlich schönes Doppelsternsystem, das zu den sehenswertesten überhaupt gehört. Ferngläser zeigen außerdem einen unabhängigen, gelblichen Begleiter der Größenklasse 4,8; es handelt sich um 40 Leonis.

δ (delta) Leo, 11h 14m / +20°,5; (Zosma), Größenklasse 2,6; blauweißer Stern, Entfernung 58 LJ.   ▶

Diese 43 Sekunden lang belichtete Aufnahme zeigt, wie sich die Leoniden durch den Großen Wagen bewegen. Es wurde 1966 während des großen Leonidensturms vom Kitt Peak, Arizona, aufgenommen.
(Dave McLean/AURA/ NOAO/NSF)

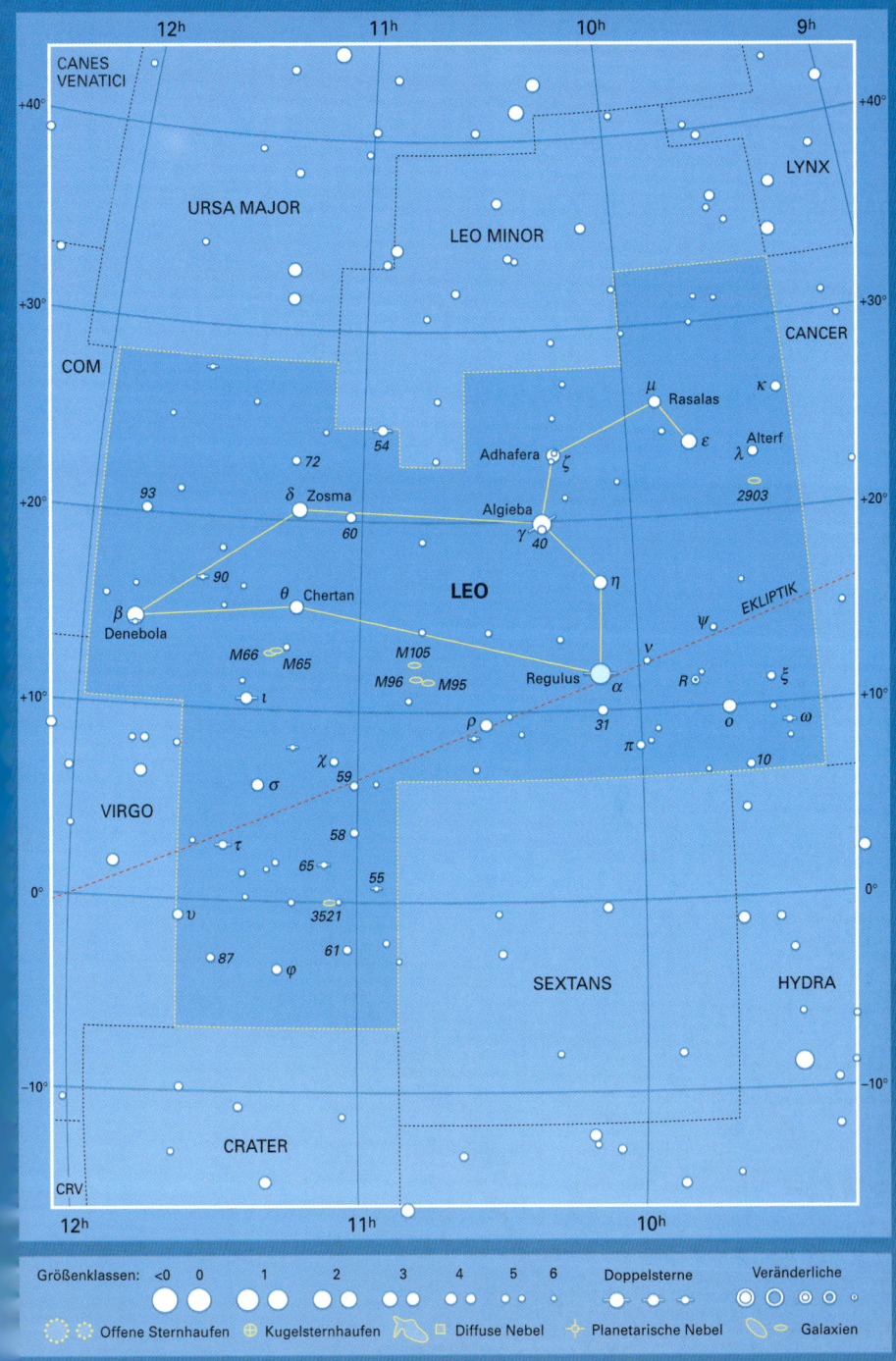

CANES
VENATICI

12ʰ

11ʰ

10ʰ

9ʰ

+40°

+40°

LYNX

URSA MAJOR

LEO MINOR

+30°

+30°

CANCER

COM

μ

Rasalas

κ

ε

Alterf

λ

Adhafera

ζ

2903

+20°

72

54

+20°

93

δ Zosma

Algieba

60

γ 40

90

LEO

η

β

θ Chertan

ψ

EKLIPTIK

Denebola

ν

M66

M105

M65

M96 M95

Regulus

R

ξ

ι

α

o

ω

31

ρ

π

10

χ

VIRGO

59

σ

58

τ

65

55

SEXTANS

HYDRA

υ

3521

87

61

φ

+10°

+10°

0°

0°

-10°

-10°

CRATER

CRV

12ʰ

11ʰ

10ʰ

Größenklassen: <0   0   1   2   3   4   5   6   Doppelsterne   Veränderliche

Offene Sternhaufen   Kugelsternhaufen   Diffuse Nebel   Planetarische Nebel   Galaxien

ε (epsilon) Leo, 9h 46m / +23°,8; Größenklasse 3,0; gelber Riese, 251 LJ fern.

ζ (zeta) Leo, 10h 17m / +23°,4; (Adhafera), Größenklasse 3,4; weißer Riese, 260 LJ entfernt. Nördlich davon kann man mit dem Fernglas 35 Leonis entdecken, ein Vordergrundstern der Größenklasse 6,0. Weiter südlich steht 39 Leonis, ebenfalls ein Vordergrundstern, Größenklasse 5,8, mit dem Fernglas zu beobachten. Zusammen ergeben die drei einen optischen Dreifachstern.

ι (iota) Leo, 11h 24m / +10°,5; Entfernung 79 LJ, enges, schwer zu unterscheidendes Doppelsternsystem. Dem bloßen Auge erscheint es als gelbweißer Stern der Größenklasse 4,0, tatsächlich handelt es sich aber um zwei Sterne der Größenklassen 4,1 und 6,7, die sich in 186 Jahren umkreisen. Derzeit bewegen sich die Sterne voneinander weg; bis zum Jahr 2010 werden 100 mm Öffnung notwendig sein, um sie auseinander zu halten. Zwischen 2053 und 2067 werden sie dann auch mit kleinen Teleskopen zu unterscheiden sein.

τ (tau) Leo, 11h 28m / +2°,9 ; Entfernung 621 LJ, gelber Riese der Größenklasse 5,0 mit einem Begleiter der Größenklasse 8; Fernglas oder kleines Teleskop.

54 Leo, 10h 56m / +24°,7; Entfernung 287 LJ, Doppelstern, für Teleskope geeignet, besteht aus blauweißen Komponenten der Größenklassen 4,5 und 6,3.

R Leo, 9h 48m / +11°,4; Roter, veränderlicher Riese des Mira-Typs, Entfernung 330 LJ. In seiner hellsten Phase erscheint er tiefrot, seine Größe beträgt etwa das 450-fache der Sonne. R Leonis schwankt zwischen den Größenklassen 6 und 10, Periodendauer 310 Tage, selten kann er bis zur Größenklasse 4,4 aufsteigen.

M 65, M 66 (NGC 3623, NGC 3627), 11h 19m / +13°,0; zwei Spiralgalaxien, etwa 20 Millionen LJ entfernt, Größenklasse 9. Es sind mindestens 100 mm Öffnung notwendig, um die elliptische Form mit den dichten Zentren deutlich zu erkennen.

M 95, M 96 (NGC 3351, NGC 3368), 10h 44m / +11°,7; 10h 47m +11°,8; Spiralgalaxienpaar der Größenklassen 10 und 9, etwa 25 Millionen LJ entfernt. Erst bei stärkerer Vergrößerung zeigt sich, dass M 95 von einem zentralen Staubstreifen durchzogen wird. Etwa 1° entfernt liegt die kleinere elliptische Galaxie M 105 (NGC 3379) bei 10h 48m / +12°,6; Größenklasse 9.

LEO MINOR   Kleiner Löwe

Der Kleine Löwe liegt zwischen den größeren und helleren Sternbildern Löwe im Süden und Großer Wagen im Norden. Der polnische Astronom Johannes Hevelius führte das Sternbild 1687 ein. Es gibt nur wenig Interessantes zu entdecken. Ungewöhnlicherweise gibt es keinen Stern mit der Bezeichnung α (alpha). Das liegt daran, dass der englische Astronom Francis Baily, der den Sternen 1845 ihre griechischen Bezeichnungen zuordnete, den hellsten Stern versehentlich übersah.

β (beta) Leonis Minoris, 10h 28m / +36°,7; Größenklasse 4,2; gelber Riese, Entfernung 146 LJ.

46 LMi, 10h 53m / +34°,2; Größenklasse 3,8; hellster Stern des Sternbilds, orangeroter Riese, Entfernung 98 LJ.

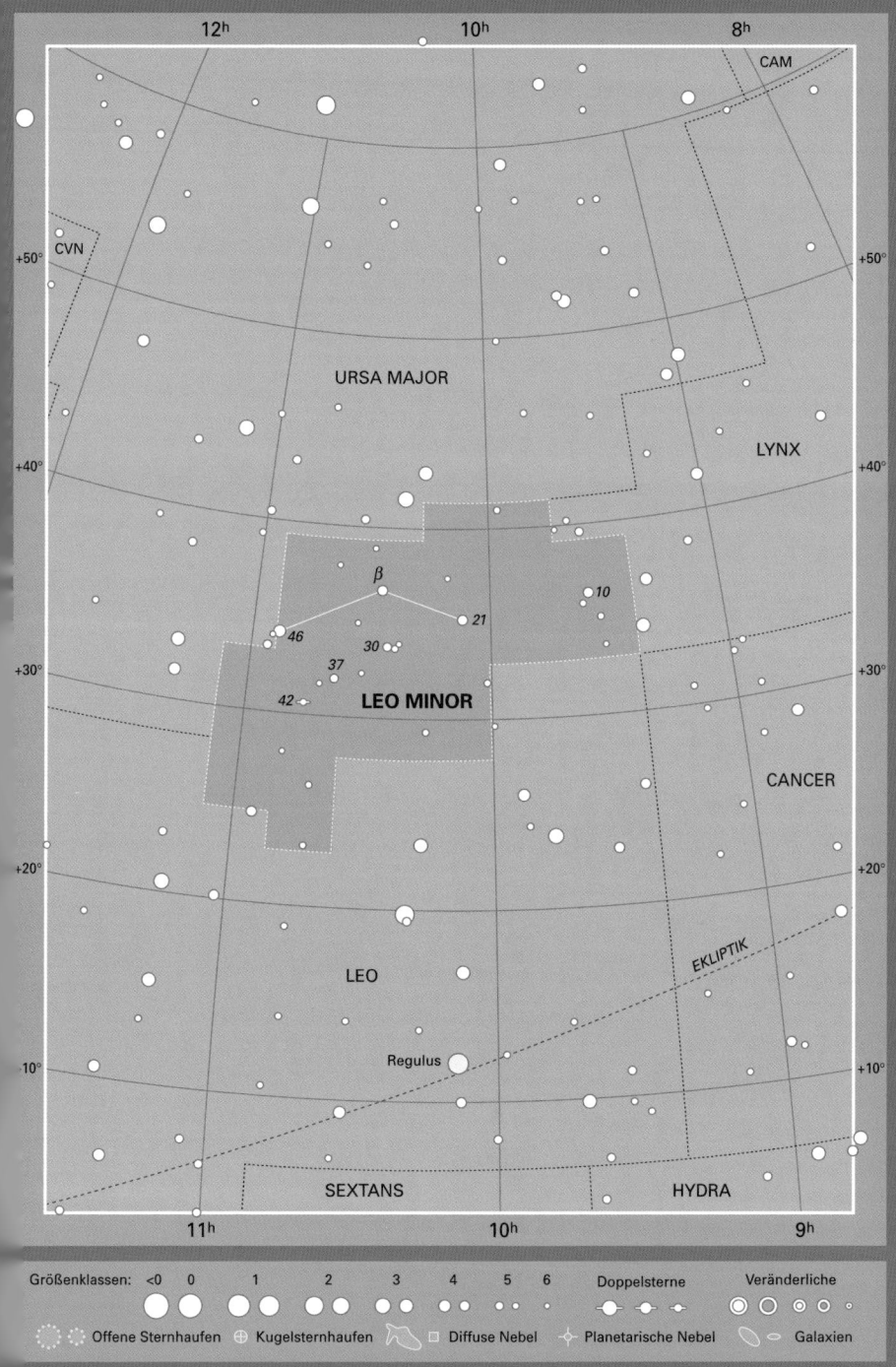

LEPUS   Hase

Das Sternbild Lepus war schon in der griechischen Antike bekannt. Es stellt einen Hasen dar, der sich zu den Füßen des Jägers Orion befindet und auf ewig von dessen Hund Canis Major verfolgt wird. In vielen Legenden wird der Hase auch mit dem Mond in Verbindung gebracht. Der sprichwörtliche Mann im Mond wird beispielsweise gern als Hase dargestellt, also könnte Lepus auch eine Inkarnation des Mannes im Mond sein. Lepus wird vom Glanz des Orion dominiert, ist aber für Amateurastronomen nicht uninteressant.

α (alpha) Leporis, 5h 33m / –17°,8; (Arneb, „Hase"), Größenklasse 2,6; weißer Überriese, Entfernung 1300 LJ.

β (beta) Lep, 5h 28m / –20°,8; (Nihal), Größenklasse 2,8; gelber Riese, Entfernung 159 LJ.

γ (gamma) Lep, 5h 44m / –22°,5; Entfernung 29 LJ, für Fernglas geeignetes Doppelsternsystem, gelb bzw. orangerot, Größenklasse 3,6 bzw. 6,2.

δ (delta) Lep, 5h 51m / –20°,9; Größenklasse 3,8; gelber Riese, 112 LJ entfernt.

ε (epsilon) Lep, 5h 05m / –22°,4; Größenklasse 3,2; orangeroter Riese, 227 LJ entfernt.

κ (kappa) Lep, 5h 13m / –12°,9; Entfernung 560 LJ, Größenklasse 4,4; blau-weißer Stern mit einem Begleiter der Größenklasse 7,4; aufgrund des Helligkeitsunterschieds schwer zu trennen.

R Lep, 5h 00m / –14°,8; Entfernung 820 LJ, intensiv roter Stern, zu Ehren des englischen Astronomen John Russell Hind auch Hinds Karmesinstern genannt, der ihn 1845 als „roter Tropfen Blut auf einem schwarzen Feld" bezeichnete. R Leporis gehört zu dem veränderlichen Mira-Sterntyp, er schwankt in etwa 430 Tagen zwischen den Größenklassen 5,5 und 12.

RX Lep, 5h 11m / –11°,8; Entfernung 447 LJ, Roter, halbregelmäßiger Riese, schwankt in zwei Monaten zwischen den Größenklassen 5,0 und 7,4.

M 79 (NGC 1904), 5h 24m / –24°,5; kleiner, aber dichter Kugelsternhaufen, 44 000 LJ entfernt, in kleinen Teleskopen als verschwommener Stern der Größenklasse 8 sichtbar. Ganz in der Nähe steht der Mehrfachstern Herschel 3752, der aus einem Hauptstern, Größenklasse 5,4, und zwei Begleitern, Größenklasse 6,6 und 9,1, besteht, alle mit kleinen Teleskopen zu beobachten.

NGC 2017, 5h 39m / –17°,8; kleiner, aber bemerkenswerter Kugelsternhaufen, auch bekannt als Herschel 3780. Mittlere Amateurteleskope zeigen eine Gruppe von fünf verstreuten Sternen der Größenklassen 6 bis 10. Der hellste Stern besitzt außerdem einen Begleiter der Größenklasse 7,9. Er ist erst ab einer Öffnung von 200 mm zu erkennen, schon mit 100 mm sieht man aber, dass der Stern der 9. Größenklasse tatsächlich ein Doppelstern ist. Eigentlich gehört auch noch ein weiterer Stern dazu, Größenklasse 12, sodass es sich insgesamt um eine Gruppe von mindestens acht Sternen handelt. Dennoch ist es kein echter Sternhaufen, denn die Sterne sind zu weit voneinander entfernt und bewegen sich in unterschiedliche Richtungen.

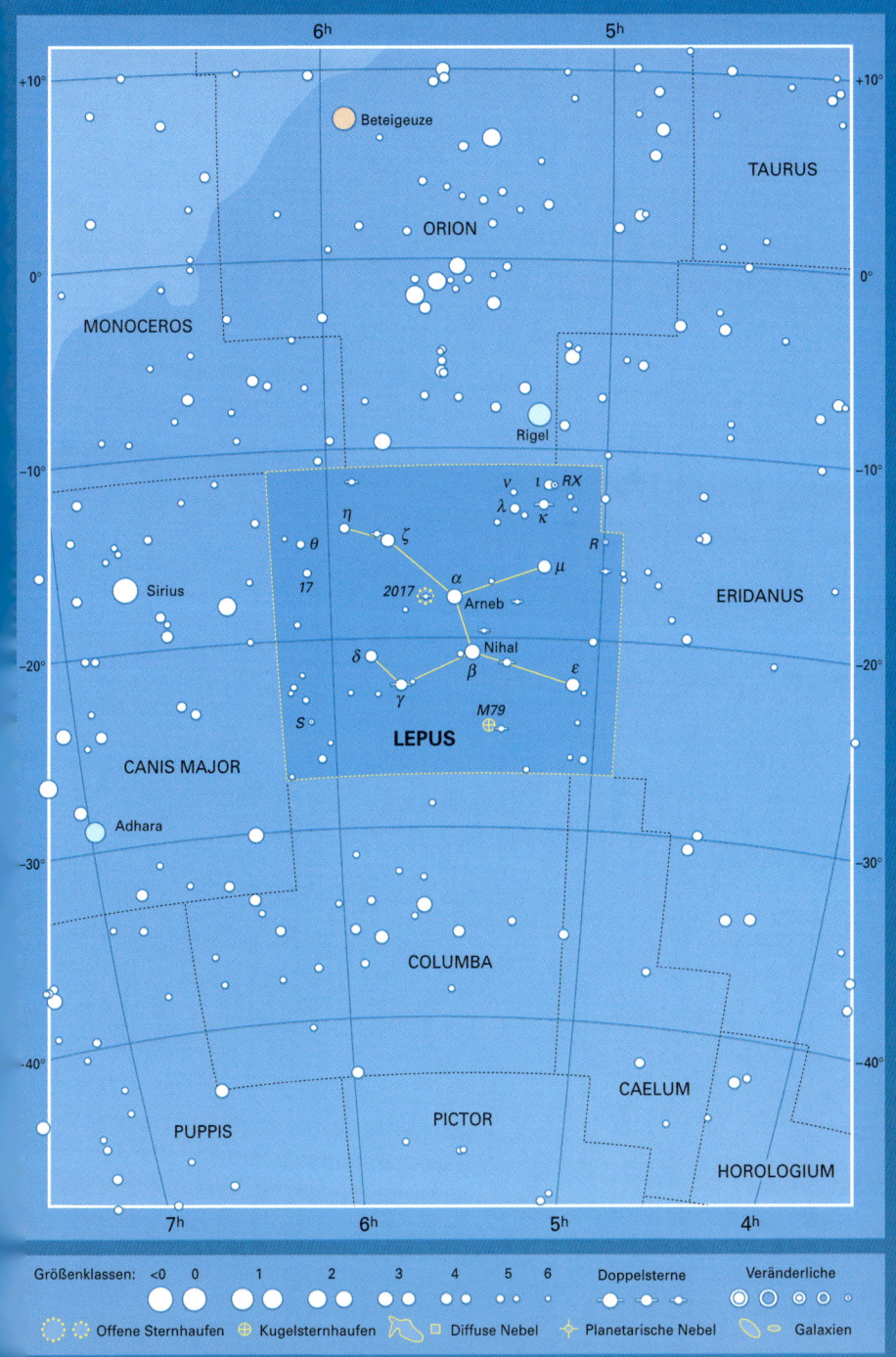

Größenklassen: <0 0 1 2 3 4 5 6 Doppelsterne Veränderliche

Offene Sternhaufen Kugelsternhaufen Diffuse Nebel Planetarische Nebel Galaxien

LIBRA   Waage

Dieses kleine, lichtschwache Sternbild gehört zu den Tiersternbildern und wird im November von der Sonne durchwandert. In der griechischen Antike sah man sie als Klauen des Skorpions an, also eine Erweiterung des benachbarten Skorpions. Diese Sichtweise ist heute noch in den Sternen α (alpha), β (beta) und γ (gamma) Librae zu erkennen (siehe unten). Die Römer machten daraus zur Zeit Julius Cäsars, also im 1. Jahrhundert v. Chr., ein eigenständiges Sternbild. Seitdem ist die Waage ein Symbol der Gerechtigkeit, die von Astraeia, der Göttin der Gerechtigkeit, in Gestalt des benachbarten Sternbilds Virgo in die Höhe gehalten wird. In der Waage befand sich einstmals der Herbstpunkt, der Punkt, an dem die Sonne jedes Jahr den Himmelsäquator kreuzt. Aufgrund der Präzession ist dieser Punkt um 730 v. Chr. in die benachbarte Jungfrau gewandert, doch das Äquinoktium wird auch heute noch als Waagepunkt bezeichnet.

α (alpha) Librae, 14h 50m / −16°,0; (Zubenelgenubi, „die südliche Klaue"), Entfernung 77 LJ, für Ferngläser geeignetes Doppelsternsystem, blauweißer Stern, Größenklasse 2,7; mit einem weißen Begleiter der Größenklasse 5,2.

β (beta) Lib, 15h 17m / −9°,4; (Zubeneschamali, „nördliche Klaue"), Größenklasse 2,6; hellster Stern des Sternbilds und einer der wenigen mit deutlich grünlicher Färbung. Er ist etwa 160 LJ entfernt.

γ (gamma) Lib, 15h 36m / −14°,8; (Zubenelakrab, „die Klaue des Skorpions"), Größenklasse 3,9; orangeroter Riese, 152 LJ entfernt.

δ (delta) Lib, 15h 01m / −8°,5; Entfernung 304 LJ, bedeckungsveränderlicher Doppelstern des Algol-Typs, schwankt in zwei Tagen und acht Stunden zwischen den Größenklassen 4,9 und 5,2.

ι (iota) Lib, 15h 12m / −19°,8; Mehrfachstern, Entfernung 377 LJ. Der blauweiße Hauptstern der Größenklasse 5,4 besitzt einen entfernten Begleiter der Größenklasse 9,4, der mit kleinen Teleskopen aufgrund des großen Helligkeitsunterschieds schwer zu erkennen ist. Ab 75 mm Öffnung ist zu erkennen, dass auch der Begleiter aus zwei Komponenten besteht, die wiederum den Größenklassen 10 und 11 angehören. Der hellere Stern ι Lib selbst ist ebenfalls ein Doppelstern mit einer Periodendauer von 23 Jahren. Die einzelnen Komponenten sind sich aber zu nahe, um mit einem Amateurteleskop erkennbar zu sein. Ferngläser zeigen in der Nähe einen Stern der Größenklasse 6,1, bei dem es sich um 25 Librae handelt, einen 219 LJ entfernten Vordergrundstern.

μ (mü) Lib, 14h 49m / −14°,4; Entfernung 235 LJ, enger Doppelstern, bestehend aus Komponenten der Größenklasse 5,7 bzw. 6,8; zu unterscheiden ab 75 mm Öffnung.

48 Lib, 15h 58m / −14°,3; Größenklasse 4,9; Hüllenstern, ähnelt γ (gamma) Cassiopeiae und Pleione im Stier. Der blaue, 513 LJ entfernte Überriese dreht sich extrem schnell, sodass er in Äquatorhöhe Gasringe auswirft, wobei er um Bruchteile einer Größenklasse schwankt. Er trägt auch die Bezeichnung FX Lib, die ihn als Veränderlichen kennzeichnet.

NGC 5897, 15h 17m / −21°,0; großer, verstreuter Kugelsternhaufen der Größenklasse 9, Entfernung 40 000 LJ, eher uninteressant.

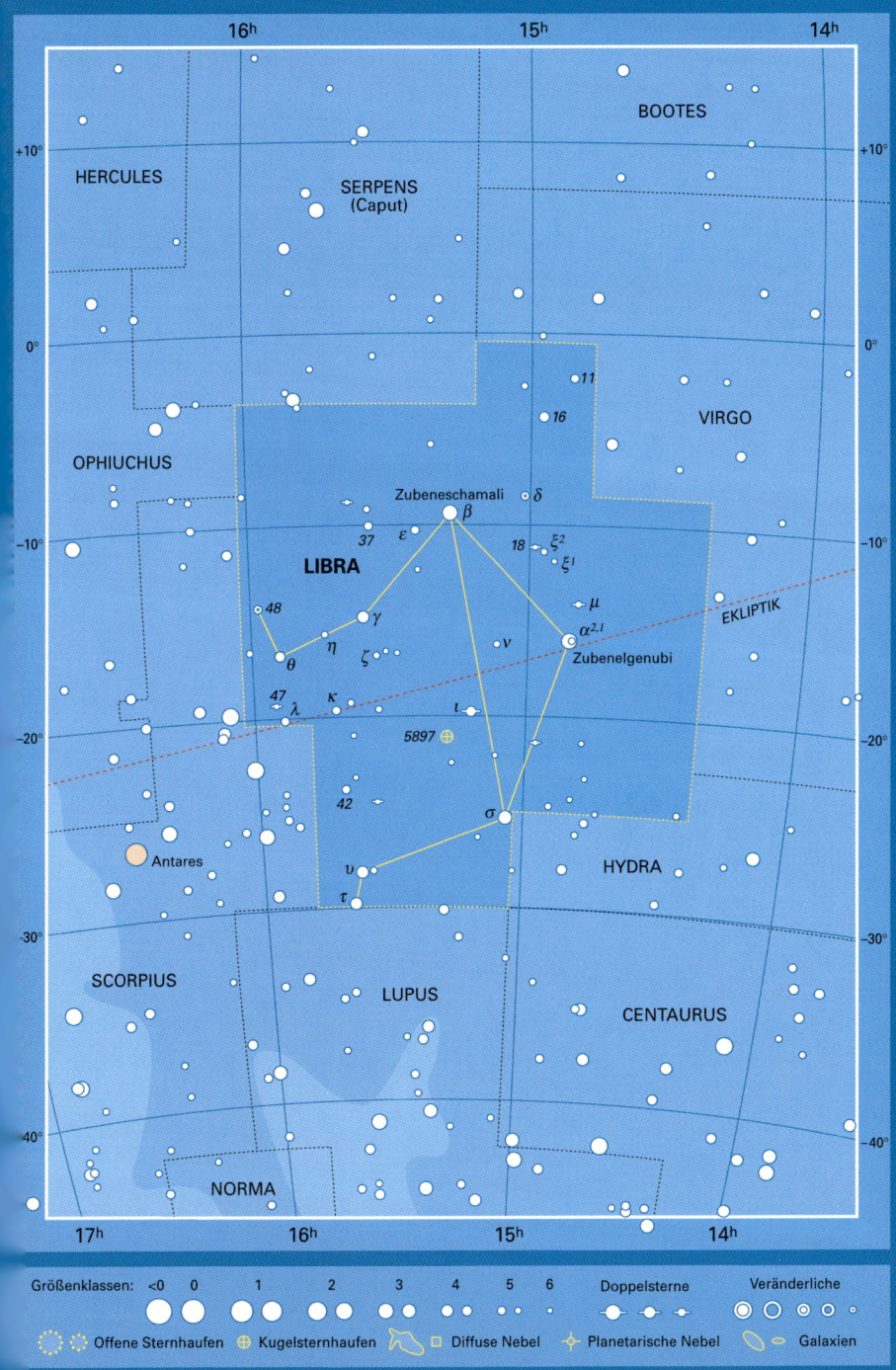

LUPUS Wolf

Das Sternbild Lupus steckt voller interessanter Objekte, wird aber aufgrund seiner berühmten Nachbarn Skorpion und Zentaur häufig zu wenig beachtet. Lupus wurde von den Griechen und den Römern als undefinierbares wildes Tier erkannt, dass von dem Zentaur mit einem Speer erlegt wurde. Seit der Renaissance wird es als Wolf definiert. Lupus liegt in der Milchstraße und enthält zahlreiche Doppelsterne.

α (alpha) Lupi, 14h 42m / −47°,4; Größenklasse 2,3; blauer Riese, Entfernung 548 LJ.

β (beta) Lup, 14h 59m / −43°,1; Größenklasse 2,7; blauer Riese, Entfernung 524 LJ.

γ (gamma) Lup, 15h 35m / −41°,2; Größenklasse 2,8; blauweißer Stern in 570 LJ Entfernung. Es handelt sich um einen Doppelstern mit 190 Jahren Umlaufzeit. Die beiden Komponenten sind erst in einem Teleskop von 200 mm zu unterscheiden.

ε (epsilon) Lup, 15h 23m / −44°,7; Entfernung 504 LJ, blauweißer Stern der Größenklasse 3,4 mit einem entfernten Begleiter der Größenklasse 8,8, der durch kleine Teleskope sichtbar wird. Auch der Hauptstern ist ein Doppelstern, dessen Komponenten aber nur mithilfe starker Teleskope zu trennen sind.

η (eta) Lup, 16h 00m / −38°,4; Entfernung 493 LJ. Es handelt sich um einen Doppelstern. Der blauweiße Hauptstern gehört zur Größenklasse 3,4, der Begleiter zur Größenklasse 7,9. Aufgrund des großen Helligkeitsunterschieds ist er durch kleine Teleskope schwer zu erkennen.

κ (kappa) Lup, 15h 12m / −48°,7; Entfernung 188 LJ, auch für kleine Teleskope gut geeigneter Doppelstern aus blauweißen Komponenten der Größenklassen 3,9 und 5,7.

μ (mü) Lup, 15h 19m / −47°,9; Entfernung 291 LJ, Mehrfachstern. Mithilfe kleiner Teleskope wird ein blauweißer Hauptstern der Größenklasse 4,3 mit einem entfernten Begleiter der Größenklasse 6,9 erkennbar. Ab einer Öffnung von 100 mm mit starker Vergrößerung wird deutlich, dass auch der Hauptstern eigentlich ein Doppelstern ist, dessen beinahe identische Komponenten die Größenklassen 5,0 und 5,1 besitzen.

ξ (xi) Lup, 15h 57m / −34°,0 ; Entfernung 200 LJ, auch für kleine Teleskope gut geeignetes, blauweißes Sternpaar der Größenklassen 5,1 bzw. 5,6.

π (pi) Lup, 15h 05m / −47°,1; Entfernung 500 LJ, erscheint dem bloßen Auge als Einzelstern der Größenklasse 3,9. Ein 75-mm-Objektiv zeigt jedoch, dass es sich um zwei blauweiße Sterne der Größenklassen 4,6 und 4,7 handelt.

GG Lup, 15h 19m / −40°,8; Entfernung 514 LJ, bedeckungsveränderlicher Doppelstern des Algol-Typs, schwankt in 1,85 Tagen um die Größenklassen 5,6 bis 6,1.

NGC 5822, 15h 05m / −54°,3; großer, verstreuter, offener Sternhaufen aus etwa 150 schwach leuchtenden Sternen, Entfernung 2400 LJ, erkennbar durch Fernglas oder kleine Teleskope.

NGC 5986, 15h 46m / −37°,8; Kugelsternhaufen, Größenklasse 8, Entfernung 33 000 LJ, durch kleine Teleskope als rundlicher Fleck erkennbar.

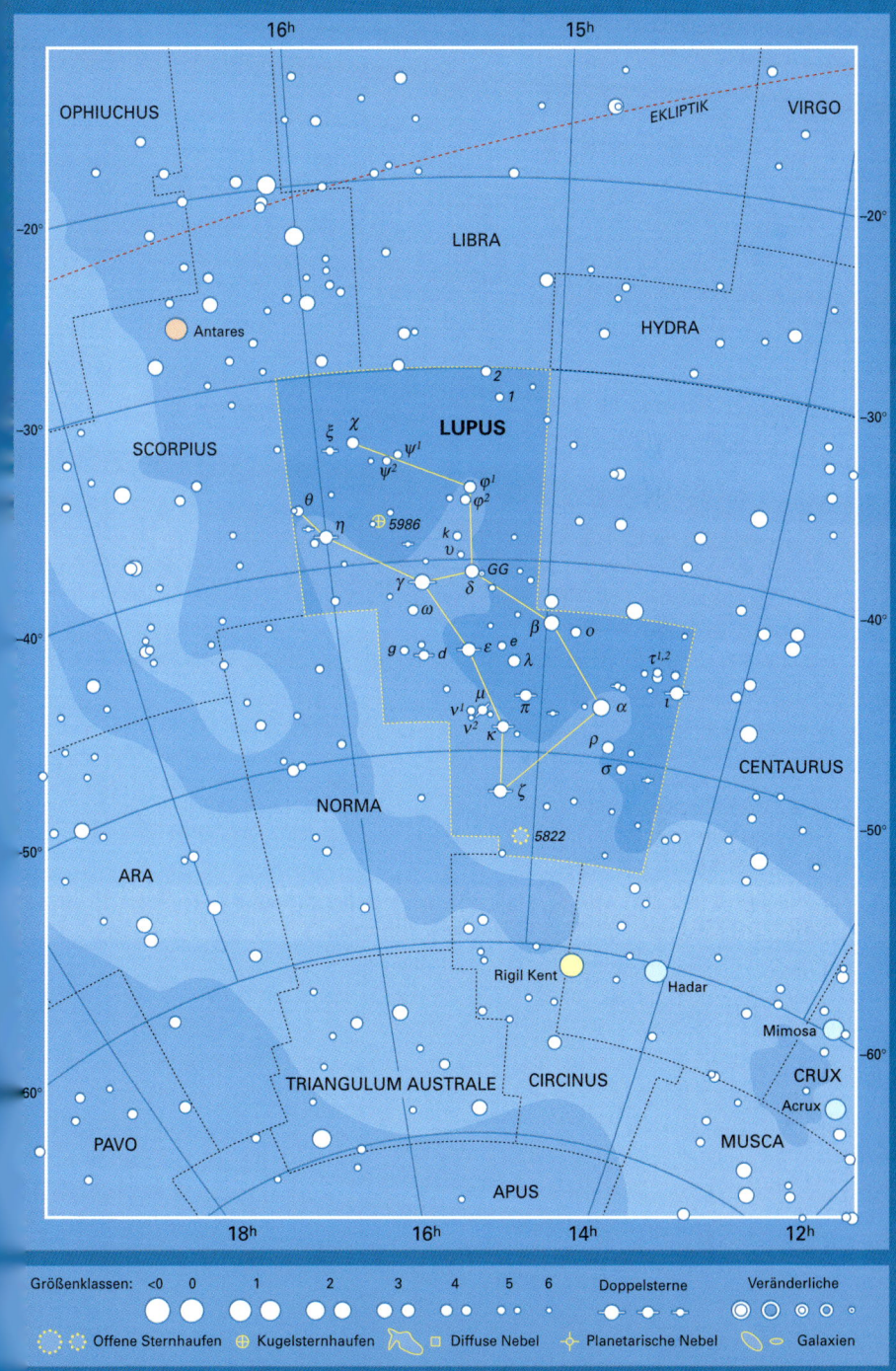

OPHIUCHUS

16ʰ

15ʰ

EKLIPTIK

VIRGO

−20°

LIBRA

−20°

Antares

HYDRA

2
1

LUPUS

−30°

ξ   χ

ψ¹

SCORPIUS

ψ²

φ¹
φ²

θ

η

⊕ 5986

k
υ

γ

δ

GG

ω

β

o

−40°

g   d

ε   e

λ

τ¹,²

−40°

μ

π

α

ι

ν¹

ρ

ν²   κ

σ

CENTAURUS

ζ

NORMA

⊕ 5822

−50°

−50°

ARA

Rigil Kent

Hadar

Mimosa

CRUX

−60°

Acrux

−60°

PAVO

TRIANGULUM AUSTRALE

CIRCINUS

MUSCA

APUS

18ʰ

16ʰ

14ʰ

12ʰ

Größenklassen: <0   0   1   2   3   4   5   6   Doppelsterne   Veränderliche

◯ ◯ Offene Sternhaufen   ⊕ Kugelsternhaufen   Diffuse Nebel   Planetarische Nebel   Galaxien

LYNX   Luchs

Trotz der bemerkenswerten Größe (die Ausdehnung übertrifft beispielsweise die des Sternbilds Zwillinge) wird dieses Sternbild sehr wenig beachtet. Es wurde 1687 durch den polnischen Astronomen Johannes Hevelius eingeführt, um die Lücke zwischen dem Großen Bären und Auriga auszufüllen. Trotz der geringen Helligkeit finden Besitzer kleiner Teleskope viele lohnenswerte Doppelsterne.

α (alpha) Lyncis, 9h 21m / +34°,4; Größenklasse 3,1; Roter Riese, Entfernung 221 LJ.

5 Lyn, 6h 27m / +58°,4; Entfernung 680 LJ, orangeroter Riesenstern der Größenklasse 5,2. Kleine Teleskope zeigen einen entfernten Begleiter der Größenklasse 7,9.

12 Lyn, 6h 46m / +59°,4; Entfernung 229 LJ, faszinierender Dreifachstern. Kleine Teleskope zeigen einen blauweißen Doppelstern der Größenklasse 5,4 mit einem lichtschwächeren Begleiter (Größenklasse 7,2). Ab 75 mm Öffnung wird deutlich, dass der hellere Stern selbst ein Doppelstern ist. Seine Komponenten gehören zu den Größenklassen 5,5 bzw. 6,1 und umkreisen sich alle 700 Jahre.

15 Lyn, 6h 57m / +58°,4; Entfernung 170 LJ, enger Doppelstern, erst ab 150 mm Öffnung zu unterscheiden. Die Komponenten gehören zu den Größenklassen 4,7 und 5,8; der hellere Stern erscheint in einem tiefen Gelb.

19 Lyn, 7h 23m / +55°,3; attraktiver Dreifachstern, geeignet für kleine Teleskope, die blauweißen Komponenten gehören zu den Größenklassen 5,8 und 6,9, der entferntere dritte Stern zur Größenklasse 7,6. Das Trio ist etwa 500 LJ entfernt.

38 Lyn, 9h 19m / +36°,8; Entfernung 122 LJ, blauweißer Doppelstern der Größenklasse 3,9 bzw. 6,3. Auch durch Teleskope schwer auseinander zu halten.

41 Lyn, 9h 29m / +45°,6; Entfernung 288 LJ, liegt tatsächlich innerhalb des Sternbild Großer Bär (die Bezeichnung wurde hier zur einfacheren Identifikation beibehalten). Der gelbe Riese gehört zur Größenklasse 5,4 und besitzt einen entfernten Begleiter der Größenklasse 8, der nur durch kleine Teleskope erkennbar ist. In der Nähe befindet sich ein Stern der Größenklasse 10, der mit den anderen beiden ein auffälliges Dreieck bildet.

NGC 2419, 7h 38m / +38°,9; außergewöhnlich weit entfernter Kugelsternhaufen der Größenklasse 11, wird gern als intergalaktischer Streuner bezeichnet. Er ist etwa 330 000 LJ vom Zentrum der Galaxie entfernt.

Flamsteed-Nummerierung

Abgesehen von α Lyncis sind alle wichtigen Sterne im Luchs nicht mit griechischen Buchstaben, sondern so genannten Flamsteed-Ziffern gekennzeichnet. Diese Ziffern entstammen einem Katalog von 2935 Sternen, der *Historia Coelestis Britannica,* die der erste königliche Astronom Englands, John Flamsteed (1646–1719), zusammenstellte. Der Katalog wurde erst posthum im Jahr 1725 veröffentlicht. Flamsteed ordnete die Sterne der Sternbilder nach ihrer Rektaszension. Die heute als Flamsteed-Nummerierung bekannten Ziffern stammen tatsächlich nicht von Flamsteed selbst, sondern wurden erst später von anderen Astronomen in den Katalog eingefügt.

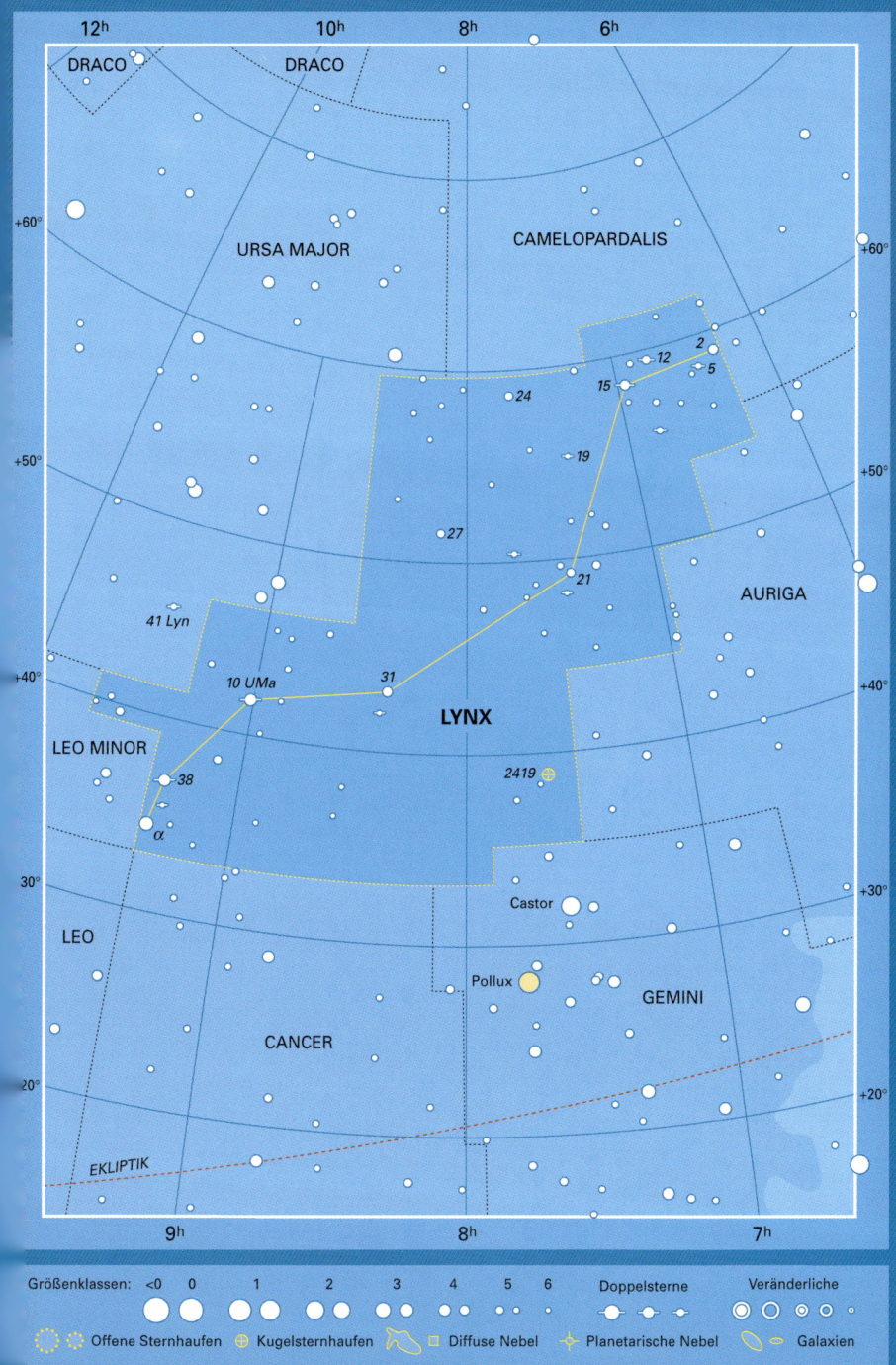

LYRA   Leier

Das bereits aus der Antike bekannte Sternbild zeigt ein Saiteninstrument, das von Hermes eingeführt wurde. Die Leier ist zwar klein, aber recht hell und auffällig. Sie beinhaltet mit Wega den fünfthellsten Stern am Himmel. Wega bildet eine Ecke des Sommerdreiecks (die anderen beiden sind Deneb in Cygnus und Atair in Aquila). Die Bewegung unserer Sonne innerhalb der Galaxie bringt uns Wega mit 20 km/s Geschwindigkeit relativ zu umliegenden Sternen näher. Aufgrund der Präzession wird Wega im 14. Jahrtausend der Polarstern sein, obwohl er sich dem Pol nur bis auf $5°,7$ annähert. Aus diesem Sternbild kommen jedes Jahr die Lyriden, ein Meteorschwarm, der in der Nacht vom 21. zum 22. April erscheint.

α (alpha) Lyrae, 18h 37m / +38°,8; (Wega, „herabstürzender Adler"), Größenklasse 0,03, wunderschöner, blauweißer Stern der Hauptreihe in 25 LJ Entfernung. Er ist der fünfthellste Stern am Nachthimmel.

β (beta) Lyr, 18h 50m / +33°,4; (Sheliak, „Harfe"), Entfernung 882 LJ, eindrucksvoller Mehrfachstern. Schon mit kleinen Teleskopen sind der blaue und der cremefarbene Einzelstern leicht zu erkennen. Der schwächere, bläuliche Stern gehört zur Größenklasse 7,2, während der hellere ein Bedeckungsveränderlicher ist, der in 12,9 Tagen zwischen den Größenklassen 3,3 bis 4,4 schwankt. β Lyrae ist der Prototyp einer Klasse von Bedeckungsveränderlichen, die sich so nahe sind, dass sie durch die Gravitation elliptisch verformt werden und heißes Gas ausstoßen.

γ (gamma) Lyr, 18h 59m / +32°,7; (Sulafat, „Schildkröte"), Größenklasse 3,2; blauweißer Riese, Entfernung 635 LJ.

$δ^1$, $δ^2$ (delta^1, delta^2) Lyr, 18h 54m / +37°,0; mit bloßem Auge oder Fernglas zu beobachtender Doppelstern, bestehend aus zwei eigenständigen Sternen: $δ^1$ ist blauweiß, 1080 LJ entfernt und gehört zur Größenklasse 5,6; $δ^2$ ist ein Roter Riesenstern in 899 LJ Entfernung, er schwankt unregelmäßig zwischen den Größenklassen 4,2 und 4,3. ▶

Der doppelte Doppelstern ε (epsilon) Lyrae, wie er durch das Teleskop erscheint. (Wil Tirion)

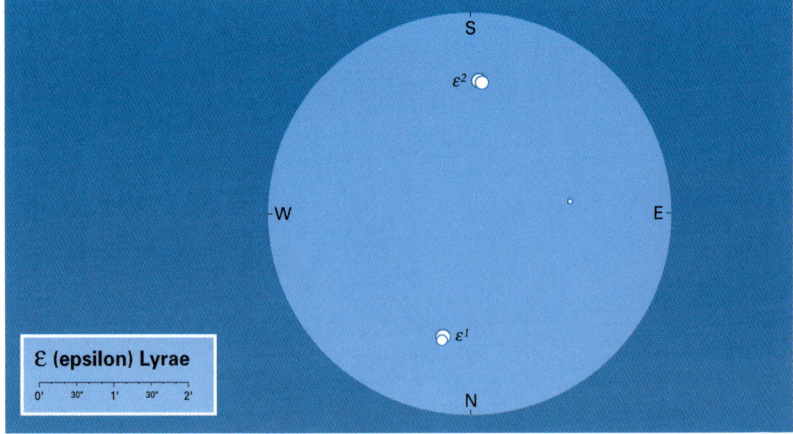

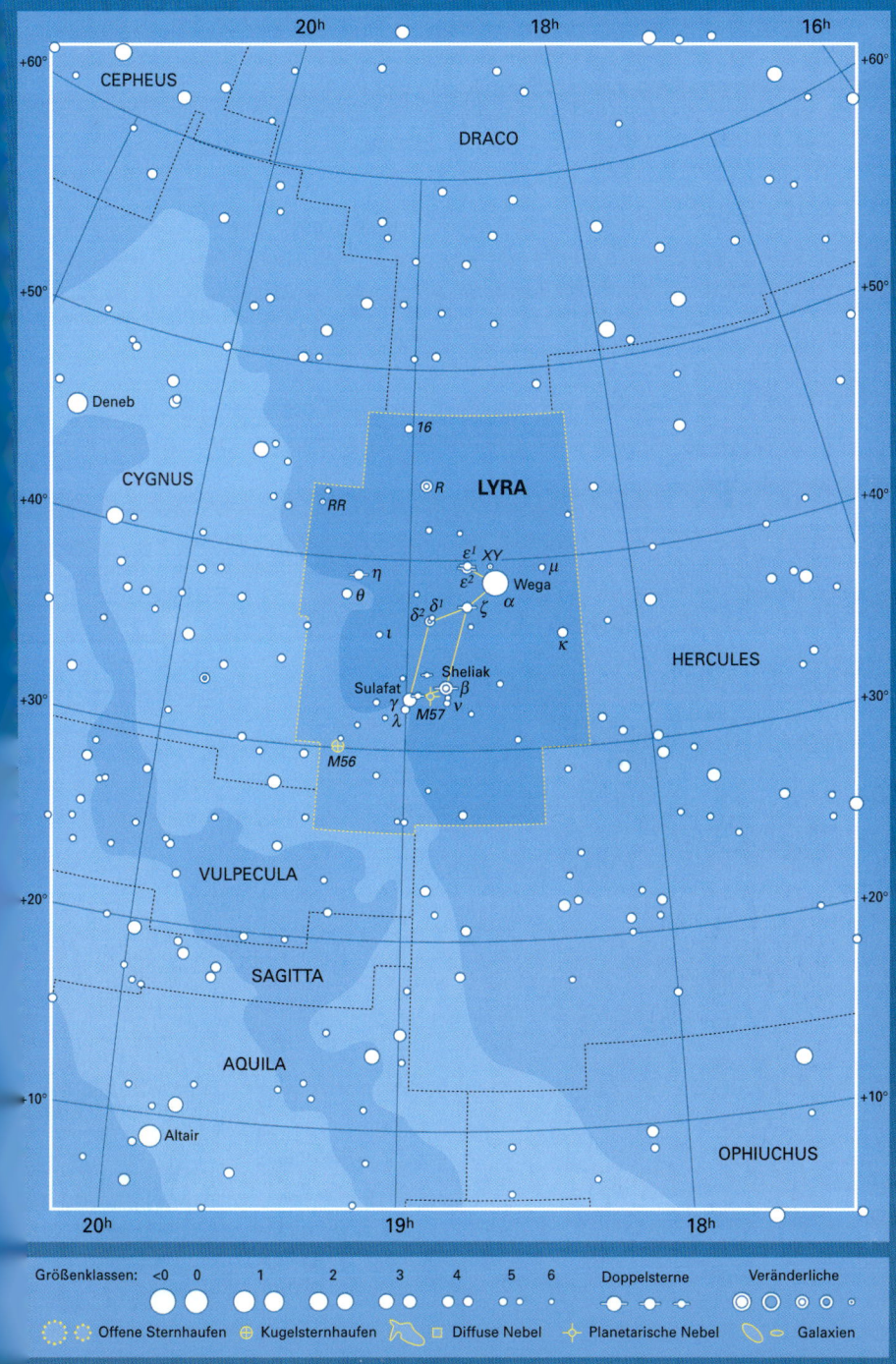

52
LYRA
Lyr · Lyrae

CEPHEUS

DRACO

LYRA

HERCULES

CYGNUS

Deneb

16

R

ε¹ XY

ε²

μ

Wega

α

δ² δ¹ ζ

κ

ι

Sulafat

Sheliak

γ

β

λ

M57

ν

M56

VULPECULA

SAGITTA

AQUILA

OPHIUCHUS

Altair

Größenklassen: <0   0   1   2   3   4   5   6   Doppelsterne   Veränderliche

Offene Sternhaufen   ⊕ Kugelsternhaufen   Diffuse Nebel   Planetarische Nebel   Galaxien

179

ε^1, ε^2 (epsilon^1, epsilon^2) Lyr, 18h 44m / +39°,7; Entfernung 161 LJ, sehr prominenter Vierfachstern. Mit dem Fernglas, zeitweise auch mit bloßem Auge sind ε^1 und ε^2 mit den Größenklassen 4,7 und 4,6 erkennbar. Mit 60 bis 75mm Öffnung und starker Vergrößerung sieht man aber, dass es sich bei beiden um Doppelsterne handelt, die fast im rechten Winkel zueinander ausgerichtet sind. Das ε^1-Paar gehört zu den Größenklassen 5,0 und 6,1 und hat eine Umlaufzeit von über 1000 Jahren, das ε^2-Paar steht noch etwas näher zueinander, gehört zu den Größenklassen 5,2 bzw. 5,5 mit einem Umlauf von etwa 720 Jahren. Vierfachsterne sind selten, und dies ist der schönste.

ζ (zeta) Lyr, 18h 45m / +37°,6; Entfernung 152 LJ, Doppelstern. Die Einzelsterne gehören zu den Größenklassen 4,4 bzw. 5,7 und sind mit dem Fernglas oder kleinen Teleskopen zu erkennen.

η (eta) Lyr, 19h 14m / +39°,1; Entfernung 1040 LJ, blauweißer Stern der Größenklasse 4,4 mit einem entfernten Begleiter der Größenklasse 9,1. Für diesen ist ein kleines Teleskop erforderlich.

R Lyr, 18h 55m / +43°,9; Entfernung 350 LJ, Roter Riese, schwankt in einer Periode von sechs oder sieben Wochen zwischen den Größenklassen 3,9 und 5,0.

RR Lyr, 19h 25m / +42°,8; Entfernung 745 LJ, Prototyp einer wichtigen Klasse veränderlicher Sterne. Veränderliche des Typ RR Lyrae finden sich häufig in Kugelsternhaufen und werden deshalb auch als Haufen-Veränderliche bezeichnet. Die mit den Cepheiden verwandten Riesen pulsieren und schwanken in weniger als einem Tag um etwa eine Größenklasse. RR Lyrae selbst schwankt in 13,6 Stunden zwischen den Größenklassen 7,1 und 8,1.

M 57 (NGC 6720), 18h 54m / +33°,0; Ringnebel, ein berühmter planetarischer Nebel der Größenklasse 9 in 2000 LJ Entfernung, liegt zwischen β (beta) und γ (gamma) Lyrae. Auf Fotografien, die mithilfe großer Teleskope aufgenommen wurden, sieht er aus wie ein Rauchring. Einer der hellsten planetarischen Nebel, er erscheint am Himmel etwas größer als Jupiter. (Fotografie siehe S. 273)

MENSA Tafelberg

Das lichtschwächste aller Sternbilder besitzt keinen Stern, der heller ist als Größenklasse 5,0. Der Tafelberg wurde von Nicolas Louis de Lacaille eingeführt, um den Tafelberg am Kap der guten Hoffnung zu ehren, von wo aus er in den Jahren 1751–1752 seine Beobachtungen des südlichen Nachthimmels durchführte. Teile der Großen Magellanschen Wolke reichen vom benachbarten Sternbild Goldfisch in den Tafelberg hinein.

α (alpha) Mensae, 6h 10m / –74°,8; Größenklasse 5,1; gelber, sonnenähnlicher Stern, Entfernung 33 LJ.

β (beta) Men, 5h 03m / –71°,3; Größenklasse 5,3; gelber Riese, Entfernung 642 LJ.

γ (gamma) Men, 5h 32m / –76°,3; Größenklasse 5,2; orangeroter Riese, Entfernung 101 LJ.

η (eta) Men, 4h 55m / –74°,9; Größenklasse 5,2; orangeroter Riese, Entfernung 712 LJ.

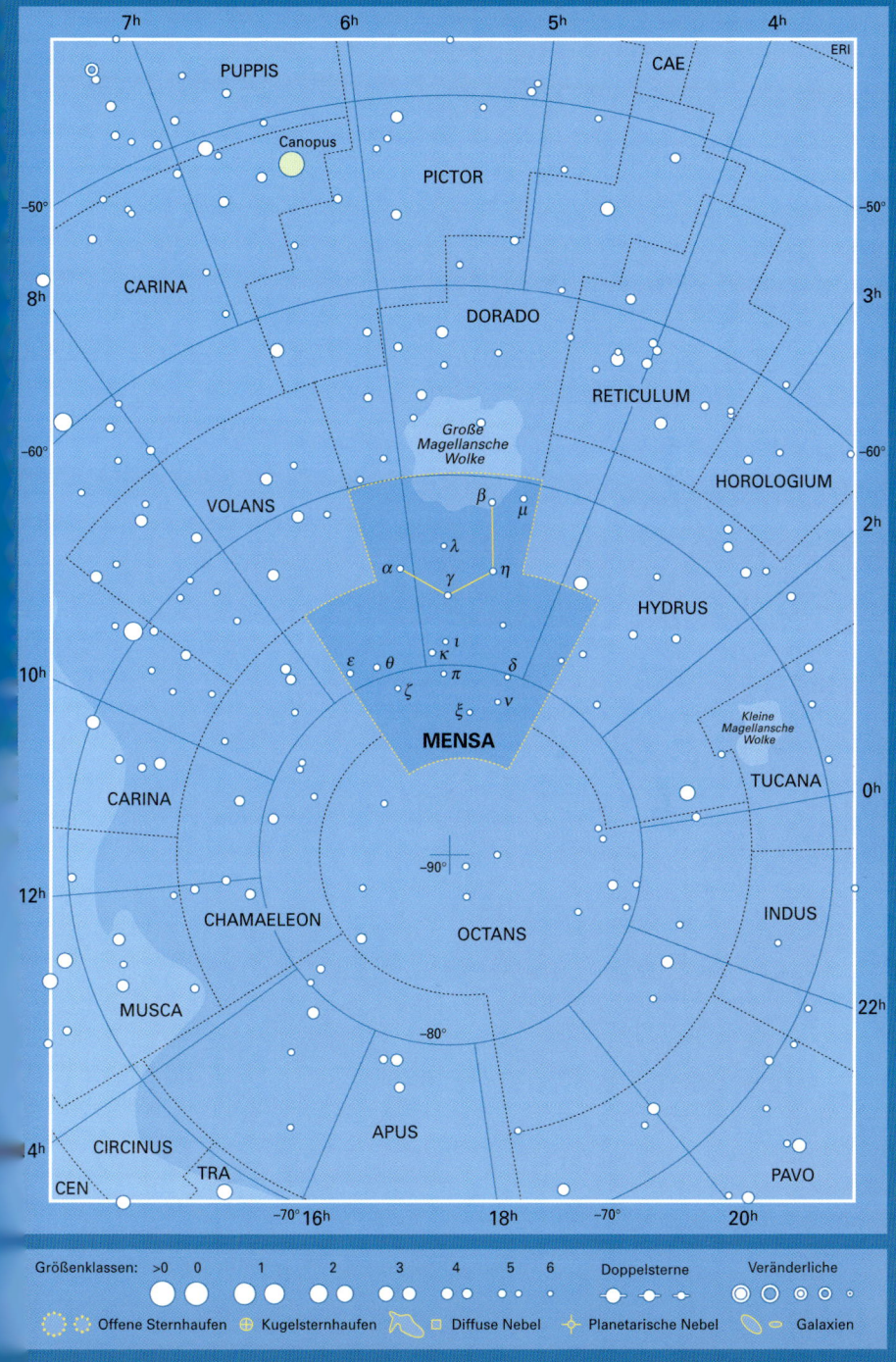

7h 6h 5h 4h

ERI

PUPPIS

Canopus

PICTOR

CAE

−50°

CARINA

DORADO

8h

−60°

RETICULUM

3h

Große
Magellansche
Wolke

VOLANS

HOROLOGIUM

β μ

λ

2h

α

γ η

HYDRUS

10h

ε θ κ ι

π δ

ζ ν

ξ

Kleine
Magellansche
Wolke

MENSA

TUCANA

0h

CARINA

−90°

INDUS

12h

CHAMAELEON

OCTANS

MUSCA

−80°

22h

APUS

4h

CIRCINUS

PAVO

CEN

TRA

−70° 16h

18h

−70° 20h

MICROSCOPIUM   Mikroskop

Ein weiteres Sternbild, das in den 1750er Jahren von dem Franzosen Nicolas Louis de Lacaille eingeführt wurde und ein wissenschaftliches Instrument darstellt. Wie viele seiner Sternbilder ist auch das Mikroskop kaum mehr als ein Lückenfüller, der einige schwach leuchtende Sterne zwischen bekannteren Sternbildern umfasst.

α (alpha) Microscopii, 20h 50m / –33°,8; Größenklasse 4,9; gelber Riese, Entfernung 381 LJ.

γ (gamma) Mic, 21h 01m / –32°,3; Größenklasse 4,7; gelber Riese, Entfernung 224 LJ.

ε (epsilon) Mic, 21 18m / –32°,2; Größenklasse 4,7; blauweißer Stern der Hauptreihe, Entfernung 165 LJ.

Der Rosetten-Nebel NGC 2237 im Sternbild Einhorn ist einer der schönsten Nebel am Nachthimmel. Er umgibt den Sternhaufen NGC 2244. Siehe auch Seite 184. (Nigel Sharp/AURA/NOAO/NSF)

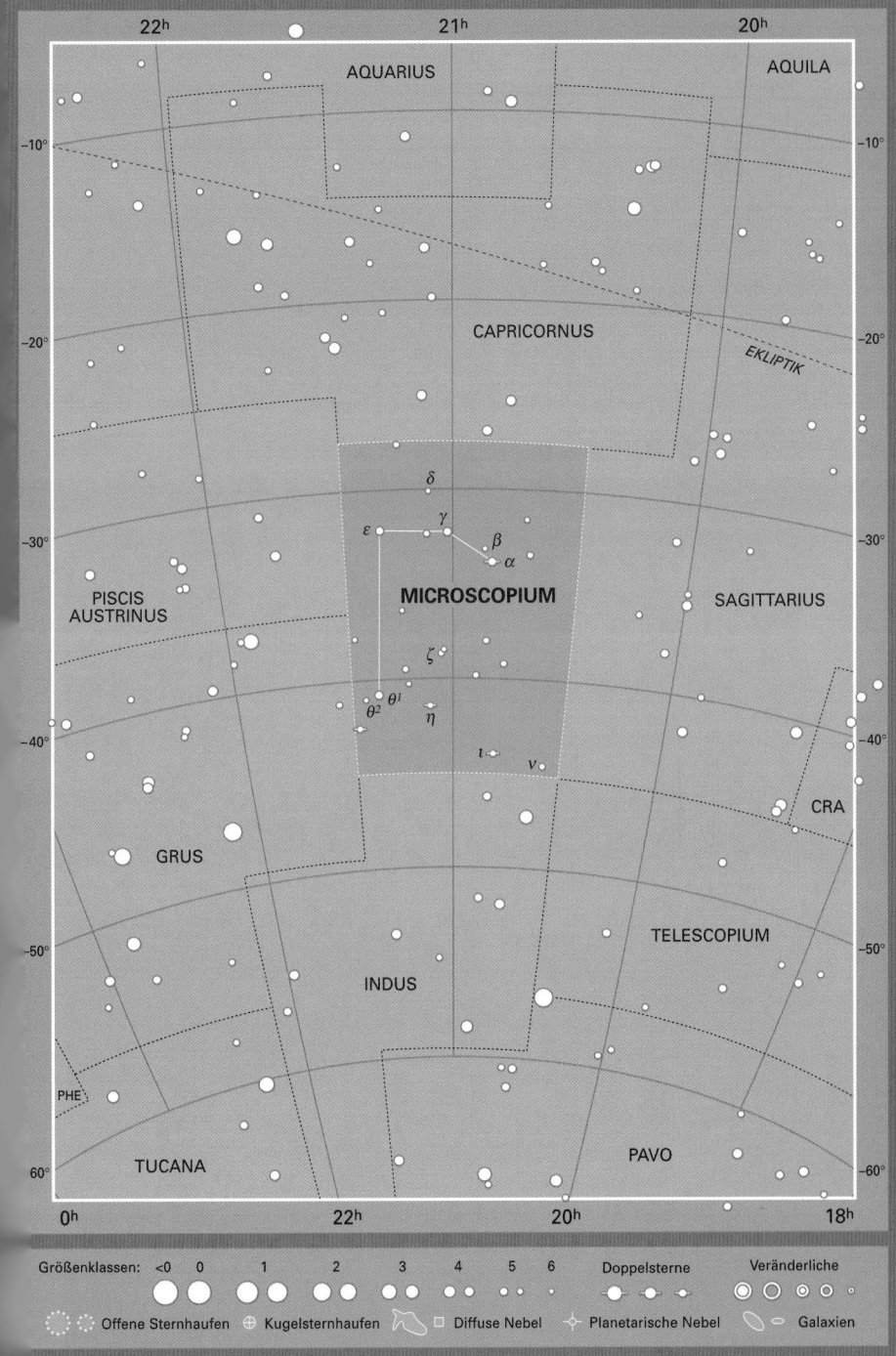

MONOCEROS   Einhorn

Ein schwach leuchtendes, aber faszinierendes Sternbild zwischen Orion und Kleinem Hund. Es wurde 1613 von dem holländischen Theologen und Astronom Petrus Plancius eingeführt, offenbar aufgrund von Hinweisen auf ein Einhorn im Alten Testament. In diesem Bereich der Milchstraße gibt es zahlreiche Nebel und Sternhaufen. Zu den bekanntesten Merkmalen des Sternbilds gehört Plasketts Stern, ein spektroskopischer Doppelstern der Größenklasse 6,1. Er wurde nach dem kanadischen Astronom John S. Plaskett benannt, der 1922 entdeckte, dass es sich hier um den massereichsten aller bekannten Doppelsterne handelt. Nach heutigem Kenntnisstand besteht er aus zwei blauen Überriesen mit dem 43- bzw. 51fachen der Sonnenmasse. Sie umkreisen einander in 14,4 Tagen. Plasketts Stern liegt bei 6h 37,4m / +6°,08' in der Nähe des offenen Sternhaufens NGC 2244, er könnte ein außerhalb liegendes Mitglied des Haufens sein.

α (alpha) Monocerotis, 7h 41m / –9°,6; Größenklasse 3,9; orangeroter Riese, Entfernung 144 LJ.

β (beta) Mon, 6h 29m / –7°,0 ; Entfernung 690 LJ, gilt als der wahrscheinlich schönste Dreifachstern am Nachthimmel. Bei guter Sicht zeigen auch kleinste Teleskope die drei Komponenten der Größenklassen 4,6; 5,0 und 5,4.

δ (delta) Mon, 7h 12m / –0°,5; Größenklasse 4,2; blauweißer Stern, Entfernung 375 LJ. Er besitzt einen entfernten, aber eigenständigen Begleiter der Größenklasse 5,5. Sein Name ist 21 Mon.

8 Mon, 6h 24m / +4°,6; auch bekannt als ε (epsilon) Mon, mit kleinen Teleskopen sind die Sterne einzeln erkennbar. Es handelt sich um Sterne der Größenklassen 4,4 und 6,7. Sie liegen 128 bzw. 79 LJ entfernt.

S Mon, 6h 41m / +9°,9; auch bekannt als 15 Mon, sehr leuchtstarker blauweißer Stern der Größenklasse 4,7; liegt 2600 LJ entfernt im Sternhaufen NGC 2264 (siehe S. 186). Doppelstern mit nahem Begleiter der Größenklasse 7,6, durch kleine Teleskope zu erkennen. S Mon fluktuiert unregelmäßig um etwa 0,1 Größenklassen.

M 50 (NGC 2323), 7h 03m / –8°,3; offener Sternhaufen von etwa 80 Sternen. Mit einer Öffnung von mehr als 100 mm erkennt man eine ungleichmäßige Sterngruppe der Größenklasse 8 und schwächer, im Süden befindet sich ein rötlicher Stern. M 50 ist 3300 LJ entfernt.

NGC 2232, 6h 27m / –4°,7; verstreuter Sternhaufen von etwa 20 Sternen, geeignet für Fernglas. Er beinhaltet den blauweißen Stern 10 Mon der Größenklasse 5,1, bedeckt etwa eine Fläche wie der Vollmond und ist 1200 LJ entfernt.

NGC 2237, NGC 2244, 6h 32m / +4°,9; komplexe Kombination eines schwachen, diffusen Nebels, genannt Rosetten-Nebel, und eines Sternhaufens, beide etwa 5000 LJ entfernt. Auf lang belichteten Aufnahmen erweist sich der Nebel als rötlicher Kreis, der etwa doppelt so viel Raum am Himmel einnimmt wie der Vollmond. Auch große Amateurteleskope zeigen nur die hellsten Bereiche des Nebels, denen eigene NGC-Ziffern zugewiesen wurden. Der Sternhaufen NGC 2244 besteht aus Sternen, die im Rosetten-Nebel geboren wurden. Er ist mit dem Fernglas gut, mit bloßem Auge gerade noch erkennbar. Die sechs wichtigsten Sterne des Haufens bilden ein Rechteck, der hellste von ihnen, 12 Mon, Größenklasse 5,9, ist jedoch

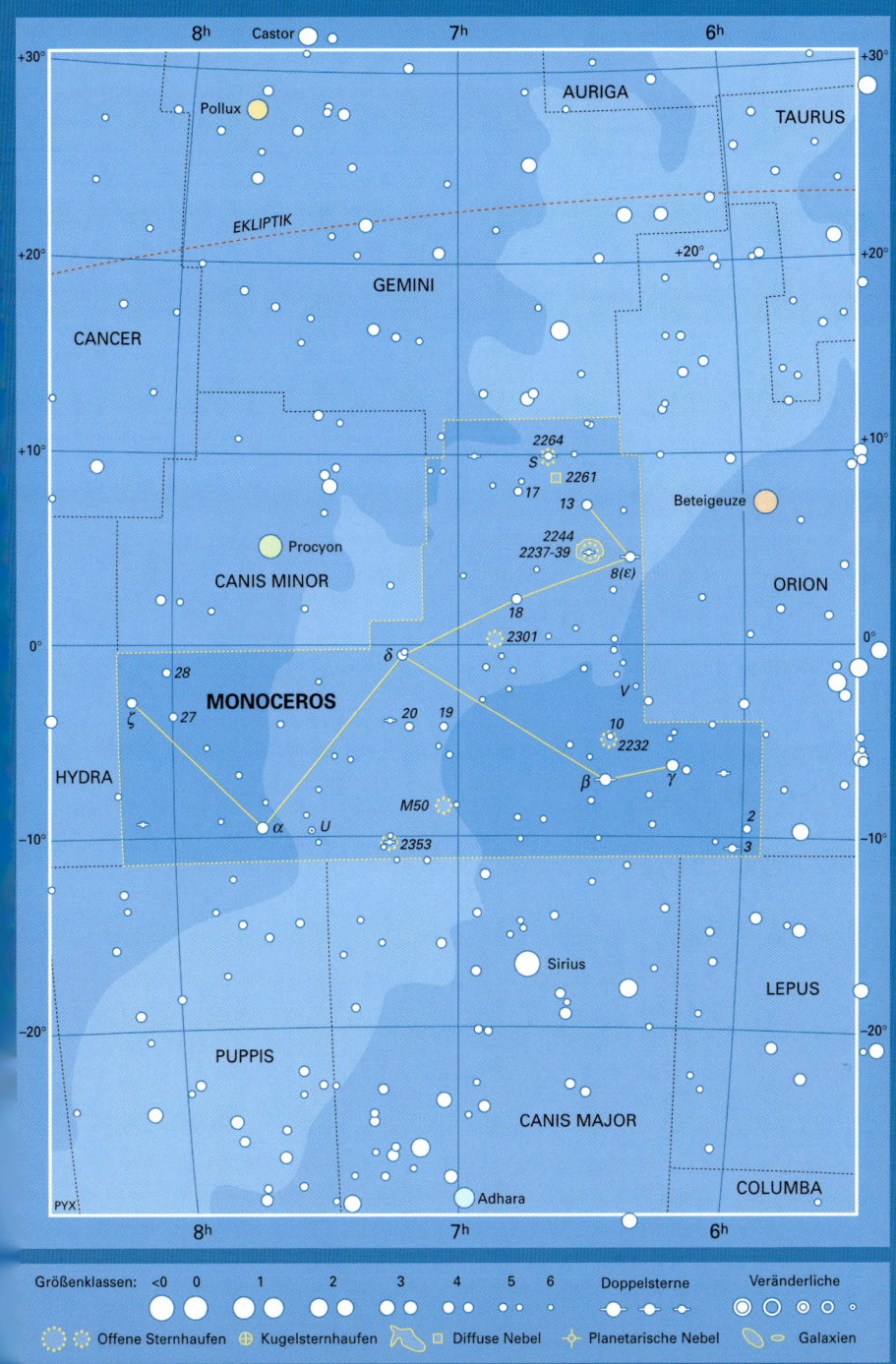

kein echtes Mitglied des Haufens, sondern ein Vordergrundstern. Der Stern-
haufen ist wohl der einzige Teil dieses bekannten Objekts, das mit einem kleinen
Teleskop zu erkennen ist, aber die Form des Nebels ist in einer klaren, dunklen
Nacht gerade noch mit dem Fernglas zu erahnen. (Siehe Fotografie auf S. 182.)

NGC 2261, 6h 39m / +8°,7. Hubbles veränderlicher Nebel ist ein kleiner, licht-
schwacher, fächerförmiger Nebel. Er beinhaltet den bemerkenswerten Veränderlichen R Mon. Seine unregelmäßigen Helligkeitsschwankungen zwischen den
Größenklassen 9,5 und 12 könnten durch die „Geburtswehen" aus dem ihn
umgebenden Nebel verursacht werden. Der Stern und sein Nebel können nur
durch große Amateurteleskope beobachtet werden.

NGC 2264, 6h 41m / +9°,9; eine weitere Kombination von Sternhaufen und Nebel.
Der durch das Fernglas erkennbare Sternhaufen besitzt etwa 40 Mitglieder, darunter auch S Mon, der zur Größenklasse 5 gehört (siehe S. 184). Aufgrund seiner
spitz zulaufenden Form wird er auch Konus-Nebel genannt. Er ist nur auf lang belichteten Fotografien gut zu erkennen und liegt 2600 LJ entfernt.

NGC 2301, 6h 52m / +0°,5; für Ferngläser geeigneter Sternhaufen aus etwa 80
Sternen der Größenklasse 8 und schwächer. Die hellsten Sterne bilden eine
vertikale Reihe; Entfernung etwa 2500 LJ.

NGC 2353, 7h 15m / −10°,3; offener Sternhaufen, geeignet für kleine Teleskope,
besteht aus etwa 30 Sternen der Größenklasse 9 und schwächer, scheinbar
spiralförmig angeordnet. Er ist etwa 3900 LJ entfernt.

MUSCA Fliege

Das kleine Sternbild liegt am südlichen Himmel am Fuß des Kreuz des
Südens. Es gehört zu den zwölf Sternbildern, die Ende des 16. Jahrhunderts von den holländischen Seefahrern Pieter Dirkszoon Keyser und Frederick de Houtman eingeführt wurden. Ursprünglich trug es den Namen
Apis, Biene. Das Sternbild zeigt wenig Interessantes, abgesehen vom Kohlensack-Nebel, der vom benachbarten Kreuz des Südens in Musca hineinreicht.

α (alpha) Muscae, 12h 37m / −69°,1; Größenklasse 2,7; blauweißer Stern, Entfernung 306 LJ.

β (beta) Mus, 12h 46m / −68°,1; Entfernung 311 LJ, enger Doppelstern der Größenklasse 3,6 bzw. 4, erst ab 100 mm Öffnung und starker Vergrößerung auseinander
zu halten. Die Umlaufzeit beträgt etwa 400 Jahre.

δ (delta) Mus, 13h 02m / −71°,5; Größenklasse 3,6; orangeroter Riese, Entfernung
91 LJ.

θ (theta) Mus, 13h 08m / −65°,3; Doppelstern der Größenklasse 5,6 bzw. 7,6; geeignet für kleine Teleskope. Der hellere Stern ist ein blauer Überriese, sein Begleiter ein Wolf-Rayet-Stern, Mitglied einer relativ seltenen Klasse sehr heißer Sterne.
Er ist nach γ (gamma) Velorum der zweithellste Stern seiner Klasse.

NGC 4833, 13h 00m / −70°,9; ziemlich großer Kugelsternhaufen, Größenklasse 7,
18 000 LJ entfernt, geeignet für Fernglas oder kleine Teleskope, ab 100 mm Öffnung reicht die Auflösung für die Identifikation einzelner Sterne.

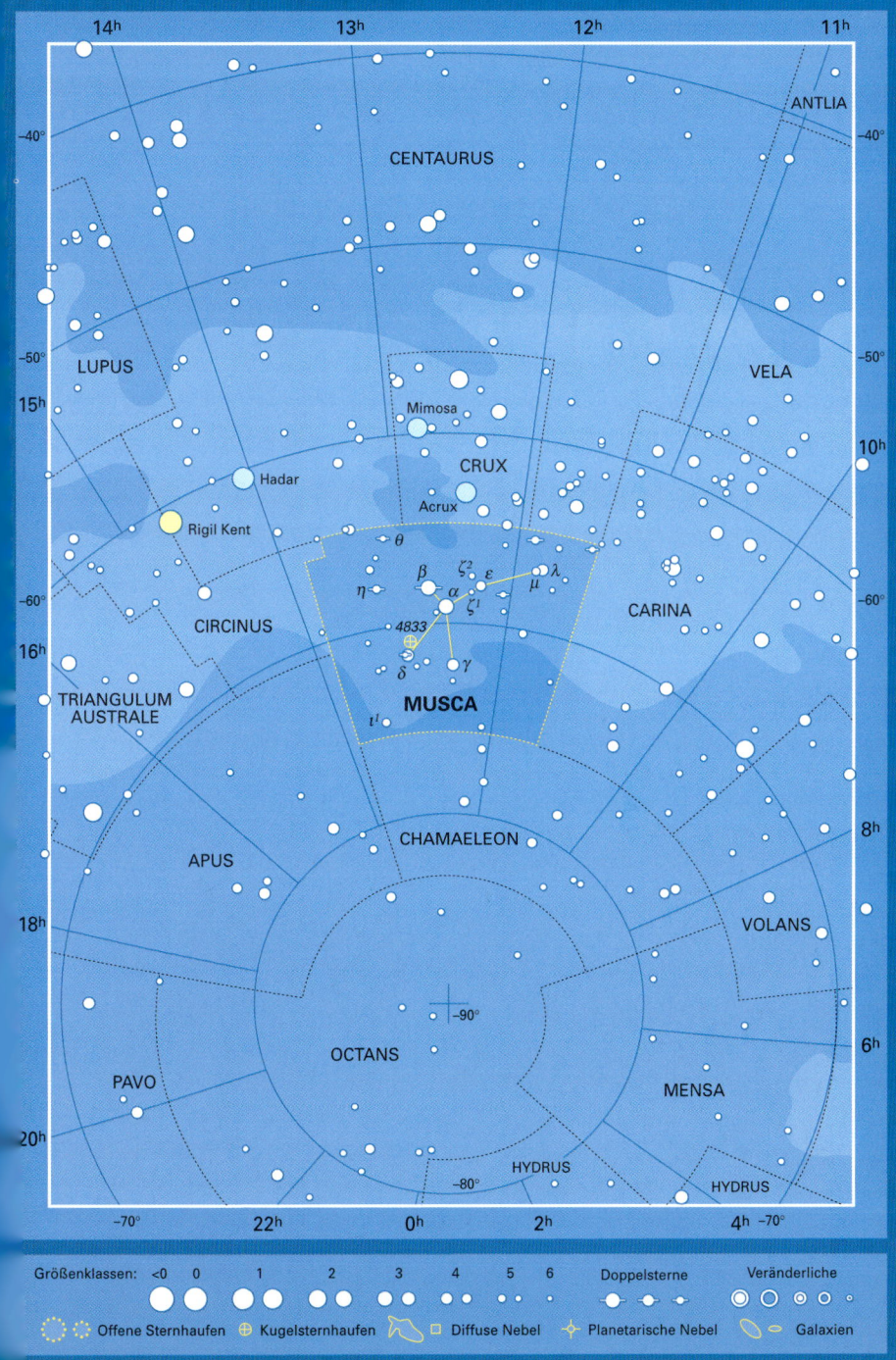

NORMA   Winkelmaß

Das Sternbild wurde in den 1750er Jahren von Nicolas Louis de Lacaille unter dem Namen Norma et Regula eingeführt. Die Sterne gehörten zuvor zu den Sternbildern Ara, Lupus und Scorpius. Inzwischen wurden die Abmessungen von Norma geändert, sodass die Sterne α (alpha) und β (beta) Normae wieder dem Scorpius zugefallen sind. Norma liegt in einer Region der Milchstraße mit hoher Sterndichte.

γ^2 (gamma²) Normae, 16h 20m / –50°,2; Größenklasse 4,0; gelber Riese, Entfernung 128 LJ, hellster Stern des Sternbilds. Ganz in der Nähe steht der sehr viel weiter entfernte, gelbweiße Überriese γ^1 (gamma¹) Normae. Er gehört zur Größenklasse 5,0 und ist etwa 1500 LJ entfernt.

δ (delta) Nor, 16h 06m / –45°,2; Größenklasse 4,7; weißer Stern, Entfernung 123 LJ.

ε (epsilon) Nor, 16h 27m / –47°,6; 400 LJ entfernt, Doppelstern der Größenklasse 4,5 bzw. 6,7; geeignet für kleine Teleskope.

ι^1 (iota¹) Nor, 16h 04m / –57°,8; 140 LJ entfernt, erscheint durch kleine Teleskope als Doppelstern der Größenklasse 4,6 bzw. 8,1. Bei dem helleren Stern handelt es sich ebenfalls um ein sehr eng beieinander stehendes Doppel, das aber nur mit leistungsfähigen Teleskopen zu erkennen ist. Seine Umlaufzeit beträgt 27 Jahre.

NGC 6087, 16h 19m / –57°,9; für Fernglas geeigneter, verstreuter Sternhaufen mit etwa 40 Sternen, 3000 LJ entfernt. Wie Spinnenbeine sehen die Sternketten aus, im Zentrum steht sein hellster Stern, der Cepheid-Veränderliche S Nor, der in 9,8 Tagen um die Größenklassen 6,1 bis 6,8 schwankt.

Im Sternbild Norma steht bei 15h 51,7m/–51° 31' ein planetarischer Nebel, der unter den Namen Shapley 1 (SP1), PK 329+02,1 oder RCW 100 bekannt ist. Da er nur zur Größenklasse 13 gehört, benötigt man ein leistungsfähiges Teleskop, um ihn zu beobachten. Der Zentralstern gehört zur Größenklasse 14. (Anglo-Australian Telescope Board)

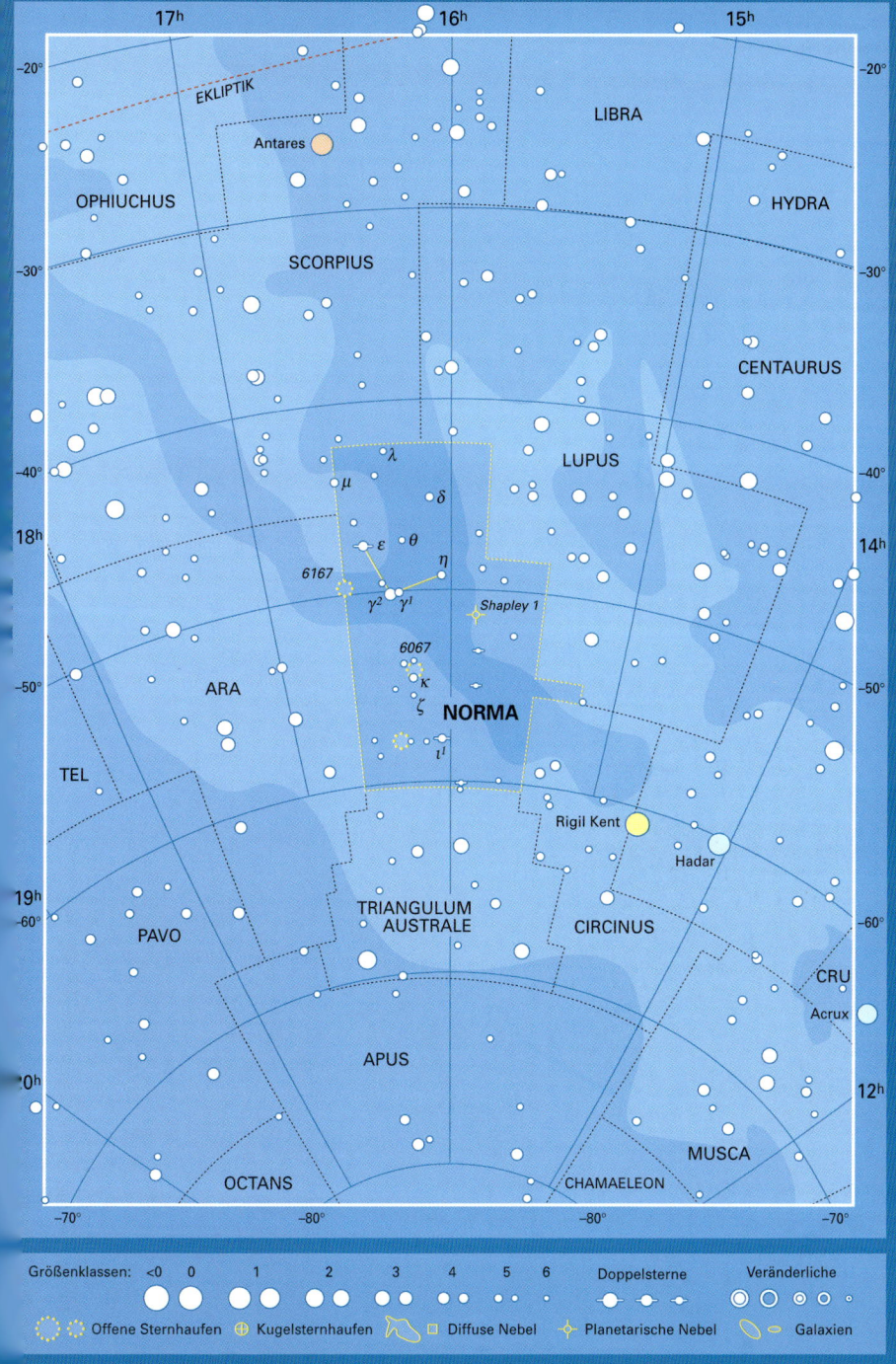

OCTANS Oktant

Diese Sternbild befindet sich um den südlichen Himmelspol. Trotz dieser privilegierten Position ist der Oktant unauffällig und leuchtschwach. Der Himmelspol bildet mit τ (tau, Größenklasse 5) und χ (chi) Octantis ein fast gleichseitiges Dreieck. Es gibt kein Gegenstück zu Polaris, dem Polarstern am nördlichen Himmel. Der dem Südpol am nächsten stehende, mit bloßem Auge zu erkennende Stern ist σ (sigma) Octantis. Zurzeit steht dieser Stern 1° vom Himmelspol entfernt, aufgrund der Präzession nimmt die Entfernung aber zu (siehe unten). Um 1860 erreichte der Stern mit weniger als einem ³/₄° seine größte Annäherung.

α (alpha) Octantis, 21h 05m / –77°,0; Größenklasse 5,1; spektroskopischer Doppelstern aus einem gelben und einem weißen Riesen in 148 LJ Entfernung.

β (beta) Oct, 22h 46m / –81°,3; Größenklasse 4,1; weißer Stern, Entfernung 140 LJ.

δ (delta) Oct, 14h 27m / –83°,7; Größenklasse 4,3; orangeroter Riese, Entfernung 279 LJ.

ε (epsilon) Oct, 22h 20m / –80°,4; auch BO Oct genannt, ist ein Roter Riese, der halbregelmäßig zwischen den Größenklasse 4,6 und 5,3 schwankt, die Periode dauert ungefähr acht Wochen. Er ist 268 LJ entfernt.

λ (lambda) Oct, 21h 51m / –82°,7; Entfernung 435 LJ, Doppelstern mit einem gelben und einem weißen Stern, Größenklassen 5,5 und 7,2; geeignet für kleine Teleskope.

ν (nü) Oct, 21h 41m / –77°,4; Größenklasse 3,7; hellster Stern des Sternbilds, Entfernung 69 LJ.

σ (sigma) Oct, 21h 09m / –89°,0; Größenklasse 5,4; weißer Riese, Entfernung 270 LJ, kein anderer mit bloßem Auge sichtbarer Stern steht dem südlichen Himmelspol näher.

Die durch die Präzession entstehende Bewegung des südlichen Himmelspols über eine Periode von 800 Jahren. (Wil Tirion)

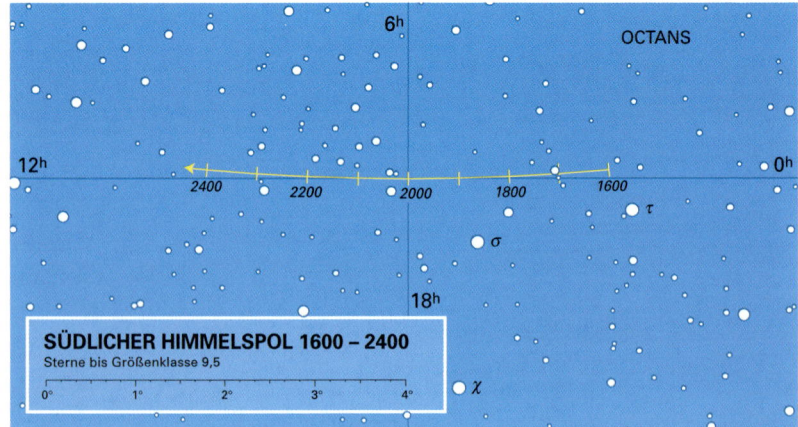

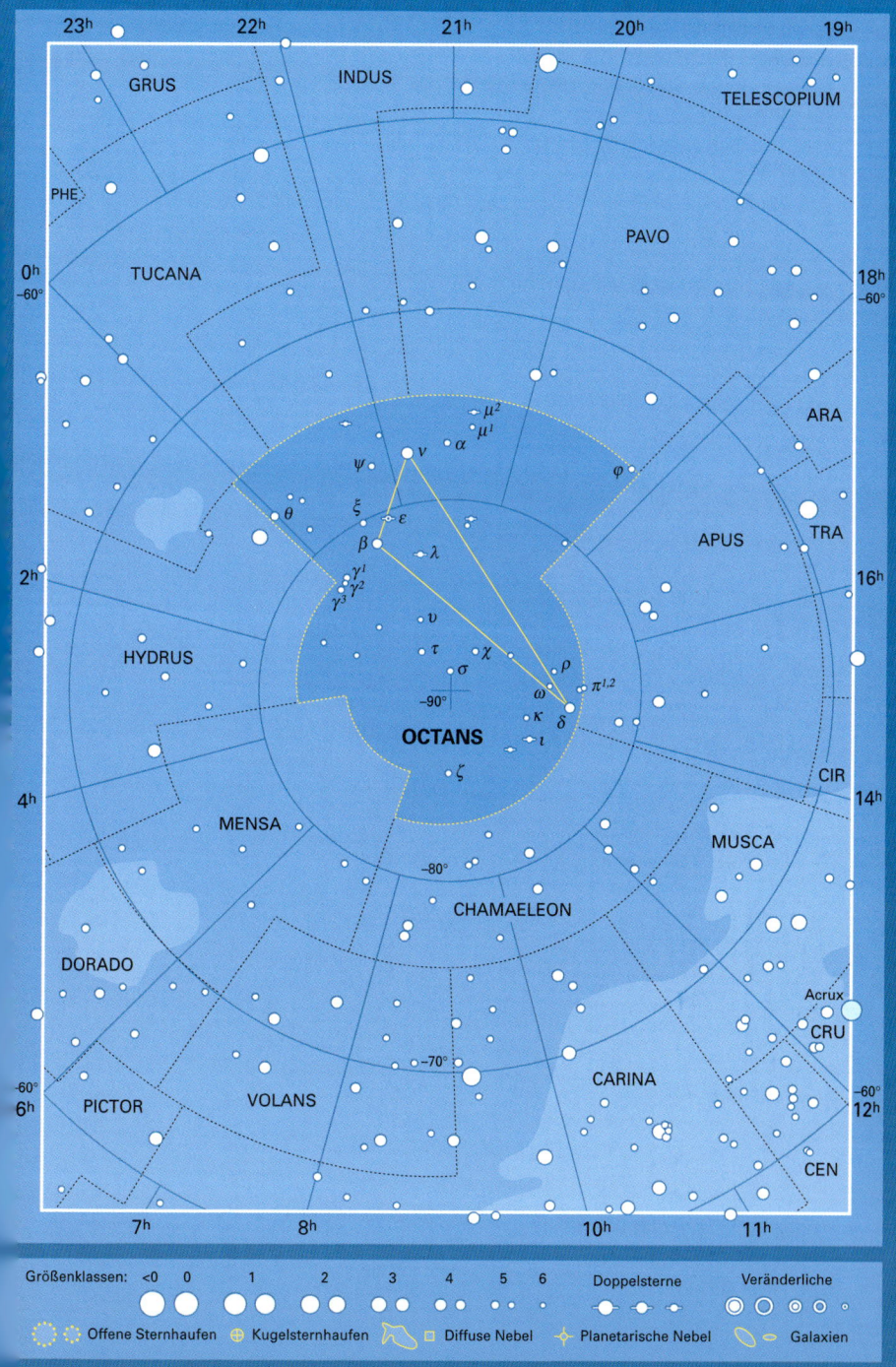

OPHIUCHUS Schlangenträger

Das alte Sternbild zeigt einen Mann, um dessen Körper sich eine Schlange gewickelt hat (das Sternbild Serpens). Ophiuchus wird normalerweise als Äskulap identifiziert, der mythische Heiler und Vorgänger von Hippokrates. Bekanntester Stern in Ophiuchus ist der Rote Zwerg Barnards Pfeilstern. Er besitzt Größenklasse 9,5 und ist mit einer Entfernung von nur 5,9 LJ der zweitnächste Stern zur Sonne. Er steht bei 17h 57,8m / +4°,42' und wurde nach dem amerikanischen Astronomen E. E. Barnard benannt, der im Jahr 1916 entdeckte, dass dieser die höchste Eigenbewegung aller Sterne aufweist. In 180 Jahren legt er am Himmelsgewölbe eine Strecke zurück, die dem Durchmesser des Vollmonds entspricht. Die südliche Region des Ophiuchus reicht in Blickrichtung zum Zentrum der Milchstraße in dichte Sternfelder hinein, mit zahlreichen Sternhaufen. In Ophiuchus explodierte die letzte Supernova, die innerhalb unserer Galaxie beobachtet wurde. Sie wird im Allgemeinen als Keplers Stern bezeichnet und erschien 1604 bei 17h 30,6m / –21°,29'. Die Supernova erreichte die Größenklasse –3.

α (alpha) Ophiuchi, 17h 35m / +12°,6; (Ras Alhague, „Kopf des Schlangenträgers"), Größenklasse 2,1; weißer Stern der Hauptreihe, Entfernung 47 LJ.

β (beta) Oph, 17h 43m / +4°,6; (Celbalrai, „Schäferhund"), Größenklasse 2,8; orangeroter Riese, Entfernung 82 LJ.

γ (gamma) Oph, 17h 48m / +2°,7; Größenklasse 3,7; blauweißer Stern der Hauptreihe, Entfernung 95 LJ.

δ (delta) Oph, 16h 14m / –3°,7; (Yed Prior, „Vorgänger der Hand"), Größenklasse 2,7; Roter Riese, Entfernung 170 LJ.

ε (epsilon) Oph, 16h 18m / –4°,7; (Yed Posterior, „Nachfolger der Hand"), Größenklasse 3,2; gelber Riese, Entfernung 108 LJ.

ζ (zeta) Oph, 16h 37m / –10°,6; Größenklasse 2,5; blauer Stern der Hauptreihe, Entfernung 458 LJ.

η (eta) Oph, 17h 10m / –15°,7; (Sabik), Größenklasse 2,4; blauweißer Stern der Hauptreihe, Entfernung 84 LJ.

ρ (rho) Oph, 16h 26m / –23°,4; Entfernung 400 LJ, auffälliger Mehrfachstern, geeignet für kleine Teleskope. Der hellste Stern gehört zur Größenklasse 5,0 und besitzt einen nahen Begleiter der Größenklasse 5,7. Er ist bei starker Vergrößerung auch für kleine Teleskope geeignet. Auf beiden Seiten des Paars befinden sich für Ferngläser geeignete Begleiter der Größenklassen 6,7 und 7,3.

τ (tau) Oph, 18h 03m / –8°,2; Entfernung 170 LJ, eng beieinander stehender, cremefarbener Doppelstern der Größenklasse 5,2 bzw. 5,9 mit einer Umlaufzeit von 260 Jahren. Die beiden Sterne bewegen sich langsam aufeinander zu. Zur Beobachtung braucht man ein 75-mm-Teleskop, im Jahr 2025 werden es 100 mm sein.

36 Oph, 17h 15m / –26°,6; Entfernung 20 LJ, ein Paar orangeroter Zwergsterne, Größenklasse 5,1; auch für kleine Teleskope geeignet. Ihre Umlaufzeit liegt bei geschätzten 500 Jahren.

70 Oph, 18h 05m / +2°,5; Entfernung 16 LJ, auffällig schöner Doppelstern mit einem gelben und einem orangeroten Stern der Größenklassen 4,2 bzw. 6,0 und

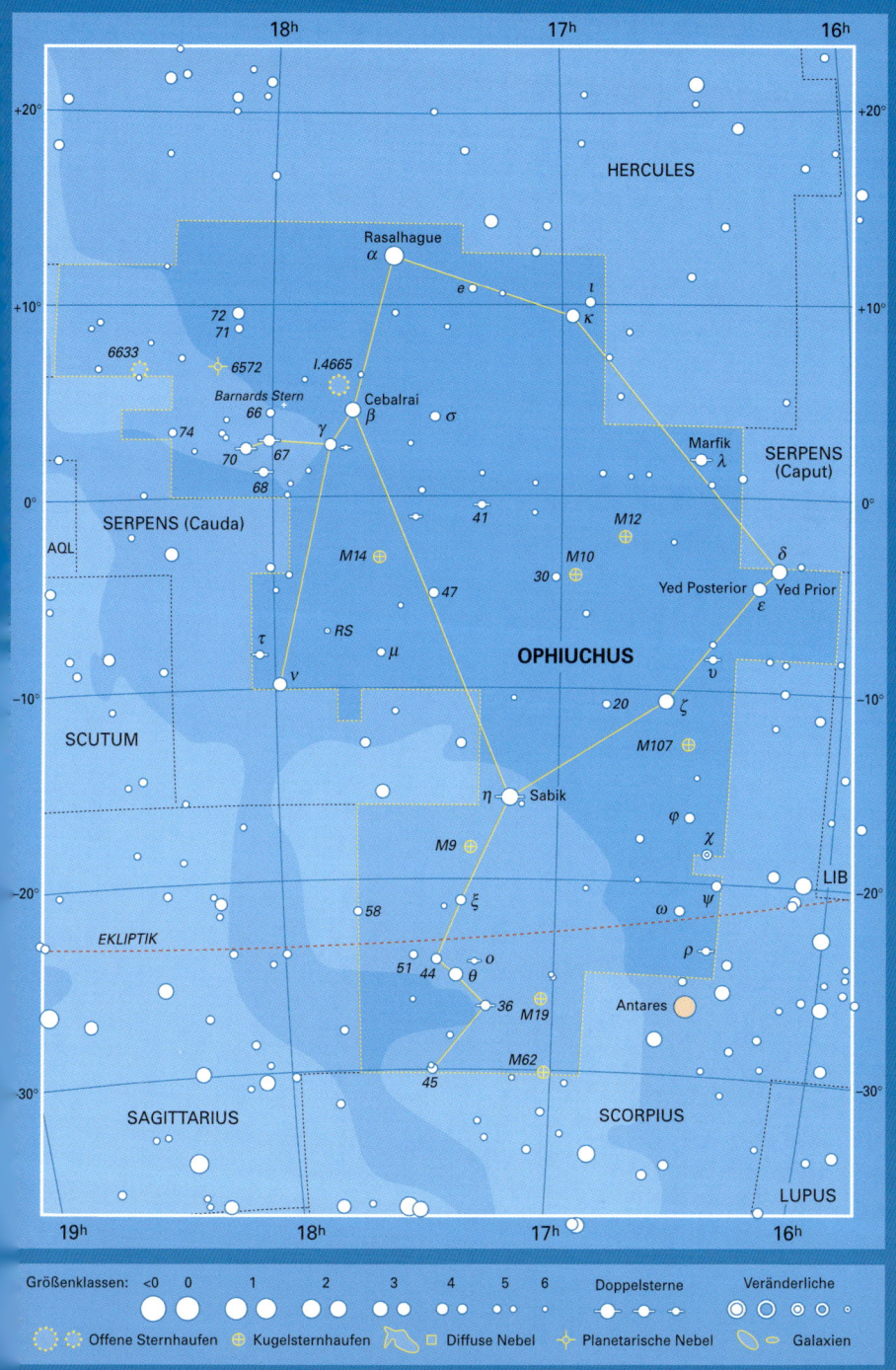

einer Umlaufzeit von 88 Jahren. Sie sind in der gesamten ersten Hälfte des 21. Jahrhunderts auch mit kleinen Teleskopen leicht auseinander zu halten.

RS Oph, 17h 50m / −6°,7; rekurrierende Nova, es wurden bereits fünf Helligkeitsausbrüche beobachtet, ein Rekord, den sie mit T Pyxidis und dem schwächeren U Scorpii teilt. RS Oph liegt normalerweise bei Größenklasse 12, war aber in den Jahren 1898, 1933, 1958, 1967 und 1985 mit bloßem Auge zu erkennen.

M 10 (NGC 6254), 16h 57m / −4°,1; für Ferngläser und kleine Teleskope geeigneter Kugelsternhaufen der Größenklasse 7. Er ist etwa 14 000 LJ entfernt, etwas näher als sein Nachbar M 12. Ab 75 mm Öffnung sieht man Einzelsterne.

M 12 (NGC 6218), 16h 47m / −1°,9; Kugelsternhaufen, 18 000 LJ entfernt, Größenklasse 7. M 10 und M 12 sind die schönsten.

NGC 6572, 18h 12m / +6°,8; planetarischer Nebel der Größenklasse 9, 2000 LJ entfernt, ab 75 mm Öffnung als kleine, blaugrüne Ellipse erkennbar.

NGC 6633, 18h 28m / +6°,6; für Ferngläser geeigneter, verstreuter Sternhaufen von etwa 30 Sternen, bedeckt etwa denselben Raum am Himmelsgewölbe wie der Vollmond. Er ist 950 LJ entfernt.

IC 4665, 17h 46m / +5°,7; unregelmäßiger, offener Sternhaufen von etwa zwei Dutzend Sternen der Größenklasse 7 und schwächer; Entfernung 1100 LJ, größer als die scheinbare Größe des Vollmonds, am besten geeignet für Ferngläser.

ORION Orion

Orion ist vor allem deshalb so beeindruckend, weil er eine Sternentstehungsregion in einem nahen Spiralarm unserer Galaxie beinhaltet, deren Zentrum beim berühmten Orion-Nebel zu finden ist. Der Orion-Nebel M 42 befindet sich im Schwert des Jägers, das an seinem Gürtel hängt. Der Gürtel selbst wird durch drei helle, in einer Reihe stehende Sterne dargestellt. Die Haltung des Jägers wird so gezeichnet, dass er dem schnaubenden Stier (Sternbild Taurus) Speer und Schild entgegen streckt. Nach der Legende wurde Orion von einem Skorpion (Sternbild Scorpius) gestochen und tödlich verletzt, deshalb steht er nun so am Himmelsgewölbe, dass er untergeht, wenn sein Feind aufgeht. Jedes Jahr erscheinen an einem Punkt nahe der Grenze zu den Zwillingen (Sternbild Gemini) die Orioniden. Um den 22. Oktober herum kann man bis zu 25 Sternschnuppen pro Stunde beobachten.

α (alpha) Orionis, 5h 55m / +7°,4; (Beteigeuze, abgeleitet von dem arabischen Wort für Hand), Entfernung 427 LJ, Roter Überriese, etwa 500-mal so groß wie die Sonne, aufgrund seiner Größe instabil. Seine Helligkeit fluktuiert unregelmäßig zwischen den Größenklassen 0,0 und 1,3. Damit ist er der auffälligste Veränderliche aller Sterne der Größenklasse 1.

β (beta) Ori, 5h 15m / −8°,2; (Rigel, „Fuß"), mit Größenklasse 0,2 der hellste Stern im Orion, blauweißer Überriese in 773 LJ Entfernung, deutlicher Farbkontrast zu Beteigeuze. Rigel besitzt einen Begleiter der Größenklasse 6,8, der aufgrund der Helligkeit des Hauptsterns durch kleine Teleskope schwer zu erkennen ist.

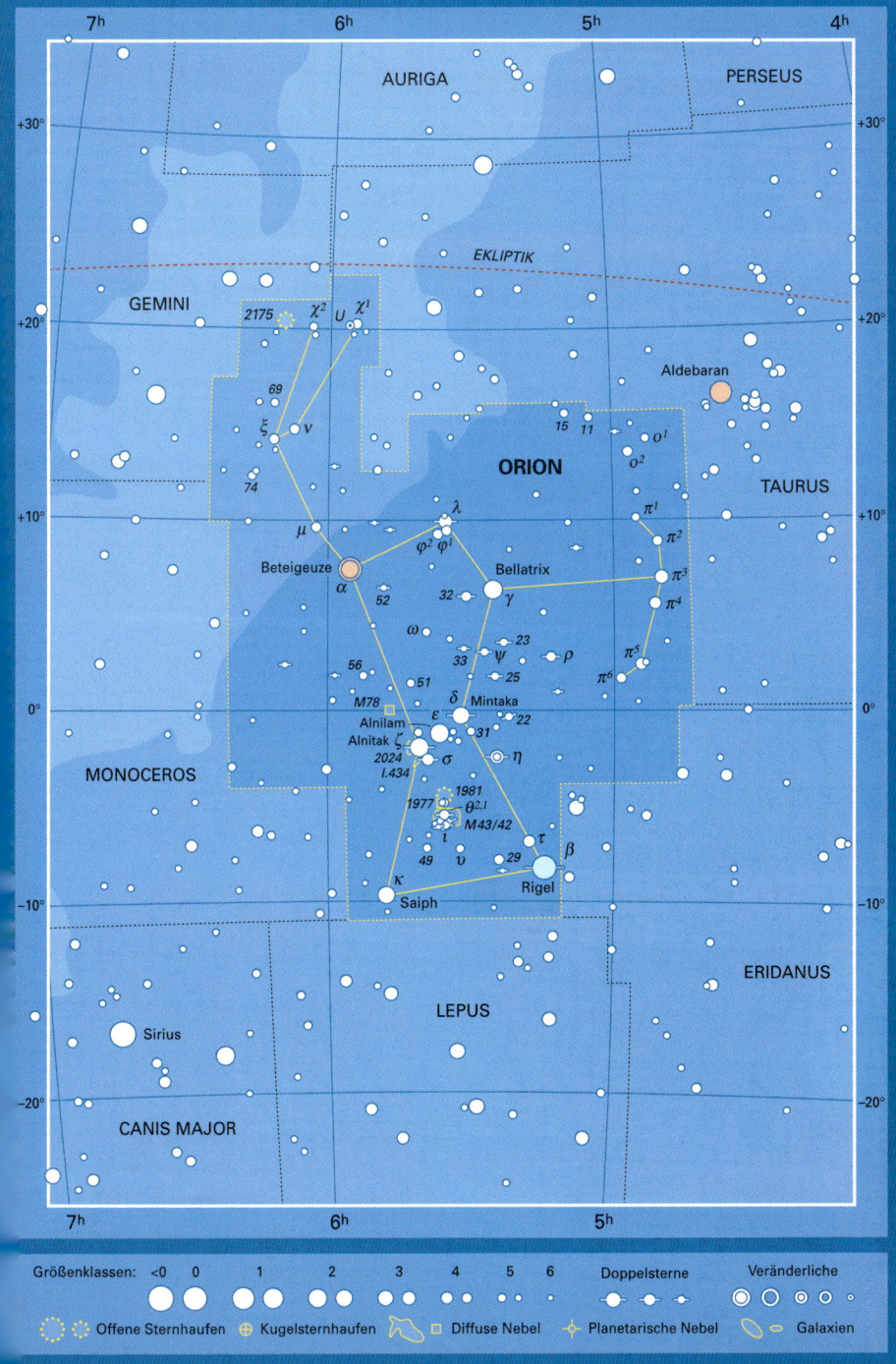

AURIGA

PERSEUS

EKLIPTIK

GEMINI

2175 χ² U χ¹

69

ξ ν

74

ORION

μ

λ

Beteigeuze

α

52

φ² φ¹

32

Bellatrix

γ

15 11

Aldebaran

o¹

o²

π¹

π²

π³

TAURUS

π⁴

ω

56

51

M78

δ Mintaka

ε

Alnilam

Alnitak ζ

2024 σ 31

I.434 η

1977 1981

θ²,¹

ι M43/42

49 υ

κ 29

Saiph

23

ψ 33 ρ

25

22

τ

β

Rigel

MONOCEROS

LEPUS

ERIDANUS

Sirius

CANIS MAJOR

Größenklassen: <0   0   1   2   3   4   5   6   Doppelsterne   Veränderliche

Offene Sternhaufen   Kugelsternhaufen   Diffuse Nebel   Planetarische Nebel   Galaxien

γ (gamma) Ori, 5h 25m / +6°,3; (Bellatrix, „Kriegerin"), Größenklasse 1,6; blau-weißer Riese, 243 LJ entfernt.

δ (delta) Ori, 5h 32m / –0°,3; (Mintaka, „Gürtel"), etwa 2000 LJ entfernt, komplexer Mehrfachstern. Der blaue Riese erscheint dem bloßen Auge als Stern der Größenklasse 2,2. Ferngläser und kleine Teleskope zeigen aber, dass er einen entfernten Begleiter der Größenklasse 6,9 besitzt. Auch der hellere Stern ist ein Bedeckungsveränderlicher, er schwankt in 5,7 Tagen um etwa 0,1 Größenklassen.

ε (epsilon) Ori, 5h 36m / –1°,2; (Alnilam, „Perlenkette"), Größenklasse 1,7; blauer Überriese in etwa 1300 LJ Entfernung.

ζ (zeta) Ori, 5h 41m / –1°,9; (Alnitak, „Gürtel"), Entfernung 820 LJ, blauer Überriese, erscheint dem bloßen Auge als zur Größenklasse 1,7 gehörig. Teleskope ab 75 mm Öffnung zeigen aber einen nahen Begleiter (Größenklasse 3,9), der ihn in 1500 Jahren umkreist. Ferner existiert ein entfernter Begleiter der Größenklasse 10.

η (eta) Ori, 5h 24m / –2°,4; 900 LJ entfernt, komplexer veränderlicher Mehrfachstern. Um die einzelnen Komponenten zu erkennen, benötigt man ein Teleskop mit starker Vergrößerung und mindestens 100 mm Öffnung. Es handelt sich um zwei eng beieinander stehende Sterne der Größenklassen 3,8 und 4,8.

θ^1 (theta^1) Ori, 5h 35m / –5°,4; etwa 1500 LJ entfernt, Mehrfachstern im Zentrum des Orion-Nebels, aus dem er geboren wurde und den er nun beleuchtet. Der Stern wird meist Trapez genannt, denn durch ein kleines Teleskop werden vier Sterne erkennbar. 100 mm Öffnung zeigen noch zwei weitere Sterne, die zur Größenklasse 11 gehören. Die vier Hauptsterne des Trapez gehören zu den Größenklassen 5,1; 6,7; 6,7 und 8,0. In der Nähe steht θ^2 (theta^2) Orionis, ein für Ferngläser geeigneter Doppelstern der Größenklasse 5,1 bzw. 6,4.

ι (iota) Ori, 5h 35m / –5°,9; 1300 LJ entfernter Doppelstern im äußersten Süden des Orion-Nebels, geeignet für kleine Teleskope. Seine Komponenten gehören zu den Größenklassen 2,8 und 6,9. In dieser Region steht noch ein weiterer Doppelstern: Σ 747, bestehend aus zwei blauweißen Sternen der Größenklassen 4,8 und 5,7.

κ (kappa) Ori, 5h 48m / –9°,7; (Saiph, „Schwert"), Größenklasse 2,1; blauer Überriese, Entfernung 722 LJ.

λ (lambda) Ori, 5h 35m / +9°,9; blauer Riese, Größenklasse 3,5 mit einem Begleiter der Größenklasse 5,6. Er ist für kleine Teleskope mit starker Vergrößerung geeignet. Die Sterne sind etwa 1060 LJ entfernt.

σ (sigma) Ori, 5h 39m / –2°,6; Entfernung 1150 LJ, vielleicht das schönste Schmuckstück in der stellaren Schatzkiste des Orion. Dem bloßen Auge erscheint er als blauweißer Stern der Größenklasse 3,8, aber schon kleine Teleskope zeigen weit mehr. Auf einer Seite des Sterns befinden sich blauweiße Begleiter der Größenklassen 6,8 und 6,6; der entferntere der beiden kann mit dem Fernglas beobachtet werden – ein Bedeckungsveränderlicher mit einer Schwankung um 0,1 Größenklassen. Auf der anderen Seite steht ein näherer Begleiter der Größenklasse 9, der aufgrund der Helligkeit des Primärsterns aber schwer zu sehen ist. Das Ganze wirkt wie ein Planet mit Monden. Um das Bild zu vervollständigen, findet sich in diesem Bereich auch noch der schwach leuchtende Dreifachstern Σ 761, dessen Komponenten alle zwischen den Größenklassen 8 und 9 liegen, ein außergewöhnlicher und unerwarteter Anblick, der sich immer wieder lohnt.

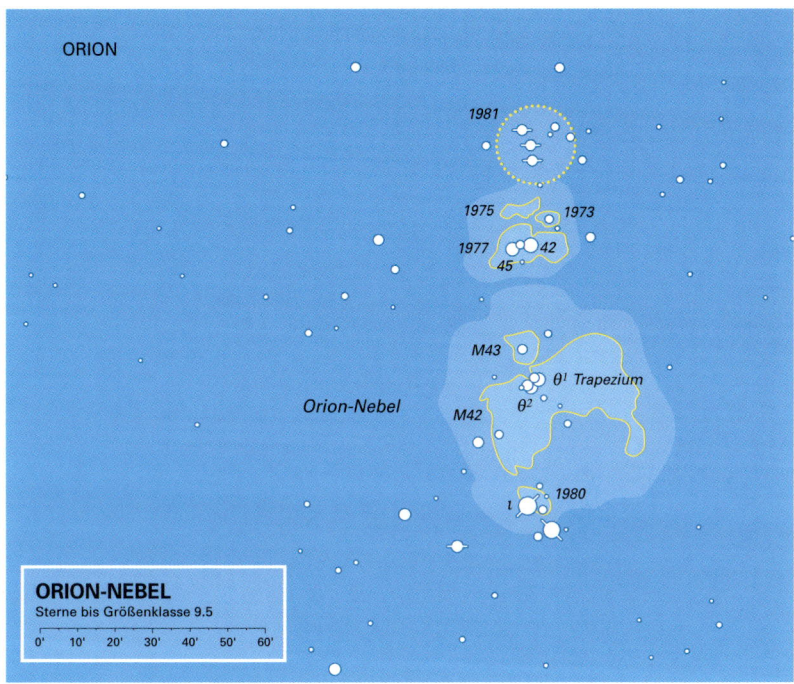

Detailkarte des Orion-Nebels. (Wil Tirion)

U Ori, 5h 56m / +20°,2; gewaltiger veränderlicher Riese des Mira-Typs, mehrere hundert Mal so groß wie die Sonne, seine Helligkeit schwankt innerhalb eines Jahres zwischen den Größenklassen 5 und 13.

M 42, M 43 (NGC 1976, NGC 1982), 5h 35m –5°,4; der Orion-Nebel, einer der großartigsten Anblicke im All – eine gigantische Wolke aus Gas und Staub, 1500 LJ entfernt, von 20 LJ Durchmesser, die einen Sternhaufen gebiert. Hinter dem sichtbaren Teil des Nebels, der von den Sternen des Trapez (siehe θ Ori), haben Radio- und Infrarotastronomen eine noch größere, dunkle Wolke aufgespürt, in der sich noch mehr Sterne bilden. M 42 bedeckt eine Fläche von mehr als 1° x 1° und ist zweifellos der schönste Nebel. Er ist selbst mit bloßem Auge als diffuse Wolke zu erkennen. Ferngläser und kleine Teleskope zeigen schon einige der auffälligsten Gaswirbel, die mit zunehmender Öffnung immer komplexer und faszinierender werden. Im Zentrum von M 43 steht ein Stern der Größenklasse 7.

M 78 (NGC 2068), 5h 47m / +0°,0; kleiner, länglicher Reflexions-Nebel, ähnelt einem Kometen, an der Spitze steht ein Doppelstern der Größenklasse 10.

NGC 1977, 5h 36m / –4°,9; 1500 LJ entfernt, länglicher Nebel nördlich des Orion-Nebels, umgibt den Zentralstern 42 Orionis, auch c Orionis genannt. Er hätte sicher mehr Aufmerksamkeit verdient, wird aber von der Berühmtheit M 42 überschattet.

NGC 1981, 5h 35m / –4°,4; weit verstreuter Sternhaufen mit etwa 20 Mitgliedern der Größenklasse 6 und schwächer, nördlich von NGC 1977, 1300 LJ entfernt. Innerhalb des Haufens steht der Doppelstern Σ 750, mit Größenklasse sieben und acht.

NGC 2024, 5h 41m / –2°,4; runde Gaswolke, Ausdehnung etwa ¹/₂°, umgibt den Stern ζ (zeta) Orionis. Südlich von ζ Ori liegt der schmale Nebelstreifen IC 434, in den der berühmte Pferdekopf-Nebel hineinragt, eine dunkle Staubwolke mit der Form eines Pferdekopfs (siehe S. 266). Auf lange belichteten Fotografien sind NGC 2024 und der Pferdekopf-Nebel zwar gut zu sehen, aber mit Amateurteleskopen nur sehr schwer zu entdecken.

PAVO   Pfau

Dieses Sternbild wurde Ende des 16. Jahrhunderts von den niederländischen Seefahrern Pieter Dirkszoon Keyser und Frederick de Houtman eingeführt. Neben Apus, Tucana, Grus und Phoenix repräsentiert es einen weiteren Vogel am Himmelsgewölbe. In der griechischen Mythologie war der Pfau Hera geweiht, der Göttin des Himmels, deren Brust die Milchstraße entsprang. Hera beauftragte ein Wesen mit 100 Augen, genannt Argus, eine weiße Färse zu überwachen, von der sie glaubte, dass es sich um die Nymphe Io handelte, eine Gespielin des Zeus und von diesem verwandelt. Auf den Wunsch von Zeus hin erschlug Hermes Argus und befreite die Färse. Hera platzierte die 100 Augen des Argus auf den Schwanz des Pfaus.

α (alpha) Pavonis, 20h 26m / –56°,7; (Pfau), Größenklasse 1,9; blauweißer Stern, Entfernung 183 LJ.

β (beta) Pav, 20h 45m / –66°,2; Größenklasse 3,4; weißer Stern, Entfernung 138 LJ.

δ (delta) Pav, 20h 09m / –66°,2; Größenklasse 3,6; gelber Stern, Entfernung 20 LJ.

η (eta) Pav, 17h 46m / –64°,7; Größenklasse 3,6; orangeroter Riese, Entfernung 371 LJ.

κ (kappa) Pav, 18h 57m / –67°,2; Entfernung 544 LJ, einer der hellsten Veränderlichen vom Cepheiden-Typ. Der gelbweiße Überriese schwankt in 9,1 Tagen zwischen den Größenklassen 3,9 und 4,8.

ξ (xi) Pav, 18h 23m / –61°,5; Entfernung 420 LJ, Roter Riese der Größenklasse 4,4 mit einem nahen Begleiter der Größenklasse 8,6; aufgrund der Helligkeit des Hauptsterns schwer zu entdecken.

SX Pav, 21h 29m / –69°,5; Entfernung 396 LJ, Roter Riese, schwankt halbregelmäßig in ungefähr sieben Wochen zwischen den Größenklassen 5,3 und 6,0.

NGC 6744, 19h 10m / –63°,9; Spiralgalaxie der Größenklasse 9, geeignet für kleine Teleskope; stabförmiges Zentrum, weit verzweigte Arme, 25 Millionen LJ entfernt.

NGC 6752, 19h 11m / –60°,0; großer Sternhaufen der Größenklasse 6, sichtbar durch Fernglas, auflösbar mit Teleskopen ab 75 mm Öffnung, bedeckt etwa die Hälfte des sichtbaren Monddurchmessers. Der Doppelstern (Größenklasse 8 bzw. 9) am Rand ist ein Vordergrundobjekt. Der Sternhaufen ist 15 000 LJ entfernt.

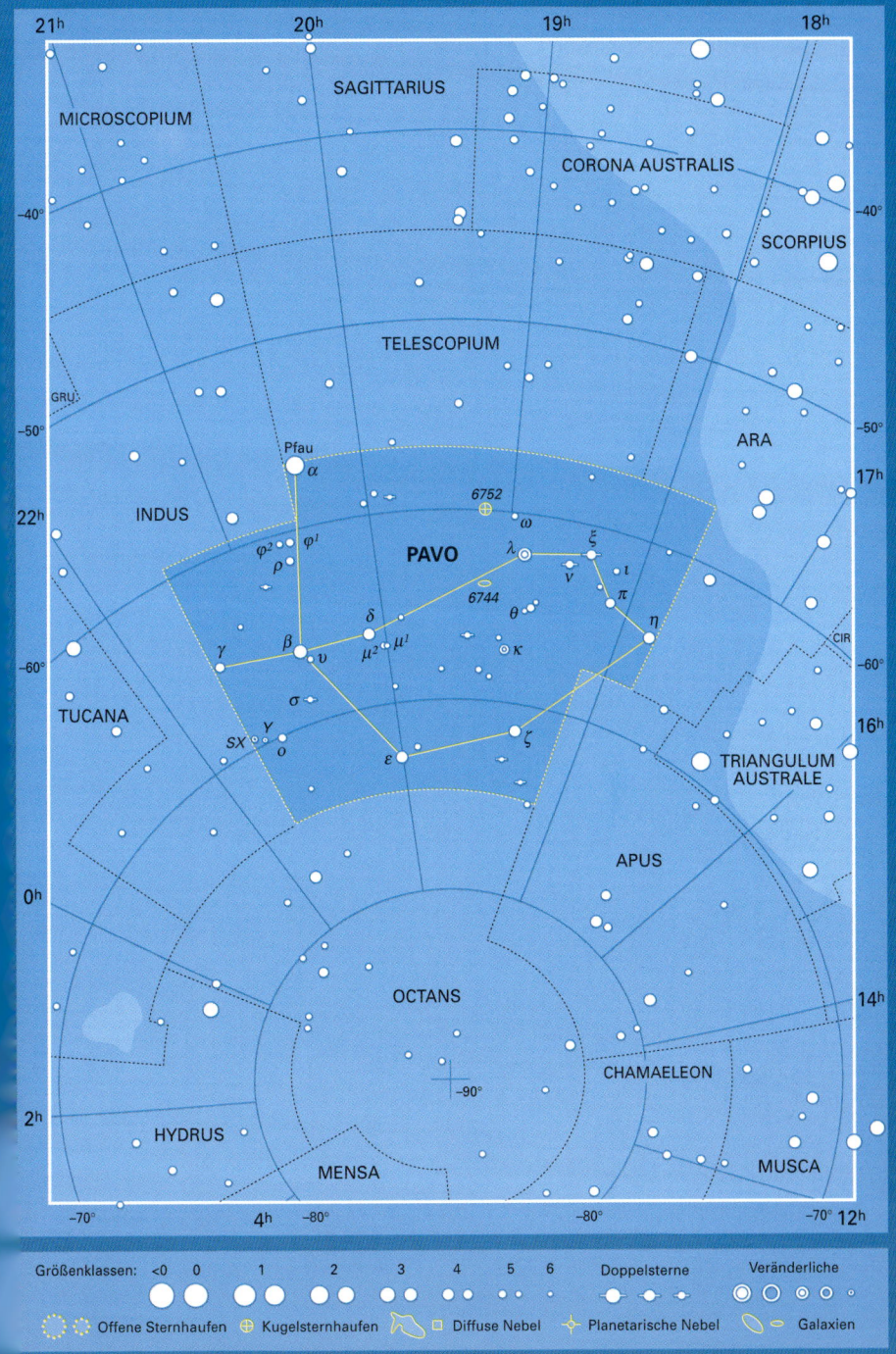

PEGASUS   Pegasus

Das geflügelte Pferd aus der griechischen Mythologie wurde aus dem Blut der Medusa geboren, nachdem diese von Perseus erschlagen worden war. Sein Sternbild steht in der Nähe von Pegasus. Das bekannteste Merkmal ist das aus vier Sternen bestehende Pegasus-Quadrat. Einer der Sterne, δ (delta) Pegasi, wird heute Andromeda zugeschrieben. Das Pegasus-Quadrat ist mehr als 15° breit und 13° hoch. Trotz dieser großen Fläche finden sich dort aber überraschend wenige mit bloßem Auge sichtbare Sterne. Die hellsten sind: υ (ypsilon), Größenklasse 4,4; τ (tau), Größenklasse 4,6; ψ (psi), Größenklasse 4,6; 56, Größenklasse 4,8; φ (phi), Größenklasse 5,1; 71, Größenklasse 5,3; und 75, Größenklasse 5,5.

α (alpha) Pegasi, 23h 05m / +15°,2; (Markab, „Schulter"), Größenklasse 2,5; blauweißer Stern, Entfernung 140 LJ.

β (beta) Peg, 23h 04m / +28°,1; (Scheat, „Schienbein"), Entfernung 199 LJ, Roter Riese, schwankt unregelmäßig zwischen den Größenklassen 2,3 und 2,7.

γ (gamma) Peg, 0h 13m / +15°,2; (Algenib, „die Seite"), Größenklasse 2,8; blauweißer Stern in 333 LJ Entfernung. Es handelt sich um einen pulsierenden Veränderlichen des δ-Cephei-Typs, der in drei Stunden und 40 Minuten um 0,1 Größenklassen schwankt, zu wenig, um mit dem bloßen Auge nachvollziehbar zu sein.

ε (epsilon) Peg, 21h 44m / +9°,9; (Enif, „Nase"), Entfernung 670 LJ, orangeroter Überriese, Größenklasse 2,4. Gute Ferngläser oder kleine Teleskope zeigen einen bläulichen Begleiter der Größenklasse 8,4. Größere Teleskope zeigen außerdem einen Begleiter der 11. Größenklasse in der Nähe von ε Peg, der das scheinbare Dreifachsternsystem vervollständigt. ε Peg gilt aufgrund zweier ungeklärter Fluktuationen als Veränderlicher: In einer Nacht im November 1847 erschien er eine Größenklasse schwächer als normalerweise, während er in einer Septembernacht des Jahres 1972 für vier Minuten auf Größenklasse 0,7 aufleuchtete.

ζ (zeta) Peg, 22h 41m / +10°,8; (Homam), Größenklasse 3,4; blauweißer Stern, Entfernung 209 LJ.

η (eta) Peg, 22h 43m / +30°,2; (Matar), Größenklasse 2,9; gelber Riese, Entfernung 215 LJ.

π (pi) Peg, 22h 10m / +33°,2; für Ferngläser geeignetes Doppelsternsystem mit einem gelben und einem weißen Riesen der Größenklassen 4,3 und 5,6. Sie sind 252 bzw. 283 LJ entfernt.

51 Peg, 22h 57m / +20°,8; Größenklasse 5,5; gelber, unserer Sonne ähnlicher Stern der Hauptreihe, etwa 50 LJ entfernt. 1995 wurde bei ihm als erstem Stern nach der Sonne festgestellt, dass er einen Planeten besitzt. Seine Masse ist etwa halb so groß wie die des Jupiter.

M 15 (NGC 7078), 21h 30m / +12°,2; außergewöhnlicher Kugelsternhaufen, Größenklasse 6, Entfernung 33 000 LJ, mit bloßem Auge gerade noch, mit dem Fernglas gut zu beobachten, ein Stern der Größenklasse 6 ganz in der Nähe dient zur Orientierung. Teleskope über 150 mm zeigen glitzernde Sterne in den Randgebieten, größere Teleskope noch weit mehr Sterne bis ins helle, dichte Zentrum.

NGC 7331, 22h 37m / +34°,4; Spiralgalaxie, Größenklasse 10, bei guter Sicht ab 100 mm Öffnung als länglicher Fleck zu erkennen; 50 Millionen LJ entfernt.

PERSEUS

Perseus, der Held aus der griechischen Mythologie, rettete das angekettete Mädchen Andromeda aus den Fängen des Seemonsters Cetus. Perseus hatte zuvor bereits die Gorgone Medusa erschlagen und trägt ihren Kopf in einer Hand. Der Kopf der Gorgone wird durch den blinkenden Stern Algol dargestellt, in dem man auch häufig den bösen Blick der Medusa zu erkennen glaubte. Perseus liegt in einem relativ dichten Gebiet der Milchstraße und ist auch für die Beobachtung mit Ferngläsern ein lohnendes Objekt. Der doppelte Sternhaufen ist nur ein Beispiel dafür. Im Jahr 1901 leuchtete Nova Persei, 3h 31,2m/+43°,54', bis zur Größenklasse 0,2 auf und warf dabei eine Gaswolke aus, die heute durch Teleskope zu sehen ist. Der California-Nebel NGC 1499, so genannt, weil seine Form dem Staat ähnelt, überspannt eine Fläche am Nachthimmel, die fünf Vollmonden entspricht. Er liegt nördlich von ξ (xi) Persei, einem außergewöhnlich heißen blauen Riesen oder Überriesen, Größenklasse 4, der den Nebel beleuchtet. Trotz seiner immensen Größe ist der California-Nebel schwer auszumachen, am schönsten ist er auf lange belichteten Fotografien zu sehen. Bei 3h 19,8m/+41°,31' liegt die Radioquelle Perseus A, die mit der Galaxie NGC 1275, Größenklasse 12, in Verbindung gebracht wird. Sie steht 250 Millionen LJ entfernt im Zentrum des Perseus-Galaxienhaufens. Nahe γ (gamma) Persei befindet sich der Radiant der Perseiden, der prächtigste Meteorstrom überhaupt: Vom 12. auf den 13. August gibt es bis zu 75 Meteore pro Stunde.

α (alpha) Persei, 3h 24m/+49°,9; (Mirphak, „Ellbogen", auch Algenib, „die Seite"), Größenklasse 1,8; gelber Überriese, Entfernung 592 LJ. Das Fernglas zeigt eine glitzernde, über etwa 3° verstreute Sterngruppe, die den losen Haufen Melotte 20 bildet. α Per selbst bildet den Ausgangspunkt einer gebogenen Sternenkette.

β (beta) Per, 3h 08m/+41°,0; (Algol, „Dämon"), Entfernung 93 LJ, einer der schönsten Veränderlichen am Nachthimmel. Er ist der Namensgeber einer Klasse von Bedeckungsveränderlichen, bei der zwei sehr eng beieinander stehende Sterne sich zeitweise gegenseitig verdecken, während sie um das gemeinsame Gravitationszentrum kreisen. Bei Algol kommt es alle 2,87 Tage zur Bedeckung, dann sinkt seine scheinbare Helligkeit für etwa zehn Stunden von 2,1 auf 4,5.

γ (gamma) Per, 3h 05m/+53°,3; Größenklasse 2,9; gelber Riese, Entfernung 256 LJ. Der bedeckungsveränderliche Doppelstern mit der relativ langen Periode von 14,6 Jahren variiert dann zehn Tage lang um 0,3 Größenklassen.

δ (delta) Per, 3h 43m/+47°,8; Größenklasse 3,0; blauer Riese, Entfernung 528 LJ.

ε (epsilon) Per, 3h 58m/+40°,0; Entfernung 538 LJ, blauweißer Stern der Größenklasse 2,9 mit einem eigenständigen Begleiter der Größenklasse 7,6, der aufgrund des großen Helligkeitsunterschieds durch kleine Teleskope kaum zu erkennen ist.

ζ (zeta) Per, 3h 54m/+31°,9; Entfernung 980 LJ, blauer Überriese der Größenklasse 2,9 mit einem Begleiter der Größenklasse 9,5; geeignet für kleine Teleskope.

η (eta) Per, 2h 51m/+55°,9; Entfernung 1300 LJ, orangeroter Überriese der Größenklasse 3,8 mit einem blauen Begleiter der Größenklasse 8,5; bietet für kleine Teleskope einen schönen Anblick. Dahinter ist ein glitzerndes Sternenfeld erkennbar.

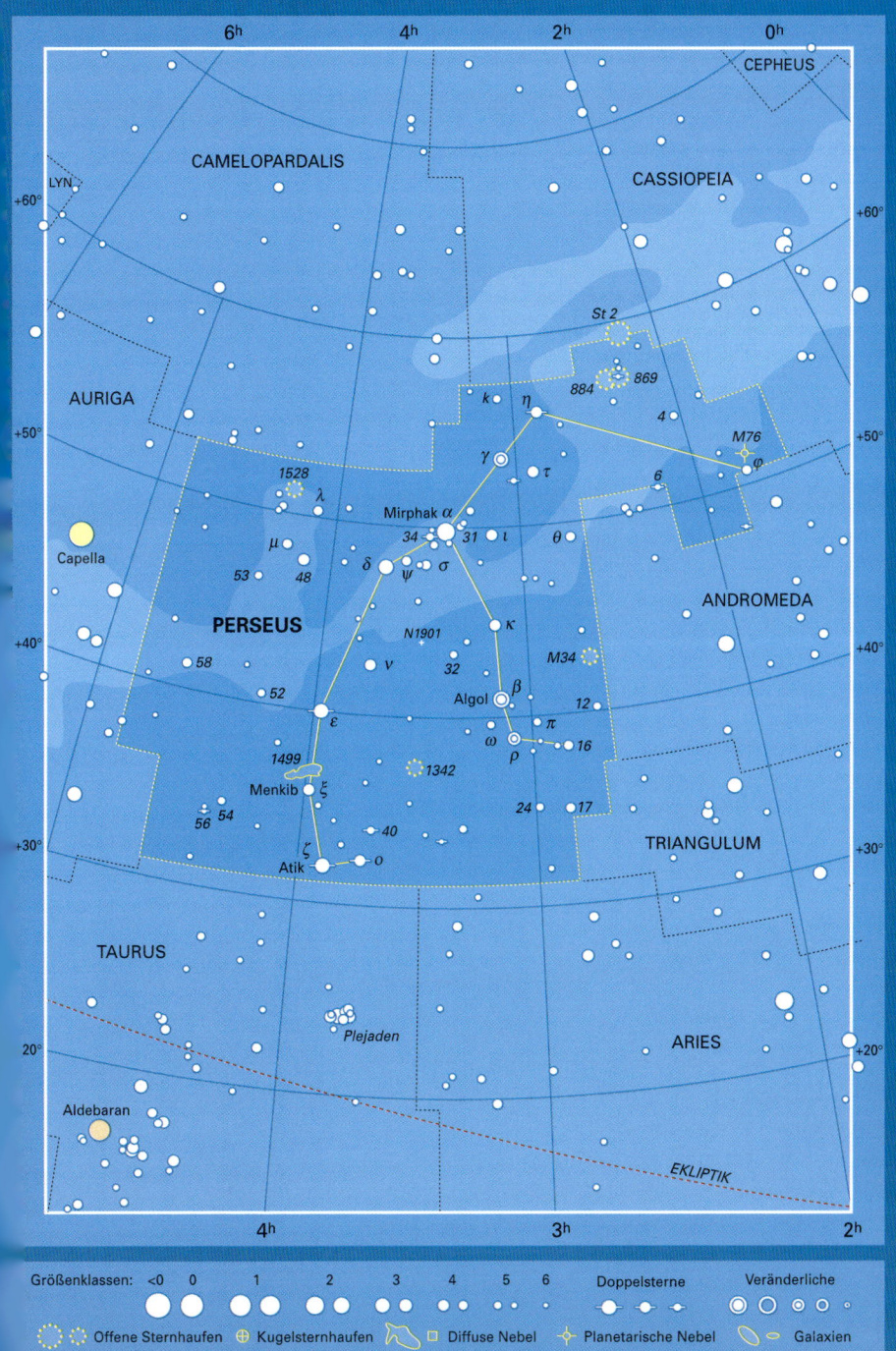

Größenklassen: <0   0   1   2   3   4   5   6   Doppelsterne   Veränderliche

Offene Sternhaufen   Kugelsternhaufen   Diffuse Nebel   Planetarische Nebel   Galaxien

ρ (rho) Per, 3h 05m/+38°,8; Entfernung 325 LJ, Roter Riese, variiert während einer Periode von ungefähr sieben Wochen zwischen den Größenklasse 3,3 und 4,0.

M 34 (NGC 1039), 2h 42m/+42°,8; heller Sternhaufen, mit bloßem Auge gerade noch sichtbar. Nicht so dicht wie der Doppelsternhaufen, seine etwa 60 Sterne sind über eine Fläche verstreut, die größer ist als der scheinbare Monddurchmesser. Ferngläser lassen einzelne Sterne erkennen, kleine Teleskope zeigen, dass es sich dabei häufig um Doppelsterne handelt. M 34 ist etwa 1500 LJ entfernt.

M 76 (NGC 650-1), 1h 42m/+51°,6; Kleine Hantel, planetarischer Nebel, gehört zur Größenklasse 10 und ist das schwächste Objekt im Messier-Katalog, daher schwer zu beobachten. In dunklen Nächten kann man ihn mit einer 100-mm-Öffnung sehen. Für einen planetarischen Nebel ist er relativ groß, aber kleiner als sein Namensvetter Hantel-Nebel im Sternbild Vulpecula. Jedes Ende der Kleinen Hantel besitzt eine eigene NGC-Bezeichnung. Sie ist etwa 3500 LJ entfernt.

NGC 869, NGC 884, 2h 19m/+57°,2; 2h 22m/+57°,1; der berühmte Doppelsternhaufen in Perseus, auch h und χ (chi) Persei genannt. Es handelt sich um zwei offene Sternhaufen, die beide etwa so viel Fläche bedecken wie der Vollmond. Sie sind mit bloßem Auge zu sehen, aber besser geeignet für Teleskope. NGC 869 ist der hellere und dichter bestückte der beiden, er besteht aus etwa 200 Sternen. NGC 884 wirkt weiter verstreut. Beide sind etwa 7200 LJ entfernt und mit nur einigen Millionen Jahren relativ jung. Kleine Teleskope sind hier besonders gut geeignet. In und um NGC 884 finden sich mehrere Rote Riesen. Mit Ferngläsern kann man eine gebogene Sternenkette entdecken, die sich nördlich in Richtung eines hellen Flecks erstreckt, der als Stock 2 bezeichnet wird (abgekürzt St 2). Dieses Gebiet ist mit jeder Vergrößerung ein atemberaubender Anblick. (Siehe S. 270)

PHOENIX   Phoenix

Das unauffällige Sternbild im Süden des Eridanus stellt den mythischen Vogel dar, der aus seiner eigenen Asche emporstieg. Das Gebiet war bei den Arabern zuvor als Boot bezeichnet worden, das am Ufer des Flusses Eridanus liegt.

α (alpha) Phoenicis, 0h 26m/−42°,3; (Ankaa), Größenklasse 2,4; orangeroter Riese, Entfernung 77 LJ.

β (beta) Phe, 1h 06m/−46°,7; Entfernung 185 LJ, erscheint dem bloßen Auge als gelber Stern der Größenklasse 3,3. Tatsächlich handelt es sich um einen engen Doppelstern mit Komponenten der Größenklassen 4,0 und 4,2. Sie sind derzeit so nahe beieinander, dass man sie nicht im Einzelnen beobachten kann.

γ (gamma) Phe, 1h 28m/−43°,6; Größenklasse 3,4; orangeroter Riesenstern, Entfernung 234 LJ.

ζ (zeta) Phe, 1h 08m/−55°,2; Entfernung 280 LJ, komplexer veränderlicher Mehrfachstern. Der Hauptstern ist ein blauweißer Bedeckungsveränderlicher des Algol-Typs, der alle 1,67 Tage zwischen den Größenklassen 3,9 und 4,4 schwankt. Ein kleiner Begleiter der Größenklasse 8, für kleine Teleskope geeignet. Ein weiterer, sehr naher Begleiter der Größenklasse 7, der aber nur mit starker Vergrößerung zu erkennen ist.

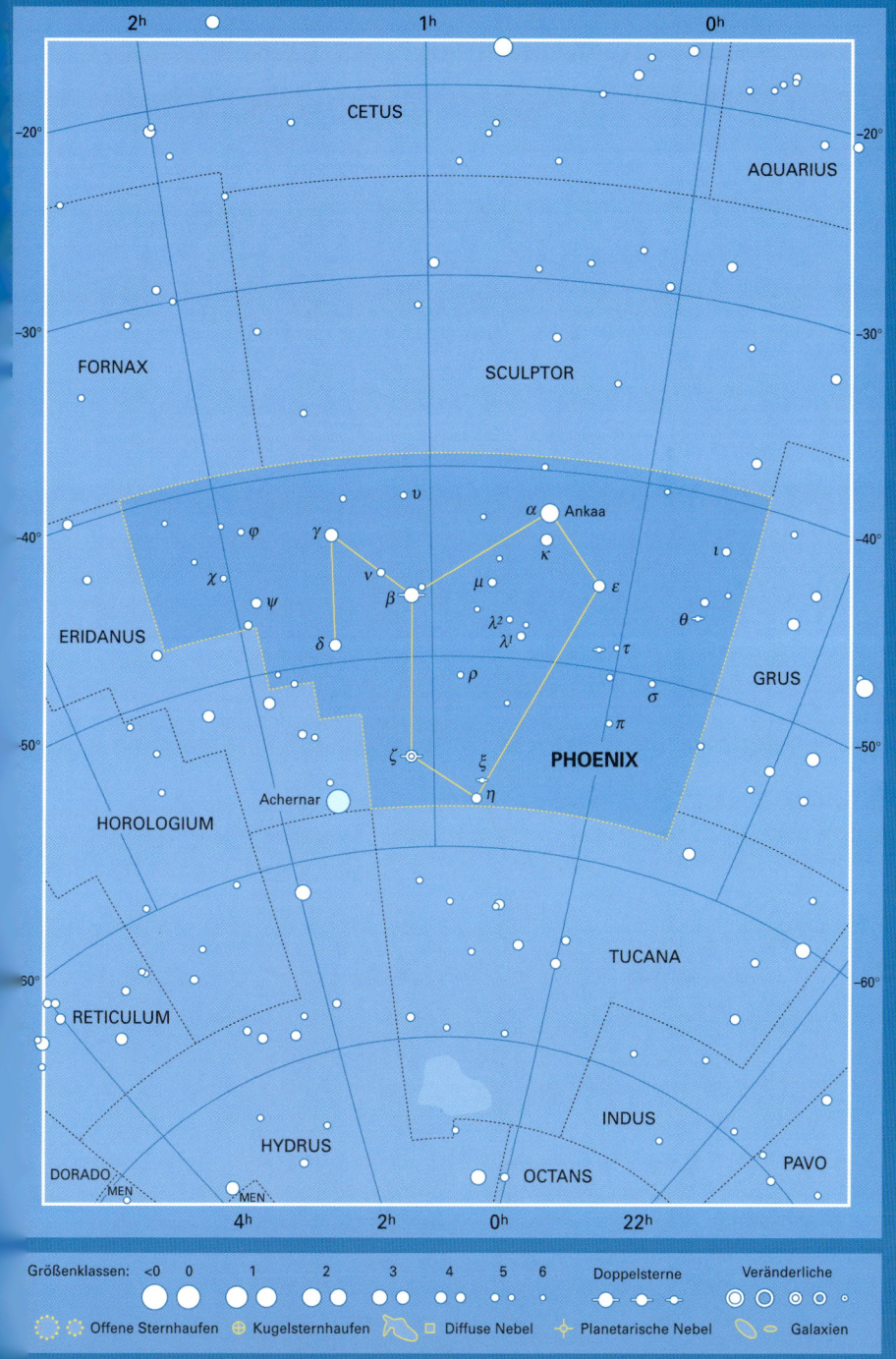

Größenklassen: <0 0 1 2 3 4 5 6   Doppelsterne   Veränderliche

Offene Sternhaufen   ⊕ Kugelsternhaufen   □ Diffuse Nebel   Planetarische Nebel   Galaxien

PICTOR   Maler

Das schwach leuchtende Sternbild wird von dem benachbarten, brillanten Kanopus im Sternbild Carina auf der einen Seite und der Großen Magellanschen Wolke auf der anderen Seite dominiert. Der Name wurde später gekürzt. Bei 5h 11,7m/–45° 01' steht der Rote Zwerg Kapteyns Stern. Der 12,8 LJ entfernte Stern der Größenklasse 8,9 wurde nach dem holländischen Astronom benannt, der 1897 feststellte, dass es sich um den Stern mit der zweitgrößten Eigenbewegung aller bekannten Sterne handelt. Kapteyns Stern bewegt sich in 415 Jahren um 1°; siehe das Schaubild unten.

α (alpha) Pictoris, 6h 48m/–61°,9; Größenklasse 3,2; weißer Stern, 99 LJ entfernt.

β (beta) Pic, 5h 47m/–51°,1; Größenklasse 3,9; blauweißer Stern der Hauptreihe, Entfernung 63 LJ. Der Stern wurde 1984 bekannt, als Astronomen eine Scheibe aus Staub und Gas entdeckten, die man als in der Entstehung befindliches Sonnensystem interpretierte.

γ (gamma) Pic, 5h 50m/–56°,2; Größenklasse 4,5; orangeroter Riesenstern, Entfernung 174 LJ.

δ (delta) Pic, 6h 10m/–55°,0; blauweißer Stern der Hauptreihe, Entfernung 1700 LJ. Der bedeckungsveränderliche Doppelstern des Typs β Lyrae schwankt alle 1,67 Tage um die Größenklasse 4,7 und 4,9.

ι (iota) Pic, 4h 51m/–53°,5; Entfernung 120 LJ, für kleine Teleskope sehr gut geeigneter Doppelstern der Größenklasse 5,6 bzw. 6,4.

Die Grafik zeigt die Eigenbewegung von Kapteyns Stern über eine Periode von 200 Jahren. (Wil Tirion)

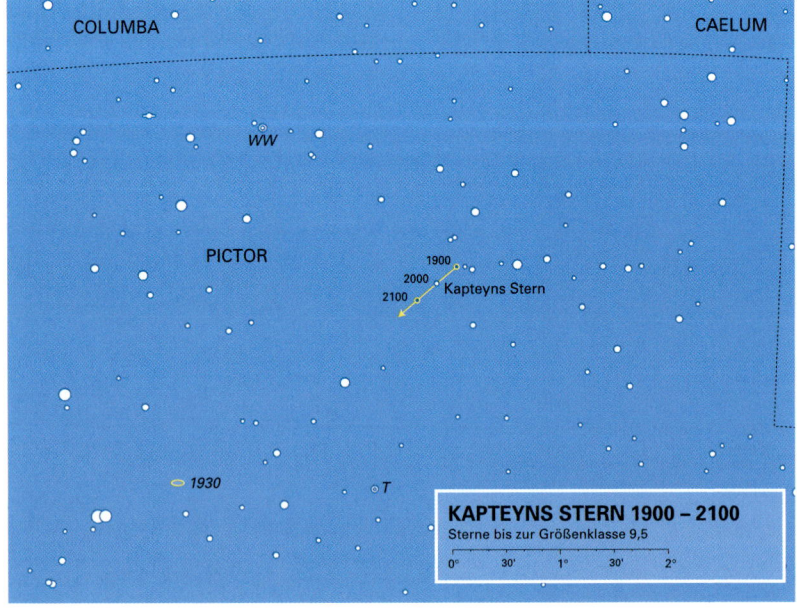

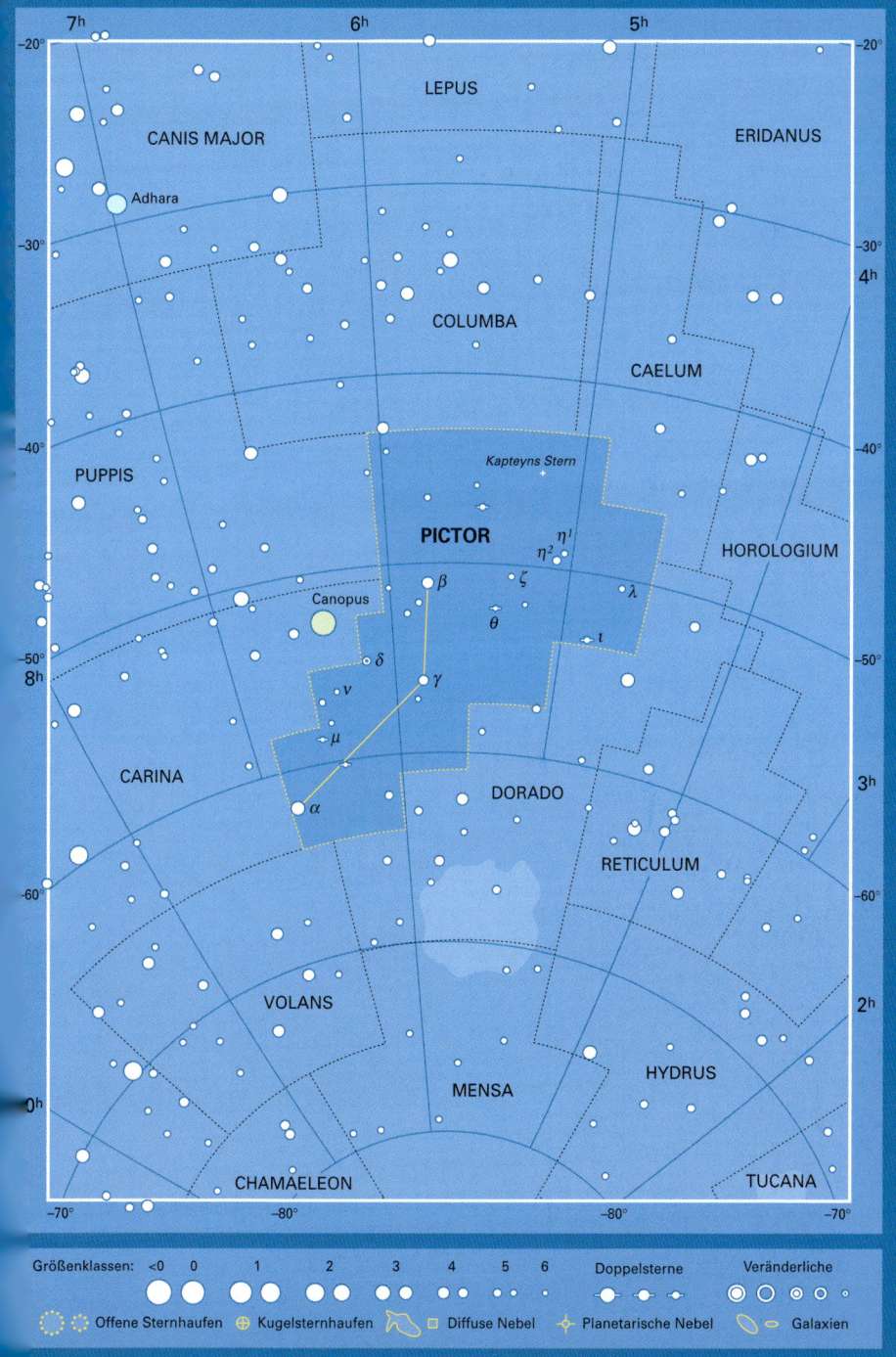

PISCES Fische

Das seit der Antike bekannte Sternbild stellt zwei Fische dar, die an ihren Schwänzen verbunden sind. Der Stern α (alpha) Piscium markiert den Verbindungspunkt. Einer Legende zufolge handelt es sich um Aphrodite und ihren Sohn Eros, die in der Gestalt von Fischen vor dem Monster Typhon flohen. Die Sonne wandert von Mitte März bis Mitte April durch die Fische; dort befindet sich auch der Frühlingspunkt, in nicht einmal 600 Jahren wird er in den Wassermann weiterwandern. Das wichtigste Kennzeichen des Sternbilds ist ein aus sieben Sternen bestehender Ring, der Circlet genannt wird. Beginnend in nördlicher Richtung tragen die Sterne im Uhrzeigersinn die folgenden Namen: θ (theta), 7, γ (gamma), κ (kappa), λ (lambda), TX (oder 19) und ι (iota) Piscium.

α (alpha) Piscium, 2h 02m/+2°,8; (Alrescha, „Schnur"), Entfernung 139 LJ, erscheint dem bloßen Auge als Stern der Größenklasse 3,8; tatsächlich handelt es sich um einen Doppelstern mit einer Umlaufzeit von über 900 Jahren. Seine Komponenten gehören zu den Größenklassen 4,2 und 5,2 und nähern sich ständig einander an, werden aber mit 100 mm Öffnung mindestens in der ersten Hälfte des 21. Jahrhunderts noch auseinander zu halten sein. Der hellere Stern ist ein spektroskopischer Doppelstern, der andere möglicherweise auch. Sie sind bläulich-weiß, obwohl der hellere Stern dem Betrachter grünlich erscheint.

β (beta) Psc, 23h 04m/+3°,6; Größenklasse 4,5; blauweißer Stern, Entfernung 493 LJ.

γ (gamma) Psc, 23h 17m/+3°3; Größenklasse 3,7; gelber Riese, Entfernung 131 LJ. ▶

Die Spiralgalaxie M 74 im Sternbild Fische mit ihren locker aufgedrehten Armen. Siehe S. 210. (Todd Boroson/AURA/NOAO/NSF)

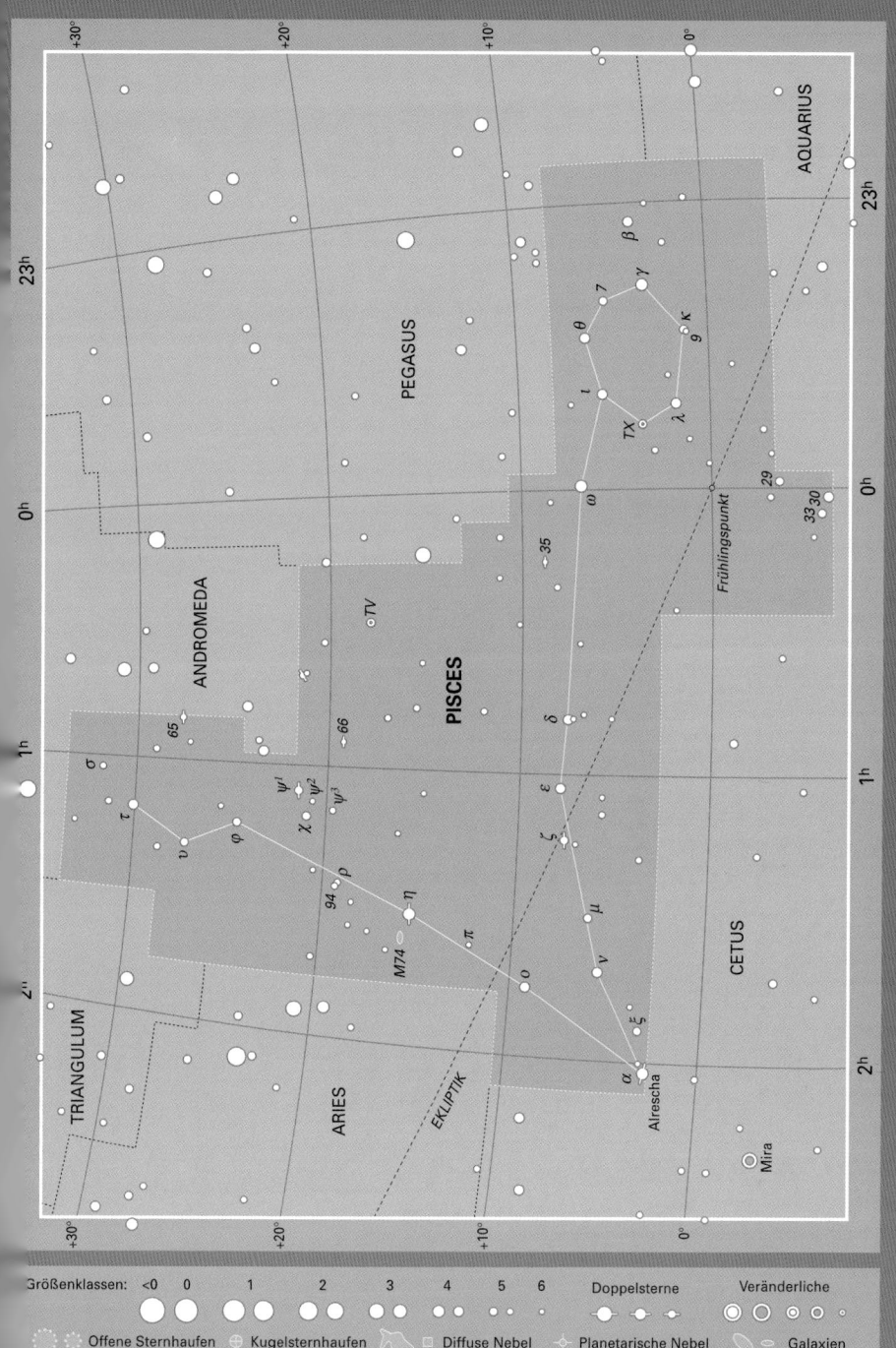

ζ (zeta) Psc, 1h 14m/+7°6; Entfernung 148 LJ, weites Doppelsternsystem der Größenklassen 5,2 und 6,4; geeignet für kleine Teleskope.

η (eta) Psc, 1h 31m/+15°,3; Größenklasse 3,6; hellster Stern des Sternbilds, gelber Riese, Entfernung 294 LJ.

κ (kappa) Psc, 23h 27m/+1°,3; Größenklasse 4,9; blauweißer Stern, Entfernung 162 LJ, bildet ein weites Doppelsternsystem mit 9 Piscium, Größenklasse 6,3, der tatsächlich ein Hintergrundstern ist.

ρ (rho) Psc, 1h 26m/+19°,2; Größenklasse 5,3; weißer Stern, Entfernung 85 LJ, bildet ein Doppelsternsystem mit dem orangen Riesen 94 Piscium, Größenklasse 5,5 und 307 LJ entfernt; geeignet für Ferngläser.

ψ¹ (psi¹) Psc, 1h 06m/+21°,5; weites Doppelsternsystem, 230 LJ entfernt, die blauweißen Komponenten gehören zu den Größenklassen 5,3 und 5,6; geeignet für kleine Teleskope oder auch gute Ferngläser.

TV Psc, 0h 28m/+17°,9; 490 LJ entfernt, Roter Riese, schwankt etwa alle sieben Wochen unregelmäßig zwischen den Größenklassen 4,7 und 5,4.

TX Psc, 23h 46m/+3°5; auch 19 Psc genannt, Entfernung 760 LJ, tiefroter, unregelmäßiger Veränderlicher, mit bloßem Auge erkennbar, besser geeignet für Ferngläser, fluktuiert etwa zwischen den Größenklassen 4,8 und 5,2.

M 74 (NGC 628), 1h 37m/+15°,8; Spiralgalaxie der Größenklasse 9, 30 Millionen LJ entfernt, steht frontal zur Blickrichtung. In dunklen Nächten ist sie durch kleine Teleskope als blasse Scheibe mit hellem Zentrum und schwächeren, verstreuten Vordergrundsternen zu sehen, aber erst ab 150 mm Öffnung detaillierter zu beobachten. (Siehe Fotografie auf S. 208.)

PISCIS AUSTRINUS   Südlicher Fisch

Das manchmal auch Piscis Australis genannte Sternbild war bereits in der Antike bekannt und wird oft als Fisch gesehen, der von dem Wasser trinkt, das aus der Amphore des benachbarten Wassermanns fließt. Dieser Fisch soll ein Elternteil der beiden Fische sein, die das gleichnamige Tierkreiszeichen darstellen.

α (alpha) Piscis Austrini, 22h 58m/–29°,6; (Fomalhaut, „Fischmaul"), Größenklasse 1,2; blauweißer Stern der Hauptreihe, Entfernung 25 LJ. Er wird von einer kalten Staubscheibe umgeben, in der sich ein Planetensystem bilden könnte.

β (beta) PsA, 22h 32m/–32°,3; Entfernung 148 LJ, getrenntes Doppelsternsystem mit einem blauweißen Primärstern der Größenklasse 4,3 und einem Begleiter der Größenklasse 7,7; geeignet für kleine Teleskope.

γ (gamma) PsA, 22h 53m/–32°,9; Entfernung 222 LJ, Doppelstern, Größenklassen 4,5 und 8,0; aufgrund des Helligkeitsunterschieds mit kleinen Teleskopen schwer auseinander zu halten.

η (eta) PsA, 22h 01m/–28°,5; Entfernung 1000 LJ, enger blauweißer Doppelstern, Größenklasse 5,8 bzw. 6,8; unterscheidbar erst ab 100 mm Öffnung und starker Vergrößerung.

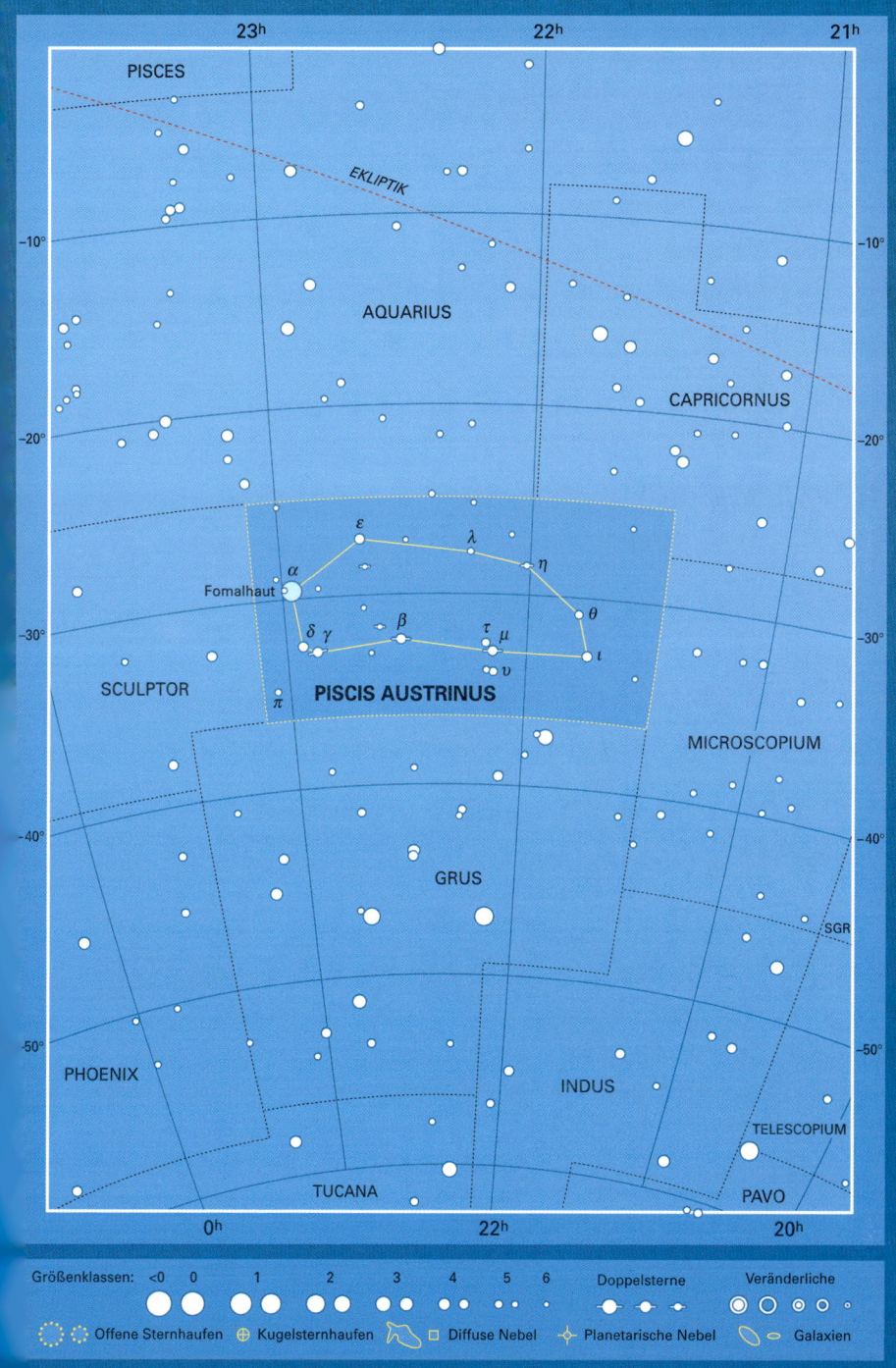

PUPPIS   Achterschiff

Bei diesem Sternbild handelt es sich um das größte der drei Abschnitte, in die Nicolas Louis de Lacaille das Schiff der Argonauten, Argo Navis, 1763 einteilte. Die anderen Abschnitte sind Carina und Vela. Puppis liegt in der Milchstraße mit reichhaltigen Sternenfeldern, für Ferngläser geeignet.

ζ (zeta) Puppis, 8h 04m/$-40°,0$; (Naos, „Schiff"), Größenklasse 2,2; strahlend heller blauer Überriese, etwa 1400 LJ entfernt, der heißeste (und deshalb blaueste) aller mit bloßem Auge sichtbaren Sterne, Oberflächentemperatur etwa 40 000 °C.

ξ (xi) Pup, 7h 49m/$-24°,9$; Größenklasse 3,3; gelber Überriese, Entfernung 1350 LJ. Durch Ferngläser wird ein entfernter, eigenständiger, gelber Begleiter der Größenklasse 5,3 sichtbar, der 321 LJ entfernt ist.

π (pi) Pup, 7h 17m/$-37°,1$; Größenklasse 2,7; orangeroter Überriese, Entfernung 1100 LJ.

ρ (rho) Pup, 8h 08m/$-24°,3$; Größenklasse 2,8; gelbweißer Stern, Entfernung 63 LJ. Ein Veränderlicher des Typs δ (delta) Scuti, der alle 3 Stunden und 23 Minuten um 0,2 Größenklassen schwankt.

k Pup, 7h 39m/$-26°,8$; 454 LJ entfernt, auffallender Doppelstern mit blauweißen Komponenten der Größenklassen 4,5 und 4,6; mit kleinen Teleskopen sind sie auseinander zu halten.

L[1], L[2] Pup, 7h 13m/$-45°,2$; optischer Doppelstern aus zwei getrennten und kontrastierenden Sternen. L[1] ist ein blauweißer, 182 LJ entfernter Stern der Größenklasse 4,9; L[2] ist ein halbregelmäßiger, 198 LJ entfernter veränderlicher Roter Riese, der in etwa 140 Tagen zwischen den Größenklassen 3 und 6 schwankt.

V Pup, 7h 58m/$-49°,2$; Bedeckungsveränderlicher des Typs β (beta) Lyrae, Entfernung 1200 LJ. Er schwankt alle 35 Stunden zwischen den Größenklassen 4,4 und 4,9.

M 46, (NGC 2437), 7h 42m/$-14°,8$; offener Sternhaufen der Größenklasse 6 mit etwa 100 Sternen von bemerkenswert gleichförmiger Helligkeit, die meisten gehören zur Größenklasse 10. Zusammen mit seinem Nachbarn M 47 ist er mit bloßem Auge als heller Fleck in der Milchstraße erkennbar. M 46 ist 5200 LJ entfernt. Auf der Nordseite steht der planetarische Nebel NGC 2438, Größenklasse 10, der aber ein Vordergrundobjekt in 3000 LJ Entfernung ist.

M 47 (NGC 2422), 7h 37m/$-14°,5$; verstreuter, mit bloßem Auge erkennbarer Haufen, etwa so groß wie der sichtbare Mond. Er besteht aus etwa drei Dutzend Sternen, von denen der hellste zur Größenklasse 5,7 gehört; etwa 5700 LJ entfernt.

M 93 (NGC 2447), 7h 45m/$-23°,9$; für Ferngläser geeigneter Sternhaufen der Größenklasse 6, Entfernung 3600 LJ, bestehend aus ca. 80 Sternen der Größenklasse 8 und schwächer, die keilförmig angeordnet sind.

NGC 2451, 7h 45m/$-38°,0$; großer, heller offener Sternhaufen von etwa 40 Sternen, Entfernung 1050 LJ, geeignet für Ferngläser, im Zentrum steht der orangerote Riese c Puppis, Größenklasse 3,6.

NGC 2477, 7h 52m/$-38°,5$; großer, offener Sternhaufen der Größenklasse 6, besteht aus einem Schwarm schwach leuchtender Sterne, erscheint durch Ferngläser als aufgelockerter Sternhaufen mit angedeuteten Armen. Er ist etwa 4000 LJ entfernt.

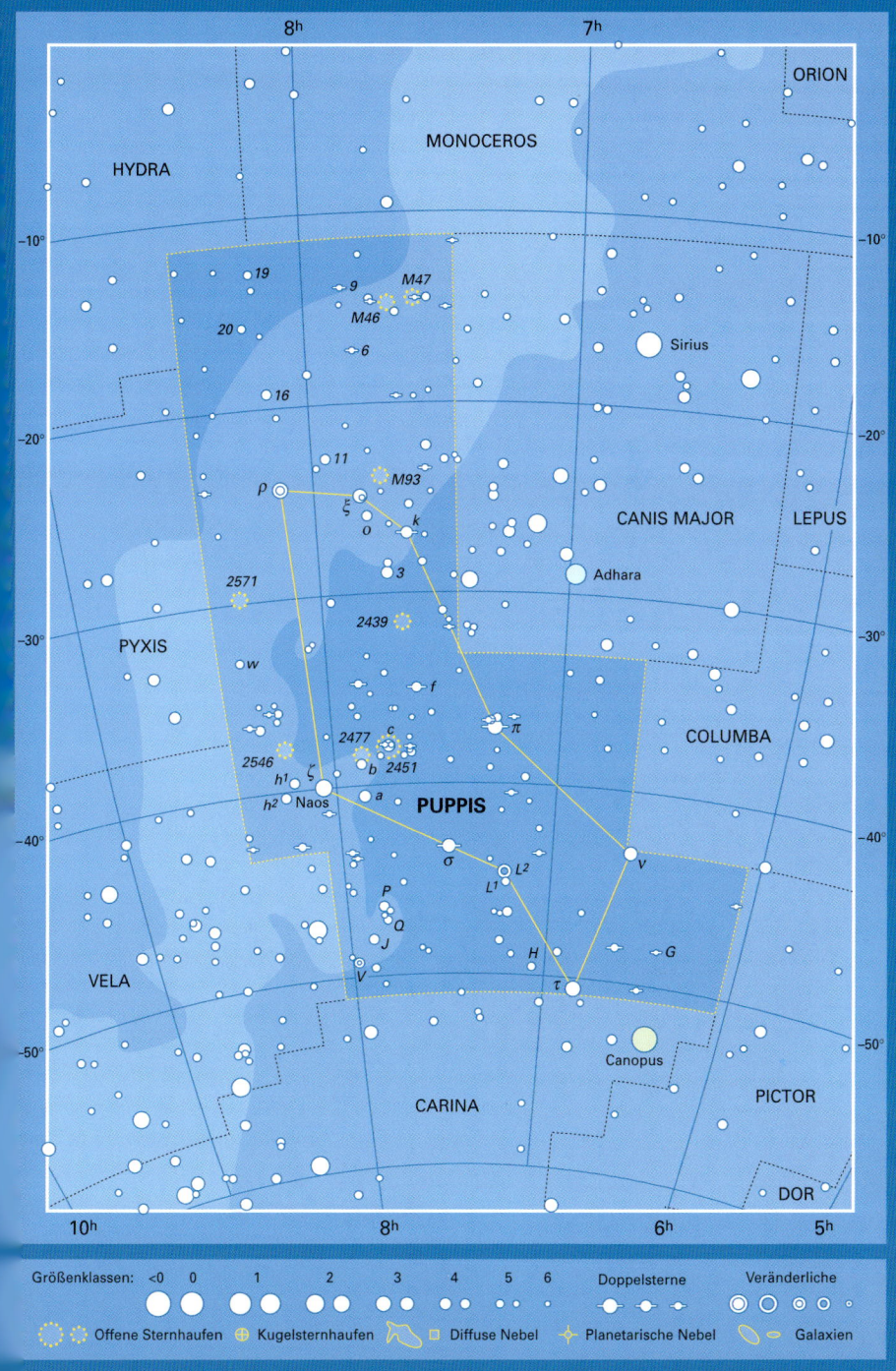

8h · 7h

ORION

MONOCEROS

HYDRA

−10°

19
9
M47
20
M46
6
Sirius

16
CANIS MAJOR
LEPUS

−20°

11
ρ
M93
ξ
o
k
3
Adhara

2571

2439
CANIS MAJOR

−30°

PYXIS
w
f
π
COLUMBA

2477 c
2546 ζ b 2451
h¹ Naos
h² a
PUPPIS

−40°
σ
L²
v
L¹

P
Q H G
J
V τ
VELA

−50°
Canopus
PICTOR

CARINA
DOR

10h · 8h · 6h · 5h

Größenklassen: <0 0 1 2 3 4 5 6   Doppelsterne   Veränderliche

Offene Sternhaufen   Kugelsternhaufen   Diffuse Nebel   Planetarische Nebel   Galaxien

PYXIS Kompass

Das kleine Sternbild wurde in den 1750er Jahren von Nicolas Louis de Lacaille benannt und stellt einen magnetischen Kompass dar. Er steht neben Puppis, dem hinteren Teil des Schiffs der Argonauten, und bestand aus den Sternen, die Ptolemäus dem Mast der Argo zugewiesen hatte. Natürlich hatte dieses Schiff noch keinen magnetischen Kompass, also kann Pyxis streng genommen kein Teil der alten Argo sein. Dieses Gebiet war auch als Malus, dem Mast der Argo bekannt. Pyxis enthält für Benutzer von Teleskopen keine besonders interessanten Objekte, obwohl er in der Milchstraße liegt.

α (alpha) Pyxis, 8h 44m/−33°,2; Größenklasse 3,7; blauer Riesenstern, Entfernung 845 LJ.

β (beta) Pyx, 8h 40m/−35°,3; Größenklasse 4,0; gelber Riesenstern, Entfernung 388 LJ.

γ (gamma) Pyx, 8h 51m/−27°,7; Größenklasse 4,0; orangeroter Riesenstern, Entfernung 209 LJ.

T Pyx, 9h 05m/−32°,4; rekurrierende Nova, es wurden bereits fünf Eruptionen beobachtet: 1890, 1902, 1920, 1944 und 1966. Normalerweise gehört der Stern zur Größenklasse 14, aber er leuchtet bis Größenklasse 6 oder 7 auf. Weitere Eruptionen werden erwartet.

Nicolas Louis de Lacaille (1713–1762)

Der französische Astronom Lacaille war der Erste, der die südliche Halbkugel komplett kartierte, daher stammt sein Spitzname Vater der südlichen Astronomie. Er leitete in den Jahren 1750–54 eine Expedition der Französischen Akademie der Wissenschaften zum Kap der Guten Hoffnung, wo er die südliche Hemisphäre systematisch untersuchte und 10 000 Sterne katalogisierte. Die genauen Positionen von 2000 dieser Sterne wurde zusammen mit einer Sternkarte unter dem Titel *Coelum Australe Stelliferum* posthum veröffentlicht. Lacaille ist hauptsächlich für die 14 Sternbilder bekannt, die er eingeführt hat und die natur- oder geisteswissenschaftliche Messinstrumente repräsentieren: Antlia, Caelum, Circinus, Fornax, Horologium, Mensa, Microscop, Norma, Octans, Pictor, Pyxis, Reticulum, Sculptor und Telescop. Lacaille demontierte aber auch ein Sternbild, und zwar Robur Carolinum, Charles' Eiche; diese wurde 1678 von Edmond Halley aus einigen Sternen der Argo Navis gebildet, um an die Eiche zu erinnern, hinter der sich König Charles II. versteckte, nachdem er die Schlacht von Worcester gegen Oliver Cromwell verloren hatte. Angeblich verdankt Halley dieser Schmeichelei seinen akademischen Grad an der Universität von Oxford, den er auf ausdrückliches Geheiß des Königs bekam. Lacaille zeigte sich davon wenig beeindruckt, er entwurzelte die Eiche wieder und gab die Sterne der Argo Navis zurück.

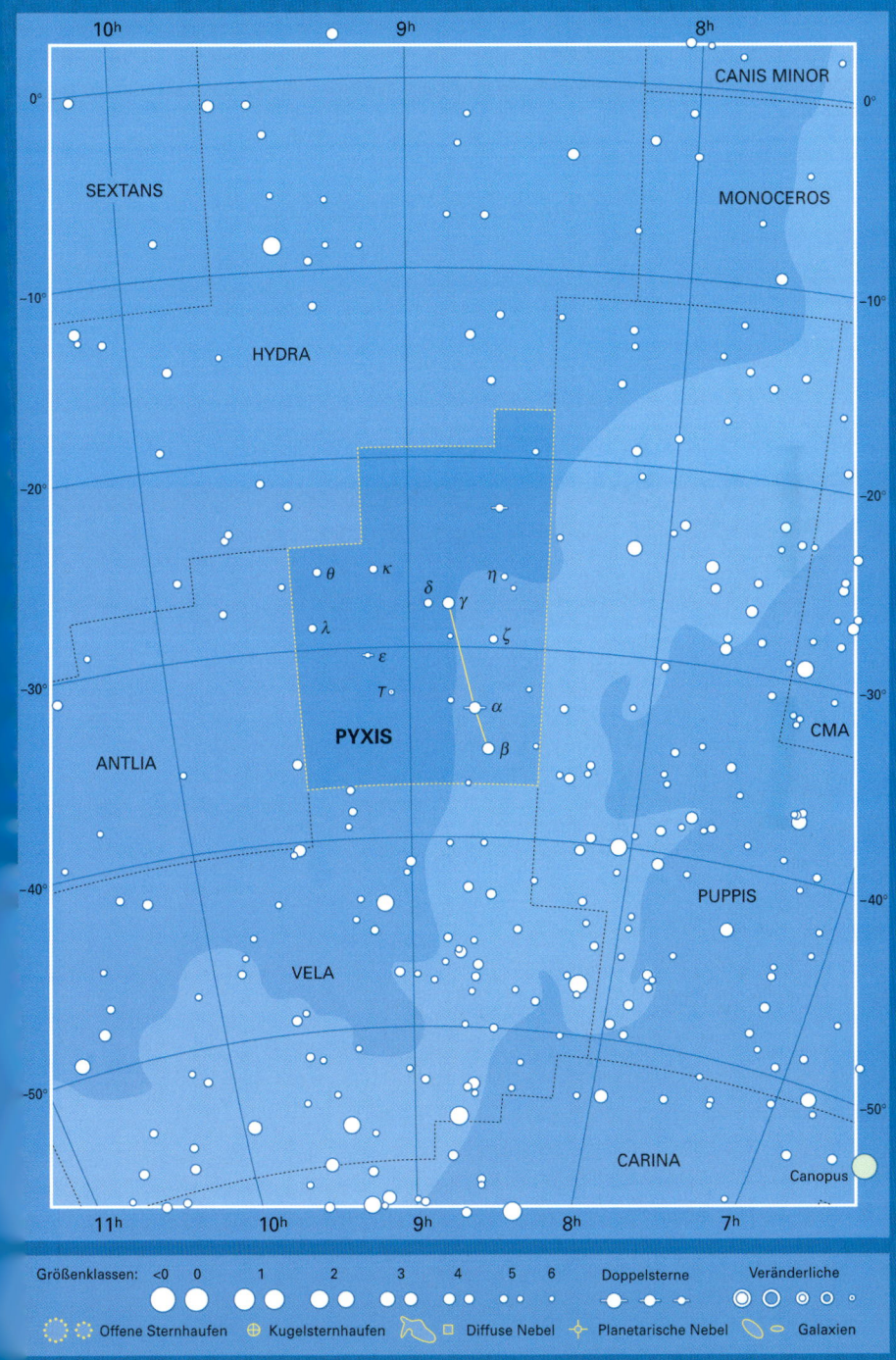

CANIS MINOR

SEXTANS

MONOCEROS

HYDRA

θ   κ

δ   η

λ   γ

ζ

ε

τ   α

PYXIS   β

CMA

ANTLIA

PUPPIS

VELA

CARINA

Canopus

Größenklassen: <0   0   1   2   3   4   5   6   Doppelsterne   Veränderliche

Offene Sternhaufen   ⊕ Kugelsternhaufen   Diffuse Nebel   Planetarische Nebel   Galaxien

RETICULUM   Netz

Das Sternbild wurde in den 1750ern von Lacaille eingeführt, der damit ein Messkreuz genanntes, gitterähnliches Instrument hervorheben wollte, mit dem er den südlichen Nachthimmel beobachtete. Das Sternbild steht in der Nähe der Großen Magellanschen Wolke, ist aber nicht sehr interessant.

α (alpha) Reticuli, 4h 14m/–62°,5; Größenklasse 3,3; gelber Riesenstern, 163 LJ entfernt.

β (beta) Ret, 3h 44m/–64°,8; Größenklasse 3,8; orangeroter Stern, 100 LJ entfernt.

ζ^1, ζ^2 (zeta^1, zeta^2) Ret, 3h 18m/–62°,5; 39 LJ entfernt, mit bloßem Auge sichtbarer Doppelstern mit zwei fast identischen, gelben Sternen der Hauptreihe, die der Sonne sehr ähnlich sind und die Größenklassen 5,5 und 5,2 erreichen.

An der Grenze zwischen Reticulum und Dorado liegt die Spiralgalaxie NGC 1566, Größenklasse 9. Sie wird den Seyfert-Galaxien zugeordnet und besitzt ein helles, variables Zentrum. (SAAO)

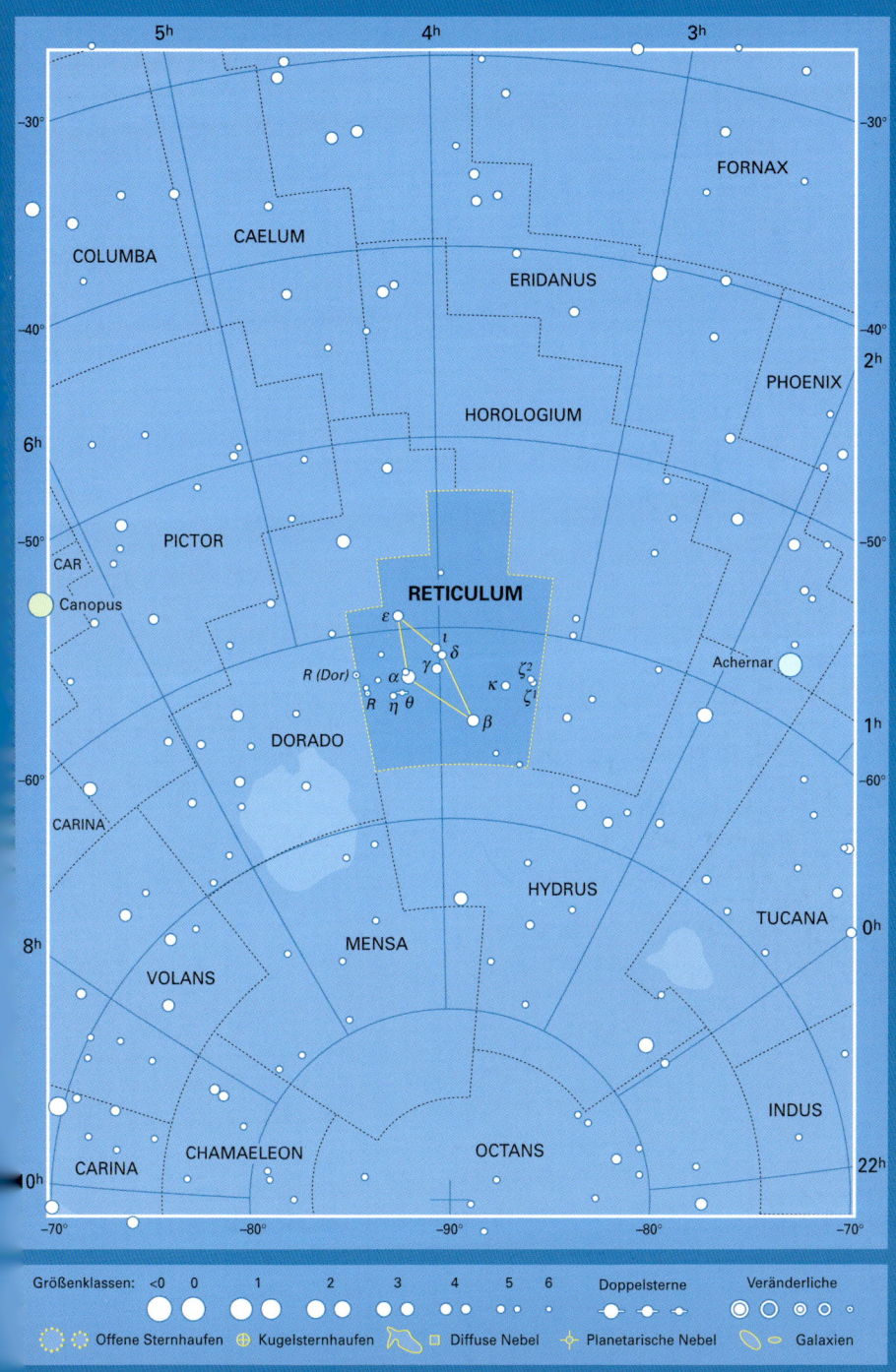

Größenklassen: <0 0 1 2 3 4 5 6   Doppelsterne   Veränderliche

Offene Sternhaufen   Kugelsternhaufen   Diffuse Nebel   Planetarische Nebel   Galaxien

SAGITTA   Pfeil

Trotz ihrer relativ geringen Größe – der Pfeil ist das drittkleinste Sternbild – wurde die pfeilförmige Sterngruppe schon von den Griechen der Antike erkannt. Es scheint am Himmel zwischen dem Schwan und Aquila, dem Adler, zu fliegen; einer Legende zufolge wurde der Pfeil von Herkules abgeschossen. Wie das angrenzende Sternbild Vulpecula liegt Sagitta in einem sternreichen Gebiet der Milchstraße.

α (alpha) Sagittae, 19h 40m/+18°,0; Größenklasse 4,4; gelber Riesenstern, Entfernung 473 LJ.

β (beta) Sge, 19h 41m/+17°,5; Größenklasse 4,4; gelber Riesenstern, Entfernung 467 LJ.

γ (gamma) Sge, 19h 59m/+19°,5; Größenklasse 3,5; hellster Stern des Sternbilds, orangeroter Riese, Entfernung 274 LJ.

δ (delta) Sge, 19h 47m/+18°,5; Größenklasse 3,7; Roter Riese, Entfernung 448 LJ.

ζ (zeta) Sge, 19h 49m/+19°,1; Entfernung 326 LJ, blauweißer Stern, Größenklasse 5,0 mit einem Begleiter der Größenklasse 9, erkennbar durch kleine Teleskope.

S Sge, 19h 56m/+16°,6; gelber Überriese, Cepheid-Veränderlicher, schwankt in 8,4 Tagen zwischen den Größenklassen 5,2 und 6,0.

VZ Sge, 20h 00m/+17°,5; Entfernung 746 LJ, pulsierender Roter Riese, schwankt unregelmäßig zwischen den Größenklassen 5,3 und 5,6.

WZ Sge, 20h 08m/+17°,7; mehrfache Nova, leuchtete 1913, 1946, 1978 und 2001 von Größenklasse 15 auf Größenklasse 7–8 auf; ein Blick lohnt sich hinsichtlich neuer Ausbrüche immer wieder.

M 71 (NGC 6838), 19h 54m/+18°,6; Kugelsternhaufen der Größenklasse 8, Entfernung 13 000 LJ, sichtbar als kleiner, länglicher, etwas milchiger Fleck, geeignet für Fernglas oder kleines Teleskop mit mindestens 100 mm Öffnung. Die Sterne sind weit verstreut, es existiert keine Häufung im Zentrum, was ihn eher als dichten offenen Haufen erscheinen lässt und nicht wie einen typischen Kugelsternhaufen.

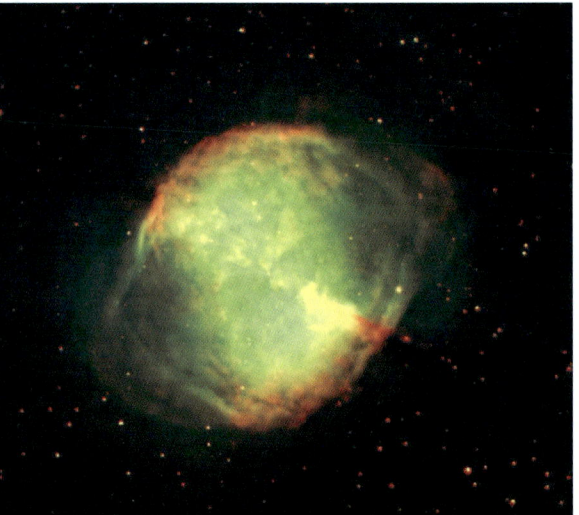

Am nördlichen Rand von Sagitta liegt im benachbarten Vulpecula der Hantel-Nebel M 27, eine Gaswolke, die von einem sterbenden Stern ausgeworfen wird. Er ist durch das Fernglas oder kleine Teleskope zu beobachten. (Siehe S. 260.) (aus: The IAC Morphological Catalog of Northern Galactic Planetary Nebulae, von A. Manchado, M.A. Guerrero, L. Stanghellini & M. Serra-Ricart/IAC)

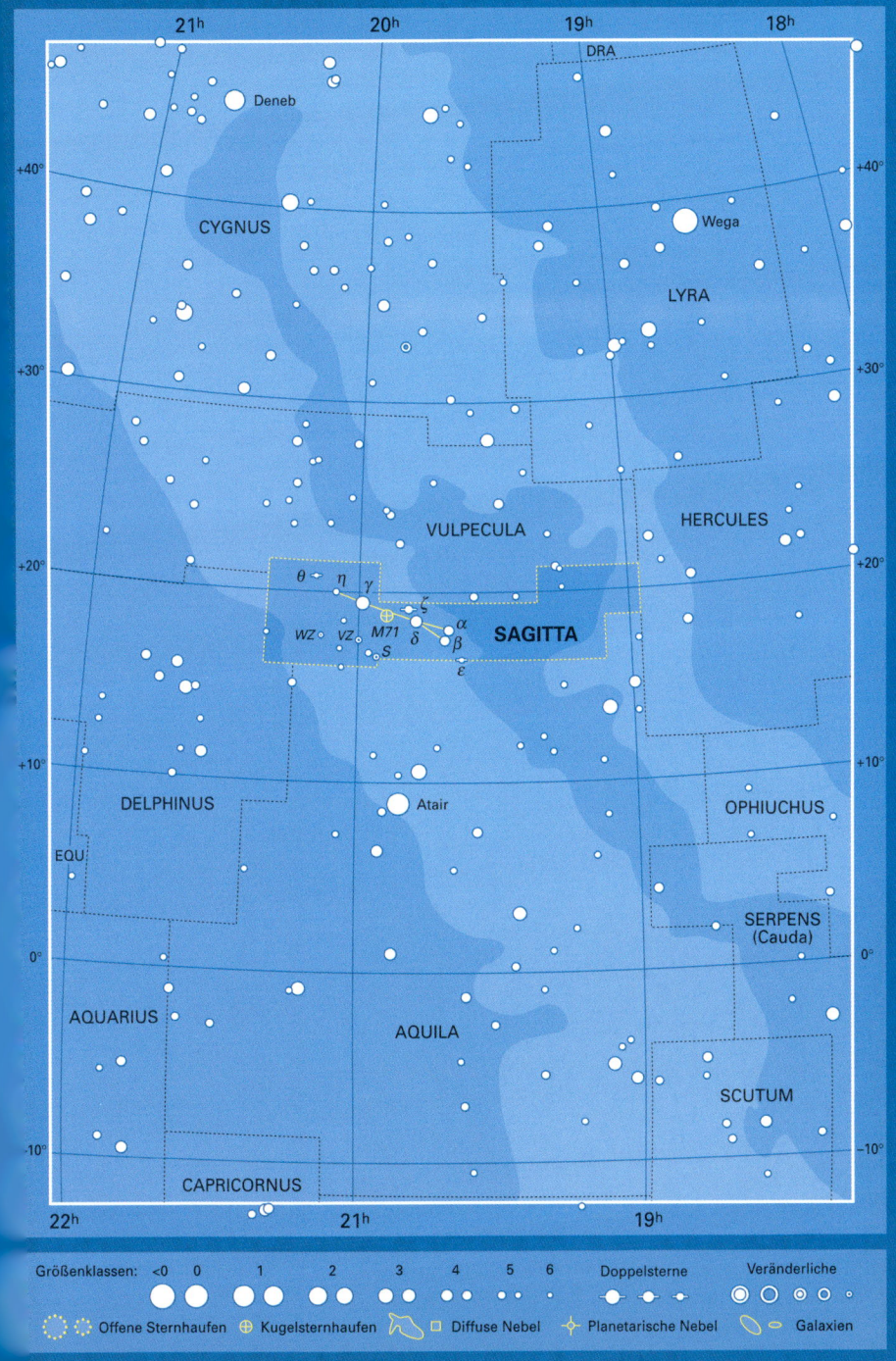

Größenklassen: <0   0   1   2   3   4   5   6   Doppelsterne   Veränderliche

Offene Sternhaufen   Kugelsternhaufen   Diffuse Nebel   Planetarische Nebel   Galaxien

SAGITTARIUS   Schütze

Das seit der Antike bekannte Sternbild zeigt einen Zentaur, halb Mensch, halb Tier, mit erhobenem Pfeil und Bogen. Dieses Sternbild ist älter als der andere Zentaur, Centaurus, und unterscheidet sich in mehrfacher Hinsicht. Während Centaurus als aufgeklärtes, gütiges Wesen beschrieben wird, wird Sagittarius mit einem drohenden Blick gezeichnet, der mit seinem Pfeil auf das Herz von Scorpius, dem Skorpion, zielt. Der Bogen besteht aus den Sternen λ (lambda), δ (delta) und ϵ (epsilon) Sagittarii, während γ (gamma) die Pfeilspitze darstellt. Die Hauptsterne sind so angeordnet, dass sich die Form eines Teekessels ergibt, während λ (lambda), φ (phi), σ (sigma), τ (tau) und ζ (zeta) Sagittarii zusammen eine Schöpfkelle bilden, die als Milchlöffel bekannt ist.

In Sagittarius liegt das Zentrum unserer Galaxie, deshalb finden sich hier wie auch in den benachbarten Sternbildern Scutum und Scorpius besonders dichte Sternfelder. Das tatsächliche Zentrum der Galaxie wird durch eine Quelle von Radio- und Infrarotstrahlung markiert, die Sagittarius A heißt und bei 17h 46,1m/−28° 51' steht. Die größten Attraktionen in Sagittarius sind seine Sternhaufen und Nebel. Die Sonne wandert von Mitte Dezember bis Mitte Januar durch Sagittarius.

α (alpha) Sagittarii, 19h 24m/−40°,6; (Rukbat, „Knie", oder Alrami, „der Bogenschütze"), Größenklasse 4,0, gehört zu den wenigen Sternen, die trotz ihrer α-Bezeichnung nicht die hellsten sind. Der blauweiße Stern ist 170 LJ entfernt.

β^1, β^2 (beta[1], beta[2]) Sgr, 19h 23m/−44°,5; (Arkab, aus dem arabischen für „Achillessehne"), Doppelstern aus eigenständigen, mit bloßem Auge sichtbaren Komponenten. β^1 Sgr ist ein blauweißer Stern der Größenklasse 4,0 in 378 LJ Entfernung mit einem für kleine Teleskope geeigneten Begleiter der Größenklasse 7,2. β^2 ist ein weißer Stern, Entfernung 139 LJ, Größenklasse 4,3.

γ (gamma) Sgr, 18h 06m/−30°,4; (Alnasl, „der Punkt", mit Bezug auf die Pfeilspitze), Größenklasse 3,0; orangeroter Riese, Entfernung 96 LJ.

δ (delta) Sgr, 18h 21m/−29°,8; (Kaus Media, „die Mitte des Bogens"), Größenklasse 2,7; orangeroter Riese, Entfernung 306 LJ.

ϵ (epsilon) Sgr, 18h 24m/−34°,4; (Kaus Australis, „der südliche Teil des Bogens"), mit Größenklasse 1,8 der hellste Stern in Sagittarius. Der blauweiße Riese ist 145 LJ entfernt.

λ (lambda) Sgr, 18h 28m/−25°,4, (Kaus Borealis, „der nördliche Teil des Bogens"), Größenklasse 2,8; orangeroter Riese, Entfernung 77 LJ.

σ (sigma) Sgr, 18h 55m/−26°,3; (Nunki), Größenklasse 2,1; blauweißer Stern, Entfernung 224 LJ.

W Sgr, 18h 05m/−29°,6; gelber Überriese, Cepheid-Veränderlicher, schwankt in 7,6 Tagen um die Größenklassen 4,3–5,1. Er ist etwa 2100 LJ entfernt.

X Sgr, 17h 48m/−27°,8; gelbweißer Riesenstern, Cepheid-Veränderlicher, schwankt in 7 Tagen um die Größenklassen 4,2–4,9. Er ist etwa 1100 LJ entfernt.

Y Sgr, 18h 21m/−18°,9; gelbweißer Riesenstern, Cepheid-Veränderlicher, schwankt in 5,8 Tagen um die Größenklassen 5,3 und 6,2. Er ist etwa 1300 LJ entfernt.

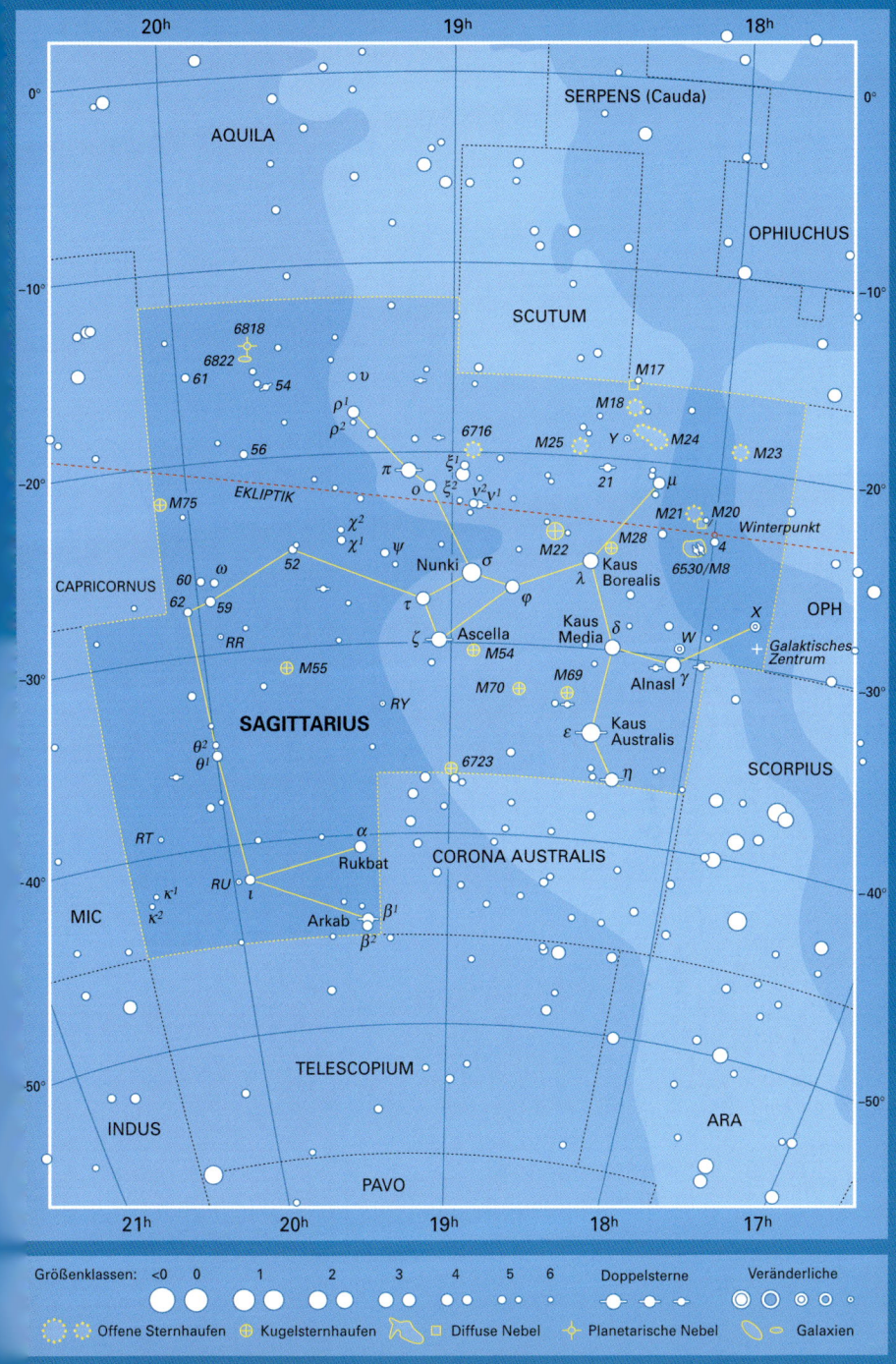

Unter den Sternfeldern in Sagittarius sind zwei außergewöhnliche Nebel: M20, der Trifid-Nebel (oben), und M8, der Lagunen-Nebel. Trifid besteht aus einem pink-farbenen Emissionsnebel und einem blauen Reflektionsnebel. (Nik Szymanek)

RR Sgr, 19h 56m/–29°,2; Roter, veränderlicher Riese des Mira-Typs, schwankt in etwa 11 Monaten zwischen den Größenklassen 5,4 und 14. Seine Entfernung ist zu groß, um sie genau bestimmen zu können.

RY Sgr, 19h 17m/–33°,5; das südliche Äquivalent von R Coronae Borealis – eine Art Anti-Nova, er erscheint normalerweise als Zugehöriger der Größenklasse 6, kann aber plötzlich und unvorhersehbar bis auf Größenklasse 14 fallen.

M 8 (NGC 6523), 18h 04m/–24°,4; der Lagunen-Nebel, ein berühmter, gasförmiger Nebel, der mit bloßem Auge zu sehen ist, er ist länglich und beinhaltet den Sternhaufen NGC 6530. M 8 ist ein lohnenswertes Objekt für Fernglas und Teleskop, er nimmt die dreifache Fläche des Vollmonds ein und ist im Zentrum durch einen schwarzen Riss gekennzeichnet. Im östlichen Teil des Nebels befindet sich NGC 6530, ein Sternhaufen mit etwa 25 Sternen der Größenklasse 7 und schwächer, die sich erst kürzlich aus dem umgebenden Gas gebildet haben. Die andere (westliche) Seite des Nebels wird von zwei Hauptsternen dominiert, von denen der hellere der Überriese 9 Sgr, Größenklasse 5,9 ist. Lang belichtete Fotografien zeigen den Nebel in intensivem Rot, das Auge sieht ihn jedoch milchig weiß. M 8 ist etwa 5000 LJ entfernt.

M 17 (NGC 6618), 18h 21m/−16°,2; der Omega-, Hufeisen- oder Schwan-Nebel ist ein weiterer Gasnebel. Ferngläser zeigen ein keilförmiges Objekt von etwa derselben Größe wie der Vollmond, größere Instrumente zeigen allerdings eine Bogenform, die gerne mit dem griechischen Buchstaben Omega (Ω), einem Hufeisen oder einem Schwan verglichen wird, daher die vielen unterschiedlichen Namen. M 17 ist 5000 LJ entfernt. Etwa 1° südlich liegt M 18 (NGC 6613), 4000 LJ entfernt, ein kleiner, lockerer Sternhaufen aus 20 Sternen der Größenklasse 9 und schwächer, er wirkt durch das Fernglas nicht unbeding bemerkenswert.

M 20 (NGC 6514), 18h 03m/−23°,0; der Trifid-Nebel ist eine leuchtende Gaswolke, deren Anblick erst auf Fotografien beeindruckend wird. Mittelgroße Teleskope zeigen einen diffusen Lichtfleck mit dem Doppelstern HN 40, Größenklassen 8 und 9, im Zentrum, der offensichtlich aus diesem Nebel geboren wurde und ihn nun beleuchtet. Der Trifid-Nebel bekam seinen Namen aufgrund dreier Staubstreifen, die ihn zerteilen. Durch das Teleskop sind sie kaum, auf Fotografien aber sehr gut sichtbar. Er ist wie M 8 etwa 5000 LJ entfernt.

M 21 (NGC 6531), 18h 05m/−22°,5; spinnenförmiger, offener Sternhaufen nahe bei M 20, etwa 70 Sterne der Größenklasse 7 und schwächer, 4000 LJ entfernt.

M 22 (NGC 6656), 18h 36m/−23°,9; großer Kugelsternhaufen der Größenklasse 5, gehört zu den schönsten am Nachthimmel und wird nur noch von ω (omega) Centauri und 47 Tucanae übertroffen. M 22 ist mit bloßem Auge zu sehen und ein lohnenswertes Objekt für Fernglas und Teleskop, die seine deutlich elliptische Form zeigen. Ab 75 mm Öffnung werden die äußeren Regionen besser sichtbar. Sein Kern ist nicht so dicht wie der vieler anderer Kugelsternhaufen. M 22 ist etwa 10 000 LJ entfernt.

M 23 (NGC 6494), 17h 57m/−19°,0; weit verstreuter, offener Sternhaufen von sehr gleichförmiger Erscheinung. Er besitzt eine längliche Form und besteht aus einem Sternfeld der Größenklasse 10–11, einige Sterne sind in Bögen angeordnet. Er ist 2100 LJ entfernt.

M 24, 18h 18m/−18°,5; reiches, ausgedehntes Sternfeld der Milchstraße, südlich von M 17 und M 18, erscheint durch ein Fernglas unscharf schimmernd. Manche Beobachter halten nur einen kleinen Haufen in der nördlichen Hälfte, auch als NGC 6603 bezeichnet, für M 24. Die gesamte Sternwolke in dieser Region misst etwa 2° x 1° und gehört zu den eindrucksvollsten Gebieten der Milchstraße, die mit bloßem Auge zu sehen sind.

M 25 (IC 4725), 18h 32m/−19°,2; Entfernung 2300 LJ, verstreuter Sternhaufen mit etwa 30 Sternen, gut geeignet für das Fernglas. Die auffälligsten Sterne bilden zwei Balken über dem Zentrum des Haufens. Sein hellster Stern ist U Sgr, ein gelber Überriese und Cepheid, der in einer Periode von sechs Tagen und 18 Stunden zwischen den Größenklassen 6,3 und 7,1 schwankt.

M 55 (NGC 6809), 19h 40m/−31°,0; Kugelsternhaufen der Größenklasse 6, nebelähnliche Erscheinung mit geringer zentraler Verdichtung, geeignet für Fernglas. Kleine Teleskope zeigen Einzelsterne und seitlich einen dunklen Fleck. M 55 ist 19 000 LJ entfernt.

SCORPIUS Skorpion

Ein prächtiges Sternbild in einem dichten Gebiet der Milchstraße voller interessanter Objekte für Besitzer kleiner Teleskope. In der Mythologie war Scorpius der Skorpion, dessen Stich Orion tötete. Am Nachthimmel flieht Orion immer noch vor dem Skorpion, denn Orion geht unter, bevor Scorpius aufgeht. Scorpius ähnelt dem Wesen, dass ihm den Namen verlieh, auch aufgrund des leicht erkennbaren Bogens, in dem die Sterne angeordnet sind, die den Schwanz bilden. Sein Herz bildet der Stern Antares, was übersetzt „Rivale des Mars" oder „dem Mars ähnlich" bedeutet und sich auf die starke rötliche Färbung bezieht. Nördlich von β (beta) Scorpii bei 16h 19,9m/–15° 38' liegt die stärkste Röntgenquelle am Nachthimmel, Scorpius X-1. Dieser spektroskopische Doppelstern der Größenklasse 13 ist 2300 LJ entfernt. Ende November wandert die Sonne durch Scorpius. Eine Kette heller Sterne, etwa 500 LJ entfernt, zieht sich von Scorpius über Lupus bis in Centaurus und Crux hinein; sie wird Scorpius-Centaurus-Assoziation genannt.

α (alpha) Scorpii, 16h 29m/–26°,4; (Antares), Entfernung 604 LJ, Roter Überriese, etwa 400-mal so groß wie die Sonne. Er ist ein halbregelmäßig Veränderlicher, der zwischen den Größenklassen 0,9 und 1,2 schwankt, die Periode dauert etwa fünf Jahre. Antares besitzt einen blauen Begleiter der Größenklasse 5,4, der erst ab 75 mm Öffnung zu sehen, aufgrund der Leuchtkraft des Hauptsterns jedoch nur bei besten Bedingungen. Der Begleiter umkreist Antares alle 900 Jahre.

β (beta) Sco, 16h 05m/–19°,8; (Graffias, „Klauen" oder Acrab, „Skorpion"), auffälliger Doppelstern, zu unterscheiden mittels kleiner Teleskope, er besteht aus zwei blauweißen Sternen der Hauptreihe, Größenklassen 2,6 und 4,9; Entfernung 530 bzw. 1100 LJ.

δ (delta) Sco, 16h 00m/–22°,6; (Dschubba, „Stirn"); blauweißer Stern, Entfernung 402 LJ. Normalerweise Größenklasse 2,3, aber seit 2002 auf 1,7 angestiegen.

ε (epsilon) Sco, 16h 50m/–34°,3; Größenklasse 2,3; orangeroter Riese, Entfernung 65 LJ.

ζ^1, ζ^2 (zeta^1, zeta^2) Sco, 16h 54m/–42°,4; mit bloßem Auge sichtbarer Doppelstern mit unabhängigen Komponenten, ζ^2 ist ein orangeroter Riese der Größenklasse 3,6 in 151 LJ Entfernung, ζ^1 ist ein blauer Überriese, der unregelmäßig zwischen den Größenklassen 4,7 und 4,9 schwankt; ζ^1 ist möglicherweise ein weit außen stehendes Mitglied des offenen Haufens NGC 6231 (siehe S. 227).

θ (theta) Sco, 17h 37m/–43°,0; Größenklasse 1,9; weißer Riesenstern, Entfernung 272 LJ mit einem Begleiter der Größenklasse 5,3; geeignet für kleine Teleskope.

λ (lambda) Sco, 17h 34m/–37°,1; (Shaula, „Stachel"), Größenklasse 1,6; blauweißer Stern, Entfernung 703 LJ.

μ^1, μ^2 (mü^1, mü^2) Sco, 16h 52m/–38°,0; mit bloßem Auge sichtbarer Doppelstern aus selbständigen Komponenten. μ^1 ist 822 LJ entfernt und ein Bedeckungsveränderlicher, der in 34 Stunden und 43 Minuten zwischen den Größenklassen 2,9 und 3,2 schwankt; μ^2 ist ein blauweißer Stern in 517 LJ Entfernung und gehört zur Größenklasse 3,6.

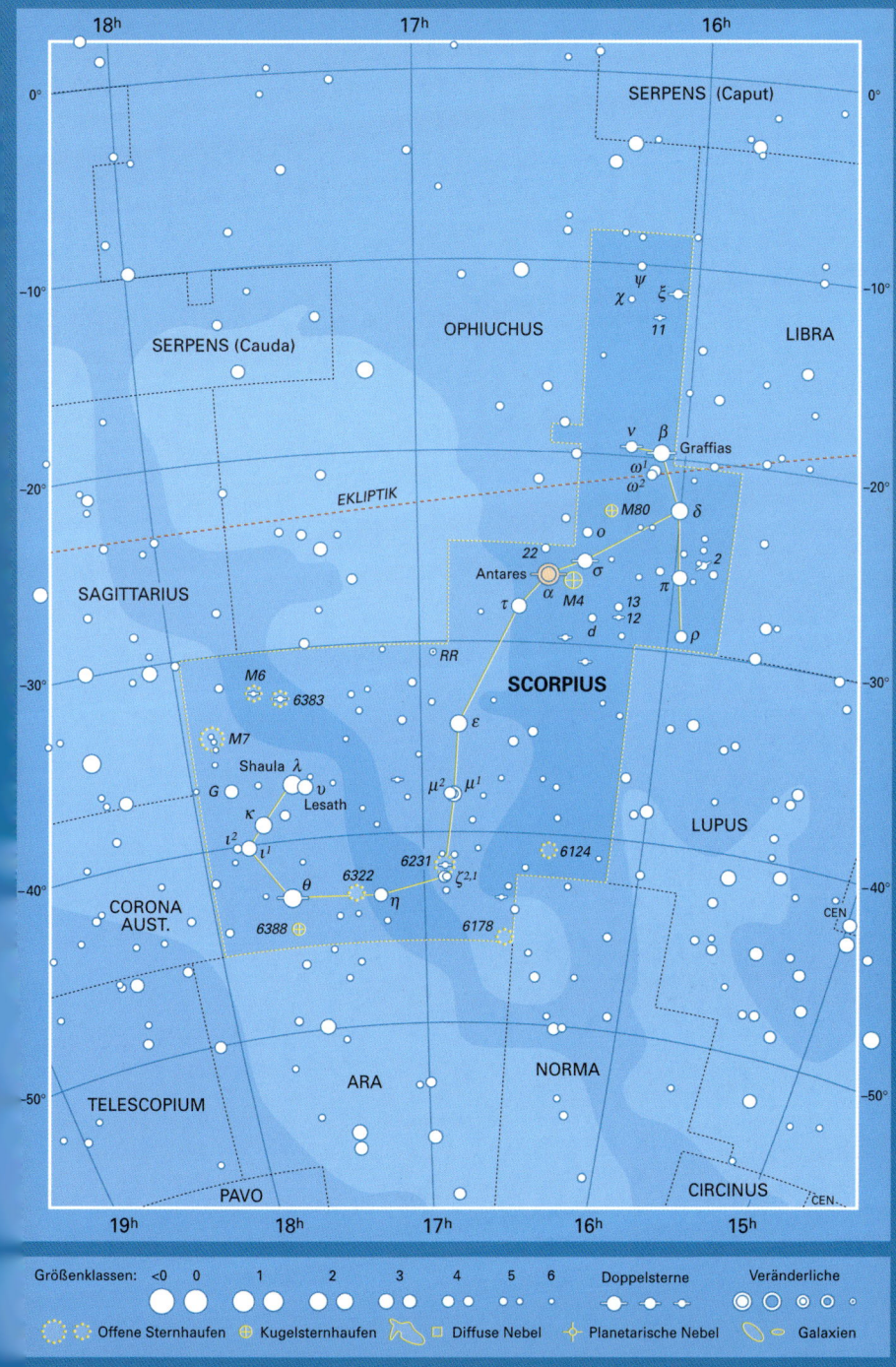

M 6 und M 7 sind zwei wunderschöne offene Sternhaufen. Rechts: M 6 wird aufgrund seiner Form im Allgemeinen Schmetterlings-Haufen genannt, obwohl er auch einem Vogel ähnelt. Die meisten seiner Sterne sind blau, einzige Ausnahme ist der orangerote Riese BM Scorpii links des Haufens. (Nigel Sharp/Mark Hanna/AURA/NOAO/NSF)

Links: M 7 ist ein großer, mit bloßem Auge sichtbarer Sternhaufen, der sich gegen den schimmernden Hintergrund der Sternfelder der Milchstraße abhebt, im Gegensatz zu M 6 im Norden, der einen viel dunkleren Hintergrund hat. M 7 ist nur etwa halb so weit entfernt wie M 6, deshalb erscheinen seine Sterne deutlich heller und sind weiter verstreut als bei M 6. (Nigel Sharp, REU program/AURA/NOAO/NSF)

ν (nü) Sco, 16h 12m/−19°,5; Entfernung 437 LJ, Vierfachstern, ähnlich dem berühmten „Doppeldoppel" im Sternbild Lyra. Kleine Teleskope und sogar starke Ferngläser zeigen ν Sco als weiten Doppelstern mit blauweißen Komponenten der Größenklassen 4,0 und 6,3. Ab 75 mm Öffnung erkennt man bei starker Vergrößerung, dass der schwächere Stern selbst ein enger Doppelstern der Größenklasse 6,7 und 7,7 ist. Der hellere Stern ist ein noch engerer Doppelstern der Größenklassen 4,3 und 5,4; die einzelnen Komponenten sind erst ab 100 mm zu erkennen.

ξ (xi) Sco, 16h 04m/−11°,4; etwa 95 LJ entfernt, ist ein berühmter Mehrfachstern. Ein kleines Teleskop zeigt ihn als weißen Stern der Größenklasse 4,2 mit einem orangeroten Begleiter der Größenklasse 7,3; im selben Feld ist auch ein schwächeres und weiter voneinander entfernteres Paar zu sehen: Σ 1999. Die Komponenten der Größenklassen 7,4 und 8,0 sind durch Gravitationskräfte an ξ Sco gebunden. Auf den ersten Blick sieht ξ Sco deshalb ebenfalls aus wie ein doppelter Doppelstern. Der hellere Stern ist seinerseits ein enges Paar aus gelbweißen Komponenten der Größenklasse 4,8 und 5,1 mit einer Periodendauer von 46 Jahren. Sie erreichten ihre größte Annäherung im Jahr 1996 und bewegen sich momentan voneinander fort; ab dem Jahr 2006 wird man sie mit 150 mm Öffnung auseinanderhalten können, ab dem Jahr 2015 mit 100 mm Öffnung.

ω^1, ω^2 (omega^1, omega^2) Sco, 16h 07m/–20°,7; ein Paar eigenständiger Sterne, mit bloßem Auge auseinander zu halten: ω^1 ist ein blauweißer Stern der Hauptreihe, Größenklasse 4, Entfernung 424 LJ; ω^2 ist ein gelber Riesenstern, Entfernung 265 LJ, Größenklasse 4,3.

RR Sco, 16h 57m/–30°,6; roter Riese, Veränderlicher des Mira-Typs, schwankt in neun Monaten zwischen den Größenklassen 5 und 12. Er ist etwa 1150 LJ entfernt.

M 4 (NGC 6121), 16h 24m/–26°,5; Kugelsternhaufen, Größenklasse 6, erscheint am Himmel etwa in der Größe des Vollmonds. 100-mm-Teleskope zeigen einzelne Sterne, im Zentrum ist ein Balken aus Sternen in Nord-Süd-Richtung erkennbar. M 4 ist stärker gestreut als die meisten Kugelsternhaufen und besitzt keine größere Sternendichte im Zentrum, Entfernung 7000 LJ.

M 6 (NGC 6405), 17h 40m/–32°,2; eindrucksvoller offener Haufen (Größenklasse 4) mit etwa 80 Sternen, die strahlenförmig angeordnet sind. Er wird auch Schmetterlingshaufen genannt. Ferngläser und kleine Teleskope zeigen die Hauptsterne, die zusammen die Form eines Schmetterlings annehmen. Der hellste von ihnen, BM Sco, befindet sich in einem der „Flügel" und ist ein orangeroter, halbregelmäßiger veränderlicher Riese, der ungefähr in 27 Monaten zwischen den Größenklassen 5 und 7 schwankt. M 6 ist 1600 LJ entfernt.

M 7 (NGC 6475), 17h 54m/–34°,8; das südlichste der Messier-Objekte ist ein riesiger, weit verstreuter, offener Sternhaufen (Größenklasse 3) mit etwa 80 Sternen, die zur Größenklasse 6 und schwächer gehören, sichtbar als heller Knoten in der Milchstraße. Der scheinbare Durchmesser beträgt das Doppelte des Vollmonds, das Objekt ist für Ferngläser gut geeignet. Da M 6 nicht weit entfernt ist, bietet sich in dieser Region ein besonders sternenreicher Anblick. Die im Zentrum stehende Gruppe bildet ein Kreuz mit dreieckigen Ausläufern, die an einen Christbaum erinnern. Im Hintergrund steht eine dichte Sternenwolke. M 7 ist 950 LJ entfernt und steht nicht in Verbindung mit M 6.

M 80 (NGC 6093), 16h 17m/–23°,0; kleiner Kugelsternhaufen (Größenklasse 7), geeignet für Fernglas oder kleines Teleskop, sieht aus wie ein verschwommener Komet. Er ist 27 000 LJ entfernt.

NGC 6231, 16h 54m/–41°,8; mit bloßem Auge sichtbarer, offener Sternhaufen mit über 100 Sternen in einem besonders reichhaltigen Gebiet der Milchstraße, gerade mit Fernglas ein besonders lohnender Anblick. Die hellsten Sterne gehören zur Größenklasse 6 und vermitteln mit Ferngläsern oder Teleskopen einen ähnlichen Eindruck wie die Plejaden. Der blaue Überriese ζ^1 (zeta^1) Sco (siehe S. 224) gehört wahrscheinlich nicht zu dem 6500 LJ entfernten Haufen. NGC 6231 gehört zu einem größeren, weit verstreuten, schwächer leuchtenden Sternhaufen, der für Ferngläser geeignet ist, beide sind als Trumpler 24 und Harvard 12 bekannt. Er befindet sich 1° nördlich.

SCULPTOR Bildhauer

Eines der schwach leuchtenden, in Vergessenheit geratenen Sternbilder des französischen Astronomen Nicolas Louis de Lacaille, eingeführt in den 1750er Jahren. In dieser Richtung kann man sehr weit ins All hinaussehen und zahlreiche weit entfernte Galaxien sehen, da der Blick kaum von Sternen oder Staub blockiert wird. Darunter ist auch ein Mitglied der Lokalen Gruppe, eine Zwerggalaxie, die nur auf lange belichteten Fotografien großer Teleskope zu sehen ist.

α (alpha) Sculptoris, 0h 59m/–29°,4; Größenklasse 4,3; blauweißer Riesenstern, Entfernung 672 LJ.

β (beta) Scl, 23h 33m/–37°,8; Größenklasse 4,4; blauweißer Stern, 178 LJ entfernt.

γ (Gamma) Scl, 23h 19m/–32°,5; Größenklasse 4,4; orangeroter Riesenstern, Entfernung 179 LJ.

δ (delta) Scl, 23h 49m/–28°,1; Größenklasse 4,6; blauweißer Stern der Hauptreihe, Entfernung 143 LJ.

ϵ (epsilon) Scl, 1h 46m/–25°,1; Entfernung 89 LJ, Doppelsternsystem der Größenklasse 5,3 und 8,6; die Umlaufdauer liegt bei geschätzten 1000 Jahren.

κ^1 (kappa[1]) Scl, 0h 09m/–28°,0; Entfernung 224 LJ, enges Paar weißer Sterne, Größenklasse 6,1 und 6,2; mit 75 mm Öffnung gerade noch auseinander zu halten.

R Scl, 1h 27m/–32°,5; tiefroter Veränderlicher, schwankt in etwa einem Jahr zwischen den Größenklassen 5,8 und 7,7. Er ist etwa 1500 LJ entfernt.

S Scl, 0h 15m/–32°,0; Roter veränderlicher Riese des Mira-Typs, schwankt zwischen den Größenklassen 5,5 und 13,6. Er ist etwa 1500 LJ entfernt.

NGC 55, 0h 15m/–39°,2; Spiralgalaxie, Größenklasse 8. Eine Hälfte der beiden ist auffälliger. In Größe und Form ähnelt sie NGC 253, ist aber weniger hell, ist ca. 6 Millionen LJ entfernt.

NGC 253, 0h 48m/–25°,3; Spiralgalaxie, Größenklasse 7, steht fast genau seitlich zur Blickrichtung und erscheint deshalb zigarrenförmig. Mit einer Länge von fast $1/2°$ ist sie mit dem Fernglas sichtbar, mindestens 100 mm Öffnung sind notwendig, um Einzelheiten zu erkennen. Die Galaxie ist ca. 9 Millionen LJ entfernt.

Die Spiralgalaxie NGC 253 steht fast senkrecht in Blickrichtung und wirkt deshalb elliptisch. Sie besitzt kein gewölbtes Zentrum, aber sehr stern- und staubreiche Arme. (Todd Boroson/ AURA/NOAO/NSF)

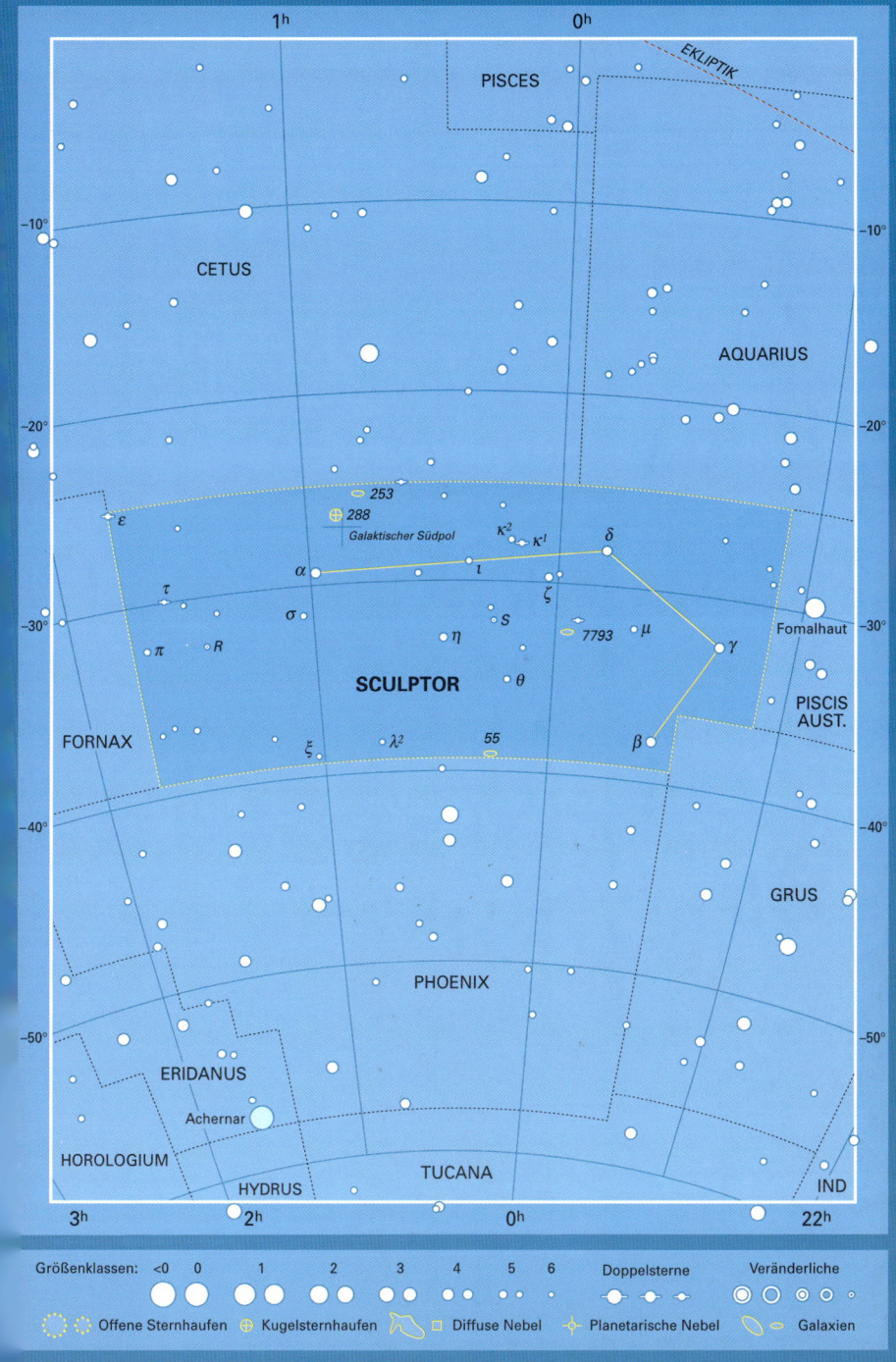

SCUTUM   Schild

Ein unauffälliges Sternbild zwischen Aquila (Adler) und Serpens (Schlange), eingeführt 1684 von dem polnischen Astronomen Johannes Hevelius unter dem Namen Scutum Sobiescianum, Sobieskischer Schild. Besonders schön sind die reichhaltigen Sternfelder, vor allem die Sternwolke im nördlichen Abschnitt des Sternbilds, die etwa 6° misst und angeblich der hellste Bereich der Milchstraße außerhalb von Sagittarius (Schütze) ist. Der beeindruckende offene Sternhaufen M 11 liegt neben einem dunklen Fleck am nördlichen Ende der Scutum-Sternwolke.

α (alpha) Scuti, 18h 35m/–8°,2; Größenklasse 3,8; orangeroter Riese, Entfernung 174 LJ.

δ (delta) Sct, 18h 42m/–9°,2; Entfernung 187 LJ, Prototyp einer seltenen Klasse von Veränderlichen, die alle paar Stunden pulsieren und ihre Größe verändern, wodurch leichte Helligkeitsveränderungen entstehen. δ Scuti ist ein weißer Riesenstern, der in 4 Stunden und 39 Minuten zwischen den Größenklassen 4,6 und 4,8 schwankt.

R Sct, 18h 48m/–5°,7; pulsierender, orangeroter Überriese in etwa 1400 LJ Entfernung, schwankt etwa in fünf Monaten zwischen den Größenklassen 4,2 und 8,6.

M 11 (NGC 6705), 18h 51m/–6°,3; die Wildente, ein Paradestück eines offenen Sternhaufens mit etwa 200 Sternen und einer Ausdehnung von etwa dem halben Vollmonddurchmesser. Mit einer Leuchtkraft der Größenklasse 6 ist er mit bloßem Auge gerade noch sichtbar, durch das Fernglas erscheint er als milchiger Fleck. Ab 100-facher Vergrößerung eines Teleskops wird ein glitzernder Sternennebel sichtbar. An der Spitze des Fächers steht ein Stern der Größenklasse 8, der etwas heller ist als die anderen, sowie ein Doppelstern. M 11 ist 6500 LJ entfernt.

M 26 (NGC 6694), 18h 45m/–9°,4; offener Sternhaufen, geeignet für kleine Teleskope; etwa so groß wie M 11, besitzt aber nur etwa zwei Dutzend Sterne und leuchtet deshalb sehr viel schwächer. Er ist etwa 5000 LJ entfernt.

Zu den reichhaltigen Sternfeldern in Scutum gehört M 11, die Wildente. Kleine Instrumente zeigen eine Fächer- oder Bogenform, weil eine Seite weniger dicht mit Sternen bevölkert ist; auf dieser Aufnahme ist es die rechte. (Nigel Sharp, REU program/AURA/NOAO/NSF)

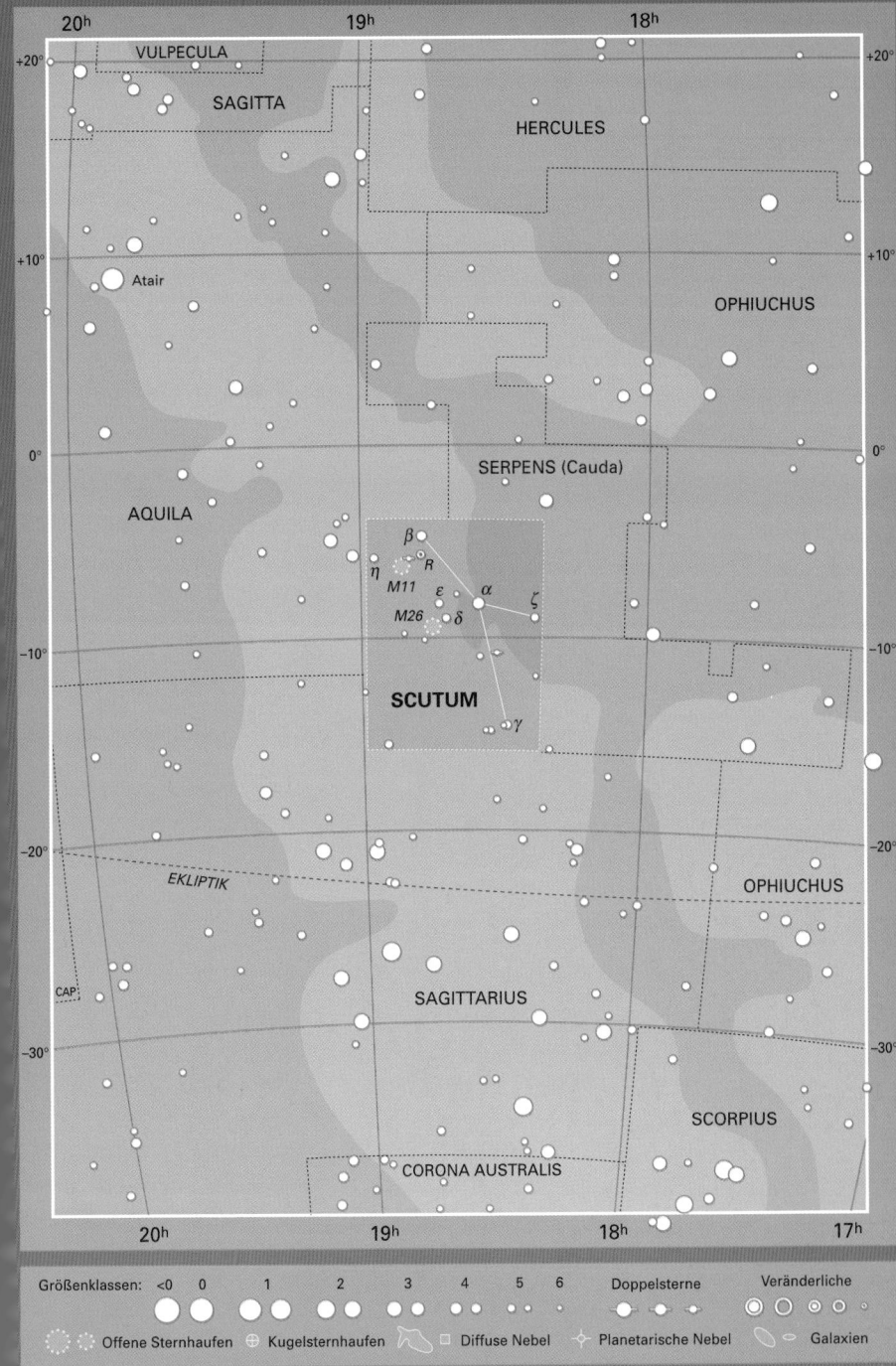

SERPENS   Schlange

Das seit der Antike bekannte Sternbild stellt eine Schlange dar, die um den Körper von Ophiuchus gewunden ist. Serpens besteht aus zwei Teilen zu beiden Seiten von Ophiuchus: Serpens Caput, der Kopf, ist der größere und auffälligere Teil; und Serpens Cauda, der Schwanz. Dies ist das einzige zweiteilige Sternbild, beide Hälften gelten als eigenständige Sternbilder.

α (alpha) Serpentis, 15h 44m/+6°,4; (Unukalhai, „Hals der Schlange"), Größenklasse 2,6; orangeroter Riesenstern, 73 LJ Entfernung.

β (beta) Ser, 15h 46m/+15°,4; Entfernung 153 LJ, blauweißer Stern der Hauptreihe im Kopf der Schlange, Größenklasse 3,7 mit einem Begleiter der Größenklasse 10, erkennbar durch kleine Teleskope. Nördlich davon ist der Hintergrundstern 29 Ser der Größenklasse 6,7 mit dem Fernglas gerade noch erkennbar.

γ (gamma) Ser, 15h 56m/+15°,7; Größenklasse 3,8; weißer Stern der Hauptreihe, 36 LJ entfernt.

δ (delta) Ser, 15h 35m/+10°,5; Entfernung 210 LJ, weißer Stern der Größenklasse 4,2 mit einem engen Begleiter der Größenklasse 5,2; geeignet für kleine Teleskope mit starker Vergrößerung.

η (eta) Ser, 18h 21m/–2°,9; Größenklasse 3,2; orangeroter Riesenstern in 62 LJ Entfernung.

θ (theta) Ser, 18h 56m/+4°,2; (Alya), Entfernung 132 LJ, elegantes Paar weißer Sterne der Größenklassen 4,6 und 5,0; sehr gut geeignet auch für kleine Teleskope. ▶

M 16 und der umliegende Adlernebel in Serpens ist eine spektakuläre Kombination eines Sternhaufens und einer Gaswolke. (Bill Schoening/AURA/NOAO/NSF)

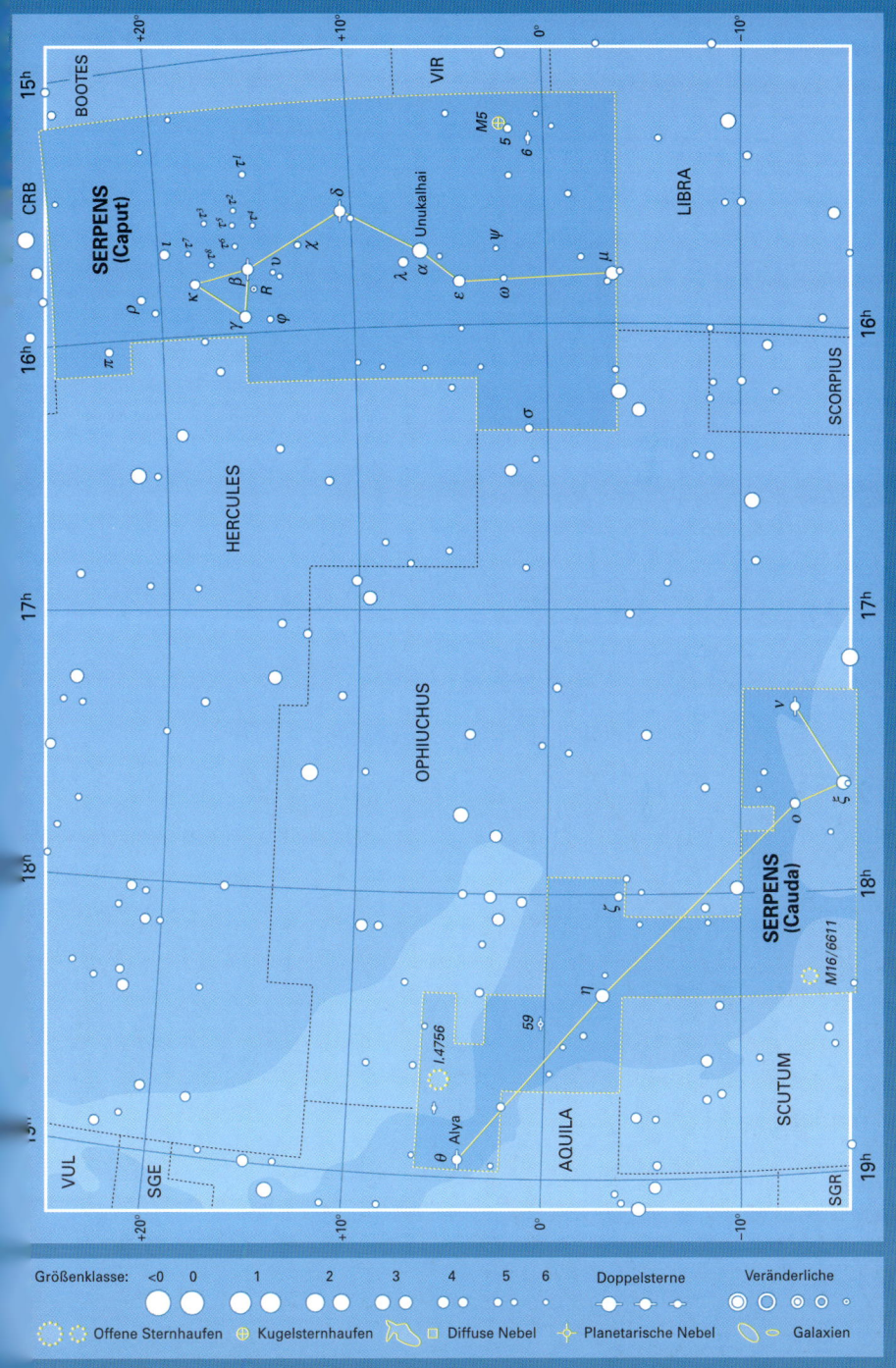

ν (nü) Ser, 17h 21m/–12°,8; Entfernung 193 LJ, blauweißer Stern der Hauptreihe, Größenklasse 4,3 mit entferntem Begleiter der Größenklasse 8,3.

τ¹ (tau¹) Ser, 15h 26m/+15°,4; Entfernung 920 LJ, Roter Riese der Größenklasse 5,2; hellstes Mitglied eines losen Verbunds von acht Sternen der Größenklasse 6 nahe β Ser. Sie alle sind für Ferngläser geeignet.

R Ser, 15h 51m/+15°,1; Roter Riese, Veränderlicher des Mira-Typs, schwankt innerhalb eines Jahre zwischen den Größenklassen 5,2 und 14,4. 900 LJ entfernt.

M 5 (NGC 5904), 15h 19m/+2°,1; Kugelsternhaufen, Größenklasse 6, Entfernung 26 000 LJ, sichtbar mithilfe von Ferngläsern oder kleinen Teleskopen. Er gilt als einer der schönsten Kugelsternhaufen am Nordhimmel, nur noch übertroffen von dem berühmten M 13 in Hercules. Ab 100 mm Öffnung erkennt man das leuchtende, dichte Zentrum mit Sterngruppen und -bögen in den Randregionen.

M 16 (NGC 6611), 18h 19m/–13°,8; trüber, offener Sternhaufen in 8500 LJ Entfernung, eingebettet in den größeren Adler-Nebel. Der Haufen besitzt etwa 60 Sterne der Größenklasse 8 und schwächer. Kleine Teleskope zeigen, dass die meisten Sterne v-förmig in der Nordhälfte stehen. Der sie umgebende Adlernebel verleiht dem Sternhaufen einen milchigen Schleier. Der Nebel bietet auf lange belichteten Fotografien ein eindrucksvolles Bild (siehe S. 232).

IC 4756, 18h 39m/+5°,4; verstreuter, offener Sternhaufen der Größenklasse 8,0 und schwächer, nimmt etwa doppelt so viel Raum am Himmel ein wie der Vollmond, geeignet für Ferngläser. Er ist 1300 LJ entfernt.

SEXTANS Sextant

Ein schwaches, unwichtiges Sternbild südlich von Leo (Löwe), das 1687 von dem polnischen Astronomen Johannes Hevelius eingeführt wurde. Er erinnert an ein Instrument, das er zur Positionsbestimmung von Sternen einsetzte. Hevelius verwendete den Sextanten auch dann noch, als es schon längst Teleskope gab.

α (alpha) Sextantis, 10h 08m/–0°,4; Größenklasse 4,5; blauweißer Riesenstern, Entfernung 287 LJ.

β (beta) Sex, 10h 30m/–0°,6; Größenklasse 5,1; blauweißer Stern der Hauptreihe, Entfernung 345 LJ.

γ (gamma) Sex, 9h 53m/–8°,1; Größenklasse 5,1; blauweißer Stern der Hauptreihe, Entfernung 262 LJ.

δ (delta) Sex, 10h 30m/–2°,7; Größenklasse 5,2; blauweißer Stern der Hauptreihe, Entfernung 300 LJ.

17, 18 Sex, 10h 10m/–8°,4; ein Paar eigenständiger Sterne der Größenklassen 5,9 und 5,6; Entfernung 527 bzw. 473 LJ, gut geeignet für Ferngläser.

NGC 3115, 10h 05m/–7°,7; elliptische Galaxie der Größenklasse 9, auch Spindel-galaxie genannt, Entfernung 14 Millionen LJ. Mittelgroße Teleskope zeigen die längliche Form und ein helleres Zentrum.

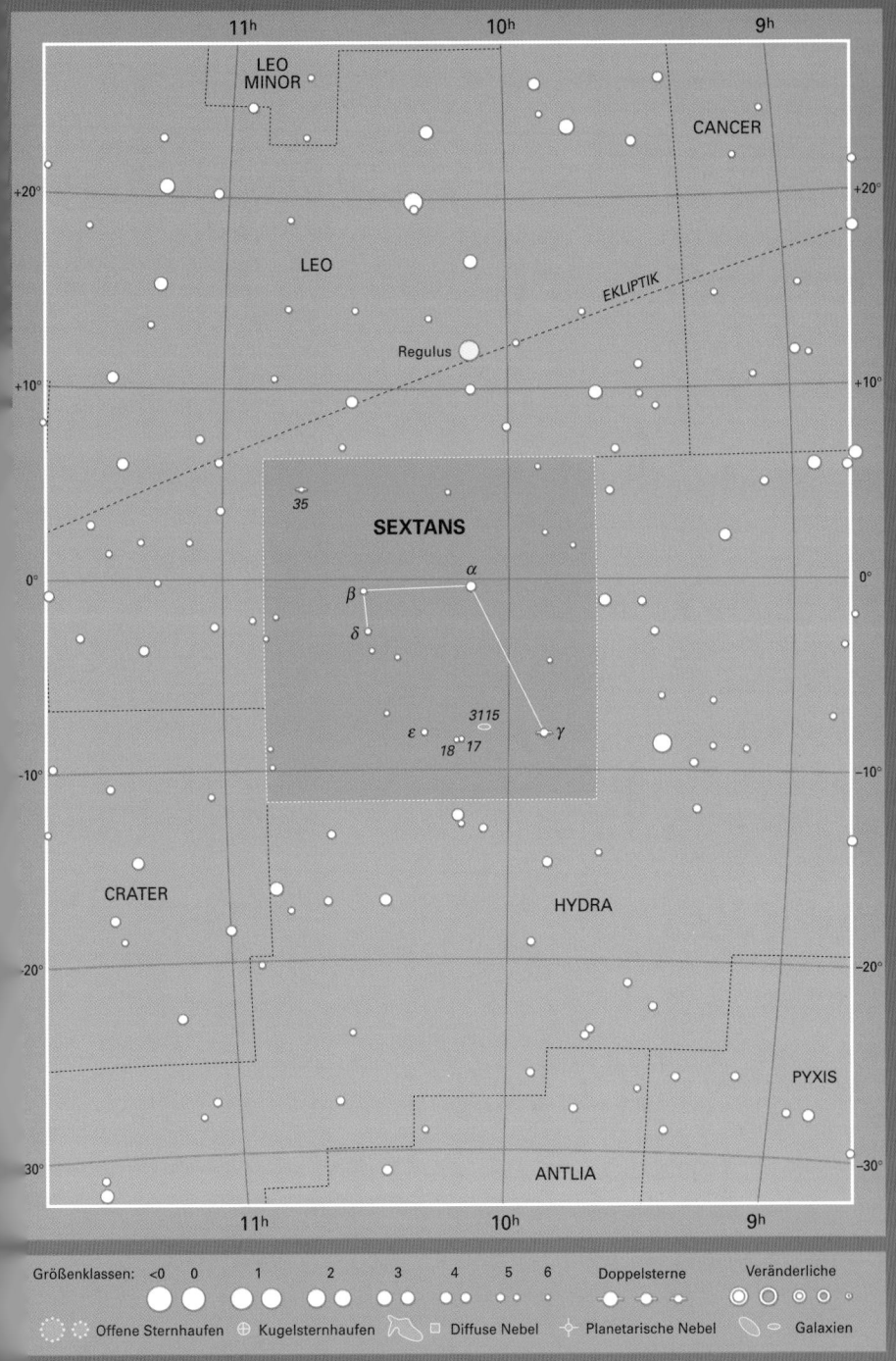

TAURUS   Stier

Eines der ältesten Sternbilder überhaupt, es ist schon seit den frühesten Aufzeichnungen bekannt. Der Kopf des Stiers wird durch einen v-förmigen Sternhaufen gebildet, der als die Hyaden bekannt ist. Aldebaran bildet sein rot glühendes Auge, an den Spitzen der Hörner stehen β (beta) und ζ (zeta) Tauri. Neben den Hyaden steht auch der berühmte Sternhaufen der Plejaden im Taurus, auch die Sieben Schwestern genannt. In Taurus kam es zu der berühmten Supernova, die man auf der Erde im Jahr 1054 beobachtete und die zur Bildung des Krabbennebels M 1 führte. Bei 4h 22m/ +19°32' steht der schwache, veränderliche Hindsche Nebel NGC 1554–5, der im 19. Jahrhundert von dem englischen Astronomen John Russell Hind entdeckt wurde; innerhalb dieses Nebels steht T Tauri (Größenklasse 10) in 576 LJ Entfernung, der Prototyp einer Klasse unregelmäßiger Veränderlicher, bei denen es sich wahrscheinlich um entstehende Sterne handelt. Südlich der Plejaden erscheinen jedes Jahr die Taurid-Meteore, die am 4. November ein Maximum von zehn Meteoren pro Stunde erreichen können. Die Präzession transportierte die Position des Sommeranfangs Ende des Jahres 1989 von Gemini (Zwillinge) in Taurus.

α (alpha) Tauri, 4h 36m/+16°5; (Aldebaran, „Verfolger" der Plejaden), orangeroter Riese, unregelmäßiger Veränderlicher, fluktuiert zwischen den Größenklassen 0,75 und 0,95. Er scheint zwar zu den Hyaden zu gehören, ist tatsächlich aber ein Vordergrundstern in 65 LJ Entfernung.

β (beta) Tau, 5h 26m/+28°6; (Alnath oder Elnath, „der mit den Hörnern Stoßende"), Größenklasse 1,7; blauweißer Riese, Entfernung 131 LJ.

ζ (zeta) Tau, 5h 38m/+21°1; Entfernung 417 LJ, blauer Riese, schwankt leicht zwischen den Größenklassen 2,9 und 3,2.

θ^1, θ^2 (theta^1, theta^2) Tau, 4h 29m/+15°9; Doppelstern in den Hyaden, besteht aus einem gelben und einem weißen Riesenstern der Größenklasse 3,8 bzw. 3,4 in 158 und 149 LJ Entfernung. θ^2 ist das hellste Mitglied der Hyaden.

κ^1, κ^2 (kappa^1, kappa^2) Tau, 4h 25m/+22°3; weißes Sternenpaar der Größenklassen 4,2 bzw. 5,3; geeignet für Ferngläser, aber auch mit bloßem Auge sichtbar, Entfernung 153 bzw. 144 LJ. Beide sind außerhalb liegende Mitglieder der Hyaden.

λ (lambda) Tau, 4h 01m/+12°5; Entfernung 370 LJ, Bedeckungsveränderlicher des Algol-Typs, schwankt in 4 Tagen zwischen den Größenklassen 3,4 und 3,9.

σ^1, σ^2 (sigma^1, sigma^2) Tau, 4h 39m/+15°8; weiter Doppelstern blauweißer Komponenten in den Hyaden, Größenklassen 5,1 und 4,7; Entfernung 152 und 159 LJ.

φ (phi) Tau, 4h 20m/+27°4; Entfernung 342 LJ, optischer Doppelstern, mit kleinen Teleskopen zu trennen, besteht aus einem orangeroten Riesen (Größenklasse 5,0) und einem weißen Stern (Größenklasse 8,4).

χ (chi) Tau, 4h 23m/+25°6; Entfernung 268 LJ, Doppelstern aus blauen bzw. goldenen Komponenten der Größenklassen 5,4 und 7,6; geeignet für kleine Teleskope.

Die Hyaden, 4h 27m/+16°, sind ein großer, heller, offener Sternhaufen aus etwa 200 Sternen, der sich über mehr als 5° am Nachthimmel erstreckt. Die hellsten Mitglieder bilden eine unverkennbare V-Form, die auch mit bloßem Auge leicht

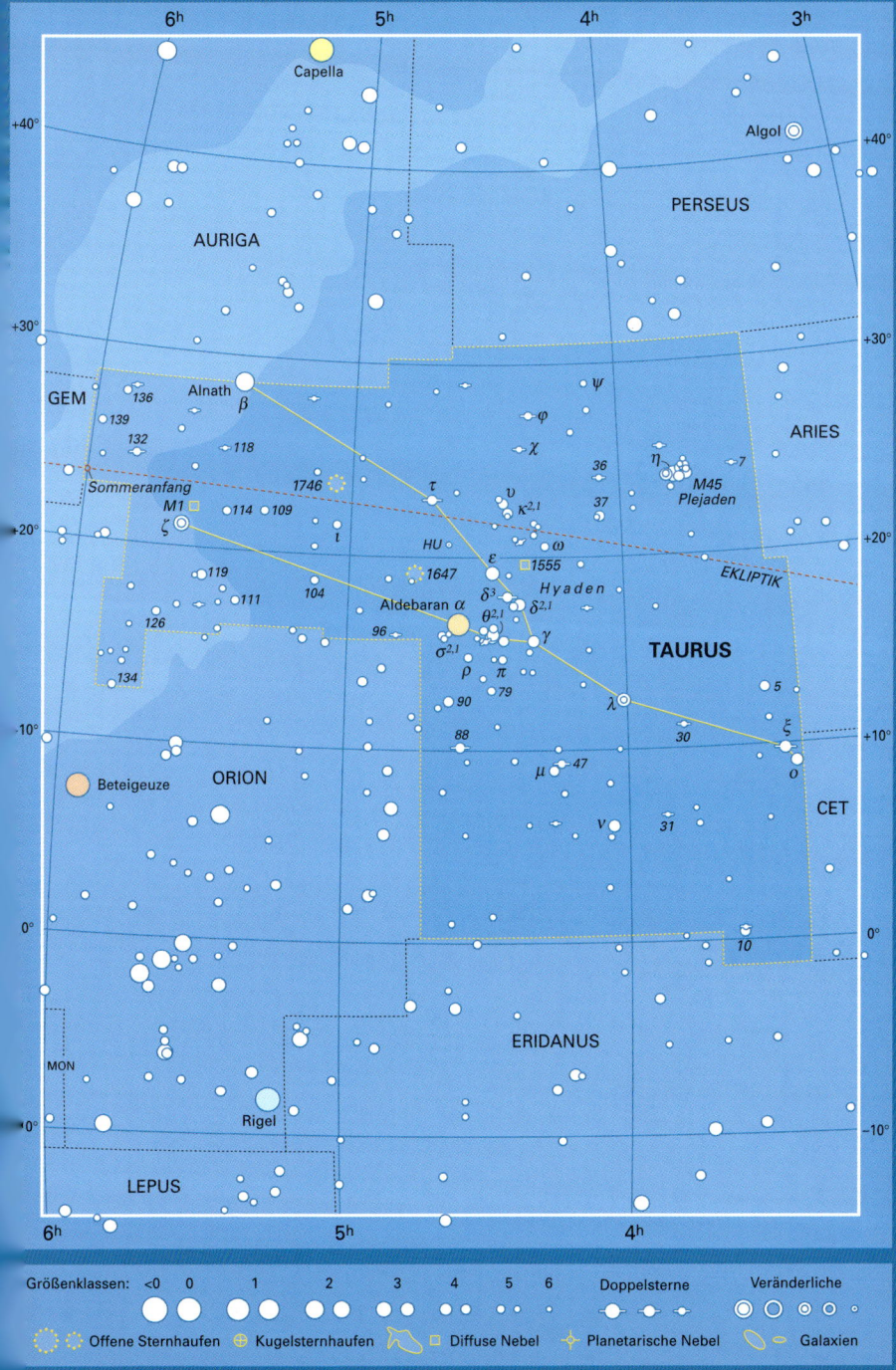

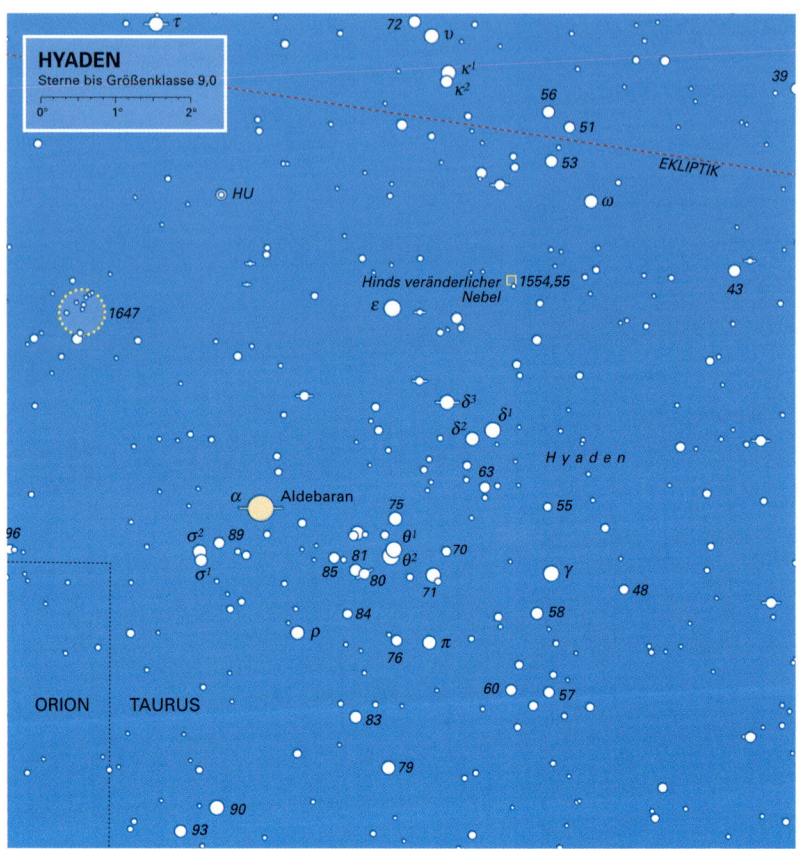

HYADEN
Sterne bis Größenklasse 9,0

0°   1°   2°

72 υ
κ¹
κ²
56
51
53
EKLIPTIK
39

HU
ω

Hinds veränderlicher ☐ 1554,55
Nebel
ε
43

1647

δ³
δ² δ¹
63
H y a d e n
55

α Aldebaran
75
σ² 89
θ¹
70
σ¹
81 θ²
85 80
71
γ
48
84
58
96
ρ
π
76
60 57

ORION   TAURUS
83
79
90
93

Detailansicht der Hyaden. (Wil Tirion)

zu erkennen ist. Aufgrund seiner Größe wird der Haufen besser mit dem Fernglas als mit dem Teleskop beobachtet. Der helle Aldebaran gehört nicht zu den Hyaden; der hellste zugehörige Stern ist θ² (theta²) Tauri (siehe S. 236). Das Zentrum des Haufens ist 150 LJ entfernt; seine Entfernung ist bedeutungsvoll, denn damit begann die Entfernungsbestimmung in unserer Galaxie.

M 1 (NGC 1952), 5h 35m/+22°,0; der berühmte Krabbennebel, Überrest einer Supernova. In dunklen, klaren Nächten ist er mit dem Fernglas sichtbar. Trotz seiner Berühmtheit ist der Krabbennebel ein eher enttäuschender Anblick (zumindest durch kleine Teleskope), er erscheint als elliptischer, nebliger Fleck der Größenklasse 8. Im Zentrum des Nebels, außerhalb der Reichweite von Amateurteleskopen, steht ein Objekt der Größenklasse 16. Es sind die Überreste des explodierten Sterns, es wurde inzwischen als Pulsar identifiziert. Krabbennebel und Pulsar sind etwa 6500 LJ entfernt.

M 45, 3h 47m/+24°; die Plejaden sind der hellste und berühmteste Sternhaufen am Nachthimmel; sie werden allgemein nach einigen Nymphen aus der Mythologie die Sieben Schwestern genannt und waren die Töchter von Atlas und Pleione. Mit bloßem Auge sind etwa sieben Sterne zu sehen. Ferngläser zeigen gleich Dutzende weiterer Sterne. Zu dem Sternhaufen gehören etwa 100 Sterne, sein Zentrum ist 378 LJ entfernt. Im Gegensatz zu den älteren und weiter entwickelten Hyaden haben sich die Plejaden in den letzten 50 Millionen Jahren entwickelt und beinhalten zahlreiche blaue Riesen. Der hellste Stern ist η (eta) Tauri (Alcyone), Größenklasse 2,9. Andere wichtige Mitglieder sind 16 Tau (Celaeno), Größenklasse 5,5; 17 Tau (Electra), Größenklasse 3,7; 19 Tau (Taygeta), Größenklasse 4,3; 20 Tau (Maja), Größenklasse 3,9; 21 Tau (Asterope), Größenklasse 5,8; 23 Tau (Merope), Größenklasse 4,1; 27 Tau (Atlas), Größenklasse 3,6 und BU Tau (Pleione), ein Hüllenstern, der in unregelmäßigen Abständen Gasringe auswirft und dadurch zwischen den Größenklassen 4,8 und 5,5 fluktuiert. Der ganze Plejadenhaufen wird von einem leichten Nebel umgeben. Dieser Nebel wird auf lange belichteten Fotografien sichtbar (siehe S. 240), unter besonders guten Bedingungen ist die hellste Region um Merope herum auch mit dem Fernglas oder mit einem kleinen Teleskop zu erkennen. Lange Zeit glaubte man, der Nebel sei der Überrest einer Wolke, aus der sich die Sterne gebildet haben, aber heute scheint es wahrscheinlicher, dass es sich um eine völlig eigenständige Wolke handelt, in die die Sterne zufällig hineingetrieben sind.

Detailansicht der Plejaden. (Wil Tirion)

Die Plejaden (M 45) im Sternbild Taurus sind der prächtigste Sternhaufen am gesamten Nachthimmel. Das Licht der jungen, heißen Sterne wird von dem sie umgebenden Staub reflektiert und führt so zu dem blauen Schleier, der um den Stern Merope am hellsten ist, Mitte unten. (Philip Perkins)

TELESCOPIUM   Teleskop

Dieses Sternbild wurde in den 1750ern von dem Franzosen Nicolas de Lacaille eingeführt, der damit eines der wichtigsten Instrumente für die Astronomie hervorheben wollte. Wie so viele von Lacailles Sternbildern ist es sehr leuchtschwach und wirkt etwas konstruiert.

α (alpha) Telescopii, 18h 27m/–46°,0; Größenklasse 3,5; blauweißer Stern, 249 LJ entfernt.

δ^1, δ^2 (delta[1], delta[2]) Tel, 18h 32m/–45°,9; ein Paar blauweißer Sterne der Größenklasse 4,9 und 5,1; durch das Fernglas einzeln erkennbar. Die beiden Sterne stehen nicht in Beziehung zueinander und sind 800 bzw. 1120 LJ entfernt.

ε (epsilon) Tel, 18h 11m/–46°,0; Größenklasse 4,5; gelber Riesenstern, 409 LJ entfernt.

ζ (zeta) Tel, 18h 29m/–49°,1; Größenklasse 4,1; gelber Riesenstern, 127 LJ.

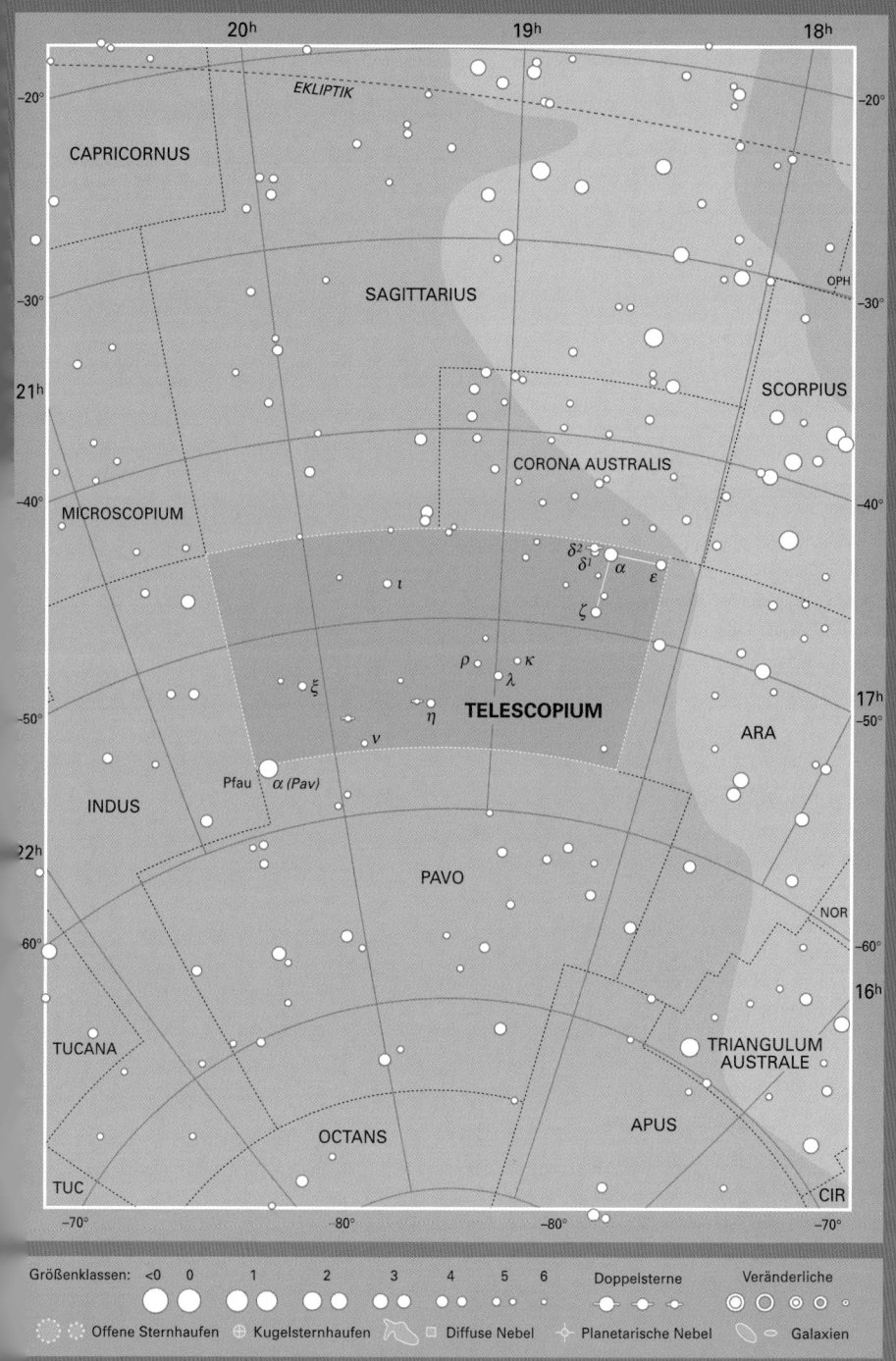

TRIANGULUM   Dreieck

Dieses kleine, aber unverwechselbare Sternbild liegt zwischen Andromeda und Aries und besitzt drei Hauptsterne, die ein schmales Delta bilden; bei den Griechen hieß es Deltoton. Ihr interessantestes Objekt ist die Spiralgalaxie M 33, nach der Andromeda-Galaxie und der Milchstraße die drittgrößte Galaxie der Lokalen Gruppe.

α (alpha) Trianguli, 1h 53m/+29°,6; Größenklasse 3,4; gelbweißer Stern, Entfernung 64 LJ.

β (beta) Tri, 2h 10m/+35°,0; Größenklasse 3,0; hellster Stern des Sternbilds, weißer Stern, Entfernung 124 LJ.

γ (gamma) Tri, 2h 17m/+33°,8; Größenklasse 4,0; blauweißer Stern, Entfernung 118 LJ.

6 Tri, 2h 12m/+30°,3; Entfernung 305 LJ, Größenklasse 5,2; gelber Riesenstern mit einem engen Begleiter (Größenklasse 6,6), geeignet für kleine Teleskope.

R Tri, 2h 37m/+34°,3; Roter Riese, Veränderlicher des Typs Mira; schwankt in ca. neun Monaten zwischen den Größenklassen 5,4 und 12,6; geeignet für kleine Teleskope. Er ist 1300 LJ entfernt.

M 33 (NGC 598), 1h 34m/+30°,7; Spiralgalaxie, Entfernung 2,7 Millionen LJ, gehört zur Lokalen Gruppe. M 33 beobachtet man am besten in dunklen Nächten mit Ferngläsern oder Teleskopen geringer Stärke. Im Gegensatz zu den meisten Galaxien besitzt sie keinen auffälligen Kern. Um die Spiralarme sehen zu können, benötigt man relativ große Amateurteleskope.

Die Spiralgalaxie M 33 im Triangulum ist eine unserer nächsten Nachbargalaxien. (Bill Schoening/AURA/NOAO/NSF)

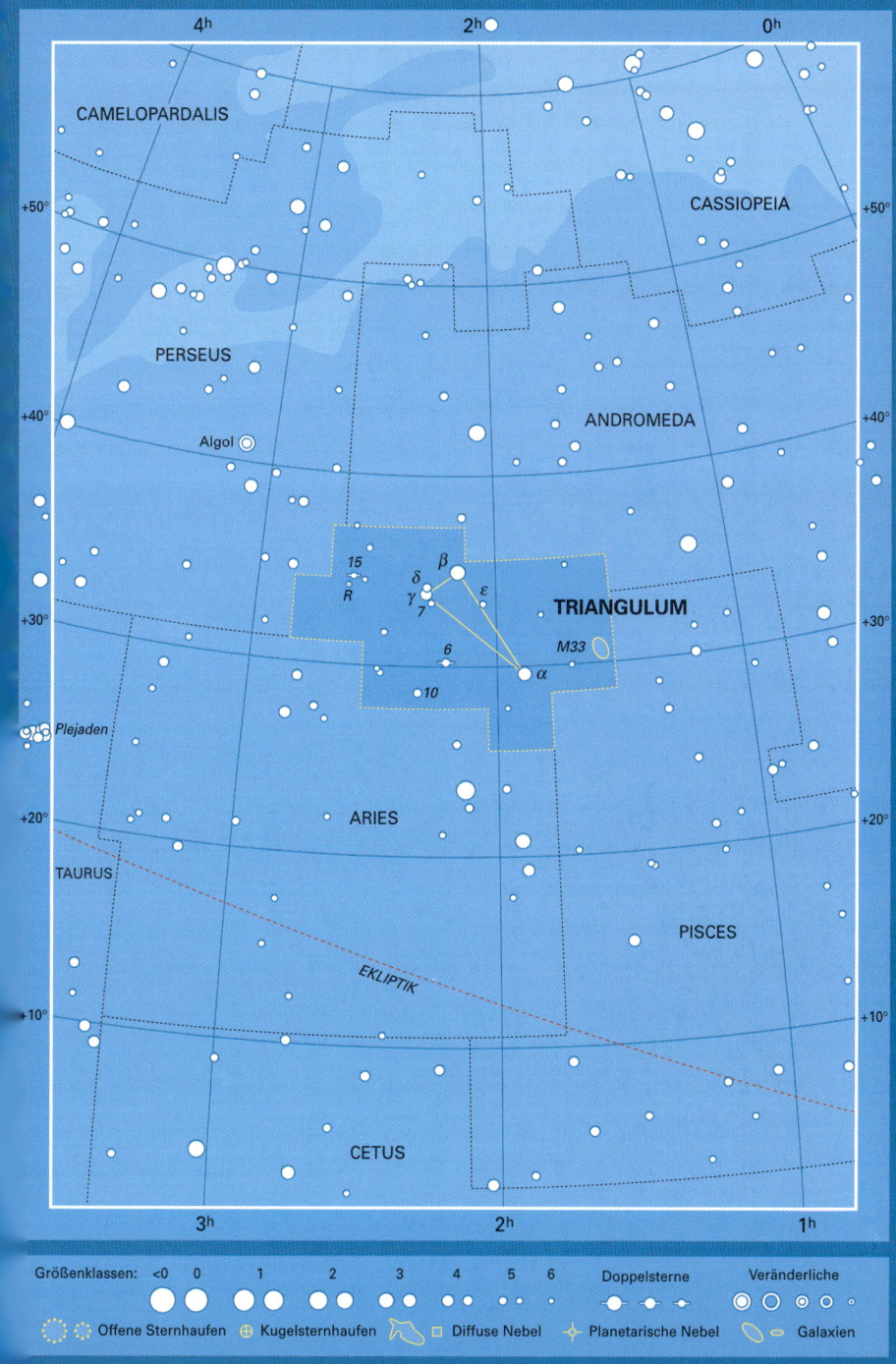

CAMELOPARDALIS

CASSIOPEIA

PERSEUS

ANDROMEDA

Algol

15
R
δ
β
γ
7
ε
TRIANGULUM
6
M33
α
10

Plejaden

ARIES

TAURUS

PISCES

EKLIPTIK

CETUS

Größenklassen: <0 0 1 2 3 4 5 6   Doppelsterne   Veränderliche

Offene Sternhaufen   ⊕ Kugelsternhaufen   Diffuse Nebel   Planetarische Nebel   Galaxien

TRIANGULUM AUSTRALE
Südliches Dreieck

Ein kleines, aber leicht erkennbares Sternbild nahe α Centauri, das gegen Ende des 16. Jahrhunderts von den holländischen Seefahrern Pieter Dirkszoon Keyser und Frederick de Houtman eingeführt wurde. Der französische Astronom Nicolas de Lacaille visualisierte sie als Wasserwaage. Die drei Hauptsterne sind heller als die ihres nördlichen Pendants Triangulum.

α (alpha) Trianguli australis, 16h 49m/–69°,0; (Atria), Größenklasse 1,9; orangeroter Riese, Entfernung 415 LJ.

β (beta) TrA, 15h 55m/–63°,4; Größenklasse 2,8; weißer Stern, Entfernung 40 LJ.

γ (gamma) TrA, 15h 19m/–68°,7; Größenklasse 2,9; blauweißer Stern, Entfernung 183 LJ.

NGC 6025, 16h 04m/–60°,5; für Ferngläser geeigneter Sternhaufen, längliche Form, besteht aus etwa 60 Sternen der Größenklasse 7 und schwächer, 2500 LJ entfernt.

Johann Bayer (1572 – 1625)

Der Deutsche Johann Bayer war Anwalt in Augsburg und Amateurastronom. Im Jahr 1603 veröffentlichte er den ersten Sternenatlas, der den gesamten Himmel umfasste: *Uranometria*. Seine Karten des nördlichen Himmels basierten größtenteils auf den Beobachtungen des berühmten dänischen Astronomen Tycho Brahe, die südlichen auf der Arbeit des holländischen Seefahrers Pieter Dirkszoon Keyser. Zusätzlich zu den 48 aus der Antike bekannten Sternbildern zeigte Bayer zwölf neue Sternbilder um den südlichen Himmelspol herum, die von Keyser und seinem Landsmann Frederick de Houtman eingeführt worden waren: Apus, Chamaeleon, Dorado, Grus, Hydrus, Indus, Musca, Pavo, Phoenix, Triangulum Australe, Tucana und Volans. Bayers wichtigste Hinterlassenschaft für die Astronomie besteht in seinem System, die Sterne mit griechischen Buchstaben zu bezeichnen. In jedem Sternbild wurden den hellsten Sternen griechische Buchstaben zugeordnet, normalerweise etwa in der Reihenfolge ihrer Helligkeit (Gemini, Orion und Sagittarius sind die wichtigsten Ausnahmen, hier trägt der hellste Stern nicht den Buchstaben α[alpha]). Vor Bayers Zeit konnte man Sterne ohne festgelegte Bezeichnung nur anhand der sperrigen Beschreibungen des griechischen Astronomen Ptolemäus – etwa: „im linken Unterarm des vorangehenden Zwillings" – identifizieren. Gemeint war damit der Stern θ (theta) Geminorum (Größenklasse 4). Um solche Beschreibungen richtig zu deuten, musste man sich natürlich sehr gut in den Sternbildern auskennen, und selbst dann konnte es leicht zu Unklarheiten kommen. Das System der so genannten Bayer-Kennung bedeutete also einen großen Fortschritt, es wird auch heute noch verwendet.

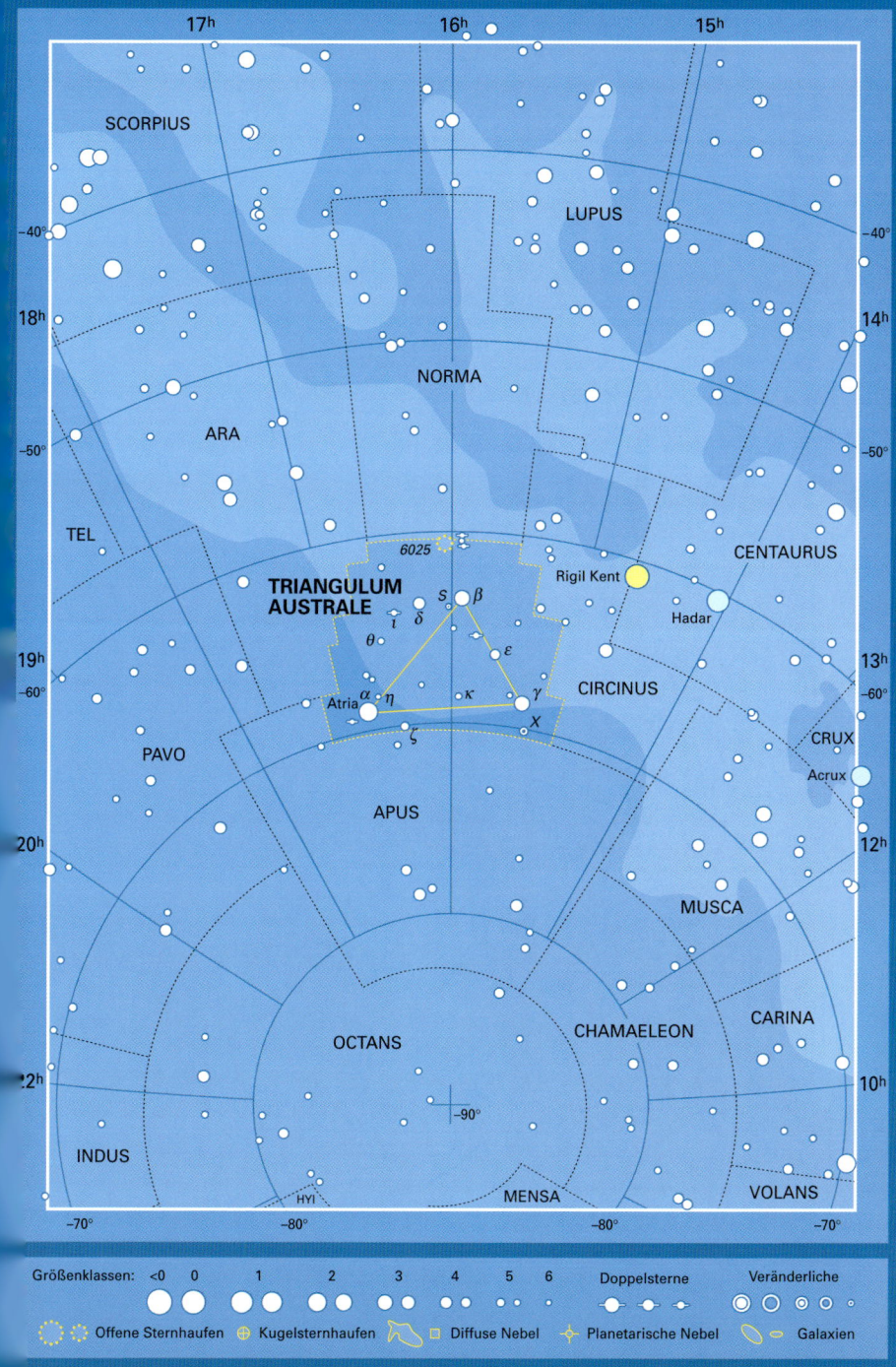

TUCANA Tukan

Das Sternbild befindet sich nahe des südlichen Himmelspols und wurde im späten 16. Jahrhundert von den holländischen Seefahrern Pieter Dirkszoon Keyser und Frederick de Houtman eingeführt. Es stellt den Tukan dar, einen Vogel mit großem Schnabel, der in Südamerika heimisch ist. Beachtenswert sind insbesondere die Kleine Magellansche Wolke, eigentlich eine Mini-Galaxie in unserer Nachbarschaft, und der Kugelsternhaufen 47 Tucanae.

α (alpha) Tucanae, 22h 19m/–60°,3; Größenklasse 2,9; orangroter Riese, Entfernung 99 LJ.

β (beta) Tuc, 0h 32m/–63°,0; komplexer Mehrfachstern. Ferngläser und kleine Teleskope zeigen, dass er aus zwei fast identischen, blauweißen Sternen besteht: β¹ und β², Größenklasse 4,4 bzw. 4,5; β² ist selbst ein enger Doppelstern mit einer Umlaufperiode von 44 Jahren, die nur mit mehr als 200 mm Öffnung auseinander zu halten sind. Direkt daneben steht ein weißer Stern der Größenklasse 5,1. Alle drei Sterne bewegen sich mit derselben Geschwindigkeit durch den Raum, aber ihre unterschiedlichen Entfernungen von 140, 172 und 152 LJ lassen vermuten, dass sie nichts miteinander zu tun haben.

γ (gamma) Tuc, 23h 17m/–58°,2; Größenklasse 4,0; weißer Stern, 72 LJ entfernt.

δ (delta) Tuc, 22h 27m/–65°,0; Größenklasse 4,5; blauweißer Stern, 267 LJ entfernt mit einem Begleiter der Größenklasse 9, geeignet für kleine Teleskope.

κ (kappa) Tuc, 1h 16m/–68°,9; Entfernung 67 LJ, Doppelstern, bestehend aus Komponenten der Größenklassen 5,1 und 7,3; geeignet für kleine Teleskope. Das Paar wird von einem weiteren Stern (Größenklasse 7,2) begleitet, der selbst ein enger Doppelstern ist (Umlaufzeit 85 Jahre) und nur mit 150 mm Öffnung im Einzelnen zu erkennen ist.

47 Tuc, (NGC 104), 0h 24m/–72°,1; bekannter Kugelsternhaufen, nimmt am Himmel etwa so viel Raum ein wie der sichtbare Vollmond. Dem bloßen Auge erscheint er als schwammiger Fleck (Größenklasse 4). Frühe Sternkarten weisen ihn noch als Stern mit entsprechender Bezeichnung aus. Unter den Kugelsternhaufen wird er an Größe und Helligkeit nur noch von ω (omega) Centauri übertroffen. Teleskope mit mindestens 100 mm Öffnung zeigen 47 Tuc, aber auch Ferngläser lassen schon den feurigen Glanz des sternreichen Zentrums erkennen. Mit einer Entfernung von 16 000 LJ ist er einer der nächsten Kugelsternhaufen.

NGC 362, 1h 03m/–70°,8; Kugelsternhaufen (Größenklasse 6), steht am nördlichen Rand der Kleinen Magellanschen Wolke, ist aber unabhängig von ihr; geeignet für Ferngläser. NGC 362 ist 29 000 LJ entfernt innerhalb unserer Galaxie.

Kleine Magellansche Wolke (SMC, Small Magellanic Cloud), 0h 53m/–73°; Satellitengalaxie der Milchstraße, ähnlich wie die Große Magellansche Wolke im Sternbild Dorado. Die Kleine Magellansche Wolke erscheint dem bloßen Auge als nebulöser, kaulquappenförmiger Fleck, sie dehnt sich über 3¹/₂° am Himmel aus. Ferngläser und kleine Teleskope zeigen in ihr Sternhaufen und glühende Gaswolken, die allerdings nicht ganz so eindrucksvoll sind wie die in der Großen Magellanschen Wolke. Sie ist etwa 200 000 LJ entfernt. (Siehe die Abbildung S. 162).

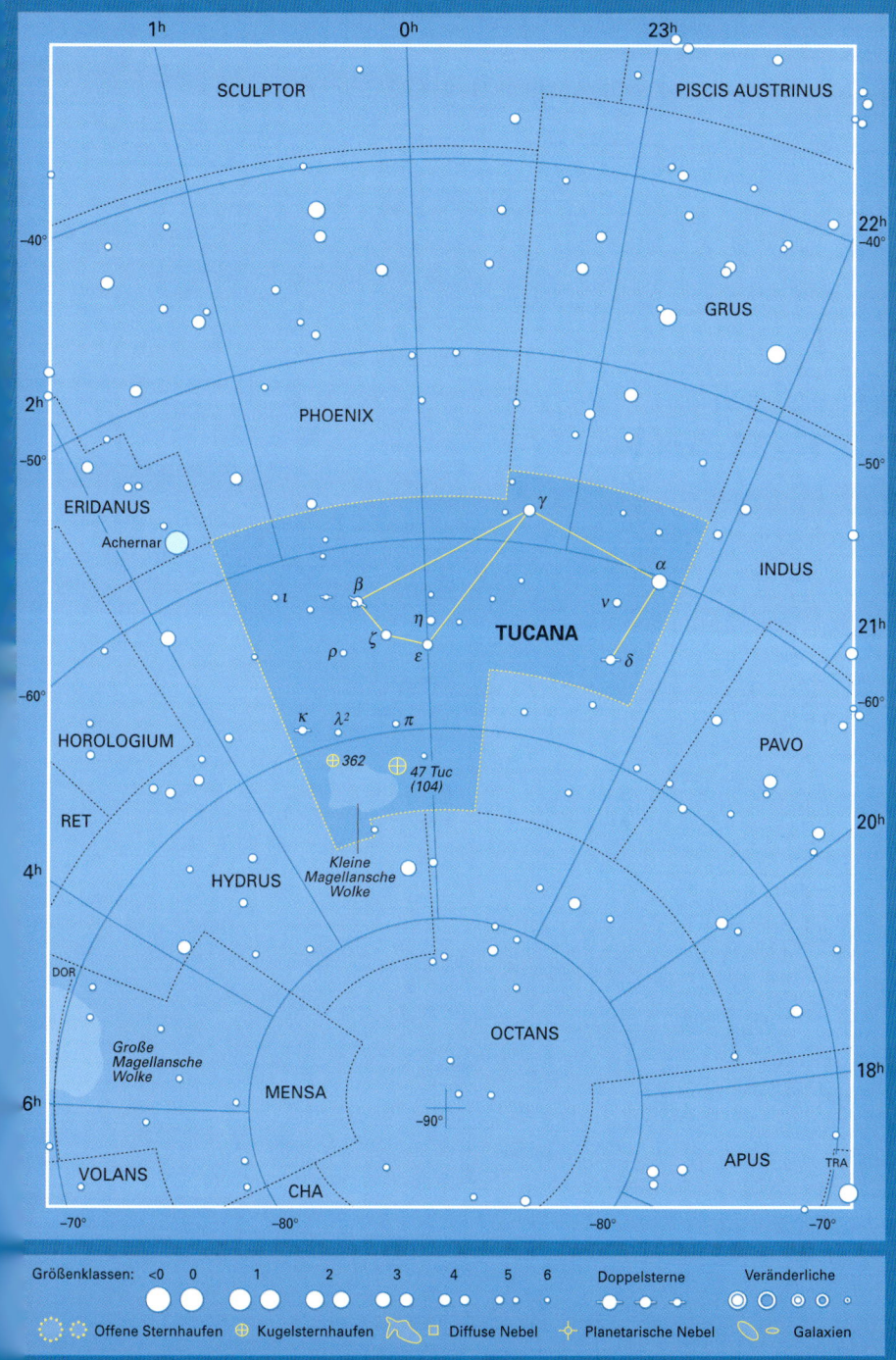

SCULPTOR

PISCIS AUSTRINUS

GRUS

PHOENIX

ERIDANUS

Achernar

INDUS

γ

β

ι

α

η

ν

ζ

ε

TUCANA

ρ

δ

HOROLOGIUM

κ

λ²

π

PAVO

⊕ 362

⊕ 47 Tuc
(104)

RET

Kleine
Magellansche
Wolke

HYDRUS

DOR

Große
Magellansche
Wolke

OCTANS

MENSA

−90°

VOLANS

CHA

APUS

TRA

Größenklassen: <0   0   1   2   3   4   5   6   Doppelsterne   Veränderliche

◌ ◌ Offene Sternhaufen   ⊕ Kugelsternhaufen   Diffuse Nebel   Planetarische Nebel   Galaxien

URSA MAJOR   Großer Bär

Das drittgrößte Sternbild am Himmel. Sein Erkennungszeichen sind die sieben Sterne, die zusammen das bekannte Gebilde ergeben, das landläufig als der Große Wagen bezeichnet wird. Allerdings ist bis heute nicht ersichtlich, warum die Indianer Nordamerikas und mehrere andere Völker darin einen Bären sahen. In Europa sah man darin einen Wagen oder eine Kutsche. Andere, darunter auch die Araber, erkannten keinen Bären, sondern eine Bahre oder einen Sarg. In der griechischen Mythologie repräsentiert der Bär Kallisto, die nach ihrer verbotenen Affäre mit Zeus in eine Bärin verwandelt wurde. Die beiden Sterne der Hinterachse, Merak und Dubhe, werden Zeiger genannt, denn sie zeigen in Richtung des Polarsterns im benachbarten Ursa Minor. Der gebogene Griff des Wagens zeigt in Richtung des hellen Arktur im Sternbild Bootes. Bei 11h 03,3m/+35° 58' steht der Rote Zwerg Lalande 21185 (Größenklasse 7,5), der viertnächste stellare Nachbar der Sonne, 8,3 LJ entfernt. Abgesehen von Alkaid und Dubhe bewegen sich alle Sterne des Sternbilds gemeinsam mit einigen anderen Sternen dieser Region in dieselbe Richtung. Sie tragen den Sammelnamen Ursa-Major-Haufen. Ursa Major enthält zahlreiche Galaxien, nur wenige für Amateurteleskope geeignet.

α (alpha) Ursae Majoris, 11h 04m/+61°,8; (Dubhe, „Bär"), Größenklasse 1,8; gelboranger Riesenstern, 124 LJ entfernt. Sein enger Begleiter (Größenklasse 4,8) umkreist ihn alle 44 Jahre. Ihre größte Annäherung erreichten sie im Jahr 2001, ab 250 mm Öffnung werden sie während ihrer größte Distanz in den Jahren 2023–2026 trennbar sein.

β (beta) UMa, 11h 02m/+56°,4; (Merak, „Flanke"), Größenklasse 2,3; blauweißer Stern, 79 LJ entfernt.

γ (gamma) UMa, 11h 54m/+53°,7; (Phad oder Phecda, „Schenkel"), Größenklasse 2,4; blauweißer Stern, 84 LJ entfernt.

δ (delta) UMa, 12h 15m/+57°,0; (Megrez, „Schwanzwurzel"), Größenklasse 3,3; blauweißer Stern, 81 LJ entfernt.

ϵ (epsilon) UMa, 12h 54m/+56°,0; (Alioth), Größenklasse 1,8; blauweißer Stern mit außergewöhnlichem Spektrum, 81 LJ entfernt.

ζ (zeta) UMa, 13h 24m/+54°,9; (Mizar), Größenklasse 2,2; berühmter Mehrfachstern. Bei guter Sicht ist der Begleiter Alcor (Größenklasse 4,0) auch ohne Fernglas zu erkennen. Mizar ist 78 LJ, Alcor 81 LJ von der Erde entfernt und damit kein echter Doppelstern. Ein kleines Teleskop zeigt aber, dass Mizar einen weiteren Begleiter (Größenklasse 4,0) besitzt, der sicher mit ihm in Beziehung steht. Dieser Begleiter wurde erstmals 1650 von Giovanni Riccioli entdeckt, damit war dies der erste mittels Teleskop nachgewiesene Doppelstern. Mizar selbst war auch der erste Stern, der 1889 von dem amerikanischen Astronomen E. C. Pickering als spektroskopischer Doppelstern identifiziert werden konnte. Mizars Begleiter ist wie Alcor ein weiterer spektroskopischer Doppelstern, was diese Sterngruppe zu einem höchst komplexen Gebilde macht. (Siehe Abb. S. 250.)

η (eta) UMa, 13h 48m/+49°,3; (Alkaid oder Benetnasch, beide Begriffe aus dem Arabischen für „Anführer der Trauernden"), Größenklasse 1,9; blauweißer Stern der Hauptreihe, 101 LJ entfernt.

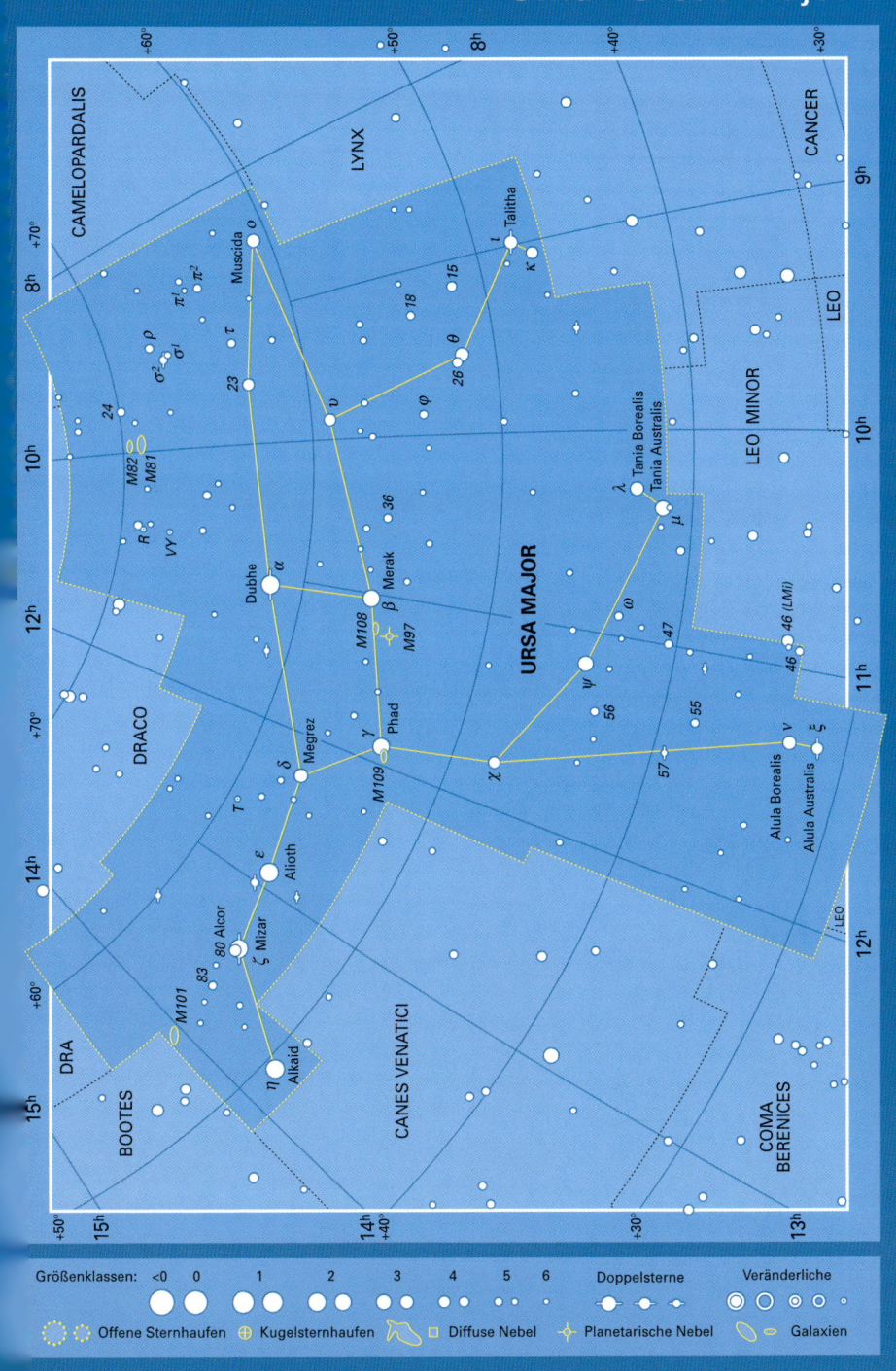

Größenklassen: <0 0 1 2 3 4 5 6   Doppelsterne   Veränderliche

Offene Sternhaufen   Kugelsternhaufen   Diffuse Nebel   Planetarische Nebel   Galaxien

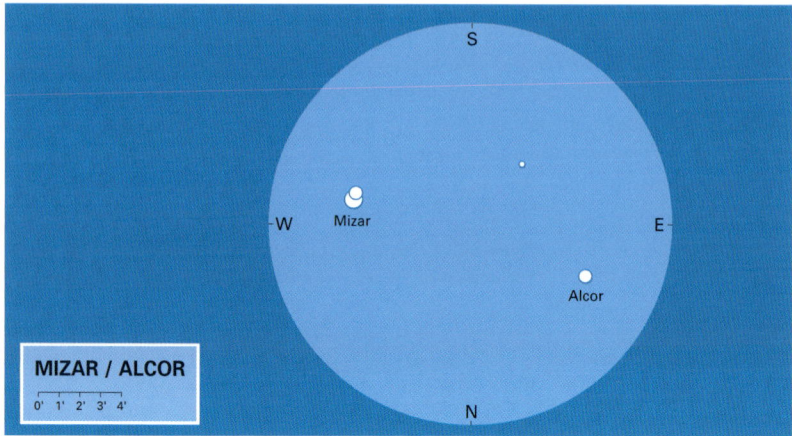

Mizar und Alcor, Teleskopansicht. (Wil Tirion)

ξ (xi) UMa, 11h 18m/+31°,5; 26 LJ entfernt, war der erste Stern, dessen Umlaufbahn berechnet wurde. Seine beiden gelben Komponenten (beide spektroskopische Doppelsterne) umkreisen sich in 60 Jahren und gehören zu den Größenklassen 4,3 und 4,8. Derzeit kann man sie mit 75 mm Öffnung einzeln beobachten, ab dem Jahr 2015 werden auch kleinere Öffnungen ausreichen, die größte Distanz wird 2035 erreicht.

M 81 (NGC 3031), 9h 56m/+69°,1; wunderschöne Spiralgalaxie (Größenklasse 7), eine der hellsten am Himmel, geeignet für Ferngläser. Kleine Teleskope zeigen sie als rundlichen, sanft glimmenden Fleck mit hellem Zentrum. Aufgrund ihrer schrägen Stellung zu unserer Blickrichtung wirkt sie elliptisch, ihre Ausdehnung entspricht etwa dem halben sichtbaren Vollmond. $1/2°$ nördlich davon steht M 82 (siehe S. 251); die beiden Galaxien sind etwa 10 Millionen LJ entfernt.

Der Eulen-Nebel M 97 trägt seinen Namen aufgrund der beiden dunklen Flecken auf beiden Seiten des Zentralsterns (Größenklasse 16). Dieser Stern ist ein Weißer Zwerg und hat das Gas ausgeworfen, das den Nebel bildete und ihn nun beleuchtet. 100 mm Öffnung sind notwendig, um die „Augen" zu sehen. Der Nebel erscheint dem Auge eher grau als grün. (AURA/NOAO/NSF)

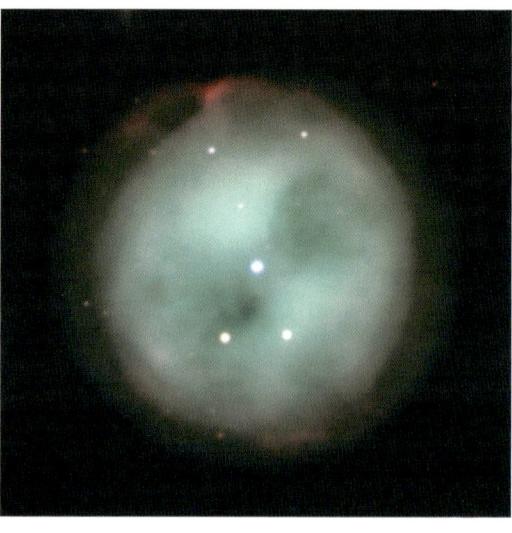

M 82 (NGC 3034), 9h 56m/+69°,7; Nachbargalaxie von M 81, etwa halb so groß wie M 81 und mit einem Viertel der Leuchtkraft, aber noch mit dem Fernglas erkennbar. In einem kleinen Teleskop sichtbar als länglicher Fleck, dabei erscheint sie aufgrund ihrer größeren Oberflächenhelligkeit manchmal sogar auffälliger. Detaillierte Untersuchungen zeigen, dass M 82 tatsächlich eine von Gaswolken umgebene Spiralgalaxie ist, die senkrecht zu unserer Blickrichtung steht. Aufgrund einer kürzlich eingetretenen Wechselwirkung mit M 81 kommt es dort gerade zur Entstehung zahlreicher Sterne.

M 97 (NGC 3587), 11h 15m/+55°,0; schwer erkennbarer planetarischer Nebel (Größenklasse 11), wegen der dunklen, augenähnlichen Flecken, bekannt als Eulen-Nebel, da durch ein großes Teleskop der Eindruck eines Eulengesichts vermittelt wird. Mittelgroße Teleskope zeigen ihn als blasse Scheibe, unter 75 mm Öffnung ist er nicht zu erkennen. Die Eule ist etwa 1300 LJ entfernt.

M 101 (NGC 5457), 14h 03m/+54°,3; Spiralgalaxie, geeignet für Ferngläser, erscheint als blasser, rundlicher Fleck, wegen ihrer Größe weniger auffällig als die Größenklasse 8 vermuten lässt. Lange belichtete Fotografien zeigen sie frontal als Galaxie mit weit ausgebreiteten Armen, die mit kleinen Teleskopen aber nicht zu erkennen sind. Vielmehr kann man damit nur die elliptische Zentralregion beobachten. M 101 ist 23 Millionen LJ entfernt.

M 101 ist eine frontal zu erkennende Spiralgalaxie, die auf Fotografien asymmetrisch erscheint. Amateurteleskope zeigen nur den Kern und Spuren der Spiralarme. (George Jacoby, Bruce Bohannan, Mark Hanna/AURA/NOAO/NSF)

URSA MINOR   Kleiner Bär

Dieses Sternbild wurde angeblich schon 600 v. Chr. von dem griechischen Astronomen Thales eingeführt. Derzeit steht der nördliche Himmelspol in Ursa Minor, und zwar nur 1° von dem so genannten Polarstern α (alpha) Ursae Minoris (Größenklasse 2) entfernt. Die Präzession wird den Pol bis zum Jahr 2100 auf unter 1/2° an Polaris heranbringen, danach wird er sich in Richtung Cepheus bewegen und im Jahr 2234 in das Sternbild eintreten (siehe Abb. unten). Ursa Minor sieht mit seinen sieben hellsten Sternen aus wie eine kleinere Version von Ursa Major. Die Sterne β (beta) und γ (gamma) Ursae Minoris nennt man auch die Wächter des Pols.

α (alpha) Ursae Minoris, 2h 32m/+89°,3; (Polaris), Größenklasse 2,0; gelbweißer Überriese, Entfernung 431 LJ. Er ist der uns am nächsten stehende Cepheid-Veränderliche, seine Fluktuationen haben sich im 20. Jahrhundert verringert und sind seit den 1990er Jahren auf wenige Hundertstel Größenklassen geschrumpft. Polaris ist ein Doppelstern mit einem Begleiter der Größenklasse 8,2; geeignet für kleine Teleskope. Ferngläser und kleine Teleskope zeigen einen Ring aus Sternen (Größenklasse 8–11), etwa 3/4° breit, an dem Polaris wie ein Brillant hängt.

β (beta) UMi, 14h 51m/+74°,1; (Kochab), Größenklasse 2,1; orangeroter Riese, 126 LJ entfernt.

γ (gamma) UMi, 15h 21m/+71°,8; (Pherkad), Größenklasse 3,0; blauweißer Riese, 480 LJ entfernt. Der orange Riese 11 UMi scheint zwar direkt daneben zu stehen, ist aber 390 LJ entfernt; geeignet für Fernglas, auch mit bloßem Auge erkennbar.

ε (epsilon) UMi, 16h 46m/+82°,0; Größenklasse 4,2; 347 LJ entfernt, gelber Riese, Bedeckungsveränderlicher, schwankt in 39,5 Tagen um 0,1 Größenklassen, mit bloßem Auge ist die Schwankung nicht erkennbar.

η (eta) UMi, 16h 18m/+75°,8; Größenklasse 5,0; weißer Stern der Hauptreihe, 97 LJ entfernt. Der entfernte Begleiter 19 UMi (Größenklasse 5,5) ist ein eigenständiges Hintergrundobjekt.

Die Bewegung des nördlichen Himmelspols über 800 Jahre, verursacht durch die Präzession. (Wil Tirion)

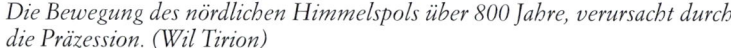

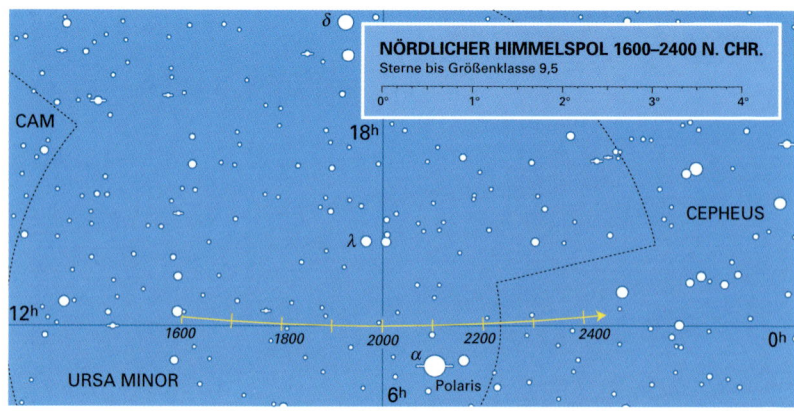

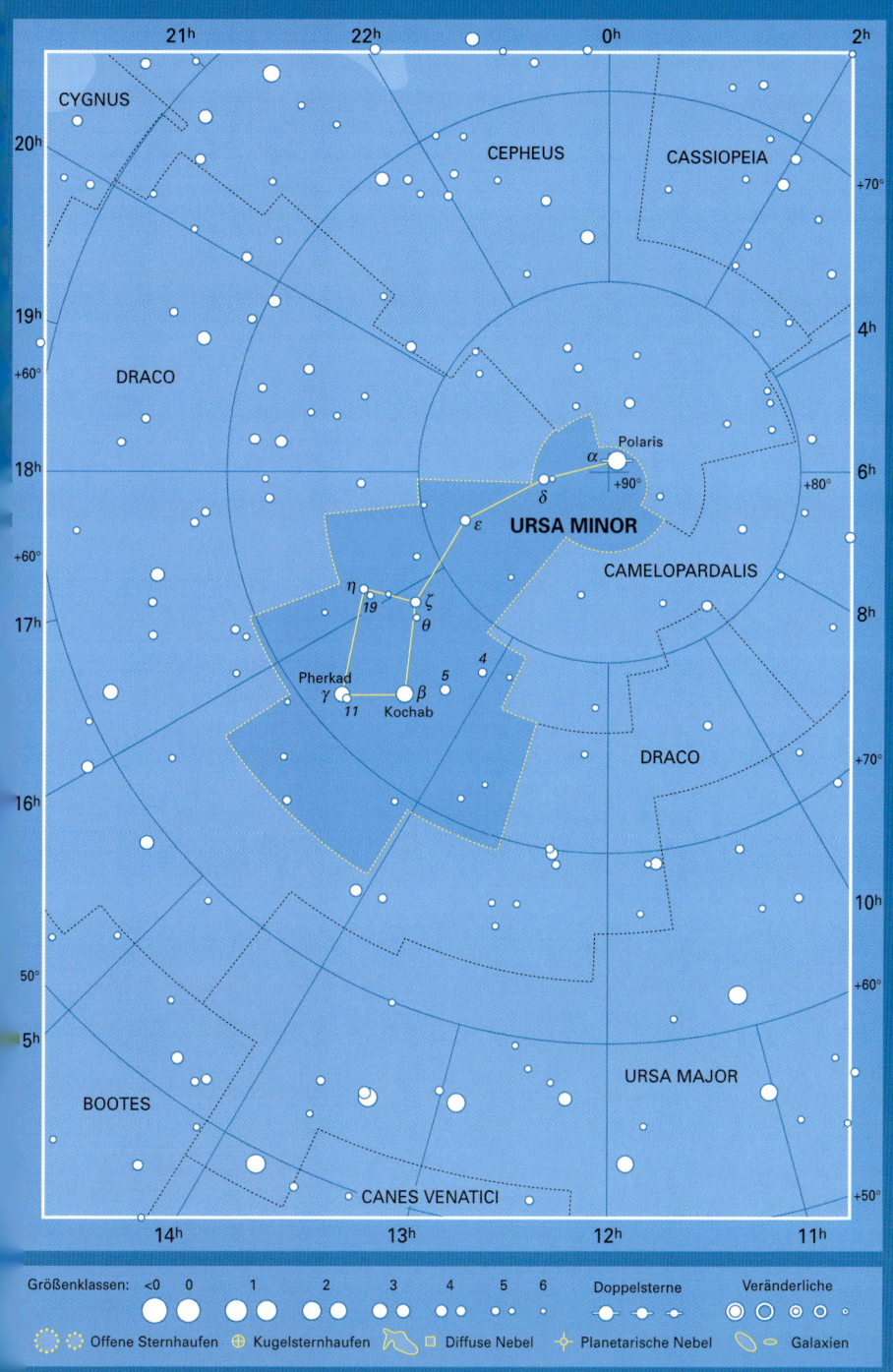

VELA   Segel

Als Argo Navis aufgeteilt wurde, bezeichnete man seine Sterne nicht mit griechischen Buchstaben; deshalb beginnt die Zählung der Sterne in Vela mit γ (gamma). Tatsächlich war Argo Navis so groß, dass den Astronomen die griechischen Buchstaben ausgingen und sie auf römische Buchstaben ausweichen mussten, viele dieser „römischen Sterne" wurden dann Vela zugeordnet. Die Sterne κ (kappa) und δ (delta) Velorum bilden zusammen mit ι (iota) und ε (epsilon) Carinae das so genannte falsche Kreuz, das manchmal mit dem echten Kreuz des Südens verwechselt wird. Vela liegt in einem Bereich der Milchstraße, der viele schwache Nebel enthält, die nur auf lange belichteten Fotografien zu sehen sind. Einer der Nebel wird seit 1952 nach seinem australischen Entdecker Colin S. Gum auch Gum-Nebel genannt. Der Gum-Nebel ist wahrscheinlich der Überrest einer oder mehrerer Supernovae. Auch der Vela-Pulsar ist wahrscheinlich das Überbleibsel einer Supernova. Er leuchtet elfmal pro Sekunde auf und ist einer der wenigen Pulsare, die sowohl optisch flackern als auch Radioquellen sind.

γ (gamma) Velorum, 8h 10m/−47°,3; interessanter Mehrfachstern. Ferngläser und kleine Teleskope zeigen, dass er aus zwei eigenständigen Sternen besteht – blauweißen Sternen der Größenklassen 1,8 und 4,3. Der hellere der beiden ist der hellste bekannte Wolf-Rayet-Stern, er gehört damit einer seltenen Sternklasse an, die sehr heiße Oberflächen besitzt und Gase auszuwerfen scheint. Er ist 840 LJ entfernt, der schwächere wahrscheinlich 1600. Es gibt zwei entfernte Begleiter.

δ (delta) Vel, 8h 45m/−54°,7; Größenklasse 1,9; blauweißer Stern der Hauptreihe, 80 LJ entfernt, der Begleiter (Größenklasse 5,1) ist erst ab 100 mm Öffnung zu erkennen.

κ (kappa) Vel, 9h 22m/−55°,0; Größenklasse 2,5; blauweißer Stern, Entfernung 539 LJ.

λ (lambda) Vel, 9h 08m/−43°,4; Größenklasse 2,2; orangeroter Überriese, unregelmäßiger Veränderlicher (schwankt um ca. 0,2 Größenklassen), Entfernung 573 LJ.

H Vel, 8h 56m/−52°,7; Entfernung 376 LJ, schöner Doppelstern (Größenklassen 4,8 und 7,4), mit kleinen Teleskopen kaum zu trennen.

NGC 2547, 8h 11m/−49°,3; 1400 LJ entfernt, offener Sternhaufen mit etwa 80 Sternen der Größenklasse 6,5 und schwächer, mit bloßem Auge kaum zu erkennen.

NGC 3132, 10h 08m/−40°,5; relativ großer und heller planetarischer Nebel (Größenklasse 8), genannt Eight-Burst-Nebel. Der Zentralstern gehört zur Größenklasse 10. Er ist 2600 LJ entfernt.

NGC 3228, 10h 22m/−51°,7; offener Haufen mit etwa 15 leuchtschwachen Sternen, geeignet für Ferngläser und kleine Teleskope. Er ist 1600 LJ entfernt.

IC 2391, 8h 40m/−53°,1; großer Sternhaufen mit etwa 50 Sternen, 500 LJ entfernt, mit bloßem Auge erkennbar, im Zentrum steht o (omikron) Vel (Größenklasse 3,6), ein fluktuierender β-Cepheid. Etwa 1° entfernt steht der Sternhaufen NGC 2669.

IC 2395, 8h 41m/−48°,2; Sternhaufen mit etwa 40 Sternen, 3100 LJ entfernt, geeignet für Ferngläser. Der hellste Stern (Größenklasse 5,5) ist wahrscheinlich ein Vordergrundstern. Etwa 1/2° südlich steht der offene Sternhaufen NGC 2670 (Größenklasse 8).

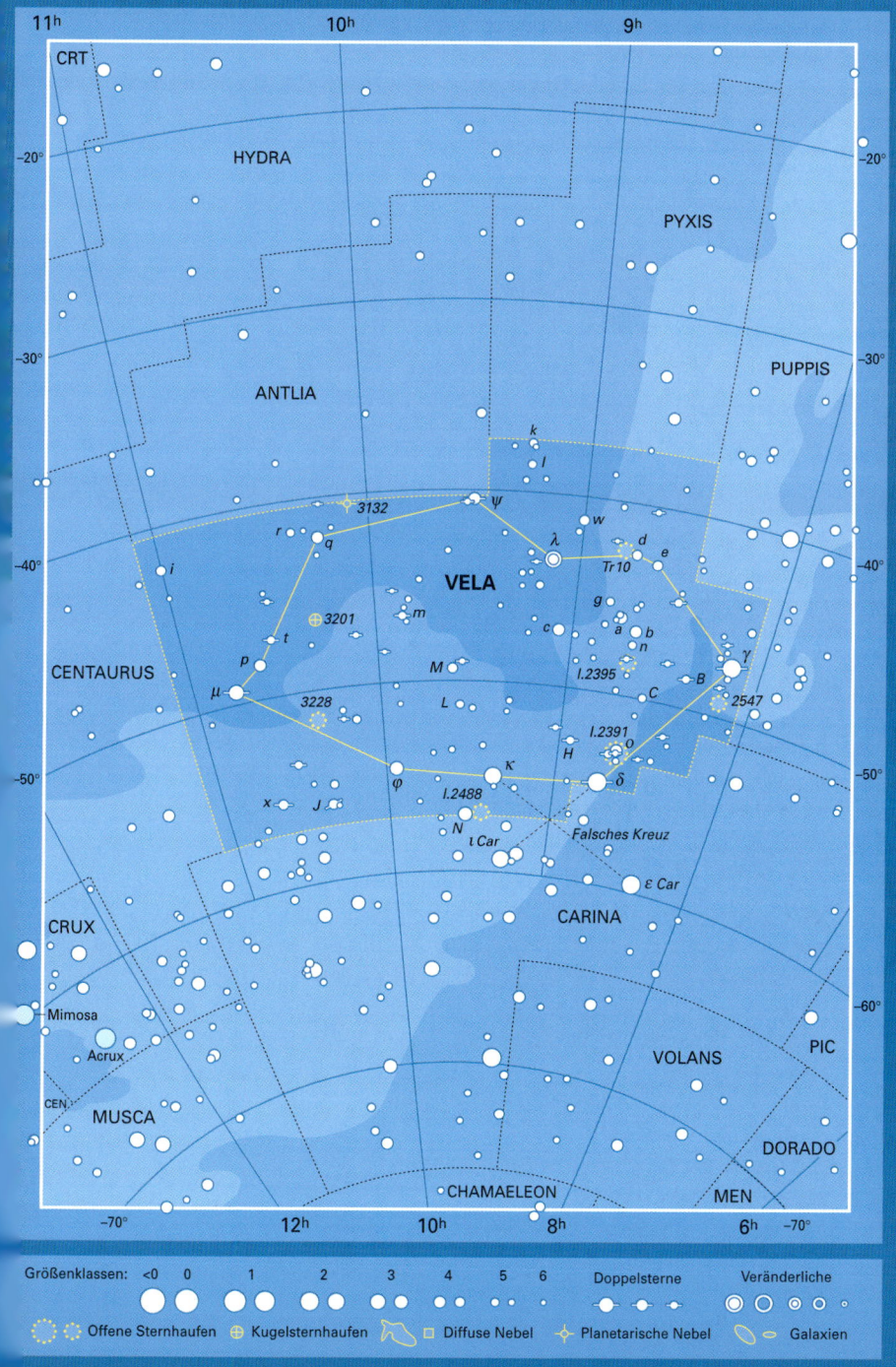

VIRGO Jungfrau

Das größte Sternbild der Tierkreiszeichen und das zweitgrößte überhaupt. Virgo wird allgemein als Göttin der Gerechtigkeit beschrieben, ihre Waage wird von der benachbarten Libra dargestellt. Einer anderen Legende zufolge handelt es sich um Demeter, die Göttin des Getreides, die eine Weizenähre (den Stern Spica) in der Hand hält. Die Sonne wandert von Mitte September bis Anfang November durch das Sternbild, also auch während des September-Äquinoktiums, wenn die Sonne den Himmelsäquator in südlicher Richtung überschreitet. Im Sternbild Virgo befindet sich der nächstliegende große Galaxienhaufen, er erstreckt sich bis in Coma Berenices hinein. Diese Region wird auch „Reich der Galaxien" genannt. Der Virgo-Haufen ist 55 Millionen LJ entfernt und hat etwa 3000 Mitglieder, von denen einige Dutzend mit 150 mm Öffnung zu erkennen sind, wenn auch nur als schwache Lichtflecke. Einige der hellsten Mitglieder werden unten beschrieben. Virgo enthält auch den hellsten Quasar, 3C 273, er steht bei 12h 29,1m/+2° 03'. Mit dem Virgo-Galaxienhaufen hat er jedoch nichts zu tun. 3C 273 erscheint dem Auge blau und gehört zur Größenklasse 13. Er ist geschätzte 3 Milliarden LJ entfernt.

α (alpha) Virginis, 13h 25m/–11°,2; (Spica, „Weizenähre"), Größenklasse 1,0; blauweißer Stern der Hauptreihe, 262 LJ entfernt. Es handelt sich um einen spektroskopischen Doppelstern, der von dem Begleiter regelmäßig verdeckt wird und in 4 Tagen um 0,1 Größenklassen schwankt.

β (beta) Vir, 11h 51m/+1°,8; (Zavija), Größenklasse 3,6; gelbweißer Stern der Hauptreihe, 36 LJ entfernt.

γ (gamma) Vir, 12h 42m/–1°,4; (Porrima), berühmter Doppelstern. Zusammen erreichen die Sterne Größenklasse 2,7. Kleine Teleskope zeigen jedoch, dass γ Vir aus einem fast identischen Paar weißer Sterne der Größenklasse 3,5 besteht. Sie umkreisen sich in 169 Jahren und erreichen ihre größte Annäherung im Jahr 2012 und bleiben das ganze 21. Jahrhundert im Erfassungsbereich kleiner Teleskope.

δ (delta) Vir, 12h 56m/+3°,4; Größenklasse 3,4; Roter Riese, 202 LJ entfernt.

ϵ (epsilon) Vir, 13h 02m/+11°,0; (Vindemiatrix, „Traubensammler"), Größenklasse 2,8; gelber Riese, 102 LJ entfernt.

θ (theta) Vir, 13h 10m/–5°,5; Größenklasse 4,4; blauweißer Stern, 415 LJ entfernt, mit einem Begleiter der Größenklasse 9, geeignet für kleine Teleskope.

τ (tau) Vir, 14h 02m/+1°,5; Größenklasse 4,3; blauweißer Stern, 218 LJ entfernt, optischer Doppelstern mit einem Begleiter der Größenklasse 9, geeignet für kleine Teleskope.

φ (phi) Vir, 14h 28m/–2°,2; Entfernung 135 LJ, gelber Riese, Größenklasse 4,8; mit Begleiter der Größenklasse 9, aufgrund des großen Helligkeitsunterschieds mit kleinen Teleskopen schwer zu erkennen.

M 49 (NGC 4472), 12h 30m/+8°,0; elliptische Galaxie (Größenklasse 8), erscheint bei 75 mm Öffnung und geringer Stärke als rundliches Glühen. Sie ist eine der größten und hellsten Galaxien des Virgo-Haufens.

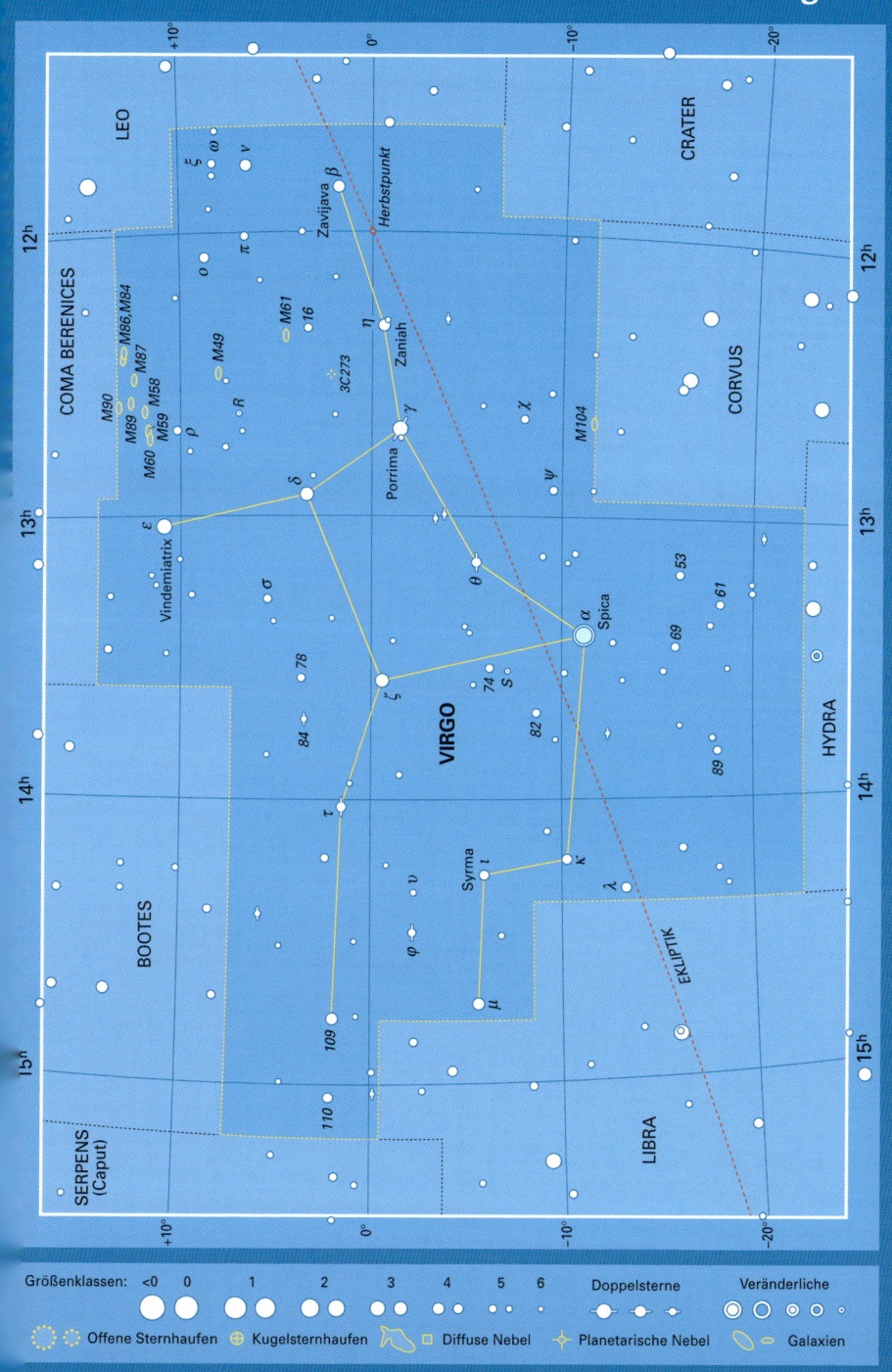

Größenklassen: <0   0   1   2   3   4   5   6   Doppelsterne   Veränderliche

Offene Sternhaufen   ⊕ Kugelsternhaufen   □ Diffuse Nebel   Planetarische Nebel   Galaxien

VIRGO

M 58 (NGC 4579), 12h 38m/+11°,8; Balkengalaxie mit erkennbar hellerem Zentrum, Größenklasse 10.

M 59 (NGC 4621), 12h 42m/+11°,6; elliptische Galaxie mit sternähnlichem Zentrum, steht bei etwa einem Viertel des Abstands zwischen M 60 und M 58.

M 60 (NGC 4649), 12h 44m/+11°,5; elliptische Galaxie, Größenklasse 9, eine der auffälligsten Galaxien des Virgo-Haufens, erkennbar ab 75 mm Öffnung.

M 84 (NGC 4374), 12h 25m/+12°,9; und M 85 (NGC 4406), 12h 26m/+12°,9; zwei elliptische Galaxien der Größenklasse 9, erscheinen durch das Teleskop als verwaschene Flecken mit erkennbar helleren Zentren. M 86 ist etwas größer und wirkt deutlich gestreckt, während M 84 rund erscheint.

M 87 (NGC 4486), 12h 31m/+12°,4; berühmte elliptische Galaxie. Sie ist auch eine starke Radio- und Röntgenquelle und wird Virgo A genannt. Mithilfe großer Teleskope angefertigte Fotografien zeigen einen Materiestrahl, der von M 87 ausgeht. Amateurteleskope zeigen M 87 als runden, glühenden Fleck (Größenklasse 9) mit hellem Zentrum.

M 90 (NGC 4569), 12h 37m/+13°,2; große Spiralgalaxie der Größenklasse 9, steht schräg zur Blickrichtung und wirkt daher länglich.

M 104 (NGC 4594), 12h 40m/−11°,6; Spiralgalaxie der Größenklasse 8, steht senkrecht zur Blickrichtung und wirkt daher länglich. Sie wird aufgrund ihrer eigentümlichen Form, die nur auf lange belichteten Aufnahmen zu sehen ist, allgemein als Sombrero-Galaxie bezeichnet (siehe S. 128). Mit ihrem gewölbten Zentrum und den eng darum gezogenen Spiralarmen ähnelt sie der Erscheinung von Saturn. Bei über 150 mm Öffnung zeigt sich eine dunkle Staubspur in den Randgebieten. Die Sombrero-Galaxie gehört nicht zum Virgo-Haufen, sondern ist mit einer Entfernung von 35 Millionen LJ etwas näher.

VOLANS Fliegender Fisch

Dieses Sternbild wurde Ende des 16. Jahrhunderts von den holländischen Seefahrern Pieter Dirkszoon Keyser und Frederick de Houtman unter dem Namen Piscis Volans eingeführt. Es enthält keine besonders hellen Sterne, aber zwei interessante Doppelsternsysteme für kleine Teleskope.

α (alpha) Volantis, 9h 02m/−66°,4; Größenklasse 4,0; blauweißer Stern, 124 LJ entfernt.

β (beta) Vol, 8h 26m/−66°,1; Größenklasse 3,8; orangeroter Riese, 108 LJ entfernt.

γ (gamma) Vol, 7h 09m/−70°,5; 142 LJ entfernt, besteht aus einem goldenen und einem cremefarbenen Stern der Größenklasse 3,8 bzw. 5,7; geeignet für kleine Teleskope.

δ (delta) Vol, 7h 17m/−68°,0; Größenklasse 4,0; gelbweißer Riese, 660 LJ entfernt.

ε (epsilon) Vol, 8h 08m/−68°,6; 642 LJ entfernt, blauweißer Stern (Größenklasse 4,4), mit einem Begleiter der Größenklasse 8, geeignet für kleine Teleskope.

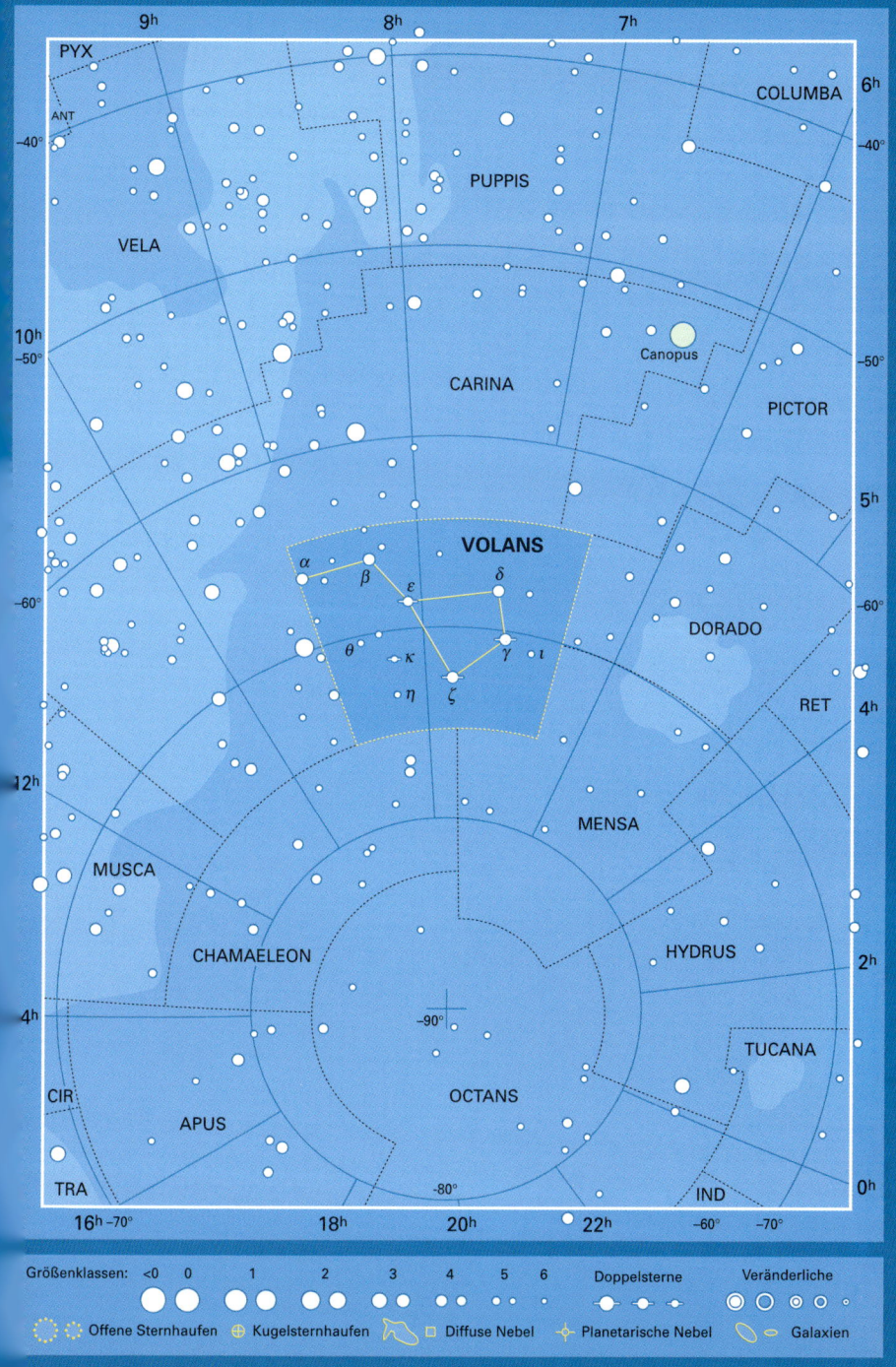

VULPECULA   Fuchs

Ein leuchtschwaches Sternbild am Kopf von Cygnus. Eingeführt wurde es 1687 von Johannes Hevelius, der es Vulpecula cum Anser nannte, Fuchs und Gans. Die Gans ist inzwischen geflohen und hat den Fuchs zurückgelassen. Im Jahr 1967 wurde das kleine Sternbild Ausgangspunkt einer erstaunlichen Entdeckung – Radioastronomen aus Cambridge in England entdeckten hier den ersten Pulsar, eine blinkende Radioquelle, etwa $1^{1}/_{2}°$ nördlich des leicht erkennbaren Brocchi-Haufens.

α (alpha) Vulpiculae, 19h 29m/+24°,7; Größenklasse 4,4; Roter Riese, 297 LJ entfernt. Durch das Fernglas erkennt man den eigenständigen Begleiter 8 Vul, einen orangeroten Riesen der Größenklasse 5,8; Entfernung 484 LJ.

T Vul, 20h 51m/+28°,3; gelbweißer Überriese, Cepheid-Veränderlicher, fluktuiert in 4,4 Tagen zwischen den Größenklassen 5,4 und 6,1. Er ist etwa 1700 LJ entfernt.

M 27 (NGC 6853), 20h 00m/+22°,7; der Hantel-Nebel, großer, heller planetarischer Nebel. Teleskope verdeutlichen die Hantelform und zeigen eine grünliche Färbung. M 27 hat die Größenklasse 8 und nimmt etwa ein Viertel so viel Raum am Himmel ein wie der Vollmond. M 27 ist 1000 LJ entfernt.

Brocchi-Haufen (Collinder 399), 19h 25m/+20°,2; auffällige, für Ferngläser geeignete Sternengruppe in der Nähe von Sagitta, auch Kleiderbügel genannt. Die Gruppe enthält eine Kette von sechs in einer Linie angeordneten Sternen, die sich über eine Fläche von drei Monddurchmessern erstrecken. Im Zentrum der Kette beginnt ein Bogen aus vier weiteren Sternen, die den Haken des Kleiderbügels repräsentieren. Das hellste Mitglied der Gruppe befindet sich im Haken und heißt 4 Vul (Größenklasse 5,1). Die Entfernung zwischen den Sternen reicht von etwas über 200 bis über 1000 LJ. Alle Sterne bewegen sich unterschiedlich, dies ist also kein echter Haufen, sondern eine zufällig entstandene Gruppierung.

Die Sterne des Brocchi-Haufens nehmen die Form eines Kleiderbügels an.
(Wil Tirion)

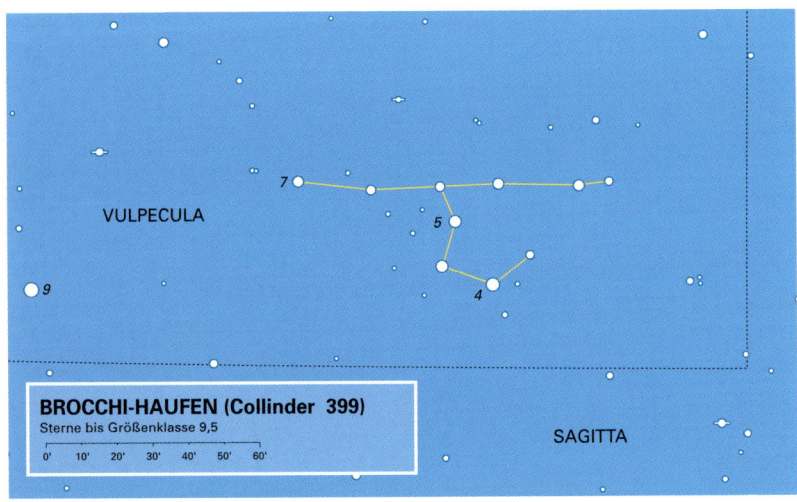

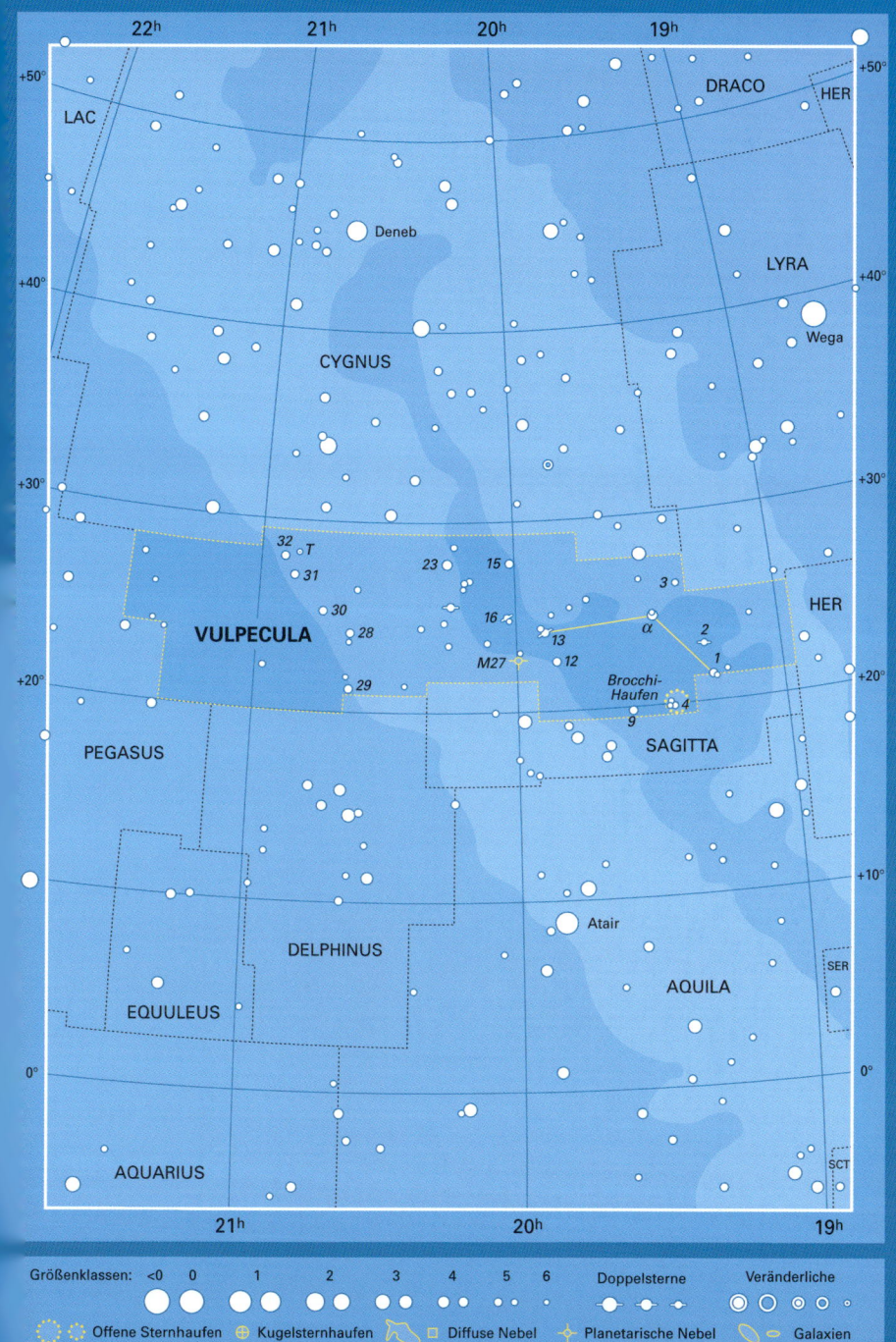

Auf dieser Fotomontage schweben die Plejaden im Sternbild Taurus über einer Winterlandschaft. (Robin Scagell)

TEIL II

Sterne

Sterne sind Gaskugeln, die aufgrund von Kernreaktionen tief in ihrem Innern leuchten. Es gibt sie in allen möglichen Größen und Helligkeiten, von kleinen Zwergen, die 100-mal kleiner sind als die Sonne, bis zu gleißenden Überriesen, die mehrere 100-mal so groß sind wie die Sonne. Die Oberflächentemperaturen reichen von 20 000 °C bei heißen blauweißen Sternen bis hinunter zu 3000 °C bei kalten roten Sternen. Die Sonne liegt im mittleren Bereich eines gelben Sterns und hat sich überhaupt als ziemlich durchschnittlich erwiesen.

Sterne werden aus riesigen Gas- und Staubwolken innerhalb unserer Galaxie geboren. Eine interstellare Gaswolke wird *Nebel* genannt, abgeleitet aus dem lateinischen Nebula. Ein Nebel ist nicht gleichmäßig verteilt, sondern enthält dichtere Regionen – die Geburtsstätten der zukünftigen Sterne. Wenn eine solche Region eine bestimmte Dichte erreicht, beginnt sie, unter ihrer Eigengravitation zusammenzufallen. Dabei wird sie immer dichter und heißer, bis schließlich ausreichend Druck und Temperatur entstehen, um Kernreaktionen auszulösen. Damit ist aus dem Gasballon ein echter Stern geworden, der für viele Millionen Jahre lang selbständig Licht und Wärme produzieren kann.

Innerhalb der Reichweite von Amateurteleskopen befindet sich eine ganze Reihe von Wolken, in denen Sterne entstehen. Die berühmteste ist der Orion-Nebel, der sich am Schwert im Sternbild von Orion, dem Jäger, befindet. Dieser Nebel erscheint dem bloßen Auge als milchiges grünliches Leuchten; Ferngläser lassen ihn klarer erkennen. Im Zentrum des Orion-Nebels steht der Stern θ^1 (theta^1) Orionis, der aber, wie ein Teleskop zeigt, aus vier Sternen besteht. Die Energie, die der hellste der vier Sterne abgibt, lässt den Nebel aufleuchten. Hinter dem hellen, sichtbaren Teil der Wolke befindet sich aber eine noch größere, dunkle Region, in der gerade jetzt Sterne geboren werden. Der Orion-Nebel besitzt genug Materie für hunderte Sterne: Er ist ein Sternhaufen in seiner Entstehung. Auch der Tarantel-Nebel im südlichen Sternbild Dorado ist eine Geburtsstätte von Sternen. Er ist viel größer als der Orion-Nebel und insgesamt der riesigste aller bekannten Nebel.

Eine berühmte Gruppe junger Sterne ist der Plejaden-Haufen, allgemein die Sieben Schwestern genannt, im Sternbild Taurus, dem Stier. Mindestens fünf Mitglieder der Plejaden sind mit bloßem Auge zu sehen; Ferngläser oder kleine Teleskope zeigen sogar mehrere Dutzend. Insgesamt enthält der Haufen wohl etwa 100 Sterne. Die hellsten und jüngsten sind nicht älter als zwei Millionen Jahre, was für astronomische Verhältnisse sehr jung ist.

Die Plejaden sind ein typisches Beispiel für *offene* oder *galaktische Sternhaufen*. Etwa 1000 Haufen dieser Klasse sind bekannt, und die wichtigsten davon sind in diesem Buch beschrieben. In der Nähe der Plejaden in Taurus steht ein größerer und älterer Sternhaufen: die Hyaden, die etwa

Die geisterhaft glühenden Gaswirbel des Orion-Nebels M 42 sind eine Geburtsstätte für Sterne. In seinem Zentrum steht der Stern θ^1 (theta^1) Orionis, auch Trapezium genannt, direkt neben der Spitze einer dunklen Störung, die Fischmaul genannt wird. Darunter befindet sich die kleine, rundliche Region M 43, die eigentlich Teil derselben großen Gaswolke. Auf dieser Aufnahme liegt Süden oben. (Bill Schoening/AURA/NOAO/ NSF)

500 Millionen Jahre alt sind. Da sie älter sind als die Plejaden, hatten die Sterne mehr Zeit, um auseinander zu driften. Letztlich zerstreuen sich offene Sternhaufen vollständig. Auch die Sonne war wahrscheinlich Teil eines solchen Haufens, als sie vor 4,6 Milliarden Jahren geboren wurde. Eine andere Klasse ist die der Kugelsternhaufen, die auf Seite 283 beschrieben wird.

Sternassoziationen sind viel größer als offene Sternhaufen, hier sind junge Sterne über mehrere 100 Lichtjahre verstreut. Es ist kein Zufall, dass die meisten hellen Sterne im Orion etwa gleich weit von uns entfernt sind (die wichtigste Ausnahme ist Beteigeuze), denn sie gehören zu einer solchen Assoziation, in deren Zentrum der 1500 Lichtjahre entfernte Orion-Nebel steht. In nur einem Drittel dieser Entfernung befindet sich die ausgedehnte Scorpius-Centaurus-Assoziation, die sich über mehr als 60° des Himmels von Scorpius über Lupus bis zu Centaurus und Crux erstreckt. Ihr hellstes Mitglied ist Antares, andere bekannte Objekte sind β (beta) Centauri, α (alpha) und β (beta) Crucis sowie der offene Sternhaufen IC 2602 im Sternbild Carina. Assoziationen entstehen aus besonders großen Gas- und Staubwolken in den Spiralarmen einer Galaxie.

Nebel bestehen im Verhältnis von 10:1 aus Wasserstoff und Helium, den beiden Hauptbestandteilen des Universums, also gilt dasselbe natürlich auch für Sterne. Sterne erhalten ihre Energie aus Kernreaktionen, in denen Wasserstoff zu Helium umgewandelt wird. Bei diesen Reaktionen werden vier Wasserstoffatome zu einem Heliumatom zusammengepresst; zu einer unkontrollierten Reaktion gleicher Art kommt es übrigens in einer Wasserstoffbombe.

Es gibt Grenzen für die Größe von Sternen. Eine Gasansammlung, die weniger als acht Prozent der Sonnenmasse besitzt, kann kein Stern werden, denn in ihrem Innern können keine ausreichend extremen Bedingungen entstehen. Diese Acht-Prozent-Grenze ist quasi die Grenzlinie zwischen Planet und Stern. Wenn der Gasplanet Jupiter in unserem Sonnensystem etwa 80-mal mehr Masse besessen hätte als er tatsächlich besitzt, wäre er eine kleine Sonne geworden. Am anderen Ende der Skala gibt es Sterne, die etwa 100-mal so viel Masse besitzen wie die Sonne. Früher glaubte man, dass noch massivere Sterne so viel Energie produzieren würden, dass sie einfach auseinanderfielen, aber das stimmt vielleicht nicht in allen Fällen. Es gibt ein paar Beispiele für Sterne, die mehr als die 100-fache Sonnenmasse besitzen, dazu gehört auch η (eta) Carinae.

Die wichtigste Größe eines Sterns ist seine Masse, denn sie bestimmt alle anderen Eigenschaften: Temperatur, Helligkeit und Lebensdauer. Die Sterne mit der geringsten Masse sind erwartungsgemäß auch die kältesten. Sie sind als *Rote Zwerge* bekannt. Ein typischer Roter Zwerg ist Barnards Stern, der zweitnächste Stern der Sonne. Er besitzt etwa ein Zehntel der Sonnenmasse und glüht mit seiner Oberflächentemperatur von etwa 3000 °C schwach rötlich. Obwohl Barnards Stern nur sechs Lichtjahre entfernt ist, ist er zu dunkel, um mit bloßem Auge erkennbar zu sein. Überraschenderweise leben die Sterne mit der niedrigsten Masse am längsten. Ihre nuklearen

Der Pferdekopf-Nebel im Orion, eine dunkle Wolke aus kühlerem Gas und Staub vor dem Hintergrund aus glühendem Wasserstoff, sieht aus wie eine interstellare Schachfigur. (Nigel Sharp/AURA/NOAO/NSF)

Kraftwerke arbeiten auf so niedrigem Niveau, dass sie bis zu einer Billion Jahre alt werden können, etwa 100-mal so alt wie die Sonne. Die Sonne selbst besitzt per Definition eine Sonnenmasse, an ihrer Oberfläche herrschen 5500 °C, und ihre Lebensdauer liegt bei geschätzten 10 Milliarden Jahren. Im Moment befindet sie sich in der Mitte ihres Lebens.

Sirius steht etwas weiter oben auf der Skala. Er besitzt die doppelte Sonnenmasse und lebt nur etwa eine Milliarde Jahre, hat also nur ein Zehntel der Lebenserwartung der Sonne. Die Oberflächentemperatur des blau-weißen Sirius liegt bei 11 000 °C. Größer und noch heißer ist der Stern Spica im Sternbild Virgo. Er besitzt die elffache Sonnenmasse und eine Oberflächentemperatur von 24 000 °C. Die Lebenserwartung dieses heißen und sehr leuchtstarken Sterns beträgt nur ein Hundertstel im Vergleich zur Sonne.

Die Farbe eines Sterns ist ein Merkmal für seine Temperatur. Am genauesten kann man die Sterntemperatur messen, indem man sein Lichtspektrum untersucht. Dazu spaltet man das Licht mit einem Spektroskop auf. Sterne werden nach ihrer Temperatur in verschiedene *Spektraltypen* eingeteilt (siehe Tabelle S. 269). Die blauesten und heißesten Sterne gehören zu den Spektraltypen O und B. Bekannte B-Typen sind α (alpha) und β (beta) Crucis, β (beta) Centauris und Spica; sie sind die blauesten Sterne der ersten Größenklasse. Danach folgen die kühleren, blauweißen Sterne des A-Typs, darunter auch Sirius, und die weißen oder gelbweißen F-Typen; Procyon ist einer von ihnen. G-Typen sind gelb, zu ihnen gehört die Sonne, α (alpha) Centauri und τ (tau) Ceti.

Noch kälter sind die K-Typen wie ε (epsilon) Eridani, die orangerot gefärbt sind. Die kälteste Klasse ist der M-Typ, dazu gehören Antares und Beteigeuze, die rotesten aller Sterne der ersten Größenklasse. Jeder Spek-

Säulen aus kühlerem Gas und Staub steigen bis zu einem Lichtjahr in den Adler-Nebel M 16 im Sternbild Serpens auf. Ultraviolettes Licht, das von heißen, jungen Sternen oberhalb dieser Abbildung ausgeht, verdampft Gas an der Oberfläche der Säulen und hinterlässt dichtere Regionen, in denen sich neue Sterne bilden. In dieser Aufnahme des Hubble-Teleskops erscheint der Wasserstoff eher grün, statt wie üblich pink. (Jeff Hester und Paul Scowen, Arizona State University/NASA)

traltyp wird in zehn Stufen von 0 bis 9 aufgeteilt. Auf dieser etwas exakteren Skala rangiert die Sonne als G2-Stern. Die scheinbar willkürliche Bezeichnung der Spektraltypen gründet auf einer früheren Klassifizierung. Die Spektralklassen werden in Buchstaben ausgedrückt, von der heißesten zur kältesten Temperatur: O, B, A, F, G, K, M.

Die Farben der Sterne sind natürlich subjektiv, sie hängen vom Auge des Betrachters und den unterschiedlichen Bedingungen während der Beobachtung ab. Wega gehört z. B. offiziell zur Spektralklasse A0 und müsste damit von reinem Weiß sein, doch den meisten Augen erscheint sie eher bläulich, ähnlich wie die Komponenten von Castor, der auch zur Klasse A gehört. Am anderen Ende der Skala erscheinen nur wenige der so genannten Roten Riesen oder Überriesen tatsächlich rot, sondern zumeist eher orange oder bräunlich. Offensichtlich paradox ist auch, dass unsere Sonne als gelber Stern klassifiziert wird, obwohl ihr Licht weiß scheint. Eigentlich wirkt der Sonnenschein nur deshalb weiß, weil er so strahlend hell ist.

NGC 2070 in der Großen Magellanschen Wolke wird aufgrund seiner spinnenartigen Form auch Tarantel-Nebel genannt. In seinem Zentrum befindet sich der offene Sternhaufen R 136, der einige der heißesten und massivsten bekannten Sterne beinhaltet. Sie sterben häufig in einer Supernova. (ESO)

SPEKTRALKLASSEN DER STERNE

Typ	zugeordnete Farbe	Temperatur (°C)	Beispiele
O	Blau	40 000–25 000	ζ Puppis (Überriese)
B	Blau	25 000–11 000	Spica (Hauptreihe)
			Regulus (Hauptreihe)
			Rigel (Überriese)
A	Blauweiß	11 000–7500	Wega (Hauptreihe)
			Sirius (Hauptreihe)
			Deneb (Überriese)
F	Weiß	7500–6000	Canopus (Überriese)
			Procyon (Unterriese)
			Polaris (Überriese)
G	Gelb	6000–5000	Sonne (Hauptreihe)
			α Centauri (Hauptreihe)
			τ Ceti (Hauptreihe)
			Capella (Riese)
K	Orange	5000–3500	ε Eridani (Hauptreihe)
			Arcturus (Riese)
			Aldebaran (Riese)
M	Rot	3500–3000	Barnards Stern (Hauptreihe)
			Antares (Überriese)
			Beteigeuze (Überriese)

Ein völlig weiß erscheinender Stern gehört meistens zu einer Spektralklasse um F0, wie etwa Canopus, der 2000 °C heißer ist als die Sonne. Die Sternfarben im vorhergehenden Katalog zeigen an, wie sie dem Beobachter erscheinen, doch sind die Schattierungen sehr ähnlich, sodass Ihr individueller Eindruck durchaus abweichen kann.

Sie werden sogar bemerken, dass die Farbintensität von Nacht zu Nacht variieren kann, je nachdem, welche Bedingungen in der Atmosphäre herrschen. Wenn man die Spektralklassen der Sterne mit ihrer tatsächlichen Leuchtkraft (abolute Größenklasse) verbindet, zeigt sich, dass sich alle Sterne, die sich in der Mitte ihres Lebens befinden und unter stabilen Verhältnissen Wasserstoff verbrennen, auf einem leicht erkennbaren Band befinden, das sich über das ganze Schaubild zieht und *Hauptreihe* genannt wird. Die Position eines Sterns auf der Hauptreihe wird durch seine Masse bestimmt, die masseärmsten Sterne befinden sich unten, die massereicheren weiter oben. Die Sonne befindet sich etwa in der Mitte der Hauptreihe, wie es ihrem Durchschnittscharakter entspricht (siehe S. 271). Ein Diagramm, das Helligkeit und Spektralklasse kombiniert, wird Hertzsprung-Russell-Diagramm genannt, nach dem dänischen Astronomen Ejnar Hertzsprung und dem Amerikaner Henry Norris Russell, die es in den Jahren 1911–1913 entwickelt haben.

Der Doppelhaufen NGC 869 und NGC 884 im Sternbild Perseus ist ein offener Haufen innerhalb eines Spiralarms unserer Galaxie. NGC 884, links, enthält mehrere Rote Riesen, ist also wohl der ältere. (Nigel Sharp/AURA/NOAO/NSF)

Die meisten Sterne liegen auf der Hauptreihe, aber einige besonders helle Sterne liegen darüber und rechts davon, während einige leuchtschwache Sterne darunter und links der Hauptreihe liegen. All diese Sterne befinden sich in Spätstadien ihrer Entwicklung. Was mit ihnen geschieht, wird am leichtesten verständlich, wenn man sich die Zukunft der Sonne genauer ansieht.

In ein paar Milliarden Jahren wird der Wasserstoff in ihrem Zentrum zur Neige gehen. Die Kernreaktionen beginnen daraufhin, nach außen zu wandern, wobei mehr Energie frei wird. Wenn sie von brennendem Wasserstoff vollständig umgeben sind, beginnen sogar die Heliumkerne im Zentrum der Sonne zu reagieren und zu Kohlenstoffatomen zu verschmelzen.

So viel zusätzliche Energie lässt die Sonne aufleuchten und auf alarmierende Größe anschwellen. Bei ihrer Ausdehnung kühlen sich die äußeren Schichten ab und werden rötlicher, sodass die Sonne sich zu einem *Roten Riesen* entwickelt, ähnlich wie die hellen Sterne Aldebaran und Arcturus. Der Rote Riese Sonne wird auf das Hundertfache seiner ursprünglichen Größe anwachsen und dadurch Merkur, Venus und vielleicht sogar die Erde mit ihren äußeren Schichten vereinnahmen. Es versteht sich von selbst, dass bis dahin längst alles Leben auf der Erde vergangen ist.

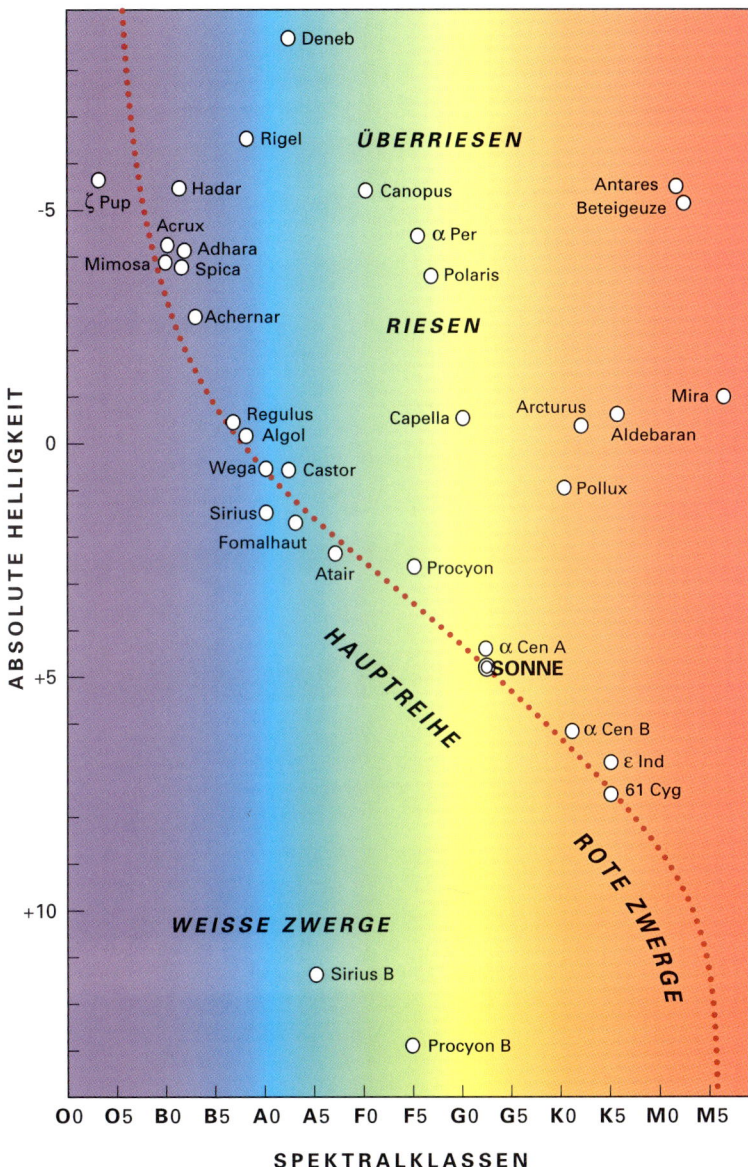

ÜBERRIESEN

RIESEN

HAUPTREIHE

ROTE ZWERGE

WEISSE ZWERGE

Im Hertzsprung-Russell-Diagramm wird die tatsächliche Leuchtkraft von Sternen (also ihre absolute Größenklasse) in Kombination mit ihrer Temperatur (Spektralklasse) dargestellt. Unterschiedliche Sterntypen finden sich an verschiedenen Stellen des Diagramms wieder. Die Linie von oben links nach unten rechts nennt man Hauptreihe, die Sonne liegt knapp unterhalb des Zentrums. Riesen und Überriesen liegen oberhalb der Hauptreihe, Weiße Zwerge darunter und links davon. (Will Tirion)

LEUCHTKRAFTKLASSEN DER STERNE

Ia0	Außergewöhnlich heller Überriese
Ia	Heller Überriese
Iab	Weniger heller Überriese
Ib	Überriese
II	Heller Riese
III	Riese
IV	Unterriese
V	Hauptreihe
VI oder sd	Unterzwerg

Im Hertzsprung-Russell-Diagramm wird die Sonne durch ihre Helligkeitszunahme nach oben wandern, ihre veränderte Spektralklasse schiebt sie außerdem nach rechts.

Die Sterne am oberen Ende der Hauptreihe, die sehr viel massereicher als die Sonne sind, werden zu diesem Zeitpunkt ihrer Entwicklung so groß und hell, dass man sie nicht mehr nur als Riesen, sondern als *Überriesen* bezeichnet. Bekannte Beispiele für Rote Überriesen sind Beteigeuze und Antares, die mehrere 100-mal so groß sind wie die Sonne. Andere Sterne, die noch nicht weit genug in ihrer Evolution sind, um rot zu werden, die aber dennoch eindeutig zu den Überriesen zählen, sind Rigel, Deneb und der Polarstern.

Um zu bestimmen, ob ein Stern z. B. als Riese oder als Überriese gilt oder ob er zur Hauptreihe gehört, haben Astronomen die Sterne zusätzlich in Leuchtkraftklassen eingeteilt (siehe oben). Man muss dazu wissen, dass Astronomen Sterne meistens als Riesen oder Zwerge ansehen, je nachdem, ob sie auf der Hauptreihe liegen oder sich von ihr fortentwickelt haben.

Spektralklasse und Leuchtkraftklasse definieren zusammen die wichtigsten Eigenschaften eines Sterns in seiner jeweiligen Existenzphase. Mit der Zeit verändern sich diese Eigenschaften jedoch. Sterne verbringen nur einen Bruchteil ihrer gesamten Existenz als Rote Riesen. Ein Roter Riese ist ein alter Stern, der kurz vor seinem Lebensende steht.

Wenn ein Roter Riese eine gewisse Größe erreicht hat, treiben die aufgeblähten äußeren Schichten in den Raum hinaus und bilden einen Rauchring, der verwirrenderweise als *planetarischer Nebel* bezeichnet wird, obwohl er mit Planeten gar nichts zu tun hat. Dieser Begriff wurde erstmals 1785 von William Herschel verwendet, denn er sah durch sein Teleskop nur etwas, das wie schmale, rundliche Planetenscheiben aussah. Der bekannteste aller planetarischen Nebel ist wohl der Ring-Nebel in der Lyra, wenn er auch nicht gerade leicht zu erkennen ist. Der Hantel-Nebel in Vulpecula ist deutlich größer und kann in klaren, dunklen Nächten sogar mit dem Fernglas beobachtet werden. Zwei weitere, für Amateurinstrumente geeignete planetarische Nebel sind NGC 6826 in Cygnus und NGC 7662 in Andromeda.

Im Zentrum von planetarischen Nebeln steht der Kern eines früheren Roten Riesen in Form eines kleinen, extrem heißen Sterns. Wenn die ihn umgebenden Gase des planetarischen Nebels sich aufgelöst haben, was normalerweise einige 1000 Jahre dauert, bleibt der Zentrumsstern als so genannter *Weißer Zwerg* übrig. Weiße Zwerge sind nur etwa so groß wie die Erde, enthalten aber fast so viel Materie wie der ursprüngliche Stern; nur etwa zehn Prozent der Sternmasse ist im Lauf der Veränderung verloren gegangen. Weiße Zwerge besitzen daher eine extrem hohe Dichte, kühlen sich über mehrere Milliarden Jahre ab und verschwinden schließlich als kaltes, dunkles Objekt.

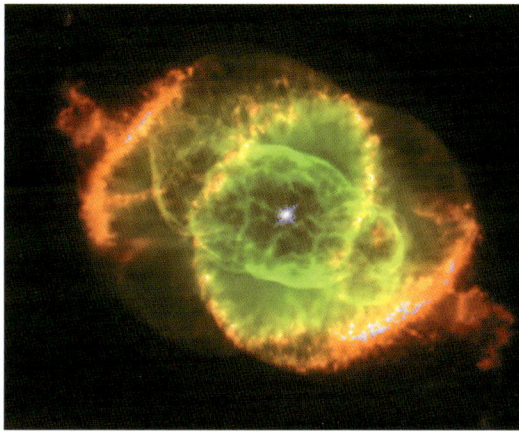

Zwei Aufnahmen des Hubble-Teleskops von planetarischen Nebeln.
Rechts: NGC 6543, der Katzen-augen-Nebel im Sternbild Draco besteht aus übereinander liegen-den Schleifen. Die verschiedenen Farben stehen für unterschiedliche Gastemperaturen. (Bruce Balick, U. of Washington/NASA)

Unten: M 57, der Ring-Nebel in der Lyra ist eigentlich ein Gas-zylinder, der von dem Zentralstern ausgestoßen wurde.

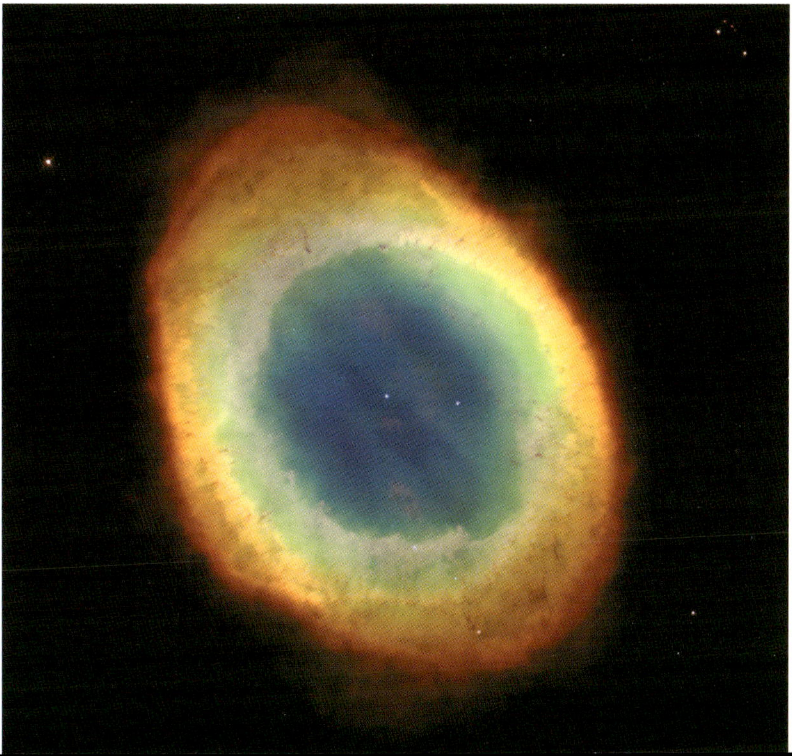

Weil sie so klein sind, kann man Weiße Zwerge nicht so leicht entdecken. Für das bloße Auge sind sie unsichtbar. Die nicht weit entfernten Sterne Sirius und Procyon werden beide von Weißen Zwergen begleitet, aber der Begleiter von Procyon ist ihm so nah, dass Amateurteleskope ihn nicht finden können, und der Begleiter von Sirius ist nur bei besten Bedingungen zu sehen. Am einfachsten ist der Begleiter von o² (omikron²) Eridani (auch 40 Eridani genannt) zu entdecken; hierfür genügt schon ein kleines Teleskop. Von größerem Interesse ist aber ein leuchtschwächeres, drittes Mitglied dieses Systems: Es handelt sich um einen Roten Zwerg, der ebenfalls mit Amateurteleskopen beobachtet werden kann.

Überriesen durchlaufen keine Phase als planetarischer Nebel. Vielmehr sind sie so massiv, dass die Kernreaktionen in ihren Kernen außer Kontrolle geraten und der Stern schließlich instabil wird und explodiert. Eine solche Explosion nennt man *Supernova*.

Der Eskimo-Nebel NGC 2392 im Sternbild Gemini (Zwillinge), aufgenommen vom Hubble-Teleskop. Er trägt seinen Namen aufgrund seiner Erscheinung, die ein wenig einem Gesicht in einem Fellparka ähnelt. Es handelt sich um eine Materiescheibe, die der Zentralstern als Roter Riese ausgestoßen hat, und eine Gasblase, die von dem extrem heißen Stern im Zentrum aufgebläht wird. (Andrew Fruchter, STScI/NASA/ESA)

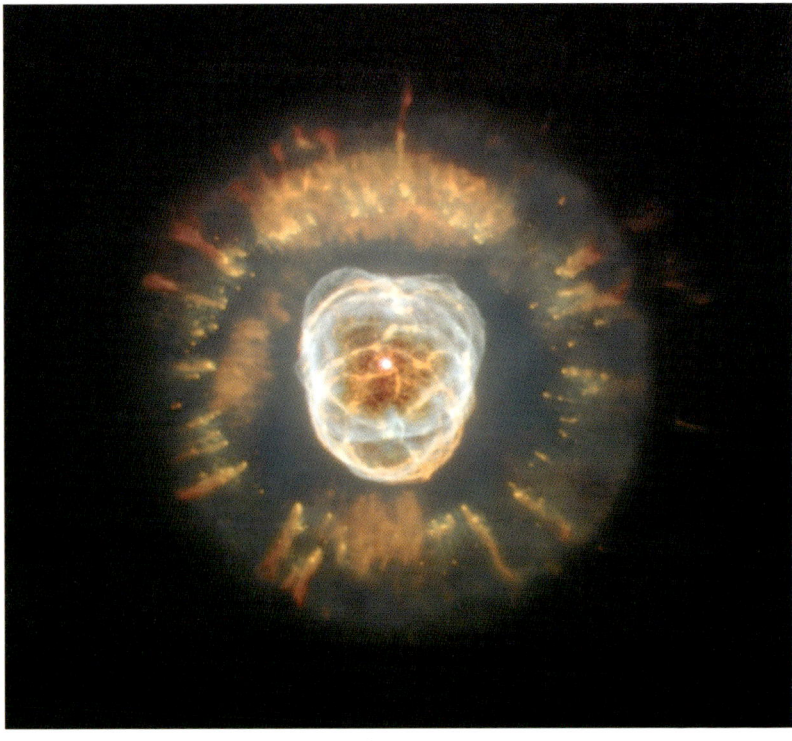

Der Nebel NGC 3372 oder η (eta) Carinae ist eine große Wasserstoffwolke in der südlichen Hemisphäre. Der Nebel ist nach η Carinae benannt, einem massiven Stern im hellen Zentrum des Nebels neben einer dunklen Region, die Schlüsselloch genannt wird (in diesem Bild direkt über der V-förmigen Figur). η Carinae könnte innerhalb der nächsten 10 000 Jahre als prachtvolle Supernova explodieren. (AURA/NOAO/NSF)

Der Krabbennebel M 1 ist der Überrest einer Supernova. Die bläuliche Färbung entsteht durch Elektronen, die im Magnetfeld des Nebels hin- und herschnellen, während die rötliche Färbung auf Wasserstoffgas zurückgeführt wird. Der Pulsar ist der untere der beiden Sterne neben dem Zentrum, der andere ist ein Vordergrundobjekt. (Laird Thompson, University of Hawaii/CFHT)

Bei der Explosion einer Supernova steigt deren Leuchtkraft um ein Millionenfaches, so kann ein Stern einige Tage lang genauso hell werden wie eine ganze Galaxie. Die zerbrochenen äußeren Schichten des Sterns werden mit etwa 5000 km/s in den Raum ausgeworfen. Im Jahr 1054 sahen Astronomen auf der Erde die Eruption eines Sterns als Supernova im Sternbild Taurus. Der Stern wurde heller als Venus und blieb drei Wochen lang auch am Tag sichtbar. Es dauerte ein ganzes Jahr, bis der Stern schließlich mit bloßem Auge nicht mehr zu erkennen war.

Am Schauplatz dieser Explosion findet sich heute eines der berühmtesten Objekte am ganzen Himmel: der Krabbenebel, verstreute Überreste eines explodierten Sterns. Der Krabbenebel erscheint in Amateurteleskopen als verwaschener Fleck, am besten erkennt man ihn auf lange belichteten Fotografien, die mit leistungsstarken Instrumenten angefertigt wurden.

Innerhalb der nächsten 50 000 Jahre werden sich die Gase des Krabben-nebels im Raum zerstreuen und dabei faszinierende Strukturen ausbilden, etwa wie der Schleier-Nebel in Cygnus, der ebenfalls von einer Supernova stammt.

Die letzte Supernova, die in unserer Galaxie beobachtet wurde, stammt aus dem Jahr 1604. Der Stern im Sternbild Ophiuchus erreichte eine Leucht-kraft von –2 und war damit so hell wie Jupiter. Er wurde von dem deutschen Astronomen Johannes Kepler untersucht und wird auch Keplers Stern genannt. In anderen Galaxien hat man seither hunderte Supernovae mit Teleskopen beobachtet, aber nur eine war hell genug, um auch mit bloßem Auge erkennbar zu sein. Es handelt sich um die Supernova 1987A, die in der Großen Magellanschen Wolke explodierte, nahe der Milchstraße. Sie wurde zuerst am 24. Februar 1987 von Astronomen auf der Südhalbkugel registriert. Ende Mai erreichte sie mit Größenklasse 2,9 ihre größte Hellig-keit und verschwand schließlich Ende des Jahres aus dem Blickfeld.

Ein Stern muss durch eine Supernova-Explosion nicht unbedingt voll-ständig zerstört werden. Manchmal bleibt der Kern des Sterns als Objekt erhalten, das noch dichter und kleiner ist als ein Weißer Zwerg: ein *Neu-tronenstern.* In einem Neutronenstern wurden die Protonen und Elektro-nen durch die gewaltigen, bei der Supernova freigesetzen Kräfte ineinander gedrückt und bilden Neutronen. Ein typischer Neutronenstern hat nur 20 km Durchmesser, besitzt aber so viel Masse wie eine oder zwei Sonnen. Da sie so klein sind, können Neutronensterne sich sehr schnell drehen, ohne aus-einander zu brechen. Bei jeder Drehung geben sie einen Energiestrahl ab, etwa so wie ein Leuchtturm in der Nacht. Astronomen haben hunderte solcher Radioquellen lokalisiert und sie *Pulsare* genannt; eine befindet sich im Zentrum des Krabbennebels. Dieser Pulsar blinkt 30-mal pro Sekunde, andere pulsieren langsamer, manche nur viermal pro Sekunde. Die meisten Neutronensterne sind zu leuchtschwach, um sie optisch erkennbar zu machen, aber der Pulsar im Krabbennebel wurde bereits beobachtet, wie er im Gleichschritt mit den Radioimpulsen flackert.

Wenn der Kern des explodierten Sterns mehr als die dreifache Sonnen-masse besitzt, dann ist auch ein Neutronenstern nicht das letzte Entwick-lungsstadium. Vielmehr wird daraus ein noch merkwürdigeres Gebilde: ein *Schwarzes Loch.* Keine Kraft ist groß genug, um die Eigengravitation eines Sterns aufzuhalten, der mehr als drei Sonnenmassen besitzt. Er schrumpft immer weiter, wird immer dichter und kleiner, bis die Gravitation schließlich so groß wird, dass nichts mehr aus dem Stern entfliehen kann, nicht einmal Licht. Der Stern hat sein eigenes Grab geschaufelt – ein Schwarzes Loch. Da ein Schwarzes Loch per Definition unsichtbar sein muss, ist es für Hobby-astronomen nur von untergeordnetem Interesse. Professionelle Astronomen haben jedoch an vielen verschiedenen Orten Röntgenquellen entdeckt, die nach ihrer Meinung von heißen Gasen herrühren, die in die Bodenlosigkeit Schwarzer Löcher stürzen. Der bekannteste Ort für ein Schwarzes Loch ist Cygnus X-1; es befindet sich nahe eines sichtbaren Sterns der Größenklasse 9 im Sternbild Cygnus.

Doppel- und Mehrfachsterne

Dem bloßen Auge erscheinen Sterne als isolierte Einzelobjekte. Eine große Mehrheit von ihnen – über 75 Prozent – hat jedoch einen oder mehrere Begleiter, die aber so leuchtschwach sind, dass man sie ohne Teleskop nicht vom Hauptstern unterscheiden kann. Viele attraktive Doppel- und Mehrfachsterne liegen innerhalb der Reichweite von Ferngläsern und kleinen Teleskopen.

Es gibt zwei Arten von Doppelsternsystemen. In der ersten Kategorie stehen zwei Sterne nicht tatsächlich in Verbindung, sondern liegen nur zufällig auf einer Sichtlinie. Diese Sterne werden *optische Doppelsterne* genannt, dabei kann ein Stern aber viel weiter entfernt sein als der andere. Optische Doppelsterne sind relativ selten. Die meisten Doppelsternsysteme stehen durch die Gravitation in physischer Verbindung und bilden damit ein echtes *binäres* Doppel. Die beiden Sterne eines echten Doppels umkreisen ein gemeinsames Gravitationszentrum, was mehrere Jahrhunderte pro Umlauf dauern kann. In Systemen mit mehr als zwei Sternen kann es zu sehr komplexen Bahnbewegungen kommen.

Am häufigsten kommen Doppel- und Dreifachsterne vor, aber es gibt auch größere Sternfamilien. Ein besonders bekannter Mehrfachstern ist das so genannte doppelte Doppel ε (epsilon) Lyrae. Ferngläser zeigen ein weites Paar, aber im Teleskop erkennt man, dass beide Komponenten selbst Doppelsterne sind. Es handelt sich also um ein Vierfachsystem. Noch bemerkenswerter ist Castor, der aus sechs Sternen besteht, die alle miteinander in Verbindung stehen. Amateurteleskope zeigen, dass Castor aus zwei hellen, blauweißen, sehr eng stehenden Sternen und einem dritten, weiter entfernten Stern besteht. Genauere Untersuchungen haben aber erwiesen, dass jeder dieser drei Sterne selbst ein *spektroskopisches Doppel* ist. Bei spektroskopischen Doppelsternen stehen die Komponenten so eng beieinander, dass man sie auch durch ein Teleskop nicht auseinander halten kann. Nur eine spektroskopische Analyse des ausgestrahlten Lichts beweist die Gegenwart eines Begleiters. Die beiden hellsten Sterne von Castor benötigen fast fünf Jahrhunderte für eine Umkreisung, aber spektroskopische Doppelsterne drehen sich normalerweise in wenigen Tagen umeinander. Manchmal stehen die beiden Komponenten von der Erde aus gesehen direkt voreinander.

Für Hobbyastronomen liegt der Reiz von Doppelsternen darin, die einzelnen Komponenten zu erkennen und ihre Farben und Helligkeiten miteinander zu vergleichen. Doppelsterne wie Albireo – β (beta) Cygni – weisen sehr schöne Farkontraste auf. Die Farben der Sterne sind oft besser zu sehen, wenn man das Teleskop etwas unscharf stellt oder leicht antippt, um es zum Vibrieren zu bringen. Je enger die Komponenten beieinander stehen, desto größere Öffnungen sind notwendig, um sie zu „trennen".

Wenn einer der beiden Sterne deutlich dunkler ist als der andere, wird er vom Licht des Hauptsterns quasi verschluckt und ist viel schwerer zu erkennen als ein Stern von ähnlicher Helligkeit. Bei Doppelsternen mit relativ kurzen Umlaufzeiten können sich die Anforderungen über ein paar Jahre hinweg stark verändern, da die Sterne sich relativ zueinander bewegen.

Veränderliche Sterne

Manche Sterne verändern ihre Helligkeit und werden deshalb *Veränderliche* genannt. Hobbyastronomen können an ihnen wertvolle Beobachtungen anstellen. Der Beobachter schätzt die Helligkeit eines Veränderlichen, indem er sie mit konstant leuchtenden Sternen in der Nähe vergleicht. Die Ergebnisse werden dann in einem Schaubild, einer so genannten *Lichtkurve,* festgehalten, um die Schwankung abhängig von der Zeit darstellen zu können. Ein solches Schaubild kann sehr viel über einen Stern verraten.

Wie man vielleicht erwarten kann, treten Helligkeitsschwankungen eines Sterns meist deshalb auf, weil der Stern einfach ungleichmäßig viel Licht abgibt, aber es gibt auch andere Ursachen. Es kann sich um ein Doppelsternsystem handeln, bei dem ein Stern den anderen regelmäßig verdeckt. Damit dies geschieht, muss die Ebene der Umlaufbahnen natürlich genau in der Sichtlinie liegen. Der erste entdeckte und bis heute berühmteste *Bedeckungsveränderliche* war Algol im Sternbild Perseus. Algol besteht aus einem blauen Zwerg, von dem das meiste Licht stammt und der von einem gelben, leuchtschwächeren Unterriesen umkreist wird. Alle 2,87 Tage fällt die Leuchtkraft Algols von 2,1 auf 3,4, weil der schwächere den helleren Stern verdeckt; diese dunklere Phase dauert etwa zehn Stunden. Vergleichen Sie ihn bei seiner maximalen Helligkeit mit α (alpha) Persei (Größenklasse 1,8), und bei minimaler Helligkeit mit δ (delta) Persei (Größenklasse 3,0). Es kommt auch zu Schwankungen, wenn der dunklere den helleren Stern verdeckt, aber diese sind so gering, dass man sie mit bloßem Auge nicht wahrnehmen kann. Wenn man Veränderliche beobachten möchte, beginnt man am besten damit, die Helligkeitsschwankungen von Algol zu verfolgen. Die Angaben zu den einzelnen Phasen bekommt man bei Astronomischen Vereinen und Zeitschriften.

Bemerkenswert unter den Bedeckungsveränderlichen ist auch β (beta) Lyrae, der alle 12,9 Tage zwischen den Größenklassen 3,3 und 4,1 schwankt. Ziehen Sie γ (gamma) Lyrae mit der konstanten Leuchtkraft von 3,2 und κ (kappa) Lyrae mit konstanten 4,3 Größenklassen zum Vergleich heran. Bei β (beta) Lyrae und ähnlichen Doppelsternen stehen die Sterne so eng beieinander, dass die wechselseitige Gravitation sie verzerrt. Das führt dazu, dass wir auch dann keine konstanten Lichtmengen erhalten, wenn sie sich gar nicht verdecken.

Wenn Sterne ihre Helligkeit selbst verändern, liegt das meistens an Veränderungen ihrer Größe. Man spricht deshalb von *Pulsationsveränderlichen* (nicht zu verwechseln mit Pulsaren). Für Astronomen von besonderer Bedeutung sind die so genannten *Cepheid-Veränderlichen*, benannt nach dem Prototyp dieser Klasse, δ (delta) Cephei. Cepheid-Veränderliche sind gelbe Überriesen, die einen Pulsationszyklus durchlaufen, der zwei bis 40 Tage dauern kann. Dabei schwanken sie um bis zu einer Größenklasse. δ Cephei selbst schwankt alle 5,4 Tage zwischen den Größenklasse 3,5 und 4,4. Er ist damit auch für Hobbyastronomen ein lohnendes Objekt. Zum Vergleich bieten sich ε (epsilon) Cephei und ζ (zeta) Cephei mit den Größenklassen 4,2 und 3,4 an.

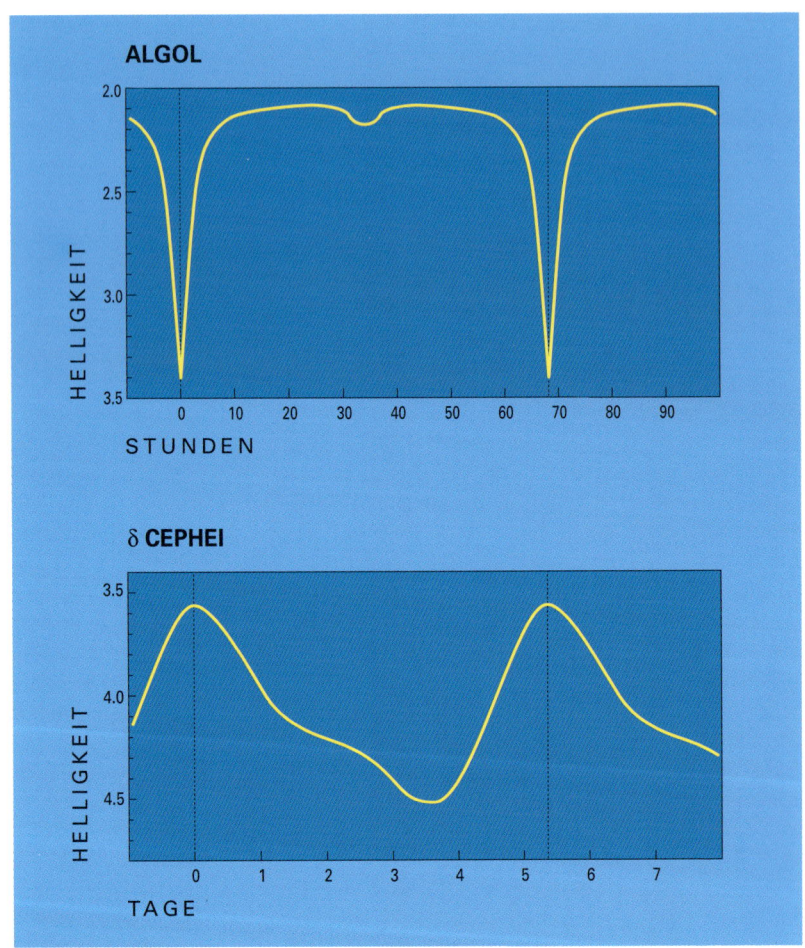

*Die Lichtkurven zweier bekannter Veränderlicher: Algol oder β (beta) Persei
und δ (delta) Cephei. Ihre Helligkeit verändert sich auf vorhersehbare Weise
über ein paar Tage hinweg. δ Cephei leuchtet deutlich schneller auf als er an
Helligkeit abnimmt. Die kleine Zwischenschwankung bei Algol ist für das
bloße Auge nicht zu erkennen. (Wil Tirion)*

Cepheid-Veränderliche sind deshalb so wichtig, weil die Länge ihres Fluk-
tuationszyklus in direkter Verbindung mit ihrer absoluten Helligkeit steht:
je heller der Cepheid, desto länger der Zyklus. Wenn man die absolute mit
der scheinbaren Helligkeit vergleicht, kann man leicht seine Entfernung
berechnen. Cepheid-Veränderliche sind daher wichtige Markierungen für
astronomische Entfernungen.

Die *RR-Lyrae-Veränderlichen* sind miteinander in Beziehung stehende
pulsierende Sterne. Alte blaue Sterne wie sie finden sich häufig in Kugel-

sternhaufen und schwanken in weniger als einem Tag um 0,5–1,5 Größenklassen. Ihr Prototyp ist RR Lyrae selbst, er schwankt in 0,57 Tagen zwischen den Größenklassen 7,1 und 8,1. Zu anderen Klassen pulsierender Veränderlicher gehören β (beta) Cephei und δ (delta) Scuti, Sterne, deren Schwankungsperioden nur kurz dauern und zu gering sind, um sie mit bloßem Auge wahrzunehmen.

Jede Klasse Veränderlicher findet sich an anderer Stelle auf dem Hertzsprung-Russell-Diagramm und steht für Sterne mit verschiedenen Massen in unterschiedlichen Entwicklungsstufen. Jede Veränderlichkeit eines Sterns scheint eine unausweichliche Konsequenz seines Alterungsprozesses zu sein.

Rote Riesen und rote Überriesen sind alte Sterne, die häufig veränderlich sind. Sie pulsieren, allerdings ohne die Regelmäßigkeit der oben genannten Sternklassen. Am häufigsten sind die Mira-Sterne, auch *langperiodische Veränderliche* genannt. Ihre Fluktuationsperioden dauern drei Monate bis zwei Jahre, dabei schwanken sie um mehrere Größenklassen. Prototyp dieser Klasse ist Mira – ο (omikron) Ceti – im Sternbild Cetus – der Wal –, ein Roter Riese, der durchschnittlich alle 332 Tage zwischen den Größenklassen 3 und 9 fluktuiert. Die exakte Länge und Amplitude variieren von Zyklus zu Zyklus. Ein anderes bekanntes Beispiel dieses Typs ist χ (chi) Cygni.

Unberechenbarer sind die *halbregelmäßigen Veränderlichen*, die normalerweise eine Periodendauer von etwa 100 Tagen durchlaufen und um ein bis zwei Größenklassen schwanken. Bei *unregelmäßigen Veränderlichen* ist überhaupt kein Muster feststellbar. All diese Sterne sind Rote Riesen oder rote Überriesen, die instabil geworden sind und deren Größe und Helligkeit schwankt. Manchmal ist ein Stern nicht eindeutig zuzuordnen. Beispiele für halb- und unregelmäßige Veränderliche sind Antares, Beteigeuze, α (alpha) Herculis und μ (mü) Cephei.

Die spektakulärsten aller Veränderlichen sind die *Novae*, die plötzlich und unvorhersehbar um mindestens zehn Größenklassen aufleuchten (das ist das 10 000-fache), sodass plötzlich ein Stern sichtbar werden kann, wo vorher keiner war. Ihren Namen haben sie vom lateinischen Wort für „neu", denn man dachte früher, es handle sich tatsächlich um neue Sterne. Heute wissen wir aber, dass es sich um alte Sterne handelt, die nur zeitweilig aufleuchten.

Gemäß der heutigen Theorie sind Novae enge Doppelsterne, von denen einer ein Weißer Zwerg ist. Gase, die der Begleiter an den Weißen Zwerg abgibt, werden in einer Eruption in den Raum geschleudert. Dabei explodiert aber nicht der Stern selbst. Tatsächlich wurden bei einigen Sternen schon mehr als eine Eruption notiert, dazu gehören RS Ophiuchi und T Pyxidis. Wahrscheinlich kehren alle Novae wieder, wenn genug Zeit vergangen ist.

Eine Nova erreicht ihre maximale Helligkeit in wenigen Tagen. Nach ein paar Tagen oder Wochen bei maximaler Helligkeit dunkelt sie wieder langsam über mehrere Monate hinweg, bis sie schließlich ihren ursprünglichen Zustand erreicht. Dabei kann es manchmal zu kleineren, zusätzlichen Ausbrüchen kommen. Zu Novae, die man mit bloßem Auge sehen kann, kommt es nur etwa alle zehn Jahre, aber mit Ferngläsern sind deutlich mehr erkennbar.

Die beinahe perfekt geformte Spiralgalaxie in Ursa Major steht etwas zu unserer Blickrichtung geneigt. (Nigel Sharp/AURA/NOAO/NSF)

Die Milchstraße, Galaxien und das Universum

Unsere Sonne gehört wie alle anderen am Nachthimmel sichtbaren Sterne zu einer gewaltigen Sternenansammlung, aus der unsere Galaxie besteht. Es handelt sich um eine Spiralgalaxie, deren Arme aus Sternen und Nebeln bestehen. Sie winden sich vom kugelförmigen Zentrum auswärts. Die Galaxie misst etwa 100 000 LJ im Durchmesser; unsere Sonne liegt in einem der Spiralarme und ist etwa 30 000 LJ vom Zentrum der Galaxie entfernt, die geschätzte 250 Milliarden Sterne umfasst.

Die meisten Sterne befinden sich innerhalb einer etwa 2000 LJ mächtigen Scheibe. Von der Erde aus kann man diese Scheibe in klaren, dunklen Nächten als schwaches, milchiges Band erkennen. Dieses Band wird Milchstraße genannt, meistens verwendet man diese Bezeichnung auch für die ganze Galaxie. Die Sternfelder der Milchstraße sind im Sternbild Schütze besonders dicht. In dieser Richtung liegt auch das Zentrum der Galaxie. Die Ebene der Milchstraße steht im Winkel von 63° zum Himmelsäquator. Diese Neigung gründet einerseits auf der geneigten Erdachse und andererseits darin, dass die Ebene des Erdorbits um die Sonne relativ zur Ebene der Milchstraße ebenfalls geneigt ist.

In einer hofartigen Schicht um die Galaxie herum befinden sich mehrere hundert rundliche Sternformationen, die man *Kugelsternhaufen* nennt. Sie bestehen aus etwa 100 000 bis zu mehreren Millionen Sternen, die von der Gravitation zusammengehalten werden.

Der Kugelsternhaufen M 22 im Sternbild Schütze ist einer der bekanntesten, die unsere Galaxie umgeben. (Nigel Sharp, REU program/AURA/NOAO/NSF)

Der wunderschöne Whirlpool-Nebel M 51 im Sternbild Jagdhunde und seine kleine Begleitergalaxie NGC 5195. Der Begleiter hat offenbar bei einer Begegnung, die noch nicht lange her ist, einen der Spiralarme verdreht und liegt nun dahinter. (Todd Brown/AURA/NOAO/NSF)

Die hellsten von ihnen sind ω (omega) Centauri und 47 Tucanae in der südlichen Hemisphäre sowie M 13 im Sternbild Herkules in der nördlichen. Durch Ferngläser und dem bloßen Auge erscheinen sie als sanft leuchtende Flecken. Mittelgroße Teleskope können einzelne Rote Riesen herausfiltern. Die Kugelsternhaufen sind schon in einer frühen Phase der Entwicklung der Milchstraße entstanden und beinhalten einige der ältesten bekannten Sterne. Manche sind über zehn Milliarden Jahre alt und damit mehr als doppelt so alt wie unsere Sonne.

Unsere Galaxie wird von zwei kleineren Satellitengalaxien begleitet: den beiden Magellanschen Wolken. Dem bloßen Auge erscheinen sie wie abgespaltene Teile der Milchstraße in den Sternbildern Schwertfisch und Tukan. Die Große Magellansche Wolke ist etwa 170 000 LJ entfernt und umfasst etwa ein Zehntel so viele Sterne, wie sie die Milchstraße beinhaltet. Die Große Magellansche Wolke besitzt aber immer noch fünfmal so viele Sterne wie die Kleine Magellansche Wolke, die mit 200 000 LJ etwas weiter entfernt ist. In beiden Wolken befinden sich zahlreiche Sternhaufen und helle Nebel, die lohnenswerte Objekte für alle Astronomen sind.

Wie kleine Inseln sind zahllose weitere Galaxien im Universum verstreut, zumindest so weit, wie Teleskope in den Raum hineinsehen können. Die meisten Galaxien gehören zu Galaxienhaufen, die aus mehreren tausend Galaxien bestehen. Unsere Milchstraße ist das zweitgrößte Mitglied eines kleinen Haufens aus etwa drei Dutzend Galaxien, die man als Lokale Gruppe bezeichnet.

Galaxien werden nach ihrer Form klassifiziert: elliptische Galaxie, Typ E; Spiralgalaxie, Typ S; Balkengalaxie, Typ SB; und unregelmäßige Galaxie. (Wil Tirion)

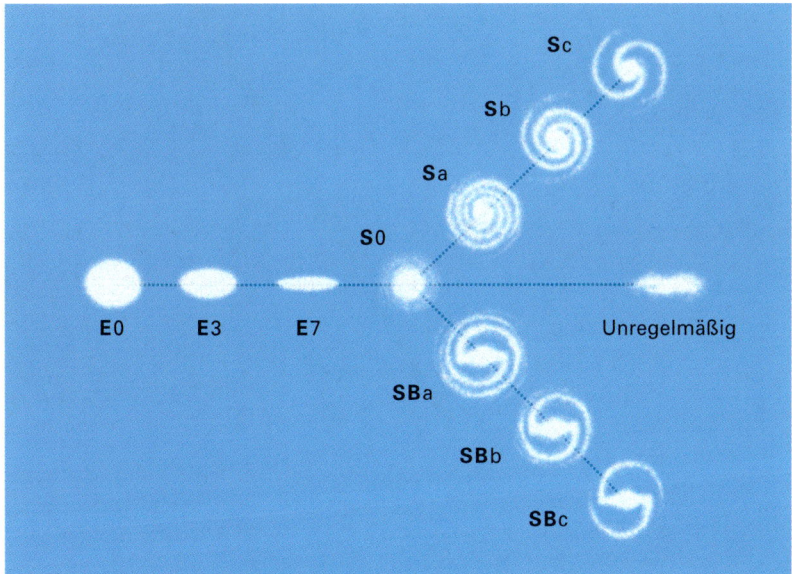

Rechts: NGC 5850 ist eine spiralförmige Balkengalaxie der Größenklasse 11 im Virgo-Haufen. Ihre Arme ziehen sich eng um den zentralen Balken und geben ihr die Form des griechischen Buchstaben theta (θ). (W.M. Keck Observatorium)

Unten: NGC 4013 im Großen Bären ist eine Spiralgalaxie, die senkrecht zu uns steht. Sie wird von einem dunklen Streifen Staub durchzogen. (Blair Savage und Chris Howk, U. Wisconsin/Nigel Sharp, NOAO/WIYN/NSF)

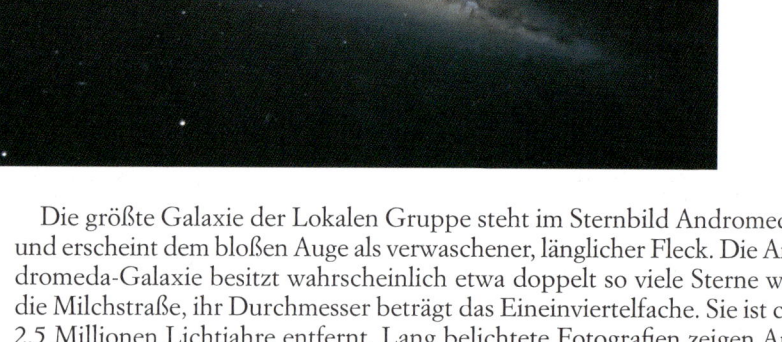

Die größte Galaxie der Lokalen Gruppe steht im Sternbild Andromeda und erscheint dem bloßen Auge als verwaschener, länglicher Fleck. Die Andromeda-Galaxie besitzt wahrscheinlich etwa doppelt so viele Sterne wie die Milchstraße, ihr Durchmesser beträgt das Eineinviertelfache. Sie ist ca. 2,5 Millionen Lichtjahre entfernt. Lang belichtete Fotografien zeigen Andromeda als Spiralgalaxie, die aber fast senkrecht zu unserer Blickrichtung steht. Amateurteleskope lassen zwei kleine Begleitergalaxien erkennen.

Nur ein weiteres Mitglied der Lokalen Gruppe ist auch mit Amateurteleskopen leicht zu erkennen: die Spiralgalaxie M 33 im Sternbild Dreieck. In klaren, dunklen Nächten ist sie mit dem Fernglas erkennbar. Der nächste größere Galaxienhaufen liegt in den Sternbildern Jungfrau und Haar der Berenike. Von seinen etwa 3000 Mitgliedern sind mehrere Dutzend mit Amateurteleskopen zu erkennen.

In der Astronomie unterscheidet man drei Haupttypen von Galaxien: elliptische, Spiralen und Balkenspiralen. *Elliptische Galaxien* reichen von fast runden (Typ E0) bis hin zu sehr flachen, linsenförmigen Galaxien (Typ E7). Zu ihnen gehören sowohl die größten als auch die kleinsten Galaxien im Universum. Übergroße Ellipsen besitzen bis zu zehn Billionen Sterne und sind die hellsten bekannten Galaxien. Ein Beispiel dafür ist M 87 im Virgo-Haufen.

Die kleinsten Zwerggalaxien dagegen ähneln großen Kugelsternhaufen. Elliptische Zwerggalaxien könnten die zahlreichsten im Universum sein, sind aber aufgrund ihrer geringen Größe schwer zu erkennen.

Rechts: M 82 im Großen Bären ist eine Spiralgalaxie, die senkrecht zu uns steht und eine große Gaswolke durchstößt. (Nigel Sharp/ AURA/NOAO/NSF)

Unten: M 87, riesige elliptische Galaxie im Virgo-Haufen, von vielen hundert Kugelsternhaufen umgeben, hier als weißliche Punkte zu sehen . (AURA/NOAO/NSF)

Spiralgalaxien (Typ S) wie die Andromeda-Galaxie besitzen Arme, die sich von einem gemeinsamen Zentrum aus erstrecken. Meistens handelt es sich um zwei Arme, es können aber auch mehr sein. Bei *Balkenspiralen* (Typ SB) erstrecken sich die Arme aus einem zentralen Sternbalken, der sich durch das Zentrum der Galaxie zieht. Spiralgalaxien und Balkenspiralen werden in Untergruppen eingeteilt, je nachdem, wie eng die Arme sich um das Zentrum winden. Die Klassen Sa und SBa haben sehr eng gewundene Arme, während die Klassen Sc und SBc sehr ausladende Arme haben. M 31 in Andromeda gehört zur Klasse Sb. Bis vor kurzem glaubte man, dass unsere Galaxie zwischen die Klassen Sb und Sc fiele, aber inzwischen gibt es zunehmend Hinweise darauf, dass sie tatsächlich eine Balkenspirale ist.

Die meisten sichtbaren Galaxien im Universum sind große, helle Spiralen, aber wie oben erwähnt werden sie zahlenmäßig möglicherweise von Zwerggalaxien übertroffen, die zu lichtschwach oder zu weit entfernt sind, um sie von hier aus zu sehen. Zusätzlich zu diesen drei Haupttypen existieren auch so genannte *irreguläre*. Zu ihnen zählt man im Allgemeinen auch die Magellanschen Wolken, allerdings sind in der Großen Magellanschen Wolke auch Anzeichen einer Spiralstruktur zu erkennen.

Da Galaxien schwach leuchtende, verwaschene Objekte sind, kann man sie am besten von einem Standort außerhalb des Dunstkreises und des Streulichts einer Stadt in dunklen, klaren Nächten beobachten. Am besten verwendet man eine geringe Vergrößerung, damit sich die Galaxie besser gegen den dunklen Hintergrund abhebt. Durch ein Teleskop kann man

M 77 in Cetus ist die bekannteste Galaxie des Seyfert-Typs, einer Galaxienklasse mit besonders hellem und aktivem Zentrum. (AURA/NOAO/NSF)

NGC 5128, (Centaurus A), eine elliptische Galaxie mit klar erkennbarem Staub-
band, vielleicht verursacht durch Verschmelzung von zwei Galaxien. (ESO)

das Zentrum der Galaxie als hellen, sternähnlichen Fleck erkennen, der
von einem milchigen Hof, dem Rest der Galaxie, umgeben wird.

Man kann die Spiralarme aber nicht wie auf lang belichteten Fotografien
erkennen, wenn man kein sehr großes Teleskop verwendet und es nicht
dunkel genug ist.

Mit manchen dieser Galaxien geschehen merkwürdige Dinge. So geben
einige von ihnen riesige Energiemengen in Form von Radiowellen ab; zu
diesen *Radiogalaxien* gehören z. B. die Riesenellipsen M 87 im Sternbild Jungfrau und NGC 5128 (siehe oben) im Sternbild Centaur. Manche Spiralgalaxien besitzen ungewöhnlich helle Zentren. Man nennt sie *Seyfert-Gala-*
xien nach dem amerikanischen Astronomen Carl Seyfert, der sie 1943 als
erster untersuchte. Die hellste Seyfert-Galaxie ist M 77 im Sternbild Wal.

Die seltsamsten aller Objekte sind die *Quasare*, sie geben genauso viel
Energie ab wie mehrere hundert normale Galaxien, nehmen aber weniger
als ein Lichtjahr Raum ein. Trotz ihres eigenwilligen Wesens sind Quasare
optisch völlig uninteressant, deshalb hat man sie bis 1963 gar nicht bemerkt.
Der hellste Quasar, 3C 273, erscheint in der Jungfrau als normaler Stern

der Größenklasse 13. Beobachtungen des Hubble-Teleskops haben gezeigt, dass Quasare eigentlich besonders helle Zentren weit entfernter Galaxien sind. Radio-Galaxien, Seyfert-Galaxien und Quasare sind junge Galaxien in verschiedenen Entwicklungsphasen. Als zentrale, treibende Kraft vermutet man ein großes Schwarzes Loch, das Sterne und Gas aus der sie umgebenden Galaxie absaugt.

Im Jahr 1929 machte der amerikanische Astronom Edwin Hubble die wichtigste Entdeckung in der Geschichte der Kosmologie: Alle Galaxien entfernen sich voneinander, als würde sich das Universum ausdehnen, so wie ein Ballon, der aufgeblasen wird. (Haufen wie die Lokale Gruppe expandieren aber nicht, denn sie werden von ihrer gegenseitigen Anziehungskraft festgehalten. Hubble entdeckte, dass sich das Universum ausdehnt, als er die Lichtspektren einzelner Galaxien untersuchte. Er bemerkte, dass die Lichtwellen der Galaxien gelängt wurden, weil diese sich mit großer Geschwindigkeit fortbewegten (man spricht auch vom Dopplereffekt). Diese Verlängerung der Lichtwellen bezeichnet man als *Rotverschiebung*, denn das Licht wird durch sie näher an den roten Bereich (mit größerer Wellenlänge) des Lichtspektrums geschoben. Das fehlende Licht am blauen Ende des sichtbaren Spektrums wird durch violettes Licht wieder aufgefüllt, das sich zuvor im nicht sichtbaren, ultravioletten Bereich befand.

Hubble entdeckte, dass der Grad der Rotverschiebung einer Galaxie in direktem Zusammenhang mit ihrer Entfernung von uns steht. Die am wei-

Die Rotverschiebung im Licht einer weit entfernten Galaxie wird anhand der Verschiebung von Spektrallinien gemessen. Die Verschiebung der Linien wird hier im sichtbaren Bereich des Lichts angezeigt. Das gesamte Licht der Galaxie wird verschoben, sodass einiges Licht in den nicht sichtbaren, infraroten Bereich verschoben wird, aber anderes aus dem ultravioletten in den sichtbaren Bereich gelangt. (Wil Tirion)

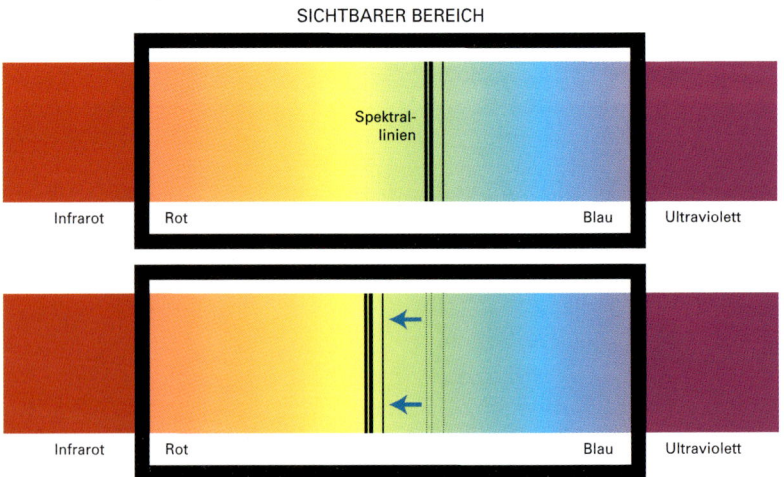

Stephans Quintett im Sternbild Pegasus ist eine Gruppe von fünf Galaxien: NGC 7317 (oben links), NGC 7318A und B (Mitte), NGC 7319 (unten rechts) und NGC 7320 (unten links). Allerdings besitzt NGC 7320 eine kleinere Rotverschiebung. Es könnte sich also um ein Vordergrundobjekt handeln, das gar kein echtes Mitglied der Gruppe ist. (Nigel Sharp/AURA/NOAO/NSF)

testen entfernten Galaxien besitzen die stärksten Rotverschiebungen. Man kann also die Entfernung einer Galaxie bestimmen, indem man ihre Rotverschiebung misst. Quasare weisen z. B. so starke Rotverschiebungen auf, dass es sich bei ihnen um die am weitesten entfernten Objekte im Universum handeln muss (über 10 Milliarden Lichtjahre).

Nach heute allgemein akzeptierter Theorie war das Universum einmal ein zusammengepresster, extrem dichter Klumpen, der aus unbekannten Gründen in einem Kataklysmus explodierte – dem so genannten Big Bang. Die Galaxien sind Überreste der Explosion, die immer noch auswärts treiben. Soweit man das heute beurteilen kann, wird diese Expansion ewig weiter bestehen. Schätzungen zufolge kam es vor ungefähr 13 Milliarden Jahren zum Big Bang; das ist also auch das Alter des Universums. Es ist vollkommen unmöglich zu ermessen, was vor dem Big Bang geschah (wenn überhaupt etwas geschehen ist).

Die Sonne

Unsere Sonne ist ein glühender Gasball aus Wasserstoff und Helium mit einem Durchmesser von 1,4 Millionen Kilometern. Sie ist 109-mal so groß wie die Erde und 745-mal so schwer wie alle Planeten zusammen. Die Sonne ist für alles Leben auf der Erde von entscheidender Bedeutung, denn sie liefert die notwendige Wärme und Energie, um unsere Erde bewohnbar zu machen. Für die Astronomie ist die Sonne besonders wichtig, weil sie der einzige Stern ist, den wir aus der Nähe beobachten können.

Während die meisten Sterne Probleme bei der Beobachtung machen, weil die Entfernung zu ihnen so groß ist, verhält es sich mit der Sonne genau umgekehrt: Sie ist so hell, dass es gefährlich ist, sie zu beobachten. Jeder, der mithilfe eines optischen Instruments, also eines Fernglases oder Teleskops, direkt in die Sonne sieht, riskiert das Augenlicht.

Die Sonne am 19. Mai 2000 während des Aufstiegs zur maximalen Aktivität. Man kann Gruppen von Sonnenflecken erkennen, jede nimmt das Vielfache der Erdoberfläche ein. Vor dem dunkleren Rand kann man gegebenenfalls die helleren Fackeln erkennen. (Mees Solar Observatory, University of Hawaii)

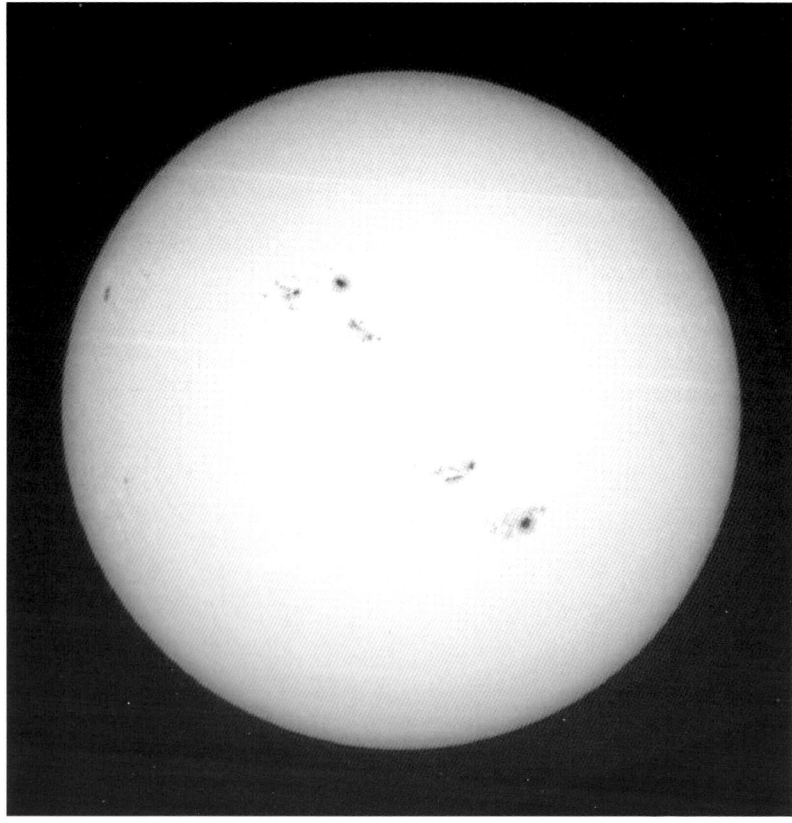

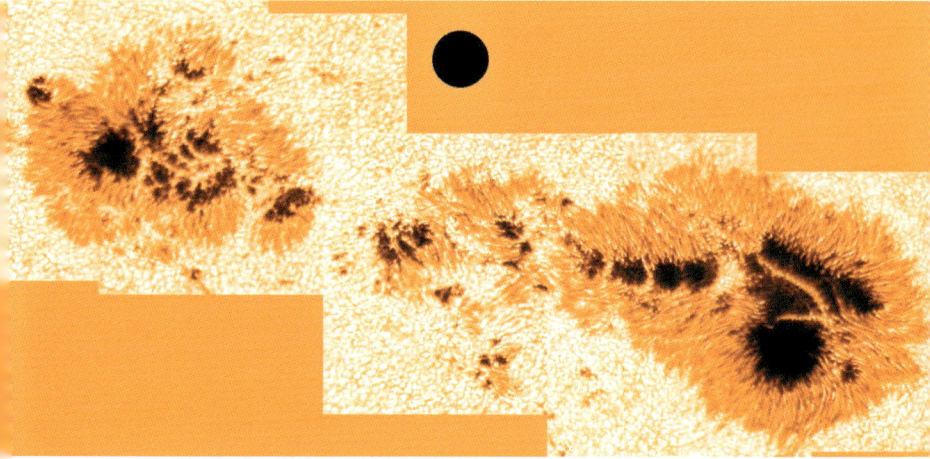

*Diese komplexe Gruppe von Sonnenflecken wurde am 4. September 1998
aufgenommen. Sie ist etwa 200 000 km lang. Der schwarze Kreis zeigt die
relative Größe der Erde. Die faserige Struktur der äußeren Penumbra
lässt die Flecken einer Sonnenblume ähneln. Gut zu erkennen ist auch die
körnige Struktur der Photosphäre um die Flecken herum.*

Auch wenn man mit bloßem Auge in die Sonne sieht, droht schon nach
wenigen Sekunden eine dauerhafte Schädigung der Sehfähigkeit. Es gibt
aber eine sichere Art, die Sonne zu beobachten, nämlich indem man sie auf
ein weißes Stück Papier projiziert.

Manche Teleskope sind mit dunklen Sonnenfiltern ausgerüstet, die man
in das Okular einschrauben kann. Von der Verwendung ist aber dringend
abzuraten. Es gibt auch sichere Filter für die Sonnenbeobachtung, sie bestehen aus Glas oder Plastik und sind mit einer Metallbeschichtung ver-
sehen. Diese Filter werden vorne auf das Teleskop aufgesetzt und reduzieren die einfallende Lichtmenge auf sicheres Niveau. Die so genannten
Mylar-Filter bestehen aus einer dünnen Folie und besitzen eine bläuliche
Tönung, während andere Filter gelb oder orange getönt sind.

Durch ein Teleskop – oder auf einer Projektion – sieht man die strahlende Oberfläche der Sonne, die *Photosphäre* („Sphäre des Lichts"). Sie
besteht aus 5500 °C heißem Gas. Im Vergleich zur Erde ist das zwar sehr
heiß, aber das Sonnenzentrum ist noch sehr viel heißer, denn hier finden
ständig Kernreaktionen statt, die große Mengen Energie freisetzen und den
Kern auf geschätzte 15 Millionen °C aufheizen.

Die Oberfläche der Photosphäre scheint aus lauter aufsteigenden Blasen
zu bestehen, ein Effekt, der als *Granulation* bekannt ist. Hierbei steigen heiße
Gasblasen auf, etwa so wie in einem Topf mit kochendem Wasser. Die
einzelnen Granulen haben einen Durchmesser zwischen 300 und 1500 km.
Wenn man ein Bild der Sonne genauer ansieht, erscheint sie am Rand dunkler als im Zentrum. Dieser Effekt wird als *Randverdunklung* bezeichnet.

Er entsteht, weil die Gase der Photosphäre leicht transparent sind, sodass wir im Zentrum der Scheibe etwas tiefer in die Sonne hineinschauen können als am Rand. Gegen den dunkleren Hintergrund sind so genannte *Fackeln* oder *faculae* erkennbar. Fackeln sind Bereiche der Photosphäre, die heißer sind als ihre Umgebung. Wahrscheinlich werden auch einige dunkle Punkte zu sehen sein, die *Sonnenflecken*. Dabei handelt es sich um Bereiche kälteren Gases, das sich gegen die hellere Photosphäre dunkel abhebt.

Sonnenflecken entstehen für kurze Zeit an den Stellen der Photosphäre, wo die magnetischen Kraftlinien aus dem Innern der Sonne nach außen treten. Offenbar bremst die Anwesenheit starker Magnetfelder die Hitzeenergie auf ihrem Weg innerhalb der Sonne nach außen, wodurch die kühleren Flecken entstehen. Das dunkle Zentrum eines Sonnenflecks wird *Umbra* genannt, es ist ca. 4000 °C heiß. Es wird von der helleren, 5000 °C heißen *Penumbra* umgeben.

Die Größe der Sonnenflecken reicht von kleinen Poren, die nur so groß sind wie einzelne Granulen, bis hin zu riesigen, komplexen Strukturen, die ein Vielfaches der Erdoberfläche bedecken. Flecken von dieser Größe sind auch von der Erde aus zu sehen, wenn das Licht der Sonne durch die Atmosphäre gefiltert wird, also entweder bei Sonnenaufgang bzw. -untergang oder mithilfe spezieller Sonnenfilter. Es dauert etwa eine Woche, bis sich ein großer Sonnenfleck voll entwickelt hat. Danach verschwindet er langsam wieder innerhalb von weiteren zwei Wochen.

Da die Sonne sich dreht, erscheinen an einem Rand immer wieder neue Sonnenflecken, während andere am anderen Rand verschwinden. Die größten Sonnenflecken neigen dazu, sich zu Gruppen zusammenzuschließen, deren Größe duchaus die Entfernung von der Erde zum Mond erreichen kann. Solche Fleckengruppen können ein bis zwei volle Sonnenumdrehungen bestehen bleiben (ein bis zwei Monate). In den meisten Fällen besteht eine Gruppe aus zwei Hauptflecken, die in Ost-West-Richtung angeordnet sind. Den in Rotationsrichtung vorausgehenden Fleck nennt man P-Fleck (nach dem Englischen „proceeding"), er ist normalerweise größer als der folgende F-Fleck (nach dem Englischen „following"). P- und F-Fleck besitzen entgegengesetzte Polaritäten, etwa so wie ein hufeisenförmiger Magnet. Zwischen den beiden Flecken liegen unsichtbare Kraftlinien.

Manchmal verheddern sich die starken Magnetfelder eines komplexen Sonnenflecks. Dann wird plötzlich explosionsartig Energie freigesetzt, und es kommt zu so genannten *Flares*, die wenige Minuten bis zu einer Stunde andauern können. Bei der Eruption der Flares werden kleinste, energiegeladene Teilchen in den Raum hinausgeschossen. Diese Teilchen erreichen die Erde nach etwa einem Tag und führen in der Atmosphäre zu Interferenzen der Radiowellen und zu Lichterscheinungen am Himmel, die *Aurorae* oder Polarlichter genannt werden. Aurorae lassen bogenförmige Bereiche in Rot und Grün am Himmel aufleuchten, die über Stunden andauern und dabei ständig ihre Form verändern können. Zu Aurorae kommt es fast nur in der Nähe der magnetischen Pole, nur während extrem hoher Sonnenaktivität sind sie auch weiter in Richtung Äquator zu sehen.

Protuberanzen sind bis zu 65 000 km hoch und sehen wie gewaltige brennende Bäume auf der Oberfläche der Sonne aus. Dieses Foto wurde im Spektralbereich von Wasserstoff aufgenommen. (Big Bear Solar Observatory)

Bis in die 1970er Jahre waren Flares die einzigen bekannten Ursachen für Aurorae, aber heute weiß man, dass eine andere Aktivität sogar noch größere Auswirkungen hat: die CMEs („coronal mass ejections"). CMEs sind riesige, heiße Gasblasen, die von der Sonne ausgestoßen werden; manchmal finden sie dort statt, wo sich Fackeln befinden. CMEs wurden nicht früher bemerkt, weil sie nur vom Weltraum aus zu sehen sind.

Wenn man verfolgt, wie schnell die Sonnenflecken über die Sonnenoberfläche treiben, kann man die Rotationsgeschwindigkeit berechnen. Da die Sonne aus Gas besteht, also nicht fest ist, rotiert sie nicht überall mit derselben Geschwindigkeit. In Äquatornähe dreht sie sich am schnellsten, nämlich in 25 Tagen einmal; auf dem 45. Breitengrad beträgt die Umlaufzeit 28 Tage, in der Nähe der Pole 34 Tage. Als Durchschnittszeit werden normalerweise 25,38 Tage angegeben, was dem 17. Breitengrad entspricht. Da sich die Erde um die Sonne dreht, dauert es etwa zwei Tage länger, bis ein Sonnenfleck von hier aus gesehen wieder an derselben Stelle steht.

Die Zahl der sichtbaren Sonnenflecken verändert sich innerhalb eines durchschnittlich elf Jahre andauernden Zyklus, aber es wurden bereits Zyklen gemessen, die nur acht Jahre und solche, die sogar 16 Jahre dauerten. Bei minimaler Aktivität sind manchmal tagelang gar keine Sonnenflecken zu sehen, bei maximaler Aktivität können es über 100 sein. Das Aktivitätsniveau variiert von Zyklus zu Zyklus, so wurden bei maximaler Aktivität zwischen 40 und 180 Flecken gezählt, und auch bei minimaler Aktivität kann es plötzlich zu Ausbrüchen großer Flecken und Flares kommen. Die Sonnenaktivität ist nicht zuverlässig vorherzusagen.

Dennoch kann man einige allgemeine Regeln ableiten. Die ersten Flecken eines jeden Zyklus erscheinen bei 30–35° nördlicher bzw. südlicher Breite. Während der Zyklus fortschreitet, nähern sich die Flecken dem Äquator. Die Zahl der Flecken erreicht dann einen Höhepunkt und nimmt wieder ab. Kurz vor Erreichen der minimalen Sonnenaktivität sind die letzten Flecken zwischen fünf und zehn Grad nördlich und südlich des Äquators zu finden.

Über der Photosphäre liegt eine flüchtige Gasschicht von ca. 10 000 km Stärke: die *Chromosphäre*. Die Chromosphäre ist normalerweise nur mit speziellen Beobachtungsinstrumenten zu erkennen. Während einer totalen Sonnenfinsternis kann man sie jedoch ein paar Sekunden lang sehen, sie erscheint als rötliche Sichel kurz bevor und nachdem der Mond die Sonne vollständig verdeckt.

Während totaler Sonnenfinsternisse sind ferner riesige Gaswolken zu sehen, die von der Chromosphäre ins All hinausreichen und *Protuberanzen* genannt werden. Sie besitzen dieselbe blassrosa Färbung wie die Chromosphäre, was am Wasserstoffausstoß liegt. Wie so viele Eigenschaften der Sonne werden auch die Protuberanzen durch Magnetfelder beeinflusst. Die so genannten *stationären Protuberanzen* können sich über mehr als 100 000 km Fläche erstrecken, sie bilden häufig majestätisch anmutende Bögen, die mehrere zehntausend Kilometer hoch sind. Wenn sie sich gegen den helleren Hintergrund der Photosphäre abheben, spricht man von *Fackeln*. Stationäre Protuberanzen können mehrere Monate stabil bleiben. Nur wenige Stunden bestehen dagegen die *aufsteigenden* oder *aktiven Protuberanzen*. Man erkennt sie als Flares an der Sonnenoberfläche, die mit bis zu 1000 km/s aufsteigen können. Alle Sonnenaktivitäten – Sonnenflecken, Flares und Protuberanzen – unterliegen dem Elfjahreszyklus der Sonne.

Die krönende Hülle der Sonne nennt man *Korona*, eine sehr dünne Gasschicht, die nur dann zu sehen ist, wenn die gleißende Photosphäre während einer totalen Sonnenfinsternis vollständig ausgeblendet wird. Die Korona ist zwischen einer und zwei Millionen Grad Celsius heiß. Aus dem Äquatorbereich steigen dicke Ströme koronalen Gases auf, während in den Polarregionen kleinere, zartere Gasfahnen entstehen. Die Form der Korona verändert sich im Lauf eines Sonnenzyklus: Bei maximaler Aktivität, wenn es viele aktive Regionen auf der Sonne gibt, erscheint sie rundlicher als bei minimaler Aktivität.

Aus der Korona strömt ständig Gas in das Sonnensystem hinaus, es bildet den so genannten *Sonnenwind*. Die Elementarteilchen, die mit dem Sonnenwind an der Erde vorbeiströmen, wurden mit einer Geschwindigkeit von 400 km/s gemessen. Am offensichtlichsten wird der Sonnenwind dadurch, dass er den Schweif von Kometen von der Sonne wegdrückt.

Rechts: Während einer totalen Sonnenfinsternis wird die Korona zur spektakulären Attraktion. Diese Aufnahme entstand am 11. Juli 1991 in Mexiko bei fast minimaler Aktivität. (Armagh Planetarium)

Das Sonnensystem

Die Sonne ist zumindest in einer Hinsicht außergewöhnlich, denn anders als die meisten Sterne besitzt sie keinen Begleiter, sondern eine Familie von neun Planeten, viele Monde und zahllose weitere Brocken Gestein. Die Gesamtheit dieser Objekte, die alle von der Gravitation der Sonne festgehalten werden, nennt man das Sonnensystem.

Alle Objekte des Sonnensystems reflektieren das Licht der Sonne. Manche Planeten können genauso hell oder noch heller als Sterne werden. Alle Planeten umkreisen die Sonne etwa auf einer Ebene, stehen also immer in der Nähe der Ekliptik. Ein heller „Stern", der plötzlich in einem bekannten Sternbild auftaucht, ist daher höchstwahrscheinlich immer ein Planet (auch wenn es sich theoretisch um eine Nova handeln kann).

Vom nördlichen Pol der Sonne aus gesehen kreisen die Planeten gegen den Uhrzeigersinn um die Sonne. Die Umlaufbahnen haben die Form von Ellipsen, sodass die Entfernung der Planeten von der Sonne während jedes Umlaufs variiert. Nimmt man den mittleren Abstand zur Sonne, lauten ihre Namen von innen nach außen Merkur, Venus, Erde, Mars, Jupiter, Saturn, Uranus, Neptun und Pluto. Die vier inneren Planeten sind fest und relativ klein. Dann folgen vier Riesenplaneten aus Gas und Flüssigkeit. Pluto steht ganz außen, er ist eine kleine, kalte Merkwürdigkeit am Rande des Sonnensystems.

Venus beschreibt die rundeste der Umlaufbahnen, ihre Entfernung zur Sonne schwankt um etwa 1,5 Millionen Kilometer. Auf der am stärksten elliptisch verformten Umlaufbahn befindet sich der weit entfernte Pluto, der manchmal sogar in die Umlaufbahn von Neptun eintritt, zuletzt zwischen 1979 und 1999. Manche kleineren Himmelskörper wie Asteroiden haben noch stärker verformte Umlaufbahnen, und Kometen können sich sogar auf Umlaufbahnen begeben, die sie sehr nahe an die Sonne heranbringen, aber auch weit über den Orbit von Pluto hinaus. Den sonnennächsten Punkt eines Himmelskörpers nennt man *Perihel*, den am weitesten entfernten *Aphel*.

Die wichtigste Entfernungseinheit im Sonnensystem ist die *Astronomische Einheit* (AE), sie entspricht dem mittleren Abstand zwischen Erde und Sonne, das sind 149 597 870 km. Das Licht benötigt 499 s (8,3 min), um diese Entfernung zurückzulegen. Wir sehen die Sonne, wie sie vor 8,3 Minuten ausgesehen hat. Die AE beschreibt zwar eine große Entfernung, ist aber in Relation zu einem Lichtjahr eine Winzigkeit, denn ein LJ entspricht 63 240 AE.

Wie lange ein Planet benötigt, um die Sonne zu umkreisen, hängt von seiner Entfernung ab. Je weiter außen ein Planet steht, desto länger ist seine Umlaufzeit. Ein Umlauf entspricht technisch gesehen einem „Jahr" auf diesem Planeten, aber normalerweise gibt man die Umlaufzeit in Erdjahren und -tagen an. Merkur benötigt 88 Tage für einen Umlauf, Pluto 248 Jahre. Diese Umlaufzeiten bezeichnet man als *siderische Periode*, da man sie vor dem Hintergrund entfernter Sterne misst.

Die inneren Planeten Merkur und Venus geraten auf ihren Bahnen immer wieder zwischen die Erde und die Sonne; wenn es dazu kommt, spricht man von *unterer Konjunktion*.

Oben links: Die Größe der Planeten im Vergleich und relativ zur Sonne.
Oben rechts: Die Umlaufbahnen der Planeten im Vergleich. (Will Tirion)

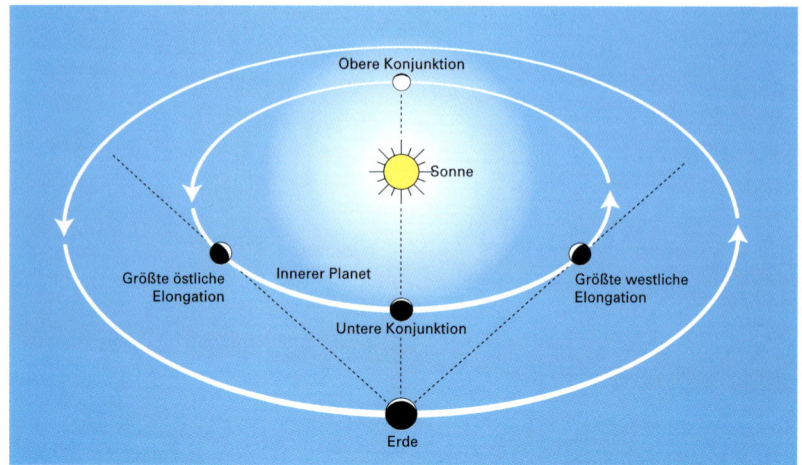

Wenn Merkur oder Venus zwischen Erde und Sonne stehen, spricht man von unterer Konjunktion; wenn sie auf der anderen Seite der Sonne stehen, von oberer Konjunktion. Wenn ihre Position den größtmöglichen Winkel zur gedachten Linie Erde–Sonne erreicht, spricht man von größter Elongation. (Wil Tirion)

Zu diesem Zeitpunkt erreichen Merkur und Venus auch die größte Annäherung an die Erde. Leider nützt das uns Beobachtern nur wenig, denn sie werden von der Leuchtkraft der Sonne vollständig verborgen, und die beleuchteten Seiten befinden sich ja auf der erdabgewandten Seite.

Die Umlaufbahnen von Merkur und Venus sind um 7° und 3,4° relativ zur Erdbahn geneigt. Das genügt aber, um sie bei unterer Konjunktion meistens oberhalb bzw. unterhalb der Sonnenscheibe vorbeiziehen zu lassen. Ab und zu zieht Merkur oder Venus von hier aus gesehen aber direkt vor der Sonne vorbei. Während eines solchen *Transits* erscheint der Planet als winziger dunkler Fleck auf der strahlenden Sonnenoberfläche. Merkur erlebt mehr Transite als Venus, die nächsten finden in den Jahren 2006, 2016 und 2019 statt. Dagegen sind die Transite der Venus in den Jahren 2004 und 2012 die einzigen des ganzen Jahrhunderts.

Wenn Merkur oder Venus der Erde gegenüber hinter der Sonne stehen, spricht man von *oberer Konjunktion*. Wenn Mars oder ein anderer der äußeren Planeten in diese Position gerät, nennt man das einfach Konjunktion – da sie außerhalb der Erdbahn liegen, können sie ja sowieso nicht in untere Konjunktion geraten. Planeten in Konjunktion sind aufgrund der Helligkeit der Sonne nicht sichtbar.

Am besten beobachtet man die beiden inneren Planeten, wenn sie im größtmöglichen Winkel zur Achse Erde–Sonne stehen; man spricht dann von größter Elongation. Während der größten Elongation kann man fast genau die halbe Venus sehen. Bei Merkur kann der sichtbare Teil deutlich unterschiedlich ausfallen, da seine Umlaufbahn viel elliptischer ist. Bei östlicher Elongation sinken die Planeten abends nach der Sonne hinter den

Horizont, bei westlicher Elongation steigen sie vor der Sonne in den Morgenhimmel.

Merkur benötigt für die Wanderung von einer zur anderen größten Elongation 116 Tage. Venus steht alle 584 Tage auf einer der größten Elongationen, ist aber so hell, dass man sie oft auch dann noch sehen kann, wenn sie am weitesten von den größten Elongationen entfernt ist. Die Zeitspanne, die ein Planet benötigt, um von einer gegebenen Position zu einer anderen zu gelangen, nennt man *synodische Periode*. Sie unterscheidet sich von der siderischen Periode insofern, als die Erde – also unsere „Aussichtsplattform" – sich um die Sonne dreht.

Man kann Mars und die äußeren Planeten am besten beobachten, wenn sie in Opposition stehen, d. h. auf einer gedachten Geraden Sonne–Erde–Planet. Ein Planet in Opposition scheint um Mitternacht – bzw. um 1 Uhr, wenn gerade Sommerzeit gilt – für einen Beobachter auf der Nordhalbkugel genau im Süden zu stehen. Wenn sie in Opposition stehen, sind die Planeten der Erde am nächsten und erscheinen daher relativ groß und hell.

Andere Sonnensysteme?

Planeten sollen aus einer Scheibe aus Gas und Staub entstehen, die übrig bleibt, nachdem sich ein Stern gebildet hat, so wie es vor etwa 4,6 Milliarden Jahren auch mit der Sonne geschah. Es gibt mehrere bekannte Sterne, die von einer solchen Scheibe umgeben werden, darunter Wega, Fomalhaut und β (beta) Pictoris. Möglicherweise können wir hier beobachten, wie Planeten entstehen. Man hat auch bereits Hinweise auf voll entwickelte Sonnensysteme entdeckt. Der erste Stern, der einen Planeten besitzt, wurde 1995 entdeckt, es handelt sich um 51 Pegasi. Vier Jahre darauf entdeckte man gleich drei Planeten, die υ (ypsilon) Andromedae umkreisen. Damit ist dies das erste bekannte Mehrplanetensystem. Mithilfe anderer Techniken hat man inzwischen noch einige andere Planeten außerhalb unseres Sonnensystems nachgewiesen. So ergeben sich z. B. kleine Veränderungen in der Helligkeit eines Sterns, wenn ein Planet vor ihm vorüberzieht, ferner erkennt man das Licht eines Sterns, wenn es von einem Planeten reflektiert wird.

Diese Staubscheibe um β (beta) Pictoris wurde vom Hubble-Teleskop in Falschfarben aufgenommen und liefert eindeutige Hinweise auf eine Planetenentstehung. Beta Pictoris selbst wird von dem dunklen Bereich im Zentrum des Bilds verdeckt. Die Staubscheibe steht fast genau senkrecht zu uns und besitzt eine größere Ausdehnung als die Umlaufbahn von Pluto. (NASA)

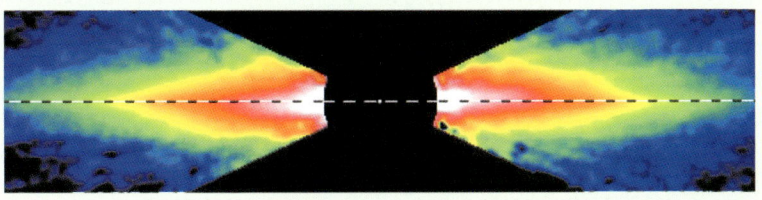

Der Mond

Der Mond ist Begleiter der Erde und der uns am nächsten stehende Himmelskörper. Er ist seit Urzeiten ein Objekt der Faszination für Beobachter mit allen Arten von optischen Instrumenten. Obwohl er relativ klein ist – sein Durchmesser beträgt 3475 km –, kann man sogar mit einfachen Ferngläsern Einzelheiten auf der zerklüfteten Oberfläche erkennen, denn der Mond ist durchschnittlich nur 384 400 km entfernt. Einige der interessantesten Objekte werden auf den Mondkarten auf den Seiten 322–333 beschrieben.

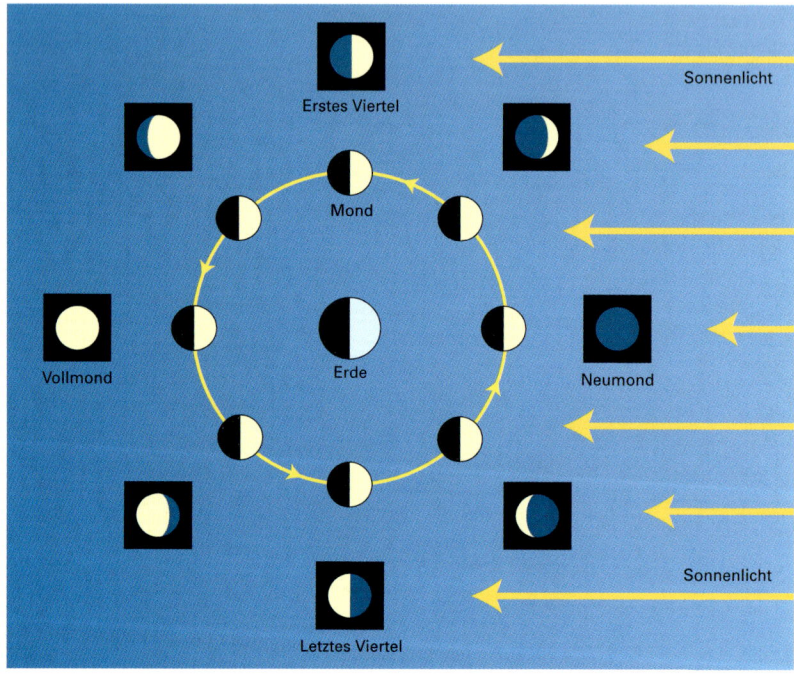

Auf seiner Bahn um die Erde durchläuft der Mond mehrere Phasen, während derer wir verschiedene beleuchtete Bereiche sehen. (Wil Tirion)

Innerhalb etwa eines Monats durchläuft der Mond mehrere Phasen, vom Neumond (unbeleuchtet) über zunehmend (erstes Viertel), Vollmond, abnehmend (letztes Viertel) und wiederum Neumond. Streng genommen gibt es zwei verschiedene Monatsformen. Der erste dauert 27,3 Tage, so lange benötigt der Mond für eine Erdumkreisung relativ zu den Fixsternen gesehen; man spricht von dem *siderischen Monat*. Da sich die Erde aber auch relativ zur Sonne bewegt, muss der Mond etwas mehr als eine Erdumkreisung zurücklegen, um genau dieselbe Position zu erreichen. Ein Mondzyklus dauert daher 29,5 Tage; das ist der *synodische Monat*.

Abgesehen von den Polgebieten ist jeder Bereich des Mondes zwei Wochen lang zu sehen. Während dieser Zeit steigt die Oberflächentemperatur

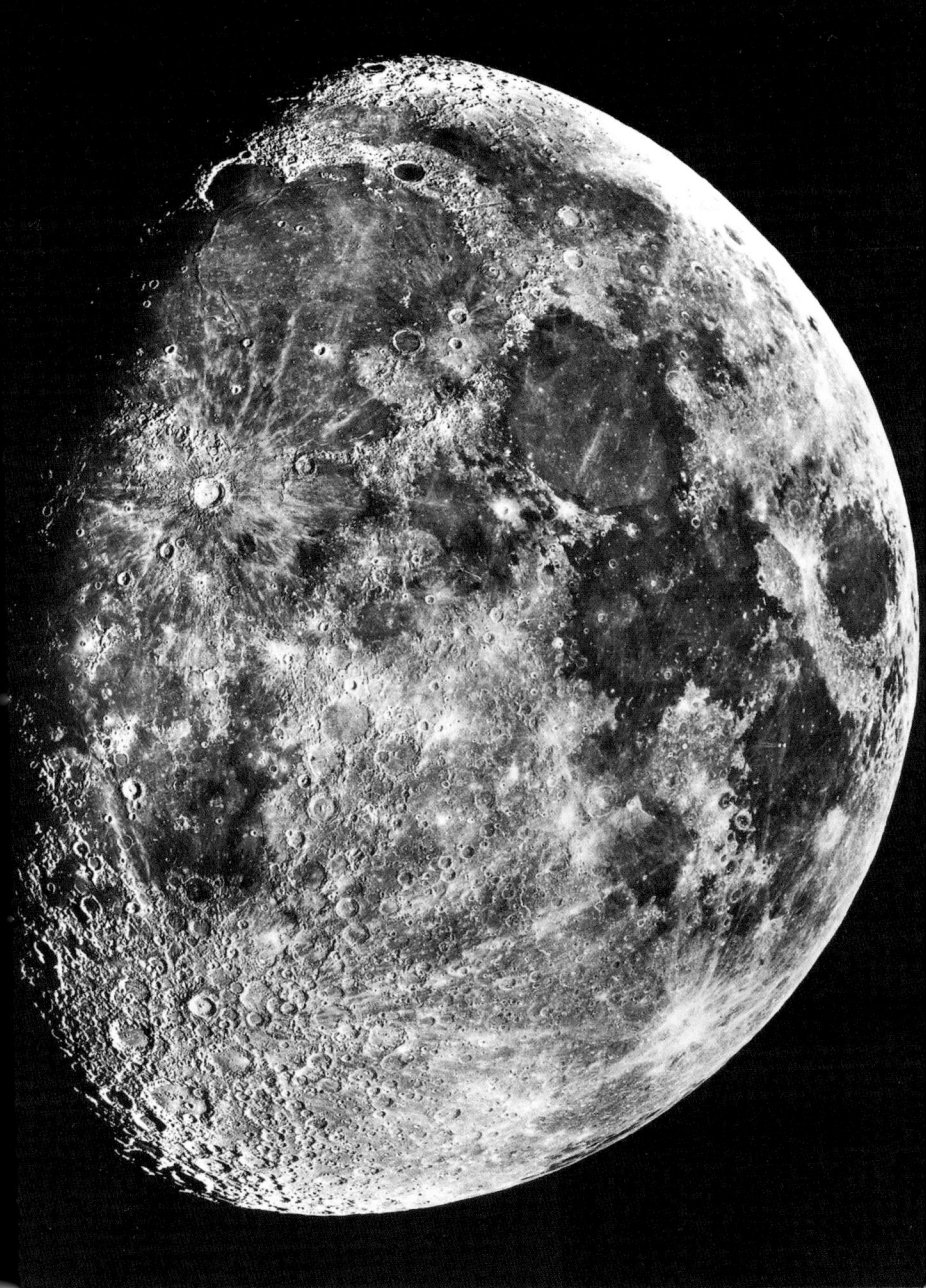

Der Dreiviertelmond, zehn Tage nach Neumond. Die dunklen, flachen Gebiete („Meere" oder Maria) heben sich gegen die helleren, von Kratern zerfurchten Hügelgebiete ab. Das große Meer oben mit der hufeisenförmigen Bucht Sinus Iridum am Rand ist das Mare Imbrium. Südlich davon der zerklüftete Krater Kopernikus mit seinem Strahlensystem. Details sind auch mit einem kleinen Teleskop oder sogar mit guten Ferngläsern zu sehen. (Lick Observatory)

auf über 100 °C, also höher als die Temperatur von kochendem Wasser. In der darauf folgenden, zweiwöchigen Nacht sinkt die Temperatur auf unter –170 °C. An den Polen bleiben die Kraterböden aber immer im Dunkeln, sodass die Temperatur nie über den Gefrierpunkt steigt. Hier könnte Eis existieren, das einschlagende Kometen hinterlassen haben. Hinweise auf Eisfelder auf dem Mond lieferte die NASA-Sonde Lunar Prospector in den Jahren 1998/1999. Sie entdeckte Spuren von Wasserstoff in den Polarregionen, die von Wassermolekülen stammen könnten.

Der Mond dreht sich in 27,3 Tagen um seine Polachse. Das entspricht genau dem Zeitraum einer Erdumrundung, deshalb sieht man von der Erde aus immer dieselbe Seite des Mondes; man nennt dies *gebundene Rotation*. Tatsächlich können wir aber etwas mehr sehen als die Hälfte des Mondes. Der Mondäquator ist um $6^1/2°$ zu seiner Umlaufebene geneigt, sodass wir $6^1/2°$ über den Nord- bzw. Südpol sehen können; man nennt dies *Libration*. Zusätzlich schwankt die Geschwindigkeit des Mondes auf seiner Umlaufbahn regelmäßig, während er sich auf die Erde zu- bzw. von ihr fortbewegt, die Axialrotation bleibt jedoch konstant. Daher scheint der Mond leicht hin und her zu schwanken, während er die Erde umkreist, sodass wir bis zu $7^3/4°$ auf der West- bzw. Ostseite um den Mond „herumsehen" können. Insgesamt bedeutet dies, dass wir bis zu 59 % der Mondoberfläche sehen.

Die Trennlinie zwischen hell und dunkel nennt man *Terminator*. Alle Objekte in der Nähe des Terminators zeichnen sich bei niedrigem Beleuchtungswinkel extrem scharf ab und wirken daher besonders zerklüftet. Wenn die Sonne höher steigt, werden diese Objekte wieder undeutlicher.

Bei Vollmond sind Details relativ schwer zu erkennen. Ausnahmen sind die Krater mit ausgeprägtem Strahlensystem, die offenbar aus pulverisier-

Gefährten im Weltall: Mond und Erde, fotografiert im Jahr 1992 von der Galileo-Sonde auf ihrem Weg zu Jupiter. Der Mond steht im Vordergrund und bewegt sich von links nach rechts. Auf der Erde kann man durch die Wolken im Süden die Antarktis erkennen. (NASA)

Eine seitliche Aufnahme des riesigen Einschlagkraters Kopernikus aus dem Jahr 1969 von Astronauten der Apollo 12. Krater dieser Größe relativ sind flach. Das einem Schlüsselloch ähnliche Objekt im Vordergrund ist Fauth. (NASA)

tem Gestein bestehen, das nach Einschlägen aus den Kratern herausgeworfen wurde. Bei stärkerer Beleuchtung sind die Strahlensysteme besser zu erkennen. Der Kontrast zwischen den dunkleren, flachen und den helleren Hügelgebieten ist bei Vollmond am besten zu erkennen.

Angesichts der hell leuchtenden Mondoberfläche ist es schwer vorstellbar, dass das Gestein auf der Oberfläche eigentlich dunkelgrau ist; der Mond reflektiert im Durchschnitt nur 12 % des auf ihn treffenden Lichts. Wäre der Mond von Wolken umgeben wie die Venus, wäre er fünfmal so hell.

Die Formationen auf dem Mond haben teilweise eigentümliche Namen. Die dunklen Ebenen nennt man *Maria* (Plural von Mare) nach dem lateinischen Wort für „Meer". Die Namen sind noch immer gebräuchlich, obwohl man schon seit Jahrhunderten weiß, dass es auf dem Mond weder Luft noch Wasser gibt. So gibt es z. B. den Oceanus Procellarum (Ozean der Stürme), das Mare Imbrium (Meer des Regens) und das Mare Tranquillitatis (Meer der Ruhe). Die weniger bekannten Ebenen sind nach Buchten (Sinus), Sümpfen (Palus) oder Seen benannt. Die Berge auf dem Mond sind nach Gebirgen auf der Erde benannt, etwa die Alpen (Montes Alpes) und die Apenninen (Montes Apenninus). Die Krater tragen die Namen verstorbener Philosophen und Wissenschaftler, sie sind allerdings etwas willkürlich gewählt.

Wir verdanken das moderne System der Nomenklatur des Mondes einem italienischen Astronomen namens Giovanni Riccioli, der 1651 eine Karte veröffentlichte, auf der bereits viele Namen auftauchten, die heute allgemein anerkannt sind. Riccioli benannte einen Krater am Rand der Mondsichel nach sich selbst und eine benachbarte Formation nach seinem Schüler Francesco Grimaldi. Kollegen, die er nicht mochte, hatten weniger Glück. Galileo Galilei, einer der größten Wissenschaftler aller Zeiten, der sich jedoch mit der Kirche überwarf, bekam nur einen unwichtigen Krater von 16 km Durchmesser im Oceanus Procellarum zugewiesen.

Ricciolis System wird heute noch verwendet, aber inzwischen wurde auch die Rückseite des Mondes mittels Raumsonden kartiert, und die Gebiete dort wurden auch nach Personen benannt, die nichts mit der Astronomie zu tun hatten. So finden wir Freud, H.G. Wells und Montgolfier auf

Das Mare Humorum, eine flache Ebene im südwestlichen Sektor des Mondes. Der große Krater im Norden heißt Gassendi, es gibt zahlreiche Krater auf seinem Grund. In dieser Region wurde bereits wiederholt ein kurzes Leuchten beobachtet, das man Lunar Transient Phenomena nennt. (ESO)

Im November 1969 landete Apollo 12 punktgenau neben der Sonde Surveyor 3, die 2¹/₂ Jahre zuvor hier gelandet war. Der Astronaut Pete Conrad ist gerade dabei, die Kamera der Sonde zu bergen, die zur Erde zurückgebracht werden sollte. Im Hintergrund ist das Landemodul zu sehen. (NASA)

dem Mond verewigt. Heute wird die Benennung von Merkmalen einzelner Himmelskörper zunehmend schwieriger, da schon sehr viele Planeten und ihre Monde von Raumsonden untersucht wurden.

Die Mondforschung begann im Jahr 1609, als Galileo Galilei sein erstes Teleskop auf den Mond richtete. Seine 1610 veröffentlichten Zeichnungen sind für heutige Maßstäbe sehr grob, zeigten aber bereits, dass die Mondoberfläche hügelig und zerklüftet ist. In den folgenden dreieinhalb Jahrhunderten stritten die Wissenschaftler über die Ursprünge dieser Merkmale. Während die einen glaubten, dass sie vulkanischen Ursprungs seien, hielten die anderen gewaltige Einschläge von Meteoriten und Asteroiden zur Entstehung von Maria und Kratern für möglich. Die Argumente der Parteien müssen hier nicht im Einzelnen wiederholt werden. Es genügt zu erwähnen, dass die Einschlagtheorie aus der Diskussion eindeutig als Gewinner hervorging, obwohl es auch vulkanische Aktivitäten auf dem Mond gab.

Der Streit wurde erst in den späten 1960er Jahren beigelegt, als die ersten Sonden und Raumschiffe den Mond erreichten. In den Jahren 1964 und 1965 gelangen den Sonden Ranger 7, 8 und 9 Aufnahmen von Objekten auf dem Mond mit nur einem Meter Durchmesser. Das bedeutete eine hundertfache Verbesserung gegenüber stationären Teleskopen auf der Erde. So entdeckte man, dass selbst die scheinbar glatten Regionen der Mondoberfläche nach Jahrmillionen des Bombardements durch Meteoriten mit kleinen Kratern übersät waren. Der Landeplatz für bemannte Raumschiffe musste daher mit größter Vorsicht ausgesucht werden, damit das Landemodul nicht in einen Krater fiel oder gegen einen Steinbrocken traf (genau das wäre beinahe bei der Landung von Apollo 11 passiert).

Nach der oberflächlichen Untersuchung durch die Ranger-Sonden folgten zwei weiter gehende Experimente: Zunächst landeten mehrere Surveyor-Sonden ferngesteuert auf der Mondoberfläche, die uns zeigten, wie ein Astronaut die Mondoberfläche sehen würde (die Ranger-Sonden waren einfach auf den Mond gestürzt), danach folgten die Lunar Orbiter, die – wie ihr Name andeutet – den Mond aus nahen Umlaufbahnen fotografierten.

In den Jahren 1966 bis 1968 revolutionierten diese beiden Serienexperimente unser Wissen über den Mond und ebneten den Weg für die Apollo-Missionen. Nach den Ergebnissen der Surveyor-Sonden bestand die Mondoberfläche aus kompaktem Staub, der fest genug war, um das Gewicht von Astronauten und einem Landemodul tragen zu können. Mithilfe der Aufnahmen der Lunar Orbiter erstellten Astronomen die detailgetreuesten Karten der Vorder- und Rückseite des Mondes.

Erstmals wurde die Rückseite des Mondes im Oktober 1959 von der russischen Raumsonde Luna 3 aufgenommen. Für heutige Maßstäbe waren die Fotos sehr schlecht, aber sie verdeutlichten erstmals den wichtigsten Unterschied zwischen den beiden Mondseiten: Es gibt kaum Maria auf der abgewandten Seite. Vielmehr wird sie von stark zerklüfteten Gebirgen geprägt. Der Grund für diese Asymmetrie: Die Kruste des Mondes ist auf dieser Seite 25 km dicker.

Zwar existieren große, flache Becken wie das Mare Imbrium auf der abgewandten Seite des Mondes, doch waren diese nie mit dunkler Lava gefüllt. Die vulkanische Lava im Innern des Mondes fand den leichteren Weg durch die dünnere Kruste auf der erdzugewandten Seite. Die auffälligste dunkle Region auf der Rückseite des Mondes ist tatsächlich kein Mare, sondern ein tiefer Krater mit Namen Ziolkowski; sein Durchmesser beträgt 180 km (fast so groß wie das Sinus Iridum auf der sichtbaren Seite).

Nachdem die Lunar Orbiter mögliche Landeplätze erkundet hatten, folgten die Astronauten. Am 20. Juli 1969 brachte die Landeeinheit „Eagle" des Raumschiffs Apollo 11 Neil Armstrong und Edwin Aldrin zu einem Punkt im südwestlichen Teil des Mare Tranquillitatis. Die beiden Astronauten verbrachten zwei Stunden damit, die Oberfläche des Mondes zu untersuchen, sie führten Experimente durch und sammelten Bodenproben für weitere geologische Untersuchungen. Zum ersten Mal hatte der Mensch eine andere Welt berührt.

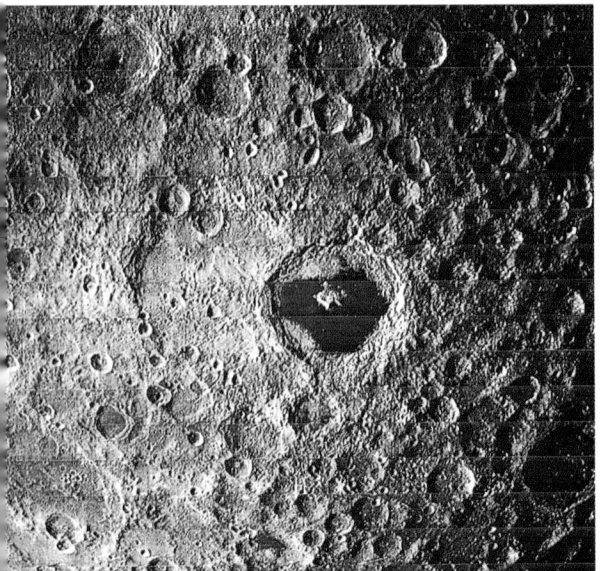

Ziolkowski ist der Name dieses 180 km breiten Kraters auf der abgewandten Seite des Mondes, er besitzt einen dunklen Grund und einen auffälligen Gipfel im Zentrum. Diese Aufnahme wurde 1967 von Lunar Orbiter 3 aufgenommen, die in Streifen zur Erde gesendet wurde, daher die Linien auf der Fotografie. (NASA)

Während der Mission Apollo 17 verbrachten Eugene Cernan und Harrison Schmitt drei Tage damit, den Südosten des Mare Serenitatis zu untersuchen.

Oben: Schmitt vor einem großen Steinbrocken, der von einem Hügel heruntergerollt ist. Im Vordergrund ist das Mondfahrzeug zu sehen. Rechts: Schmitt sammelt mithilfe eines Rechens kleine Proben von Mondgestein. (NASA)

Als die bemannte Raumfahrt im Dezember 1972 mit Apollo 17 endete, hatten Astronauten über 380 kg Bodenproben des Mondes zur Erde transportiert, das meiste davon wird in Houston, Texas, aufbewahrt. Wenn man die Kosten des Apollo-Programms umrechnet, ist jedes Kilogramm Mondgestein 100 Millionen US-Dollar wert. Außer diesen Bodenproben haben auch drei unbemannte russische Sonden einige hundert Gramm Mondgestein zur Erde gebracht.

Was konnten uns diese Proben lehren? Am erstaunlichsten ist das enorme Alter des Gesteins. Die Bodenproben von Apollo 11 sind z. B. 3,7 Milliarden Jahre alt und damit älter als fast alles Gestein auf der Erde – dabei ist die Region, der die Proben entnommen wurden, das Mare Tranquillitatis, eine der jüngsten des Mondes.

Die jüngste aller Proben wurde von Apollo 12 im Oceanus Procellarum entnommen, sie wurde auf 3,2 Milliarden Jahre datiert. Wie erwartet sind die Maria aus vulkanischer Lava, die in ihrer Zusammensetzung vulkanischem Basalt auf der Erde ähnelt. Sie sehen deshalb nicht so aus wie die zerfurchten Lavafelder auf der Erde, weil winzige Meteoriten sie über Jahrmillionen wie mit Sandstrahl geschliffen haben. So entstand eine mehrere Meter dicke Bodenschicht, die *Regolith* genannt wird.

Im Gegensatz dazu bestehen die Proben aus den bergigen Regionen, die von späteren Apollo-Missionen gesammelt wurden, aus blasserem Gestein mit Namen Anorthosit, das auf der Erde sehr selten ist. Das Gestein der Berge erwies sich als älter als das der Mare, es war größtenteils älter als 4 Milliarden Jahre. Die zerklüftete Oberfläche des Gesteins lässt das intensive Bombardement erahnen, dem der Mond in seiner Frühphase ausgesetzt war.

Entgegen aller Hoffnungen der Wissenschaftler konnten die reichhaltigen Bodenproben des Mondes seine Entstehung nicht zuverlässig erklären. Alle drei vertretenen Theorien – der Mond habe sich kurz nach Entstehung der Erde von ihr abgespalten; der Mond sei ein unabhängiger Himmelskörper, der irgendwann von der Erde eingefangen wurde; oder Mond und Erde entwickelten sich nebeneinander, etwa in den Positionen von heute – mussten Rückschläge hinnehmen.

Nach den Apollo-Missionen wurde eine vierte Theorie entwickelt, die eine Kombination aller anbot. Nach dieser heute weithin anerkannten These wurde die Erde von einem Objekt von der Größe des Mars gestreift, wodurch Gestein in den Orbit geschleudert wurde, aus dem sich dann der Mond bildete. Die Datierung der Bodenproben ergab, dass der Aufprall vor etwa 4,5 Milliarden Jahren geschah, etwa 50 Millionen Jahre nach Entstehung der Erde. Zu diesem Zeitpunkt war das Eisen bereits in das Zentrum der Erde abgesunken und hatte einen Kern gebildet, sodass das abgesprengte Material hauptsächlich aus Stein bestand. Diese Annahme würde auch zu der

Der Krater Tycho, mit einem Durchmesser von 85 km in den südlichen Bergen des Mondes ist der jüngste große Krater auf dem Mond. Seine hellen Strahlen ziehen sich über den gesamten sichtbaren Bereich des Mondes. Einsinkendes Gestein bildete die terrassenförmigen Stufen auf der Innenseite des Kraters. Diese Aufnahme stammt von Lunar Orbiter 5. (NASA)

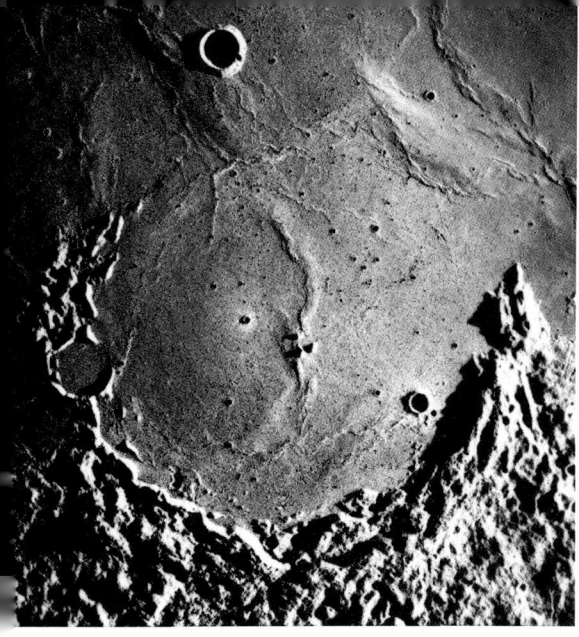

Der Letronne, ein mit Lava gefüllter Krater an der „Südküste" des Oceanus Procellarum. Eine der Wände ist eingestürzt, nur Bruchstücke des zentralen Gipfels sind stehen geblieben. Die schwache Beleuchtung sorgt für scharfe Kontraste. Diese Aufnahme stammt von Apollo 16. (NASA)

Entdeckung von Lunar Prospector passen, die 1998–1999 den Mond umrundete. Danach hat der Mond nur einen sehr kleinen metallischen Kern, der nur wenige Prozent der Mondmasse ausmacht. Im Gegensatz dazu bestehen etwa 30 % der Erdmasse aus einem Metallkern.

Die Entstehung des Mondes ist zwar teilweise im Dunkeln geblieben, aber wir wissen heute viel mehr über seine Entwicklungsgeschichte. Durch die Hitze, die während seines raschen Aufbaus in der Erdumlaufbahn frei wurde (dieser Prozess wird *Akkretion* genannt), schmolzen die äußeren Schichten. Weniger dichtes Gestein bildete eine einfache Kruste, die dann mehrere hundert Millionen Jahre lang von im Sonnensystem umherfliegenden Trümmerteilen bombardiert wurde. Andere felsige Objekte im Sonnensystem wie der dem Mond ähnliche Merkur weisen vergleichbare Narben auf, sie unterlagen offenbar demselben Beschuss. Durch das schwere Bombardement entstanden Berge und die flachen Becken der Maria. Dabei wurde ein Großteil der Kruste auf einer Halbkugel abgehobelt – diese Seite wurde schließlich der Erde zugewandt, als die Mondrotation in die Gezeiten eingebunden wurde.

Vor etwa vier Milliarden Jahren ließ der Meteorsturm allmählich nach. Daraufhin drang flüssige Lava aus dem Mondinnern nach außen. Sie kühlte ab und formte die dunklen flachen Maria. Wenn der Mond nur schwach beleuchtet ist, kann man durch Ferngläser oder ein kleines Teleskop einzelne Falten in der Lava erkennen. Achten Sie fünf oder sechs Tage nach Voll- oder Neumond insbesondere auf den Serpentinen-Rücken im östlichen Mare Serenitatis. Auch die Maria Tranquillitatis und Imbrium sind von bekannten Gebirgsketten durchzogen. Tatsächlich besteht einer der „Krater" im Mare Tranquillitatis mit Namen Lamont ausschließlich aus flachen, erstarrten Lava-Hügelketten. An manchen Orten, vor allem im westlichen Oceanus Procellarum, hat die hochquellende Lava blasenähnliche Türme aufgebaut. Vulkankegel wie der Vesuv fehlen aber auf dem Mond, da die Lava zu dünnflüssig war, um größere Berge auszubilden.

Vor etwa einer Milliarde Jahren endete der Lavafluss, und der Mond blieb kalt und tot zurück. Seitdem hat er sich praktisch nicht verändert, abgesehen von einigen Meteoriten, die ab und zu neue Krater in seine Oberfläche schlugen. Der Krater Kopernikus z. B. bildete sich etwa zu jener Zeit; Tycho dagegen entstand vor etwa 300 Millionen Jahren.

Dennoch ist der Mond heute vielleicht nicht völlig inaktiv. Ab und zu berichten Beobachter von kurzlebigen Phänomenen wie Glühen oder Verdunklungen an den Rändern der Maria und in einzelnen Kratern – Aristarchus scheint besonders häufig Schauplatz dieser *Transient Lunar Phenomena* (TLPs) zu sein. Die meisten TLPs wurden von Hobbyastronomen beobachtet. Ihre Aussagen sind kontrovers, aber wahrscheinlich sind die Gründe für diese Phänomene Gaswolken, die aus dem Mondinnern hervortreten.

Für alle Beobachter interessant sind die *Rillen* genannten Furchen in der Oberfläche, die offenbar durch Verwerfungen entstanden sind. Der Krater Hyginus nahe des Mondzentrums liegt in der Mitte eines langen, randlosen Grabens, an dem sich durch Absenkung weitere Krater gebildet haben. Es gibt auch gewundene Rillen, die sich z. B. durch die Maria ziehen wie mäandernde Flüsse. Diese Strukturen sind wahrscheinlich eingestürzte Tunnel, durch die früher Lava geflossen war.

Die Hadley-Rille ist ein ausgetrockneter Lavakanal, der sich am Fuß der Apenninen östlich des Mare Imbrium entlangzieht. Er wurde 1971 von den Astronauten der Apollo 15 besucht. (NASA)

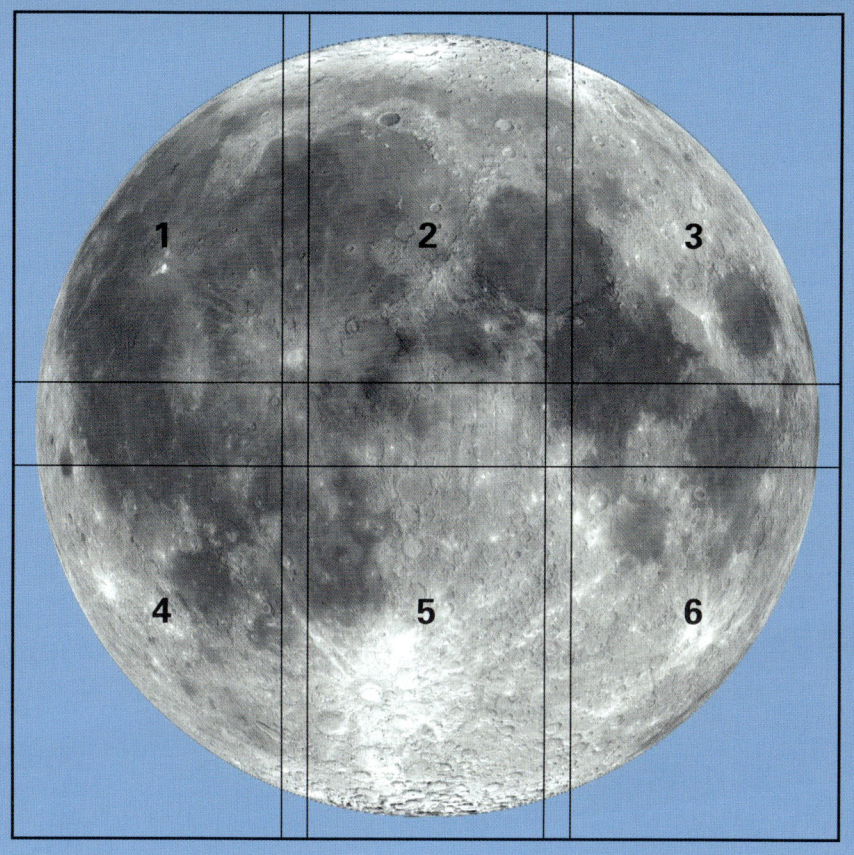

Legende zu den Mondkarten auf den Seiten 322–333: Auf diesen Karten ist der Mond mit konventioneller Ausrichtung abgebildet, so wie er sich dem Beobachter mit einem Fernglas präsentiert. Norden ist also oben. Verwendet man ein astronomisches Teleskop, steht der Südpol oben, man muss die Karten also umdrehen. Westen ist links, ebenso wie auf Landkarten der Erde, allerdings liegt der westliche Himmel in Gegenrichtung, also in Richtung des westlichen Horizonts.

Mondkarte 1

Aristarchus Ein heller, strahlender Krater mit 40 km Durchmesser und terassenförmigen Innenwänden. Dies ist die hellste Region des Mondes und das Zentrum eines ausgedehnten Strahlensystems. Auf den inneren Wänden sind dunkle Streifen zu sehen, wenn der Mond stark beleuchtet ist. Bei Aristarchus wurden mehrfach rötliche Leuchterscheinungen beobachtet, so genannte Lunar Transient Phenomena (TLPs), die wahrscheinlich durch austretende Gase verursacht werden. Die Bergregion im Norden weist ganz außerordentliche Formen auf.

Kopernikus Durchmesser 93 km. Einer der schönsten Krater auf dem Mond. Zentrum eines großen Strahlensystems. Viele Terrassen, Hügel und einzelne Gipfel. Die Strahlen reichen von Kopernikus aus über mehr als 600 km bis ins Mare Imbrium und den Oceanus Procellarum.

Encke Ein Krater mit 28 km Durchmesser und flachen Wänden, die von Strahlen des nahen Kepler-Kraters durchzogen sind. Lohnenswert vor allem um die Vollmondphase herum, also bei starker Beleuchtung.

Euler Kleiner, steiler Krater, 28 km Durchmesser, im südwestlichen Mare Imbrium gelegen, Zentrum eines kleineren Strahlensystems.

Fauth Südlich des Kopernikus gelegener Krater in der Form eines Schlüssellochs, fast 2 km tief. Besonders augenfällig bei schwacher Beleuchtung.

Harpalus Krater am Mare Frigoris, 39 km Durchmesser, bei stark beleuchtetem Mond sehr gut zu erkennen. Zwischen ihm und Sinus Iridum liegt der kleinere Krater Foucault, Durchmesser 23 km.

Herodot Nahe Aristarchus gelegener Krater von ähnlicher Größe (35 km Durchmesser), aber anderer Struktur – der Grund ist mit dunkler Lava gefüllt, der Krater ist nicht Zentrum eines Strahlensystems. Vallis Schröteri (Schröters Tal), ein 150 km langer, W-förmiger Graben, beginnt am nördlichen Wall des Herodot.

Hevelius Großer, heller Krater mit 115 km Durchmesser mit zerklüftetem Grund auf der Westseite des Oceanus Procellarum. Im Norden liegt angrenzend der kleinere, steilere Krater Cavalerius (60 km Durchmesser).

Kepler Zentrum eines großen Strahlensystems im Oceanus Procellarum. Interessanter Krater mit 32 km Durchmesser, zentraler Gipfel und terassenförmige Innenwände.

Mairan Leicht erkennbarer Krater in den Bergen westlich des Sinus Iridum, 40 km Durchmesser.

Marius Ein dunkler, 41 km breiter Krater mit flachem Grund im Oceanus Procellarum, liegt bemerkenswerterweise auf einer Hügelkette. In dieser Region finden sich zahlreiche Bergspitzen, die durch austretende Lava entstanden sind.

Oceanus Procellarum Weitläufige, dunkle Ebene ohne scharfe Abgrenzungn zwischen Mare Imbrium und dem südlichen Mare Humorum. Oceanus Procellarum dehnt sich bis zu 2000 km aus und bedeckt eine Fläche von über zwei Millionen Quadratkilometern. In ihm finden sich zahlreiche Krater und helle Strahlen.

Prinz Die U-förmige Struktur ist der Überrest eines halb zerstörten Kraters, der aus dem Oceanus Procellarum mit Lava geflutet wurde. Im Norden der 52 km messenden Struktur liegen zahlreiche gewundene Rillen.

Pythagoras Wunderschöner Krater mit 128 km Durchmesser, terrassenförmigen, fast 5 km hohen Innenwällen und einem auffälligen Zentralgipfel, nahe des nordwestlichen Rands des Mondes.

Reiner Steiler Krater mit 30 km Durchmesser westlich von Kepler im Oceanus Procellarum. Auffallend ist die kaulquappenförmige Struktur helleren Materials auf der dunklen Ebene westlich und nördlich.

Reinhold Leicht erkennbarer Krater mit 42 km Durchmesser südwestlich von Kopernikus mit terrassenförmigen Wällen. Der kleinere, flachere Ring heißt Reinhold B.

Rümker Eine bemerkenswerte Formation im norwestlichen Oceanus Procellarum, erkennbar nur bei schwacher Beleuchtung. Rümker ist ein unregelmäßiger, verworfener Gipfelturm mit 70 km Ausdehnung.

Sinus Iridum Sehr schöne, weitläufige Bucht am Mare Imbrium (250 km Durchmesser). Der dem See zugewandte Wall wurde von einbrechender Lava zerstört, nur einige flache Hügelketten sind übrig geblieben. Die noch vorhandenen Wälle nennt man Montes Jura (die Berge des Jura), sie treten vor allem in der Morgenbeleuchtung ganz klar hervor. Der 38 km große Krater am Nordrand heißt Bianchini.

Mondkarte 2

Agrippa Ovaler Krater, 46 km Durchmesser, mit zentralem Gipfel, steht direkt neben Godin.

Anaxagoras 51 km breiter Krater nahe des nördlichen Pols des Mondes, Zentrum eines ausgedehnten Strahlensystems.

Archimedes Augenfälliger, lavabedeckter Krater, 83 km Durchmesser, im östlichen Mare Imbrium, berühmt wegen seines fast völlig ebenen Grundes. Südöstlich davon landete im Jahr 1971 Apollo 15 am Fuß der Apenninen.

Aristillus Prominenter Krater, 55 km Durchmesser, im östlichen Mare Imbrium, terrassenförmige Wälle, zahllose Höhenzüge umgeben ihn, im Zentrum erhebt sich ein 900 m hoher Gipfelturm. Bei starker Beleuchtung kann man ein Strahlensystem erkennen. Aristillus liegt neben Autolycus im Süden.

Aristoteles Wunderschöner, teilweise mit Lava gefüllter Krater, 87 km Durchmesser, berührt im Osten den kleineren Krater Mitchell. Zahlreiche Hügelkämme gehen von den äußeren Wällen aus. Direkt im Süden liegt Eudoxus.

Autolycus Leicht erkennbarer Krater südlich von Aristillus, 39 km Durchmesser. Bei starker Beleuchtung ist ein schwaches Strahlensystem zu sehen.

Cassini Ungewöhnliche Ringstruktur, mit Lava gefüllt, teilweise eingestürzte Wälle, 56 km Durchmesser. Enthält den 15 km breiten Krater Cassini A.

Eratosthenes Erkennbarer, tiefer Krater am Rand von Sinus Aestuum am südlichen Rand der Apenninen. Terrassen und Zentralgipfel, 58 km Durchmesser.

Eudoxus Zerklüfteter Krater, 67 km Durchmesser, kleiner Zentralgipfel, Terrassen, südlich von Aristoteles gelegen.

Godin Kleiner, aber sehr tiefer Krater neben Agrippa; 35 km Durchmesser, Zentralgipfel, helle Wälle und schwaches Strahlensystem.

Hyginus Randloser Krater im Mare Imbrium, 9 km Durchmesser, im Zentrum einer 220 km langen Rille, erkennbar mit kleinen Teleskopen, offenbar durch Absinken der Oberfläche entstanden. Im Osten liegt eine weitere Rille: Rima Ariadaeus.

Lambert Krater im Mare Imbrium, 30 km Durchmesser, Zentralgipfel. Liegt auf einem Bergkamm. Bei schwacher Beleuchtung wird südlich davon ein größerer „Geisterring" erkennbar: Lambert R.

Linné Heller Fleck im Mare Serenitatis, am ehesten bei starker Beleuchtung zu sehen. Im Zentrum liegt ein heller, junger Krater von 2,4 km Durchmesser.

Manilius Heller Krater im Mare Vaporum, 39 km Durchmesser, Terrassen und Zentralgipfel. Entwickelt bei wachsender Beleuchtung scheinbar ein Strahlensystem, ebenso wie sein Nachbar Menelaus, 27 km Durchmesser, am Rand des Mare Serenitatis.

Mare Imbrium Die gewaltige, fast runde Ebene mit 1150 km Durchmesser dominiert die Region. Sie wird von den Alpen, dem Kaukasus, den Apenninen und den Karpaten begrenzt und ist nur im Südwesten zum Oceanus Procellarum hin offen. Das Mare Imbrium besitzt eine Doppelstruktur: Spuren eines inneren Rings sind sichtbar, er wird von einigen Bergen und Bergketten markiert. Die Lava zeigt verschiedene Farbschattierungen. Aus dem dunklen Grund steigen einzelne Berge auf, darunter Pico und Piton, außerdem die Gebirge Montes Recti, Spitzbergen und Teneriffa.

Mare Serenitatis Großes, rundliches Mondmeer mit ca. 660 x 600 km Ausdehnung, im Nordwesten vom Kaukasus, im Südwesten von den Montes Haemus begrenzt. Ein heller, von Tycho ausgehender Strahl durchquert die dunkle Lavaebene und zieht sich auch durch den Krater Bessel (16 km Durchmesser). Bei starker Beleuchtung scheint der Rand aus dunklerer Lava zu bestehen. Auf der Ostseite liegt ein großer Gebirgszug (Serpentinen-Rücken). Apollo 17 landete 1972 im Südosten des Mare Serenitatis.

Plato Unverwechselbarer, großer Krater mit dunklem Grund in den Bergen nördlich des Mare Imbrium, 101 km Durchmesser; über den ganzen Mondzyklus gut zu erkennen. Auf dem flachen Grund finden sich mehrere kleine Krater. In dieser Region wurden schon mehrfach kurzfristige Verdunklungen beobachtet, deren Ursache wahrscheinlich ausströmendes Gas ist. Ein Erdrutsch scheint einen Teil des inneren westlichen Walls mitgerissen zu haben.

Pytheas Ein kleiner (20 km Durchmesser), aber tiefer und auffälliger Krater im Mare Imbrium in der Form einer Raute. Bei starker Beleuchtung sticht er deutlicher hervor.

Stadius „Geisterring" östlich von Kopernikus, wird nur von einigen Wällen und kleinen Kratern begrenzt. Sichtbar nur bei schwacher Beleuchtung, 69 km Durchmesser.

Timocharis Heller Krater im Mare Imbrium, 34 km Durchmesser, terrassenförmige Wälle, auffälliger Zentralkrater, schwaches Strahlensystem.

Triesnecker Krater von 26 km Durchmesser, umgeben von mehreren Klüften.

Vallis Alpes (Alpen) Flaches, 180 km langes Tal, das sich durch die Mondalpen zieht, verbindet das Mare Imbrium mit dem Mare Frigoris.

Mondkarte 3

Atlas Großer Krater, 87 km Durchmesser, mit terrassenartigen Wällen und einer komplexen Bodenstruktur. Im Nordwesten liegt ein fast völlig zerstörter Ring. Atlas und Herkules bilden ein Kraterpaar, wie es in dieser Region häufig vorkommt.

Burckhardt Komplexer Krater, 57 km Durchmesser, bedeckt beidseitig die älteren Formationen Burckhardt E und F.

Bürg Trotz seiner mittleren Größe ein bekannter Krater, 40 km Durchmesser, Zentralgipfel, liegt im Zentrum des Lacus Mortis; zu beachten sind auch die ihn umgebenden Rillen.

Cleomedes Großer, unregelmäßiger Krater, 126 km Durchmesser mit teilweise von Lava bedecktem Grund, nördlich des Mare Crisium. Der westliche Wall wird von dem 43 km breiten Krater Tralles durchbrochen.

Endymion Großer Krater mit dunklem Grund, 125 km Durchmesser, die Wälle sind bis zu 4900 m hoch.

Franklin 56 km breiter Krater direkt neben Cepheus im Nordwesten, 40 km Durchmesser.

Geminus Auffälliger Krater, 86 km Durchmesser, Zentralgipfel. Einige helle Strahlen gehen von den benachbarten kleineren Kratern Messala B und Geminus C aus.

Herkules Gebiet mit flachem Grund, 67 km Durchmesser; enthält den scharf gezeichneten, hellen Krater Herkules G.

Le Monnier Alter, mit Lava gefluteter Krater, 61 km Durchmesser; der westliche Wall wurde durch Lava aus dem Mare Serenitatis fortgeschwemmt.

Mare Crisium Unverwechselbare, flache, mit Lava bedeckte Ebene, 420 x 550 km, wie ein Krater von hohen Bergen umgeben. Sein wichtigstes Merkmal ist der 23 km breite Krater Picard mit dem kleineren Nachbarn Peirce im Norden.

Mare Tranquillitatis Unregelmäßige Ebene, 540 x 780 km groß. An den Rändern erkennt man leicht, dass es hier mehrfach zu Überflutungen durch Lava kam. Der Hauptkrater des Mare Tranquillitatis ist der zerstörte, 26 km breite Arago auf der Westseite. Im Südwesten landete 1969 Apollo 11.

Plinius Eigentümlicher Krater, 42 km Durchmesser, komplexer Zentralberg mit kleinerem Krater, liegt zwischen Mare Serenitatis und Mare Tranquillitatis, sein Nachbar im Nordosten heißt Dawes (18 km Durchmesser).

Posidonius Großer (100 km Durchmesser) Krater, teilweise geflutet und zerstört, am Nordostrand des Mare Serenitatis. Auf dem Grund finden sich mehrere gewundene Rillen, Schluchten und Krater. Im Südosten grenzt der teilweise zerstörte Chacornac an (51 km Durchmesser).

Proclus Kleiner (28 km Durchmesser), aber auffälliger Krater am Westrand des Mare Crisium. Starke Beleuchtung zeigt ihn als Zentrum eines fächerförmigen Strahlensystems.

Taruntius Im Nordwesten des Mare Fecunditatis mit flachen Wällen, 56 km Durchmesser, mit konzentrischem inneren Ring. Der Krater Cameron (früher Taruntius C) durchbricht den nordwestlichen Wall; Zentrum eines schwachen Strahlensystems.

Thales Heller Krater mit Strahlensystem, 32 km Durchmesser, im Nordosten des Mare Frigoris.

Mondkarte 4

Bullialdus Schöner Krater im Mare Nubium mit terrassenförmigen Wällen und einem komplexen Zentralgipfel, 59 km Durchmesser. Die Krater Bullialdus A und B bilden eine Kette in südlicher Richtung.

Flamsteed Kleiner (21 km Durchmesser) Krater im Oceanus Procellarum mit einem deutlich größeren Ring erodierter Hügel im Norden (Flamsteed P).

Gassendi Großer (110 km Durchmesser), teilweise gefluteter Ring am Nordrand des Mare Humorum; komplexe Struktur mit Schluchten, Bergketten und Anhöhen. In diesem Gebiet wurden schon häufiger Lunar Transient Phenomena (TLPs) beobachtet. Der tiefere Krater Gassendi A durchbricht den Nordwall, weiter nördlich liegt Gassendi B.

Grimaldi Riesiger Krater mit 220 km Durchmesser und dunklem Grund mit breiten, zerklüfteten Wällen am Westrand des sichtbaren Mondes. Noch näher am Rand liegt ein dunklerer Fleck, der Grund des Kraters Riccioli, 140 km Durchmesser.

Hainzel Eigentümliche Formation ähnlich einem Schlüsselloch, besteht aus drei miteinander verschmolzenen Kratern; die beiden kleineren heißen Hainzel A und C.

Hippalus 58 km breite Bucht, mit Lava geflutet, am Rand des Mare Humorum, liegt in einer Region mit sehr vielen Rillen.

Lansberg Imposanter Krater mit 40 km Durchmesser, massiven Wällen und einem Zentralgipfel im Oceanus Procellarum. Apollo 12 landete 1969 südöstlich von ihm.

Letronne Große Bucht, 120 km breit, im Süden des Oceanus Procellarum. Die „Seeseite" des Walls wurde offenbar von einfließender Lava fortgespült.

Mare Humorum Rundliche, flache Ebene, 370 km breit, Gassendi liegt am Nordrand. Umringt von Schluchten und Hügelketten. Im Süden geht Mare Humorum in die Ringe Doppelmayer und Lee über, Vitello entging jedoch der Zerstörung. Im Osten liegt die Bucht Hippalus, die viele Ringe und Falten aufweist.

Schickard Große, dunkle Fläche, 227 km Ausdehnung. Im Süden liegen die überlappenden Krater Nasmyth (77 km Durchmesser) und Phocylides (114 km). Südwestlich davon liegt das bemerkenswerte, 84 km breite Wargentin-Plateau, das offenbar ein bis zum Rand mit Lava gefüllter Krater ist.

Schiller Merkwürdiges Gebiet in der Form eines Fußabdrucks, Ausdehnung etwa 165 x 65 km.

Sirsalis und Sirsalis A Zwillingskrater (42 bzw. 49 km Durchmesser) in der Nähe der 280 km langen Spalte Rima Sirsalis, die sich in Richtung der 130 km langen Spalte Darwin erstreckt.

Mondkarte 5

Abulfeda Auffallender Krater, 65 km Durchmesser, mit flachem Grund und eigentümlich geformten Wällen. In den nördlich gelegenen Bergen landete Apollo 16 im Jahr 1972.

Albategnius Großer (136 km Durchmesser), von Wällen umgebener Krater mit Zentralgipfel. Im südwestlichen Wall liegt der Krater Klein (44 km Durchmesser).

Aliacensis Auffallender Krater mit unregelmäßiger Form, 80 km Durchmesser. Bildet ein Paar mit Werner.

Alpetragius 3900 m tiefe Kraterschüssel am Fuß des Alphonsus, großer Zentralgipfel, Durchmesser 40 km.

Alphonsus   Großer Kratereinschluss, 118 km Durchmesser, komplexe Wallstruktur mit einer Schlucht im Zentrum. Bei starker Beleuchtung sind viele dunkle Flecken zu erkennen. In der Region von Alphonsus wurden schon häufiger Lichterscheinungen beobachtet, die wahrscheinlich durch ausströmendes Gas verursacht werden.

Arzachel   Wunderschöner Krater, 96 km Durchmesser, terrassenförmige Wälle und auffallender Zentralgipfel. Im Osten liegt der Krater Parrot C, der mit seinen 31 km Durchmesser wie ein kleiner Bruder von Alpetragius wirkt.

Barocius   Ausgedehnte Formation im Südosten von Maurolycus, Durchmesser 82 km, der nordöstliche Wall wird von Barocius B durchbrochen. Im Südwesten liegt Clairaut, 75 km Durchmesser, zwischen Barocius und Cuvier.

Birt   Scharf geschnittener, heller Krater, Durchmesser 17 km, im Osten des Mare Nubium. Durch Teleskope ist am Ostwall der kleinere Krater Birt A zu erkennen, Durchmesser 7 km, ferner bei schwacher Beleuchtung im Westen eine Rille.

Blancanus   110 km im Durchmesser, ein Krater südlich von Clavius.

Clavius   Wunderschöne, von Wällen umgebene Ebene, 225 km Durchmesser. Auf dem konvexen Grund ist ein Bogen von mehreren Kratern erkennbar. Der südliche Wall wird durch den 50 km großen Krater Rutherford unterbrochen, der nordöstliche durch den 52 km großen Porter.

Delambre   Auffallender Krater mit 53 km Durchmesser und unregelmäßigem Innern, südwestlich des Mare Tranquillitatis.

Deslandres   Riesige, durch Erosion abgeflachte Formation mit 235 km Durchmesser südöstlich des Mare Nubium. Der teilweise zerstörte Ring Lexell, 63 km Durchmesser, öffnet sich zur südlichen Seite hin, im Westen liegt der 33 km breite Krater Hell.

Fra Mauro   Größtes Mitglied einer Gruppe alter, durch Erosion abgeflachter Krater nördlich des Mare Nubium, Durchmesser 94 km. Zu der Gruppe gehören auch Bonpland (Durchmesser 60 km), Parry (Durchmesser 47 km) und Guericke (Durchmesser 60 km). Im Jahr 1971 landete Apollo 14 nördlich des Fra Mauro.

Heraclitus   Außergewöhnliche, längliche Formation von 90 km Länge, liegt südlich von Stöfler. An seinem Südende liegt der Krater Heraclitus D. Zwischen Heraclitus und Stöfler steht der 75 km breite Licetus. Im Osten berührt ihn der Krater Cuvier, der ebenfalls 75 km Durchmesser hat.

Ptolemaeus   Gewaltiger, von Wällen umgebener, sechseckiger Krater mit 153 km Durchmesser. Der Grund ist mit vielen kleineren Kratern durchsetzt, von denen der größte Ptolemaeus A heißt.

Purbach   Teilweise zerstörter, aber immer noch charakteristischer Krater mit 115 km Durchmesser. Auf seinem Grund finden sich mehrere Hügelketten, der nördliche Wall wird von dem ovalen Krater Purbach G durchbrochen, der südliche erstreckt sich bis in Regiomontanus.

Regiomontanus   Mit Lava gefüllter Krater, 124 km Durchmesser. Im Zentralgipfel findet sich ein kleiner Krater. Er grenzt direkt an Purbach, ist aber deutlich sechseckig.

Scheiner   110 km großer Krater süwestlich von Clavius. Der größte der kleineren Krater in seinem Innern heißt Scheiner A.

Stöfler Große, flache Formation mit 126 km Durchmesser westlich von Maurolycus. Der östliche Wall wurde durch die Entstehung weiterer Krater zerstört. Der größte von ihnen hat 69 km Durchmesser und heißt Faraday. Der südliche Wall wird von Faraday C durchbrochen, der wiederum teilweise in Stöfler P hineinragt.

Thebit Faszinierender Kraterdrilling im Südosten des Mare Nubium. Der Hauptkrater (55 km Durchmesser) wird von dem 20 km großen Thebit A durchbrochen, dieser wiederum durch den noch kleineren Thebit L.

Tycho Wunderschöner Krater in den südlichen Gebirgszügen des Mondes, 85 km Durchmesser; bei jedem Licht ein lohnenswertes Beobachtungsobjekt. Die stufenförmigen Wälle sind bis zu 4500 m hoch, der Grund ist sehr uneben, der Zentralgipfel imposant. Tycho ist der größte Strahlenkrater des Mondes. Sein Strahlensystem dehnt sich in allen Richtungen bis zu 1500 km aus. Bei starker Beleuchtung erkennt man einen dunklen „Kragen" um Tycho herum. Er ist wahrscheinlich der jüngste der großen Mondkrater.

Walter Großer, 128 km messender Krater, geprägt von vielen Erdrutschen und kleineren Löchern. Er erscheint beinahe quadratisch.

Werner Augenfälliger Krater mit 70 km Durchmesser und 4200 m hohen Wänden, deutlich steiler und runder als seine benachbarten Krater. Der Grund ist von mehreren Hügeln durchsetzt.

Mondkarte 6

Capella Der hohe Krater liegt nördlich des Mare Nectaris und hat 45 km Durchmesser. Er ist von einer Oberflächenverwerfung durchzogen. Großer Zentralgipfel. Am Westrand liegt der 42 km breite Isidorus.

Catharina Einer von drei bogenförmig angeordneten Kratern im Westen des Mare Nectaris, Durchmesser 104 km. Ein schwach sichtbarer Ring mit Namen Catharina P bedeckt einen Großteil des nördlichen Bereichs.

Cyrillus 95 km großer Krater mit komplexen Stufen, mehreren Gipfeln und zerklüftetem Grund; wird von Theophilus überdeckt.

Fracastorius Hufeisenförmige Bucht, 124 km Durchmesser am Südrand des Mare Nectaris. Dunkle Lava ist durch den Nordrand eingedrungen und hat das Innere überflutet.

Janssen Weitläufiges, hügeliges Gebiet, erstreckt sich über 180 x 240 km, unterlag starkem Bombardement. Im Norden wird es von dem 78 km breiten Fabricius mit Zentralgipfel durchbrochen. Am Westrand liegt der kleinere, 34 km breite Krater Lockyer. Südöstlich von Janssen erheben sich die Doppelkrater Steinheil und Watt (Durchmesser 67 bzw. 66 km). Weiter im Norden liegt Metius, Durchmesser 88 km.

Langrenus Wunderschöne Ebene mit hellen Wänden im östlichen Mare Foecunditatis mit stufenförmigen Wällen, äußeren Erhöhungen und komplexem Zentralgipfel. Sein Durchmesser beträgt 133 km. Langrenus ist ein Strahlenzentrum. Nordöstlich von ihm liegen innerhalb des Mare Foecunditatis die kleineren Krater Langrenus F, B und K, hier der Größe nach absteigend bezeichnet. Südlich von Langrenus liegt die große, geflutete Formation Vendelinus mit 155 km Ausdehnung.

Mädler 28 km breiter Krater im Nordwesten des Mare Nectaris mit zentralem Höhenzug.

Mare Foecunditatis Unregelmäßig geformte, dunkle, flache Ebene, Ausdehnung 820 x 660 km, grenzt an das Mare Tranquillitatis an. Am westlichen Rand schließt es mehrere Krater ein, darunter Gutenberg (71 km Durchmesser) und Goclenius (Durchmesser 55 x 75 km). In diesem Gebiet liegen zahlreiche Spalten.

Mare Nectaris Rundliche, 350 km weite Ebene, an deren Rändern mehrere große Krater liegen, darunter Theophilus, Cyrillus, Datharina und Fracastorius. Der äußere Ring Rupes Altai umgibt das Mare Nectaris.

Messier und Messier A Elliptisch angeordnetes Kraterpaar im Mare Foecunditatis, trotz der geringen Größe (11 und 13 km Durchmesser) sehr auffällig. Zwei helle Strahlen erstrecken sich vom westlichen Krater Messier A. Beide Krater sind besonders gut bei heller Beleuchtung zu sehen.

Palitzsch Krater und Tal östlich von Petavius. Der Krater selbst ist 41 km breit und liegt am Ende des 110 km langen Tals.

Petavius Wunderschönes, von Wällen umgebenes Gebiet, 177 km Durchmesser. Eine auffällige Rille zieht sich über den Grund von dem wuchtigen Zentralgipfel zu den stufenförmigen, teilweise doppelten Wällen. Hügelketten dehnen sich von den äußeren Wällen aus. Westlich von Petavius liegt Wrottesley (57 km Durchmesser), südwestlich davon Snellius (83 km Durchmesser) im zerklüfteten Vallis Snellius.

Piccolomini Schöner Krater bei Rupes Altai, 89 km Durchmesser, mit großem Zentralgipfel und terrassenförmigen Wällen.

Theophilus Imposanter Krater, 110 km Durchmesser, am nordwestlichen Rand des Mare Nectaris, der Zentralberg ist 2200 m hoch. Die terrassenähnlichen angelegten Wälle sind bis zu 5000 m hoch, nach außen ziehen sich mehrere Hügelketten.

Vallis Rheita Kraterkette nordöstlich von Janssen und Fabricius, erstreckt sich über 500 km. Der Krater Rheita selbst hat 70 km Durchmesser, ein kleiner Zentralgipfel liegt am nördlichen Rand des Tals.

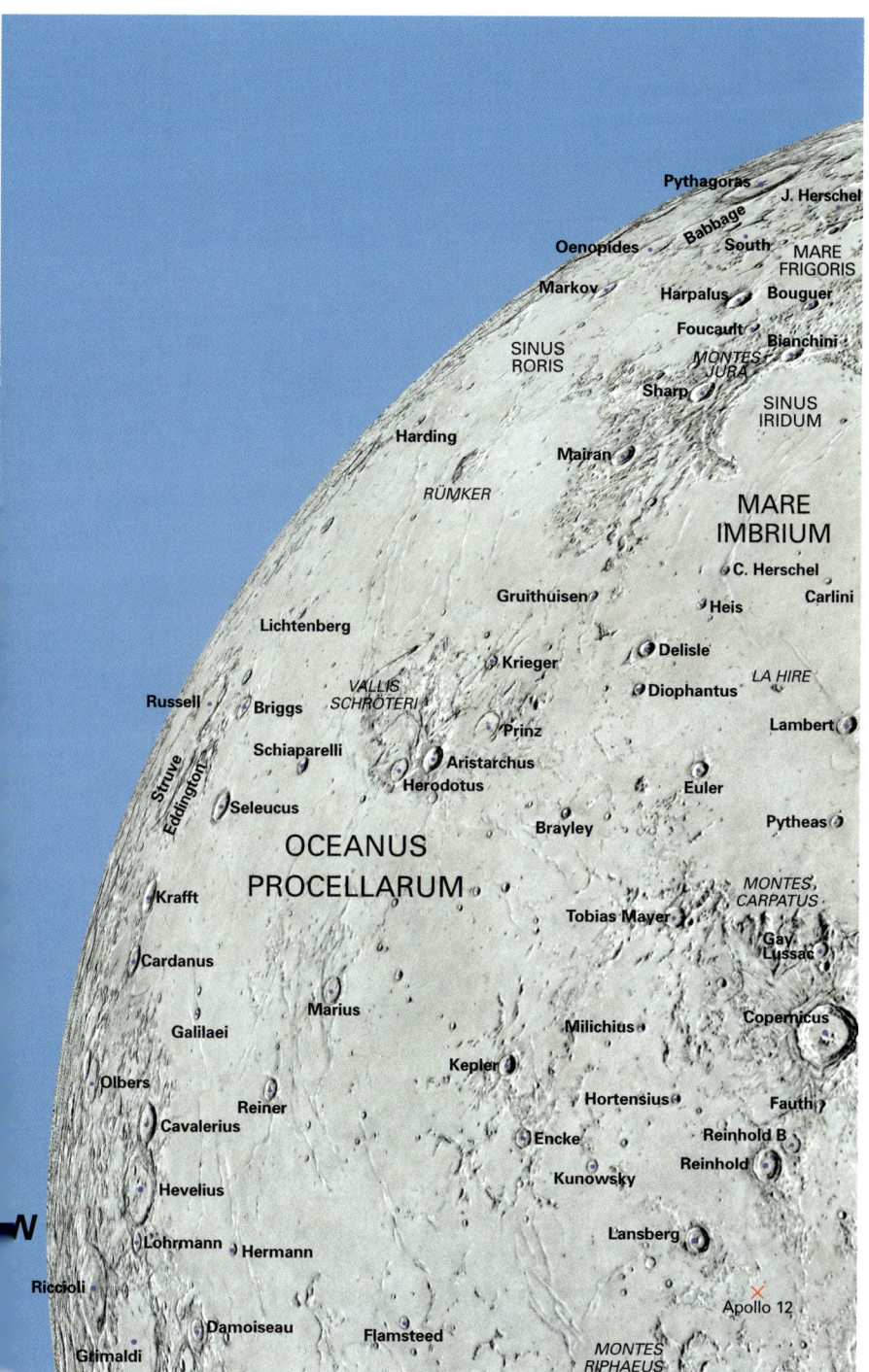

Pythagoras
J. Herschel
Babbage
South
Oenopides
MARE
FRIGORIS
Markov
Harpalus
Bouguer
Foucault
Bianchini
MONTES
JURA
SINUS
RORIS
Sharp
SINUS
IRIDUM
Harding
Mairan
MARE
IMBRIUM
RÜMKER
C. Herschel
Gruithuisen
Heis
Carlini
Lichtenberg
Delisle
Krieger
LA HIRE
Russell
Briggs
VALLIS
SCHRÖTERI
Diophantus
Prinz
Lambert
Schiaparelli
Aristarchus
Struve
Eddington
Herodotus
Euler
Seleucus
Brayley
Pytheas
OCEANUS
PROCELLARUM
MONTES
CARPATUS
Krafft
Tobias Mayer
Gay
Lussac
Cardanus
Copernicus
Marius
Milichius
Galilaei
Kepler
Olbers
Hortensius
Fauth
Reiner
Cavalerius
Encke
Reinhold B
Reinhold
Kunowsky
Hevelius
Lohrmann
Hermann
Lansberg
N
Riccioli
Apollo 12
Damoiseau
Flamsteed
Grimaldi
MONTES
RIPHAEUS

Karte 2

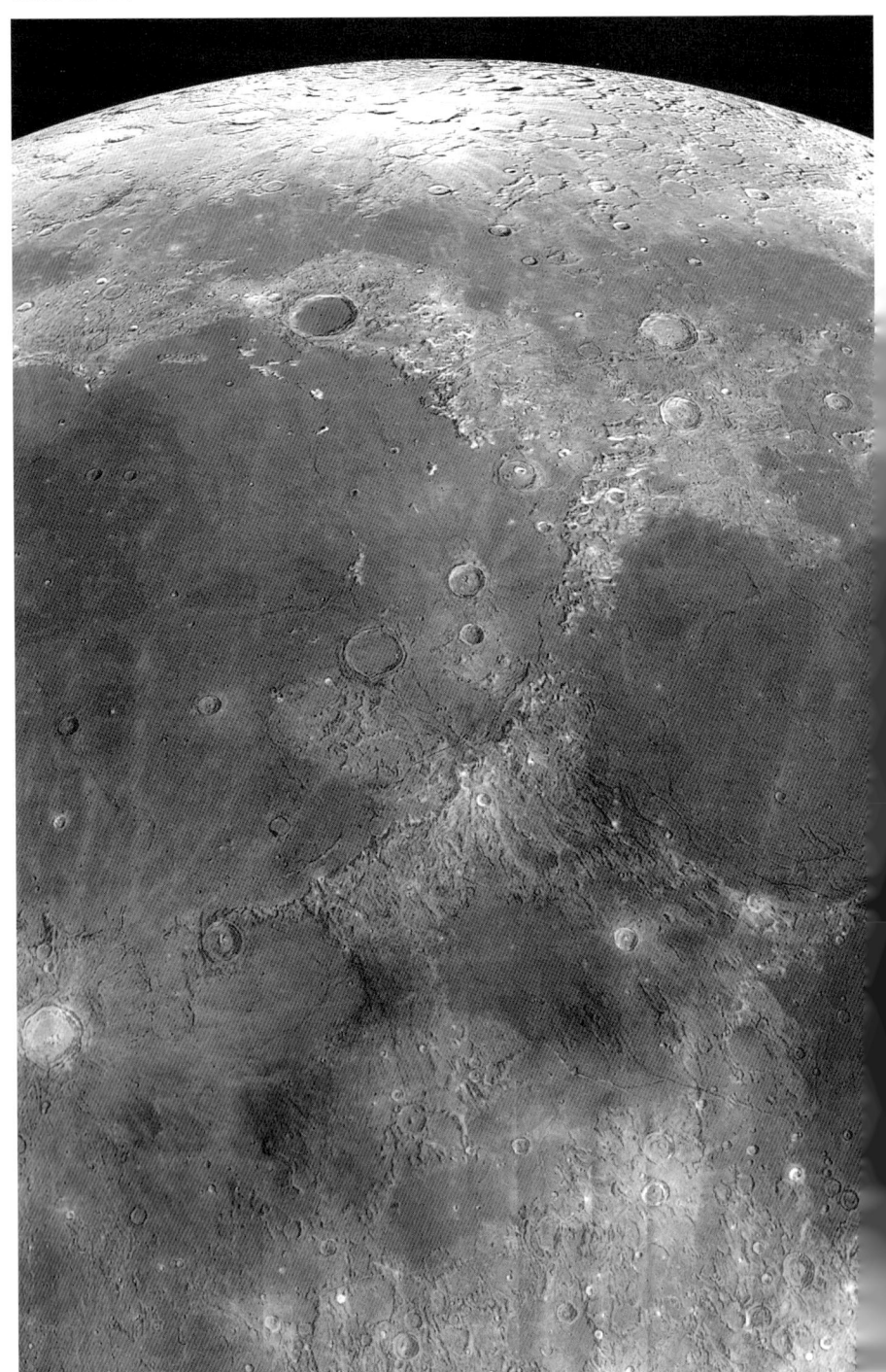

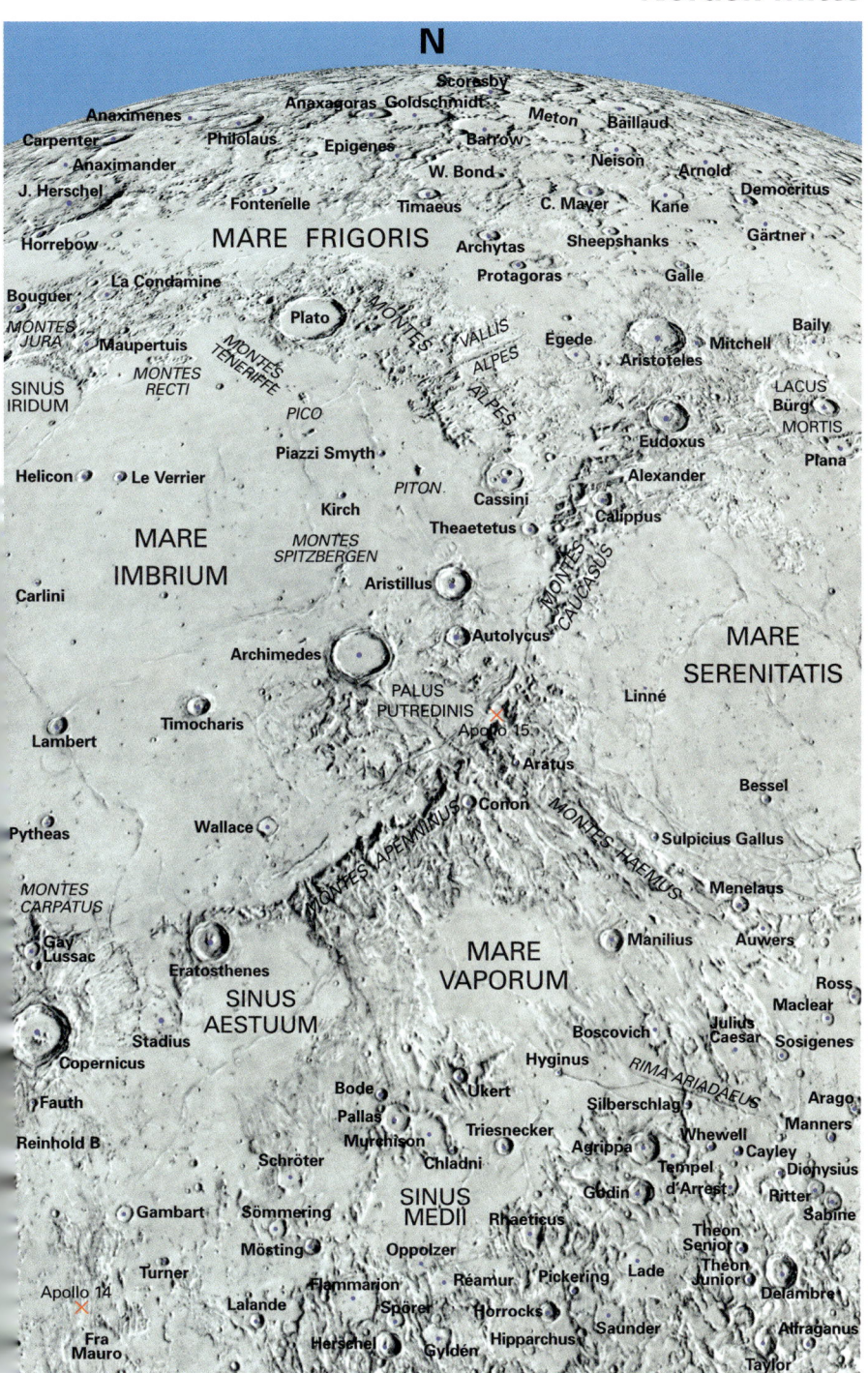

N

Scoresby
Anaximenes   Anaxagoras Goldschmidt
Carpenter   Philolaus   Meton   Baillaud
                          Epigenes   Barrow
Anaximander   W. Bond   Neison   Arnold
J. Herschel   Kane   Democritus
                  Fontenelle   Timaeus   C. Mayer   Gärtner
Horrebow   Archytas   Sheepshanks
              MARE FRIGORIS   Protagoras   Galle
          La Condamine   Baily
Bouguer   Plato   MONTES   Egede   Mitchell
MONTES   VALLIS   Aristoteles
JURA   Maupertuis   MONTES   ALPES   LACUS
                          TENERIFFE   Bürg   MORTIS
SINUS   MONTES   ALPES   Eudoxus   Plana
IRIDUM   RECTI   PICO   Alexander
                                    Piazzi Smyth   Calippus
Helicon   Le Verrier   PITON   Cassini   MONTES
                          Kirch   Theaetetus   CAUCASUS
          MARE   MONTES   MARE
          IMBRIUM   SPITZBERGEN   Aristillus   SERENITATIS
Carlini   Autolycus
                          Archimedes   Linné
          Timocharis   PALUS   Apollo 15
Lambert   PUTREDINIS   Aratus   Bessel
Pytheas   Wallace   Conon   Sulpicius Gallus
MONTES   MONTES APENNINUS   MONTES HAEMUS   Menelaus
CARPATUS   Manilius   Auwers
Gay   Eratosthenes   Ross
Lussac   MARE   Maclear
              SINUS   VAPORUM   Boscovich   Julius   Sosigenes
Stadius   AESTUUM   Hyginus   Caesar
Copernicus   RIMA ARIADAEUS   Arago
Fauth   Bode   Ukert   Silberschlag   Manners
Reinhold B   Pallas   Triesnecker   Whewell   Cayley
                  Schröter   Murchison   Agrippa   Tempel   Dionysius
                          Chladni   d'Arrest   Ritter
Gambart   Sömmering   SINUS   Godin   Sabine
          Mösting   MEDII   Rhaeticus   Theon
Turner   Oppolzer   Senior   Theon
Apollo 14   Flammarion   Réaumur   Pickering   Lade   Junior   Delambre
Fra   Lalande   Spörer   Horrocks   Saunder   Alfraganus
Mauro   Herschel   Gyldén   Hipparchus   Taylor

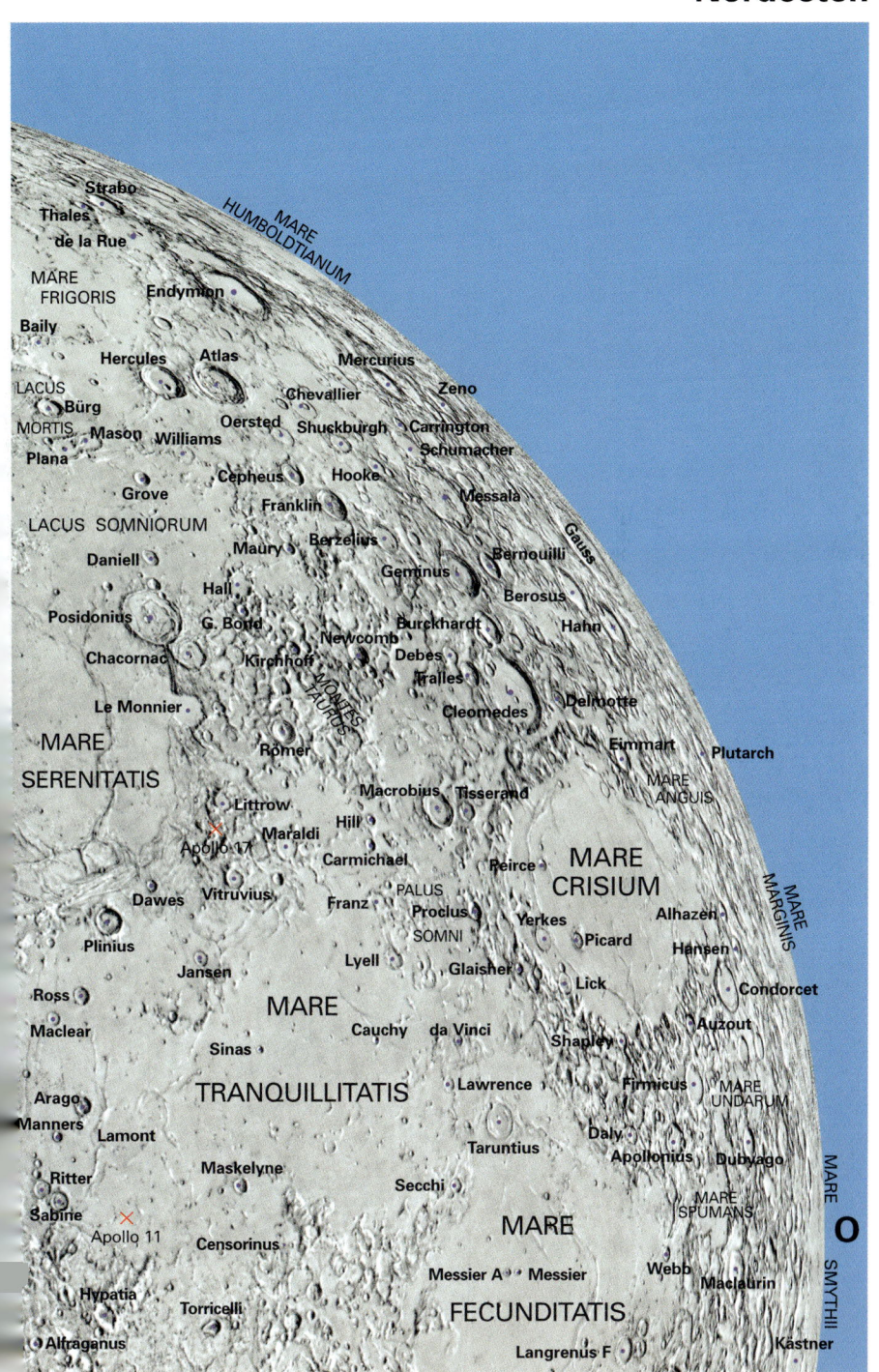

Strabo
Thales
de la Rue
MARE HUMBOLDTIANUM
MARE FRIGORIS
Endymion
Baily
Hercules
Atlas
Mercurius
Zeno
LACUS
Bürg
Chevallier
MORTIS
Mason
Oersted
Shuckburgh
Carrington
Williams
Schumacher
Plana
Cepheus
Hooke
Grove
Franklin
Messala
LACUS SOMNIORUM
Berzelius
Gauss
Daniell
Maury
Geminus
Bernouilli
Hall
Berosus
Posidonius
G. Bond
Burckhardt
Hahn
Chacornac
Kirchhoff
Newcomb
Debes
Tralles
Le Monnier
Cleomedes
Delmotte
MONTES TAURUS
Römer
Eimmart
Plutarch
MARE
Macrobius
Tisserand
MARE ANGUIS
SERENITATIS
Littrow
Maraldi
Hill
Apollo 17
Carmichael
Peirce
MARE CRISIUM
Dawes
Vitruvius
Franz
PALUS
Plinius
Proclus
Yerkes
Alhazen
MARE MARGINIS
SOMNI
Jansen
Lyell
Picard
Hansen
Ross
Glaisher
Lick
Condorcet
Maclear
Cauchy
da Vinci
Shapley
Auzout
MARE
Sinas
Arago
Lawrence
Firmicus
MARE UNDARUM
Manners
Lamont
TRANQUILLITATIS
Daly
Ritter
Maskelyne
Taruntius
Apollonius
Dubyago
Sabine
Secchi
MARE SPUMANS
Apollo 11
Censorinus
MARE
Webb
Maclaurin
MARE SMYTHII
Hypatia
Torricelli
FECUNDITATIS
Alfraganus
Messier A
Messier
Langrenus F
Kästner

O

327

Karte 4

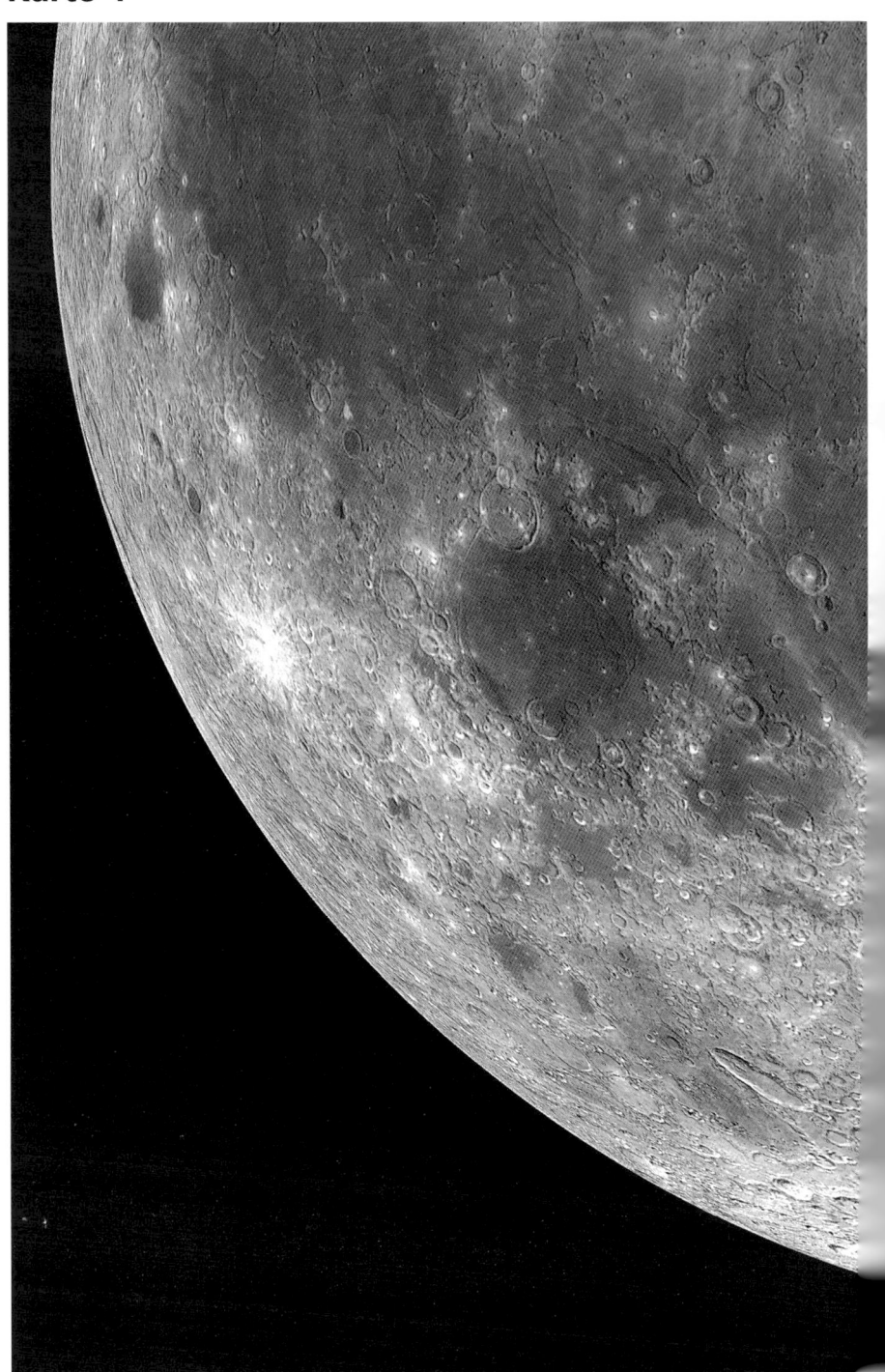

W

Reiner
Cavalerius
Hevelius
Lohrmann
Hermann
Riccioli
Damoiseau
Grimaldi
Flamsteed
Hansteen
Letronne
Sirsalis A
Sirsalis
Rocca
Billy
Crüger
Fontana
Zupus
Gassendi
de Vico
Darwin
Mersenius
Prosper Henry
Eichstädt
Cavendish
Byrgius
Paul Henry
Liebig
de Gasparis
Palmieri
Vieta
Fourier
Lagrange
Piazzi
Lacroix
Lehmann
Drebbel
Schickard
Inghirami
Wargentin
Phocylides
Pingré

OCEANUS PROCELLARUM

Hortensius
Encke
Kunowsky
Lansberg
Apollo 12
Euclides
MONTES RIPHAEUS
Herigonius
Gassendi B
Gassendi A
Darney
Lubiniezky
Agatharchides
Bulliáldus
Loewy
Bulliáldus A
Bulliáldus B
König
Kies

MARE HUMORUM
MARE COGNITUM
MARE ORIENTALE

Hippalus
Doppelmayer
Vitello
Lee
Campanus
Mercator
PALUS EPIDEMIARUM
Ramsden
Capuanus
Clausius
Elger
Haidinger
Hainzel
A
Mee
Ephemenides
Nöggerath
Nasmyth
Bayer
Schiller
Segner
Zucchius
Bettinus
Bailly

Fauth
Reinhold B
Reinhold

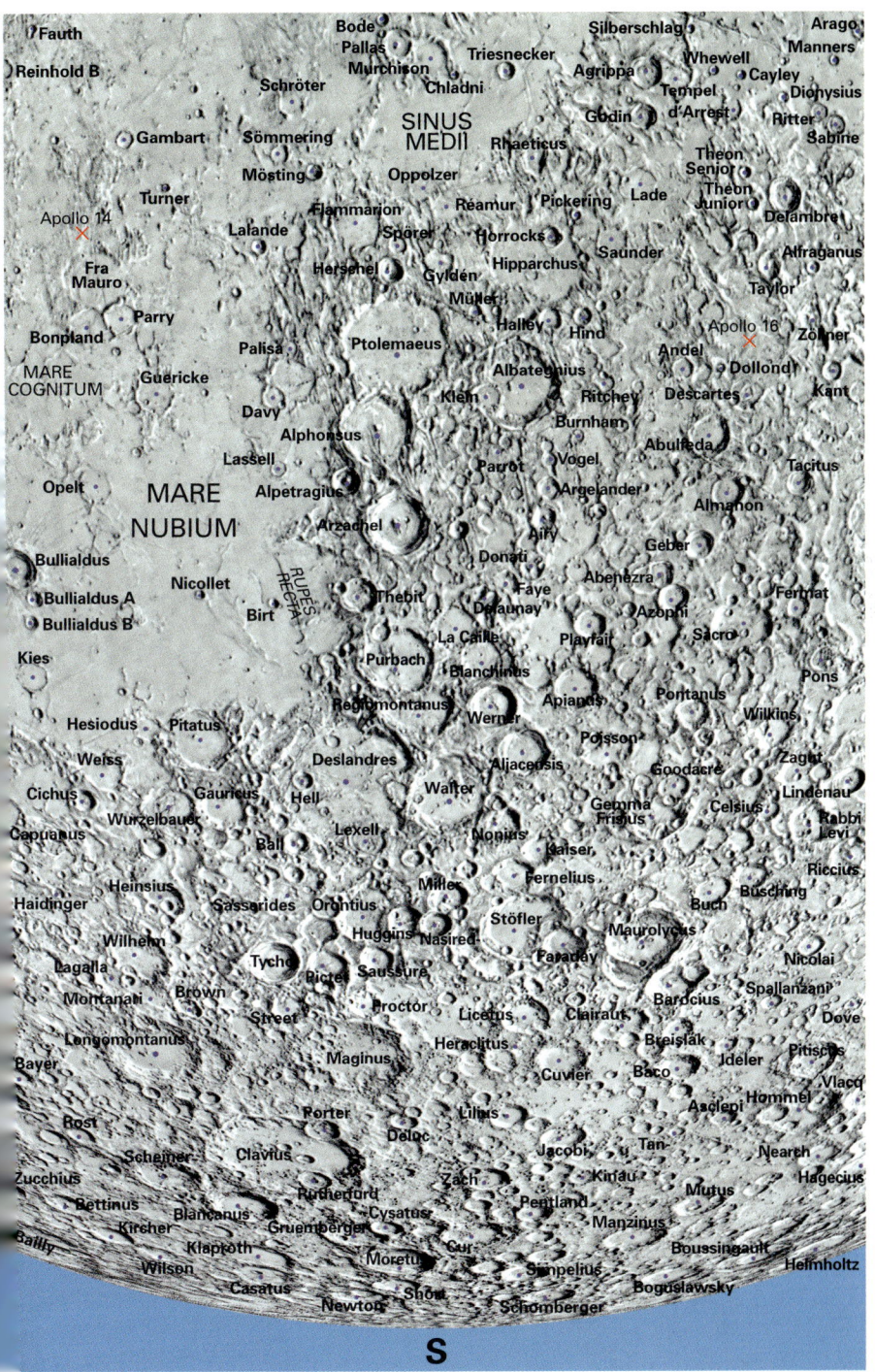

Fauth
Reinhold B
Gambart
Turner
Apollo 14
Fra Mauro
Parry
Bonpland
MARE COGNITUM
Guericke
Opelt
Bulialdus
Bulialdus A
Bulialdus B
Kies
Hesiodus
Weiss
Cichus
Capuanus
Haidinger
Wilhelm
Lagalla
Montanari
Longomontanus
Bayer
Rost
Zucchius
Bettinus
Sailly
Kircher
Wilson
Casatus
Newton

Bode
Pallas
Murchison
Schröter
Chladni
SINUS MEDII
Sömmering
Mösting
Oppolzer
Flammarion
Lalande
Sporer
Herschel
Gylden
Müller
Palisa
Ptolemaeus
Davy
Alphonsus
Lassell
Alpetragius
Arzachel
Nicollet
Birt
Thebit
Purbach
Regiomontanus
Deslandres
Gauricus
Hell
Lexell
Ball
Pitatus
Wurzelbauer
Heinsius
Sasserides
Orontius
Huggins
Tycho
Picter
Saussure
Brown
Street
Proctor
Maginus
Porter
Clavius
Rutherfurd
Cysatus
Gruemberger
Moretus
Blancanus
Klaproth
Scheiner
Zach
Cur
Short
Schomberger

Silberschlag
Triesnecker
Agrippa
Godin
Rhaeticus
Reamur
Pickering
Horrocks
Hipparchus
Halley
Albategnius
Klein
Ritchey
Burnham
Parrot
Vogel
Argelander
Airy
Donati
Faye
Delaunay
La Caille
Blanchinus
Werner
Apianus
Poisson
Aliacensis
Walter
Gemma Frisius
Nonius
Kaiser
Fernelius
Miller
Stöfler
Nasired
Faraday
Licetus
Clairaut
Heraclitus
Cuvier
Baco
Lilius
Jacobi
Kinau
Pentland
Manzinus
Simpelius
Boguslawsky

Arago
Manners
Whewell
Cayley
Tempel
d'Arrest
Ritter
Sabine
Theon Senior
Theon Junior
Delambre
Alfraganus
Taylor
Apollo 16
Andel
Dollond
Descartes
Abulfeda
Almanon
Geber
Abenezra
Azophi
Sacro
Pontanus
Wilkins
Zagut
Goodacre
Celsius
Lindenau
Rabbi Levi
Riccius
Büsching
Buch
Maurolycus
Nicolai
Spallanzani
Dove
Barocius
Breislak
Ideler
Pitiscus
Vlacq
Asclepi
Hommel
Tan-
Nearch
Hagecius
Mutus
Helmholtz

MARE NUBIUM

RUPES RECTA

S

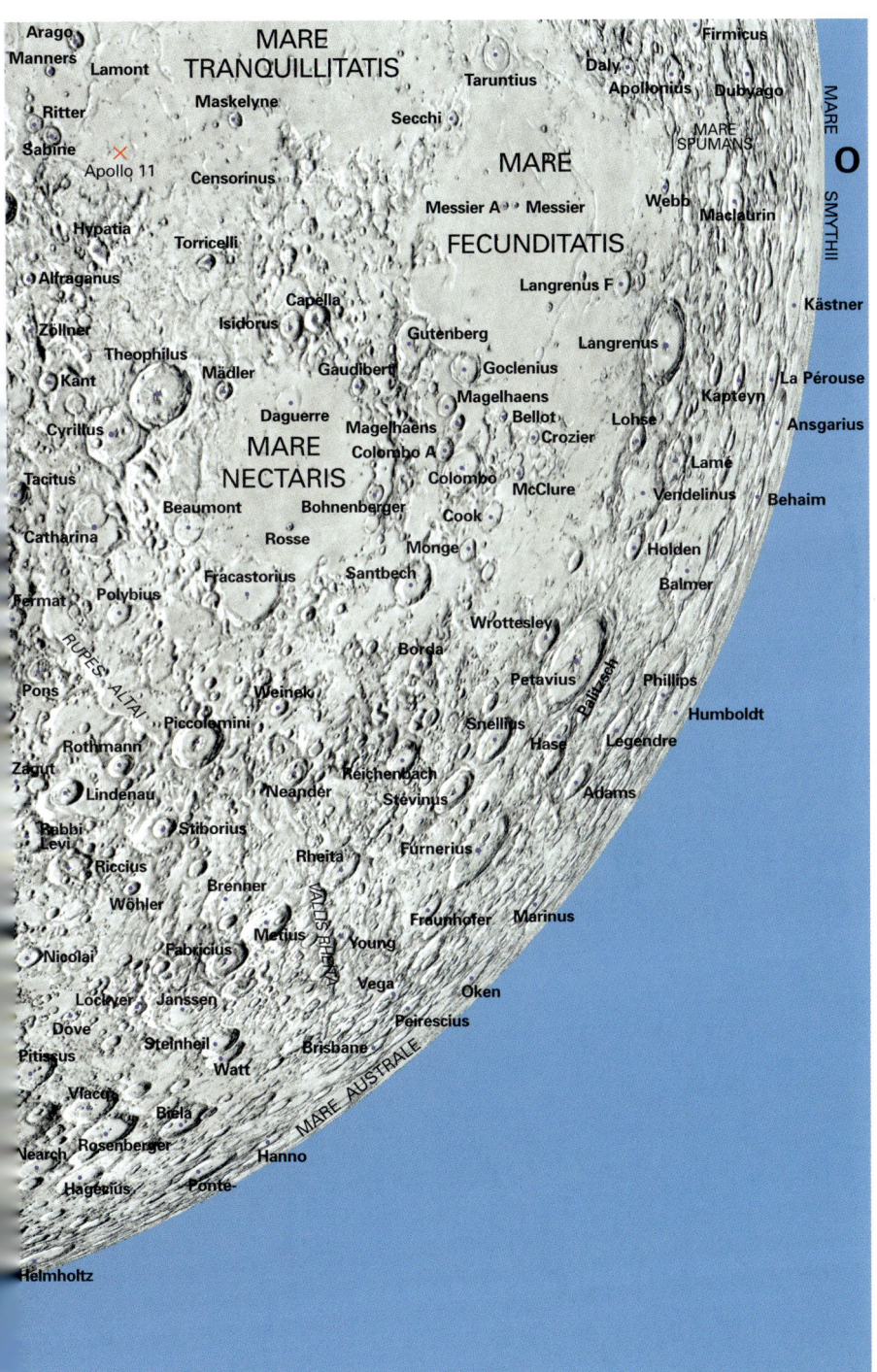

MARE TRANQUILLITATIS

Arago
Manners
Lamont
Maskelyne
Ritter
Sabine
Apollo 11
Censorinus
Hypatia
Torricelli
Alfraganus
Zöllner
Isidorus
Theophilus
Kant
Mädler
Gaudibert
Cyrillus
Daguerre
MARE NECTARIS
Magelhaens
Colombo A
Tacitus
Beaumont
Bohnenberger
Catharina
Rosse
Fermat
Polybius
Fracastorius
Santbech
RUPES ALTAI
Pons
Weinek
Piccolomini
Rothmann
Zagut
Lindenau
Neander
Rabbi Levi
Stiborius
Riccius
Rheita
Wöhler
Brenner
Nicolai
Fabricius
Metius
VALLIS RHEITA
Young
Lockyer
Janssen
Vega
Dove
Pitiscus
Steinheil
Watt
Brisbane
Vlacq
Biela
Nearch
Rosenberger
Hanno
Hagecius
Pontécoulant
Helmholtz

Taruntius
Secchi
Messier A
Messier
MARE FECUNDITATIS
Langrenus F
Capella
Gutenberg
Langrenus
Goclenius
Magelhaens
Bellot
Crozier
Colombo
McClure
Cook
Monge
Wrottesley
Borda
Petavius
Snellius
Hase
Reichenbach
Stevinus
Fürnerius
Fraunhofer
Marinus
Oken
Peirescius
MARE AUSTRALE

Firmicus
Daly
Apollonius
Dubyago
MARE SPUMANS
Webb
Maclaurin
Kästner
La Pérouse
Kapteyn
Ansgarius
Lohse
Lamé
Vendelinus
Behaim
Holden
Balmer
Balitzsch
Phillips
Humboldt
Legendre
Adams

MARE SMYTHII
O

Sonnen- und Mondfinsternisse

Jedes Mal, wenn Sonne, Mond und Erde auf einer Linie stehen, kommt es zu einer Sonnen- bzw. Mondfinsternis. Bei einer Sonnenfinsternis steht der Mond genau zwischen Sonne und Erde; der Mondschatten fällt dann auf die Erde, sodass die Sonne von der Erde aus gesehen ganz oder teilweise verdunkelt wird. Zu einer Mondfinsternis kommt es, wenn der Mond genau hinter der Erde vorbeizieht. Er tritt dann in den Erdschatten ein und wird von ihm verdunkelt.

Wenn die Mondumlaufbahn und die Erdumlaufbahn auf einer Ebene lägen, käme es bei jedem Neumond zu einer Sonnenfinsternis und bei jedem Vollmond zu einer Mondfinsternis. Die Mondumlaufbahn ist aber um fünf Grad zur Erdumlaufbahn geneigt, gerade ausreichend, um diese Konstellation nur selten eintreten zu lassen. Eine Finsternis entsteht nur, wenn der Mond die Erdumlaufbahn genau bei Neu- oder Vollmond kreuzt.

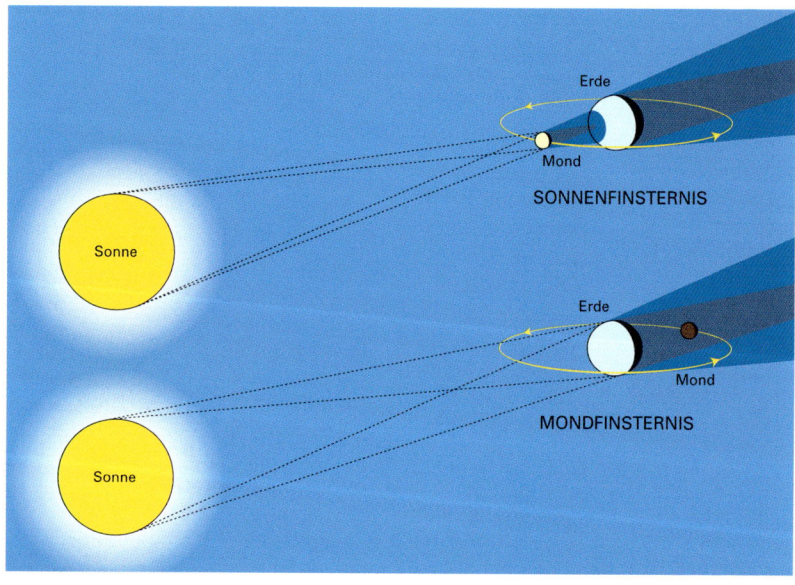

Wenn der Mond vor der Sonne vorbeizieht, kommt es zu einer Sonnenfinsternis. Wenn der Mond in den Erdschatten eintritt, kommt es zur Mondfinsternis. (Wil Tirion)

Mindestens zweimal im Jahr ist irgendwo auf der Welt eine Sonnenfinsternis zu sehen, im Höchstfall sogar bis zu fünfmal. Eine Mondfinsternis kann bis zu dreimal pro Jahr eintreten. Insgesamt kann es zu sieben Verfinsterungen einer der beiden Himmelskörper kommen. Während eine Mondfinsternis überall dort zu sehen ist, wo der Mond über dem Horizont steht, kann man eine Sonnenfinsternis nur von dem schmalen Band aus beobachten, das der Mondschatten auf der Erde beschreibt. Mondfinsternisse sind deshalb doppelt sooft zu beobachten wie Sonnenfinsternisse.

Aus wissenschaftlicher Sicht sind Sonnenfinsternisse die wichtigeren. Bei einer totalen Sonnenfinsternis blockiert der Mond vollständig die gleißende Sonnenscheibe, sodass die Astronomen den leuchtenden Hof um die Sonne herum beobachten können, die so genannte Korona. Um eine totale Sonnenfinsternis zu sehen, muss man sich im Kernschatten, der Umbra, des Mondes aufhalten, während dieser über die Erde streicht. Dieser Kernschatten ist im Allgemeinen nur wenige hundert Kilometer breit, um ihn herum existiert aber ein viel größerer Bereich, von dem aus eine partielle Sonnenfinsternis zu beobachten ist. Eine totale Sonnenfinsternis kann bis zu 7m 31s dauern, durchschnittlich hält sie zwischen zwei und vier Minuten an.

Eine totale Sonnenfinsternis stellt einen der merkwürdigsten Zufälle im Weltall dar: Sonne und Mond erscheinen zu diesem Zeitpunkt absolut gleich groß, und zwar, weil die Sonne 400-mal so groß ist wie der Mond, aber auch 400-mal so weit entfernt. Wenn der Mond allerdings an dem entferntesten Punkt seiner Umlaufbahn steht, erscheint er etwas zu klein, um die Sonne ganz zu verdecken, sodass ein schmaler, heller Ring um die Mondscheibe herum sichtbar bleibt. Dieses Ereignis wird als ringförmige (*annulare*) Sonnenfinsternis bezeichnet (lateinisch „annulus" für Ring, nicht etwa, weil sie jedes Jahr auftritt). Partielle und ringförmige Finsternisse bieten zwar auch einen faszinierenden Anblick, besitzen aber bei weitem nicht die wissenschaftliche Bedeutung einer totalen Finsternis.

Eine Sonnenfinsternis beginnt mit dem *ersten Kontakt*, wenn der Mond anfängt, sich über die Sonnenscheibe zu schieben. Dann dauert es noch $1^1/_2$ Stunden bis zur totalen Finsternis.

Eine Sonnenfinsternis beobachen

Es gibt heute Filter, mit denen man gefahrlos in die Sonne blicken kann, man sollte also sein Augenlicht nicht durch unsicheres Material unnötigerweise riskieren. Am häufigsten wird mit Aluminium bedampftes Plastik unter der Marke Mylar verkauft, außerdem findet man oft einen dickeren, dunklen Kunststofffilm. Mylar-Filter sorgen für einen leichten Blauton, der schwarze Polymer-Filter verleiht der Sonne einen natürlicheren, orangenen Ton.

Eine Schweißerbrille der Stärke 13 oder 14 ist ebenfalls ein ausreichender Filter für das Beobachten der Sonne. Auch zwei oder drei Schichten überbelichtetes Schwarzweißnegativ schützen das Auge, denn das darin enthaltene Silber blockiert sowohl die Wärme als auch das Licht der Sonne. Ungeeignete Materialien sind dagegen Sonnenbrillen, Neutral-Density-Filter, Farbfilme und Compact Discs (CDs); diese Materialien dämmen zwar das Licht der Sonne, aber die Wärme kann die Augen immer noch schädigen.

Wenn man ohne Filter auskommen will, kann man z. B. ein kleines Loch in eine Spielkarte stechen, um das Abbild der Sonne dann auf einem weißen Blatt Papier zu beobachten. Im Grunde handelt es sich dabei um ein einfaches Modell einer Lochkamera. Allerdings funktioniert dieses Modell nur bei starkem Sonnenlicht ohne Wolkenbildung am Himmel, und trotzdem ist das abgebildete Sonnenbild sehr klein.

Der „Diamantring" und einige pinkfarbene Protuberanzen sind hier im perlmutt-farbenen Licht der inneren Sonnenkorona zu erkennen. Die Aufnahme entstand am Ende der totalen Sonnenfinsternis vom 11. Juli 1991 in Mexiko. Eine Auf-nahme der ganzen Korona finden Sie auf Seite 297. (Armagh Planetarium)

Man kann eine Teilfinsternis entweder durch einen speziellen Filter be-obachten (siehe Kasten S. 335) oder das Bild der Sonne mittels Fernglas oder Teleskop auf ein weißes Papier projizieren. Vergleicht man die Umbra der Sonnenflecken mit dem völlig schwarzen Bild des Mondes, erkennt man schnell, dass die Sonnenflecken nicht vollkommen schwarz sind; sie erscheinen vielmehr leicht bräunlich.

Erst etwa 20 Minuten vor Einsetzen der totalen Finsternis beginnt der Himmel, sich merklich zu verdunkeln. Ein merkwürdiges Zwielicht legt sich über die Landschaft; manche Tiere verhalten sich so, als würde es Nacht. Die totale Finsternis beginnt, sobald der letzte Bogen Sonnenlicht vom Mond überdeckt wird. In den letzten Sekunden sind nur noch einzel-ne Lichtstrahlen zu sehen, die durch die unebenen Ränder der Mondober-fläche scheinen. Man nennt sie *Bailys Perlen* nach dem englischen Astrono-men Francis Baily, der sie nach der Sonnenfinsternis von 1836 beschrieb. Wenn eine Perle besonders hell leuchtet, entsteht der Diamantring-Effekt.

Beim zweiten Kontakt bedeckt der Mond vollständig die Sonne, plötzlich wird die Korona sichtbar. Jetzt kann man die Sonne ohne Augenschutz be-obachten. Aus der Korona erstrecken sich in den Pol- und Äquatorregionen einzelne Lichtfontänen über mehrere Sonnendurchmesser in den Raum hinein. Bogenförmige, rosarote Protuberanzen erheben sich über die Chro-mosphäre der Sonne gegen die dunkle Silhouette des Mondes. Am verdun-kelten Himmel werden helle Sterne sichtbar. Der Diamantring verlöscht beim dritten Kontakt und kündigt das Ende der totalen Finsternis an. Beim vierten Kontakt verlässt der Mondschatten vollständig die Sonnenscheibe. Die Sonnenfinsternis ist vorbei.

Eine Mondfinsternis ist im Vergleich dazu weit weniger spektakulär. Es dauert mehrere Stunden, bis der Mond durch den ganzen Kernschatten, die Umbra, der Erde gewandert ist. Die Penumbra, also der äußere Bereich des Schattens, verdunkelt den Mond so gering, dass kaum ein Effekt erkennbar ist.

Eine totale Mondfinsternis kann bis zu $1^3/4$ h dauern, aber auch bei völliger Verdunklung verschwindet der Mond nur selten ganz. Zu einer dunklen Finsternis kommt es nur dann, wenn Wolken und Staub in der Erdatmosphäre das Licht blockieren. Obwohl eine Mondfinsternis ein faszinierendes Naturschauspiel ist, ist sie für die Wissenschaft kaum von Bedeutung.

Bei der sehr dunklen Mondfinsternis am 9. Dezember 1992 wurden ungewöhnliche Lichteffekte beobachtet. Fast der ganze Mond wurde für das bloße Auge unsichtbar, übrig blieb nur ein hellerer, bläulicher Lichtbogen. (Eric Hutton)

Merkur

Eigentlich ist Merkur für Beobachter eher eine Enttäuschung. Durch ein kleines Teleskop kann man sehen, wie er auf seiner 88-tägigen Reise um die Sonne mehrere Phasen durchläuft, aber selbst leistungsfähige Teleskope zeigen nur kleine Unregelmäßigkeiten auf seiner Oberfläche, viel weniger, als auf dem Mond mit bloßem Auge zu sehen sind. Die meisten Beobachter müssen sich also mit einem flüchtigen Blick begnügen, wenn er morgens oder abends kurz am Himmel auftaucht.

Als innerster Planet entfernt Merkur sich nie sehr weit von der Sonne. Es gibt deshalb nur zwei Zeitabschnitte, die sich besonders gut für die Beobachtung eignen: abends nach Sonnenuntergang – auf der nördlichen Halbkugel in den Monaten März/April, auf der südlichen Halbkugel im September/Oktober –, oder morgens vor Sonnenaufgang – auf der nördlichen Halbkugel im September/Oktober, auf der südlichen im März/April.

Erschwerend kommt hinzu, dass Merkurs Umlaufbahn ausgeprägt elliptisch ist, sein Abstand zur Sonne schwankt zwischen 46 und 70 Millionen Kilometer, deshalb ist Merkur selbst zu den oben genannten Zeiten nicht immer gleich gut zu sehen. Selbst bei bester Position muss der Himmel in Horizontnähe klar sein, außerdem hilft ein Fernglas, um ihn in der Dämmerung besser zu erkennen, denn Merkur kann gegen einen dunklen Himmel nicht beobachtet werden. Dennoch lohnt sich ab und zu ein Blick, denn Merkur kann fast so hell strahlen wie Sirius.

Aufgrund der eingeschränkten Beobachtungsmöglichkeiten wurde die Rotationsgeschwindigkeit Merkurs lange Zeit falsch eingeschätzt. Ende des 19. Jahrhunderts erklärte der italienische Astronom Giovanni Schiaparelli nach einer langen Reihe von Beobachtungen, dass Merkur für eine Umdrehung 88 Tage benötigt, also der Sonne immer die gleiche Seite zuwendet, ebenso wie der Mond der Erde. In den 1920er Jahren erstellte der in Griechenland geborene Astronom Eugène Antoniadi eine Karte, die einige Flecken auf der Merkuroberfläche zeigte, basierend auf einer angenommenen Rotationsperiode von 88 Tagen. Damit schien die Sache ein für allemal geklärt.

Im Jahr 1965 kam es dann zu einer unerwarteten Wende. Im Arecibo Radio Observatory stellten die Astronomen Rolf Dyce und Gordon Pettengill beim Einsatz von Radiowellen eine Veränderung in der Frequenz der reflektierten Wellen fest, die den Beweis erbrachte, dass Merkur sich innerhalb von 59 Tagen einmal um sich selbst dreht, also in etwa zwei Drittel der Zeit, die er für einen Umlauf um die Sonne benötigt. Es gibt also Sonnenauf- bzw. Sonnenuntergänge auf Merkur, allerdings nur sehr langsame. Von der Oberfläche des Planeten aus gesehen dauert es 176 Erdentage, bis die Sonne einmal über den ganzen Himmel gewandert ist, also quasi von Mittag bis Mittag. In dieser Zeit hat Merkur zweimal die Sonne umrundet und sich dreimal um sich selbst gedreht.

Am Himmel von Merkur erscheint die Sonne etwa zweieinhalb Mal so groß wie von der Erde aus. Die Tagesseite wird ständig von tödlichen Mengen Hochenergiestrahlung durchdrungen. Die intensive Wärmestrahlung

Die mondähnliche Landschaft Merkurs, aufgenommen im März 1974 von Mariner 10. Der helle Strahlenkrater knapp oberhalb der Mitte wird Kuiper genannt. Die größten Krater haben bis zu 200 km Durchmesser. (USGS)

der Sonne heizt die Felsen in Äquatornähe auf bis zu 400 °C auf, heiß genug, um Zinn und Blei schmelzen zu lassen. Da es keine Atmosphäre gibt, die die Wärme speichert, kühlt die Oberfläche in der langen Nacht auf −180 °C ab.

Mit einem Durchmesser von 4879 km ist Merkur nur eineinhalb Mal so groß wie unser Mond und nach Pluto der zweitkleinste Planet. Die Fachwelt war schon lange davon ausgegangen, dass Merkur unserem Mond sehr ähnlich ist, aber erst die Raumsonde Mariner 10 zeigte im Jahr 1974, wie bemerkenswert groß diese Ähnlichkeit ist. Als Mariner 10 Merkur passierte, nahmen seine Kameras eine Oberfläche auf, die wie die Hochebenen auf dem Mond von Kratern in allen Größen übersät war.

Die Krater sehen auf Merkur praktisch genauso aus wie auf dem Mond. Es gibt tiefe, junge Krater, alte, stark erodierte Krater, Krater mit stufenförmigen Innenwällen, Zentralgipfeln und Strahlensystemen. Viele besondere Merkmale des Merkur wurden nach Künstlern, Komponisten und Schriftstellern benannt, eine Ehre, die bis dahin fast ausschließlich Astronomen vorbehalten war. Auf Merkur finden sich z. B. die Namen Bach, Mozart, Van Gogh und Tschechow.

Manchmal ist es gar nicht so einfach, Fotos von Merkur und dem Mond auseinanderzuhalten. Man kann davon ausgehen, dass die Krater auf beiden Himmelskörpern auf dieselbe Weise entstanden sind, nämlich durch die Einschläge großer Meteoriten in der Frühgeschichte des Sonnensystems. Unterschiede bestehen z. B. darin, dass aus den Kratern ausgeworfenes Material nicht so weit getragen wurde wie auf dem Mond, weil die Gravitation auf Merkur größer ist – sie ist etwa doppelt so stark wie auf dem Mond, beträgt aber dennoch nur 38 % der Erdanziehungskraft. Außerdem sind die Krater auf Merkur durchschnittlich flacher als auf dem Mond.

Anders als auf dem Mond existieren auf Merkur so genannte *Scarps*, das sind bis zu einem Kilometer hohe und mehrere hundert Kilometer lange gewundene Böschungen. Man nimmt an, dass sie durch ein Einschrumpfen des Planetenkerns in einer frühen Phase seiner Entwicklung entstanden sind. Die dabei auftretende Kompression könnte zu Verwerfungen in der äußeren Kruste geführt haben. Das Gestein an der Oberfläche ist etwas dunkler als das auf dem Mond. Es reflektiert nur etwa 11 % des Sonnenlichts, der Mond dagegen 12 %. Merkur besitzt sogar die dunkelste Oberfläche aller Planeten im Sonnensystem, nur die Maria auf dem Mond sind dunkler als Merkur.

Zwischen den großen Kratern in den Bergen des Merkur finden sich Regionen, die kaum von Kratern geprägt sind. Diese Regionen nennt man *Zwischenkrater-Ebenen*, etwas Vergleichbares ist auf dem Mond nicht zu finden. Sie sind eindeutig älter als die großen Krater, aber man weiß nicht genau, ob sie durch vulkanische Aktivitäten entstanden sind oder ob es sich um abgelagertes Material nach heftigen Einschlägen handelt. Vielleicht kann schon die nächste Sonde, die in Merkurs Umlaufbahn eintritt, diese Frage beantworten. Von großem Interesse sind auch die tiefen Krater in den Polgebieten. Da diese ständig im Schatten liegen, könnten sich in ihnen gefro-

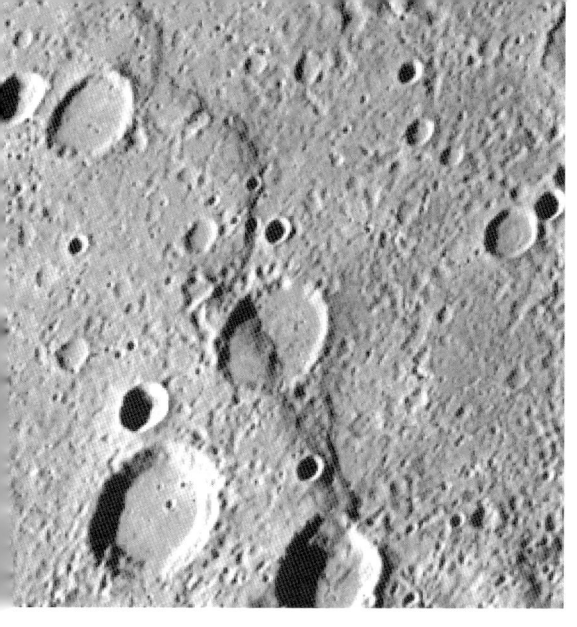

Diese Aufnahme eines Scarps nahm Mariner 10 auf. Er heißt Santa Maria Rupes, ist etwa 200 km lang und verläuft hier fast senkrecht durch das Bild. Er durchschneidet alte Krater und Zwischen-krater-Ebenen, was darauf hindeutet, dass Merkur seit der Entste-hung dieser Formationen etwas geschrumpft ist. (NASA/JPL/North-western University)

rene Gase befinden, die im Lauf der Zeit aus dem Planeten ausgetreten sind, oder auch durch Kometeneinschläge entstandenes Eis.

Die hervorstechendste Erscheinung auf Merkur ist das Caloris-Becken, das teilweise immer im Schatten liegt. Es hat einen Durchmesser von etwa 1300 km, ist damit ungefähr so groß wie das Mare Imbrium auf dem Mond und bedeckt fast ein Viertel des Merkur. Vermutlich entstand es durch den relativ späten Einschlag eines Asteroiden, nachdem die Planetenoberfläche bereits mit Kratern übersät war. Das Caloris-Becken beinhaltet mehrere Gebirgszüge, die wie konzentrische Kreise angeordnet sind, und es ist von zahlreichen strahlenförmigen Höhenzügen und Furchen umgeben. Aus geologischer Sicht ist besonders interessant, dass das Beckeninnere und ein großer Teil des flachen Gebiets darum herum mit Lava gefüllt ist. Die geologischen Aktivitäten endeten auf Merkur wie auf dem Mond vor etwa drei Milliarden Jahren. Seitdem hat Merkur sich kaum verändert, abgesehen von einigen verirrten Meteoriten, die dort einschlugen.

Obwohl Merkur äußerlich dem Mond ähnelt, ist sein Inneres wahrscheinlich eher der Erde verwandt. Für seine geringe Größe ist Merkur relativ massiv, was darauf schließen lässt, dass er einen Eisenkern besitzt, der fast drei Viertel des Merkurdurchmessers ausmacht. Ein solcher Kern wäre also genauso groß wie der Mond. Die Existenz dieses Eisenkerns wurde bestätigt, als Mariner 10 ein Magnetfeld um den Planeten maß. Seine Intensität beträgt zwar nur ein Prozent des Erdmagnetfelds, es ist aber immer noch sehr viel stärker als die Magnetfelder von Venus und Mars.

Eine mögliche Erklärung für den ungewöhnlich starken Kern ist, dass Merkur anfangs wohl viel größer war, aber der größte Teil der Gesteins-außenschichten nach einem besonders heftigen Aufprall eines Körpers, der etwa so groß wie der Mond war, abgesprengt wurde. Diese Kollision könnte Merkur auch in seine stark elliptische Umlaufbahn geschoben haben.

Venus

Viele Menschen sehen die Venus, ohne sich dessen bewusst zu sein. Sie ist der strahlende Morgen- oder Abendstern, das auffälligste Objekt am Himmel, das mit seinem kalten, weißen Licht jeden echten Stern übertrifft. Tatsächlich ist die Erscheinung von Venus so Aufsehen erregend, dass sie manchmal für ein UFO gehalten wird.

Die Venus umkreist die Sonne in 225 Tagen bei einem mittleren Abstand von 108 Millionen km; sie kommt der Erde mit 40 Millionen km näher als jeder andere Planet. Der Durchmesser von 12 100 km ist nur 650 km kleiner als der der Erde. Grund für die Helligkeit der Venus ist aber weder ihre Größe noch ihre Nähe, sondern ihre dichte Wolkenschicht, die zwei Drittel des auf sie treffenden Lichts reflektiert. Diese Wolken verhindern aber leider auch, dass man die Oberfläche der Venus genauer beobachten kann.

Die Wolken ziehen in vier Tagen um den ganzen Planeten. Da sie sich in Äquatornähe schneller bewegen, entsteht dabei eine V- oder Y-Form, die im ultravioletten Licht sichtbar wird. Aufnahme einer Pioneer-Sonde. (NASA/Ames)

Durch das Teleskop erscheint die Venus wie eine weiße Billardkugel, die bei ihrem Umlauf um die Sonne mehrere Phasen durchläuft. Wenn sie in der größten Elongation steht, erscheint sie etwa halb so groß wie Jupiter, aber wenn sie sich der Erde nähert, übertrifft sie ihn sogar. Ein kompletter Zyklus (also die synodische Periode) dauert von der Erde aus gesehen 584 Tage, also etwa $2^{1}/_{2}$-mal so lang wie ein Umlauf (die siderische Periode); diese Diskrepanz entsteht durch die große relative Geschwindigkeit der Planeten zueinander, während sie die Sonne umkreisen.

Wenn Venus als Sichel erscheint, ist sie der Erde nah genug, um sie mit dem Fernglas zu beobachten. Möglicherweise kann man die Sichel der Venus sogar mit bloßem Auge erkennen. Der Planet erscheint dann am hellsten, wenn von der Erde aus gesehen 28 % der Scheibe beleuchtet werden. Dabei ergibt sich das optimale Verhältnis von Entfernung und Zyklusphase. Venus kann eine Leuchtkraft von −4,7 erreichen und ist damit bis zu siebenmal heller als der zweithellste Planet, Jupiter. Aufgrund dieser Helligkeit beobachtet man die Venus am besten gegen einen dämmerigen Hintergrund, um nicht geblendet zu werden.

Mit auf der Erde stationierten Teleskopen ist in den Wolken der Venus kaum eine Unregelmäßigkeit zu entdecken. Es gibt einige dunklere Schatten, und in den Polregionen scheinen die Wolken etwas heller und von einem dunkleren Ring umgeben zu sein. Die Wolken bilden häufig Muster, die einem liegenden V oder Y ähneln. Im Allgemeinen reduziert man die sichtbare Scheibe der Venus im Teleskop auf einen Durchmesser von 50 mm und ordnet die Helligkeit der einzelnen Merkmale auf einer Skala von 0 (sehr hell) bis 5 (ungewöhnlich dunkel) ein. Der Terminator (also die Hell-Dunkel-Grenze) kann unregelmäßig aussehen, was weniger mit Höhenunterschieden der Wolken zu tun hat als mit Helligkeitsunterschieden. Wie die Aufnahmen von Raumsonden gezeigt haben, entsteht dieser Effekt durch die verzerrte Wolkenbewegung um die Venus herum.

Da man die Planetenoberfläche aufgrund der Wolkenschicht nicht sehen konnte, blieb Astronomen bis in die 1960er Jahre nichts anderes übrig, als die Rotationsgeschwindigkeit der Venus zu schätzen – und tatsächlich *ver*schätzten sie sich. Wie bei Merkur sorgten die Radarbeobachtung auch hier für eine Überraschung. Es zeigte sich, dass Venus sich sehr langsam von Osten nach Westen dreht, im Gegensatz zur Erde und allen anderen Planeten. Eine Umdrehung dauert 243 Tage, länger als die 225 Tage, die sie für einen Umlauf um die Sonne benötigt. Die Wolken ziehen jedoch aufgrund der starken Winde in der oberen Atmosphäre in nur vier Tagen in derselben Ost-West-Richtung um den Planeten.

Bevor die ersten Raumsonden Venus erreichten, existierten zahlreiche Theorien über die Beschaffenheit ihrer Oberfläche. Da die Venus der Erde hinsichtlich der Größe so ähnlich ist, erschien es verlockend, auch über ähnliche Umweltbedingungen zu spekulieren. Besonders attraktiv war die Vorstellung, dass Venus der Erde in ihrer urzeitlichen Erscheinung mit dampfenden Dschungeln und womöglich Dinosauriern entsprach. Manche Astronomen glaubten, dass der Planet mit Wasser bedeckt sei, andere hielten ihn für eine riesige Wüste. Keine der Theorien kam den tatsächlichen, extrem lebensfeindlichen Bedingungen auf der Venus auch nur nahe.

In den späten 1950er Jahren lieferten Radioastronomen die ersten Hinweise, als sie Radiowellen maßen, die von dem Planeten ausgingen und darauf schließen ließen, dass die Oberfläche sehr heiß war, heißer als kochendes Wasser. Diese Ergebnisse wurden später von der amerikanischen Raumsonde Mariner 2 bestätigt, die den Planeten bei ihrem Vorbeiflug im Jahr 1962 untersuchte.

Direkte Erfahrungen mit den auf der Venus herrschenden Bedingungen wurden erstmals von der sowjetischen Sonde Verena 4 gemacht, als sie im Oktober 1967 in die Atmosphäre eindrang. Man stellte fest, dass die Atmosphäre fast vollständig aus Kohlendioxid bestand, die Sonde hielt aber der extremen Temperatur und dem hohen Druck nicht stand und wurde zerstört, bevor sie die Oberfläche erreichte. Die erste Sonde, die intakt auf der Oberfläche landete, war am 15. Dezember 1970 Verena 7. Sie maß eine Temperatur von 475 °C und einen atmosphärishen Druck, der 90-mal so groß war wie der auf der Erde. Verena 7 landete auf der Nachtseite der Venus, ihr Nachfolger Verena 8 landete 1972 auf der Tagseite, fand aber identische Bedingungen vor.

Große Meteoriten können die dichte Venusatmosphäre durchdringen und Einschlagkrater verursachen. Im Vordergrund sieht man Howe, einen Krater mit 37 km Durchmesser. Diese Aufnahme wurde aus den Daten der Magellan-Sonde und den sowjetischen Verena-Sonden rekonstruiert.

Der acht Kilometer hohe Venusvulkan Maat Mons, rekonstruiert aus den Magellan-Radardaten. Die Lavaflüsse reichen bis weit in die Ebenen im Vordergrund. Alle vertikalen Erhöhungen wurden um das Zehnfache vergrößert, daher sieht das Terrain zerklüfteter aus, als es eigentlich ist. (NASA)

Die dichte Atmosphäre auf der Venus fängt die Wärme ein wie ein Tuch und hält die Temperatur überall auf dem Planeten konstant. Unter solchen Bedingungen wie in einem Schnellkochtopf verhält sich die Atmosphäre eher wie eine Flüssigkeit, nicht wie ein Gas.

Wie kann es sein, dass Venus sogar heißer ist als die Tagseite von Merkur, obwohl die Wolken über drei Viertel des einstrahlenden Sonnenlichts reflektieren? Die Antwort liefert der *Treibhauseffekt*, der auf der Venus viel stärker ausgeprägt ist als auf der Erde. Etwa ein Prozent des ankommenden Sonnenlichts erreicht die Planetenoberfläche, sodass dort ständig Dämmerlicht herrscht wie an einem stark bewölkten Tag auf der Erde. Dieses einstrahlende Sonnenlicht wird von der Oberfläche absorbiert und im infraroten Bereich wieder abgegeben. Das Kohlendioxid der Atmosphäre ist zwar für den sichtbaren Wellenbereich durchlässig, blockiert aber die längeren infraroten Wellen. Da infrarotes Licht Wärmeenergie ist, heizt sich die Atmosphäre auf.

Eigentlich besitzen Venus und Erde etwa gleich viel Kohlendioxid, aber das meiste davon ist auf der Erde in Materialien wie Kalkstein gebunden. Andererseits gibt es auf der Venus praktisch überhaupt kein Wasser – sollte es jemals Wasser gegeben haben, ist es längst verloren gegangen. Nur ein kleiner Rest Wasserdampf ist übrig geblieben, aber der reicht aus, um den Treibhauseffekt auf der Venus dramatisch zu verstärken.

Auch die Wolken tragen ihren Teil zum Treibhauseffekt bei. Sie bestehen nicht aus Wasserdampf wie auf der Erde, sondern aus 80-prozentiger Schwefelsäure, sind also konzentrierter als Batteriesäure. Auch Schwefelsäure absorbiert infrarotes Licht. Zusammen machen Kohlendioxid, Wasserdampf und Schwefelsäure die Venus zu einer perfekten Sonnenfalle. Aus den Wolken fällt ein zerstörerischer, schwefelsaurer Regen. Trotz ihres himmlischen Namens ist die Venus deshalb eine Inkarnation der Hölle.

Im Dezember 1978 steuerte eine Gruppe von fünf amerikanischen Pioneer-Sonden die Venusatmosphäre an. Sie fanden heraus, dass die oberste Schicht der Schwefelwolken etwa 65 km über der Oberfläche beginnt und mehrere Kilometer dick ist. Bei etwa 55 km befindet sich eine dünne Dunstschicht aus Schwefelsäurepartikeln, die den Wolken ihr gelbliches Aussehen verleihen. Die dichteste Schicht liegt bei 50 km Höhe, aus ihr fällt der saure Regen. Unter diesen Wolken wird das Dämmerlicht ab und zu von Blitzen erhellt, und ständig grollt und donnert es in der Atmosphäre.

Obwohl die Wolken die Oberfläche der Venus unseren Blicken entziehen, ist es gelungen, mittels Radarstrahlen, die die Wolken durchdringen, eine Karte von ihr zu erstellen. Die ersten Ergebnisse durch Radarbeobachtung erhielt man in den 1970er Jahren, detaillierte Karten wurden später von der Magellan-Sonde erstellt, die im Jahr 1990 die Venus umkreiste.

Venus besteht größtenteils aus beweglichen Ebenen, aber es existieren auch drei kontinentähnliche Regionen. Eine davon, Ishtar Terra, ist etwa so groß wie die USA und wird von einer Gebirgskette durchzogen, die Maxwell Montes genannt wird und sich 12 km über Null erhebt, also höher ist als der Mount Everest. Der größte der Kontinente, Aphrodite Terra, ist so groß wie Südamerika. Er wird von zahlreichen Tälern und Furchen durchschnitten, die sich über Tausende von Kilometern ziehen.

Das Radar der Magellan-Sonde erkannte Einschlagkrater mit Durchmessern zwischen 3 km und über 100 km. Große Meteoriten können also die Atmosphäre durchdringen, ohne zu verglühen. Besonders interessant erschienen die Vulkanberge, an deren Außenwällen frisch aussehende Lava zu sehen war, insbesondere Maat Mons in Äquatornähe auf Aphrodite Terra, mit 8$\frac{1}{2}$ km Höhe die zweithöchste Erhebung auf dem Planeten. Er ist von Lava umgeben, die zum Zeitpunkt der Aufnahmen der Magellan-Sonden höchstens zehn Jahre alt schien. Offenbar ist Venus immer noch aktiv, und die Berge entstehen durch vulkanische Aktivität.

Andere vulkanische Gebilde auf der Venus sind abgeflachte Hochebenen, die vermutlich durch dickflüssige, ausströmende Lava entstanden sind und „Pancakes" genannt werden, sowie ringförmige Formationen aus Brüchen und Klippen, die man Coronae nennt. Sie messen mehrere hundert Kilometer und entstanden wahrscheinlich durch Absinken des Bodens, nachdem Magma aus dem Innern nach oben gedrückt worden war.

Die Aufnahmen der sowjetischen Sonden, die auf dem Planeten gelandet waren, zeigen steinige Wüsten, in ein schwefelgelbes Licht getaucht. Die chemischen Analysen der Sonden bestätigten, dass das Oberflächengestein der Venus mit dem vulkanischen Basalt auf der Erde vergleichbar ist. Die Venus ist die verführerische Vision einer Erde, wie sie einmal gewesen sein könnte – und eine schreckliche Demonstration dessen, was die Erde hätte werden können, wenn sie näher an der Sonne geboren worden wäre.

Mars

Mars erkennt man sehr leicht an seiner charakteristischen, rötlichen Färbung, die viel stärker ausgeprägt ist als bei jedem sichtbaren Stern und seine Verbindung mit dem Gott des Krieges begründet. Mars kann eine Leuchtkraft von –2,8 erreichen und ist damit so hell wie Jupiter. Ein solches Bild liefert der Mars aber nur selten, denn seine stark elliptische Bahn lässt die Entfernung zur Sonne zwischen 206 und 249 Millionen km schwanken (die durchschnittliche Entfernung beträgt 228 Millionen km).

Wenn die Erde den Mars passiert, während dieser gerade seine sonnennächste Position einnimmt, sind wir nur 55 Millionen km entfernt, und man bekommt die besten Bilder vom roten Planeten. Bei 75-facher Vergrößerung erscheint Mars dann so groß wie der Mond dem bloßem Auge. Wenn er am sonnenfernsten Punkt steht, ist Mars aber 100 Millionen km von uns entfernt, also fast doppelt so weit, dann sieht er selbst durch leistungsfähige Teleskope nicht besonders aufregend aus. Alle 15 Jahre kommt Mars besonders nahe an die Erde heran, nach 2003 ist dies wieder 2018 der Fall. Diese Chance werden sich die Astronomen sicher nicht nehmen lassen. Die

Mars auf seiner erdnächsten Position im Jahr 1997, aufgenommen vom Hubble-Weltraum-Teleskop. Der dunkle Bereich im Zentrum ist Syrtis Major. Südlich davon das Hellas-Becken, mit Wolken gefüllt und sehr kalt. Die Wolken auf der rechten Seite umgeben den Vulkan Elysium Mons. (Steve Lee, University of Colorado/Jim Bell, Cornell University/Mike Wolff, Space Science Institute/NASA)

Karten auf den Seiten 356–365 zeigen die Positionen des Mars über eine Fünf-Jahres-Periode.

Mars hat einen Durchmesser von 6790 km, das ist etwa die Hälfte der Erde. Ein Tag dauert nur etwas mehr als eine halbe Stunde länger als auf der Erde – 24 Stunden und 37 Minuten –, aber das Jahr ist fast doppelt so lang, 687 Erdentage. Da seine Umlaufbahn außerhalb des Erdorbits liegt, kann er niemals als Sichel am Himmel stehen. Manchmal zeigt er aber eine ausgeprägte Dreiviertelform, ähnlich wie der Mond einige Tage vor Vollmond.

Durch ein Fernglas ist der Mars nicht mehr als ein orangeroter Lichtpunkt; man muss schon ein Teleskop benutzen, um die wichtigsten Merkmale des Planeten erkennen zu können. Besonders auffällig sind die weißen Polarregionen, die in starkem Kontrast zu den ockergelben Wüsten stehen. Ab und zu führen starke Winde zu Sandstürmen in der dünnen Atmosphäre, die alle Merkmale unkenntlich machen. Für die Beobachter ist besonders frustrierend, dass diese Sandstürme hauptsächlich dann entstehen, wenn der Mars der Sonne nahe kommt. So werden die besten Aussichten leider oft verhindert. Das auffälligste Merkmal ist eine dunkle, dreieckige Region namens Syrtis Major, sie wurde erstmals 1659 von dem Holländer Christiaan Huygens beschrieben. Syrtis Major ist wie die Polkappen mit einem durchschnittlichen Amateurteleskop zu erkennen.

Als Beobachter zieht man den Mars wie die Venus üblicherweise auf einen Scheibendurchmesser von 50 mm, manche ziehen aber auch 42 mm vor, um dem Durchmesser von 4200 Meilen Rechnung zu tragen. Die Merkmale ordnet man auf einer Intensitätsskala von 0 (die Polarregionen) bis 10 (der schwarze Himmel) ein. Auf dieser Skala rangieren die hellen Wüsten etwa bei 2, die dunklen Schatten etwa bei 8. Da der Planet um fast 15 ° pro Stunde dreht, kann man alle verschiedenen Oberflächenmerkmale beobachten.

Frühe Astronomen waren versucht, zu viele Ähnlichkeiten zwischen Mars und Erde vorauszusetzen und ließen sich in die Irre führen. Sie benannten die dunklen Gebiete, deren Färbung von Braun bis Graugrün reicht, nach Seen und Ozeanen, da sie glaubten, diese seien tatsächlich mit Wasser gefüllt. Die orangeroten Gebiete dagegen wurden nach Ländern und Regionen auf der Erde benannt – daher gibt es dort ein Arabien, Libyen, Syrien und Sinai. Gegen Ende des 19. Jahrhunderts begriffen die Astronomen, dass es gar keine Ozeane auf dem Mars gibt, aber diese Erkenntnis eröffnete neue Möglichkeiten für die Interpretation der dunklen Gebiete: Sie könnten mit primitiver Vegetation bewachsen sein, etwa mit Moos oder Flechten. Diese Theorie wurde durch die Beobachtung unterstützt, dass die Oberflächenmerkmale im Marssommer größer und dunkler wurden, während die Polkappen schmolzen. Daraus schloss man, dass der Pflanzenwuchs bei milderen Klimabedingungen zunahm.

Der engagierteste Vertreter der Leben-auf-dem-Mars-Theorie war ein amerikanischer Astronom namens Percival Lowell. Er wurde wiederum von dem Italiener Giovanni Schiaparelli inspiriert, der 1877 von langen, geraden Linien berichtete, die kreuz und quer über den Planeten verlaufen. Schiaparelli nannte diese Linien *canali*, was im Deutschen „Kanäle"

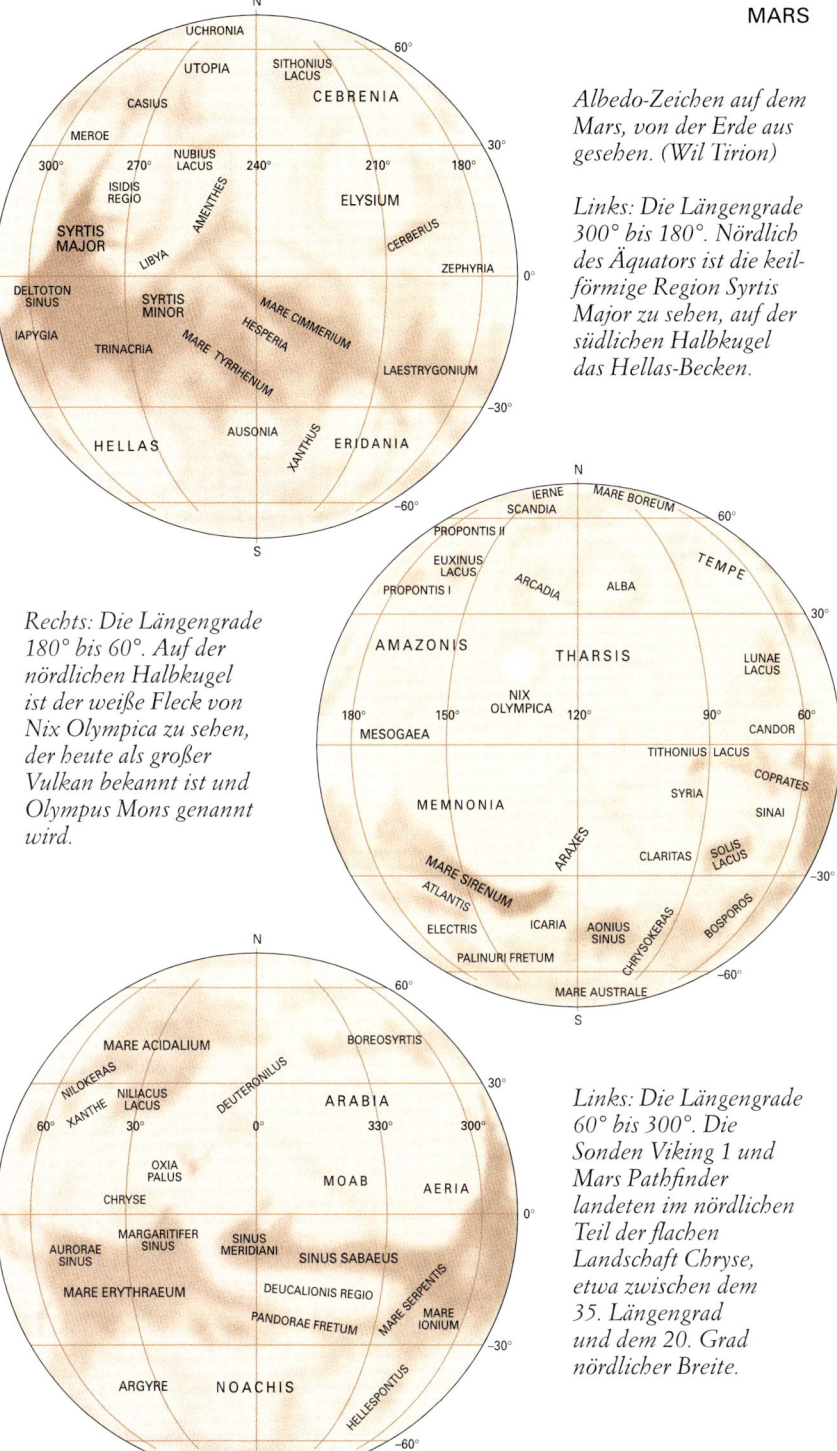

Erste Karte (oben links):

N

UCHRONIA

60°

UTOPIA · SITHONIUS LACUS

CASIUS · CEBRENIA

MEROE · 30°

NUBIUS LACUS

300° · 270° · 240° · 210° · 180°

ISIDIS REGIO · AMENTHES · ELYSIUM

SYRTIS MAJOR · CERBERUS · 0°

LIBYA · ZEPHYRIA

DELTOTON SINUS · SYRTIS MINOR · MARE CIMMERIUM

IAPYGIA · HESPERIA · LAESTRYGONIUM

TRINACRIA · MARE TYRRHENUM · –30°

HELLAS · AUSONIA · XANTHUS · ERIDANIA

–60°

S

Albedo-Zeichen auf dem Mars, von der Erde aus gesehen. (Wil Tirion)

Links: Die Längengrade 300° bis 180°. Nördlich des Äquators ist die keilförmige Region Syrtis Major zu sehen, auf der südlichen Halbkugel das Hellas-Becken.

Rechts: Die Längengrade 180° bis 60°. Auf der nördlichen Halbkugel ist der weiße Fleck von Nix Olympica zu sehen, der heute als großer Vulkan bekannt ist und Olympus Mons genannt wird.

Zweite Karte (Mitte rechts):

N

IERNE · MARE BOREUM

SCANDIA · 60°

PROPONTIS II

EUXINUS LACUS · ARCADIA · ALBA · TEMPE

PROPONTIS I · 30°

AMAZONIS · THARSIS · LUNAE LACUS

NIX OLYMPICA

180° · 150° · 120° · 90° · 60° · CANDOR · 0°

MESOGAEA · TITHONIUS LACUS · COPRATES

SYRIA · SINAI

MEMNONIA · CLARITAS · SOLIS LACUS · BOSPOROS

ARAXES · AONIUS SINUS

MARE SIRENUM · –30°

ATLANTIS · ICARIA · CHRYSOKERAS

ELECTRIS · PALINURI FRETUM

MARE AUSTRALE · –60°

S

Links: Die Längengrade 60° bis 300°. Die Sonden Viking 1 und Mars Pathfinder landeten im nördlichen Teil der flachen Landschaft Chryse, etwa zwischen dem 35. Längengrad und dem 20. Grad nördlicher Breite.

Dritte Karte (unten links):

N

MARE ACIDALIUM · BOREOSYRTIS

60°

NILOKERAS · DEUTERONILUS · ARABIA

XANTHE · NILIACUS LACUS · 30°

60° · 30° · 0° · 330° · 300°

OXIA PALUS · MOAB · AERIA

CHRYSE · 0°

AURORAE SINUS · MARGARITIFER SINUS · SINUS MERIDIANI · SINUS SABAEUS

MARE ERYTHRAEUM · DEUCALIONIS REGIO · MARE SERPENTIS

PANDORAE FRETUM · MARE IONIUM · –30°

ARGYRE · NOACHIS · HELLESPONTUS

–60°

S

bedeutet. Fälschlicherweise ging man davon aus, dass diese künstlich angelegt worden waren, obwohl Schiaparelli das nie behauptet hatte.

Für Lowell gab es dagegen keinen Zweifel: Die Kanäle bewiesen, dass es eine fortgeschrittene Zivilisation auf dem Mars geben musste. Seine Visionen ließen eine ganze Generation von Science-Fiction-Romanen entstehen, darunter auch *Krieg der Welten* von H.G. Wells.

Lowell gründete 1894 sein eigenes Observatorium in Flagstaff, Arizona, um vor allem den Mars zu studieren. Dort erstellte er reich verzierte Karten des Kanalnetzwerks und schrieb Bücher wie *Mars as the Abode of Life*, das 1908 erschien. Darin entwickelte er seine Theorie einer Zivilisation auf dem Mars, die versuchte, auf einem trockenen Planeten zu überleben, indem sie Kanäle baute, in denen Schmelzwasser von den Polkappen zum Äquator fließen sollte, um dort Pflanzen zu wässern.

Die meisten anderen Astronomen erkannten keine Kanäle, sondern höchstens breite, unregelmäßige Zeichnungen. Nach Lowells Tod im Jahr 1916 versuchten einige seiner Schüler, die Kanaltheorie zu stützen, doch die Vorstellung einer Zivilisation auf dem Mars war im Licht der neuesten Kenntnisse über die Verhältnisse auf dem Mars nicht mehr aufrechtzuerhalten.

In den 1950ern galt es als gesichert, dass die Marsatmosphäre so dünn war, dass Menschen dort keinesfalls atmen konnten. Unter den gegebenen Bedingungen würden sehr niedrige Temperaturen herrschen, außerdem gäbe es gefährliche Mengen ultravioletter Strahlung. Im Übrigen konnte man keinen Sauerstoff in der Atmosphäre finden, obwohl Kohlendioxid durchaus vorhanden war. In einer solchen Umgebung kann keine höhere Lebensform existieren.

Der Mars ist Gegenstand eines Forschungsprogramms, das im Juli 1965 begann, als die Raumsonde Mariner 4 in einer Entfernung von 10 000 km an ihm vorbeiflog und die ersten Nahaufnahmen zur Erde sandte. Ihre wichtigste Entdeckung war, dass auch auf dem Mars Krater wie auf dem Mond existieren, die aufgrund der Atmosphäre des Planeten schon sehr stark erdodiert waren.

Leider bot ein Mars, der dem Mond ähnelte, nicht einmal die Chance auf niedrige Lebensformen. Das Bild von Mars als einer toten Welt sowohl in geologischer als auch biologischer Hinsicht wurde 1969 bestärkt, als die Sonden Mariner 6 und 7 noch weitere Krater fotografierten, die offenbar durch Einschläge entstanden sind. Als aber Mariner 9 in die Umlaufbahn um Mars einschwenkte und in den Jahren 1971–72 als erste den ganzen Planeten untersuchte, taten sich neue Möglichkeiten auf. Man entdeckte neue, große Formationen, die den vorherigen Sonden unglücklicherweise völlig entgangen waren.

Zunächst fand man drei nebeneinander liegende Vulkane auf einer Hochebene, die Tharsis heißt und sich quer über den Äquator zieht; die Vulkane heißen Arsia Mons, Pavonis Mons und Ascraeus Mons (lat. „Mons" = „Berg"). Andere Landschaftsformen auf dem Mars sind Tiefebenen (Planitia), Hochplateaus (Planum), Täler (Valles), Schluchten (Chasma) und erodierte Krater (Patera). Nordwestlich der Tharsis-Kette erhebt sich ein noch

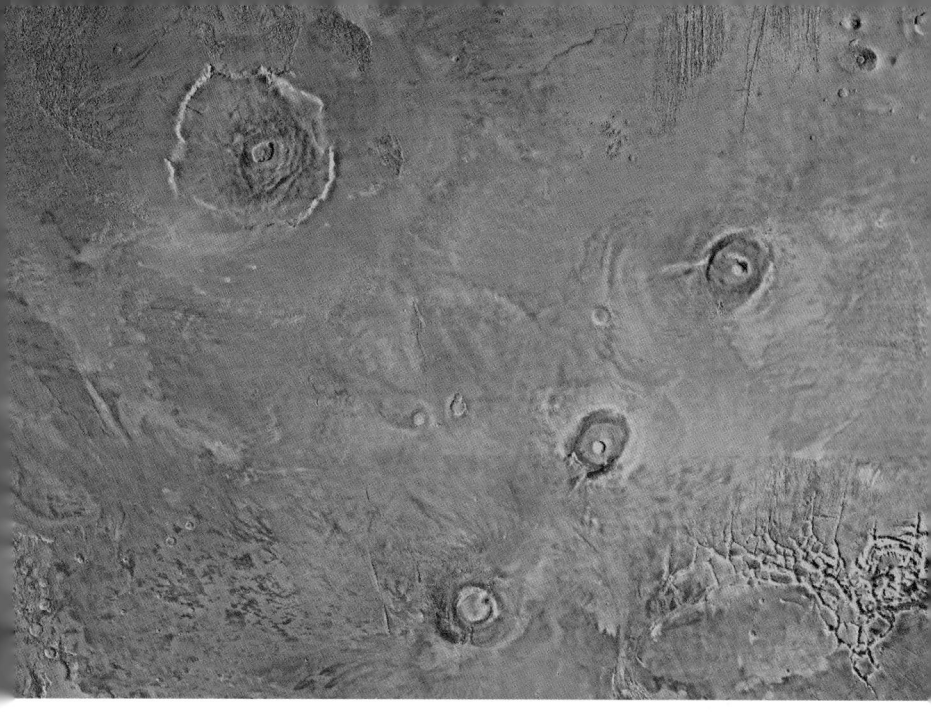

Olympus Mons (oben links) und die drei Vulkane der Tharsis: Montes Ascraeus (oben), Pavonis (Mitte) und Arsia, zusammengesetzt aus Aufnahmen des Viking-Orbiters. Die zerfurchte Region unten rechts ist das Noctis Labyrinthus, hier beginnen die Valles Marineris. (USGS)

größerer Vulkan, Olympus Mons, den man von der Erde aus nur als weißen Ring wahrgenommen hatte und der als Nix Olympica („Schnee des Olymp") bekannt war. Olympus Mons ist mit einem Durchmesser von 600 km und einer Höhe von 27 km der größte Vulkan unseres Sonnensystems, er übertrifft sogar die Vulkaninseln von Hawaii auf der Erde. Die ganze Tharsis-Ebene ist für häufige Bildung weißer Wolken bekannt, die oft die Form des Buchstaben W annehmen

Überraschend war auch die Entdeckung eines gewaltigen Grabensystems, das 4 km tief und bis zu 500 km breit ist. Es zieht sich von der Tharsis-Höhe in östlicher Richtung. Diese riesige Schlucht, heute Valles Marineris („Seemannsberge") genannt, übertrifft den Grand Canyon nicht nur bei weitem, sondern könnte mit 4000 km Länge die gesamten Vereinigten Staaten überspannen. Die Valles Marineris sind von der Erde aus als breiter, verwischter Graben, Coprates genannt, zu erkennen, auf seinem Grund hat sich dunkler Staub angesammelt.

Coprates ist einer der wenigen Kanäle, der mit einer tatsächlichen Oberflächenstruktur korrespondiert. Einige weitere Kanäle, darunter Cerberus, fallen mit dunklen Zeichnungen auf der Marsoberfläche zusammen, die durch dunklen Staub oder dunkles Gestein entstanden sind. Dabei handelt es sich aber um breite, unregelmäßige Formationen, die nichts mit den feinen, geraden Kanälen auf Lowells Karten gemein haben.

Man konnte zwar die Lowellschen Kanäle nicht bestätigen, aber Mariner 9 fand dennoch überzeugende Hinweise darauf, dass auf dem Mars einmal Wasser geflossen ist. Dies wurde von späteren Sonden bestätigt.

Einige Tiefebenen scheinen von Lava überschwemmt worden zu sein. Heute kann Wasser in flüssigem Zustand auf Mars nicht existieren, weil der atmosphärische Druck zu niedrig ist. Die Existenz alter Wasserläufe lässt vermuten, dass die Atmosphäre einmal dichter gewesen ist – und mit einer dichteren Atmosphäre wäre der Planet wärmer gewesen. Vielleicht haben die Vulkane ausreichend Gase ausgeworfen, um das Klima zeitweise zu verändern. Wenn dies der Fall war, hätte auf Mars auch Leben entstehen können, und das hieße, dass Mikroorganismen wie Bakterien auch heute noch in dem roten Sand existieren könnten.

Im Jahr 1976 suchten zwei amerikanische Viking-Sonden erstmals nach Leben auf dem Mars. Jede Sonde bestand aus zwei Teilen: dem Landemodul und dem Orbiter. Das Landemodul von Viking 1 setzte auf der nördlichen Halbkugel in der Tiefebene Chryse auf, wo es einmal Wasser gegeben haben könnte. Das andere Landemodul setzte auf der entgegengesetzten Seite auf. Im Marswinter dringen die Polkappen bis in diese Planitia genannte Region vor.

Die Landemodule trugen Farbkameras und Instrumente, mit denen man den Boden und die Atmosphäre untersuchen konnte. Beide Vikings landeten in einer steinigen Geröllandschaft ohne jegliche Hinweise auf Leben – es gab keine Pflanzen, Insekten oder Spuren von Tieren. Mithilfe eines mechanischen Arms wurden Bodenproben genommen und in einem On-Board-Biolabor auf Mikroorganismen untersucht. Zur Enttäuschung der Fachwelt fand man keinen Hinweis auf Leben.

Das bedeutet nicht, dass Mars vollständig unfruchtbar ist. Möglicherweise gibt es Leben an Stellen, an denen die Vikings nicht gesucht haben, etwa unterirdisch oder innerhalb größerer Felsbrocken. Diese Theorie gilt seit 1996 als durchaus wahrscheinlich, nachdem organische Moleküle und sogar versteinerte, einfache Organismen wie Bakterien in einem Mars-

Oben: Die steinige, rötliche Oberfläche des Mars, aufgenommen im Juli 1997 von der Sonde Mars Pathfinder. Am Horizont die so genannten Twin Peaks. (Timothy Parker, JPL/NASA)

Links: Pathfinder brachte Sojourner auf den Mars. Hier untersucht er den Felsbrocken Yogi. (Peter Smith, University of Arizona/NASA)

meteorit gefunden wurden, der in der Antarktis auf der Erde niedergegangen war. Diese Behauptungen werden jedoch kontrovers diskutiert, und daran wird sich wahrscheinlich auch nichts ändern, bis die ersten Bodenproben vom Mars zur Erde gebracht werden.

Da die Landemodule der Viking-Sonden extrem feindliche Bedingungen auf Mars feststellten, ist ein Mars ohne Leben eigentlich keine Überraschung. Viking 1 maß an einem Mars-Sommernachmittag eine Höchsttemperatur der Luft von –29 °C; die Viking 2 maß weiter nördlich unter –100 °C, als der Winter einsetzte und das Kohlendioxid in der Atmosphäre zu erstarren begann und weißen Frost auf der Marsoberfläche bildete. Der atmosphärische Druck lag bei nur 7,5 Millibar (750 Hektopascal), das entspricht dem Luftdruck in 35 km Höhe über der Erdoberfläche.

Die Ergebnisse der Viking-Sonden waren für die Biologen zwar eine Enttäuschung, nicht aber für die Geologen. Wie erwartet, stammt die charakteristische Rotfärbung des Mars von einem hohen Eisenanteil im Oberflächengestein. Mars ist wahrscheinlich die reichste Eisenerzquelle des Sonnensystems. Selbst der Himmel ist pinkfarben, weil kleine Staubteilchen in der dünnen Atmosphäre enthalten sind. Die Oberfläche des Mars ist trockener und staubiger als jede Wüste auf der Erde.

Während die Vikings die Marsoberfläche untersuchten, führten die Orbiter die Arbeit der Mariner 9 weiter.

Mars erwies sich als Planet mit zwei gegensätzlichen Hälften. Die nördliche Hälfte ist flacher und weniger zerklüftet. Außerdem wurde sie von den Vulkanen mit Lava geflutet. Zu den letzten Eruptionen kam es innerhalb der letzten paar hundert Millionen Jahre. Die südliche Hälfte – die zuerst von der Mariner-Sonde fotografiert wurde – ist höher und stärker von Einschlagkratern durchsetzt, ähnlich der Mondoberfläche.

Auf der südlichen Hälfte des Mars befinden sich zwei große Einschlagbecken, Hellas und Argyre. Argye hat einen Durchmesser von 900 km und ist etwa so groß wie das Mare Imbrium auf dem Mond, während Hellas dreimal so groß ist und damit den Ausmaßen des Oceanus Procellarum entspricht. Im Gegensatz zu den Maria des Mondes scheinen Argyre und Hellas aber mit hellem Staub gefüllt zu sein. Viele der Sandstürme, die nach dem Perihel gelegentlich die Marsoberfläche verdunkeln, haben ihren Ausgangspunkt in Hellas.

Im Jahr 1997 lieferte die Marssonde Pathfinder, die auf Chryse Planitia auf der nördlichen Halbkugel landete, 800 km östlich des Landeplatzes der

Die Marsmonde Phobos (rechts) und Deimos (links) sind wahrscheinlich eingefangene Asteroiden. Oben zum Vergleich der Asteroid Gaspra im gleichen Maßstab unter ähnlichen Lichtverhältnissen. Gaspra wurde von der Galileo-Sonde aufgenommen, Phobos und Deimos vom Viking-Orbiter. (NASA)

Viking 1, neue, bemerkenswerte Aufnahmen von der Marsoberfläche. Die Tiefebene sah aus der Umlaufbahn aus, als wäre sie in ferner Vergangenheit einmal geflutet gewesen. Dieser Eindruck wurde von den Aufnahmen der Pathfinder bestätigt, die eine steinige Landschaft mit Felsbrocken und kleineren, rundlichen Steinen zeigten, ähnlich früheren Überschwemmungsgebieten auf der Erde (Panoramaaufnahme auf Seite 352–353).

Die Pathfinder-Sonde transportierte einen kleinen, Sojourner genannten Roboter, der einige Steine in der Umgebung des Landeplatzes untersuchte. Er fand unterschiedliche Zusammensetzungen, die mit dem Geröll übereinstimmten, das von den Überschwemmungen hierher getragen worden war. Aus der Häufigkeit der Einschlagkrater in dieser Region kann man jedoch schließen, dass die letzte Flut etwa zwei Milliarden Jahre her sein muss.

Überraschend war die Erkenntnis, dass Mars heute nicht zu wenig Wasser besitzt, auch wenn dieses zum größten Teil in gefrorener Form in den Polkappen und in einer unterirdischen Permafrostschicht etwa in Höhe des 30. nördlichen und südlichen Breitengrads gebunden ist. Dadurch ergibt sich eine weitere Möglichkeit für den Ursprung der Kanäle: Das unterirdische Eis ist durch vulkanische Aktivität oder die Folgen von Meteoriteneinschlägen geschmolzen. Ob dies oder ein erdähnliches Klima die richtige Erklärung für die vergangene Flut ist, bleibt jedoch vorerst unbeantwortet.

Die Polkappen des Mars bestehen aus mehrere Meter dickem Eis, dem im Winter Kohlendioxid zugeführt wird. Das gefrorene Kohlendioxid fällt aus der Atmosphäre aus und bildet eine raureifähnliche Schicht, die sich bis zum 45. Breitengrad ausdehnen kann. Während eines Marsjahres verändert sich der atmosphärische Druck um mindestens 20 %, denn das Kohlendioxid verdunstet an einer Polkappe, wandert auf die andere Seite und fällt wieder aus, wenn dort der Winter beginnt.

Eine Frage blieb nach der ersten Phase der Beobachtungen durch Raumsonden ungeklärt: Was bewirkt die Veränderungen in den dunklen Gebieten, wenn es keinerlei Vegetation auf dem Mars gibt? Die Antwort ist: Staub. Aus ihren Umlaufbahnen registrierten die Sonden häufige Oberflächenveränderungen, die durch hellen und dunklen Staub hervorgerufen wurden. Syrtis Major ist z. B. eine sanft gewellte Region aus dunklem Vulkangestein, die zeitweise von hellerem Staub bedeckt und dann wieder freigeblasen wird. Die Winde erreichen auf dem Mars bis zu 200 km/h, sodass der Staub wie ein Sandstrahl über die Oberfläche fegt.

Der Mars besitzt zwei kleine Monde, Phobos und Deimos. Sie wurden 1877 von Asaph Hall entdeckt, der mit einem 66-cm-Refraktor arbeitete. Aufnahmen von Raumsonden zeigen die Satelliten als mit Kratern übersäte Felsbrocken. Phobos, der dem Mars nähere und größere Mond, hat etwa eine Ausdehnung von 27 x 18 km, Deimos von etwa 15 x 10 km.

Das Bemerkenswerte an Phobos ist, dass er Mars dreimal am Tag umkreist. Außerdem ist er seinem Planeten näher als jeder andere Mond des Sonnensystems – er ist lediglich 6000 km entfernt. Wahrscheinlich handelt es sich um Asteroiden, die zu nahe an Mars vorbeiflogen und von seiner Gravitation eingefangen wurden.

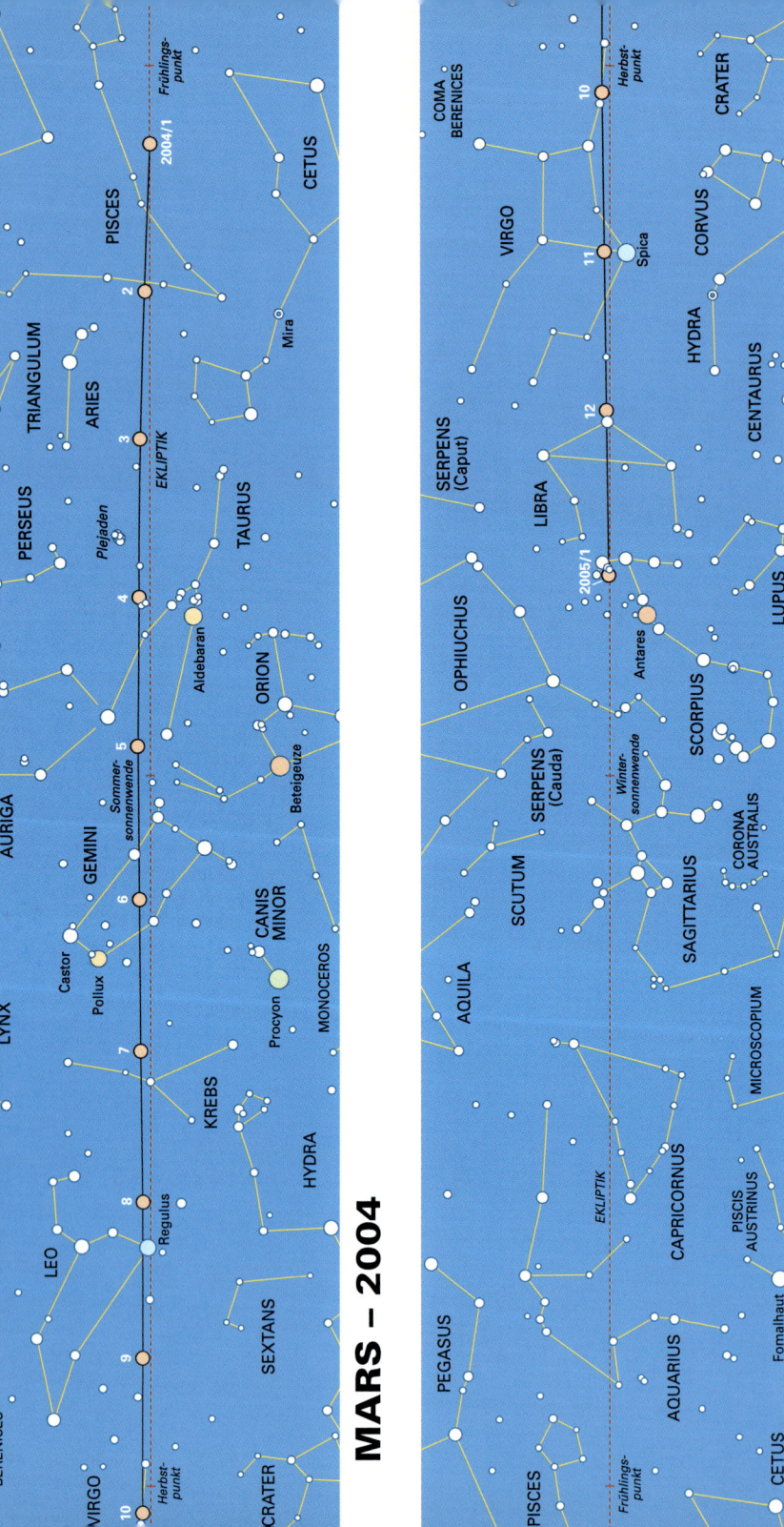

MARS – 2004

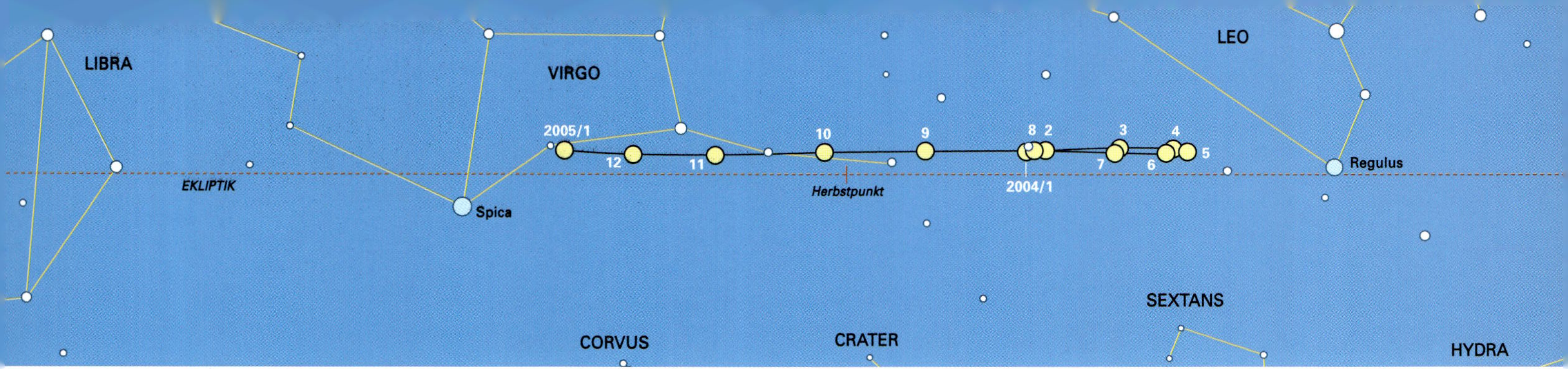

JUPITER – 2004

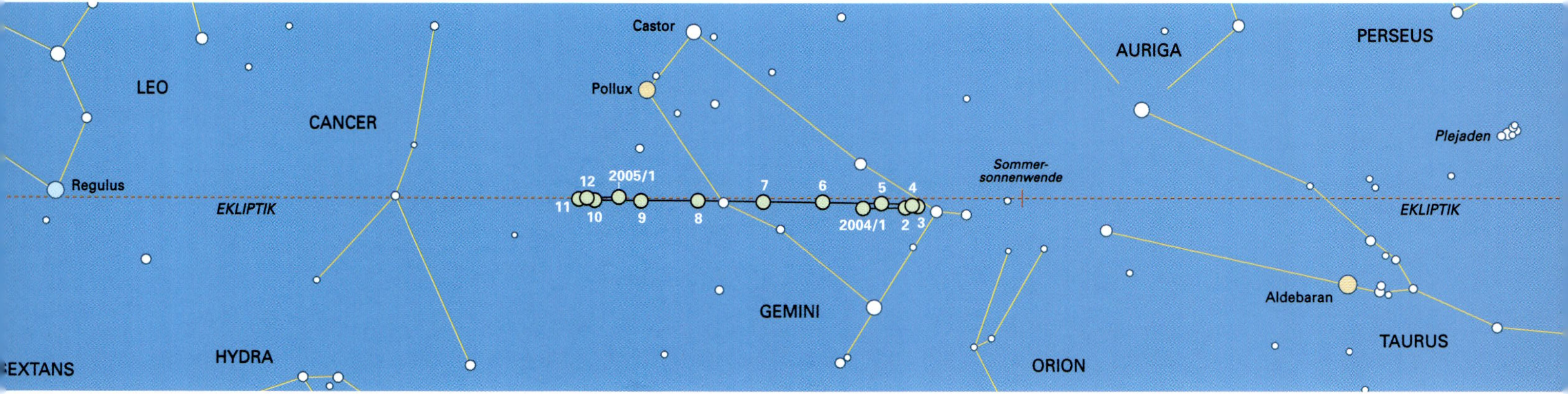

SATURN – 2004

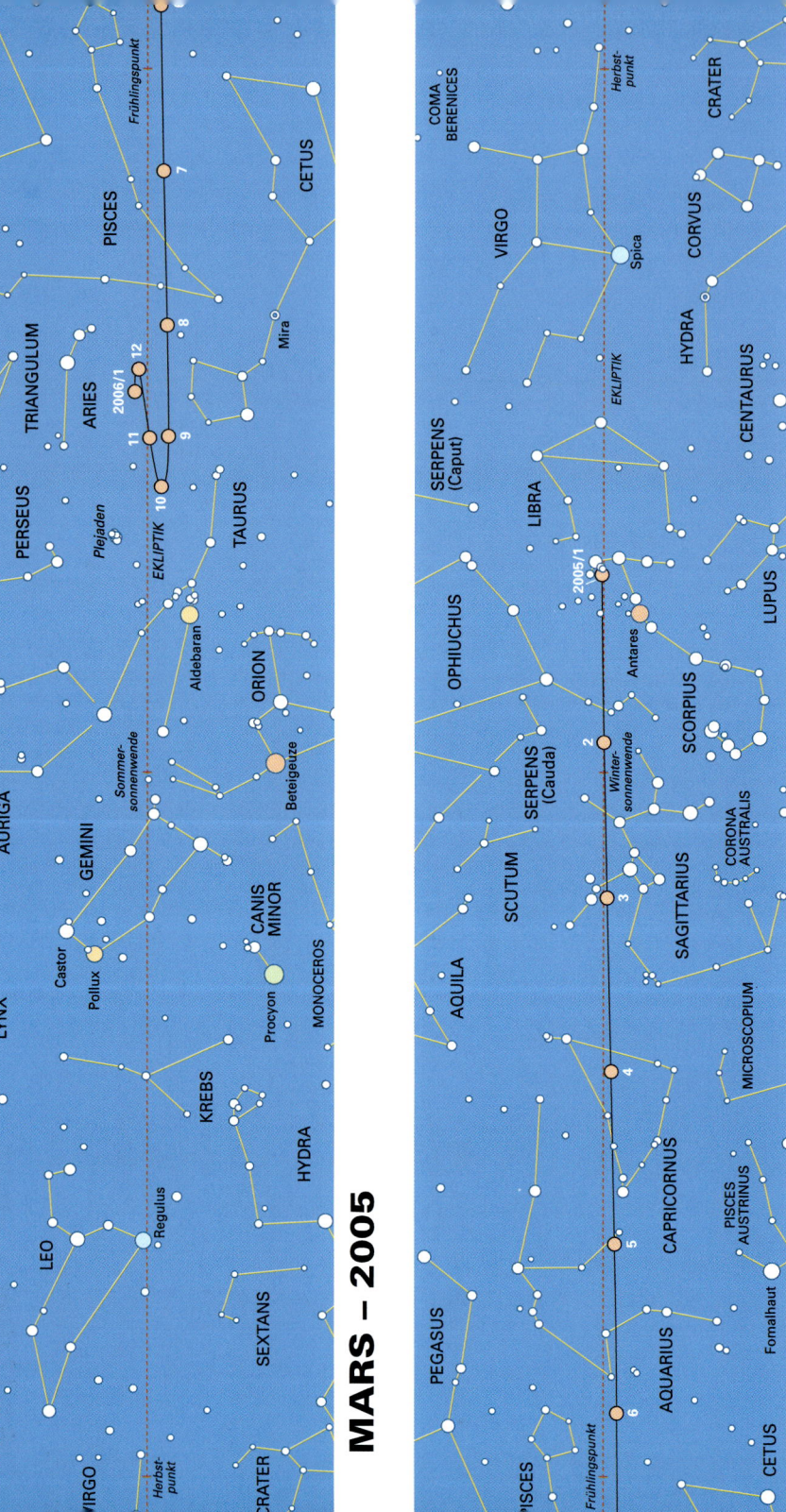

MARS – 2005

MARS – 2005

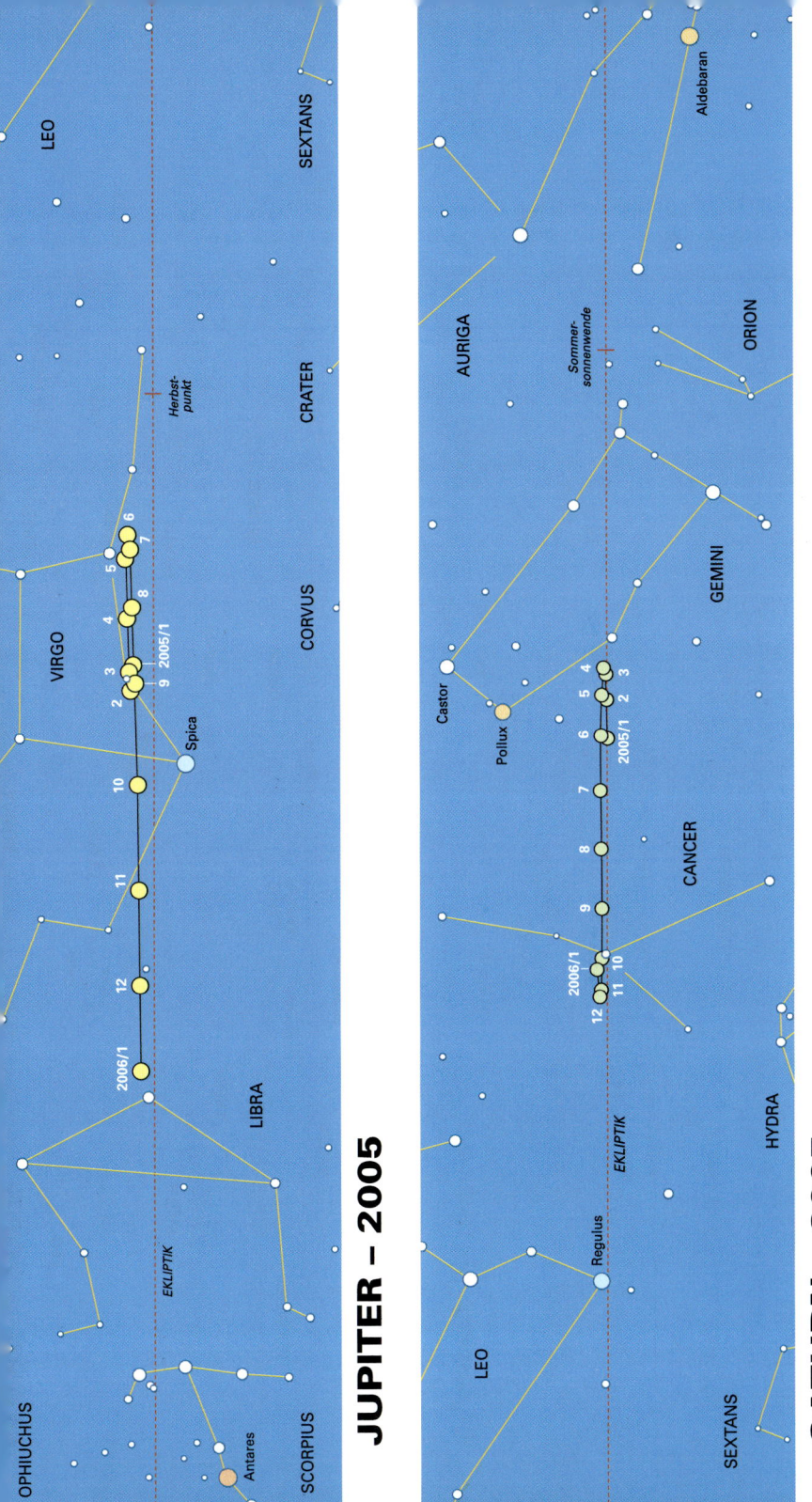

JUPITER – 2005

SATURN – 2005

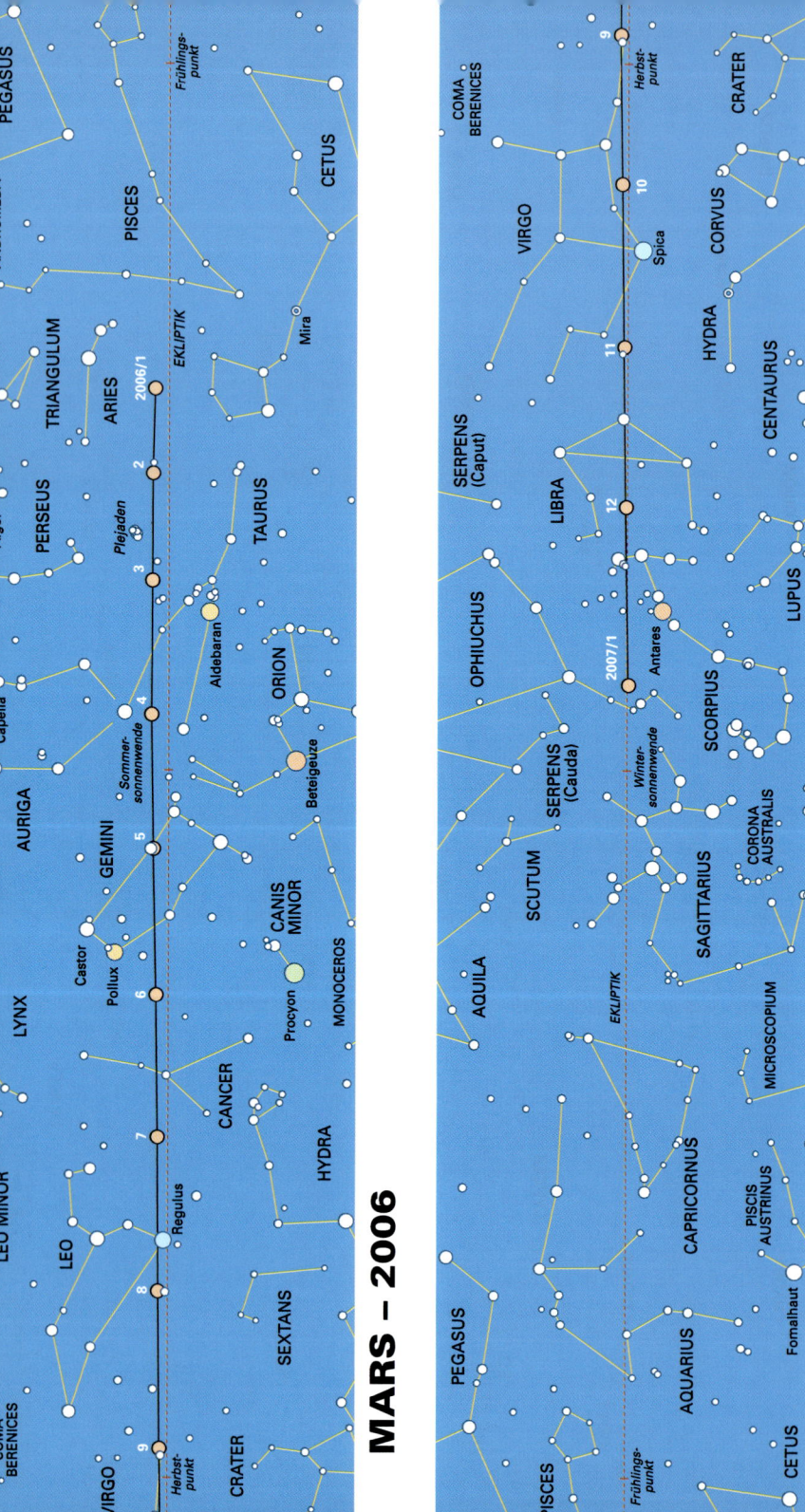

MARS – 2006

MAR** 2006

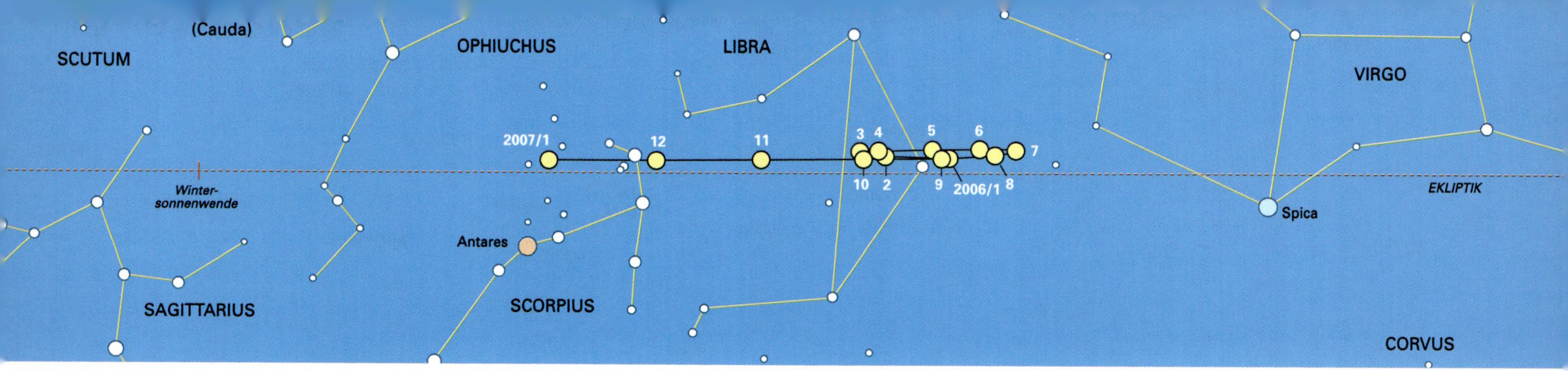

JUPITER – 2006

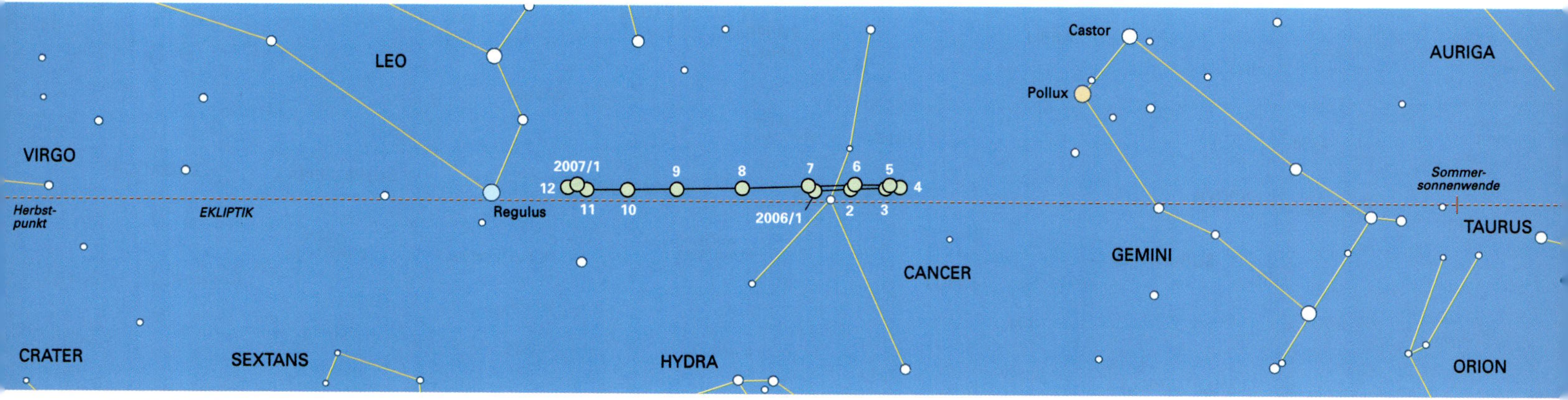

SATURN – 2006

VIRGO
CORVUS
EKLIPTIK
Spica
SCUTUM
(Cauda)
OPHIUCHUS
LIBRA
SCORPIUS
Antares
SAGITTARIUS
Winter-
sonnenwende
2007/1
2006/18

AURIGA
TAURUS
ORION
Sommer-
sonnenwende
GEMINI
Castor
Pollux
CANCER
HYDRA
LEO
Regulus
VIRGO
Herbst-
punkt
EKLIPTIK
SEXTANS
CRATER
2006/1
2007/1

MARS – 2007

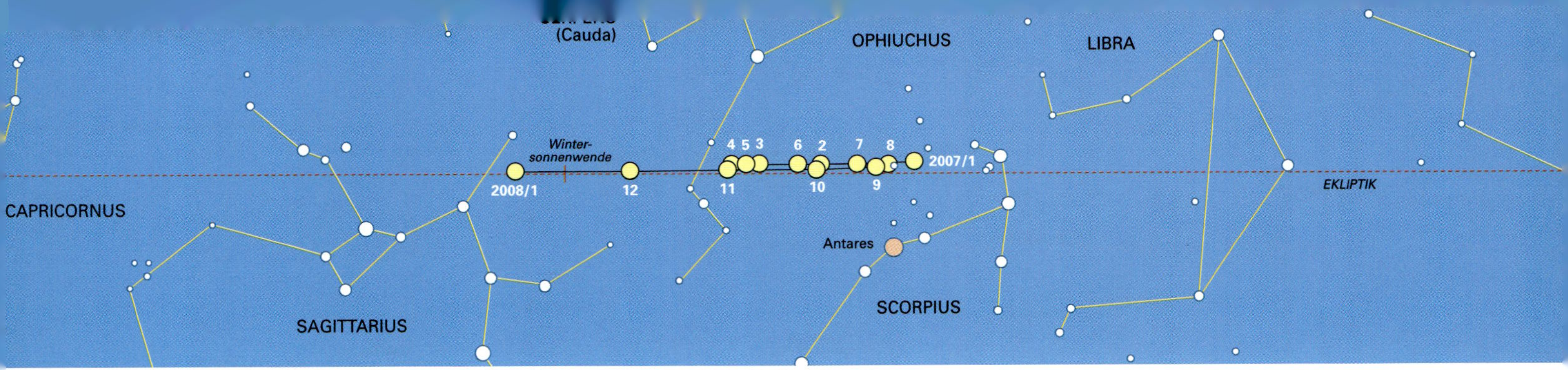

JUPITER – 2007

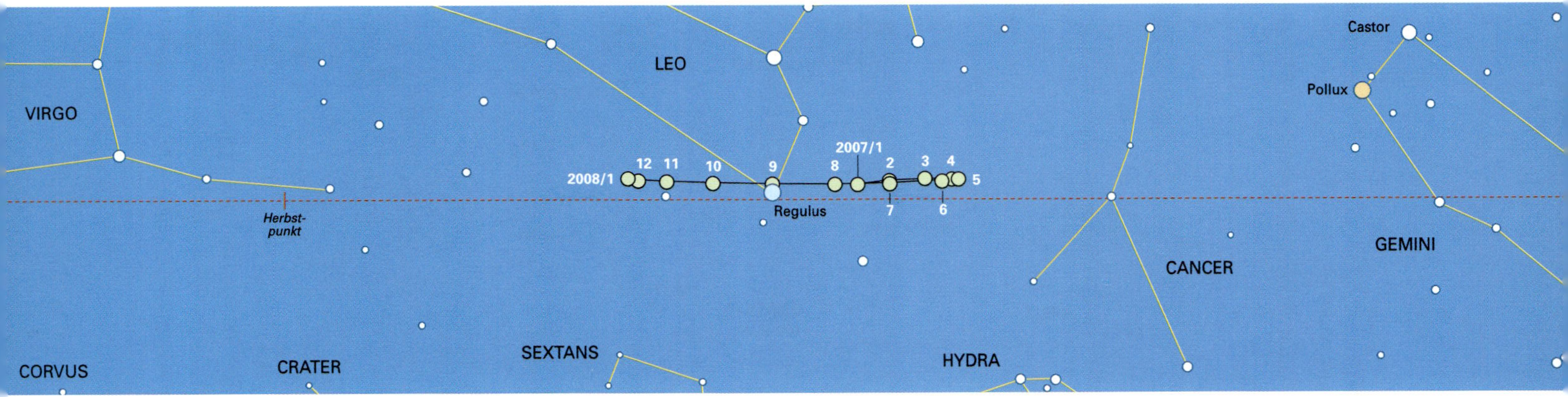

Labels within figure: (Cauda), LIBRA, OPHIUCHUS, EKLIPTIK, SCORPIUS, Antares, Winter-sonnenwende, 2007/1, 2008/1, CAPRICORNUS, SAGITTARIUS

Month markers: 7, 8, 6, 2, 9, 10, 4 5 3, 11, 12

SATURN – 2007

Labels within figure: Castor, Pollux, GEMINI, CANCER, HYDRA, LEO, Regulus, 2007/1, 2008/1, VIRGO, SEXTANS, CRATER, CORVUS, Herbst-punkt

Month markers: 5, 3 4, 2, 6, 7, 8, 9, 10, 12 11

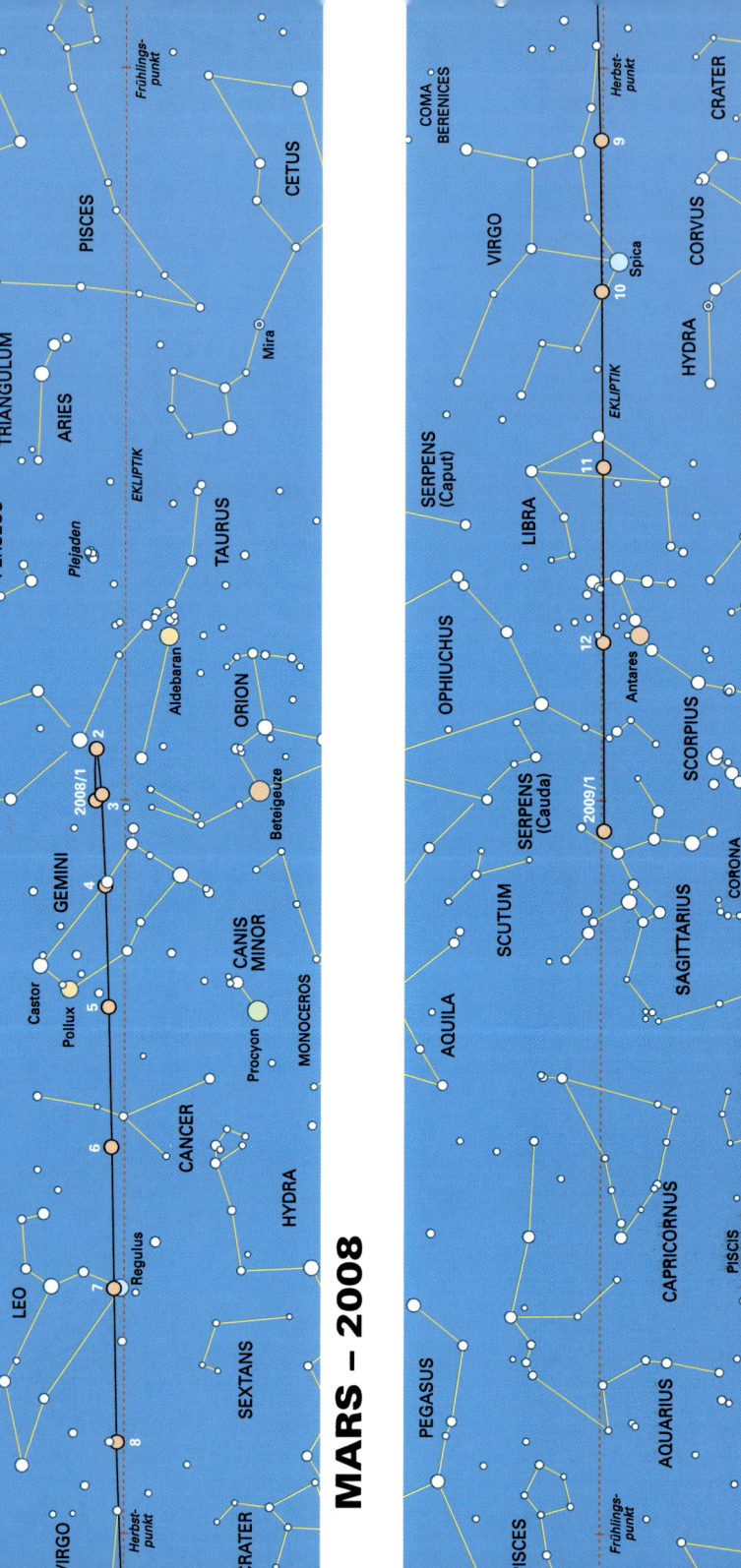

MARS – 2008

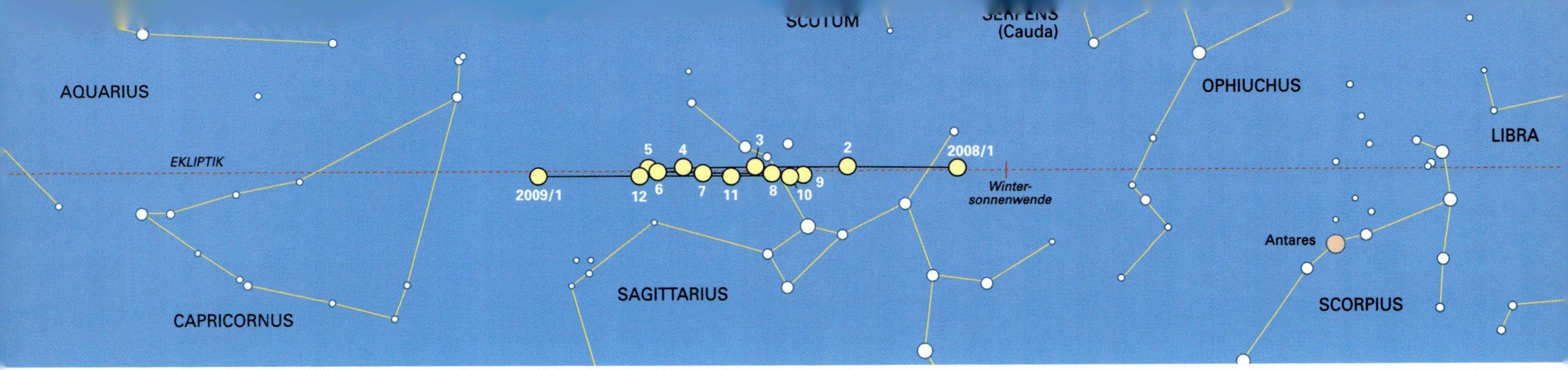

JUPITER – 2008

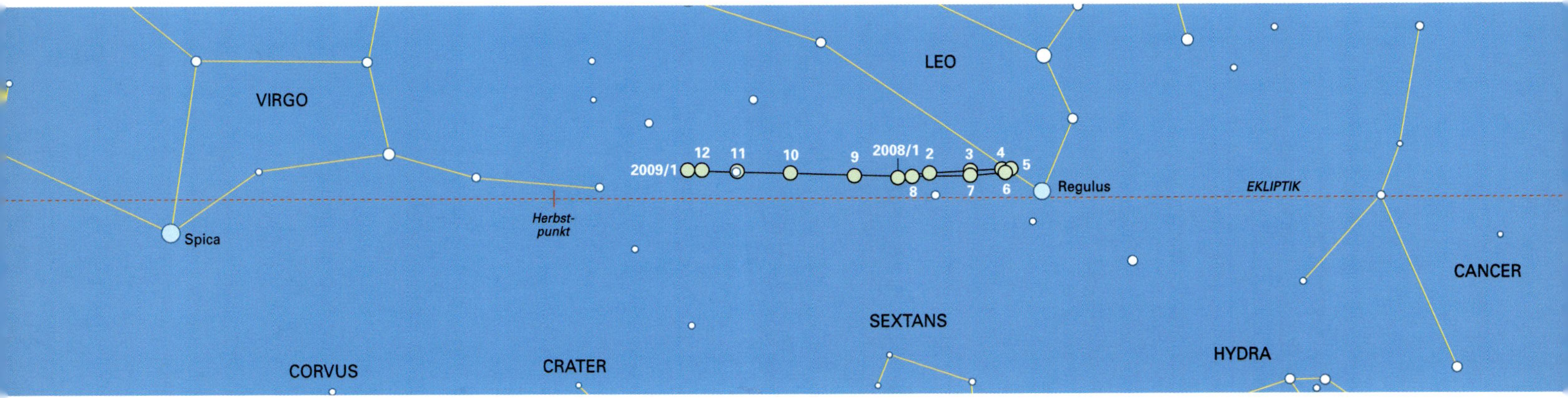

SATURN – 2008

Jupiter

Jupiter, der König der Planeten, ist für Amateurastronomen das interessanteste Objekt unseres Sonnensystems. Schon ein durchschnittliches Fernrohr zeigt die cremefarbene Oberfläche des Planeten und seine vier größten Monde. Sie sind nach dem italienischen Wissenschaftler Galileo Galilei benannt, der sie im Jahr 1610 entdeckte. Wer besonders gute Augen hat, kann die galileischen Satelliten eventuell sogar mit bloßem Auge links und rechts des Planeten entdecken.

Ein kleines Teleskop lässt bereits einige Details auf der Planetenscheibe erkennen: dunkle Wolkengürtel parallel zum Äquator und einen wie ein Auge geformten Fleck auf der südlichen Halbkugel, der der Große Rote Fleck genannt wird. Er wurde erstmals 1831 entdeckt. Eine genaue Untersuchung dieser Details hat ergeben, dass die Rotationsperiode des Jupiter auf verschiedenen Breitengraden unterschiedlich lang ist, sie variiert von 9 h 50 m am Äquator bis zu 9 h 55 m in Polnähe. Außerdem bewegt sich

Diese Aufnahme von Jupiter wurde im Jahr 2000 von der Raumsonde Cassini aufgenommen. Helle und dunkle Zonen wechseln einander ab. Auf der südlichen Halbkugel sieht man den Großen Roten Fleck. (NASA/University of Arizona)

der Große Rote Fleck relativ zu seiner Umgebung. Daraus kann man schließen, dass Jupiter kein massiver Planet ist. Wir sehen Wolken, die ständig umeinander wirbeln und dabei Form und Farbe verändern. Jupiter sieht immer wieder anders aus.

Jupiter ist auch mit bloßen Augen leicht zu erkennen. Wenn er mit 590 Millionen km die erdnächste Position einnimmt, erreicht er eine Leuchtkraft von –2,9. Selbst wenn er weit entfernt ist, leuchtet er immer noch heller als jeder Stern außer Sirius. Seine Helligkeit verdankt er den stark reflektierenden Wolkenschichten und seiner imposanten Größe – er ist der größte Planet des Sonnensystems. Seine Form bestätigt, dass es sich nicht um einen massiven Planeten handelt: Jupiter ist in der Mitte stark nach außen verformt. Am Äquator beträgt sein Durchmesser 143 000 km, von Pol zu Pol aber nur 133 700 km. Der Äquatordurchmesser ist elfmal so groß wie der der Erde. Und obwohl Jupiter hauptsächlich aus den leichtesten Elementen des Universums besteht, nämlich Wasserstoff und Helium, besitzt er zweieinhalbmal so viel Masse wie alle anderen Planeten zusammen.

Jupiter umkreist die Sonne in 11,9 Jahren bei einer durchschnittlichen Entfernung von 778 Millionen km. Alle 13 Monate gerät er in eine für Beobachtungen besonders günstige Position. Die Bewegung des Jupiter über einen Zeitraum von fünf Jahren sind auf den Karten auf den Seiten 356–365 dargestellt.

Als Beobachter verwendet man am besten vorgedruckte Schablonen mit einem Äquatordurchmesser von 64 mm und einem polaren Durchmesser von 60 mm. Wenn man die auffälligsten Merkmale gesehen hat, geht man zu den Details über, beginnend mit der obersten Zone. Hier rotiert der Planet mit 6 ° pro zehn Minuten, sodass alle sichtbaren Merkmale schnell aus dem Blickfeld verschwinden. Die Intensitäten werden auf einer Skala von 0–10 eingeordnet, wobei 0 extrem hell und 10 schwarz bedeutet (in den USA umgekehrte Reihenfolge). Am besten beobachtet man die vorbeiziehenden Merkmale am Zentralmeridian – der gedachten Linie vom Nord- zum Südpol. So kann man die Geschwindigkeit der einzelnen Schichten leichter bestimmen und beobachten, wo die Winde zu Verwirbelungen führen.

Da die Wolkenformationen des Jupiter schnell wandern und sich ständig verändern, kann man sein Aussehen nur ungefähr beschreiben. Auf der Scheibe sind abwechselnd helle und dunkle Streifen zu sehen, die man als Zonen oder Gürtel bezeichnet. In den hellen Zonen herrschen gefrorene Ammoniakkristalle vor, hier steigen Gase auf; die dunklen Zonen, in denen Gase absinken, sind flacher und wärmer (wobei „warm" ein relativer Begriff ist, denn die Temperaturen liegen in den Wolken um –150 °C). Die Farbpalette der Zonen reicht von Gelb und Braun über Orange und Rot bis zu Violett. Grund dafür sind die komplexen chemischen Stoffe in der Atmosphäre; Schwefel gehört u. a. zu den wichtigsten Farbgebern des Jupiter.

Die Hochgeschwindigkeitswinde (bis zu 500 km/h) sorgen für gewaltige Wirbel an den Zonenrändern, sodass diese immer etwas verzerrt aussehen. Das Wetter auf Jupiter ist nicht vorhersehbar. In den Wolken können jederzeit helle und dunkle Flecken auftauchen, einige Wochen oder gar

Jahre dort bleiben und dann wieder verschwinden. Für Amateurbeobachter sind die Wanderungen dieser Stürme um den Planeten herum besonders interessant.

Von allen besonderen Erscheinungen Jupiters ist der Große Rote Fleck die bei weitem bekannteste und dauerhafteste. Er ist unglaublich groß: 14 000 km breit und bis zu 40 000 km lang, groß genug, um die Erde dreimal aufzunehmen. Er ist allerdings nicht immer rot. Meistens ist er rosa gefärbt, manchmal tendiert er auch zu einem farblosen Grau. Die Farbe stammt wahrscheinlich von rotem Phosphor oder Schwefel. Es war reines Glück, dass der Fleck besonders auffällig war, als die Sonden Voyager 1 und 2 den Planeten 1979 erreichten. Bis heute ist seine Natur nicht vollständig erforscht, aber optisch erscheint er wie eine aufwärts wirbelnde Gassäule, ähnlich wie ein Hurrikan auf der Erde, wobei die Spitze etwa acht Kilometer über der Wolkendecke liegt. Auch die anderen, kleineren Punkte, darunter eine ganze Reihe weißer Ovale, scheinen Wirbelstürmen zu gleichen. Als ob sie die stürmische Natur des Jupiter hervorheben wollten, fotografierten die Voyager- und später auch die Galileo-Sonden gewaltige Blitze auf der Nachtseite, die viel größer waren als alle Gewitterstürme auf der Erde.

Der Schlüssel zur meteorologischen Lage auf Jupiter liegt in der Tatsache, dass der Planet doppelt so viel Wärme abgibt, wie er von der Sonne aufnimmt. Während seiner Bildung war der Planet sehr heiß, und von dieser Wärme ist heute noch viel erhalten. Dieser innere Generator treibt das komplexe Wolkensystem Jupiters an und erhält den Großen Roten Fleck und die kleineren Stürme viel länger, als dies auf der Erde möglich wäre.

Jupiter hat interessanterweise fast dieselbe Zusammensetzung wie die Sonne: Hauptsächlich besteht er aus Wasserstoff und Helium. Wahrscheinlich besitzt er einen steinernen Kern, der etwa doppelt so groß ist wie die Erde, aber bisher konnte keine Raumsonde dort gelandet werden. Unter der dünnen Wolkenschicht aus gefrorenem Ammoniak befinden sich komplexere Verbindungen, die für die dunklere Färbung der Bänder sorgen. Darunter wiederum herrschen ähnliche Temperaturen wie auf der Erde, hier

Die dunklen Flecken südlich des Großen Roten Flecks markieren die Stellen, an denen Fragmente des Kometen Shoemaker-Levy 9 im Juli 1994 einschlugen. Aufnahme des Hubble-Weltraum-Teleskops. (STScI/NASA)

Maßstabsgetreues Gruppenbild der vier größten Jupitermonde, aufgenommen von der Galileo-Sonde. Von links: die schwefelgelbe Oberfläche des vulkanischen Io, der von Eisbrüchen überzogene Mond Europa, dunkle Flecken und helle Einschlagkrater auf Ganymed und der mit Kratern übersäte Kallisto, im Zentrum das Walhalla-Beckens. (NASA)

kondensiert Wasser. Etwa 1000 km unter der obersten sichtbaren Wolkenschicht steigen die Temperaturen so stark an, dass sogar Wasserstoff so weit zusammengepresst wird, dass er in flüssigen Zustand übergeht.

Die flüssigen Wasserstoffozeane auf Jupiter sind ungefähr 20 000 km tief. Darunter wird unter dem immensen Druck von drei Millionen Erdatmosphären Wasserstoff in einen überdichten Zustand zusammengepresst, der die Eigenschaften von Metall aufweist; man spricht daher auch von metallischem Wasserstoff. Die Konvektionsströme innerhalb des heißen metallischen Innern sind vermutlich der Grund für Jupiters starkes Magnetfeld. Es ist zehnmal so stark wie das der Erde und erstreckt sich über das Hundertfache des Jupiterdurchmessers in den Raum hinein.

Eines der bemerkenswertesten Ereignisse der Planetenbeobachtung geschah 1994, als der Komet Shoemaker-Levy 9 auf Jupiter stürzte, nachdem er zuvor von ihm eingefangen worden und auf seiner Umlaufbahn in mehr als 20 Teile zerbrochen war. Er hinterließ mehrere dunkle Flecken in den Wolken, die man mit kleinen Teleskopen sehen kann. In den folgenden Monaten wurden die dunklen Flecken zu einem Band, das sich um Jupiter herumzog und über ein Jahr lang zu sehen war, bevor es verschwand.

Jupiter besitzt eine faszinierende „Sammlung" von über 60 Monden, fast wie ein Sonnensystem in Miniaturformat. Die vier größten sind auch mit einfachen Hilfsmitteln gut zu sehen. Sie werden Galileische Monde genannt und scheinen um den Planeten herum zu tanzen, denn sie ändern ihre Positionen von Nacht zu Nacht.

Der innerste der Galileischen Monde ist Io. Er hat einen Durchmesser von 3643 km und eine Umlaufzeit von $42^{1}/_{2}$ h. Io ist der vulkanisch aktivste Himmelskörper in unserem Sonnensystem. Im Jahr 1979 fotografierte Voyager 1 acht gleichzeitig ausbrechende Vulkane auf Io. Man konnte Hunderte weiterer Vulkanschlote erkennen, auch wenn diese gerade nicht aktiv waren. Diese Vulkane werfen nicht nur geschmolzenes Gestein (Lava) aus wie auf

der Erde, sondern auch Schwefel, der dann fest wird und Io seine bunte Oberflächenfärbung verleiht.

Io ist geschmolzen, weil die Gravitationskräfte von Jupiter und den anderen Monden gleichzeitig an ihm ziehen. Dadurch entstehen starke Gezeitenkräfte, die das Innere Ios schmelzen lassen. Io bereitet sein Inneres an der Oberfläche auf, d.h. er stülpt sein Inneres quasi ständig nach außen. Ein Teil des Schwefels entweicht und regnet auf den innersten Jupitermond Amalthea nieder, sodass dieser mit der Zeit einen orangegelben Umhang bekommen hat. Amalthea ist nicht mehr als ein unförmiger Gesteinsbrocken von 200 km Durchmesser.

Innerhalb der Umlaufbahn Amaltheas fanden die Voyager-Sonden einen schwachen Staubring, der sich bis auf nur 30 000 km Entfernung von Jupiter ausdehnt. Dieser dünne Ring ist wahrscheinlich entstanden, weil ein oder mehrere winzige Monde auseinandergebrochen sind. Zwei dieser kleinen Monde, Adrastea und Metis, kreisen noch immer am äußeren Rand des Rings und wurden dort von den Voyager-Sonden entdeckt.

Der äußere Nachbar von Io ist Europa, mit einem Durchmesser von 3124 km der kleinste der Galileischen Monde. Europa ist von einer weißen Eisschicht bedeckt, die von vielen Brüchen durchzogen ist. Sie sind wahrscheinlich durch Gezeitenkräfte entstanden.

Jenseits von Europa steht Ganymed, der größte und hellste der Monde. Mit einem Durchmesser von 5265 km ist er nicht nur der größte Mond des Sonnensystems, sondern sogar größer als der Planet Merkur. Ganymed ist wie der vierte der Galileischen Monde, der 4819 km messende Kallisto, ein Ball aus Eis und Gestein. Auf Kallisto gibt es zahlreiche Krater, von denen der größte, Walhalla, 300 km Durchmesser hat. Wie die großen Becken auf dem Mond und Merkur ist er von wellenförmigen Hügelketten umgeben. Auch Ganymed ist von Einschlägen gekennzeichnet, seine Oberfläche ist von einem ungewöhnlichen Faltensystem überzogen, das wahrscheinlich entstanden ist, als sich einzelne Schichten des Mondes übereinander geschoben haben.

Alle anderen Jupitermonde sind klein und uninteressant. Einige von ihnen – insbesondere die vier äußeren, die Jupiter auf stark elliptischen Bahnen in gegenläufiger Richtung umkreisen – sind vermutlich von seiner Schwerkraft eingefangen worden.

Saturn

Mit den strahlenden Ringen um seinen Äquator ist Saturn der schönste der Planeten. Die charakteristischen Ringe sind mit einem kleinen Teleskop klar zu erkennen; ein gutes, fixiertes Fernglas zeigt den Planeten aufgrund der Ringe leicht elliptisch verzerrt. Damit ist auch Titan zu sehen, der größte Saturnmond, der seinen Planeten in 16 Tagen umkreist.

Die Saturnringe reflektieren mehr Licht als der Planet selbst. Mit einer Helligkeit von bis zu –0,3 wird Saturn nur noch von Sirius und Canopus übertroffen. Ohne die Ringe besäße Saturn höchstens die Größenklasse 0,7 und wäre damit nur halb so hell. Merkwürdigerweise kann Saturn manchmal so aussehen, als hätte er gar keine Ringe. Grund dafür ist die Neigung der Rotationsachse. Während seiner Reise um die Sonne wendet Saturn uns die Ringe zeitweise frontal, aber eben auch von der Seite zu. Die Ringe sind so dünn, dass sie selbst mit großen Teleskopen von der Seite aus nicht zu erkennen sind (dazu kommt es ca. alle 15 Jahre, die nächsten Male in den Jahren 2009 und 2025). Die Helligkeit von Saturn hängt also auch von der Stellung seiner Ringe ab.

Saturn benötigt für einen Umlauf um die Sonne 29^1/$_2$ Jahre, seine mittlere Entfernung beträgt 1,43 Milliarden km, er ist damit 9^1/$_2$-mal so weit von der Sonne entfernt wie die Erde. Da er sich so langsam bewegt, erreicht er die Opposition jedes Jahr zwei Wochen später. Die Positionen des Saturn über fünf Jahre finden Sie auf den Karten auf den Seiten 356–365.

Eine Aufnahme des Saturn aus dem Jahr 1981, erstellt von Voyager 2. Die Saturnmonde Tethys, Dione und Rhea sind als winzige Punkte unter dem Planeten zu sehen, Tethys wirft seinen Schatten auf die Wolkendecke. (USGS)

In vieler Hinsicht ist Saturn wie ein kleiner Bruder von Jupiter. Der Äquatordurchmesser ist mit 120 500 km der zweitgrößte; seine Rotationsperiode ist mit $10^{1/4}$ h die zweitkürzeste; und Saturn besteht wie Jupiter hauptsächlich aus Wasserstoff und Helium. Eine Eigenschaft an ihm ist jedoch eizigartig: Seine mittlere Dichte ist geringer als die von Wasser.

Diese bemerkenswerte Eigenschaft gründet darauf, dass seine Masse weniger als ein Drittel der Jupitermasse beträgt, sodass seine Gravitation geringer ist und die Zentralregionen nicht so stark zusammengepresst werden. Höchstwahrscheinlich besitzt er einen Gesteinskern, aber die ihn umgebende Region, in der Wasserstoff zu einer flüssigen, metallischen Form zusammengepresst wird, dehnt sich nur auf die Hälfte des Planetendurchmesser aus, im Vergleich zu drei Viertel des Durchmessers von Jupiter. Das genügt nicht, um die geringe Dichte der äußeren Schichten auszugleichen, daher liegt seine mittlere Dichte nur bei 70 % der Dichte von Wasser. Die niedrige Dichte des Saturn ist auch äußerlich erkennbar, denn er ist noch stärker verformt als Jupiter. Sein Durchmesser beträgt von Pol zu Pol 109 000 km, volle zehn Prozent weniger als der Äquatordurchmesser.

Durch das Teleskop erscheint Saturn als stille, ockergelbe Scheibe, etwas dunkler an den Polen und mit einigen schwachen, horizontalen Bändern. Um Saturn zu beobachten, werden häufig verschiedene, vorgedruckte Schablonen verwendet, um die veränderliche Neigung der Ringe auszugleichen. Wie bei Jupiter müssen die wichtigsten Merkmale schnell erfasst werden, bevor sie wieder aus dem Sichtfeld rotieren. Beobachter können die Intensität der Merkmale auf einer Skala einordnen; in Europa reicht diese von 1 (die hellste Zone der Ringe) bis 10 (schwarzer Himmel), in den USA dagegen umgekehrt von 0 (schwarzer Himmel) bis 8 (hellste Zone der Ringe). Einzelne Orientierungspunkte auf den Wolken kann man wie bei Jupiter zur Ermittlung ihrer Geschwindigkeit verwenden.

Kleine Teleskope liefern bereits ausgezeichnete Bilder von Saturn, aber für eine ernsthafte Beobachtung sind mindestens 200 mm Öffnung notwendig, denn Saturn kennzeichnen weder vielfarbige Wirbelstürme, die Jupiter auch für kleine Teleskope so interessant machen, noch etwas Vergleichbares zum Großen Roten Fleck. Allerdings kommt es alle 30 Jahre, wenn der Nordpol seine größte Neigung zur Sonne erreicht, zu einer großen Eruption auf der nördlichen Hemisphäre, bei der ein großer weißer Fleck entsteht. Die weißen Flecke sind sicherlich Sturmwolken, die durch die Sonneneinstrahlung entstehen. Der letzte Ausbruch geschah 1990 und war mehrere Monate sichtbar, in den folgenden Jahren erschienen weitere kleinere Flecke.

Auch abgesehen von den weißen Flecken heißt dies nicht, dass es in der Saturnatmosphäre keine Aktivität gibt. Vielmehr werden die Wolkenmuster meistens von dem weiter oben hängenden Nebel verdeckt. Die Kameras der Voyager-Sonden 1 und 2, die Saturn 1980 und 1981 erreichten, registrierten schwach sichtbare Wolkenwirbel, die denen auf Jupiter ähneln. Das Wetter ist auf beiden Planeten sehr ähnlich, da beide innere Wärmequellen besitzen. Wie Jupiter gibt auch Saturn doppelt so viel Wärme ab, wie er von der Sonne aufnimmt, die Gründe dafür liegen in seiner Ent-

Auf Mimas, einem der kleineren Saturnmonde, befindet sich ein gewaltiger Krater mit zentralem Gipfel, der durch einen heftigen Einschlag entstanden sein muss. Der Krater wird Herschel genannt, nach dem Astronomen William Herschel, der Mimas 1789 entdeckte. Die übrige Oberfläche ist mit kleineren Kratern übersät. Dieses Foto wurde 1980 von Voyager 1 aufgenommen. (NASA)

stehungsgeschichte. Da Saturn aber weiter von der Sonne entfernt ist als Jupiter, sind seine Wolken etwa 30 °C kälter und bilden sich in geringerer Höhe. Untersuchungen der Wolkensysteme ergaben, dass auf Saturn Stürme mit einer Geschwindigkeit von bis zu 1800 km/h toben, sie sind dreimal stärker als die Stürme auf Jupiter.

Der Holländer Christiaan Huygens entdeckte schon 1655, dass die Ringe nicht massiv sind, sondern aus zahllosen kleinen Teilchen bestehen, die Saturn umkreisen. Der zentrale Bereich der Ringe, genannt Ring B, ist der breiteste und hellste. Von dem äußeren Ring A trennt ihn eine 5000 km breite Lücke, die Cassinische Teilung, die mit 75-mm-Teleskopen zu sehen ist. Innerhalb von Ring B schließt sich Ring C an, auch Florring oder Kreppring genannt. Im Ring A ist ein schmaler Spalt erkennbar, die Enckesche Teilung. Beobachter mit großen Teleskopen haben mehrfach über Wellen innerhalb der Ringe berichtet, was darauf hinweist, dass die Dichte des Ringmaterials nicht homogen ist.

Selbst die besten Teleskope ließen aber kaum erahnen, welche Detailfülle die Raumsonden entdecken würden. Die Kameras der Voyager-Sonden zeigten, dass die Ringe tatsächlich aus Tausenden schmaler Ringe und Spalten bestehen, ähnlich wie die Oberfläche einer Vinylschallplatte. Manche Ringe sind nicht rund, sondern elliptisch geformt. Selbst die Cassinische Teilung wird von dünnen Ringen durchzogen. Ein neu entdeckter äußerer Ring (F) scheint aus gedrehten Bändern zu sein, wie ein grobes Tau.

Im Vergleich zu den 270 000 km Durchmesser sind die Ringe erstaunlich dünn. Die Untersuchungen der Voyager ergaben eine Stärke von höchstens 100 m. Eine Schallplatte hätte bei diesem Verhältnis fünf Kilometer Durchmesser. Die Teilchen, aus denen die Ringe bestehen, variieren in der Größe von kleinen Staubkörnern bis zu häusergroßen oder noch größeren Brocken. Sie bestehen hauptsächlich aus gefrorenem Wasser, wahrscheinlich mit Staub vermischt. Damit ähneln sie lockeren Schneebällen. Die Saturnringe können auf unterschiedliche Weise entstanden sein. Möglicherweise sollte aus dem Material ein Mond werden, was die immense Gravitation des Saturn aber verhinderte. Es könnte sich aber auch um die Überreste eines Mondes handeln.

Von Zeit zu Zeit können die Ringe sogar „aufgefüllt" werden, wenn Eisbrocken von einschlagenden Kometen abgesprengt werden. An einigen Stellen bedeckt feiner Staub die Ringe, der offenbar durch die elektromagnetischen Kräfte der Magnetosphäre gestützt wird und dunkle Flecken bildet, die so genannten Speichen. Diese Erscheinungen wurden auch schon von der Erde aus beobachtet, aber erst den Voyager-Sonden gelang es, ihre Existenz nachzuweisen.

Die Sonden entdeckten mehrere Saturnmonde, die zu klein sind, um von der Erde aus bemerkt zu werden. Damit stieg die Zahl der bekannten Saturnmonde auf 18, heute kennt man über 30. Die Bahn des Mondes Pan liegt sogar innerhalb der Enckeschen Teilung im Ring A. Prometheus und Pandora kreisen innerhalb und außerhalb des F-Rings und werden deshalb auch „Hirtenmonde" genannt. Weiter außen kreisen Janus und Epimetheus auf derselben Umlaufbahn, was zunächst bei den Astronomen, die sie 1966 entdeckten, für Verwirrung sorgte. Es gibt noch weitere Saturnmonde, die sich Umlaufbahnen teilen. Der von der Erde aus sichtbare Tethys besitzt zwei kleine Geschwister, die ihm auf seiner Bahn folgen. Der ebenfalls von hier aus sichtbare Mond Dione teilt seine Umlaufbahn mit der winzigen Helene, die von einer Voyager-Sonde entdeckt wurde.

Die Gravitation einiger dieser Monde sorgt dafür, dass die Spalten in den Saturnringen erhalten bleiben. So zieht die Schwerkraft von Mimas einzelne Teilchen aus der Cassini-Teilung. Mimas selbst ist wie die meisten Saturnmonde aus gefrorenem Wasser und Gestein. Er besitzt einen bemerkenswert großen Krater (135 km Durchmesser), der größer ist als Kopernikus auf dem Mond. Der Einschlag, der diesen gewaltigen Krater – Herschel genannt – verursacht hat, muss Mimas beinahe zerstört haben.

Der zweitäußerste Mond Japetus zeigt ebenfalls ein merkwürdiges Charakteristikum: Eine Seite ist fünfmal dunkler als die andere. Dieser Effekt ist wahrscheinlich durch Staub entstanden, der von dem äußersten Saturnmond Phoebe stammt, dem dunkelsten der Saturnmonde. Der dunkle Staub treibt von Phoebe aus nach innen und wird von der Vorderseite des Japetus aufgenommen, während die Rückseite weiter vereist bleibt.

Der größte Saturnmond Titan hat einen Durchmesser von 5150 km und darf fast schon als eigenständiger Planet gelten. Er ist größer als Merkur (aber etwas kleiner als der Jupitermond Ganymed) und hat als einziger Mond eine Art Atmosphäre – der atmosphärische Druck auf der Oberfläche von Titan ist sogar um 50 % höher als bei Normal Null auf der Erde. Die Atmosphäre besteht zu 90 % aus Stickstoff, der Rest ist fast ausschließlich Methan. Oberhalb der Atmosphäre legt sich eine orangerote Smogschicht, die die Planetenoberfläche vor den Voyager-Sonden verbarg. Die Oberflächentemperatur auf Titan liegt nur bei −180 °C.

Eine neue Cassini-Sonde wird im Juli 2004 in den Orbit um Saturn einschwenken. Sie wird die kleinere Sonde Huygens aussetzen, die auf der Oberfläche von Titan landen soll.

Uranus, Neptun und Pluto

Theoretisch müsste Uranus mit bloßem Auge zu sehen sein: Immerhin erreicht er eine Leuchtkraft von 5,5. Er ist jedoch so unscheinbar, dass die frühen Astronomen ihm keine Beachtung schenkten. Für sie endete das Sonnensystem bei Saturn, bis William Herschel ihn am 13. März 1781 während einer systematischen Erforschung des Nachthimmels entdeckte. Wenn man ihn einmal gefunden hat, kann man Uranus leicht mit dem Fernglas verfolgen, wenn er vor den Hintergrundsternen vorbeizieht. Die blaugrüne Scheibe des fernen Planeten übt eine gewisse Faszination aus, aber selbst leistungsfähige Teleskope lassen keine Details erkennen.

Uranus ist einer der vier Gasriesen im äußeren Sonnensystem, die anderen sind Jupiter, Saturn und Neptun. Der Äquatordurchmesser des Uranus beträgt 51 100 km, das ist etwa halb so viel wie bei Saturn, aber viermal so groß wie die Erde. Seine Entfernung zur Sonne beträgt 2,9 Milliarden km, 19-mal so weit wie die der Erde. Die Jahreszeiten wären auf Uranus sehr lang, denn er benötigt 84 Jahre für einen Umlauf. Allerdings wären die

Die grünliche, glatte Scheibe des Uranus mit den umgebenden Ringen, aufgenommen 1986 von Voyager 2. Der äußerste Epsilon-Ring ist auch der hellste. Hier sind auch Monde und Hintergrundsterne erkennbar. (Erich Karkoschka/NASA)

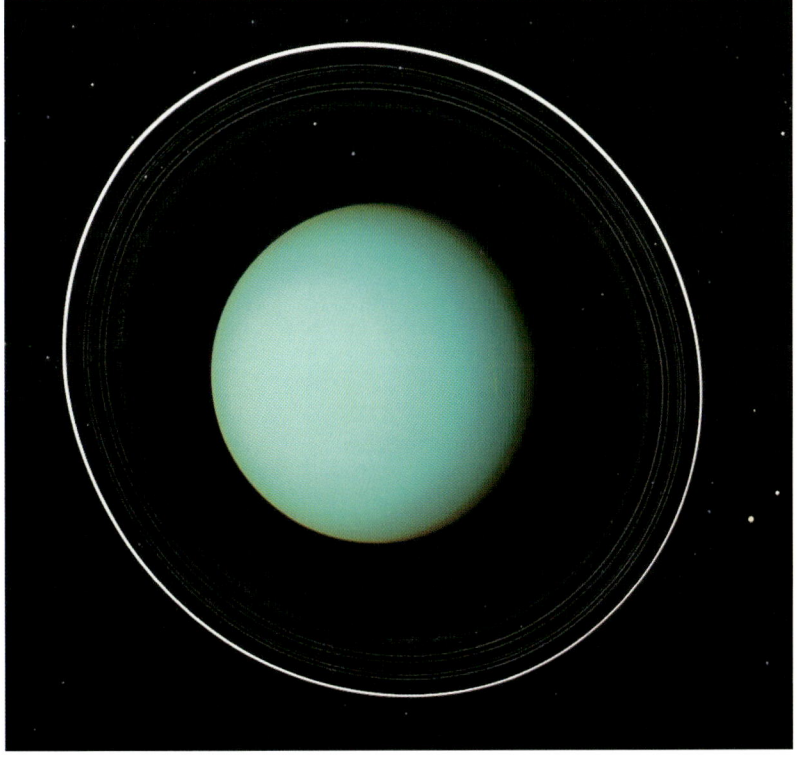

Wechsel sehr extrem, denn Uranus scheint irgendwie auf die Seite geworfen worden zu sein: Die Neigung der Polachse beträgt 98°, liegt also fast parallel zur Bahnebene.

Alle 42 Jahre zeigt einer der beiden Pole genau zur Sonne, während der andere jahrzehntelang im Dunkeln bleibt. In der Zwischenzeit zeigt die Äquatorregion zur Sonne. Während seines 84 Jahre dauernden Umlaufs kann die Sonne auf Uranus auf jedem Breitengrad stehen, was auf keinem anderen Planeten möglich ist. Niemand weiß, warum Uranus diese seltsame Stellung einnimmt. Möglicherweise wurde er vor langer Zeit von einem sehr großen Objekt getroffen.

Uranus ist noch für eine andere Eigenschaft bekannt: Er war der zweite Planet, an dem man Ringe entdeckte. 1977 beobachteten Wissenschaftler, wie Uranus vor einem Stern vorbeizog. Sie hatten nicht erwartet, dass der Stern mehrmals blinkte, bevor und nachdem ihn Uranus verdeckte. Sie schlossen, dass Uranus von neun schmalen Ringen umgeben wird. Voyager 2 bestätigte die Existenz der Ringe, als sie im Januar 1986 den Planeten passierte, korrigierte die Zahl der Ringe aber auf elf. Danach fotografierte man die Uranusringe im Infrarotbereich.

Die Ringe sind schmal, nur einige Kilometer breit, die Spalten zwischen den Ringen sind dagegen viel breiter. Die Ringe befinden sich zwischen 13 000 und 26 000 km über der Wolkendecke des Uranus, sie bestehen aus Staub und Trümmerstücken kleiner Körper, die zwischen den Planeten in den Ringen kreisen. Neben den Ringen sind fünf Monde von der Erde aus sichtbar: Miranda, Ariel, Umbriel, Titania und Oberon mit Durchmessern zwischen 500 und 1500 km. Voyager 2 entdeckte noch elf weitere Monde, von der Erde aus wurden andere, entferntere Monde nachgewiesen, sodass bei Uranus heute über 20 Monde bekannt sind. Die inneren Monde bewegen sich wie die Ringe auf einer fast kreisrunden Umlaufbahn um den so merkwürdig geneigten Äquator. Ausnahmen bilden nur die äußersten Monde, deren Bahnen sehr elliptisch und stark zur Rotationsachse geneigt sind. Sie sind vielleicht nach der Planetenbildung eingefangene Körper.

Enttäuschend stellte sich die Oberfläche des Uranus dar. Selbst die Nahaufnahmen der Voyager zeigten auf der glatten Oberfläche kaum eine Unregelmäßigkeit. Man nimmt an, dass Uranus einen massiven Kern besitzt, der von Eis umgeben ist. Die Atmosphäre besteht hauptsächlich aus Wasserstoff und Helium, hinzu kommt eine Portion Methan, die dem Planeten seine grünliche Färbung verleiht.

Der nächstäußere Planet ist **Neptun**, der in gewisser Weise ein Zwillingsbruder von Uranus ist. Er ist etwas kleiner – Durchmesser 49 500 km – und zeigt durch Amateurteleskope dieselbe unauffällige Oberfläche, nur ist sie etwas stärker blau getönt, weil in der Atmosphäre mehr Methan enthalten ist. Mit einer Helligkeit von höchstens 7,8 ist er für das bloße Auge unsichtbar. Man kann ihn jedoch mit dem Fernglas verfolgen, wenn man weiß, wohin man sehen muss.

Im Gegensatz zu der eher zufälligen Entdeckung des Uranus wurde die Existenz Neptuns vorhergesagt. Astronomen bemerkten, dass Uranus von

Die eisblauen Neptunwolken werden nur durch den Großen Schwarzen Fleck unterbrochen, einen Antizyklon, von weißen Zirruswolken aus Methan umgeben. Diese Aufnahme wurde im August 1989 von Voyager 2 angefertigt. (NASA)

seinem erwarteten Kurs abwich, und der Grund dafür musste die Gravitation eines bis dahin nicht entdeckten Planeten sein.

Der Mathematiker Urbain Le Verrier berechnete die Position des Planeten 1846 in Frankreich und war damit schneller als der Engländer John Couch Adams, der an demselben Problem gearbeitet hatte. Am 23. September jenes Jahres entdeckten Astronomen am Berliner Observatorium Neptun ganz in der Nähe der von Le Verrier berechneten Position.

165 Jahre dauert es, bis Neptun einmal um die Sonne gewandert ist, mit einer Distanz von 4,5 Milliarden km ist er 30-mal so weit von der Sonne entfernt wie die Erde. Da er so weit entfernt ist, ist er ein sehr kalter, dunkler Planet. Im Gegensatz zum blassen Uranus besitzt Neptun einige Merkmale, die denen auf Jupiter ähneln. Als die Sonde Voyager 2 Neptun im August 1989 erreichte, entdeckte sie eine Wolkenformation, die heute der Große Schwarze Fleck genannt wird und dem Großen Roten Fleck auf Jupiter ähnelt. Der Fleck wanderte langsam in Richtung Äquator, war aber schon verschwunden, bevor das Hubble-Teleskop Neptun 1994 ins Visier nahm. Allerdings sind seitdem mehrere ähnliche Flecke entstanden.

Wichtigste Kennzeichen des Neptun sind aber seine beiden außergewöhnlichen äußeren Satelliten Triton und Nereide. Triton, der größte der elf bekannten Neptunmonde, umkreist den Planeten in einer Entfernung von 355 000 km in gegenläufiger Ost-West-Richtung. Die Gezeitenkräfte des Neptun lassen die Umlaufbahn langsam schrumpfen, sodass Triton sich in einer Spirale auf ihn zubewegt und in ferner Zukunft bersten wird.

Der zerstörte Triton wird ein deutlich massiveres Ringsystem um Neptun bilden als die dünnen, grazilen Ringe, die den Planeten jetzt umgeben, denn Triton besitzt einen Durchmesser von 2700 km und damit drei Viertel der Größe unseres Mondes. Der äußerste Mond, Nereide, ist mit 340 km Durchmesser viel kleiner. Sein stark elliptischer Orbit lässt seine Entfernung zwischen 1,4 und 9,7 Millionen km schwanken. Irgendetwas muss das Satellitensystem des Neptun gestört haben.

Pluto ist in unserem Sonnensystem die Ausnahme von der Regel – manche Astronomen bezweifeln sogar, dass man ihn überhaupt als Planeten bezeichnen kann. Er ist der bei weitem kleinste aller Planeten. Mit einem Durchmesser von 2400 km ist er nicht nur kleiner als unser Mond, sondern auch kleiner als der größte Neptunmond Triton. Tatsächlich ähnelt die eisige Oberfläche Tritons der von Pluto sogar. Möglicherweise sind beide Körper am äußeren Rand des Sonnensystems entlanggewandert, bevor Triton von Neptun eingefangen wurde. Dieses Ereignis könnte auch zu den ungewöhnlichen Umlaufbahnen von Triton und Nereide geführt haben. Pluto zeigt von allen Planeten die merkwürdigste Umlaufbahn: Er kreuzt die Umlaufbahn von Neptun, sodass dieser zeitweise zum äußersten Planeten wird. Zuletzt war das 20 Jahre lang zwischen Februar 1979 und Februar 1999 der Fall. Die mittlere Entfernung zur Sonne beträgt 5,9 Milliarden km.

Pluto ist auf seiner 248 Jahre dauernden Reise um die Sonne nicht allein. Im Jahr 1978 entdeckten Astronomen einen Mond, der halb so groß ist wie Pluto und Charon genannt wird. Charon umkreist seinen Planeten in 6,4 Tagen, was exakt der Rotationsperiode von Pluto entspricht. Daher hängt Charon immer über demselben Gebiet und ist nur von einer Seite zu sehen.

Da er so fern und unscheinbar ist, wurde Pluto erst 1930 entdeckt. In den Jahrzehnten zuvor hatten verschiedene Astronomen versucht, die mögliche Position eines Planeten jenseits von Neptun zu berechnen, allerdings ohne Erfolg. Letztlich war es Clyde Tombaugh, der Pluto schließlich entdeckte. Tombaughs Forschungen lieferten keine Hinweise auf einen weiteren Planeten jenseits von Pluto. Man hat jedoch einen Schwarm von Eisbrocken gefunden, der Kuiper-Ring genannt wird. Er ist eine sonnenwärts gerichtete Erweiterung der größeren Oortschen Wolke. Man kann Pluto auch als größtes Mitglied des Kuiper-Rings bezeichnen.

Hier ist Charon oberhalb und unterhalb Pluto zu sehen. Er umwandert Pluto in 6,4 Tagen. Zurzeit liegt die Ebene der Umlaufbahn fast genau in unserer Sichtlinie. (Gemini Observatory)

Kometen und Meteore

Kometen sind keine massiven Körper, sondern locker zusammengeballte Gebilde aus gefrorenem Gas und Staub, die auf extrem gestreckten Bahnen um die Sonne kreisen. Das innere Sonnensystem erreichen sie in Intervallen, die wenige Jahre, aber auch mehrere Jahrtausende dauern können. Von der Erde aus geraten sie als geisterhafte, glühende Punkte ins Blickfeld, die einige Wochen oder Monate sichtbar sind und sich dann wieder in die Dunkelheit des Alls zurückziehen.

Wenn er weit von der Sonne entfernt ist, scheint ein Komet nur durch die Reflektion des Sonnenlichts. Zu diesem Zeitpunkt ist er relativ klein – nicht mehr als einige Kilometer umfassend – und dunkel. Wenn er sich der Sonne nähert, heizt sich der Komet auf, die äußere Eisschicht wird zu Gas. Unter der ansteigenden Sonneneinstrahlung beginnen die Gase zu fluoreszieren, ähnlich wie das Gas in einer Neonröhre, und lassen den Kometen leuchten. Frei werdendes Gas und Staub des sich erwärmenden Kometen bilden einen Hof oder eine *Koma*, die ungefähr 100 000 km Durchmesser besitzt. Im Zentrum der Koma befindet sich der Kern, der einzige feste Bestandteil des Kometen. Es handelt sich dabei um einen „schmutzigen Schneeball" aus Eis, Staub und vielleicht etwas Gestein. Der Kern eines großen Kometen misst vielleicht einige Dutzend Kilometer im Durchmesser, aber die meisten sind nicht größer als 1000 m. Man würde über eine Milliarde Kometen benötigen, um die Masse der Erde zu erreichen.

Nicht alle Kometen entwickeln einen Schweif, aber die meisten. Ein Teil des Schweifs besteht aus Gas, das durch den aus Teilchen bestehenden

Der Halleysche Komet beschreibt eine elliptische Bahn um die Sonne, wandert von seinem sonnennächsten Punkt zwischen den Bahnen von Merkur und Venus bis jenseits der Neptunbahn; er benötigt für einen Umlauf 76 Jahre. (Wil Tirion)

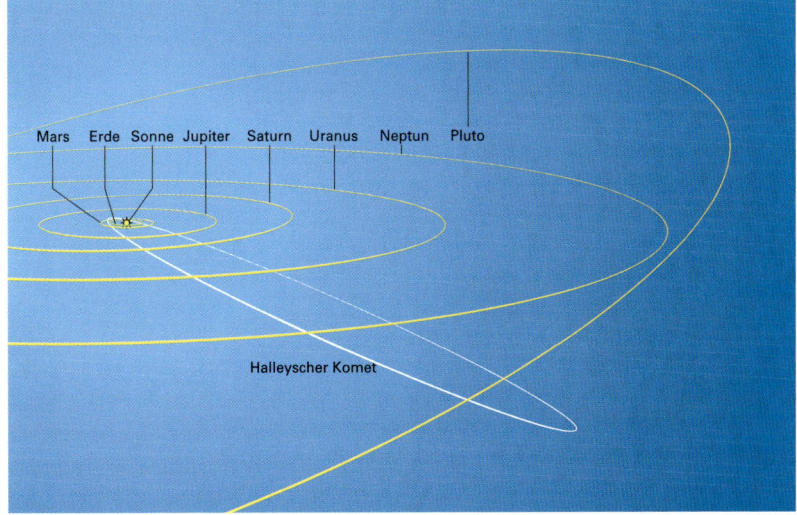

Der Komet Hale-Bopp im April 1997 über Stonehenge. Oben rechts ist das Sternbild Cassiopeia zu sehen, die Plejaden oben links. Der Komet war vor 4200 Jahren aufgetaucht, etwa zu der Zeit, als Stonehenge gerade errichtet wurde. (Paul Sutherland)

Sonnenwind von dem Kometen abgespalten wird. Der Rest besteht aus Staubpartikeln, die mit dem Gas freigesetzt werden.

Ein Kometenschweif kann über 100 Millionen km lang werden, länger als die Distanz von der Erde zur Sonne. Trotz seiner großartigen Erscheinung besitzt der Kometenschweif aber eine noch geringere Dichte als ein im Labor erzeugtes Vakuum – die Sterne scheinen ungehindert hindurch. Durch den Schweif sieht es so aus, als bewege sich der Komet sehr schnell, tatsächlich ist seine Bewegung gegen den Nachthimmel aber kaum registrierbar.

Die Umlaufbahnen von etwa 1000 Kometen sind bekannt, ständig kommen neue hinzu. Viele Hobbyastronomen suchen den Himmel nach neuen Kometen ab, denn jeder Komet wird nach seinem Entdecker benannt.

Die Kometen mit den längsten Umlaufperioden – vielen Jahrhunderten – stammen nach heutigen Erkenntnissen aus einem nicht sichtbaren Schwarm von Milliarden Kometen, der so genannten Oortschen Wolke, die das äußere Sonnensystem etwa ein Lichtjahr von der Sonne entfernt umgibt.

Die Gravitation gelegentlich vorbeiziehender Sterne schleudert Kometen aus der Wolke in eine Umlaufbahn um die Sonne. Weiter innen liegt hinter der Umlaufbahn von Pluto eine weitere Kometenwolke, der Kuiper-Ring. Die meisten *periodischen Kometen*, die die Sonne in weniger als 200 Jahren umrunden, kommen wahrscheinlich eher aus dem Kuiper-Ring als aus der Oortschen Wolke.

Von allen bekannten Kometen hat Enckes Komet mit 3,3 Jahren die kürzeste Umlaufzeit. Er ist schon so alt, dass er fast allen Staub und Gas verloren hat. Der berühmteste ist der Halleysche Komet, benannt nach dem englischen Astronomen Edmond Halley, der seine Umlaufbahn im Jahr 1705 errechnete. Der Halleysche Komet taucht etwa alle 76 Jahre auf, zum letzten Mal 1985–86. Er nähert sich der Sonne auf bis zu 88 Millionen km an (zwischen den Bahnen von Merkur und Venus) und entfernt sich auf bis zu 5,3 Milliarden km (jenseits der Neptunbahn).

Der von einem Kometen gelöste Staub verteilt sich im Raum. Die Erde und die anderen Planeten sammeln ständig Staub auf. Gerät der Kometenstaub in die Erdatmosphäre, beginnt er in ca. 100 km Höhe aufgrund der starken Reibungshitze zu glühen und zeichnet einen leuchtenden Streifen an den Himmel: eine Sternschnuppe oder einen Meteor. Dieser Vorgang dauert meist nicht länger als eine Sekunde. In einer klaren Nacht strömen ständig winzige Staubpartikel ihrem Tod in der Atmosphäre entgegen.

Diese zufällig auf die Erde treffenden Meteore nennt man *sporadisch*. In unregelmäßigen Abständen kreuzt die Erde jedoch eine Kometenbahn und trifft dort auf eine dichte Staubwolke. Dann kommt es zu einem Meteorregen, der mehrere Dutzend Sternschnuppen am Himmel erscheinen lassen kann. Der Bereich am Himmel, aus dem die Meteore zu kommen scheinen, wird *Radiant* genannt. Dies ist jedoch nicht der beste Bereich zur Beobachtung, denn da die Meteore direkt auf uns zukommen, kann man ihren Schweif kaum erkennen. Am deutlichsten zeigen sie sich, wenn man im 90°-Winkel auf die Meteorbahnen schaut.

Die Mitglieder eines Meteorstroms scheinen aus einem kleinen Bereich (dem Radianten) zu kommen und auseinanderzustreben. Hier ist der Radiant der Lyriden im Sternbild Lyra nahe des hellen Sterns Wega abgebildet. (Wil Tirion)

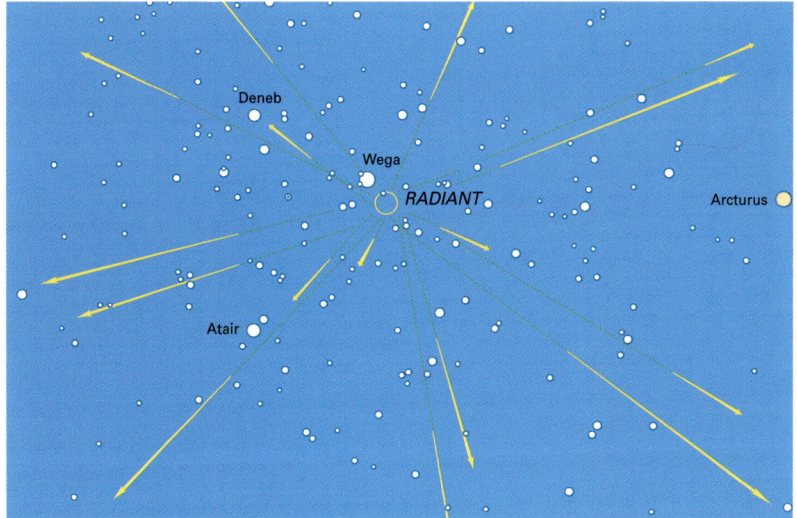

Ein Meteorstrom wird nach dem Sternbild benannt, in dem der Radiant liegt. So scheinen die Perseiden, ein reichhaltiger Meteorstrom, der die Erde immer im August erreicht, aus dem Sternbild Perseus zu kommen; die Geminiden kommen aus dem Sternbild Gemini (Zwillinge) usw. Eine geschichtliche Besonderheit bilden die Quadrantiden, die aus einer Region in Bootes kommen, die früher einmal zu dem inzwischen nicht mehr verwendeten Sternbild Quadrans Muralis gehörte.

Die Intensität eines Meteorschauers wird in der Einheit Zeitstundenrate (ZHR) angegeben. Dabei handelt es sich um die maximale Anzahl sichtbarer Meteore pro Stunde, wenn der Radiant direkt über dem Beobachter wäre. Da der Radiant praktisch nie genau im Zenit steht, ist die tatsächliche Anzahl der Meteore pro Stunde immer niedriger als die ZHR.

Auch Amateurastronomen haben wertvolle Beobachtungen an Meteoren angestellt, indem sie die mit dem bloßen Auge sichtbaren Meteore zählten und ihre Helligkeit schätzten. Eine „Meteorwache" kann durchaus mehrere Stunden dauern.

Im Durchschnitt gehören Meteore zur Größenklasse 2 oder 3, aber manche sind heller als die hellsten Sterne, und selten wirft ein besonders spektakulärer *Feuerball* sogar Schatten. Manche Meteore scheinen auseinanderzubrechen, während sie verglühen, andere hinterlassen mehrere leuchtende Lichtspuren, die erst nach einigen Sekunden verblassen. Die Tabelle unten nennt die wichtigsten Meteorströme. Die ZHR ist nur ein Richtwert, der jedes Jahr stark variieren kann.

Ein extremes Beispiel dafür sind die Leoniden, die normalerweise ein durchschnittlicher Meteorstrom sind, aber alle 33 Jahre zu einem gewaltigen Schauer werden, wenn ihr Elternkomet Temple-Tuttle das Perihel erreicht. Im Jahr 1966 wurden in den Vereinigten Staaten bis zu 100 000 Sternschnuppen pro Stunde gezählt, die wie Schneeflocken über den Himmel tanzten. Europäische Astronomen zählten 1999, 2001 und 2002 immerhin bis zu 2000 Sternschnuppen pro Stunde.

BEKANNTE METEORSTRÖME

Meteorstrom	Zeit ihres Erscheinens	Größte Aktivität	Maximal-rate (ZHR)
Quadrantiden	1.–6. Januar	3.–4. Januar	100
Lyriden	19.–25. April	21.–22. April	10
Eta Aquariden	1.–10. Mai	5. Mai	35
Delta Aquariden	15. Juli–15. August	28.–29. Juli	20
Perseiden	23. Juli–20. August	12.–13. August	80
Orioniden	16.–27. Oktober	20.–22. Oktober	25
Tauriden	20. Oktober–30. November	4. November	10
Leoniden	15.–20. November	17.–18. November	10
Geminiden	7.–15. Dezember	13.–14. Dezember	100

Asteroiden und Meteoriten

Zwischen Mars und Jupiter kreist ein Gürtel aus Gesteinsbrocken, den man als die Asteroiden oder die Kleinplaneten bezeichnet. Die Asteroiden wurden 1801 entdeckt, als der italienische Astronom Giuseppe Piazzi den größten von ihnen, Ceres, aufspürte. Astronomen hatten schon vorher spekuliert, dass es in der merkwürdig großen Lücke zwischen Mars und Jupiter einen unbekannten Planeten geben könnte.

Zwei Jahrhunderte nach Piazzis Entdeckung waren schon mehr als 10 000 Asteroiden gefunden worden, und man geht davon aus, dass diese Zahl sich in fünf Jahren verdoppeln wird, so schnell werden sie heute entdeckt. Aber selbst wenn man alle Asteroiden zusammen nehmen würde, wären sie nicht einmal halb so groß wie der Mond. Die Asteroiden sind nicht, wie man früher angenommen hat, die Überreste eines zerstörten Planeten; vielmehr sind sie die Überreste aus der Bildung anderer Planeten.

Ceres selbst hat einen Durchmesser von 940 km, er benötigt 4,6 Jahre für einen Umlauf um die Sonne. Ceres ist zwar der größte aller Asteroiden, besteht aber aus dunklem Gestein und ist deshalb keineswegs der hellste. Diese Auszeichnung gebührt Vesta mit 580 km Durchmesser aus hellerem Gestein, manchmal sogar mit bloßem Auge erkennbar. Vesta ist der zweitgrößte Asteroid, danach folgt Pallas mit einem Durchmesser von 540 km. Diese und einige andere Asteroiden sind hell genug, um sie mit dem Fernglas verfolgen zu können.

Im Jahr 1991 erhielten wir die erste Nahaufnahme eines Asteroiden, als die Raumsonde Galileo auf dem Weg zu Jupiter den Asteroiden Gaspra passierte. Galileos Aufnahmen zeigten Gaspra als unregelmäßig geformten, mit Kratern übersäten Felsbrocken von ca. 17 km Länge. Gaspra ähnelt den Monden des Mars, Phobos und Deimos, was den Verdacht erhärtet, dass es sich bei diesen um eingefangene Asteroiden handelt. Zwei Jahre später passierte die Galileo-Sonde den 55 km langen Asteroiden Ida und entdeckte einen winzigen, heute Dactyl genannten Mond. Im Februar 2000 trat die NEAR-Sonde (Near Earth Asteroid Rendezvous) in eine Umlauf-

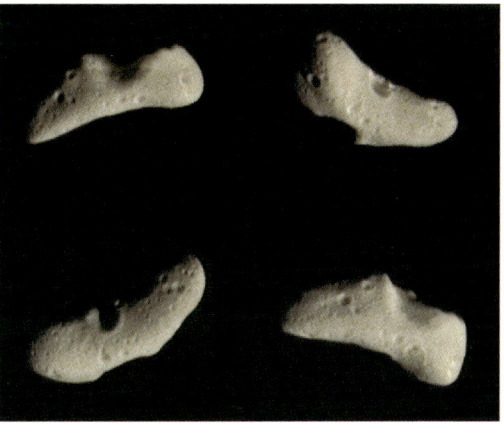

Vier Aufnahmen des rotierenden Asteroiden Eros, aufgenommen von der NEAR-Sonde im Februar 2000 aus nördlicher Richtung. Wie die meisten Körper unseres Sonnensystems rotiert er von West nach Ost, also gegen den Uhrzeigersinn. Die Aufnahmen entstanden in chronologischer Reihenfolge oben links, oben rechts, unten links und unten rechts. (NASA)

bahn um den länglichen Asteroiden Eros ein, um die Oberfläche des 33 km langen und 13 km breiten Himmelskörpers eingehend zu untersuchen. 95 % der Asteroiden befinden sich in dem Gürtel zwischen Mars und Jupiter, aber es gibt einige wichtige Ausnahmen. Darunter sind die Trojaner, eine Asteroidengruppe, die sich auf der Jupiterbahn bewegt. Für uns sind die Asteroiden am wichtigsten, die der Erde sehr nahe kommen und zum Teil sogar ihre Bahn kreuzen. Manche dieser Objekte könnten Überreste von Kometen sein. Solche Asteroiden müssen in der Vergangenheit auf der Erde aufgeschlagen sein, andere werden dies in der Zukunft tun, und das wird verheerende Konsequenzen haben. Die Suche und das Verfolgen dieser potenziell gefährlichen Asteroiden (PHAs) ist inzwischen zu einem der wichtigsten internationalen Projekte geworden.

Objekte, die auf die Erdoberfläche treffen, werden Meteoriten genannt. Die meisten Meteoriten sind wahrscheinlich abgesprengte Teilstücke von Asteroiden, aber manche von ihnen können aufgrund ihrer Zusammensetzung dem Mond oder Mars zugeordnet werden.

Jedes Jahr fallen über 10 000 Meteoriten auf die Erde, aber nur die wenigsten werden tatsächlich beobachtet: Die anderen fallen ins Meer oder auf unbewohntes Gebiet. Die meisten gefundenen Meteoriten sind aus Gestein und verwittern sehr schnell. In der Antarktis haben Wissenschaftler aber bereits große Mengen uralter Meteoriten gefunden, darunter auch Exemplare mit sehr seltener Zusammensetzung, die eingefroren ihre ursprüngliche Form erhalten haben. Auch in den Wüsten findet man solche Meteoriten, die durch das trockene Klima konserviert wurden.

Steinerne Meteoriten nennt man *Chondriten*, da sie reich an Mineralansammlungen sind, die Chondrulen heißen. Der kleine Prozentsatz von Meteoriten ohne Chondrulen wird *Achondriten* genannt. Am interessantesten unter den steinernen Meteoriten sind die mit hohem Kohlenstoffanteil. Sie gelten als die ältesten Steine überhaupt, denn sie haben sich seit der Bildung des Sonnensystems kaum verändert; einige davon könnten die Reste von Kometenkernen sein.

Eine kleine Gruppe von Meteoriten besteht je zur Hälfte aus Eisen und Gestein. Neben den Chondriten ist aber vor allem die Gruppe der Eisenmeteoriten von Belang. Sie bestehen zu ca. 90 % aus Eisen und zu ca. 10 % aus Nickel. Der größte bekannte Meteorit gehört zu dieser Gruppe und wiegt etwa 60 t. Er muss mit relativ geringer Geschwindigkeit auf der Erde aufgeschlagen sein, denn er hat keinen Krater verursacht und ist auch nicht auseinandergebrochen. Er liegt noch heute dort, wo er einst aufprallte, in der Nähe von Grootfontein in Namibia. Der größte steinerne Meteorit wiegt im Vergleich dazu nur 1,7 t, er gehört zu einer Gruppe von Meteoriten, die 1976 in der Nähe der chinesischen Stadt Jilin aufschlug.

Vor etwa 25 000 Jahren fiel ein besonders großer, etwa 250 000 t schwerer Meteorit in die Wüste Arizonas und verursachte dort den inzwischen berühmten, 1,2 km breiten Meteorkrater. Der größte Teil des Meteoriten wurde bei dem Aufschlag zerstört, aber um den Krater herum liegt genug Material verstreut, um nachzuweisen, dass er aus Eisen bestand.

Beobachtung und astronomische Instrumente

Ferngläser und Teleskope haben vor allem zwei Vorteile: Sie fangen mehr Licht ein als das menschliche Auge und sie vergrößern Objekte. In der Astronomie ist der erste dieser Vorteile von entscheidender Bedeutung. Astronomen benutzen keine Teleskope, weil sie etwas vergrößern, sondern weil die bessere Ausnutzung des Lichts schwächer leuchtende Objekte sichtbar macht, sodass mehr Details erkennbar werden.

Es gibt zwei Haupttypen von Teleskopen: Refraktoren mit einer Hauptlinse (Objektiv genannt) zum Sammeln des Lichts, und Reflektoren, die das Licht mit Spiegeln sammeln. Astronomische Teleskope besitzen herausnehmbare Okulare für unterschiedliche Vergrößerungsstufen. Ferngläser sind modifizierte Refraktoren, in denen das Licht über Prismen umgelenkt wird, um es kompakter zu machen. Teleskope mit einer Kombination aus Linsen und Spiegeln werden heute immer populärer; man nennt sie katadioptrische Systeme, sie sind im Grunde modifizierte Reflektoren.

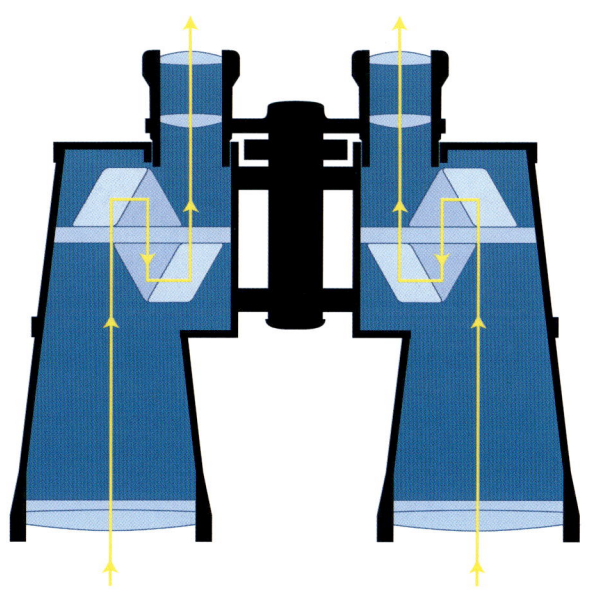

In einem Fernglas wird das Licht über Prismen umgelenkt. (Wil Tirion)

Für die meisten Astronomen bestand die erste optische Ausrüstung aus einem Fernglas, das eigentlich für jeden Astronomen unentbehrlich ist, denn mit dem Fernglas ist es einfacher, einzelne Objekte aufzufinden, um sie dann mit dem Teleskop genauer zu betrachten. Ferngläser tragen Markierungen wie diese: 8 x 30, 8 x 40, 7 x 50 oder 10 x 50. Die erste Ziffer steht dabei für die Vergrößerung, die zweite beschreibt den Linsendurchmesser (in mm) der vorderen Linsen.

Sämtliche genannten Kombinationen aus Vergrößerung und Öffnung sind für astronomische Beobachtungen geeignet. Ferngläser mit mehr als zehnfacher Vergrößerung sind nicht leicht ruhig zu halten, solche Ferngläser sollten besser auf einem Stativ befestigt werden. Außerdem bedeutet eine stärkere Vergrößerung bei gleicher Öffnung, dass die beobachteten Objekte immer schwächer zu sehen sind und das Blickfeld immer kleiner wird. Dafür liefern Ferngläser mit durchschnittlicher Vergrößerung atemberaubende Weitwinkelansichten, die ein Teleskop nicht bieten kann.

Ferngläser haben den Vorteil, dass sie relativ preisgünstig sind. Ein kleines Teleskop – mit einer Öffnung von 50–60 mm – kostet ein Vielfaches eines Fernglases und ist dabei kaum leistungsfähiger. Der Vorteil eines Teleskops liegt in der stärkeren Vergrößerung und dem dreibeinigen Stativ, das normalerweise dazugehört. Um den Absatz zu steigern, bieten selbst kleine Teleskope häufig Vergrößerungen von bis zu 200-mal. So starke Vergrößerungen führen bei einem kleinen Teleskop aber zu so unscharfen Bildern, dass man überhaupt nichts mehr erkennen kann, sie sind daher reine Geldverschwendung. Als Faustregel gilt eine maximale Vergrößerung von Faktor 20 pro 10 mm Öffnung. Trotz dieser kleinen Fallen sind aber viele brauchbare Teleskope auf dem Markt, mit denen man eine Reihe der Himmelskörper beobachten kann, die in diesem Buch erwähnt werden.

Ehrgeizige Hobbyastronomen benötigen einen Refraktor mit mindestens 75 mm Öffnung, um ernsthafte Beoachtungen anzustellen. Teleskope mit mehr als 75 mm Öffnung sind zumeist Reflektoren, da Refraktoren dieser Größe in der Herstellung zu teuer sind.

Handelsübliche Größen für Reflektoren haben 150 mm oder 200 mm Öffnung, damit kann man fast alle hier beschriebenen Objekte beobach-

Unten: Der Weg des Lichts durch einen Refraktor.
Ganz unten: Ein Reflektor im Newtonschen Design, der allgemein übliche Typ des Hobbyteleskops. D steht für die Öffnung, F für die Brennweite. (Wil Tirion)

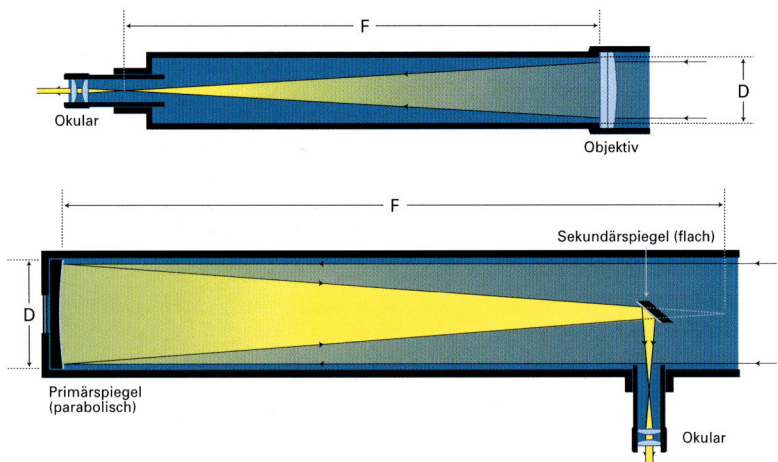

ten. Was die Kosten betrifft, so ist zu bedenken, dass ein Teleskop ein optisches Präzisionsinstrument ist und deshalb mindestens so teuer sein muss wie eine gute Kamera.

Die von Amateuren bevorzugten Reflektoren werden heute noch nach Entwürfen aus dem Jahr 1668 von Isaac Newton gefertigt. Im Newtonschen Reflektor wird das vom konkaven Hauptspiegel gesammelte Licht durch die Röhre zu einem kleineren Sekundärspiegel geleitet, der das Licht dann zum Okular an der Seite des Teleskops umleitet. Der Sekundärspiegel blockiert dabei zwar einen Teil des ankommenden Lichts, aber dieser Effekt ist so gering, dass er vernachlässigt werden kann und das Bild nicht beeinträchtigt. Eine Alternative bildet das Cassegrain-Teleskop, bei dem das Licht vom Sekundärspiegel durch ein Loch im Hauptspiegel zurückgeworfen wird. Große, professionelle Teleskope sind häufig mit der Cassegrain-Bauweise ausgestattet.

In *katadioptrischen* Systemen, bei denen Linsen und Spiegel kombiniert werden, wird das ankommende Licht erst durch eine Glasplatte geführt, bevor es auf den Hauptspiegel fällt und dann nach dem Cassegrain-Prinzip gespiegelt wird. Der Vorteil dieses Modells liegt darin, dass das Teleskop insgesamt viel kürzer sein kann als ein konventioneller Reflektor. Das spart Platz und Gewicht und erleichtert den Transport, was den höheren Anschaffungspreis ausgleicht.

Ein Teleskop benötigt eine Halterung, auf der es fixiert und auf verschiedene Punkte ausgerichtet werden kann. Die Qualität dieser Montierung ist genauso wichtig wie die Qualität der optischen Teile, denn auch das beste Teleskop kann nicht viel zeigen, wenn es vibriert oder wenn es kaum möglich ist, Objekte zu verfolgen, die sich aufgrund der Erdrotation bewegen.

Die einfachste Form einer Montierung ist die azimutale Bauart. Sie besitzt eine horizontale und eine vertikale Achse, sodass das Teleskop nach oben und unten (in der Höhe) und nach links und rechts (im Azimut) bewegt werden kann. Bei einer azimutalen Montierung hängt das Teleskop normalerweise in einer Gabel, die auf einem Dreibein befestigt ist. Kleine Teleskope sind manchmal mit einem Tischstativ ausgestattet. Solche Instrumente sind aber für die Astronomie ziemlich ungeeignet, denn dort muss man ja quasi ständig nach oben schauen. Manche Refraktoren besitzen deshalb ein so genanntes Zenitprisma, das vor dem Okular befestigt wird. Sie leiten das Licht so um, dass der Beobachter nach unten in das Okular sehen kann, was natürlich viel bequemer ist. Für Newtonsche Reflektoren sind keine besonders hohen Dreibeine notwendig, da das Okular sich in der Nähe des oberen Teleskopendes befindet und daher leicht erreichbar ist.

Nützliche Zusatzausstattungen für eine Montierung sind Feineinstellungen für beide Achsen. Mit ihnen kann man das Teleskop in beiden Richtungen sanft bewegen. So kann man ein Objekt besser fokussieren und verfolgen, denn bei starker Vergrößerung kann die Erdrotation ein Objekt in bemerkenswert kurzer Zeit aus dem Gesichtsfeld bewegen.

Eine moderne Version für etwas größere Newton-Reflektoren ist das Dobson-Teleskop, benannt nach seinem Erfinder, dem Hobbyastronomen

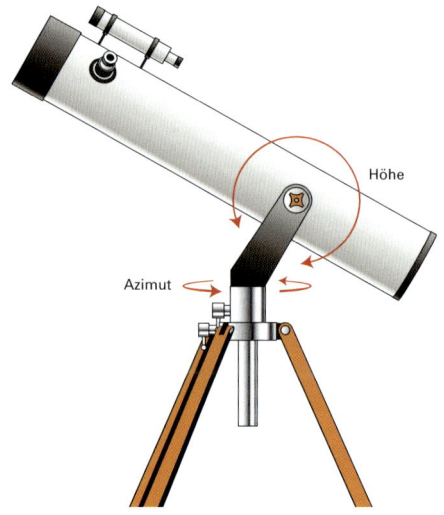

Die azimutale Montierung ist die einfachste Basis für ein Teleskop. Das Teleskop selbst hängt in einer Gabel, die vertikales (Höhe), aber auch horizontales (Azimut) Schwenken erlaubt. (Wil Tirion)

John Dobson. Dabei besteht der Tubus des Teleskops aus einem leichteren Material, sodass sein Schwerpunkt nahe des Spiegelendes liegt. Der Tubus schwingt auf einer hölzernen Box mit Resopalboden, der wiederum auf Teflonkissen gelagert ist. Resopal gleitet ausgezeichnet auf Teflon, sodass hier eine einfache, aber stabile Lagerung gewährleistet ist. Auch die vertikale Drehachse ist auf Teflonkissen gelagert. Trotz ihres offenbar simplen Aufbaus ist die Dobson-Bauweise bei Hobby-Astronomen sehr beliebt und weit verbreitet. Dies verdankt sie nicht zuletzt ihrem niedrigen Preis und einer unübertroffenen Mobilität.

Für ruhiges, entspanntes Beobachten von Objekten eignet sich am besten die parallaktische Montierung, deren Hauptachse parallel zur Erdachse ausgerichtet wird. Diese Achse wird Pol- oder Stundenachse genannt, da sie zum Himmelspol zeigt (zum südlichen oder nördlichen, je nachdem, auf welcher Halbkugel man sich befindet). In vertikaler Richtung schwingt das Teleskop auf einer weiteren Achse, die senkrecht zur Polachse steht und Deklinationsachse genannt wird. Parallaktische Montierungen werden häufig mit einem kleinen Motor ausgerüstet, der das Teleskop genau so schnell um die Stundenachse dreht, wie die Erde rotiert.

Wenn das Teleskop erst einmal auf ein Objekt ausgerichtet ist und der Motor läuft, bleibt dieses so lange im Okular, wie es der Beobachter wünscht. Ein unbewegliches Bild des Objekts ist auf Dauer unverzichtbar, wenn man zum Beispiel einen fernen Doppelstern im Detail beobachten oder eine Zeichnung anfertigen will.

Damit man Objekte leichter auffinden kann, besitzt jedes Teleskop ein kleineres Fernrohr, das *Sucher* genannt wird und an der Seite des Teleskops angebracht ist. Ein Sucher ist normalerweise ein kleiner Refraktor mit geringer Vergrößerung, also mit großem Gesichtsfeld. Im Okular ist meist ein Fadenkreuz (manchmal beleuchtet) integriert, damit man das Objekt der Begierde besser anvisieren kann.

Wir wollen hier kurz erläutern, welche Ergebnisse man von unterschiedlich großen Teleskopen erwarten kann und warum. Wer zum ersten Mal durch ein astronomisches Teleskop schaut, wird sich vielleicht wundern, warum das Bild auf dem Kopf steht. Dafür gibt es einen einfachen Grund: Wenn man das Bild richtig herumdrehen wollte, müsste man eine weitere Linse in das Okular einsetzen. Jedesmal, wenn Licht durch eine Linse fällt, geht ein Teil davon verloren. Astronomische Objekte sind aber normalerweise so weit entfernt, dass man jeden Lichtverlust vermeiden möchte, außerdem ist die zusätzliche Linse unnötig. Aus astronomischer Sicht ist es unerheblich, ob das Bild richtig herum steht, also lässt man die zusätzliche Linse weg und das Bild steht auf dem Kopf. Manche Teleskope besitzen so genannte Umkehrlinsen oder -prismen, die das Bild richtig herumdrehen.

Man sollte sich zu jeder Beobachtung Datum, Uhrzeit, Instrument, äußere Bedingungen und die Vergrößerung notieren. Im Gegensatz zu Ferngläsern besitzen astronomische Teleskope auswechselbare Okulare, sodass je nach Bedarf unterschiedliche Vergrößerungen möglich sind. Für einen Sternhaufen oder eine Galaxie benötigt man meistens eine schwache Vergrößerung; Planeten verlangen eine mittlere Vergrößerung, und für das

Bei der parallaktischen Montierung wird eine Achse (die Polachse) parallel zur Erdachse ausgerichtet, sie zeigt also in Richtung Himmelspol; die andere Achse (Deklinationsachse) steht senkrecht dazu. (Wil Tirion)

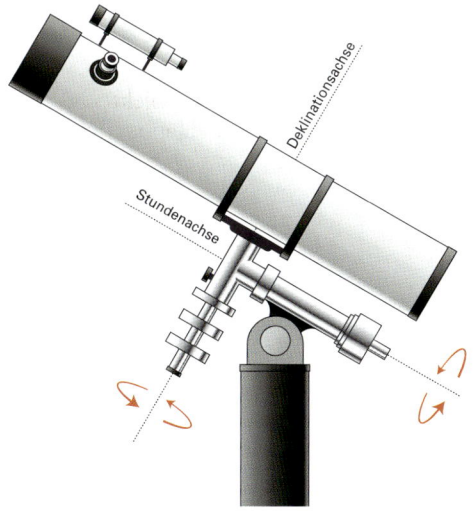

Der 4,2-m-William-Herschel-Reflektor von La Palma auf den Kanarischen Inseln ist eines der leistungsfähigsten Teleskope der Welt. Diese Aufnahme zeigt das Teleskop innerhalb der Kuppel. Während der Aufnahme wurde die leicht geöffnete Kuppel gedreht, sodass sie durchscheinend wirkt. (Royal Greenwich Observatory)

Trennen von Doppelsternen setzt man möglichst hohe Vergrößerungen ein. Die Vergrößerung eines Okulars hängt von seiner eigenen und der Brennweite des Teleskops ab. Um die genaue Vergrößerung eines Okulars in einem bestimmten Teleskop zu berechnen, muss man etwas grundlegende Arithmetik bemühen: Man teilt die Brennweite des Teleskops durch die Brennweite des Okulars. Das Ergebnis ist die Vergrößerung dieses Okulars. Offenbar ist die Vergrößerung umso größer, je kürzer die Brennweite des Okulars und je länger die des Teleskopes ist. Eine weitere Linse, Barlow-Linse genannt, kann zur zusätzlichen Vergrößerung eingesetzt werden (normalerweise verdoppelt sie diese), sodass man für seine Okulare mehr Kombinationsmöglichkeiten erhält.

Die Hersteller geben für ihre Teleskope häufig ein Öffnungsverhältnis an, etwa f/6 oder f/8. Das Öffnungsverhältnis ist die Brennweite der Linse oder des Spiegels geteilt durch dessen Durchmesser (der „Öffnung"). Wenn Sie die Brennweite Ihres Teleskops nicht kennen, multiplizieren Sie einfach die Öffnung mit dem Öffnungsverhältnis.

Ein 100-mm-Teleskop mit einem Öffnungsverhältnis von f/6 besitzt z. B. eine Brennweite von 600 mm; bei f/10 beträgt die Brennweite 1000 mm.

Bei einem 150-mm-Teleskop mit f/6 oder f/8 läge die Brennweite bei 900 bzw. 1200 mm.

Nehmen wir ein Okular mit 20 mm Brennweite als gegeben an. In einem Teleskop mit 600 mm Brennweite könnte eine Vergrößerung von 600 geteilt durch 20, also 30 x erzielt werden. Für astronomische Zwecke ist das ziemlich wenig. In einem Teleskop mit 1200 mm Brennweite läge die Vergrößerung bei 60 x. Ein Okular mit halb so großer Brennweite (10 mm) erzielt die doppelte Vergrößerung. Bei diesen Berechnungen ist die Öffnung des Teleskops nicht von Belang; entscheidend für die Vergrößerung ist nur die Brennweite.

Besonders wichtig ist die Öffnung des Teleskops jedoch, wenn es um die Auflösung im Detail und die Menge des eingefangenen Lichts geht. Eine größere Öffnung zeigt schwächer leuchtende Sterne und eine größere Detailfülle als eine kleinere Öffnung, aber wie schwach der Stern sein kann und wie groß die Detailfülle ist, hängt von atmosphärischen Bedingungen, der optischen Qualität und der Sehfähigkeit des Beobachters ab. Die schwächsten noch sichtbaren Sterne liegen für Amateurteleskope etwa in den folgenden Bereichen:

MAXIMALE NOCH SICHTBARE GRÖSSENKLASSEN EINES TELESKOPS

Öffnung	Maximale Größenklasse
50 mm	11,2
60 mm	11,6
75 mm	12,1
100 mm	12,7
150 mm	13,6
220 mm	14,4

Übrigens müssen sich die Augen erst an die Dunkelheit gewöhnen, bevor man sehr schwach leuchtende Objekte erkennen kann; wenn man sich zuvor in einem hellen Raum befunden hat, kann dies durchaus zehn Minuten dauern. Man kann bei der Beobachtung schwacher Objekte einen Trick anwenden und seitlich neben das Objekt blicken, damit sein Licht auf den äußeren, empfindlicheren Bereich der Netzhaut fällt.

Die Auflösung eines Teleskops wird in Bogensekunden (") angegeben. Eine Bogensekunde ist eine sehr kleine Einheit, sie entspricht der Größe einer Münze in mehreren Kilometern Entfernung. Die Auflösung eines Teleskops bestimmt, welche Details man etwa auf dem Mond sehen kann oder wie nahe Doppelsterne sein können, um einzeln erkennbar zu sein. Die theoretischen Grenzen der Auflösung eines Teleskops sind für verschiedene Öffnungen in der untenstehenden Tabelle angegeben. Unter außergewöhnlichen Bedingungen können die hier angegebenen Werte noch übertroffen werden, aber in vielen Fällen werden sie gar nicht erreicht, vor

MAXIMALE AUFLÖSUNG EINES TELESKOPS

Öffnung	Maximale Auflösung (in Bogensekunden)
50 mm	2,3
60 mm	1,9
75 mm	1,5
100 mm	1,1
150 mm	0,8
220 mm	0,5

allem, wenn man sich während der Beobachtung in einer Stadt befindet. Schließlich wenden wir uns der Atmosphäre selbst zu. Wissenschaftliche Observatorien werden grundsätzlich auf hohen Berggipfeln errichtet, um so weit oben in der Atmosphäre wie möglich zu sein. Die meisten Amateure müssen aber mit den Bedingungen in ihrer Umgebung zurecht kommen, und die werden häufig durch Luftverschmutzung und Straßenbeleuchtung gestört. Zwei Aspekte der Atmosphäre sind besonders wichtig: Durchsicht und Stabilität. Die Helligkeit der schwächsten sichtbaren Sterne ist ein guter Hinweis für die atmosphärische Durchsicht. Bei der Beobachtung von Meteoren sollte die minimale noch sichtbare Größenklasse immer notiert werden, denn sie beeinflusst die Stundenraten. Nur bei sehr klarer Atmosphäre kann man sich auf die Suche nach schwachen Objekten wie Nebeln, Galaxien oder Kometen machen.

Andererseits ist eine ruhige Atmosphäre für die Beobachtung von Planeten und Doppelsternen von entscheidender Bedeutung. Turbulenzen in der Atmosphäre verursachen Verzerrungen des Teleskopbilds und reduzieren die Auflösung ganz erheblich. Warme Luft, die in der Nachbarschaft aufsteigt, kann ebenfalls ärgerliche Turbulenzen verursachen. Paradoxerweise kann die Sicht in einer kristallklaren Nacht nach starken Regenfällen besonders schlecht sein, während etwas diesige Nächte eine hohe Beständigkeit bieten und sich so zur Planetenbeobachtung eignen.

Die Sicht wird auf einer Skala von 1–5 eingeordnet: 1 = perfekt; 2 = gut; 3 = durchschnittlich; 4 = schlecht; 5 = sehr schlecht. Wenn man einen Doppelstern in einer unruhigen Nacht nicht trennen kann, lohnt sich durchaus ein weiterer Versuch in einer Nacht mit „ruhiger Luft".

Nützliche Zusatzausstattung für die Ausrüstung eines modernen Astronomen sind spezielle Filter, die schwache Objekte wie Nebel, Galaxien und Kometen sichtbarer machen. Sie werden einfach vor das Okular geschraubt. Es gibt zwei Haupttypen: Die erste Kategorie blockiert zusätzlichen Lichteinfall und erhöht so den Kontrast eines Objekts vor dem Nachthimmel; die andere blockiert alle Wellenlängen außer denen, die Gasnebel am stärksten emittieren. Besonders diese Nebelfilter sind sehr zu empfehlen, kann man mit ihnen doch Gasnebel sehen, die sonst verborgen bleiben.

Grundlagen der Astrofotografie

Auch eine Kamera kann als astronomisches Instrument verwendet werden. Jede Kamera mit der Möglichkeit der Langzeitbelichtung ist für Aufnahmen des Nachthimmels geeignet. Im Normalfall verwendet man eine Spiegelreflexkamera, da die meisten automatischen Kameras die Funktion Langzeitbelichtung nicht besitzen. Je nach Länge der Belichtungszeit kann man auch Sternbilder fotografieren, die Bewegung von Sternen sichtbar machen, Gruppen von Planeten und sogar manchen Meteor festhalten.

Zunächst muss man einen hoch empfindlichen Film einlegen. Ob es ein Farb- oder Schwarzweißfilm ist, spielt keine Rolle. Ein Schwarzweißfilm ist kostengünstiger und kann leichter auch zu Hause entwickelt werden, aber für Anfänger eignen sich Farbdiafilme besser; Farbnegativfilme eher weniger, da sie oft schlecht zu Papier gebracht werden. Die besten Ergebnisse erzielt man mit Filmen mit einer ISO-Zahl von 400 oder höher.

Es ist wichtig, dass man die größte Blende verwendet. Die Blende einer Kamera wird in f/Blendenziffer angegeben. Die meisten Kameralinsen öffnen bis zu f/2,8, manche sogar noch weiter auf f/1,4. Viele Kameras besitzen austauschbare Objektive. Ein Weitwinkelobjektiv nimmt einen größeren Ausschnitt des Himmels auf als eine Normalobjektiv, aber die Bilder sind kleiner und die Sternbilder erscheinen zum Rand hin verzerrt. Zuletzt stellt man die Entfernung immer auf „unendlich" ein.

Sehr nützlich ist auch ein Drahtauslöser, mit dem der Verschluss geöffnet und geschlossen werden kann, ohne dass die Kamera berührt wird. Für Langzeitbelichtungen muss man die Kamera auf „B" einstellen. In der Stellung B muss der Auslöser gedrückt bleiben, also bleibt der Drahtauslöser für die Zeit der Belichtung festgestellt. Manche Kameras kann man auch auf „T" („Time") einstellen; dann öffnet der erste Druck auf den Knopf den Verschluss und der zweite schließt ihn wieder.

Während der Belichtungszeit muss die Kamera genau fixiert werden. Wenn kein passendes Stativ zur Hand ist, kann man die Kamera auch mit Holzstücken oder Steinen auf der Erde fixieren. Um Vibrationen der Kamera zu verhindern, kann man ein Stück Pappe vor den geöffneten Verschluss legen. Wenn die Vibrationen aufgehört haben, entfernt man die Pappe. Bevor der Verschluss wieder geschlossen wird, legt man die Pappe noch einmal auf. Wenn die Kamera ungefähr auf die gewünschte Region eingestellt ist, kann es losgehen.

Die Belichtungszeit hängt davon ab, was man erreichen will, und davon, wie dunkel der Nachthimmel ist. Als Einstieg eignet sich die Aufnahme von Sternstrichspuren, für die man den Verschluss ziemlich lange geöffnet lassen muss. Die Erdrotation trägt den Stern über den Nachthimmel und hinterlässt Lichtstreifen auf dem Film. Richtet man die Kamera auf den Himmelspol aus, erscheinen die Strichspuren fast rund (siehe Seite 18), nimmt man dagegen die Äquatorregion auf, hinterlassen die Sterne gerade Linien. Ein Farbfilm zeigt zusätzlich die erstaunliche Farbfülle der Sterne.

Wenn es in der Gegend viel Straßenbeleuchtung gibt, sollte man nicht länger als fünf Minuten belichten, sonst wird der Himmel zu hell und das

Bild überbelichtet. Bei sehr dunklem Himmel sind auch Belichtungszeiten von einer Stunde oder länger gefahrlos möglich. Um die beste Belichtungszeit zu ermitteln, muss man eben ein wenig experimentieren.

Wenn die Belichtungszeit kurz gehalten wird – zwischen 15 und 20 Sekunden –, dreht sich die Erde nicht schnell genug, um einen Effekt auf dem Foto zu bewirken, die Sternbilder werden dann genauso aussehen wie mit bloßem Auge. Es werden Sterne bis zur Größenklasse 6 sichtbar sein. Kurz belichtete Aufnahmen im Dämmerlicht oder in einer mondhellen Nacht können besonders schön sein. Von Zeit zu Zeit formen einzelne Planeten interessante Gruppen, die durchaus eine kurz belichtete Aufnahme lohnen. Grundsätzlich sollte man immer mehrere Aufnahmen mit verschiedenen Belichtungszeiten machen, um ein optimales Ergebnis zu erzielen.

Mit einem Teleobjektiv kann man außergewöhnliche Effekte erzielen – interessant ist etwa ein Halbmond über dem fernen Horizont. Dabei gilt es aber zu bedenken, dass die Erdrotation sich bei der Verwendung eines Teleobjektivs schneller auswirkt als sonst, also sollte die Belichtungszeit nicht mehr als ein paar Sekunden betragen, damit das Bild nicht verwischt wird.

Wenn ein heller Meteorstrom wie die Perseiden oder Geminiden angekündigt ist, sollte man es mit einer Serie lang belichteter Aufnahmen mit Weitwinkelobjektiv versuchen, so ist die Chance am größten, einige von ihnen zu erhaschen. Die Meteore schießen so schnell über den Himmel, dass nur die hellsten von ihnen auf Film sichtbar werden, und sehr viele werden ohnehin außerhalb des Sichtfensters der Kamera auftauchen. Die gelungene Aufnahme einer hellen Sternschnuppe entschädigt jedoch für viele enttäuschende Fotots, auf denen nur Sternbahnen zu sehen sind.

Wenn man die Kamera auf einer parallaktischen Montierung befestigt, kann man exakt auf die Sterne „nachführen". Derartig gelenkte Aufnahmen können mit wenigen Minuten Belichtungszeit Sterne auffinden, die viel schwächer leuchten, als das menschliche Auge wahrnehmen kann. Am aufregendsten ist es, mit einer Kamera das aufzunehmen, was durch ein Teleskop zu sehen ist. Dafür können ausschließlich Spiegelreflexkameras verwendet werden. Das Objektiv wird entfernt und die Kamera daraufhin über einen Adapter direkt am Teleskop befestigt. Damit fungiert das ganze Teleskop quasi als riesiges Teleobjektiv. Man kann damit Mondkrater, die Jupiterwolken oder die Saturnringe fotografieren. Die Belichtungszeit liegt bei einem Sekundenbruchteil für den Mond oder etwas mehr für einzelne Planeten. Längere Belichtungszeiten von mehreren Minuten lassen auch winzige Details ferner Nebel und Galaxien erkennbar werden.

Heute werden Filme auch im Amateurbereich zunehmend von elektronischen Chips (CCDs) abgelöst. Ein CCD ist ein lichtempfindlicher Siliziumchip, der auch in Digitalkameras zum Einsatz kommt und ein Bild erzeugt, das dann in einen Computer überspielt werden kann. Der Vorteil des CCD liegt darin, dass es viel lichtempfindlicher ist als der empfindlichste Film. Dadurch lässt sich die Belichtungszeit verkürzen bzw. schwächere Objekte aufnehmen, und man kann die Ergebnisse mit dem Computer verarbeiten, um Details besser hervorzuheben.

REGISTER

Alle Sterne der Größenklasse 2,0 und heller wurden in das Register aufgenommen. Einzelsterne wie α (alpha) und η (eta) Carinae finden sich bei den jeweiligen Sternbildern. **Fettgedruckte** Ziffern beziehen sich auf Fotografien oder Illustrationen.

Achernar 146
Acrux 132
Adhara 98
Adler-Nebel **232**, 234, **267**
Agena 110
Albireo 134, 278
Alcor 248, **250**
Aldebaran 236
Algenib 202
Algieba 166
Algol 202, 279, **280**
Alhena 150
Alioth 248
Alkaid 248
Alnair 152
Alnath 236
Alnilam 196
Alnitak 196
Alphard 158
Alphekka 126
Alpheratz 72
Alrescha 208
Andromeda 72–74
Andromeda-Galaxie 72, **72**, 74, 286
Antares 224, 265, 267, 272, 281
Antennen 130, **130**
Antlia 74–76
Aphel 298
Apus 76–77
Aquariden 78
Aquarius 78–80
Aquila 80–82
Äquinoktien 14, 78, 84, **84**, 172, 208, 256
Ara 82–83
Arcturus 88
Argo Navis 104, 212, 214, 254
Aries 84–85
Asteroiden **354**, 383–384
Astrofotografie 393–394
Astronomische Einheit 298
Atair 80
Atria 244
Auflösung 391–392
Auriga 86–88
Aurorae 294

Baily, Francis 168, 336
Bailys Perlen 336
Balkenspiralgalaxien *siehe* Galaxien, Balkenspiral-
Barlow-Linse 390
Barnards Stern 192, 265
Bayer, Johann 8, 150, 244
Bayer-Kennung 8, 9, 244
Bedeckungsveränderliche 86, 90, 98, 102, 106, 112, 126, 150, 154, 172, 174, 178, 196, 202, 204, 206, 212, 224, 236, 252
Bellatrix 196
Benetnasch 248
Bessel, Friedrich Wilhelm 100, 136

Beteigeuze 194, 267, 272, 281
Big Bang 291
Binäre Sternsysteme *siehe* Sterne, Doppel-
Blinkender Nebel 137
BL-Lac-Objekte 164
Bode, Johann Elert 164
Bootes 88–90
Brocchi-Haufen 260, **260**

Caelum 90–91
Camelopardalis 92–93
Cancer 94–95
Canes Venatici 96
Canis Major 98–99
Canis Minor 102–103
Canopus 104, 268
Capella, 86
Capricornus 102–103
Carina 104–106
η (eta) Carinae 104, 106, 265, **275**
η (eta) Carinae-Nebel 106, **275**
Cassegrain-Teleskop 387
Cassinische Teilung **371**, 373, 374
Cassiopeia A 106
Cassiopeia 106–108
Castor 102, 268, 278
Centaurus A 110, 111, **289**
Centaurus 108–111
Proxima Centauri 108, 110, **110**
α (alpha) Centauri 108, 110, **118**, 266
β (beta) Centauri 108, 110, **118**, 265, 266
ω (omega) Centauri 111, **111**
Cepheid-Variable 82, 86, 104, 112, 140, 150, 188, 198, 218, 220, 222, 223, 252, 260, 279–280
Cepheus 112–113
β (beta) Cephei 112, 280
δ (delta) Cephei 112, 279, **280**
Ceres 383
Cetus 114–116
Chamäleon 116–117
Charon 378, **378**
Chromosphäre 296
Circinus 118–119
Circlet 208
Clowngesicht 152
Collinder 399, 260, **260**
Columba 120–121
Coma Berenices 122–124
Cor Caroli 96
Corona Australis 124–125
Corona Borealis 126–127
Corvus 128–130
Crater 130–131
Crux 5, 118, 132–133
α (alpha) Crucis 132, 265, 266
β (beta) Crucis 132, 265, 266
κ (kappa) Crucis-Haufen 132
Cygnus A 134
Cygnus X-1 134, 277
Cygnus 134–137

Deimos 354, 355
Deklination 13
Delphinus 138–139
Deneb Kaitos 116
Deneb 134, 272
Denebola 166
Diamantring 336, **336**
Diphda 116
Doppelhaufen 204, **270**
Doppelsterne, *siehe* Sterne, Doppel-
Dorado 140–141
30 Doradus 140
Draco 142–143
Dreyer, J.L.E. 9
Dubhe 248

Eigenbewegung 14–16, 100, 108, **110**, 192, 206, **206**
Ekliptik **12**, 14
Ekliptikpol 142
Elnath 236
Elongation 300–301
Eltanin 142
Enckes Komet 381
Epoche 14
Equuleus 144–145
Eridanus 146–147
Eros 383, **383**
Eskimo-Nebel 152, **274**
Etamin 142
Eulen-Nebel **250**, 251
Europa **369**, 391

Fabricius, David 116
Fackelsterne 110, 114, 166
Faculae 293–294
Falsches Kreuz 104, 254
Fernglas 385–386, **385**
Filter, Nebel- 392; Sonnen- 293, 335
Finsternis (Sonnen- bzw. Mond-) 296, **297**, 334–337, **334**, **336**, **337**
Fischmaul **264**
Flamsteed-Ziffern 8, 9, 176
Fomalhaut 210, 301
Fornax A 148
Fornax 148–149

Gacrux 132
Galaxie 283–291
  Andromeda- 72, **72**, 74, 286
  Antennen- 130, **130**
  Balkenspiral- **144**, 146, 148, **148**, 198, 258, **286**, 288
  Centaurus A 110, 111, **289**
  Elliptische 74, 111, 124, 164, 168, 234, 256, 258, **287**, 287–288, **289**
  Galaxienhaufen 122, 124, 148, 202, 256, 258, 285–287, **291**
  Interagierende 96, 111, 130, **130**, **284**, **289**

Lokale Gruppe 148, 228, 243, 285–287
Radio- 289
Schwarzes Auge 122
Seyfert- 116, 216, **288**, 289
Sombrero- **128**, 258
Sonnenblumen- 96
Spindel- 234
Spiral- 72, **72**, **76**, 92, 96, 116, **120**, 122, 124, **128**, **158**, 160, 168, 200, **208**, 210, **216**, 228, **228**, **242**, 250, 251, **251**, 258, **282**, **286**, **287**, **288**, 288–289
Stephans Quintett **291**
Unregelmäßige 140, 148, **162**, 202
Whirlpool- 96, **284**
Zentrum der 220, 283
Galaxienhaufen 122, 124, 148, 202, 256, 258
Galileische Monde 366, 369–370, **369**
Galilei, Galileo 307, 366
Ganymed **369**, 370
Gaspra **354**, 383
Gebundene Rotation 304
Gemini 150–152
Geminiden 150
Gemma 126
Goodricke, John 112
Granatstern 112
Granulation 293, **293**
Große Magellansche Wolke 140, **140**, 180, 285
Größenklasse 9–10
Großer Roter Fleck 366, **366**, 368, **368**
Großer Wagen 248
Großes Pegasus-Quadrat 200
Größte Elongation 300–301
Grus 152–153
Gum-Nebel 254

Hadar 110
Hale-Bopp, Komet 380, **380**
Halley, Edmond 214, 381
Halleys Komet 379, 381
Hamal 84
Hantel-Nebel **218**, 260
Harvard 12, 227
Hauptreihe 269, 270–271, **271**
Helix-Nebel 80
Herkules 154–156
Herschel, John 111, 132
Herschel, William 112, 272, 373, 375
Hertzsprung-Russell-Diagramm 269, 270, **271**
Hevelius, Johannes 5, 96, 164, 168, 176, 230, 234, 260
Himmelsäquator 13, 14, **17**
Himmelspole 13, 14, 16, **17**, 190, **190**, 252, **252**
Hipparchus 9
Hipparcos 12
HN 40 223
Horologium 156–157
Houtman, Frederick de 5, 76, 116, 140, 152, 160, 162, 186, 198, 204, 244, 246, 258

Hubble, Edwin 290–291
Hubbles veränderlicher Nebel 186
Hufeisen-Nebel 223
Huygens, Christian 348, 373
Hyaden 236, 238, 238, 263–264
Hydra 158–160
Hydrus 160–161

IC 2391 254
IC 2602 106, 265
IC 434 198
IC 4665 194
IC 4725 223
IC 4756 234
IC2395 254
IC-Ziffern 9
Ida 383
Indus 162–163
Internationale Astronomische Union (IAU) 9
Io 369–370, **369**, **370**

Jobs Sarg 138
Jupiter 366–370, **366**, 368
Jupiter Beobachtung 366–367
Jupiter Großer Roter Fleck 366, 368, **368**
Jupiter Monde 366, 369–370, **369**, **370**
Jupiter Ringe 370
Jupiters Geist 160

Kallisto 369, 370
Kapteyns Stern 206, **206**
Katzenaugen-Nebel 142, **273**
Kaus Australis, 220
Kembles Kaskade 92, **92**
Keplers Stern 192, 277
Keyser, Pieter Dirkszoon 5, 76, 116, 140, 152, 160, 162, 186, 198, 204, 244, 246, 258
Kleiderbügel 260, **260**
Kleine Hantel 204
Kleine Magellansche Wolke 162, 246, 285
Kleiner Wagen 252
Kochab 252
Kohlensack-Nebel 132
Kometen 379–381
  Encke 381
  Hale-Bopp 380, **380**
  Halley 379, 381
  Shoemaker-Levy 9 **368**, 369
Konjunktionen 300
Konus-Nebel 186
Koordinaten 13–14
Krabbennebel 238, **276**, 276–277
Kreuz des Nordens 134
Krippe 94
Kugelsternhaufen, *siehe* Sternhaufen, Kugel-
Kuiper-Gürtel 378, 380

La Superba 96
Lacaille, Nicolas Louis de 5, 74, 90, 118, 148, 156, 180, 182, 188, 190, 206, 212, 214, 216, 228, 240, 254
Lacerta 164–165
  BL Lacertae 164
Lagunen-Nebel **222**, 222–223

Lalande 21185 248
Langperiodische Veränderliche 281
Leo Minor 168–169
Leo 166–168
  CN Leonis 166
Leoniden 166, **166**
Lepus 170–171
Leuchtkraftklassen 272
Libra, 172–173
  Erster Punkt der 172
Libration des Mondes 304
Lichtjahr 10
Lichtkurven 279, **280**
Lokale Gruppe 148, 228, 243, 285–287
Lowell, Percival 348–350, 351
Lupus 174–175
Lynx 176–177
Lyra 178–180
  β (beta) Lyrae 178, 279
  ε (epsilon) Lyrae **178**, 180, 278
  RR Lyrae 180, 280
Lyriden 178

M 1 238, **276**
M 2 78
M 3 96
M 4 227
M 5 234
M 6 **226**, 227
M 7 **226**, 227
M 8 **222**, 222–223
M 10 194
M 11 **230**, 230
M 12 194
M 13 154, **156**
M 15 200
M 16 **232**, 234, **267**
M 17 223
M 18 223
M 20 **222**, 223
M 21 223
M 22 223, **283**
M 23 223
M 24 223
M 25 223
M 26 230
M 27 **218**, 260
M 30 102
M 31 72, **72**, 74
M 32 **72**, 74
M 33 242, **242**, 287
M 34 204
M 35 152
M 36 86
M 37 87–88
M 38 88
M 39 136
M 41 98
M 42 197, **197**, **264**
M 43 197, **197**, **264**
M 44 94
M 45 239, **239**, **240**
M 46 212
M 47 212
M 48 160
M 49 256
M 50 184
M 51 96, **284**

M 52 108
M 53 122
M 55 223
M 57 180, **273**
M 58 258
M 59 258
M 60 258
M 63 96
M 64, 122
M 65, 168
M 66, 168
M 67, 94
M 68, 160
M 71, 218
M 72, 78
M 74, **208**, 210
M 76, 204
M 77, 116, **288**
M 78, 197
M 79, 170
M 80, 227
M 81, 250, **282**
M 82, 251, **287**
M 83, **158**, 160
M 84, 258
M 85, 124
M 86, 258
M 87, 258, **287**
M 88, 124
M 90, 258
M 92, 156
M 93, 212
M 94, 96
M 95, 168
M 96, 168
M 97 **250**, 251
M 99 124
M 100 124
M 101 251, **251**
M 103 108
M 104 **128**, 258
M 105 168
M 110 **72**, 74
Magellansche Wolken 140, **140,
162**, 180, 246, 285, 288
Mars 347–355, **347, 349, 351, 352,
353, 354**
  Beobachtung 347, 348
  Kanäle 348, 350, 351
  Leben auf dem 348, 350, 352
  Monde 354
  Olympus Mons 350, **351**
  Syrtis Major **347**, 348, 355
  Valles Marineris **351**
  Vulkane 350, 351
  Wasser auf dem 351–352, 355
M-Bezeichnungen 9
Mehrfachsterne, *siehe* Sterne,
  Mehrfach-
Melotte 20, 111, 120, 202
Menkalinan 86
Mensa 180–181
Merak 248
Mercator, Gerardus 122
Merkur 298, 300, 301, 338–341,
  339, 341
  Beobachtung 300–301, 338
  Kaloris-Becken 341
  Rotation 338
  Transit 300
Messier-Zahlen 9

Meteore 381–382
Meteoriten 384
Meteorschauer 381–382
  Aquariden 78, 382
  Fotografie 394
  Geminiden 150, 382
  Leoniden 166, **166**, 382
  Lyriden 178, 382
  Orioniden 194, 382
  Perseiden 202, 382
  Quadrantiden 88, 382
  Radiant 381–382, **381**
  Tauriden 236, 382
  Zeitstundenrate 382
Miaplacidus 104
Microscopium 182–183
Milchstraße 14, 192, 220, 230, 283
Mimas **373**, 374
Mimosa 132
Mintaka 196
Mira **114**, 116, 281
Mira-Veränderliche 82, 104, 111,
  112, 116, 136, 156, 160, 168,
  170, 196, 222, 227, 228, 234,
  242, 281
Mirphak 202
Mirzam 98
Mizar 248, **250**
Mond 302–333
  Albedo 305
  Alter 309–310
  Apollo-Missionen **307**, 308–310
  Berge 310, 311
  Gebirgsketten 311, **311**
  Kern 311
  Krater 304–305, 307, 312
  Libration 304
  Maria 305, 308, 310, 311
  Mondfinsternis 334, **334**, 337,
  337
  Nomenklatur 164, 305–307
  Phasen 302, **302**
  Regolith 310
  Rillen 312, **312**
  Rotation 304
  Rückseite 308
  Strahlung 305, **310**
  Temperatur 304
  Terminator 304
  Transient Lunar Phenomena
  (TLPs) 312, 313
  Ursprung 310–311
Monoceros 184–186
Musca 186–187

Naos 202
Nebel 263, 265
  Adler- **232**, 234, **267**
  Blauer Planetarischer 111
  Blinkender 137
  Bogen- 137
  Clowngesicht- 152
  Eight-Burst- 254
  Eskimo- 152, **274**
  Eulen- 250, 251
  Fischmaul- **264**
  Gum- 254
  Hantel- **218**, 260
  Helix- 80
  Hinds veränderlicher 236
  Hubbles veränderlicher 186

  Hufeisen- 223
  Jupiters Geist 160
  Katzenaugen- 142, **273**
  Kleine Hantel 204
  Kohlensack- 132
  Konus- 186
  Krebs- 238, **276**, 276–277
  Lagunen- **222**, 222–223
  Nordamerika- 137, **137**
  Nördlicher Kohlensack 134
  Omega- 223
  Orion- 197, **197**, 263, **264**, 265
  Pferdekopf- 198, **266**
  Planetarische 74, 78, 80, 111,
  116, 137, 142, 146, 152, 156,
  160, 180, **188**, 194, 204, **218**,
  250, **250**, 251, 254, 260, 272,
  273, 274
  Ring- 180, **273**
  Rosetten- **182**, 184–186
  Saturn- 78, 80
  Schleier- 134, **136**, 137
  Schlüsselloch- 106, **275**
  Schwan- 223
  Tarantel- 140, **140**, 263, **268**
  Trifid- **222**, 223
  η (eta) Carinae 106, **275**
Neptun 376–378, **377**
  Monde 377–378
Nereid 378
Neutronensterne 277
New General Catalogue, 9
Newton-Teleskop **386**, 387, 388
NGC-Kennung 9
NGC 55 228
NGC 104 247
NGC 205 74
NGC 221 74
NGC 224 74
NGC 253 228, **228**
NGC 362 246
NGC 457 108
NGC 581 108
NGC 598 242
NGC 628 210
NGC 650–651 204
NGC 663 108
NGC 752 74
NGC 869 204, **270**
NGC 884 204, **270**
NGC 1039 204
NGC 1068 116
NGC 1097 148
NGC 1097 148
NGC 1261 156
NGC 1275 202
NGC 1300 **144**, 146
NGC 1316 148
NGC 1365 **148**
NGC 1499 202
NGC 1502 92
NGC 1535 146
NGC 1554–1555 236
NGC 1566 **216**
NGC 1851 120
NGC 1904 170
NGC 1907 88
NGC 1912 88
NGC 1952 238
NGC 1960 86
NGC 1976 197

NGC 1977 197
NGC 1981 198
NGC 1982 197
NGC 2017 170
NGC 2024 198
NGC 2068 197
NGC 2070 140, **140, 268**
NGC 2099 87–88
NGC 2158 152
NGC 2168 152
NGC 2232 184
NGC 2237 **182**, 184–186
NGC 2244 **182**, 184–186
NGC 2261 186
NGC 2264 186
NGC 2281 88
NGC 2323 184
NGC 2353 186
NGC 2362 98
NGC 2392 152, **274**
NGC 2403 92
NGC 2419 176
NGC 2422 212
NGC 2437 212
NGC 2438 212
NGC 2447 212
NGC 2451 212
NGC 2477 212
NGC 2516 104
NGC 2547 254
NGC 2548 160
NGC 2632 94
NGC 2669 254
NGC 2670 254
NGC 2682 94
NGC 2997 **76**
NGC 3031 250
NGC 3034 251
NGC 3114 104
NGC 3115 234
NGC 3132 254
NGC 3195 116
NGC 3228 254
NGC 3242 160
NGC 3351 168
NGC 3368 168
NGC 3372 106, **275**
NGC 3379 168
NGC 3532 106
NGC 3587 251
NGC 3623 168
NGC 3627 168
NGC 3766 111
NGC 3918 111
NGC 4013 **286**
NGC 4038–4039 130, **130**
NGC 4254 124
NGC 4321 124
NGC 4374 258
NGC 4382 124
NGC 4406 258
NGC 4472 256
NGC 4486 258
NGC 4501 124
NGC 4565 **120**, 124
NGC 4569 258
NGC 4579 258
NGC 4590 160
NGC 4594 258
NGC 4621 258
NGC 4621 258

NGC 4649 258
NGC 4736 96
NGC 4755 132
NGC 4826 122
NGC 4833 186
NGC 5024 122
NGC 5055, 96
NGC 5128, 110, 111, **289**
NGC 5194 96, **284**
NGC 5195 96, **284**
NGC 5236 160
NGC 5272 96
NGC 5457 251, **251**
NGC 5460 111
NGC 5822 174
NGC 5850 **286**
NGC 5897 172
NGC 5904 234
NGC 5986 174
NGC 6025 244
NGC 6087 188
NGC 6093 227
NGC 6121 227
NGC 6188 82
NGC 6193 82
NGC 6205 154, **156**
NGC 6210 156
NGC 6218 194
NGC 6231 227
NGC 6254 194
NGC 6341 156
NGC 6397 82
NGC 6405 227
NGC 6475 227
NGC 6494 223
NGC 6514 223
NGC 6523 222–223
NGC 6530 222, 223
NGC 6531 223
NGC 6541 124
NGC 6543 142, **273**
NGC 6572 194
NGC 6603 223
NGC 6611 234
NGC 6613 223
NGC 6618 223
NGC 6633 194
NGC 6656 223
NGC 6694 230
NGC 6705 230, **230**
NGC 6709 82
NGC 6720 180
NGC 6744 198
NGC 6752 198
NGC 6809 223
NGC 6826 137
NGC 6838 218
NGC 6853 260
NGC 6960 137
NGC 6981 78
NGC 6992 134, **136**, 137
NGC 7000 137, **137**
NGC 7009 78, **80**
NGC 7078 200
NGC 7089 78
NGC 7092 136
NGC 7099 102
NGC 7243 164
NGC 7293 80
NGC 7331 200
NGC 7654 108

NGC 7662 74
Nordamerika-Nebel 137, **137**
Nördlicher Kohlensack 134
Nordpol der Galaxie 122
Norma 188–189
Novae 126, 194, 202, 214, 218

Obere Konjunktion 300, **300**
Octans 190–191
σ (sigma) Octantis 190
Offene Sternhaufen, *siehe*
    Sternhaufen, offene
Okular 390, 391
Omega-Nebel 223
Oortsche Wolke 380
Ophiuchus 192–194
Opposition 301
Optischer Doppelstern 278
Orion 194–198
    θ¹ (theta¹) Orionis, 196, 263,
    264
Orioniden 194
Orion-Nebel 197, **197**, 263, **264**,
    265

Pallas 383
Parallaxe 11–12, 136
Parsec 12
Pavo 198–199
Pegasus 200–201
Penumbra und Sonnenflecken 294
Penumbra 337
Perihel 298
Periodische Kometen 380
Perseiden 202
Perseus A 202
Perseus 202–204
    h und χ (chi) 204
Pfau 198
Pferdekopf-Nebel 198, **266**
Pflug 248
Phasen des Mondes 302, 302
    Phasen der Venus 343
Phobos **354**, 355
Phoebe 374
Phoenix 204–205
Photosphäre 293
Piazzi, Giuseppe 383
Pictor 206–207
    β (beta) Pictoris 206, **301**
Pisces 208–210
Piscis austrinus 210–211
Plancius, Petrus 92, 120, 184
Planetarische Nebel, *siehe* Nebel,
    planetarische
Planeten 298–301
    Planeten außerhalb unseres
    Sonnensystems 74, 146, 178,
    200, 206, 210, 301
Plasketts Stern 184
Plejaden 239, **239, 240, 262**, 263
Pluto 298, 378, **378**
Pogson, Norma 20
Polaris 252, 272
Pollux 150
Polsterne 14, 142, 178, 190, 252
Praesepe 94
Präzession **13**, 14, 190, **190**, 208,
    236, 252, **252**
Procyon 100, 266, 274
    Procyon B 100

Protuberanzen **295**, 296
Ptolemäus 5, 124, 144
Pulsare 238, 254, 260, **276**, 277
Pulsierende Veränderliche
279–281
Puppis 212–213
Pyxis 214–215

Quadrantiden 88
Quasare 256, 289–290, 291
3C 273 256, 289

Radiant 381–382, **381**
Radioquellen 106, 110, 116, 134,
148, 202, 220, 258, 289, *siehe*
auch Pulsare
Randverdunklung 292, **293**
Rasalgheti 154
Rasalhague 192
Reflektoren 385, **386**, 386–387
Refraktoren 385, **386**, 386–387
Regulus 166
Rektaszension 13
Rekurrierende Novae 194, 214,
218, 281
Reticulum 216–217
Riccioli, Giovanni Battista 164,
248, 306
Riesensterne, *siehe* Sterne, Riesen-
Rigel 194, 272
Rigil Kentaurus 110
Ringnebel 180, **273**
Röntgenquellen 134, 224, 258, 277
Rosetten-Nebel 182, 184–186
Rosse Lord, 96
Rote Riesensterne 270, 272, 281
Rote Zwerge 110, 114, 146, 150,
166, 192, 206, 248, 265, 274
Rotverschiebung 290, **290**
Royer, Augustin 164
RR-Lyrae-Veränderliche 280

Sagitta 218–219
Sagittarius 220–223
Saiph 195
Saturn 371–374, **371**
Beobachtung 371, 372
Monde 374
Ringe 371, 373–374
Weiße Flecken 372
Saturn-Nebel 78, **80**
Schaeberle, John M. 100
Schiaparelli, G.V. 338, 348
Schleier-Nebel 134, **136**, 137
Schlüsselloch-Nebel 106, **275**
Schmetterlings-Haufen **226**, 227
Schwan-Nebel 223
Schwarze Löcher 134, 277, 290
Scorpius X-1 224
Scorpius 224–227
Scorpius-Centaurus-Assoziation
224, 265
Sculptor 228–229
Scutum 230–231
δ (delta) Scuti 230, 280
Sternwolke 230
Serpens 232–234
Sextans 234–235
Seyfert-Galaxien 116, **216**, **288**, 289
Shapley 1 **188**
Shaula 224

Shoemaker-Levy 9 (Komet) **368**,
369
Sickle 166
Siderische Periode 298
Siderischer Monat 302
Sieben Schwestern 239, 263
Sinodischer Monat 302
sinodische Periode 301
Sirius 98, 100, 266, 274
Sirius B 100
Sirrah 72
Sombrero-Galaxie **128**, 258
Sommerdreieck 80, 134, 178
Sonne 263, 265, 266, 268, 269,
270–272, 292–296, **297**, 298
Beobachtung 292–293, 335
Chromosphäre 296
CMEs (coronal mass ejections)
294
Corona 296, **297**
Faculae (Fackeln) 293–294
Filamente 296
Flares 294
Granulation 293, **293**
Photosphäre 293
Protuberanzen **295**, 296, **336**
Randverdunklung 292, **293**
Rotation 295
Sonnenfinsternis 296, 297, 334,
334, 335–337, **336**
Sonnenflecken **292**, **293**,
294–296
Sonnenwind 296
Sonnenzyklus 295–296
Sonnenblumen-Galaxie 96
Sonnenflares 294
Sonnenkorona 296, **297**
Sonnensystem 298–301
Sonnenwende 14, 94, 102, 220,
236
Sonnenwind 296
Sonnenzyklus 295–296
Spektraltypen 266–272
Spektroskopische Doppelsterne
86, 184, 190, 208, 224,
248, 250, 252, 254, 256, 258,
260, 278
Spica, 256, 266
Spindel-Galaxie 234
Spiralgalaxien, *siehe* Galaxien,
Spiral-
Stephans Quintett **291**
Sternbilder 5–8, **15**, 72–261
Sterne 4–19, 263–281
absolute Leuchtkraft 10
Assoziationen 265
Bedeckungsveränderliche 86,
90, 98, 102, 106, 112, 126,
150, 154, 172, 174, 178, 196,
202, 204, 206, 212, 224, 236,
252, 279
binäre 278
siehe auch binäre und
spektroskopische Doppelsterne
Cepheid-Variable 82, 86, 104,
112, 140, 150, 188, 198, 218,
220, 222, 223, 252, 260,
279–280
Doppelsterne 72, 74, 76, 78, 82,
84, 86, 88, 90, 92, 94, 96, 98,
100, 102, 104, 106, 108, 110,

112, 116, 118, 122, 124, 126,
128, 130, 132, 134, 136, 137,
138, 142, 144, 146, 148, 150,
152, 154, 158, 160, 162, 166,
168, 170, 172, 176, 178, 180,
182, 184, 186, 188, 190, 192,
194, 196, 198, 200, 202, 204,
206, 208, 210, 212, 216, 218,
220, 224, 226, 227, 228, 232,
234, 236, 240, 242, 246, 248,
250, 254, 256, 278
Entfernungen 10–12
Evolution 270–277
Fackelsterne 110, 114, 166
Farben 266–269, **278**
Formation 263
Größenklassen 9–10
Hauptreihe 269, 270–271, **271**
Helligkeit 9–10
Langperiodische
Veränderliche 281
Lebensspanne 265, 266
Leuchtkraftklassen 272
Masse 265, 269
Mehrfachsterne 72, 74, 90, 94,
102, 108, 110, 122, 132, 134,
142, 144, 146, 150, 160, 166,
168, 170, 172, 174, 176, 178,
180, 184, 188, 192, 194, 196,
200, 204, 220, 226, 227, 232,
234, 246, 248, 254, 278
Mira-Veränderliche 82, 104,
111, 112, 116, 136, 156, 160,
168, 170, 196, 222, 227, 228,
234, 242, 281
Neutron 277
siehe auch Pulsare
Nomenklatur 8–9, 138
Novae 126, 194, 202, 214, 218,
281
Parallaxe 11–12, 136
Positionen 13–16
Pulsierende Veränderliche 110,
114, 146, 150, 166, 192, 206,
248, 265, 274
Riesensterne 270, **271**, 272, 281
Unregelmäßig Veränderliche
194, 200, 210, 218, 236, 239,
254, 281
Rote Riesensterne 270, 272, 281
Rote Zwerge 110, 114, 146, 150,
166, 192, 206, 248, 265, 274
RR-Lyrae-Veränderliche 280
Scheinbare Leuchtkraft 10
Spektralklassen 266–272
Spektroskopische Doppelsterne
86, 184, 190, 208, 224, 248, 250,
252, 254, 256, 258, 260, 278
Supernovae 106, 140, 160, 192,
238, 254, 276–277
Superriesen **271**, 272, 281
Temperaturen 263, 265, 266,
268, 269
Unregelmäßig Veränderliche 76,
86, 96, 108, 112, 122, 136, 140,
150, 152, 154, 156, 160, 162,
170, 180, 190, 198, 202, 208,
210, 212, 224, 227, 228, 281
Veränderliche 76, 82, 86, 90,
96, 98, 102, 104, 106, 108, 110,
111, 112, 122, 126, 132, 136,

138, 140, 150, 152, 154, 156, 160, 168, 170, 172, 174, 178, 178, 180, 184, 190, 194, 198, 200, 202, 204, 206, 210, 212, 218, 220, 222, 223, 224, 227, 228, 234, 236, 239, 242, 252, 254, 256, 260, 279–281 *siehe* auch Cepheid-, Bedeckungs-, unregelmäßige, Mira-, pulsierende Veränderliche
Weiße Zwerge 98, 100, 146, 273–274, 281
Zirkumpolare 16, **17**
Zwerge, 272
siehe auch rote Zwerge, weiße Zwerge
Sternhaufen 263–264
Brocchi 260, **260**
Coma 122
Doppelhaufen 204, **270**
Galaktische, *siehe* offene
Hyaden 236, 238, **238**, 263–264
Kleiderbügel 260, **260**
Krippe 94
Offene, 74, 82, 86, 88, 92, 94, 98, 104, 106, 108, 111, 122, 132, 136, 140, 152, 160, 164, 170, 174, 182, 184, 186, 188, 194, 198, 202, 204, 212, 222, 223, **226**, 227, 230, **230**, 234, 238, **238**, 239, **239**, **240**, 244, 254, 260, 263–264, **268**, **270**
Plejaden 239, **239**, **240**, **262**, 263
Praesepe 94
Schmetterling **226**, 227
Schmuckkästchen 132
Südliche Plejaden 106
κ (kappa) Crucis 132
Sternschnuppen 381
Stock 2 204
Struve 747 196
Struve 750 198
Struve 761 196
Struve 1669 130

Struve 1694 92
Struve 1999 227
Struve 2725 138
Südliche Plejaden 106
Südpol der Galaxie 228
Supernova 1987A 140, 277
Supernovae 106, 140, 160, 192, 238, 254, 276–277
Überreste von 106, **136**, 137, 238, 254, **276**, 276–277
Superriesen 272, 281

Tarantel-Nebel 140, 140, 263, **268**
Tauriden 236
Taurus 236–240
T Tauri 236
Teekessel 220
Teleskop 385, 386–392
Auflösung 391–392
Cassegrain 387
katadioptrisch 385, 387
maximale Größenklasse 391
Newton **386**, 387, 388
Öffnung 386–387, 391–392
Okular 390, 391
Reflektoren 385, **386**, 386–387
Refraktoren 385, **386**, 386–387
Vergrößerung 386, 390, 391
Teleskopium 240–241
Thales 252
Thuban 142
Tierkreiszeichen 5 **12**
Titan 371, 374
Toliman 110
Tombaugh, Clyde 378
Transite von Planeten 300
Trapezium 196, 197, **264**
Triangulum Australe 244–245
Triangulum 242–243
Trifid-Nebel **222**, 223
Triton 377–378
Trumpler 24, 227
Tucana 246–247
47 Tucanae 246
Tychos Stern 106

Umbra einer Finsternis 335, 337
Umbra, Sonnenflecken 294
Universums, Ausdehnung des 290–291
Universums, Ursprung des 291
Unregelmäßig Veränderliche 281
Untere Konjunktion 298, **300**
Uranus 375–376, **375**
Monde 376
Ringe 375, 376
Ursa Major 248–251
Ursa Minor 252–253
UV Ceti 114

Vela 254–255
Vela-Pulsar 254
Venus 298, 300, 301, 342–346, **342, 344, 345**
Beobachtung 300–301, 343
Rotation 343
Transit 300
Treibhauseffekt 345
Wolken 342, 343, 345–346
Vergrößerung 385–386, 390, 391
Vesta 383
Virgo 256–258
Virgo-Haufen 124, 256, 257, 287
Volans 258–259
Vulpecula 260–261

Wega 178, 268, 301
Weiße Zwerge 98, 100, 146, 273–274, 281
Wendekreis des Krebses 94
Wendekreis des Steinbocks 102
Wezen, 98
Whirlpool-Galaxie 96, **284**
Widderpunkt 84, **84**
Wolf 359 166
Wolf-Rayet-Sterne 186, 254

Zeitstundenrate (ZHR) 382
Zirkumpolarsterne 16, **17**

Über die Autoren

Ian Ridpath ist Amateurastronom. Er hat mehrere Bücher über Astronomie und Kosmologie veröffentlicht und ist u. a. Herausgeber des *Oxford Dictionary of Astronomy*. Er ist auch Autor des Buches *Star Tales* über den mythologischen Hintergrund der Sternbilder.

Wil Tirion ist einer der bekanntesten Himmelskartographen. Zu seinen Arbeiten zählen der *Sky Atlas 2000.0* und *Uranometria 2000.0*. Bei Kosmos erschienen die von ihm mit zahlreichen Sternkarten illustrierten Werke *Der Kosmos Sternführer* sowie die *Drehbare Sternkarte Polaris*.

UNIBUCHH.MUEHLAU KIE 11

Ridpath, I: Kosmos Himm
elsführer.

02490

9 783440 094556

241 Geb   EUR 24.90

FRANCKH-KOSMOS VERLAGS-
40614   00119571

40617   3440094553